Biologia Unidade e Diversidade da Vida

Tradução da 12ª edição
norte-americana

Dados Internacionais de Catalogação na Publicação (CIP)
(Câmara Brasileira do Livro, SP, Brasil)

Biologia : unidade e diversidade da vida, volume 1 / Starr [et al.]. ; tradução All Tasks ; revisão técnica Gustavo Augusto Schmidt de Melo Filho]. -- São Paulo : Cengage Learning, 2011.

Título original: Biology : the unity and diversity of life
 Outros autores : Taggart, Evers, Starr.
 ISBN 978-85-221-0955-5

 1. Biologia (Ensino médio) I. Starr, Ceci. II. Taggart, Ralph. III. Evers, Christine. IV. Starr, Lisa. V. Melo Filho, Gustavo Augusto Schmidt de.

11-09548   CDD-574.07

Índice para catálogo sistemático:

1. Biologia : Ensino médio 574.07

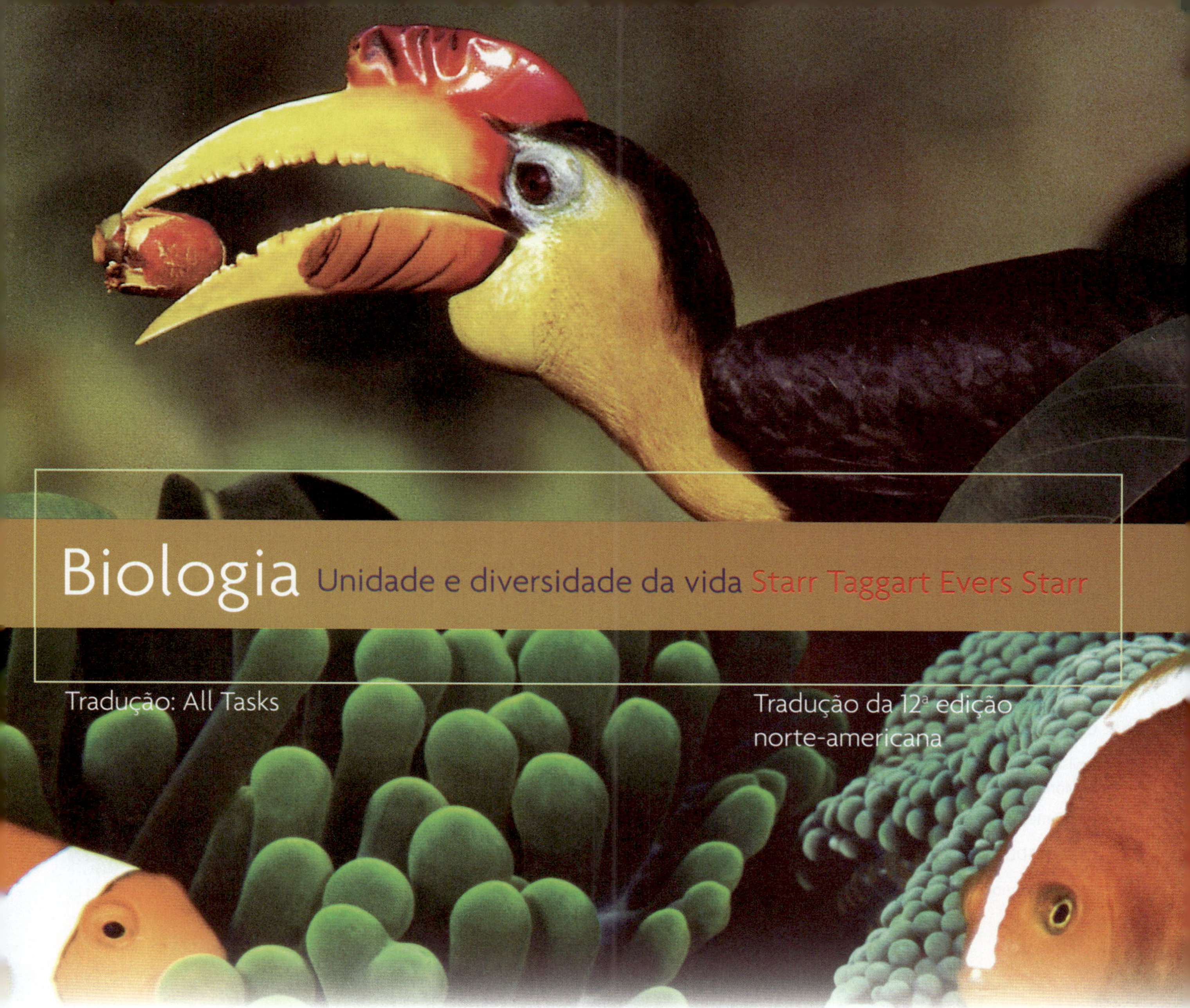

Biologia
Unidade e diversidade da vida
Starr Taggart Evers Starr

Tradução: All Tasks

Tradução da 12ª edição norte-americana

Gustavo Augusto Schmidt de Melo Filho

É bacharel e possui licenciatura plena em Ciências Biológicas pela Universidade Estadual Paulista (Unesp), mestrado em Ciências Biológicas na área de Zoologia (Unesp), doutorado em Ciências Biológicas na área de Zoologia – Instituto de Biociências (USP) e pós-doutorado nas áreas de Taxonomia e Zoogeografia pelo Museu de Zoologia da Universidade de São Paulo (MZUSP). Atualmente é professor adjunto e pesquisador no curso de Ciências biológicas da Universidade Presbiteriana Mackenzie.

Austrália   Brasil   Japão   Coreia   México   Cingapura   Espanha   Reino Unido   Estados Unidos

Biologia: Unidade e diversidade da vida
Volume 1
Tradução da 12ª edição norte-americana
Cecie Starr, Ralph Taggart, Christine Evers, Lisa Starr

Gerente editorial: Patricia La Rosa

Supervisora editorial: Noelma Brocanelli

Supervisora de produção gráfica: Fabiana Alencar Albuquerque

Editora de desenvolvimento: Viviane Akemi Uemura e Monalisa Neves

Título Original: The unity and diversity of life Twelfth Edition

(ISBN 10: 0-495-55796-X; ISBN 13: 978-0-495-55796-8)

Tradução: All Tasks

Revisão técnica: Gustavo Augusto Schmidt de Melo Filho

Colaboradores da revisão técnica: Esther Ricci Camargo, Marina Granado e Sá e Cristiane Pasqualoto

Copidesque: Miriam dos Santos

Revisão: Erika Sá, Cárita Ferreira Negromonte e Cristiane M. Morinaga

Diagramação: Triall Composição Editorial Ltda.

Capa: MSDE/Manu Santos Design

Pesquisa iconográfica: Edison Rizzato e Vivian Rosa

© 2009 Delmar, parte da Cengage Learning.
© 2012 Cengage Learning Edições Ltda.

Todos os direitos reservados. Nenhuma parte deste livro poderá ser reproduzida, sejam quais forem os meios empregados, sem a permissão por escrito da Editora. Aos infratores aplicam-se as sanções previstas nos artigos 102, 104, 106, 107 da Lei n. 9.610, de 19 de fevereiro de 1998.

Esta editora empenhou-se em contatar os responsáveis pelos direitos autorais de todas as imagens e de outros materiais utilizados neste livro. Se porventura for constatada a omissão involuntária na identificação de algum deles, dispomo-nos a efetuar, futuramente, os possíveis acertos.

Para informações sobre nossos produtos, entre em contato pelo telefone **0800 11 19 39**

Para permissão de uso de material desta obra, envie seu pedido para **direitosautorais@cengage.com**

© 2012 Cengage Learning. Todos os direitos reservados.

ISBN-13: 978-85-221-0955-5
ISBN-10: 85-221-0955-9

Cengage Learning
Condomínio E-Business Park
Rua Werner Siemens, 111 – Prédio 20 – Espaço 04
Lapa de Baixo – CEP 05069-900 – São Paulo –SP
Tel.: (11) 3665-9900 – Fax: 3665-9901
SAC: 0800 11 19 39

Para suas soluções de curso e aprendizado, visite
www.cengage.com.br

Impresso no Brasil
Printed in Brazil
1 2 3   13 12 11

SUMÁRIO

1   Convite à Biologia

Questões de impacto Ambientes desconhecidos e outras questões *2*

1.1   Níveis de organização da vida *4*
       Compreensão do mundo *4*
       Um padrão na organização da vida *4*

1.2   Panorama da unidade da vida *6*
       Energia e organização da vida *6*
       Organismos sentem e reagem a mudanças *6*
       Organismos crescem e se reproduzem *7*

1.3   Panorama da diversidade da vida *8*

1.4   Uma visão evolucionária da diversidade *10*

1.5   Raciocínio crítico e ciência *11*
       Pensar sobre pensar *11*
       Escopo e limites da ciência *11*

1.6   Como a ciência funciona *12*
       Observações, hipóteses e testes *12*
       Sobre a palavra "teoria" *12*
       Alguns termos utilizados em experimentos *13*

1.7   O poder dos testes experimentais *14*
       Batatas fritas e dores de estômago *14*
       Borboletas e pássaros *14*
       Fazendo perguntas úteis *15*

1.8   Erro de amostragem em experimentos *16*

2   A Base Química da Vida

Questões de impacto Quanto você vale? *20*

2.1   Começando pelos átomos *22*
       Características dos átomos *22*
       Tabela periódica *22*

2.2   Usando radioisótopos *23*

2.3   Por que os elétrons são importantes? *24*
       Elétrons e níveis de energia *24*
       Por que os átomos interagem? *24*

2.4   O que acontece quando os átomos interagem? *26*
       Ligação iônica *26*
       Ligação covalente *26*
       Pontes de hidrogênio *27*

2.5   Propriedades da água *28*
       Polaridade das moléculas de água *28*
       Propriedade solvente da água *28*
       Efeito estabilizador de temperatura da água *29*
       Coesão da água *29*

2.6   Ácidos e bases *30*
       Escala de pH *30*
       Como os ácidos se diferem das bases? *30*
       Sais e água *31*
       Tampões contra mudanças no pH *31*

3   Moléculas da Vida

Questões de impacto   Temor de frituras *34*

3.1   Moléculas orgânicas *36*
       Carbono — matéria-prima da vida *36*
       Representação de estruturas de moléculas orgânicas *36*

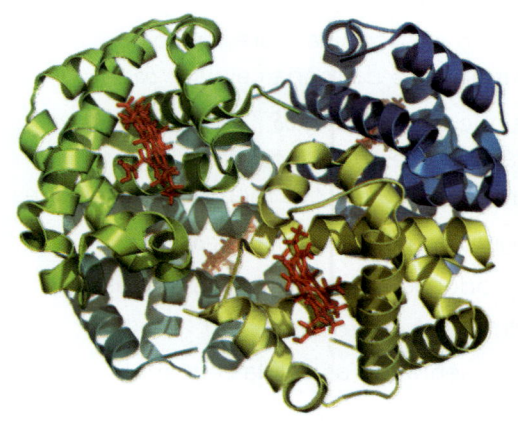

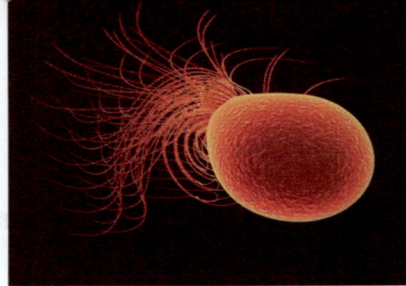
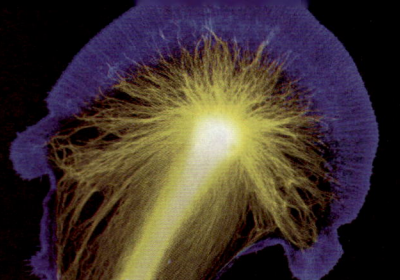
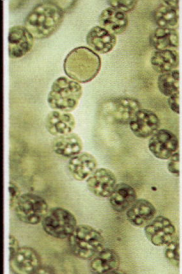
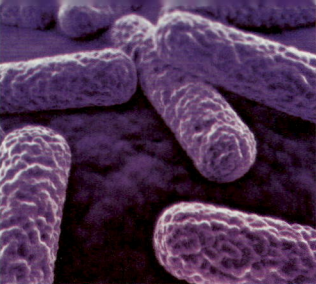

3.2 Da estrutura à função 38
   Grupos funcionais 38
   O que células fazem a compostos orgânicos 39

3.3 Carboidratos 40
   Açúcares simples 40
   Carboidratos de cadeia curta 40
   Carboidratos complexos 40

3.4 Gorduroso, oleoso – devem ser lipídeos 42
   Gorduras 42
   Fosfolipídeos 43
   Ceras 43
   Colesterol e outros esteroides 43

3.5 Proteínas – diversidade na estrutura e função 44
   Proteínas e aminoácidos 44
   Níveis de estrutura proteica 44

3.6 Por que a estrutura da proteína é tão importante? 46
   Apenas um aminoácido errado 46
   Proteínas desfeitas — desnaturação 46
   Não há como "descozinhar" um ovo 47

3.7 Ácidos nucleicos 48

4 Estrutura e Função da Célula

Questões de impacto Alimento para pensar 52

4.1 A teoria celular 54
   Medida das células 54
   Vida microscópica e pragas 54
   Surgimento da teoria celular 55

4.2 O que é a célula? 56
   Básico da estrutura celular 56
   Pré-visualização das membranas celulares 57

4.3 Como vemos as células? 58

4.4 Introdução às células procarióticas 60

4.5 Multidões microbianas 61

4.6 Apresentando as células eucarióticas 62

4.7 Resumo visual dos componentes da célula eucariótica 63

4.8 Núcleo 64
   Envelope nuclear 64
   Nucléolo 65
   Cromossomos 65

4.9 Sistema de endomembranas 66
   Retículo endoplasmático 66
   Vesículas 67
   Complexo de Golgi 67

4.10 Mau funcionamento do lisossomo 68

4.11 Outras organelas 68
   Mitocôndrias 68
   Plastídios 69
   Vacúolo central 69

4.12 Especializações da superfície celular 70
   Paredes da célula eucariótica 70
   Matrizes entre células 70
   Junções celulares 71

4.13 Citoesqueleto 72
   Cílios, flagelos e pseudópodes 73

5 Olhar Atento às Membranas Celulares

Questões de impacto Um transportador ruim e fibrose cística 76

5.1 Organização de membranas celulares 78
   Revisando a camada dupla de lipídeos 78
   Modelo do mosaico fluido 78
   Variações 78

5.2 Proteínas de membrana 80

5.3 Difusão, membranas e metabolismo 82
   Permeabilidade da membrana 82
   Gradientes de concentração 82
   Taxa de difusão 83
   Como as substâncias atravessam as membranas 83

5.4 Transporte ativo e passivo 84
   Transporte passivo 84
   Transporte ativo 84

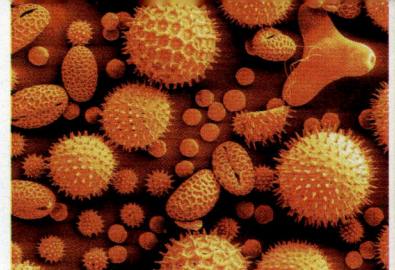

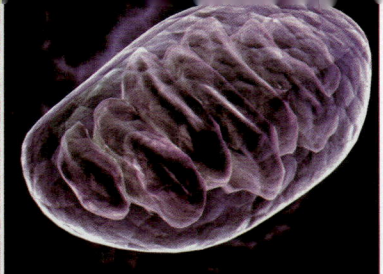

- 5.5 Tráfego na membrana *86*
  - Endocitose e exocitose *86*
  - Ciclo da membrana *87*
- 5.6 Para onde a água vai se mover? *88*
  - Osmose *88*
  - Tonicidade *88*
  - Efeitos da pressão dos fluidos *88*

6 Regras Fundamentais do Metabolismo

QUESTÕES DE IMPACTO Álcool desidrogenase (ADH) *92*

- 6.1 Energia e os seres vivos *94*
  - Energia dispersa *94*
  - Fluxo único de energia *95*
- 6.2 Energia nas moléculas da vida *96*
  - Ganho e perda de energia *96*
  - Por que o mundo não entra em combustão? *96*
  - ATP — a moeda de energia da célula *97*
- 6.3 Como as enzimas fazem as substâncias reagirem *98*
  - Como as enzimas funcionam *98*
  - Efeitos da temperatura, pH e salinidade *99*
  - Ajuda dos cofatores *99*
- 6.4 Metabolismo — reações organizadas e mediadas por enzimas *100*
  - Tipos de vias metabólicas *100*
  - Controles sobre o metabolismo *100*
  - Reações redox *101*
- 6.5 Foco na pesquisa – luzes noturnas *102*

7 Onde Tudo Começa — Fotossíntese

QUESTÕES DE IMPACTO Biocombustíveis *106*

- 7.1 Luz do Sol como fonte de energia *108*
  - Propriedades da luz *108*
  - Receptores de arco-íris *108*
- 7.2 Exploração do arco-íris *110*
- 7.3 Panorama da fotossíntese *111*
- 7.4 Reações dependentes de luz (fotoquímicas) *112*
- 7.5 Fluxo de energia na fotossíntese *114*
- 7.6 Reações independentes de luz – indústria do açúcar *115*
- 7.7 Adaptações: diferentes vias de fixação de carbono *116*
  - Rubisco ineficiente *116*
  - Plantas C4 *116*
  - Plantas CAM *117*
- 7.8 Fotossíntese e a atmosfera *118*
- 7.9 Uma preocupação que queima *119*

8 Como as Células Liberam Energia Química

QUESTÕES DE IMPACTO Quando a mitocôndria entra em ação *122*

- 8.1 Visão geral das vias de decomposição de carboidrato *124*
  - Comparação das principais vias metabólicas *124*
  - Visão geral da respiração aeróbica *125*
- 8.2 Glicólise — a quebra da glicose começa *126*
- 8.3 Segundo estágio de respiração aeróbica *128*
  - Formação de acetil-CoA *128*
  - Ciclo de Krebs *128*
- 8.4 Grande retorno energético da respiração aeróbica *130*
  - Cadeia transportadora de elétrons (fosforilação de transferência de elétrons) *130*
  - Resumindo — colheita de energia *130*
- 8.5 Vias anaeróbicas que liberam energia *132*
  - Vias de fermentação *132*
- 8.6 Contratores *133*
- 8.7 Fontes de energia alternativa no corpo *134*
  - Destino da glicose na hora de comer e entre as refeições *134*

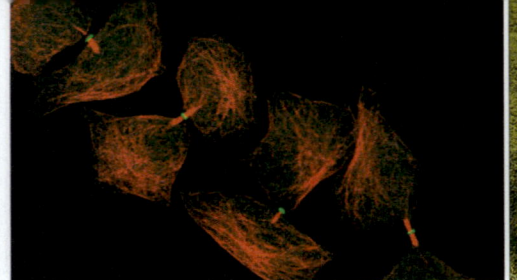

      Energia proveniente de gorduras *134*

      Energia proveniente de proteínas *134*

8.8   Reflexões sobre a unidade da vida *136*

---

9   Como as Células se Reproduzem

QUESTÕES DE IMPACTO   As células imortais de Henrietta *140*

9.1   Visão geral dos mecanismos de divisão celular *142*

      Mitose, meiose e procariotos *142*

      Pontos principais sobre a estrutura do cromossomo *142*

9.2   Introdução ao ciclo celular *144*

      Vida de uma célula *144*

      Mitose e o número de cromossomos *144*

9.3   Foco na mitose *146*

9.4   Mecanismos de divisão citoplasmática *148*

      Divisão de células animais *148*

      Divisão de células vegetais *149*

      Aprecie o processo! *149*

9.5   Quando se perde o controle *150*

---

10   Plantas e Animais — Desafios Comuns

QUESTÕES DE IMPACTO   Uma história alarmante *154*

10.1   Níveis de organização estrutural *156*

      Das células aos organismos pluricelulares *156*

      Crescimento *versus* desenvolvimento *156*

      Evolução de forma e função *156*

      Ambiente interno *157*

      Tarefas corporais *157*

10.2   Desafios comuns *158*

      Troca de gases *158*

      Transporte interno *158*

      Manutenção do equilíbrio soluto-água *158*

      Comunicação entre células *158*

      Sobre variações em recursos e ameaças *159*

10.3   Homeostase nos animais *160*

      Detecção e reação a mudanças *160*

      Feedback negativo *160*

      Feedback positivo *161*

10.4   Doença relacionada ao calor *161*

10.5   A homeostase ocorre em plantas? *162*

      Proteção contra ameaças *162*

      Areia, vento e *Lupinus arboreus* *162*

      Dobramento rítmico das folhas *163*

10.6   Como as células recebem e reagem aos sinais *164*

---

11   Tecidos Vegetais

QUESTÕES DE IMPACTO   Secas *Versus* Civilização *168*

11.1   O corpo da planta *170*

      Estrutura básica *170*

      Eudicotiledôneas e monocotiledôneas — tecidos iguais, características diferentes *170*

      Introdução aos meristemas *170*

11.2   Tecidos vegetais *172*

      Tecidos simples *172*

      Tecidos complexos *172*

11.3   Estrutura primária do eixo caulinar *174*

      O meristema apical *174*

      Dentro do caule *174*

11.4   Foco nas folhas *176*

11.5   Estrutura primária das raízes *178*

11.6   Crescimento secundário *180*

11.7   Anéis de árvore e velhos segredos *182*

11.8   Caules modificados *183*

---

12   Nutrição e Transporte em Plantas

QUESTÕES DE IMPACTO   Fitorremediação *186*

12.1   Nutrientes das plantas e disponibilidade no solo *188*

      Nutrientes necessários *188*

      Propriedades do solo *188*

      Lixiviação e erosão *189*

12.2 Como as raízes absorvem água e nutrientes? *190*
   Como as raízes controlam a entrada de água *191*
12.3 Como a água se move pelas plantas? *192*
   Teoria da coesão-tensão *192*
12.4 Como caules e folhas conservam água? *194*
   Cutícula conservadora de água *194*
   Controle da perda de água nos estômatos *194*
12.5 Como compostos orgânicos se movem pelas plantas? *196*
   Teoria do fluxo de pressão *196*

13 Reprodução das Plantas

QUESTÕES DE IMPACTO Problema das Abelhas *200*

13.1 Estruturas reprodutivas das plantas com flores *202*
   Anatomia de uma flor *202*
   Diversidade da estrutura da flor *203*
13.2 Flores e seus polinizadores *204*
   Sobrevivendo com uma ajudinha dos amigos *204*
13.3 Começo de uma nova geração *206*
   Formação de micrósporo e megásporo *206*
   Polinização e fecundação *206*
13.4 Sexo da flor *208*
13.5 Formação da semente *209*
   O embrião se forma *209*
   Sementes como alimentos *209*
13.6 Frutos *210*
13.7 Reprodução assexuada das plantas com flores *212*
   Clones de plantas *212*
   Aplicações agrícolas *212*

14 Desenvolvimento das Plantas

QUESTÕES DE IMPACTO Plantas Bobas e Uvas Suculentas *216*

14.1 Padrões de desenvolvimento nas plantas *218*
14.2 Hormônios vegetais e outras moléculas de sinalização *220*
   Hormônios vegetais *220*
   Outras moléculas de sinalização *221*
14.3 Exemplos de efeitos dos hormônios vegetais *222*
   Giberelina e germinação *222*
   Aumento de auxina *222*
   Jasmonato – o hormônio do perigo *223*
14.4 Ajuste da direção e das taxas de crescimento *224*
14.5 Sensores de mudanças ambientais recorrentes *226*
   Relógios biológicos *226*
   Ajuste do relógio *226*
   Quando florescer? *226*
14.6 Senescência e dormência *228*
   Abscisão e senescência *228*
   Dormência *228*

15 Tecidos Animais e Sistemas de Órgãos

QUESTÕES DE IMPACTO Fábricas de Células-tronco? *232*

15.1 Anatomia e organização corporal dos animais *234*
   Dos tecidos aos órgãos e destes aos sistemas *234*
   Junções celulares *234*
15.2 Tecido epitelial *235*
   Características Gerais *235*
   Epitélio Glandular *235*
15.3 Tecidos conjuntivos *236*
   Tecidos conjuntivos moles *236*
   Tecidos conjuntivos especializados *236*
15.4 Tecidos musculares *238*
   Tecido muscular esquelético *238*
   Tecido muscular cardíaco *238*
   Tecido muscular liso *239*
15.5 Tecido nervoso *239*
15.6 Visão geral dos principais sistemas de órgãos *240*
   Desenvolvimento de tecidos e órgãos *240*
   Sistemas de órgãos em vertebrados *240*

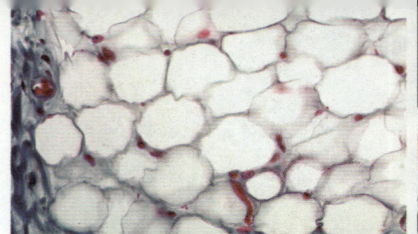

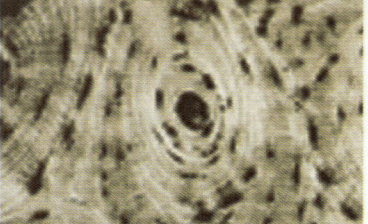

15.7 Pele dos vertebrados — exemplo de um sistema de órgãos *242*
    Estrutura e função da pele *242*
    Luz solar e pele humana *243*
15.8 Cultivando pele *243*

Apêndice I. Sistema de classificação *246*

Apêndice II. Anotações em um artigo científico *250*

Apêndice III. Respostas das questões e problemas genéticos *258*

Apêndice IV. Tabela periódica dos elementos *260*

Apêndice V. Modelos moleculares *261*

Apêndice VI. Principais vias metabólicas *263*

Apêndice VII. Unidades de medida *267*

Glossário de termos biológicos *269*

Créditos das imagens *281*

Índice remissivo *285*

Prefácio

Durante a elaboração desta revisão, convidamos para uma reunião educadores que lecionam biologia introdutória para alunos do ensino médio para discutirmos os objetivos de seus cursos. O objetivo principal de quase todos os professores foi algo como: "Fornecer aos alunos as ferramentas para fazer escolhas informadas, familiarizando-os com o funcionamento da ciência." Os alunos que utilizarem este livro não se tornarão biólogos. Ainda assim, para o resto de suas vidas eles terão de tomar decisões que exigem um conhecimento básico de biologia e do processo científico.

Nosso livro fornece a esses futuros tomadores de decisões uma introdução acessível à biologia. Pesquisas recentes com fotos enfatizam o conceito de que a ciência é um esforço contínuo realizado por uma comunidade diversa de pessoas. Os tópicos de pesquisa não incluem apenas as descobertas dos pesquisadores, mas também como foram feitas, como o conhecimento mudou com o passar do tempo e o que permanece desconhecido. O papel da evolução é um tema unificador, pois está em todos os aspectos da biologia.

Como autores, sentimos que o conhecimento é originário principalmente da realização de conexões, então procuramos manter um equilíbrio entre acessibilidade e nível de detalhes. Logo, revisamos cada página para fazer que o texto desta edição seja claro e o mais direto possível. Também simplificamos muitas figuras e adicionamos tabelas que resumem os pontos principais.

MUDANÇAS NESTA EDIÇÃO

Questões de impacto Para tornar os assuntos relacionados a *Questões de impacto* mais convidativos, atualizamos o tema, tornamos o texto mais conciso e melhoramos sua integração aos capítulos. Muitos textos novos foram adicionados a esta edição.

Conceitos-chave Resumos introdutórios dos *Conceitos-chave* abordados no capítulo agora são apresentados com gráficos extraídos de seções importantes. Os links para conceitos iniciais agora incluem descrições de conceitos relacionados em adição aos números da seção.

Para pensar Cada seção agora inclui um boxe de *Para pensar*. Aqui, colocamos uma pergunta que retoma o conteúdo crítico da seção, além de fornecer respostas à pergunta em formato de tópicos.

Resolva *Perguntas para resolução* com respostas que permitem ao aluno verificar seu entendimento sobre uma figura enquanto leem o capítulo.

Exercício de análise de dados Para fixar ainda mais as habilidades analíticas do aluno e proporcionar uma percepção sobre as pesquisas contemporâneas, cada capítulo apresenta um *Exercício de análise de dados*. O exercício traz um texto breve, geralmente sobre um experimento científico, e uma tabela, quadro ou gráfico para ilustrar dados experimentais. O aluno deve usar as informações contidas no texto e no gráfico para responder à série de perguntas.

Alterações específicas Cada capítulo foi amplamente revisto quanto à clareza; esta edição tem mais de 250 novas fotos e mais de 300 figuras novas e atualizadas. Um resumo das alterações está a seguir.

- *Capítulo 1, Convite à Biologia* Novo texto sobre a descoberta de novas espécies. Abordagem detalhada sobre o pensamento crítico e o processo científico. Nova seção sobre erros de amostragem.
- *Capítulo 2, A Base Química da Vida* Seções sobre partículas subatômicas, ligações e pH simplificadas; nova arte para o pH.
- *Capítulo 3, Moléculas da Vida* Novo texto sobre gorduras *trans*. Representações estruturais simplificadas e padronizadas.
- *Capítulo 4, Estrutura e Função da Célula* Novo texto sobre *E. coli* transportado pelos alimentos; seção microscópica atualizada; nova seção sobre a Teoria Celular e história da microscopia; dois novos textos sobre biofilmes e mau funcionamento dos lisossomos.
- *Capítulo 5, Olhar Atento às Membranas Celulares* Arte da membrana reorganizada; nova figura ilustrando o cotransporte.
- *Capítulo 6, Regras Fundamentais do Metabolismo* Seções sobre energia e metabolismo reorganizadas e reescritas; muito mais figuras, incluindo modelo molecular de sítio ativo.
- *Capítulo 7, Onde Tudo Começa — Fotossíntese* Novo texto sobre biocombustíveis. Seções sobre reações dependentes da luz e adaptações para fixação de carbono simplificadas; novo texto sobre CO_2 atmosférico e aquecimento global.
- *Capítulo 8, Como as Células Liberam Energia Química* Todos os desenhos que mostram as vias metabólicas foram revisados e simplificados.
- *Capítulo 9, Como as Células se Reproduzem* Micrografias de mitose em células vegetais e animais atualizadas.
- *Capítulo 10, Plantas e Animais — Desafios Comuns* Nova seção sobre doenças relacionadas ao calor.
- *Capítulo 11, Tecidos Vegetais* Seção simplificada sobre estrutura secundária; novo texto sobre dendroclimatologia.
- *Capítulo 12, Nutrição e Transporte em Plantas* Seção sobre a função da raiz reescrita e ampliada; nova figura da translocação.
- *Capítulo 13, Reprodução das Plantas* Amplamente revisada. Novo texto sobre distúrbios na colônia; nova tabela que mostra as especializações da flor para polinizadores específicos; nova seção sobre o sexo das flores; várias fotos novas adicionadas.
- *Capítulo 14, Desenvolvimento das Plantas* Seções sobre o desenvolvimento das plantas e mecanismos hormonais revistos.

- *Capítulo 15, Tecidos Animais e Sistemas de Órgãos* Texto atualizado sobre células-tronco. Nova seção sobre pele cultivada em laboratório.

Apêndice V, Modelos Moleculares Nova figura e texto para explicar o uso de diferentes tipos de modelos moleculares.

AGRADECIMENTOS

Não conseguimos expressar em tão singela lista os nossos agradecimentos à equipe que, com tamanha dedicação, tornou este livro realidade. Os profissionais relacionados na página a seguir ajudaram a moldar nosso pensamento. Marty Zahn e Wenda Ribeiro merecem reconhecimento especial por seus comentários incisivos em todos os capítulos, assim como Michael Plotkin por seu grande e excelente retorno. Grace Davidson organizou nossos esforços tranquila e incansavelmente, solucionou os pontos falhos e conformou todas as partes deste livro. A tenacidade do iconógrafo Paul Forkner nos ajudou a alcançar objetivo de ilustração. Na Cengage Learning, Yolanda Cossio e Peggy Williams nos apoiaram firmemente. Contamos também com a colaboração de Andy Marinkovich, de Amanda Jellerichs, que organizou reuniões com vários professores, de Kristina Razmara, que auxiliou nas questões de tecnologia, de Samantha Arvin, que contribui no âmbito organizacional, e de Elizabeth Momb, que gerenciou todos os materiais impressos.

CECIE STARR, CHRISTINE EVERS E LISA STARR
Junho de 2008

AOS ALUNOS

O que é a vida? A pergunta é básica, porém difícil. Nesta obra os autores partem de exemplos para fundamentar conceitos. Esses conceitos, quando unidos e compreendidos, permitem ao estudante pensar em respostas. A obra *Biologia, Unidade e Diversidade da Vida* se destaca em relação às demais publicações do gênero. A linguagem é clara e objetiva. O conteúdo é ricamente ilustrado, com figuras de excelente qualidade e contextualizado com exemplos interessantes. A obra não apenas apresenta um panorama geral da Biologia moderna, mas se preocupa em explicar o modo como a Biologia funciona enquanto ciência e a forma como os conhecimentos são produzidos nessa área. Assim, o texto não traz apenas conhecimentos, mas convida o estudante brasileiro a pensar sobre o maravilhoso mundo da vida.

Dr. Gustavo A. Schmidt de Melo Filho
Setembro de 2011

COLABORADORES DESTA EDIÇÃO: TESTES E REVISÕES

MARC C. ALBRECHT
University of Nebraska at Kearney

ELLEN BAKER
Santa Monica College

SARAH FOLLIS BARLOW
Middle Tennessee State University

MICHAEL C. BELL
Richland College

LOIS BREWER BOREK
Georgia State University

ROBERT S. BOYD
Auburn University

URIEL ANGEL BUITRAGO-SUAREZ
Harper College

MATTHEW REX BURNHAM
Jones County Junior College

P.V. CHERIAN
Saginaw Valley State University

WARREN COFFEEN
Linn Benton

LUIGIA COLLO
Universita' Degli Studi Di Brescia

DAVID T. COREY
Midlands Technical College

DAVID F. COX
Lincoln Land Community College

KATHRYN STEPHENSON CRAVEN
Armstrong Atlantic State University

SONDRA DUBOWSKY
Allen County Community College

PETER EKECHUKWU
Horry-Georgetown Technical College

DANIEL J. FAIRBANKS
Brigham Young University

MITCHELL A. FREYMILLER
University of Wisconsin — Eau Claire

RAUL GALVAN
South Texas College

NABARUN GHOSH
West Texas A&M University

JULIAN GRANIRER
URS Corporation

STEPHANIE G. HARVEY
Georgia Southwestern State University

JAMES A. HEWLETT
Finger Lakes Community College

JAMES HOLDEN
Tidewater Community College — Portsmouth

HELEN JAMES
Smithsonian Institution

DAVID LEONARD
Hawaii Department of Land and Natural Resources

STEVE MACKIE
Pima West Campus

CINDY MALONE
California State University — Northridge

KATHLEEN A. MARRS
Indiana University — Purdue University Indianapolis

EMILIO MERLO-PICH
GlaxoSmithKline

MICHAEL PLOTKIN
Mt. San Jacinto College

MICHAEL D. QUILLEN
Maysville Community and Technical College

WENDA RIBEIRO
Thomas Nelson Community College

MARGARET G. RICHEY
Centre College

JENNIFER CURRAN ROBERTS
Lewis University

FRANK A. ROMANO, III
Jacksonville State University

CAMERON RUSSELL
Tidewater Community College — Portsmouth

ROBIN V. SEARLES-ADENEGAN
Morgan State University

BRUCE SHMAEFSKY
Kingwood College

BRUCE STALLSMITH
University of Alabama — Huntsville

LINDA SMITH STATON
Pollissippi State Technical Community College

PETER SVENSSON
West Valley College

LISA WEASEL
Portland State University

DIANA C. WHEAT
Linn-Benton Community College

CLAUDIA M. WILLIAMS
Campbell University

MARTIN ZAHN
Thomas Nelson Community College

...nfigurações atuais
...s oceanos e massas
...rrestres – o estágio
...ológico no qual a dinâ-
...ica da vida continua a
...ontecer. Esta imagem
...mposta de satélite
...vela a utilização global
... energia pela popu-
...ção humana. Assim
...mo a ciência biológica,
... convida você a pensar
...ais profundamente a
...speito da vida – e a res-
...ito do nosso impacto
...bre ela.

1 Convite à Biologia

QUESTÕES DE IMPACTO | Ambientes Desconhecidos e Outras Questões

Nesta era de satélites, submarinos e sistemas de posicionamento global, será que existe algum lugar na Terra ainda inexplorado? A resposta é sim. Em 2005, por exemplo, helicópteros deixaram uma equipe de biólogos em um pântano no meio de uma vasta e inacessível (por outros meios) floresta tropical na Nova Guiné. Posteriormente, Bruce Beehler, membro da equipe, comentou: "Para onde olhássemos, víamos coisas impressionantes que nunca tínhamos visto. Eu gritava. Esta viagem foi uma série única de gritos em experiências".

A equipe descobriu dezenas de animais e plantas desconhecidos para a ciência, incluindo um rododendro (gênero Rhododendron) com flores do tamanho de pratos. Os biólogos encontraram animais que estão à beira da extinção em outras partes do mundo e uma ave presumidamente extinta.

A expedição atiçou a imaginação de pessoas em todo o mundo. Não é que a descoberta de novos tipos de organismos seja algo tão raro. Quase toda semana biólogos descobrem muitos tipos de insetos e outros organismos pequenos. Entretanto, os animais nesta floresta em particular – especialmente mamíferos e aves – parecem grandes demais para passarem despercebidos. As pessoas os tinham ignorado? Talvez não. Não havia qualquer trilha ou outra interferência humana naquela parte da floresta. Os animais nunca tinham aprendido a ter medo dos humanos, então a equipe pôde simplesmente chegar e coletá-los (Figura 1.1).

Muitos outros mamíferos foram descobertos nos últimos anos, incluindo lêmures em Madagascar, macacos na Índia e na Tanzânia, animais que vivem em cavernas em dois parques nacionais na Califórnia, esponjas carnívoras perto da Antártida, baleias e animais gigantes e gelatinosos nos mares. A maioria apareceu durante viagens de pesquisa semelhantes à expedição à Nova Guiné – quando biólogos simplesmente estavam tentando descobrir o que vive onde.

Explorar e entender a natureza não é algo novo. Nós, humanos, e nossos ancestrais imediatos fazemos isso há milhares de anos. Observamos, encontramos explicações sobre o que as observações significam e, depois, testamos as explicações. Ironicamente, quanto mais aprendemos sobre a natureza, mais percebemos o quanto ainda temos a aprender.

É possível escolher deixar que outros lhe digam o que pensar sobre o mundo à sua volta. Ou você pode escolher desenvolver sua própria compreensão sobre ele. Talvez, como os exploradores da Nova Guiné, você se interesse pelos animais e seus *habitats*. Talvez seu interesse esteja nos aspectos que afetam sua saúde, os alimentos que você come ou sua casa e família. Independentemente do foco, o estudo científico da vida – biologia – pode aprofundar a perspectiva sobre o mundo.

Neste livro, você encontrará exemplos de como os organismos são formados, onde vivem e o que fazem. Tais exemplos fundamentam conceitos que, quando agrupados, transmitem o que é a "vida". Este capítulo oferece um panorama de conceitos básicos. Ele define o cenário para futuras descrições de observações científicas e aplicações que podem lhe ajudar a refinar sua compreensão acerca da vida.

Figura 1.1 Biólogo Kris Helgen e um raro canguru arbóreo em uma floresta tropical nas montanhas Foja, na Nova Guiné, onde, em 2005, exploradores descobriram 40 espécies até então desconhecidas.

Conceitos-chave

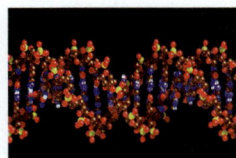
Níveis de organização da vida
Estudamos o mundo da vida em diferentes níveis de organização, que se estendem desde os átomos e moléculas à biosfera. A qualidade de "vida" surge no nível da célula. **Seção 1.1**

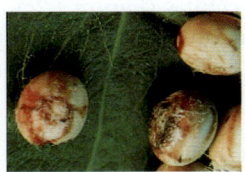
Unidade subjacente da vida
Todos os organismos consistem de uma ou mais células, que permanecem vivas por meio de aportes contínuos de energia e matérias-primas. Todos sentem e reagem a mudanças; todos herdaram DNA, molécula que codifica informações necessárias para o crescimento, desenvolvimento e reprodução. **Seção 1.2**

Diversidade da vida
Muitos milhões de tipos de organismos, ou espécies, apareceram e desapareceram com o tempo. Cada tipo é único em alguns aspectos do formato de seu corpo ou comportamento. **Seção 1.3**

Explicação da unidade na diversidade
Teorias da Evolução, especialmente uma Teoria da Evolução por Seleção Natural, ajudam a explicar por que a vida apresenta unidade e diversidade. Teorias evolucionárias guiam as pesquisas em todos os campos da biologia. **Seção 1.4**

Como sabemos
Biólogos fazem observações sistemáticas, previsões e testes em laboratório e em campo. Eles relatam seus resultados para que outros possam repetir seu trabalho e verificar seu raciocínio. **Seções 1.5–1.8**

Neste capítulo

- Este livro faz um paralelo entre os níveis de organização da natureza, desde os átomos até a biosfera.
- Aprender sobre a estrutura e a função de átomos e moléculas prepara você para entender a estrutura das células vivas. Aprender sobre processos que mantêm uma única célula viva ajuda a compreender como organismos pluricelulares sobrevivem, pois todas as suas muitas células vivas utilizam os mesmos processos. Saber o que é necessário para a sobrevivência auxilia a compreensão das razões e modos de interação dos organismos entre si e com o ambiente.
- No início de cada capítulo, utilizaremos este espaço para apresentar o conteúdo abordado.

Qual sua opinião? O descobridor de uma nova espécie geralmente é quem atribui o nome científico a ela. Em 2005, um cassino canadense adquiriu o direito de nomear uma espécie de macaco. Os direitos de nomeação deveriam ser vendidos? Conheça a opinião de seus colegas e apresente seus argumentos a eles.

1.1 Níveis de organização da vida

- Entendemos a vida refletindo sobre os diferentes níveis de organização da natureza.
- A organização da natureza começa no nível dos átomos e se estende até a biosfera.
- A qualidade da vida surge no nível da célula.

Compreensão do mundo

A maioria de nós entende intuitivamente o que a natureza significa, mas como defini-la? **Natureza** é tudo no universo, exceto o elaborado pelos humanos. Ela abrange cada substância, evento, força e energia – luz do sol, flores, animais, bactérias, rochas, trovão, humanos etc. Ela exclui tudo que é artificial.

Pesquisadores, sacerdotes, fazendeiros, astronautas, crianças – quem se propõe a definir a natureza, tenta entendê-la. As interpretações são diferentes, pois ninguém pode ser especialista em tudo o que foi aprendido até o momento ou tem o conhecimento prévio de tudo o que continua oculto. Se você está lendo este livro, está começando a explorar o conhecimento como um subconjunto de cientistas – os Biólogos.

Um padrão na organização da vida

A visão dos Biólogos abrange todos os aspectos da vida, no passado e no presente. Seu foco os leva dos átomos às relações globais entre organismos e o meio ambiente. Por meio de seu trabalho, podemos reconhecer um grande padrão de organização na natureza.

O padrão começa no nível dos átomos. **Átomos** são blocos construtores fundamentais de todas as substâncias, vivas e não vivas (Figura 1.2a).

No próximo nível de organização, os átomos se unem a outros átomos, formando **moléculas** (Figura 1.2b).

Entre as moléculas, há carboidratos complexos e lipídios, proteínas e ácidos nucleicos. Hoje, apenas células vivas formam essas "moléculas de vida" na natureza.

O padrão atravessa o limiar para a vida quando muitas moléculas são organizadas como células (Figura 1.2c). Uma **célula** é a menor unidade de vida que pode sobreviver e se reproduzir por conta própria, de acordo com informações no DNA, entrada de energia, matérias-primas e condições ambientais adequadas.

Um **organismo** é um indivíduo que consiste de uma ou mais células.

Em organismos pluricelulares maiores, trilhões de células se organizam em tecidos, órgãos e sistemas de órgãos,

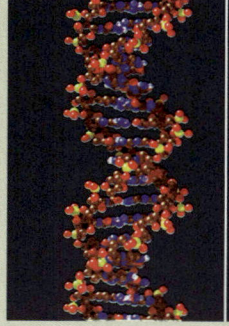

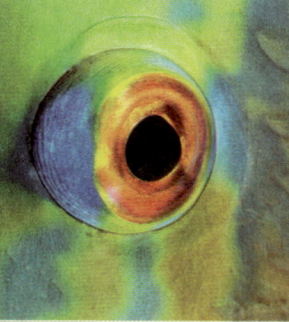
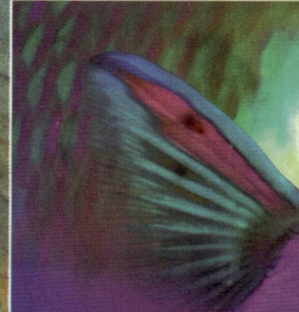

B molécula

Dois ou mais átomos unidos em ligações químicas. Na natureza, apenas células vivas formam as moléculas de vida: carboidratos complexos e lipídios, proteínas e ácidos nucleicos.

C célula

A menor unidade que pode viver e se reproduzir por conta própria ou como parte de um organismo pluricelular. Uma célula tem DNA, membrana externa e outros componentes.

D tecido

Conjunto organizado de células e substâncias que interagem em alguma tarefa. Por exemplo, o tecido ósseo é composto de secreções (marrom) de células como esta (branca).

E órgão

Unidade estrutural de dois ou mais tecidos que interagem em uma ou mais tarefas. O olho deste budião (peixe) é um órgão sensorial utilizado na visão.

F sistema de órgãos

Órgãos que interagem em uma ou mais tarefas. A pele deste budião é um sistema de órgãos que consiste de camadas de tecido, órgãos como glândulas e outros anexos.

Organismos unicelulares podem formar populações.

A átomo

Átomos são unidades fundamentais de todas as substâncias. Esta imagem mostra um modelo de um único átomo de hidrogênio.

Figura 1.2 Níveis de organização na natureza.

todos interagindo em tarefas que mantêm todo o corpo vivo. A Figura 1.2*d–g* define essas partes do corpo.

Populações estão em um nível superior de organização. Cada **população** é um grupo de indivíduos do mesmo tipo de organismo ou espécie, vivendo em uma área específica (Figura 1.2*h*). Exemplos são todos os budiões *Chlorurus gibbus* que vivem no Shark Reef, no Mar Vermelho, ou todas as papoulas californianas na Antelope Valley Poppy Reserve, na Califórnia.

As comunidades estão no nível seguinte. Uma **comunidade** consiste de todas as populações de todas as espécies em uma área especificada. Como exemplo, a Figura 1.2*i* dá uma amostra das espécies do Shark Reef. Esta comunidade submarina inclui muitos tipos de algas marinhas, peixes, corais, anêmonas do mar, camarões e outros organismos vivos que fazem sua casa no atol dentro dele. As comunidades podem ser grandes ou pequenas, dependendo da área definida.

O próximo nível de organização é o **ecossistema**: uma comunidade que interage com seu ambiente físico e químico. O nível mais inclusivo, a **biosfera**, abrange todas as regiões da crosta terrestre, águas e atmosfera onde os organismos habitam. Lembre-se de que a vida é mais do que a soma dessas partes. Em outras palavras, algumas propriedades emergentes ocorrem em cada nível sucessivo da organização da vida.

Uma **propriedade emergente** é uma característica de um sistema que não aparece em nenhuma de suas partes componentes. Por exemplo, as próprias moléculas da vida não são vivas.

Considerando-as separadamente, ninguém conseguiria prever que uma quantidade e uma organização em particular de moléculas formaria uma célula viva. A vida – uma propriedade emergente – aparece primeiro no nível da célula, mas não nos níveis inferiores de organização na natureza.

Para pensar

Como a "vida" se diferencia do que não é vivo?

- Os blocos construtores – átomos – que compõem todas as coisas vivas são os mesmos que formam as coisas não vivas.
- Átomos se unem formando moléculas. As propriedades exclusivas da vida surgem à medida que determinados tipos de molécula são organizados em células.
- Níveis superiores de organização incluem organismos pluricelulares, populações, comunidades, ecossistemas e a biosfera.

G organismo pluricelular

Indivíduo composto de diferentes tipos de células. As células da maioria dos organismos pluricelulares, como deste budião, formam tecidos, órgãos e sistemas de órgãos.

H população

Grupo de indivíduos unicelulares ou pluricelulares de uma espécie em uma determinada área. Esta é uma população de uma espécie de peixe no Mar Vermelho.

I comunidade

Todas as populações de todas as espécies em uma área especificada. Por exemplo, populações que pertencem a uma comunidade de atóis de corais em um golfo no Mar Vermelho.

J ecossistema

Uma comunidade que interage com seu ambiente físico por meio de ganho e perda de energia e materiais. Ecossistemas de atóis prosperam em água marinha quente e clara no Oriente Médio.

K biosfera

Todas as regiões da Terra – de águas, crosta e atmosfera – que contêm organismos. A Terra é um planeta raro. A vida como a conhecemos seria impossível sem a abundância de água existente.

1.2 Panorama da unidade da vida

- O provimento contínuo de energia e o ciclo de materiais que mantêm a organização complexa da vida.
- Organismos sentem e respondem a mudanças.
- O DNA herdado dos pais é a base do crescimento e da reprodução em todos os organismos.

Energia e organização da vida

Comer fornece a seu corpo energia e nutrientes que o mantêm organizado e funcionando. **Energia** é a capacidade de realizar trabalho. Um **nutriente** é um tipo de átomo ou molécula com um papel essencial no crescimento e na sobrevivência e que um organismo não pode fabricar sozinho.

Todos os organismos passam muito tempo adquirindo energia e nutrientes, embora diferentes organismos obtenham energia de fontes diferentes. Tais diferenças nos permitem classificar os organismos em duas categorias amplas: produtores ou consumidores.

Produtores adquirem energia e matérias-primas simples de fontes ambientais e fazem seu próprio alimento. Plantas são produtores. Pelo processo de **fotossíntese**, utilizam a energia da luz solar para formar açúcares a partir de dióxido de carbono e água. Tais açúcares funcionam como pacotes de energia imediatamente disponível ou blocos construtores para moléculas maiores.

Consumidores não conseguem produzir seu próprio alimento; obtêm energia e nutrientes indiretamente – ao comerem produtores e outros organismos. Os animais fazem parte da categoria de consumidores. O mesmo acontece com **decompositores**, que se alimentam de resíduos de organismos mortos. Os nutrientes circulam entre produtores e consumidores.

A energia, no entanto, não circula. Ela flui em direção ao ambiente através dos produtores e, depois, através dos consumidores. Este fluxo mantém a organização de organismos individuais e é a base da organização da vida dentro da biosfera (Figura 1.3). É um fluxo unidirecional, porque em cada transferência há perda de energia sob a forma de calor. As células não utilizam calor para realizar trabalho. Assim, a energia que entra no mundo da vida essencialmente sai dele – permanentemente.

Organismos sentem e reagem a mudanças

Organismos sentem e reagem a mudanças dentro e fora do corpo por meio de receptores. Um **receptor** é uma molécula ou estrutura celular que responde a uma forma específica de estimulação, como a energia da luz ou a energia mecânica de uma mordida (Figura 1.4).

Receptores estimulados acionam mudanças nas atividades de organismos. Por exemplo, depois de comer, os açúcares de sua refeição entram em sua corrente sanguínea e o nível de açúcar em seu sangue aumenta.

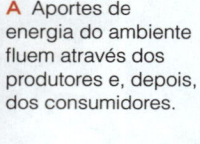

entrada de energia, principalmente da luz solar

PRODUTORES
plantas e outros organismos que produzem seu próprio alimento (autótrofos).

CONSUMIDORES
animais, maioria dos fungos, muitos protistas, bactérias.

saída de energia, principalmente calor

A Aportes de energia do ambiente fluem através dos produtores e, depois, dos consumidores.

B Nutrientes são incorporados às células de produtores e consumidores. Alguns nutrientes liberados pela decomposição retornam aos produtores.

C Toda a energia que entra em um ecossistema eventualmente sai dele, principalmente como calor.

Figura 1.3 O fluxo unidirecional de energia e ciclo de materiais em um ecossistema.

Figura 1.4 Uma reação de rugido a sinais de receptores de dor, ativada por um filhote de leão brincando com o perigo.

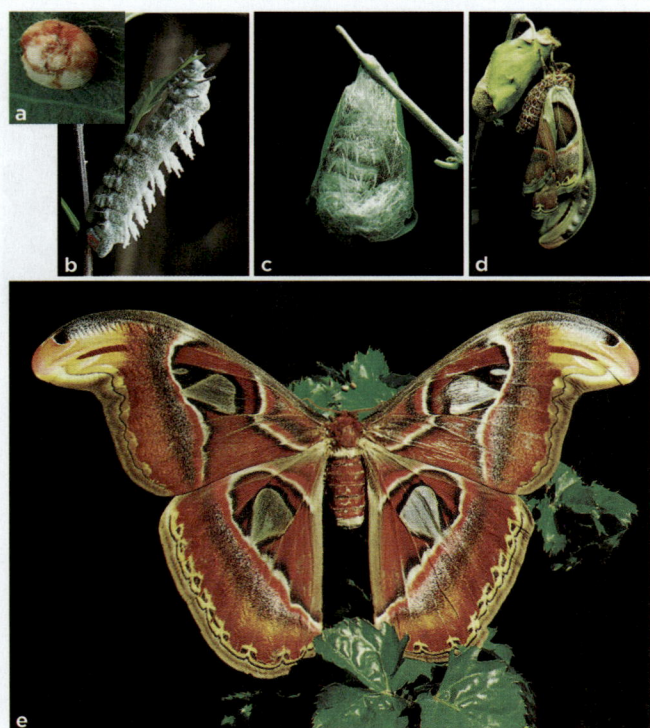

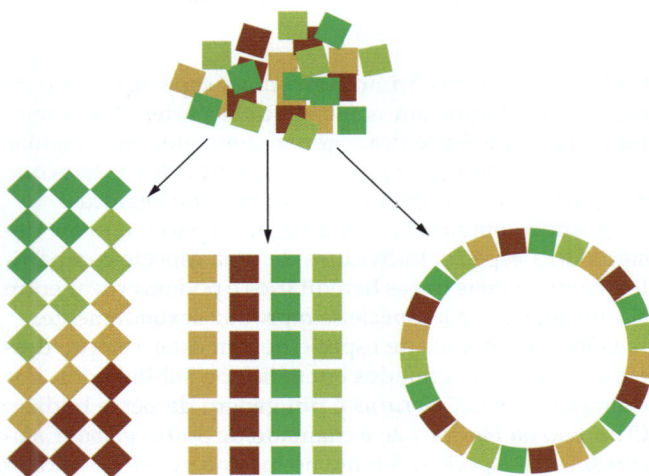

Figura 1.5 Desenvolvimento da mariposa atlas. Instruções no DNA guiam o desenvolvimento deste inseto através de uma série de estágios, de um ovo fertilizado (**a**) a um estágio larval chamado lagarta (**b**) a um estágio de pupa (**c**) até a forma adulta alada (**d,e**).

Figura 1.6 Três exemplos de objetos montados de formas diferentes a partir dos mesmos materiais.

Os açúcares adicionados se vinculam aos receptores nas células do pâncreas (uma glândula do sistema endócrino). A ligação ativa uma série de eventos que faz com que células em todo o corpo absorvam açúcar mais rápido, para que o nível de açúcar no sangue volte ao normal.

Se a composição do ambiente interno não for mantida dentro de certas faixas, as células do corpo morrerão. Ao sentir e se ajustar a mudanças, os organismos mantêm as condições em seu ambiente interno em uma faixa que favorece a sobrevivência das células. Esse processo é chamado **homeostase** e é uma característica definidora da vida. Todos os organismos, sejam unicelulares ou pluricelulares, realizam homeostase.

Organismos crescem e se reproduzem

O **DNA**, um ácido nucleico, é a molécula característica da vida. Ele não é encontrado em pedaços de rocha, por exemplo. Por que o DNA é tão importante? Ele é a base do crescimento, da sobrevivência e da reprodução em todos os organismos. Ele também é a fonte das características distintas, ou **traços**, de cada indivíduo.

Na natureza, um organismo herda DNA – a base de seus traços – dos pais. **Herança** é a transmissão do DNA dos pais aos descendentes. Mariposas se parecem com mariposas e não com galinhas porque herdaram o DNA das mariposas, que é diferente do DNA das galinhas. **Reprodução** se refere aos mecanismos reais pelos quais pais transmitem DNA aos descendentes. Para todos os indivíduos pluricelulares, o DNA tem informações que guiam o crescimento e o **desenvolvimento** – a transformação organizada da primeira célula de um novo indivíduo em um adulto (embriogênese) (Figura 1.5).

O DNA contém instruções e as células utilizam algumas dessas instruções para formar proteínas, que são cadeias longas de aminoácidos. Há apenas 20 tipos de aminoácidos, mas as células os unem em sequências diferentes para formar uma grande variedade de proteínas. Por analogia, poucos tipos diferentes de azulejos podem ser organizados em muitos padrões diferentes (Figura 1.6).

Proteínas têm papéis estruturais ou funcionais. Por exemplo, algumas proteínas são enzimas – moléculas funcionais que fazem com que as atividades das células sejam realizadas mais rapidamente do que fariam por conta própria. Sem as enzimas, tais atividades não aconteceriam suficientemente rápido para que uma célula sobrevivesse.

Não haveria mais células e, portanto, vida.

Para pensar

Como todos os seres vivos se parecem?

- Um fluxo unilateral de energia e um ciclo de nutrientes através de organismos e do meio ambiente sustentam a vida e sua organização.
- Organismos mantêm a homeostase ao sentir e reagir a mudanças. Eles fazem ajustes que mantêm as condições em seu ambiente interno dentro de uma gama que favorece a sobrevivência celular.
- Organismos crescem, desenvolvem-se e se reproduzem com base em informações codificadas em seu DNA, herdado de seus pais.

1.3 Panorama da diversidade da vida

- De estimados 100 bilhões de tipos de organismos que já viveram na Terra, cerca de 100 milhões são encontrados atualmente.

Cada vez que descobrimos uma nova **espécie** ou tipo de organismo, damos um nome em duas partes. A primeira parte do nome especifica o **gênero** (em latim, no singular *genus* e, no plural, *genera*), que é um grupo de espécies que compartilha um conjunto peculiar de características.

Quando combinado com a segunda parte, o nome designa uma espécie. Indivíduos de uma espécie compartilham um ou mais traços hereditários e podem cruzar entre si com sucesso se a espécie se reproduz sexuadamente.

Gêneros e nomes de espécie devem estar sempre destacados no texto, grafados em itálico ou sublinhados. Por exemplo, *Scarus Chlorurus* é um gênero de peixe budião. O budião na Figura 1.2g é chamado de *Scarus gibbus Chlorurus*. Uma espécie diferente no mesmo gênero, o budião da meia-noite, é o *S. coelestinus*. Observe que o nome do gênero pode ser abreviado depois de ser escrito completo uma vez.

Utilizamos diversos sistemas de classificação para organizar e recuperar informações sobre espécies. A maioria dos sistemas agrupa espécies com base em suas características observáveis, ou traços. A Tabela 1.1 e a Figura 1.7 mostram um sistema comum no qual agrupamentos mais inclusivos acima do nível do gênero são denominados filo (em latim, no singular *phylum* e, no plural, *phyla*), reino e domínio. Aqui, todas as espécies são agrupadas nos domínios *Bacteria*, *Archaea* e *Eukarya*. Protistas, plantas, fungos e animais compõem o domínio *Eukarya*.

Todas as **bactérias** (em latim, no singular *bacterium* e, no plural, *bacteria*) e **arqueas** são organismos unicelulares. Todos eles são procarióticos, o que significa que não têm um núcleo organizado. Em outros organismos, o núcleo, envolto por membrana, guarda e protege o DNA de uma célula. Como um grupo, os procariotos têm as mais diversas formas de adquirir energia e nutrientes. Eles são produtores e consumidores em quase toda a biosfera, incluindo ambientes extremos como rochas congeladas, lagos fervantes repletos de enxofre e resíduos de reatores nucleares. As primeiras células da Terra podem ter enfrentado desafios igualmente hostis à sobrevivência.

Tabela 1.1	Comparação entre os três domínios da vida
Bacteria	Unicelulares, procarióticos (sem núcleo organizado). Linhagem mais antiga.
Archaea	Unicelulares, procarióticos. Mais próximos evolutivamente dos eucariotos.
Eukarya	Células eucarióticas (com núcleo organizado). Espécies unicelulares e pluricelulares categorizadas como protistas, plantas, fungos e animais.

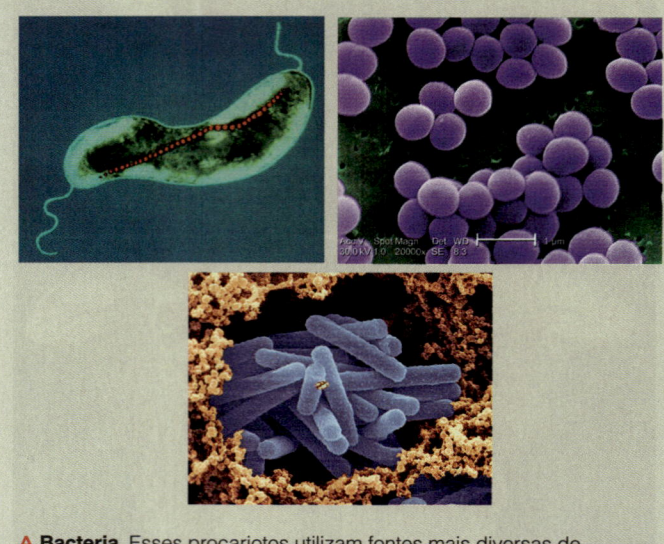

A Bacteria Esses procariotos utilizam fontes mais diversas de energia e nutrientes do que todos os outros organismos. *Em sentido horário a partir da esquerda, de cima*, uma bactéria magnetotática tem uma fila de cristais de ferro que atua como uma minúscula bússola; e bactérias que vivem na pele; cianobactérias em espiral.

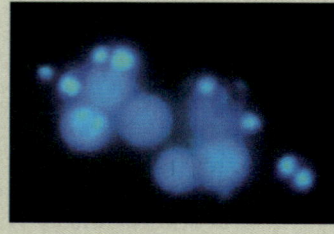

B Archaea Embora frequentemente pareçam semelhantes a bactérias, esses procariotos são evolutivamente mais próximos dos eucariotos. Acima duas espécies de um respiradouro hidrotermal no solo marinho.

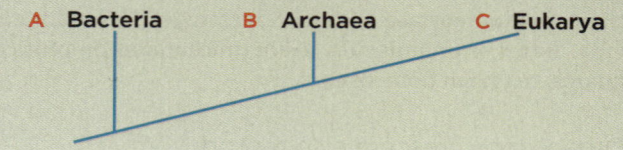

Figura 1.7 Representantes da diversidade dos três ramos mais inclusivos da árvore da vida.

Células de **eucariotos** iniciam a vida com um núcleo organizado. Estruturalmente, **protistas** são o tipo mais simples de eucarioto. Diferentes espécies de protistas são produtoras ou consumidoras.

Muitas são células únicas, maiores e mais complexas do que procariotos. Algumas são algas marinhas pluricelulares do tamanho de árvores. Os protistas são tão diversos que agora estão sendo reclassificados em diversas linhagens principais separadas com base em evidências bioquímicas.

Células de fungos, plantas e animais são eucarióticas. A maioria dos **fungos**, como os tipos que formam cogumelos, é pluricelular. Muitos são decompositores e todos

C Eukarya

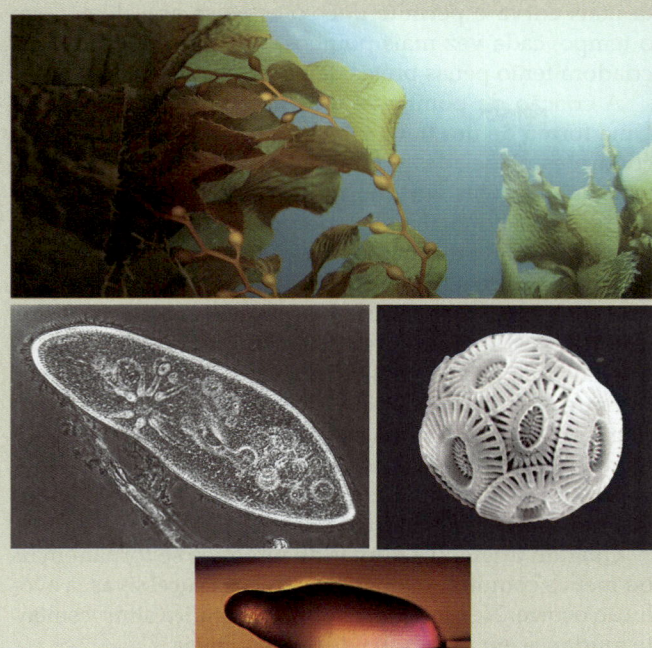

Protistas são espécies eucarióticas unicelulares e pluricelulares que vão de tamanhos microscópicos a algas marinhas gigantes. Muitos biólogos agora veem os "protistas" como divididos em grandes linhagens.

Fungos são eucariotos, sendo a maioria pluricelular. Diferentes tipos são parasitas, patógenos ou decompositores. Sem decompositores as comunidades ficariam enterradas em seus próprios detritos.

Plantas são eucariotos pluricelulares fotossintéticos. Quase todas têm raízes, troncos e folhas. Plantas são os produtores primários em ecossistemas terrestres. Sequoias e plantas com flores são exemplos.

Animais são eucariotos pluricelulares que ingerem tecidos ou sucos de outros organismos. Como este lagarto basilisco, eles se movem ativamente durante pelo menos parte de sua vida.

secretam enzimas que digerem alimento fora do corpo (digestão extracelular). Suas células, então, absorvem os nutrientes liberados.

Plantas são eucariotos pluricelulares, fotossintéticos. Quase todas têm raízes, troncos e folhas. Plantas são os produtores primários. A maioria delas vive na terra ou em ambientes de água doce. Elas absorvem a energia da luz solar para acionar a produção de açúcares a partir de dióxido de carbono e água. Além de se alimentarem, fotossintetizadores alimentam também uma boa parte da biosfera.

Os **animais** são consumidores pluricelulares que ingerem tecidos ou sucos de outros organismos. Herbívoros pastam, carnívoros comem carne, detritívoros comem restos de outros organismos e parasitas retiram nutrientes dos tecidos de um hospedeiro. Animais crescem e se desenvolvem por meio de uma série de estágios que levam à forma adulta. Como este lagarto basilisco (figura), eles se movem ativamente durante pelo menos parte de sua vida.

A partir deste rápido panorama, é possível uma noção da grande gama de variedade da vida e sua diversidade.

Para pensar

Como os organismos vivos diferem entre si?

- Organismos se diferenciam em seus detalhes; mostram grande variação nas características observáveis, ou traços.
- Vários sistemas de classificação agrupam espécies com base em traços compartilhados.

1.4 Uma visão evolucionária da diversidade

- A Teoria da Evolução por Seleção Natural é uma explicação para a diversidade da vida.

Indivíduos de uma população são parecidos em certos aspectos de sua forma corporal, função e comportamento, mas os detalhes de tais traços diferem de um para outro. Por exemplo, humanos (*Homo sapiens*) caracteristicamente têm dois olhos, mas estes vêm em uma gama de cores diferentes entre indivíduos.

A maioria dos traços resulta de informações codificadas no DNA, para que possa ser passada para os descendentes. Variações nos traços surgem por meio de **mutações**, que são mudanças em pequena escala no DNA. A maioria das mutações tem efeitos neutros ou negativos, mas algumas fazem um traço mudar de uma forma que torna um indivíduo mais qualificado para seu ambiente. O portador de tal **traço adaptativo** tem maior chance de sobreviver e passar seu DNA para descendentes do que outros indivíduos da população. O naturalista Charles Darwin expressou o conceito de "sobrevivência do mais apto" da seguinte forma:

Primeiro, uma população natural tende a aumentar de tamanho. Assim, os indivíduos da população competem mais por alimento, abrigo e outros recursos limitados.

Segundo, indivíduos de uma população são diferentes entre si nos detalhes de traços compartilhados. Tais traços têm uma base que pode ser herdada.

Terceiro, formas adaptativas de traços tornam seus portadores mais competitivos, portanto tais formas tendem a se tornar mais comuns ao longo de gerações. A sobrevivência diferencial e a reprodução de indivíduos em uma população que diferem nos detalhes dos traços hereditários é chamada de **Seleção Natural**.

Pense em como os pombos têm cores de penas e outros traços diferentes (Figura 1.8*a*). Imagine que uma criadora de pombos prefira penas pretas com ponta curvada. Ela seleciona aves com as penas mais escuras e de ponta mais curva e permite que só essas se acasalem. Com o tempo, cada vez mais pombos na população cativa da criadora terão penas pretas de ponta curva.

A criação de pombos é um caso de seleção artificial. Uma forma de um traço é favorecida sobre as outras sob condições planejadas e manipuladas – em um ambiente artificial. Darwin viu que práticas de criação poderiam ser um modelo facilmente compreendido para a seleção natural, um favorecimento de algumas formas de um determinado traço sobre outras na natureza.

Assim como os criadores são "agentes seletivos" que promovem a reprodução de alguns pombos, agentes de seleção atuam na gama de variação na vida selvagem.

Entre eles há falcões peregrinos comedores de pombos (Figura 1.8*b*). Pombos mais ágeis ou mais bem camuflados têm mais probabilidade de evitar falcões e vivem o bastante para se reproduzirem, em comparação com pombos não tão ágeis ou chamativos demais.

Quando diferentes formas de um traço se tornam mais ou menos comuns ao longo de gerações sucessivas, a evolução ocorre. Na biologia, **evolução** significa simplesmente mudança em uma linha de descendência.

> **Para pensar**
>
> *Como a vida se tornou tão diversificada?*
>
> - Indivíduos de uma população mostram variação em seus traços compartilhados e hereditários. Tal variação surge por meio de mutações no DNA.
> - Traços adaptativos melhoram as chances de sobrevivência e reprodução de um indivíduo, portanto tendem a se tornar mais comuns em uma população ao longo de gerações sucessivas.
> - Seleção natural é a sobrevivência diferencial e a reprodução de indivíduos em uma população que difere nos detalhes de seus traços compartilhados e hereditários. Ela e outros processos evolucionários são a base da diversidade da vida.

pombo das rochas

Figura 1.8 (**a**) Resultado da seleção artificial: algumas das centenas de variedades de pombos domesticados descendem de populações cativas de pombos das rochas (*Columba livia*). (**b**) Um falcão peregrino (*esquerda*) predando um pombo (*direita*) está atuando como agente de seleção natural na vida selvagem.

1.5 Raciocínio crítico e ciência

- Raciocínio crítico significa julgar a qualidade das informações.
- A ciência é limitada ao que é observável.

Pensar sobre pensar

A maioria de nós presume que pensamos por conta própria – mas será que é isso mesmo? É surpreendente descobrir a frequência com a qual deixamos os outros pensarem por nós. Por exemplo, o trabalho de uma escola, que é fornecer o máximo possível de informações aos estudantes, mistura-se com o trabalho de um aluno, que é adquirir o máximo possível de conhecimento.

Neste intercâmbio rápido de informações, é fácil esquecer a qualidade do que está sendo trocado. Se você aceita informações sem questionar, permite que outra pessoa pense por você.

Raciocínio crítico significa o julgamento de informações antes de aceitá-las. "Crítico" vem do grego *kriticos* (julgamento com discernimento). Quando se pensa desta forma, você vai além do conteúdo da informação. Você busca assunções subjacentes, avalia as afirmações de embasamento e pensa em possíveis alternativas (Tabela 1.2).

Como o estudante atarefado gerencia isso? Esteja ciente do que pretende aprender com as novas informações. Esteja consciente do viés ou de pautas subjacentes em livros, palestras ou veiculadas on-line. Considere suas próprias tendências – no que você deseja acreditar – e perceba que elas influenciam seu aprendizado. Questione respeitosamente as autoridades. Avalie se as ideias se baseiam em opinião ou evidência. Tais práticas lhe ajudarão a decidir se aceitará ou rejeitará as informações.

Escopo e limites da ciência

Como cada um de nós é único, há tantas formas de pensar no mundo natural quanto há pessoas. A **ciência**, o estudo sistemático da natureza, é uma forma. Ela nos ajuda a ser objetivos sobre nossas observações da natureza, em parte por causa de suas limitações. Limitamos a ciência a um subconjunto do mundo – apenas o que é observável.

A ciência não aborda algumas perguntas como "Por que existo?". A maioria das respostas a essas perguntas é subjetiva; elas vêm de dentro como uma integração das experiências pessoais e conexões mentais que moldam nossa consciência. Isso não quer dizer que respostas subjetivas não tenham valor. Nenhuma sociedade humana funciona por muito tempo se seus indivíduos não compartilham padrões para fazer julgamentos, mesmo que subjetivos. Padrões morais, estéticos e filosóficos variam de uma sociedade para a outra, mas todos ajudam as pessoas a decidir o que é importante e bom. Todos dão significado ao que fazemos.

Além disso, a ciência não aborda o sobrenatural, ou qualquer coisa que esteja "além da natureza". A ciência não pressupõe nem nega que fenômenos sobrenaturais ocorram, mas os cientistas ainda podem causar controvérsia quando descobrem uma explicação natural para algo que se acreditava inexplicável. Tal controvérsia frequentemente surge quando os padrões morais de uma sociedade se tornaram entrelaçados com interpretações tradicionais da natureza.

Por exemplo, Nicolau Copérnico estudou os planetas há séculos na Europa e concluiu que a Terra gira em torno do Sol. Hoje, essa conclusão parece óbvia, mas na época foi uma heresia. A crença dominante era de que o Criador fez a Terra – e, por extensão, os humanos – como o centro do universo. Galileu Galilei, outro acadêmico, encontrou evidências do modelo de Copérnico do sistema solar e publicou seus achados. Ele foi forçado a desmentir publicamente sua publicação e a colocar a Terra de volta no centro do universo.

A exploração de uma visão tradicional do mundo natural de uma perspectiva científica pode ser mal interpretada como questionamento da moralidade, embora ambas não sejam iguais. Como um grupo, os cientistas não têm menos moral, legalidade ou compaixão do que qualquer pessoa. Entretanto, como você verá na próxima seção, seu trabalho segue um padrão particular: deve ser possível testar explicações no mundo natural de forma que os outros consigam repetir esses "testes".

A ciência nos ajuda a comunicar experiências sem viés; talvez seja o mais próximo que possamos ficar de uma linguagem universal. Temos quase certeza, por exemplo, de que as leis da gravidade se aplicam a qualquer lugar no universo. Seres inteligentes em um planeta distante provavelmente entenderiam o conceito de gravidade. Podemos utilizar tais conceitos para nos comunicarmos com eles – ou qualquer um – em qualquer lugar. Entretanto, o objetivo da ciência não é se comunicar com alienígenas, mas conhecer a natureza e suas leis.

Tabela 1.2 Um guia para o raciocínio crítico

Que mensagem está me pedindo para aceitar?
Que evidência embasa a mensagem? A evidência é válida?
Há outra forma de interpretar a evidência?
Que outra evidência me ajudaria a avaliar as alternativas?
A mensagem é a mais razoável com base na evidência?

Para pensar

O que é ciência?

- Ciência é o estudo do observável – os objetos ou eventos para os quais é possível coletar evidências válidas. Ela não aborda o sobrenatural.

1.6 Como a ciência funciona

- Cientistas fazem e testam previsões de como o mundo natural funciona.

Observações, hipóteses e testes

Para ter uma noção de como a ciência funciona, considere a Tabela 1.3 e esta lista de práticas comuns de pesquisa:

1. Observe algum aspecto da natureza.

2. Elabore uma questão que se relacione com sua observação.

3. Leia sobre o que foi descoberto a respeito do assunto, então proponha uma hipótese e uma resposta verificável em relação a sua pergunta.

4. Utilizando a hipótese como guia, faça uma **previsão**: uma afirmação de alguma condição que deve existir se a hipótese não estiver errada. Fazer previsões é chamado de processo se-então: "se" é a hipótese, "então" é a previsão.

5. Prepare maneiras de testar a precisão da previsão ao conduzir experimentos ou coletar informações. Experimentos podem ser realizados em um **modelo**, ou sistema análogo, se não for possível experimentar diretamente com um objeto ou evento.

6. Avalie os resultados dos testes. Resultados que confirmam a previsão são evidências – dados – que embasam a hipótese. Resultados que negam a previsão são evidências de que a hipótese pode ser falha.

7. Relate todos os passos de seu trabalho, junto com quaisquer conclusões tiradas, para a comunidade científica.

Tabela 1.3	Exemplo de abordagem científica
1. Observação	As pessoas têm câncer.
2. Questão	Por que as pessoas têm câncer?
3. Hipótese	Fumar pode causar câncer.
4. Previsão	Se fumar causa câncer, pessoas que fumam terão câncer mais frequentemente do que as que não fumam.
5. Coletar	Realize uma pesquisa com pessoas que fumam e pessoas que não fumam. Determine que grupo tem a maior incidência de câncer.
Experimento	Estabeleça grupos idênticos de ratos de laboratório (o sistema-modelo). Exponha um grupo à fumaça de cigarro. Compare a incidência de novos cânceres em cada um dos dois grupos.
6. Avaliar resultados	Compile os resultados dos testes e tire conclusões deles.
7. Relatar	Submeta os resultados e as conclusões à comunidade científica para revisão e publicação.

Você pode ouvir alguém se referir a essas práticas como "método científico", como se todos os cientistas seguissem um procedimento fixo. Não é assim. Há formas diferentes de fazer pesquisa, particularmente na biologia (Figura 1.9). Alguns biólogos fazem pesquisas; observam sem fazer hipóteses. Outros fazem hipóteses e deixam testes para os outros. Alguns encontram informações valiosas que nem estavam procurando. É claro que não é apenas uma questão de sorte. O acaso favorece uma mente já preparada, pela educação e pela experiência, a reconhecer o que novas informações podem significar.

Independentemente da variação, uma coisa é constante: os cientistas não aceitam informações simplesmente porque alguém diz que são verdadeiras. Eles avaliam as evidências de apoio e encontram outras explicações. Isso parece familiar? Deveria – é o raciocínio crítico.

Sobre a palavra "teoria"

A maioria dos cientistas evita a palavra "verdade" ao discutir a ciência. Em vez disso, tendem a falar sobre evidências que sustentam ou não uma hipótese.

Suponha que uma hipótese não foi desmentida mesmo depois de anos de testes. Ela é coerente com todas as evidências coletadas até o momento e nos ajudou a fazer previsões bem-sucedidas sobre outros fenômenos. Quando uma hipótese atende a esses critérios, é considerada uma **teoria científica**.

Para dar um exemplo, observações para toda a história registrada embasam a hipótese de que a gravidade atrai objetos em direção à Terra. Os cientistas não passam mais tempo testando a hipótese pelo simples motivo de que, depois de muitos milhares de anos de observação, ninguém viu o contrário. Esta hipótese agora é uma teoria científica, mas não uma "verdade absoluta". Por que não? Seria necessário realizar um número infinito de testes para confirmar que ela se sustenta sob toda circunstância possível.

Uma única observação ou resultado que *não* seja coerente com uma teoria a abre para revisão. Por exemplo, se a gravidade puxa os objetos em direção à Terra, seria lógico prever que uma maçã cairá quando jogada. No entanto, um cientista pode muito bem ver tal teste como uma oportunidade para a previsão de falha. Pense nisto. Se uma única maçã cair para cima em vez de para baixo, a teoria da gravidade seria esmiuçada. Como toda teoria, esta permanece aberta para revisão.

Uma teoria bastante testada é o mais perto da "verdade" que os cientistas chegarão. A Tabela 1.4 lista algumas teorias científicas. Uma delas, a teoria da seleção natural, sustenta-se depois de mais de um século de testes. Como todas as outras teorias científicas, não podemos ter certeza de que ela se sustentará sob todas as condições possíveis, mas podemos dizer que é muito provável que ela não esteja errada.

Se aparecer qualquer evidência incoerente com a teoria da seleção natural, os biólogos a revisarão. Tal disposição de modificar ou descartar até uma teoria enraizada é um dos pontos fortes da ciência.

 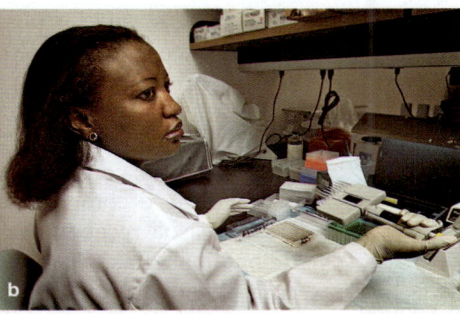 

Figura 1.9 Cientistas fazendo pesquisa no laboratório e no campo. (**a**) Análise de dados com computadores. (**b**) Nos Centros para Controle e Prevenção de Doenças, Mary Ari testa uma amostra quanto à presença de bactérias perigosas. (**c**) Realização de observações em campo.

É possível ouvir as pessoas aplicarem a palavra "teoria" a uma ideia especulativa, como na frase "É só uma teoria". Especulação é uma opinião ou crença, uma convicção pessoal que não é necessariamente fundamentada por evidências. Uma teoria científica não é uma opinião: por definição, deve ser sustentada por muitas evidências.

Diferentemente de teorias, muitas crenças e opiniões não podem ser testadas.

Sem conseguir testar algo, não é possível desmentir. Embora a convicção pessoal tenha um valor tremendo em nossas vidas, não deve ser confundida com a teoria científica.

Alguns termos utilizados em experimentos

Observações cuidadosas são uma maneira de testar previsões que fluem de uma hipótese. O mesmo acontece com experimentos. Você encontrará exemplos de experimentos na próxima seção. Por enquanto, aprenda alguns termos importantes que os pesquisadores utilizam:

1. **Experimentos** são testes que podem embasar ou refutar uma previsão.

2. Experimentos normalmente são desenvolvidos para testar os efeitos de uma única **variável**, que é uma característica que se difere entre indivíduos ou eventos.

3. Sistemas biológicos são uma integração de tantas variáveis em interação que pode ser difícil estudar uma variável separadamente do restante. Experimentadores frequentemente testam dois grupos de indivíduos, lado a lado. Um **grupo experimental** é um conjunto de indivíduos que têm certa característica ou recebem determinado tratamento. Este grupo é testado lado a lado com um **grupo controle**, que é idêntico ao grupo experimental exceto por uma variável – a característica ou o tratamento que está em teste. Idealmente, os dois grupos têm o mesmo conjunto de variáveis, exceto a que está sendo testada. Assim, quaisquer diferenças nos resultados experimentais entre os dois grupos devem ter sido causadas pela mudança na variável em estudo.

Tabela 1.4	Exemplos de teorias científicas
Teoria atômica	Todas as substâncias são compostas de átomos.
Gravitação	Um objeto atrai o outro com uma força que depende de sua massa e de sua proximidade.
Teoria celular	Todos os organismos consistem de uma ou mais células; a célula é a unidade básica da vida e todas as células surgem de células existentes.
Teoria dos germes	Microrganismos causam muitas doenças.
Tectônica de placas	A crosta terrestre é dividida em pedaços que se movem uns em relação aos outros.
Evolução	Mudanças ocorrem em linhas de descendência.
Seleção natural	A variação em traços herdáveis influencia a sobrevivência diferencial e reprodução de indivíduos de uma população.

Para pensar

Como a ciência funciona?

- A investigação científica envolve perguntas sobre algum aspecto da natureza, formulação de hipóteses, elaboração e teste de previsões e relatório de resultados.
- Pesquisadores elaboram experimentos para testar os efeitos de uma variável por vez.
- Uma teoria científica é um conceito duradouro e bastante testado de causa e efeito coerente com todas as evidências e é utilizada para fazer previsões sobre outros fenômenos.

1.7 O poder dos testes experimentais

- Pesquisadores solucionam causa e efeito em processos naturais complexos ao mudarem uma variável por vez.

Batatas fritas e dores de estômago

Em 1996, o FDA aprovou o Olestra®, um tipo de substituto sintético da gordura feito de açúcar e óleo vegetal, como aditivo alimentar. Batatas fritas foram os primeiros produtos que receberam Olestra® no mercado nos Estados Unidos. Logo explodiu a controvérsia. Algumas pessoas reclamaram de cólicas intestinais depois de comer as batatas e concluíram que Olestra® era a causa.

Dois anos depois, quatro pesquisadores da Faculdade de Medicina da Universidade Johns Hopkins elaboraram um experimento para testar a hipótese de que este aditivo alimentar causava cólicas. Eles previram que *se* Olestra® causa cólicas, *então* as pessoas que comem Olestra® terão mais chance de sofrer de cólicas do que pessoas que não o ingerem.

Para testar a previsão, utilizaram um teatro de Chicago como "laboratório". Eles pediram para mais de 1.100 pessoas, com idade entre 13 a 38 anos, assistirem a um filme e comerem uma porção de batatas fritas. Cada pessoa recebeu um saco não marcado com 360 g de batatas fritas. Os que receberam um saco de batatas com Olestra® eram o grupo experimental. Indivíduos que receberam um saco de batatas normais constituíam o grupo controle.

Depois, os pesquisadores entraram em contato com todas as pessoas e tabularam os relatos de cólicas gastrointestinais. Das 563 pessoas que formaram o grupo experimental, 89 (15,8%) reclamaram de problemas. Entretanto, 93 das 529 pessoas (17,6%) que formaram o grupo controle também reclamaram – e haviam comido batatas normais! Este simples experimento desmentiu a previsão de que comer batatas com Olestra® pode causar cólicas gastrointestinais (Figura 1.10).

Borboletas e pássaros

Considere a borboleta-pavão, um inseto alado que recebeu este nome pelos pontos grandes e coloridos em suas asas. Em 2005, pesquisadores publicaram um relatório sobre seus testes para identificar fatores que ajudassem as borboletas-pavão a se defenderem contra pássaros comedores de insetos. Os pesquisadores fizeram duas observações. Primeiro, quando uma borboleta-pavão repousa, dobra suas asas irregulares de forma que apenas o lado avesso escuro apareça (Figura 1.11a). Segundo, quando uma borboleta vê um predador se aproximar, abre e fecha repetidamente suas asas anteriores e posteriores em pares. Ao mesmo tempo, cada asa anterior desliza sobre a posterior, o que produz um som de assobio e uma série de estalos.

Os pesquisadores se perguntaram "Por que a borboleta-pavão bate suas asas?" Depois de revisarem estudos anteriores, eles formularam três hipóteses que podem explicar o comportamento de bater asas:

1. Quando dobradas, as asas da borboleta se parecem com uma folha morta. Elas podem camuflá-la ou ajudar a escondê-la de predadores em seu *habitat* florestal.

2. Embora o batimento das asas provavelmente atraia aves predadoras, também expõe pontos brilhantes que se parecem com olhos de coruja (Figura 1.11b). Qualquer coisa que se pareça com olhos de coruja sabidamente assusta pequenos pássaros comedores de borboletas, portanto expor os pontos das asas pode espantar predadores.

3. Os sons de assobio e estalo produzidos quando a borboleta-pavão esfrega as partes de suas asas podem deter aves predadoras.

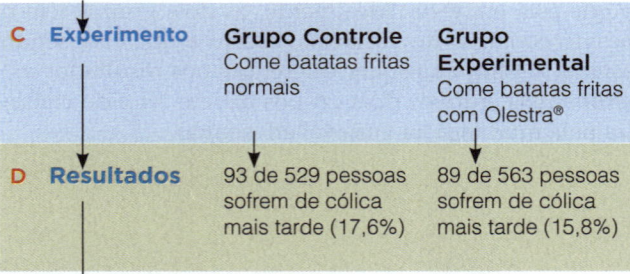

A Hipótese
Olestra® causa cólica intestinal.

B Previsão
Pessoas que comem batatas fritas feitas com Olestra® terão mais chance de sofrer de cólicas intestinais do que aquelas que comem batatas sem Olestra®.

C Experimento

	Grupo Controle Come batatas fritas normais	Grupo Experimental Come batatas fritas com Olestra®
D Resultados	93 de 529 pessoas sofrem de cólica mais tarde (17,6%)	89 de 563 pessoas sofrem de cólica mais tarde (15,8%)

E Conclusão
As porcentagens são quase iguais. Pessoas que comem batatas fritas feitas com Olestra® terão a mesma chance de sofrer de cólicas intestinais que aquelas que comem batatas sem Olestra®. Esses resultados não apoiam a hipótese.

Figura 1.10 Passos em um experimento científico para determinar se Olestra® causa cólicas. Um relatório sobre este estudo foi publicado no *Journal of the American Medical Association* em janeiro de 1998.

a b c

Tabela 1.5 Resultados do experimento com borboletas-pavão*				
Pontos nas Asas	Som das Asas	Nº Total de Borboletas	Nº de Comidas	Sobreviventes
Pontos	Som	9	0	9 (100%)
Nenhum ponto	Som	10	5	5 (50%)
Pontos	Nenhum som	8	0	8 (100%)
Nenhum ponto	Nenhum som	10	8	2 (20%)

*Procedimentos da Royal Society of London, Série B (2005) 272: 1203–1207.

Figura 1.11 Defesas da borboleta-pavão contra aves predadoras. (**a**) Com as asas dobradas, uma borboleta-pavão em repouso parece uma folha morta. (**b**) Quando um pássaro se aproxima, a borboleta abre e fecha suas asas repetidamente. Este comportamento defensivo expõe pontos brilhantes. Ele também produz sons de assobio e estalo. Pesquisadores testaram se o comportamento detém chapins azuis (pássaro). (**c**) Eles pintaram sobre os pontos de algumas borboletas, cortaram a parte que fazia som das asas de outras e fizeram ambos com um terceiro grupo; depois, os biólogos expuseram cada borboleta a uma ave faminta. Os resultados estão listados na Tabela 1.5.
Descubra: Que defesa, pontos na asa ou sons, deteve mais eficazmente os chapins?

Resposta: pontos nas asas

Os pesquisadores decidiram testar as hipóteses 2 e 3 e fizeram as seguintes previsões:

1. *Se* pontos brilhantes nas asas de borboletas-pavão detêm aves predadoras, *então* é mais provável que indivíduos sem pontos nas asas serão comidos por aves predadoras do que indivíduos com pontos nas asas.

2. *Se* os sons que as borboletas-pavão produzem detêm aves predadoras, *então* é mais provável que indivíduos que não fazem os sons sejam comidos por aves predadoras do que indivíduos que fazem os sons.

O próximo passo foi o experimento. Os pesquisadores pintaram os pontos nas asas de algumas borboletas de preto, cortaram a parte que fazia som das asas posteriores de outras e fizeram as duas coisas em um terceiro grupo. Eles colocaram cada borboleta em uma grande gaiola com um chapim azul faminto (Figura 1.11c) e, depois, observaram os pares por 30 minutos.

A Tabela 1.5 lista os resultados do experimento. Todas as borboletas com pontos não modificados nas asas sobreviveram, independentemente de fazer sons. Por sua vez, apenas metade das borboletas com pontos pintados, mas que podiam fazer sons, sobreviveram. A maioria das borboletas sem pontos nem estruturas de som foi devorada rapidamente.

Os resultados do teste confirmaram ambas as previsões, então sustentam a hipótese. Aves são detidas por sons das borboletas-pavão e ainda mais pelos pontos nas asas.

Fazendo perguntas úteis

Pesquisadores tentam desenvolver experimentos com uma variável que produzam resultados quantitativos, que são contagens ou outros dados que podem ser medidos ou coletados objetivamente. Mesmo assim, eles se arriscam a elaborar experimentos e interpretar resultados de acordo com o que querem descobrir. Particularmente ao estudar humanos, isolar uma única variável frequentemente não é possível. Por exemplo, ao pensar criticamente, podemos perceber que as pessoas que participaram do experimento com Olestra® foram escolhidas aleatoriamente. Isso significa que o estudo não foi controlado quanto a sexo, idade, peso, medicamentos tomados etc. Tais variáveis podem ter influenciado os resultados.

Cientistas esperam que tendências sejam colocadas de lado. Se um indivíduo não o fizer, outros farão, porque a ciência funciona melhor quando é cooperativa e competitiva.

Para pensar

Por que biólogos fazem experimentos?

- Processos naturais frequentemente são influenciados pela interação de muitas variáveis.
- Experimentos ajudam os pesquisadores a solucionar as causas de tais processos naturais ao se concentrarem nos efeitos da alteração de uma única variável.

1.8 Erro de amostragem em experimentos

- Pesquisadores de biologia experimentam em subconjuntos de um grupo.
- Resultados de um experimento podem ser diferentes dos resultados do mesmo experimento conduzido em todo o grupo.

Raramente os pesquisadores conseguem observar todos os indivíduos de um grupo. Por exemplo, você se lembra dos exploradores descritos na introdução do capítulo? Eles não pesquisaram toda a floresta, que cobre mais de 809 mil hectares das montanhas Foja, na Nova Guiné. Mesmo se fosse possível, quantidades irreais de tempo e esforço seriam necessárias para fazer isso. Além disso, vasculhar até uma área pequena pode danificar ecossistemas florestais delicados.

Devido a tais restrições, pesquisadores tendem a experimentar em subconjuntos de uma população, evento ou algum outro aspecto da natureza que selecionam para representar o todo. Eles testam os subconjuntos e, depois, utilizam os resultados para fazer generalizações sobre toda a população.

Suponha que os pesquisadores elaborem um experimento para identificar variáveis que influenciem o crescimento da população de cangurus de árvores. Eles podem se concentrar apenas na população que vive em 0,5 hectare das montanhas Foja. Se identificarem apenas 5 cangurus de árvore na área especificada, podem extrapolar que há 50 a cada 5 hectares, 100 a cada 10 hectares etc.

Entretanto, generalizar a partir de um subconjunto é arriscado porque este pode não representar o todo. Se a única população de cangurus de árvore da floresta por acaso viver na área pesquisada, as hipóteses dos pesquisadores sobre o número de cangurus no restante da floresta estarão incorretas.

Erro de amostragem é uma diferença entre os resultados de um subconjunto e os resultados do todo. Acontece mais frequentemente quando os tamanhos das amostras são pequenos. Começar com uma grande amostra ou repetir o experimento muitas vezes ajuda a minimizar o erro de amostragem (Figura 1.12). Para entender o porquê, jogue uma moeda. Há dois resultados possíveis: cara ou coroa. É possível prever que dará cara com a mesma frequência que dará coroa. Só que, quando se realmente joga a moeda, frequentemente dará cara, ou coroa, várias vezes seguidas. Se você jogar a moeda poucas vezes, os resultados poderão ser bastante diferentes de sua previsão. Jogue muitas vezes e você provavelmente ficará mais próximo de ter números iguais de cara e coroa.

O erro de amostragem é uma consideração importante no projeto da maioria dos experimentos. A possibilidade de que ele ocorreu deve fazer parte do processo de raciocínio crítico quando se lê sobre experimentos. Lembre-se de perguntar: se os experimentadores utilizaram um subconjunto, selecionaram uma amostra suficientemente grande? Repetiram o experimento muitas vezes? Pensar nessas possibilidades lhe ajudará a avaliar os resultados e as conclusões atingidas.

a Natalie, vendada, pega aleatoriamente uma bala de um pote. Há 120 balas verdes e 280 pretas naquele pote, portanto 30% das balas no pote são verdes e 70% são pretas.

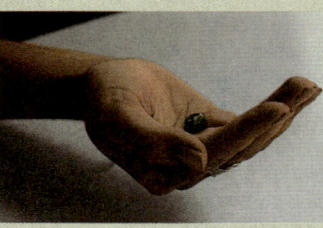

b O pote é escondido da visão da Natalie antes que ela remova a venda. Ela só vê uma bala verde em sua mão e presume que o pote deve ter apenas balas verdes.

c Vendada novamente, Natalie pega 50 balas do pote e acaba com 10 verdes e 40 pretas.

d A maior amostra leva Natalie a supor que um quinto das balas no pote sejam verdes (20%) e quatro quintos sejam pretas (80%). A amostra se aproxima mais da proporção real do pote de 30% de verdes e 70% de pretas. Quanto mais Natalie repete a amostragem, maior a chance de chegar perto de saber a proporção real.

Figura 1.12 Demonstração de erro de amostragem.

| QUESTÕES DE IMPACTO REVISITADAS | Ambientes desconhecidos e outras questões

Quase toda semana, uma nova espécie é descoberta e somos novamente lembrados de que ainda não conhecemos todos os organismos em nosso próprio planeta. Nem sabemos ainda por quantos procurar. As vastas informações sobre o 1,8 milhão de espécies que conhecemos mudam tão rapidamente que uni-las era impossível – até agora. Um novo site, chamado Encyclopedia of Life (Enciclopédia da Vida), tem a intenção de ser uma fonte de referência e banco de dados online de informações de espécies mantido por esforço colaborativo. Veja no www.eol.org.

Resumo

Seção 1.1 Há **propriedades emergentes** em cada nível de organização na natureza. Toda matéria consiste de **átomos**, que se combinam gerando moléculas. **Organismos** são uma ou mais **células**; estas são as menores unidades da vida. Uma **população** é um grupo de indivíduos de uma espécie em uma determinada área; uma **comunidade** é a união de todas as populações de todas as espécies em uma determinada área. Um **ecossistema** é uma comunidade que interage com seu meio ambiente. A **biosfera** inclui todas as regiões da Terra que contêm vida.

Seção 1.2 Todas as coisas vivas têm características semelhantes (Tabela 1.6). Todos os organismos exigem aportes de **energia** e nutrientes para se sustentarem. **Produtores** fazem seu próprio alimento por processos como **fotossíntese**; **consumidores** comem produtores ou outros consumidores. Pela **homeostase**, os organismos utilizam moléculas e estruturas como **receptores** para ajudar a manter as condições em seu ambiente interno dentro de faixas toleradas pelas células. Os organismos crescem, **desenvolvem-se** e **reproduzem-se** utilizando informações em seu DNA, um ácido nucleico herdado dos pais. Informações codificadas no **DNA** são a fonte dos **traços** de um indivíduo.

Seção 1.3 Cada tipo de organismo recebe um nome que inclui nomes de **gênero** e **espécie**. Os sistemas de classificação agrupam espécies por seus traços compartilhados e que podem ser herdados. Todos os organismos podem ser classificados como **bactérias**, **arqueas** ou **eucariotos** (**plantas**, **protistas**, **fungos** e **animais**).

Seção 1.4 Informações codificadas no DNA são a base dos traços que um organismo compartilha com outros de sua espécie. **Mutações** originam a variação dos traços.
Algumas formas de traços são mais adaptativas do que outras, então é mais provável que seus portadores sobrevivam e se reproduzam.
Ao longo de gerações, tais **traços adaptativos** tendem a se tornar mais comuns em uma população; formas menos adaptativas de traços tendem a se tornar menos comuns ou são perdidas.
Assim, os traços que caracterizam uma espécie podem mudar ao longo de gerações em populações em evolução. **Evolução** é a mudança em uma linha de descendência. A sobrevivência diferencial e reprodução entre indivíduos que variam nos detalhes de seus traços compartilhados e hereditários é um processo evolucionário chamado **seleção natural**.

Seção 1.5 Raciocínio crítico é o julgamento da qualidade de informações enquanto são aprendidas. **Ciência** é uma forma de ver o mundo natural e nos ajuda a minimizar tendências em nossos julgamentos ao se concentrar apenas em ideias testáveis sobre aspectos observáveis da natureza.

Seção 1.6 Pesquisadores geralmente fazem observações, formando **hipóteses** (assunções testáveis) sobre elas e, depois, fazem **previsões** sobre o que pode ocorrer se a hipótese estiver correta. Eles testam previsões com **experimentos**, utilizando **modelos**, **variáveis**, **grupos experimentais** e **grupos controle**. Uma hipótese que não é coerente com os resultados de testes científicos (evidências) é modificada ou descartada. Uma **teoria científica** é uma hipótese duradoura utilizada para fazer previsões úteis.

Seção 1.7 Experimentos científicos simplificam interpretações de sistemas biológicos complexos ao se concentrarem no efeito de uma variável por vez.

Seção 1.8 Uma amostra pequena aumenta a probabilidade de **erro de amostragem** nos experimentos. Em tais casos, um subconjunto que não é representativo do todo pode ser testado.

Tabela 1.6 Resumo das características da vida

Características compartilhadas que permeiam a unidade da vida

Organismos crescem, desenvolvem-se e reproduzem-se com base em informações codificadas no DNA, herdado dos pais.

Aportes contínuos de energia e nutrientes sustentam todos os organismos, além da organização geral da natureza.

Organismos mantêm a homeostase ao sentirem e reagirem a mudanças dentro e fora do corpo.

Base da diversidade da vida

Mutações (mudanças no DNA que são herdadas) originam variação em detalhes da forma do corpo, do funcionamento de partes do corpo e comportamento.

Diversidade é a soma total de variações que se acumularam, desde o momento da origem da vida, em diferentes linhas de descendência. É um resultado da seleção natural e de outros processos de evolução.

Exercício de Análise de Dados

As fotos à *direita* representam os grupos experimental e controle utilizados no experimento da borboleta-pavão da Seção 1.7.

Veja se consegue identificar cada grupo experimental e correspondê-lo ao(s) grupo(s) controle relevante(s). *Dica:* identifique qual variável está sendo testada em cada grupo (cada variável tem um controle).

a Pontos pintados nas asas

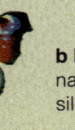
b Pontos visíveis nas asas; asas silenciadas

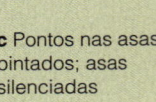
c Pontos nas asas pintados; asas silenciadas

d Asas pintadas, mas pontos visíveis

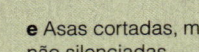
e Asas cortadas, mas não silenciadas

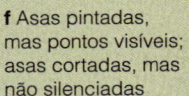
f Asas pintadas, mas pontos visíveis; asas cortadas, mas não silenciadas

Questões
Respostas no Apêndice III

1. _____ são blocos construtores fundamentais de toda matéria.
2. A menor unidade de vida é _____.
3. _____ movimentam-se por pelo menos parte de sua vida.
4. Organismos exigem _____ e _____ para se manterem, crescerem e reproduzirem.
5. _____ é um processo que mantém condições no ambiente interno dentro de faixas que as células conseguem tolerar.
6. *Bacteria*, *Archaea* e *Eukarya* são três _____.
7. DNA _____.
   a. contém instruções para construir proteínas
   b. sofre mutação
   c. é transmitido dos pais para os descendentes
   d. todas as anteriores
8. _____ é a transmissão de DNA para os descendentes.
   a. Reprodução
   b. Desenvolvimento
   c. Homeostase
   d. Herança
9. _____ é o processo pelo qual um organismo produz descendentes.
10. A ciência só aborda o que é _____.
11. _____ são a fonte original de variação nos traços.
12. Um traço é _____ se melhora as chances de um organismo sobreviver e se reproduzir em seu ambiente.
13. Um grupo controle é _____.
    a. um conjunto de indivíduos que têm uma certa característica ou recebem um determinado tratamento
    b. o padrão contra o qual grupos experimentais podem ser comparados
    c. o experimento que dá resultados conclusivos
14. Una os termos à descrição mais adequada.

   ___ propriedade emergente
   ___ seleção natural
   ___ teoria científica
   ___ hipótese
   ___ previsão
   ___ espécie

   a. afirmação do que uma hipótese leva você a esperar ver
   b. tipo de organismo
   c. ocorre a um nível organizacional superior na natureza, não em níveis abaixo dele
   d. hipótese testada pelo tempo
   e. sobrevivência diferencial e reprodução entre indivíduos de uma população que varia nos detalhes dos traços compartilhados
   f. explicação testável

Raciocínio Crítico

1. Por que você pensaria duas vezes antes de fazer um pedido de um menu que lista apenas a segunda parte do nome da espécie (não o gênero) de suas ofertas? *Dica:* Procure *Ursus americanus*, *Ceanothus americanus*, *Bufo americanus*, *Homarus americanus*, *Lepus americanus* e *Nicrophorus americanus*.

2. Como os procariotos e eucariotos se diferenciam?

3. Explique a relação entre DNA e seleção natural.

4. A Procter & Gamble fabrica Olestra® e financiou o estudo descrito na Seção 1.7. O pesquisador principal foi consultor da Procter & Gamble durante o estudo. O que você pensa sobre informações científicas que vêm de testes financiados por empresas com um interesse de investimento no resultado?

5. Era uma vez um peru altamente inteligente que não tinha nada a fazer além de refletir sobre as regularidades do mundo. A manhã sempre começava com o céu ficando claro, seguida pelos passos do mestre, que sempre eram seguidos pelo aparecimento de comida. Outras coisas variavam, mas a comida sempre vinha depois dos passos. A sequência de eventos era tão previsível que, eventualmente, virou a base da teoria do peru sobre a bondade do mundo. Uma manhã, depois de mais de cem confirmações da teoria da bondade, o peru esperou os passos do dono, ouviu-os e teve sua cabeça decepada.

   Qualquer teoria científica é modificada ou descartada quando evidências contraditórias são disponibilizadas. A ausência de certeza absoluta levou algumas pessoas a concluírem que "fatos são irrelevantes – fatos mudam". Se isso for verdade, devemos parar de fazer pesquisas científicas? Por que sim ou por que não?

6. Em 2005, um cientista sul-coreano, Woo-suk Hwang, relatou que havia feito células-tronco imortais de 11 pacientes humanos. Sua pesquisa foi louvada como uma inovação para pessoas afetadas por doenças degenerativas atualmente incuráveis, porque tais células-tronco podem ser utilizadas para reparar os tecidos danificados da própria pessoa. Hwang publicou seus resultados em um respeitado jornal científico. Em 2006, o jornal retratou seu trabalho depois que outros cientistas descobriram que Hwang e seus colegas haviam falsificado os resultados. Este incidente mostra que não dá para confiar nos resultados de estudos científicos? Ou confirma a utilidade de uma abordagem científica, porque outros cientistas descobriram rapidamente e expuseram a fraude?

Estar vivo significa garantir energia e matérias primas do meio ambiente. Mostrada aqui, uma célula viva do gênero *Stentor*. Este protista tem projeções semelhantes a pelos em volta de uma abertura para uma cavidade em seu corpo, que tem cerca de 0,2 mm de comprimento. Seus cílios unidos batem na água ao redor. Eles criam uma corrente que leva alimento para dentro da cavidade.

2 A Base Química da Vida

QUESTÕES DE IMPACTO Quanto Você Vale?

Hollywood acha que o ator Keanu Reaves vale US$ 30 milhões por filme, os Yankees (um time de beisebol da cidade de Nova York) acham que o jogador interbases Alex Rodriguez vale US$ 252 milhões por década e os Estados Unidos acham que, em média, um professor de escola pública vale US$ 46.597 por ano.* Quanto realmente vale o corpo humano? Você pode comprar todos os ingredientes que constituem um corpo de, em média, 70 quilos por aproximadamente US$ 118,63 (Figura 2.1).

É claro que tudo o que você tem de fazer é assistir a Keanu, Alex ou qualquer professor para saber que um corpo humano está muito longe de ser uma mistura desses ingredientes. O que nos faz valer mais do que a soma de nossas partes?

As 58 substâncias puras listadas na Figura 2.1 são chamadas elementos. Você encontrará os mesmos elementos que constituem o corpo humano na poeira ou na água do mar. Porém, as proporções desses elementos diferem entre seres vivos e não vivos. Por exemplo, o corpo humano contém muito mais carbono. A água do mar e a maioria das rochas possuem apenas um vestígio desse elemento.

Estamos apenas começando a entender o processo pelo qual os elementos se juntam como um corpo vivo. Nós realmente sabemos que a única organização da vida começa com as propriedades de átomos que constituem determinados elementos. Essa é sua química. Ela faz com que você seja muito mais que a soma dos ingredientes do seu corpo — um punhado de substâncias químicas sem vida.

Figura 2.1 Composição do corpo humano adulto de estatura média, por peso e custo de varejo. Os fabricantes normalmente adicionam flúor à pasta de dentes. Esse flúor é uma forma do elemento químico flúor, um dos vários elementos com funções vitais — mas somente em quantidades muito pequenas. O excesso dessa substância pode ser tóxico.

* No Brasil, o mesmo professor vale cerca de R$ 20 mil por ano. (RT)

Elementos em um corpo humano		
Elemento	Número de átomos (x10^{15})	Custo no varejo (US$)
Hidrogênio	41.808.044.129.611	0,028315
Oxigênio	16.179.356.725.877	0,021739
Carbono	8.019.515.931.628	6,400000
Nitrogênio	773.627.553.592	9,706929
Fósforo	151.599.284.310	68,198594
Cálcio	150.207.096.162	15,500000
Enxofre	26.283.290.713	0,011623
Sódio	26.185.559.925	2,287748
Potássio	21.555.924.426	4,098737
Cloro	16.301.156.188	1,409496
Magnésio	4.706.027.566	0,444909
Flúor	823.858.713	7,917263
Ferro	452.753.156	0,054600
Sílica	214.345.481	0,370000
Zinco	211.744.915	0,088090
Rubídio	47.896.401	1,087153
Estrôncio	21.985.848	0,177237
Bromo	19.588.506	0,012858
Boro	10.023.125	0,002172
Cobre	6.820.886	0,012961
Lítio	6.071.171	0,024233
Chumbo	3.486.486	0,003960
Cádmio	2.677.674	0,010136
Titânio	2.515.303	0,010920
Cério	1.718.576	0,043120
Cromo	1.620.894	0,003402
Níquel	1.538.503	0,031320
Manganês	1.314.936	0,001526
Selênio	1.143.617	0,037949
Estanho	1.014.236	0,005387
Iodo	948.745	0,094184
Arsênico	562.455	0,023576
Germânio	414.543	0,130435
Molibdênio	313.738	0,001260
Cobalto	306.449	0,001509
Césio	271.772	0,000016
Mercúrio	180.069	0,004718
Prata	111.618	0,013600
Antimônio	98.883	0,000243
Nióbio	97.195	0,000624
Bário	96.441	0,028776
Gálio	60.439	0,003367
Ítrio	40.627	0,005232
Lantânio	34.671	0,000566
Telúrio	33.025	0,000722
Escândio	26.782	0,058160
Berílio	24.047	0,000218
Índio	20.972	0,000600
Tálio	14.727	0,000894
Bismuto	14.403	0,000119
Vanádio	12.999	0,000322
Tântalo	6.654	0,001631
Zircônio	6.599	0,000830
Ouro	6.113	0,001975
Samário	2.002	0,000118
Tungstênio	655	0,000007
Tório	3	0,004948
Urânio	3	0,000103
Total	67.179.218.505.055 x 10^{15}	**118,63**

Conceitos-chave

Átomos e elementos
Átomos são partículas que constituem todas as substâncias. Eles podem diferir em número de prótons, elétrons e nêutrons em sua composição. Elementos são substâncias puras, cada um deles consistindo inteiramente de átomos que têm o mesmo número de prótons. **Seções 2.1, 2.2**

Por que os elétrons são importantes
Se um átomo irá se ligar a outros dependerá do elemento e do número e disposição de seus elétrons. **Seção 2.3**

Ligação atômica
Átomos de muitos elementos interagem adquirindo, compartilhando e doando elétrons. Ligações iônicas, covalentes e de hidrogênio são as principais interações entre átomos em moléculas biológicas. **Seção 2.4**

Água da vida
A vida se originou na água e está adaptada às suas propriedades. A água possui efeitos estabilizantes de temperatura, coesão e uma capacidade de agir como solvente para muitas outras substâncias. Essas propriedades possibilitam a vida na Terra. **Seção 2.5**

O poder do hidrogênio
A vida responde às mudanças nas quantidades de íons de hidrogênio e outras substâncias dissolvidas em água. **Seção 2.6**

Neste capítulo

- Com este capítulo, voltamo-nos para o primeiro nível de organização da vida — os átomos e a energia.
- A organização da vida exige entradas contínuas de energia. Os organismos armazenam essa energia em ligações químicas entre átomos.
- Você entenderá por meio de um exemplo simples como a construção do corpo em mecanismos mantém a homeostasia.

Qual sua opinião? O flúor ajuda a prevenir cáries dentárias, mas em grande quantidade destrói ossos e dentes e causa defeitos de nascença. Em grande concentração, pode matar. Muitas comunidades nos Estados Unidos adicionam flúor à água potável. Você concorda? Conheça a opinião de seus colegas e apresente seus argumentos a eles.

2.1 Começando pelos átomos

- O comportamento dos elementos que formam todos os seres vivos começa com a estrutura de átomos individuais.

Características dos átomos

Átomos são partículas constituintes de todas as substâncias. Apesar de serem aproximadamente um bilhão de vezes menores que bolas de basquete, os átomos consistem em partículas subatômicas ainda menores chamadas **prótons** (p+), que carregam carga positiva; **nêutrons**, que não carregam carga; e elétrons (e–), que carregam carga negativa. **Carga** é uma propriedade que atrai ou repele outras partículas subatômicas. Prótons e nêutrons se agrupam no centro do átomo ou núcleo. Os elétrons se movem ao redor do núcleo (Figura 2.2).

Átomos diferem em diversas partículas subatômicas. O número de prótons, que é o **número atômico**, determina o elemento. **Elementos** são substâncias puras, que consistem apenas em átomos com o mesmo número de prótons. Por exemplo, um pouco de carbono contém apenas átomos de carbono, todos com seis prótons em seu núcleo. O número atômico do carbono é 6. Todos os átomos com seis prótons em seu núcleo são átomos de carbono, não importa quantos elétrons ou nêutrons eles tenham. Cada elemento tem um símbolo que é uma abreviação de seu nome latino. O símbolo do carbono, C, vem de *carbo*, a palavra latina para carvão — que possui carbono em sua maior parte.

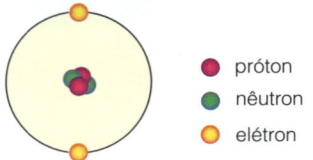

Figura 2.2 Átomos. Os elétrons se movem ao redor de um núcleo de prótons e nêutrons. Modelos como este não mostram a aparência real de um átomo. Uma interpretação mais exata mostraria elétrons que ocupam formas difusas tridimensionais cerca de 10.000 vezes maior que o núcleo.

Todos os elementos ocorrem em formas diferentes chamadas **isótopos**. Átomos de isótopos têm o mesmo número de prótons, mas diferentes números de nêutrons. Referimo-nos aos isótopos pelo **número de massa**, que é o número total de prótons e nêutrons em seu núcleo. O número de massa de um isótopo é mostrado de forma sobrescrita à esquerda do símbolo do elemento. Por exemplo, o isótopo mais comum de carbono é ^{12}C (seis prótons, seis nêutrons). Outro é ^{13}C (seis prótons, sete nêutrons).

Tabela periódica

Hoje sabemos que os números de elétrons, prótons e nêutrons determinam como um elemento se comporta, mas os cientistas classificavam os elementos pelo comportamento químico muito antes que soubessem sobre partículas subatômicas.

Em 1869, o químico Dmitry Mendeleev organizou todos os elementos conhecidos naquela época em uma tabela baseada nas propriedades químicas desses elementos. Ele construiu então a primeira **tabela periódica**.

Nela, os elementos são ordenados pelo seu número atômico (Figura 2.3). Os elementos em cada coluna vertical se comportam de maneira semelhante. Por exemplo, todos os elementos na coluna mais à direita da tabela são gases inertes; seus átomos não interagem com outros átomos. Na natureza, esses elementos ocorrem somente como átomos solitários.

Encontramos os primeiros 94 elementos na natureza. Os outros são tão instáveis que são extremamente raros. Sabemos que eles existem porque eles podem ser feitos, um átomo por vez, por uma fração de segundo. É necessário um físico nuclear para fazê-los, pois o núcleo do átomo não pode ser alterado por calor ou outros meios comuns.

Figura 2.3 Tabela periódica dos elementos e seu criador, Dmitry Mendeleev. Até inventar a tabela, Mendeleev era conhecido principalmente por seu cabelo extravagante; ele cortava apenas uma vez por ano. Os números atômicos aparecem acima dos símbolos dos elementos. Alguns símbolos são abreviações de seus nomes em latim. Por exemplo, Pb (*chumbo*) é a abreviação do termo latino *plumbum*; o termo *plumbing*, que em inglês significa encanamento, tem relação com o termo em latim, pois os romanos antigos faziam com chumbo as suas tubulações de água. O Apêndice IV mostra uma tabela mais detalhada.

Para pensar

- Quais são os blocos de construção básicos de toda a matéria?
- Átomos são partículas minúsculas, os blocos construtores de todas as substâncias.
- Os átomos consistem em elétrons que se movem ao redor do núcleo de prótons e (exceto no hidrogênio) nêutrons.
- Um elemento é uma substância pura. Cada tipo consiste somente em átomos com o mesmo número de prótons.

2.2 Usando radioisótopos

- Alguns isótopos radioativos — radioisótopos — são usados em pesquisa e aplicações médicas.

Em 1896, Henri Becquerel fez uma descoberta por acaso. Ele deixou alguns cristais de sal de urânio em uma gaveta da escrivaninha, sobre uma tela de metal. Sob a tela estava um filme exposto envolto firmemente em papel preto. Becquerel revelou o filme alguns dias depois e ficou surpreso ao ver uma imagem negativa da tela. Ele percebeu que "radiações invisíveis" que vinham dos sais de urânio tinham passado pelo papel e expuseram o filme ao redor da tela.

As imagens de Becquerel foram a prova de que o urânio possui **radioisótopos** ou isótopos radiativos. Assim como muitos outros elementos. Os átomos dos radioisótopos emitem espontaneamente partículas subatômicas ou energia quando seu núcleo se rompe. Este processo, a **deterioração radioativa**, pode transformar um elemento em outro. Por exemplo, ^{14}C é um radioisótopo de carbono. Ele se deteriora quando um dos seus nêutrons se divide espontaneamente em um próton e em um elétron. Seu núcleo emite o elétron e, então, um átomo de ^{14}C (com oito nêutrons e seis prótons) se torna um átomo de ^{14}N (nitrogênio 14, com sete nêutrons e sete prótons).

A deterioração radioativa ocorre independentemente de fatores externos, tais como temperatura, pressão ou se os átomos são parte das moléculas. Um radioisótopo se deteriora a uma taxa constante em produtos previsíveis. Por exemplo, após 5.730 anos, podemos prever que aproximadamente metade dos átomos em qualquer amostra de ^{14}C serão átomos ^{14}N. Essa previsibilidade pode ser usada para estimar a idade das rochas e fósseis por seu conteúdo de radioisótopos.

Pesquisadores e clínicos também introduzem radioisótopos em organismos vivos. Lembre-se, isótopos são átomos do mesmo elemento. Todos os isótopos de um elemento geralmente possuem as mesmas propriedades químicas em relação ao número de nêutrons em seus átomos. Esse comportamento químico consistente significa que organismos usam átomos de um isótopo (tais como ^{14}C) da mesma forma que usam átomos de outro (tal como ^{12}C). Assim, radioisótopos podem ser usados como indicadores.

Um **indicador (marcador)** é qualquer molécula com uma substância detectável acoplada. Tipicamente, um indicador radioativo é uma molécula na qual radioisótopos foram trocados por um ou mais átomos. Pesquisadores fornecem indicadores radioativos para um sistema biológico, tal como uma célula ou um corpo multicelular. Instrumentos que podem detectar radioatividade permitem que pesquisadores sigam o indicador enquanto ele se movimenta pelo sistema.

Por exemplo, Melvin Calvin e seus colegas usaram um indicador radioativo para identificar os passos específicos da reação da fotossíntese. Os pesquisadores fizeram dióxido de carbono com ^{14}C, depois deixaram que algas verdes (organismos aquáticos simples) absorvessem o gás radioativo. Usando instrumentos que detectavam a deterioração radioativa de ^{14}C, eles rastrearam o carbono nas etapas através das quais as algas — e todas as plantas — fazem açúcares.

Os radioisótopos também possuem aplicações médicas. A PET (abreviação em inglês de Positron-Emission Tomography — Tomografia por Emissão Positrônica) nos ajuda a "ver" a atividade celular. Por este procedimento, um açúcar radioativo ou outro indicador é injetado no paciente, que então é colocado em um *escâner* PET (Figura 2.4a). Dentro do corpo do paciente, células com taxas diferentes de atividade absorvem o indicador em taxas diferentes. O *escâner* detecta a deterioração radioativa onde quer que o indicador esteja, depois traduz esses dados em uma imagem. Essas imagens podem revelar atividades celulares anormais (Figura 2.4b).

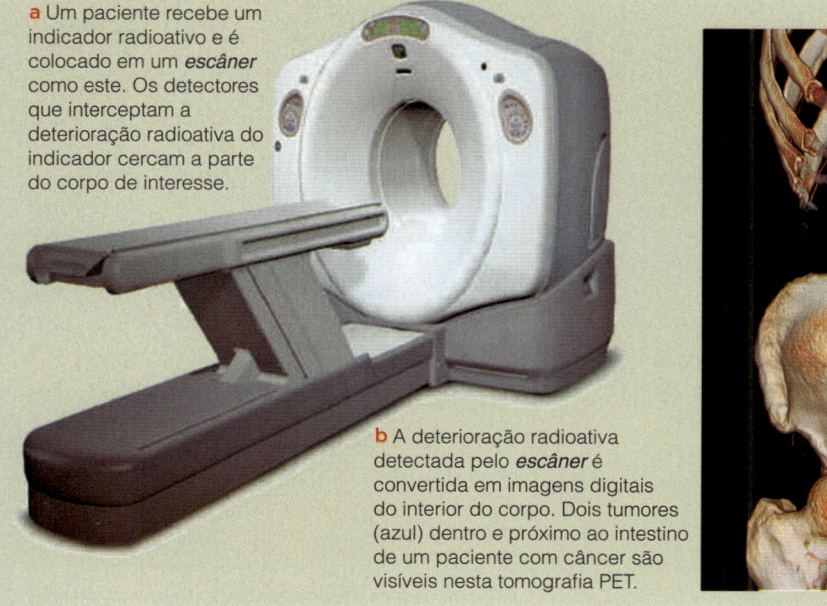

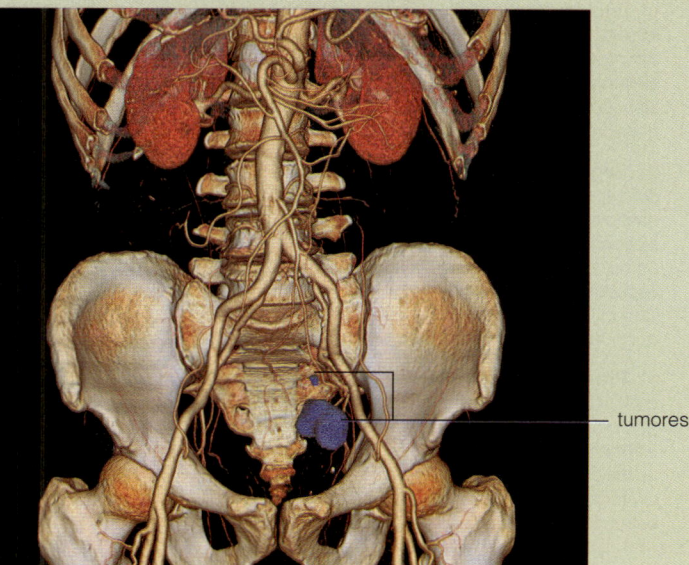

a Um paciente recebe um indicador radioativo e é colocado em um *escâner* como este. Os detectores que interceptam a deterioração radioativa do indicador cercam a parte do corpo de interesse.

b A deterioração radioativa detectada pelo *escâner* é convertida em imagens digitais do interior do corpo. Dois tumores (azul) dentro e próximo ao intestino de um paciente com câncer são visíveis nesta tomografia PET.

— tumores

Figura 2.4 Tomografia PET.

2.3 Por que os elétrons são importantes?

- Os átomos adquirem, compartilham e doam elétrons.
- A interação de um átomo com outros átomos dependerá de quantos elétrons ele tem.

Elétrons e níveis de energia

Os elétrons são muito pequenos: se eles fossem tão grandes como maçãs, você seria 3,5 vezes mais alto que a largura do sistema solar. Leis físicas simples explicam o movimento de, digamos, uma maçã caindo de uma árvore. Os elétrons são tão minúsculos que a física comum não explica seu comportamento, porém esse comportamento sustenta interações entre átomos.

Um átomo típico tem quase a mesma quantidade de elétrons e prótons; assim, muitos elétrons podem se mover ao redor de um núcleo. Esses elétrons nunca colidem, apesar de se movimentarem quase à velocidade da luz (300.000 quilômetros por segundo). Por que não? Eles viajam em órbitas diferentes, que são volumes definidos de espaço ao redor do núcleo.

Imagine um átomo como um prédio de apartamentos com vários níveis, com salas disponíveis para alugar para os elétrons. O núcleo é o porão e cada "sala" é uma órbita. Não mais de dois elétrons podem compartilhar uma sala ao mesmo tempo. Uma órbita com apenas um elétron tem um espaço vazio e outro elétron pode se mudar pra lá.

Cada andar do prédio de apartamentos corresponde a um nível de energia. Só há uma sala no primeiro andar: uma órbita no nível mais baixo de energia, mais próximo ao núcleo. Ele é preenchido em primeiro lugar. No hidrogênio, o átomo mais simples, um elétron único ocupa essa sala. O hélio tem dois elétrons; logo, não tem espaço vazio no nível mais baixo de energia. Em átomos maiores, mais elétrons "alugam" as salas do segundo andar. Quando o segundo andar é preenchido, mais elétrons "alugam" as salas do terceiro andar e assim por diante. Os elétrons preenchem as órbitas em níveis de energia sucessivamente mais altos.

Quanto mais longe o elétron está do porão (o núcleo), maior sua energia. Um elétron na sala do primeiro andar não consegue se mover para o segundo e terceiro andar, o que dirá para a cobertura, a menos que uma entrada de energia lhe dê um impulso. Suponha que um elétron absorva energia suficiente da luz do sol para se animar a subir. Ele sobe. Se nada preencher a sala inferior, porém, o elétron volta imediatamente para baixo, emitindo sua energia extra à medida que retorna. Nos próximos capítulos, você verá que alguns tipos de células recolhem essa energia liberada.

Por que os átomos interagem?

Camadas. Nós usamos o **modelo orbital** para nos ajudar a verificar se há espaços vazios em um átomo (Figura 2.5). Com esse modelo, "camadas" aninhadas correspondem a sucessivos níveis de energia. Cada camada inclui todas as salas de um andar do prédio de apartamentos atômico.

c Terceira camada Esta camada corresponde ao terceiro nível de energia. Ela tem quatro orbitais com espaço para oito elétrons. O sódio tem um elétron na terceira camada; o cloro tem sete. Ambos têm espaços vazios, então ambos formam ligações químicas. O argônio, sem espaços vazios, não forma.

b Segunda camada Essa camada, que corresponde ao segundo nível de energia, tem quatro orbitais — espaço para um total de oito elétrons. O carbono tem seis elétrons: dois na primeira camada e quatro na segunda. Não tem espaços vazios. O oxigênio tem dois espaços vazios. Tanto o carbono como o oxigênio formam ligações químicas. O neon, sem espaços vazios, não forma.

a Primeira camada Uma camada única corresponde ao primeiro nível de energia, que tem um único orbital que pode conter dois elétrons. O hidrogênio tem apenas um elétron nessa camada, então ele tem um espaço vazio. O átomo de hélio tem dois elétrons (nenhum espaço vazio), então não forma ligações.

sódio
11p+, 11e−

cloro
17p+, 17e−

argônio
18p+, 18e−

carbono
6p+, 6e−

oxigênio
8p+, 8e−

neon
10p+, 10e−

hidrogênio
1p+, 1e−

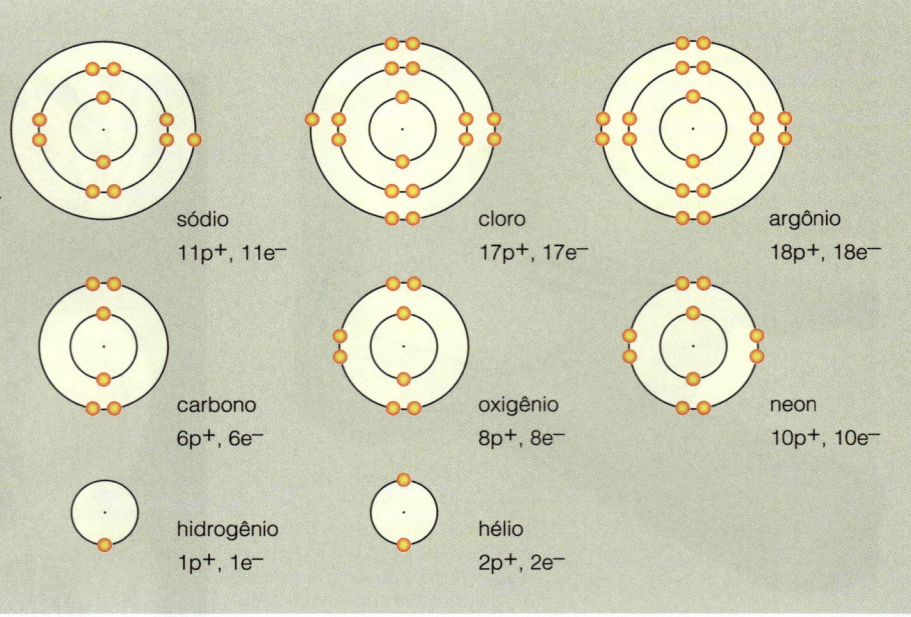

hélio
2p+, 2e−

Figura 2.5 Modelos orbitais que nos ajudam a verificar espaços vazios nos átomos. Cada círculo ou camada representa todos os orbitais em um nível de energia. Átomos com espaços vazios na camada mais afastada tendem a formar ligações. Lembre-se de que átomos não se parecem em nada com esses diagramas planos.

Desenhamos camadas de átomo preenchendo-as com elétrons (representados por pontos ou bolas) a partir da camada mais interna, até que existam tantos elétrons quanto o número de prótons no átomo.

Se a camada mais externa do átomo estiver cheia de elétrons, não haverá espaços vazios. Os átomos desses elementos são quimicamente inativos; eles são mais estáveis como átomos únicos, como hélio, neon e os outros gases inertes da coluna à direita da tabela. Se a camada mais externa do átomo tiver uma sala para um elétron extra, ele tem um espaço vazio. Átomos com espaços vagos tendem a interagir com outros átomos; eles doam, adquirem ou compartilham elétrons até que não haja mais espaços vazios em sua camada mais externa. Qualquer átomo se encontra em seu estado mais estável quando não tem espaços vazios.

Átomos e íons. A carga negativa de um elétron anula a carga positiva de um próton; assim, um átomo é descarregado somente quando tem o mesmo número de elétrons e prótons. Um átomo com números diferentes de elétrons e prótons é chamado **íon**. Um íon carrega uma carga; seja por ter adquirido uma carga positiva pela perda de um elétron ou por ter adquirido uma carga negativa por ter afastado um elétron de outro átomo.

Eletronegatividade é uma medida da capacidade de um átomo para afastar elétrons de outros átomos. Se o afastamento é forte ou fraco, dependerá do tamanho do átomo e de quantos espaços vazios ele tem; não se trata de uma medida de carga.

Como exemplo, quando um átomo de cloro é descarregado, ele tem 17 prótons e 17 elétrons. Sete elétrons estão em sua camada mais externa (terceira), que pode conter oito (Figura 2.6). Ele tem um espaço vazio. Um átomo de cloro descarregado é altamente eletronegativo — ele pode afastar um elétron de outro átomo e preencher sua terceira camada. Quando isso acontece, o átomo se transforma em um íon de cloro (Cl^-) com 17 prótons, 18 elétrons e uma carga líquida negativa.

Como outro exemplo, um átomo de sódio descarregado tem 11 prótons e 11 elétrons. Esse átomo tem um elétron em sua camada mais externa (terceira), que pode conter oito. Ele tem sete espaços vazios. Um átomo de sódio descarregado é fracamente eletronegativo, então ele não pode puxar sete elétrons de outros átomos para preencher sua terceira camada. Em vez disso, ele tende a perder o único elétron em sua terceira camada. Quando isso acontece, duas camadas cheias — e sem espaços vazios — permanecem. O átomo agora se transformou em um íon de sódio (Na^+), com 11 prótons, 10 elétrons e uma carga líquida positiva.

Dos átomos às moléculas. Os átomos não gostam de ter espaços vazios e tentam se livrar deles interagindo com outros átomos. Uma **ligação química** é uma força atrativa que surge entre dois átomos quando seus elétrons interagem. Uma **molécula** se forma quando dois ou mais átomos do mesmo elemento ou de elementos diferentes se unem em ligações químicas. A próxima seção explica os principais tipos de ligações em moléculas biológicas.

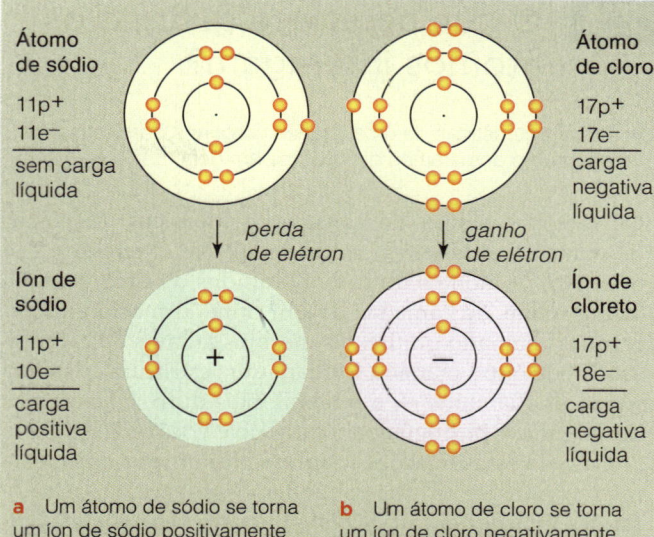

Átomo de sódio
11p+
11e−
sem carga líquida

↓ perda de elétron

Íon de sódio
11p+
10e−
carga positiva líquida

Átomo de cloro
17p+
17e−
carga negativa líquida

↓ ganho de elétron

Íon de cloreto
17p+
18e−
carga negativa líquida

a Um átomo de sódio se torna um íon de sódio positivamente carregado (Na^+) quando perde o elétron em sua terceira camada. A segunda camada cheia do átomo é agora a mais externa e o átomo não tem espaços vazios.

b Um átomo de cloro se torna um íon de cloro negativamente carregado (Cl^-) quando ganha um elétron e preenche o espaço vazio em sua terceira e mais externa camada.

Figura 2.6 Formação de íons.

Compostos são moléculas que consistem em dois ou mais elementos diferentes em proporções que não variam. A água é um exemplo. Todas as moléculas de água têm um átomo de oxigênio ligado a dois átomos de hidrogênio. Seja água do mar, de cachoeira, de um lago na Sibéria ou em qualquer outro lugar, suas moléculas têm duas vezes mais hidrogênio que átomos de oxigênio. Em contraste, em uma **mistura**, duas ou mais substâncias se entremeiam e suas proporções podem variar, pois as substâncias não se unem umas às outras. Por exemplo, você pode fazer uma mistura juntando água e açúcar. O açúcar dissolve, mas nenhuma ligação química se forma.

Sempre dois H para cada O.

Para pensar

Por que os átomos interagem?

- Os elétrons de um átomo são a base de seu comportamento químico.
- As camadas representam todos os orbitais de elétrons em um nível de energia em um átomo. Quando a camada mais externa não está cheia de elétrons, o átomo tem um espaço vazio.
- Os átomos tendem a se livrar dos espaços vazios ganhando ou perdendo elétrons (nesse caso transformando-se em íons), ou compartilhando elétrons com outros átomos.
- Átomos com espaços vazios podem formar ligações químicas. As ligações químicas conectam átomos em moléculas.

2.4 O que acontece quando os átomos interagem?

- As características de uma ligação surgem a partir das propriedades dos átomos que participam dela.

Os mesmos blocos de construção atômicos, dispostos de maneiras diferentes, fazem moléculas diferentes. Por exemplo, os átomos do carbono unidos de uma maneira forma folhas de camadas de um mineral macio e escorregadio chamado grafite. Os mesmos átomos de carbono unidos de outra maneira formam uma estrutura cristalina rígida de diamante — o mineral mais duro. Una átomos de oxigênio e hidrogênio ao carbono e você terá açúcar.

Embora essas ligações se apliquem a uma variedade de interações entre os átomos, podemos categorizar a maioria das ligações em tipos distintos com base em suas diferentes propriedades. Três tipos — iônicas, covalentes e pontes de hidrogênio — são mais comuns em moléculas biológicas. Cada tipo depende dos espaços vazios e eletronegatividade dos átomos que fazem parte dela. A Tabela 2.1 compara diferentes maneiras de representação das moléculas e suas ligações.

Ligação iônica

Lembre-se da Figura 2.6: um átomo fortemente eletronegativo tende a ganhar elétrons até que sua camada mais externa esteja cheia. Então, trata-se de um íon carregado negativamente. Um átomo fracamente eletronegativo tende a perder elétrons até que sua camada mais externa esteja cheia. Então, trata-se de um íon carregado positivamente. Dois átomos com uma grande diferença em eletronegatividade podem ficar juntos em uma **ligação iônica**, que é uma atração mútua forte de dois íons carregados de forma oposta. Essas ligações normalmente não se formam pela transferência direta de um elétron de um átomo para outro; pelo contrário, os átomos que já se tornaram íons ficam juntos por causa de suas cargas opostas.

A Figura 2.7 mostra cristais de sal de cozinha (cloreto de sódio ou NaCl). Ligações iônicas nesses sólidos contêm íons de sódio e cloreto em uma disposição ordenada e cúbica.

Ligação covalente

Em uma **ligação covalente**, dois átomos compartilham um par de elétrons. Essas ligações normalmente se formam entre átomos com eletronegatividade semelhante e elétrons sem pares. Ao compartilhar seus elétrons, cada espaço vazio do átomo é parcialmente preenchido (Figura 2.8). As ligações covalentes podem ser mais fortes que as ligações iônicas, mas nem sempre o são.

Observe a fórmula estrutural na Tabela 2.1. Essas fórmulas mostram como as ligações conectam os átomos. Uma linha entre dois átomos representa uma ligação covalente simples, na qual dois átomos compartilham um par de elétrons. Um exemplo simples é o hidrogênio molecular (H_2), com uma ligação covalente entre os átomos de hidrogênio (H—H). Duas linhas entre átomos representam uma ligação covalente dupla, na qual dois átomos compartilham dois pares de elétrons. O oxigênio molecular (O=O) tem uma ligação covalente dupla ligando dois átomos de oxigênio. Três linhas indicam uma ligação covalente tripla, onde dois átomos compartilham três pares de elétrons. Uma ligação covalente tripla liga dois átomos de nitrogênio em nitrogênio molecular (N≡N).

Figura 2.7 Ligações iônicas.

A Um cristal de sal de cozinha é uma estrutura cúbica com muitos íons de sódio e cloreto.

B A atração mútua de cargas opostas mantém os dois tipos de íons juntos em uma estrutura.

Íon de sódio
11p⁺, 10e⁻

Íon de cloreto
17p⁺, 18e⁻

Tabela 2.1	Diferentes maneiras de representar a mesma molécula	
Nome comum	Água	Termo familiar.
Nome químico	Óxido de hidrogênio	Descreve sistematicamente a composição elementar.
Fórmula química	H_2O	Indica as proporções não variáveis de elementos. Os subscritos mostram o número de átomos de um elemento por molécula. A ausência de uma subscrição significa um átomo.
Fórmula estrutural	H—O—H	Representa cada ligação covalente como uma linha única entre átomos. Os ângulos de ligação também podem ser representados.
Modelo estrutural		Mostra as posições e tamanhos relativos dos átomos.
Modelo orbital		Mostra como os pares de elétrons são compartilhados em ligações covalentes.

Oxigênio molecular (H–H)
Dois átomos de oxigênio, cada um com oito prótons, compartilham quatro elétrons em uma ligação covalente dupla.

Hidrogênio molecular (O=O)
Dois átomos de hidrogênio, cada um com um próton, compartilham dois elétrons em uma ligação covalente não polar.

Molécula de água (H–O–H)
Dois átomos de hidrogênio compartilham elétrons com um átomo de oxigênio em duas ligações covalentes polares. O oxigênio exerce maior atração sobre os elétrons compartilhados, tendo assim uma carga ligeiramente negativa. Cada hidrogênio tem uma carga ligeiramente positiva.

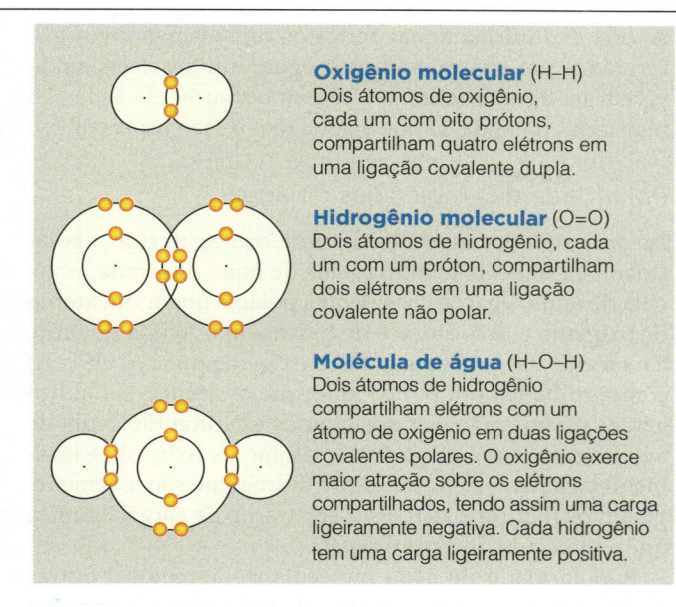

Figura 2.8 Ligações covalentes, em que os átomos com elétrons não pareados em sua camada mais externa se tornam mais estáveis através do compartilhamento de elétrons. Dois elétrons são compartilhados em cada ligação covalente. Quando o compartilhamento é igual, a ligação é não polar. Quando um átomo exerce maior atração sobre os elétrons, a ligação é polar.

a Uma ligação de hidrogênio (H) é uma atração entre um átomo eletronegativo e um átomo de hidrogênio que participa de uma ligação covalente polar separada.

b Pontes de hidrogênio são individualmente fracas, mas muitas podem se formar. Coletivamente, elas são fortes o suficiente para estabilizar as estruturas de grandes moléculas biológicas, como o DNA mostrado aqui.

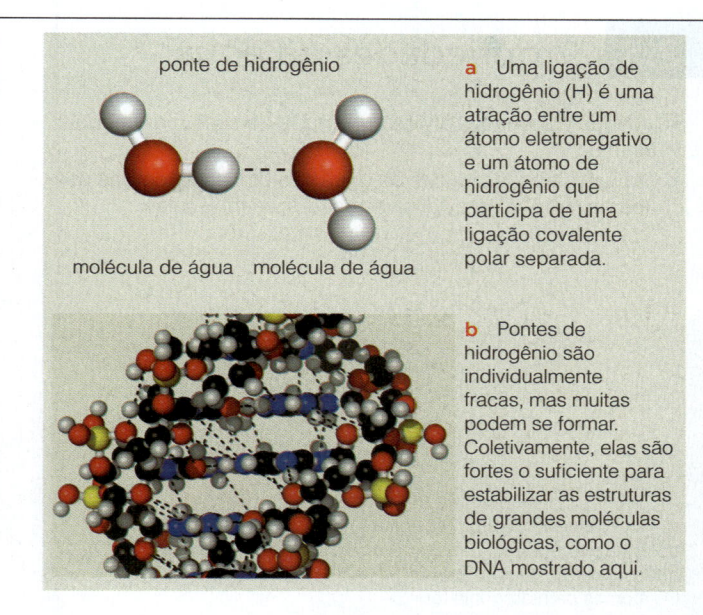

Figura 2.9 Pontes de hidrogênio. As pontes de hidrogênio se formam em um átomo de hidrogênio que participa de uma ligação covalente polar. A carga ligeiramente positiva do átomo de hidrogênio atrai levemente um átomo eletronegativo. Conforme mostrado aqui, as ligações de hidrogênio (H) podem se formar entre moléculas ou diferentes partes da mesma molécula.

Algumas ligações covalentes são **não polares**, o que significa que átomos que participam da ligação estão compartilhando elétrons igualmente. Não há diferença de carga entre as duas extremidades dessas ligações. Ligações covalentes não polares se formam entre átomos com eletronegatividade idêntica. O hidrogênio (H_2), oxigênio (O_2) e nitrogênio (N_2) moleculares mencionados anteriormente são exemplos. Essas moléculas são alguns dos gases que formam o ar.

Átomos que participam de ligações covalentes **polares** não compartilham elétrons igualmente. Essas ligações podem se formar entre átomos com uma pequena diferença na eletronegatividade. O átomo que é mais eletronegativo puxa os elétrons um pouco mais, logo, esse átomo carrega uma carga levemente negativa. O átomo na outra extremidade da ligação tem uma carga levemente positiva.

Por exemplo, a molécula de água mostrada na Tabela 2.1 possui duas ligações covalentes polares (H–O–H). O átomo de oxigênio carrega uma carga negativa leve, mas cada um dos átomos de hidrogênio carrega uma carga positiva leve. Qualquer separação de carga em regiões distintas positiva e negativa é chamada **polaridade**. Como você verá na próxima seção, a polaridade da molécula de água é muito importante para a vida.

Pontes de hidrogênio

As pontes de hidrogênio se formam entre regiões polares de duas moléculas ou entre duas regiões da mesma molécula. Uma **ponte de hidrogênio** é uma atração fraca entre um átomo altamente eletronegativo e um átomo de hidrogênio que participa de uma ligação covalente polar separada.

Como as ligações iônicas, as pontes de hidrogênio se formam pela atração mútua de cargas opostas: os átomos de hidrogênio têm carga levemente positiva e o outro átomo tem carga levemente negativa. Contudo, diferente das ligações iônicas, as pontes de hidrogênio não produzem moléculas fora dos átomos; logo, não são ligações químicas.

As pontes de hidrogênio são fracas. Elas se formam e quebram com muito mais facilidade que as ligações covalentes ou iônicas. Mesmo assim, muitas delas se formam entre moléculas ou entre diferentes partes de uma molécula maior. Coletivamente, elas são forte o suficiente para estabilizar as estruturas características de moléculas biológicas grandes (Figura 2.9).

Para pensar

Como os átomos interagem?

- Uma ligação química se forma quando os elétrons de dois átomos interagem. Dependendo dos átomos, a ligação pode ser iônica ou covalente.
- Uma ligação iônica é uma atração forte mútua entre íons de carga oposta.
- Os átomos compartilham um par de elétrons em uma ligação covalente. Quando os átomos compartilham elétrons igualmente, a ligação é não polar; quando eles não compartilham igualmente, é polar.
- Uma ponte de hidrogênio é uma atração fraca entre um átomo altamente eletronegativo e um átomo de hidrogênio que participa de uma ligação covalente polar diferente.
- As pontes de hidrogênio são individualmente fracas, mas coletivamente fortes quando muitas são formadas.

CAPÍTULO 2 A BASE QUÍMICA DA VIDA

2.5 Propriedades da água

- A água é essencial à vida em virtude de suas propriedades únicas.
- As propriedades únicas da água são um resultado das pontes de hidrogênio extensivas entre suas moléculas.

A vida evoluiu na água. Todos os organismos vivos são formados em sua maioria por água, muitos deles ainda vivem na água e todas as reações químicas da vida são realizadas na água. O que a água tem de tão especial?

Polaridade das moléculas de água

As propriedades especiais da água começam com a polaridade de moléculas individuais de água. Em cada molécula de água, ligações covalentes polares unem um átomo de oxigênio a dois átomos de hidrogênio. Acima de tudo, a molécula não tem carga, mas o oxigênio puxa os elétrons compartilhados um pouco mais que os átomos de hidrogênio. Assim, cada um dos átomos em uma molécula de água carrega uma carga leve: o átomo de oxigênio é levemente negativo, e os átomos de hidrogênio são levemente positivos (Figura 2.10a). Essa separação de carga significa que a molécula de água é polar.

A polaridade de cada molécula de água atrai outras moléculas de água, e as pontes de hidrogênio se formam entre elas em um número imenso (Figura 2.10b). Pontes de hidrogênio extensivas entre moléculas de água transmitem propriedades singulares à água, tornando a vida possível.

Propriedade solvente da água

Um **solvente** é uma substância, geralmente líquida, capaz de dissolver outras substâncias. As substâncias dissolvidas são **solutos**. Moléculas de solvente se agrupam ao redor de íons ou moléculas de um soluto, dispersando-as e mantendo-as separadas ou dissolvidas.

A água é um solvente. Agrupamentos de moléculas de água se formam ao redor dos solutos em fluidos celulares, na seiva das árvores, no sangue, no fluido dos seus intestinos e na maioria dos outros fluidos associados à vida. Quando você coloca sal de cozinha (NaCl) em uma xícara de água, os cristais desse sólido ionicamente ligado se separam em íons de sódio (Na^+) e íons de cloreto (Cl^-). O sal dissolve na água porque os átomos de oxigênio negativamente carregados de muitas moléculas puxam cada Na^+, e os átomos de hidrogênio positivamente carregados de muitos outros puxam cada Cl^- (Figura 2.11). A força coletiva de muitas pontes de hidrogênio separa os íons e os mantém dissolvidos.

Pontes de hidrogênio também se formam entre moléculas de água e moléculas polares como açúcares; assim, a água dissolve facilmente moléculas polares. Logo, as moléculas polares são substâncias **hidrofílicas** (afinidade por água). Pontes de hidrogênio não se formam entre moléculas de água e moléculas não polares, tais como óleos, que são substâncias **hidrofóbicas** (repelem a água). Chacoalhe uma garrafa cheia de água e óleo de salada, depois a coloque sobre a mesa. A água se une, e o óleo se agrupa na superfície da água à medida que as novas pontes de hidrogênio substituem aquelas quebradas pela movimentação da garrafa. O óleo, sendo menos denso, permanece na superfície.

a A polaridade de uma molécula de água aumenta por causa da distribuição de seus elétrons. Os átomos de hidrogênio têm carga levemente positiva e os átomos de oxigênio têm carga levemente negativa.

carga levemente negativa no átomo de oxigênio

carga levemente positiva no átomo de hidrogênio

b Muitas pontes de hidrogênio (linhas tracejadas) que se formam e quebram rapidamente mantêm as moléculas de água agrupadas em água líquida.

c Abaixo de 0 °C (32 °F), as pontes de hidrogênio mantêm as moléculas de água rigidamente unidas em uma estrutura tridimensional de gelo. As moléculas são embaladas menos densamente em gelo do que em água líquida, assim o gelo flutua.

A calota polar Ártica está derretendo devido ao aquecimento global. Ela provavelmente acabará em 50 anos, assim como os ursos polares. Os ursos polares agora precisam nadar mais entre as folhas de gelo cada vez menores, e é alarmante o número dos que estão se afogando.

Figura 2.10 Água, uma substância que é essencial à vida.

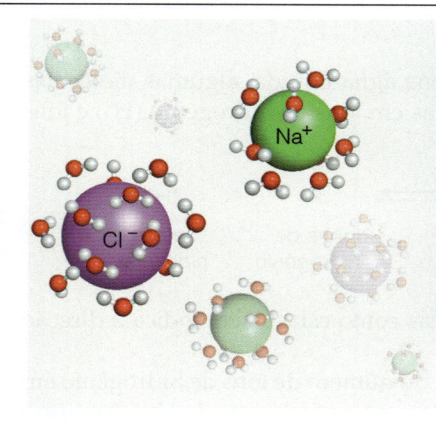

Figura 2.11 Moléculas de água que cercam um sólido iônico separa seus átomos, dissolvendo-os.

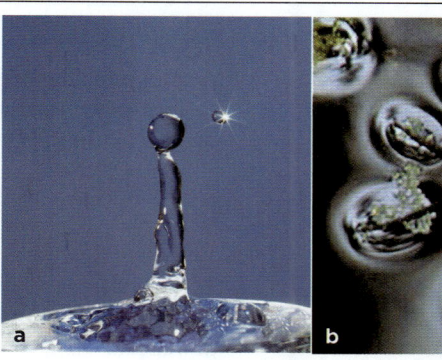

Figura 2.12 Coesão de água. (**a**) Depois que uma pedra atinge a água líquida, moléculas individuais não se afastam. Inúmeras pontes de hidrogênio as mantém juntas. (**b**) A coesão evita que a aranha pescadora afunde. (**c**) A água sobe ao topo das plantas, porque a evaporação da folhas puxa colunas coesas de moléculas de água para cima pelas raízes.

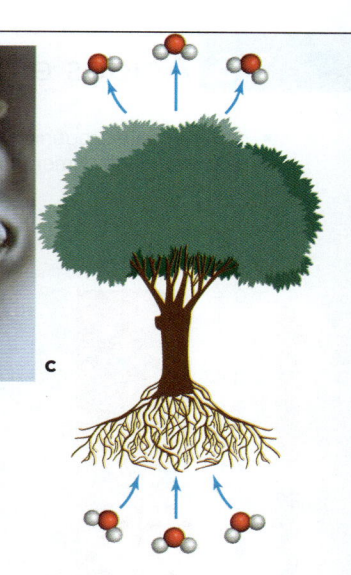

As mesmas interações ocorrem na fina membrana oleosa que separa a água dentro das células da água fora delas. A organização das membranas — e a própria vida — começa com essas interações. Você vai ler mais sobre membranas no Capítulo 5.

Efeito estabilizador de temperatura da água

Todas as moléculas vibram sem parar e se movem mais rápido à medida que absorvem calor. **Temperatura** é uma forma de medir a energia desse movimento molecular. As pontes de hidrogênio extensivas em água líquida restringem o movimento das moléculas de água. Logo, comparada a outros líquidos, a água absorve mais calor antes de se tornar mensuravelmente mais quente. Essa propriedade significa que a temperatura da água (e o ar ao redor) fica relativamente estável.

Quando a temperatura da água está abaixo do ponto de ebulição, as pontes de hidrogênio se formam tão rápido como se quebram. À medida que a água fica mais quente, as moléculas se movem mais rápido, e as moléculas individuais na superfície da água começam a escapar para o ar. Por esse processo — **evaporação** — a energia do calor converte água líquida para gás. O aumento de energia ultrapassa a atração entre as moléculas de água, que se libertam.

É necessário calor para converter água em gás, assim a temperatura da superfície diminui durante a evaporação. A perda evaporativa de água pode ajudar você e alguns outros mamíferos a resfriar quando você transpira no tempo quente e seco. O suor, que é formado por cerca de 99% de água, resfria a pele à medida que evapora.

Abaixo de 0 °C, as moléculas de água não se agitam o suficiente para quebrar as pontes de hidrogênio, e se trancam em uma estrutura rígida semelhante ao modelo de ligação do gelo (Figura 2.10c). Moléculas de água individuais se empacotam menos densamente em gelo do que em água, então o gelo flutua. Durante invernos gelados, folhas de gelo podem se formar próximo à superfície de lagoas, lagos e riachos. Esses "cobertores" de gelo isolam água líquida sob eles, ajudando a evitar que peixes e outros organismos aquáticos congelem.

Coesão da água

Outra propriedade da água que sustenta a vida é a coesão. **Coesão** significa que as moléculas resistem à separação umas das outras. Você pode ver seu efeito como tensão de superfície quando você joga um pedregulho em um lago (Figura 2.12a). Embora a água ondule e espirre, as moléculas individuais não se separam. Suas pontes de hidrogênio exercem coletivamente uma força contínua sobre as moléculas individuais de água. Essa força é tão intensa que as moléculas ficam juntas em vez de se separarem em um filme fino, assim como outros líquidos. Muitos organismos tiram vantagem especial dessa propriedade singular (Figura 2.12b).

A coesão opera dentro dos organismos também. Por exemplo, as plantas absorvem continuamente água durante seu crescimento. As moléculas de água evaporam das folhas e substituições são puxadas para cima pelas raízes (Figura 2.12c). A coesão possibilita que as colunas de água líquida subam das raízes até as folhas dentro de tubulações estreitas feitas de tecido vascular.

Para pensar

Por que a água é essencial à vida?

- Pontes de hidrogênio extensivas entre moléculas de água transmitem propriedades singulares à água, tornando a vida possível.
- Moléculas de hidrogênio da água se ligam às substâncias polares (hidrofílicas), dissolvendo-as facilmente. Elas não se ligam às substâncias não polares (hidrofóbicas).
- O gelo é menos denso que a água líquida, então ele flutua, isolando a água sob ele.
- A temperatura da água é mais estável que a de outros líquidos. A água também estabiliza a temperatura do ar que a rodeia.
- A coesão mantém as moléculas individuais de água líquida unidas.

2.6 Ácidos e bases

- Os íons de hidrogênio possuem efeitos de amplo alcance, pois são quimicamente ativos e porque são em grande número.

Escala de pH

A qualquer instante na água líquida, algumas moléculas de água são separadas em íons de hidrogênio (H^+) e íons de hidróxido (OH^-):

$$H_2O \rightleftharpoons H^+ + OH^-$$

água — íons de hidrogênio — íons de hidroxila

Em equações químicas como esta, a seta indica a direção da reação.

pH é uma medida do número de íons de hidrogênio em uma solução. Quando o número de íons de H^+ é o mesmo que o número de íons de OH^-, o pH da solução é 7 ou neutro. O pH da água pura (não água de chuva nem água de torneira) é 7. Quanto mais íons de hidrogênio, menor o pH. Uma redução de uma unidade no pH corresponde a um aumento de dez vezes na quantidade de íons de H^+, e um aumento de uma unidade corresponde a uma redução de dez vezes na quantidade de íons de H^+. Uma maneira de saber a diferença é provar o gosto de bicarbonato de sódio dissolvido (pH 9), de água destilada (pH 7) e suco de limão (pH 2). Uma escala de pH que vai de 0 a 14 é mostrada na Figura 2.13.

Quase toda a química da vida ocorre perto do pH 7. Grande parte do ambiente interno do corpo (fluidos dos tecidos e sangue) está entre pH 7,3 e pH 7,5.

Como os ácidos se diferem das bases?

Substâncias denominadas **ácidas** doam íons de hidrogênio à medida que dissolvem em água. **Bases** aceitam íons de hidrogênio. Soluções ácidas, como suco de limão e café, contêm mais H^+ que OH^-, então seu pH está abaixo de 7. Soluções básicas, como água do mar e sabonete, contêm mais OH^- que H^+. Soluções básicas ou alcalinas têm um pH maior que 7.

Ácidos e bases podem ser fracos ou fortes. Ácidos fracos, como o ácido carbônico (H_2CO_3), são doadores escassos de H^+. Ácidos fortes doam mais íons de H^+. Um exemplo é o ácido clorídrico (HCl), que se separa em H^+ e Cl^- muito facilmente na água:

$$HCl \rightleftharpoons H^+ + Cl^-$$

ácido clorídrico — íons de hidrogênio — íons de hidroxila

Dentro do seu estômago, o H^+ proveniente do HCl torna o fluido gástrico ácido (pH 1–2). A acidez ativa enzimas que digerem proteínas em seus alimentos.

Ácidos ou bases que se acumulam em ecossistemas podem matar organismos. Por exemplo, emissões de combustível fóssil e fertilizantes que contêm nitrogênio liberam ácidos fortes na atmosfera. Os ácidos reduzem o pH da chuva (Figura 2.14). Alguns ecossistemas estão sendo danificados por essa chuva ácida, que muda a composição da água e do solo. Organismos existentes nessas regiões estão sendo prejudicados por essas mudanças.

pH		Exemplos
0	10^0	ácido de bateria
1	10^{-1}	fluido gástrico
2	10^{-2}	chuva ácida, suco de limão, refrigerante cola, vinagre
3	10^{-3}	
4	10^{-4}	suco de laranja, tomates, vinho, bananas
5	10^{-5}	cerveja, pão, café preto, urina, chá, chuva normal
6	10^{-6}	milho, manteiga, leite
7	10^{-7}	água pura
8	10^{-8}	sangue, lágrima, clara de ovo, água do mar
9	10^{-9}	fermento em pó, detergentes fosfatados, **antiácidos**
10	10^{-10}	pasta de dentes, sabonete, leite de magnésia
11	10^{-11}	amônia caseira
12	10^{-12}	removedor de pelos
13	10^{-13}	água sanitária, limpador de forno
14	10^{-14}	limpador de ralos

Figura 2.13 Escala de pH. Aqui, os pontos vermelhos significam os íons de hidrogênio (H^+) e os pontos azuis significam os íons de hidroxila (OH^-). Também estão sendo demonstrados valores de pH aproximados para algumas soluções comuns. Essa escala de pH vai de 0 (mais ácido) a 14 (mais básico). Uma mudança em uma unidade da escala corresponde a uma mudança de dez vezes no valor de íons de H^+ (números azuis).

Descubra: qual o pH aproximado do refrigerante de cola?
Resposta: 2,5.

Figura 2.14 Emissões de dióxido de enxofre de uma usina de energia movida a carvão. Poluentes transportados pelo ar como o dióxido de enxofre se dissolvem em vapor d'água e formam soluções ácidas. Eles são componentes da chuva ácida. A fotografia à direita mostra como a chuva ácida pode corroer esculturas em pedra.

Sais e água

Um **sal** é um composto que se dissolve facilmente em água e libera quantidade de íons diferentes de H^+ e OH^-. Por exemplo, quando dissolvido em água, o cloreto de sódio se separa em íons de sódio e íons de cloreto:

$$NaCl \longrightarrow Na^+ + Cl^-$$
cloreto de sódio — íons de sódio — íons de cloreto

Muitos íons são componentes importantes de processos celulares. Por exemplo, íons de sódio, potássio e cálcio são essenciais para a função dos nervos e células musculares. Como outro exemplo, os íons de potássio ajudam as plantas a reduzirem a perda de água em dias quentes e secos.

Tampões contra mudanças no pH

As células devem responder rapidamente às menores mudanças no pH, pois a maioria das enzimas e outras moléculas biológicas só funciona adequadamente dentro de um limite estreito de pH. Até mesmo um pequeno desvio desse limite pode interromper completamente os processos celulares.

Os fluidos do corpo ficam em um pH constante, pois eles são tamponados. Um **sistema de tamponamento** é um conjunto de substâncias químicas, frequentemente ácidos ou bases fracas e seus sais, que podem ajudar a manter o pH de uma solução estável. Funciona porque as duas substâncias químicas doam e aceitam íons que contribuem para o pH.

Por exemplo, quando uma base é adicionada a um fluido não tamponado, o número de íons de OH^- aumenta, e o pH sobe. Contudo, quando uma base é adicionada a um fluido tamponado, o componente ácido do tampão libera íons de H^+. Estes se combinam com íons de OH^- extra, formando água, que não afeta o pH. Assim, o pH do fluido tamponado permanece o mesmo quando a base é adicionada.

O dióxido de carbono, um gás que se forma em muitas reações, participa de um importante sistema de tamponamento. Ele se torna ácido carbônico quando dissolvido no componente aquoso do sangue humano:

$$H_2O + CO_2 \longrightarrow H_2CO_3$$
dióxido de carbono — ácido carbônico

O ácido carbônico pode se separar em íons de hidrogênio e íons de bicarbonato:

$$H_2CO_3 \longrightarrow H^+ + HCO_3^-$$
ácido carbônico — bicarbonato

Essa reação facilmente reversa constitui um sistema de tampão. Qualquer excesso de OH^- se combina com H^+ para formar água, que não contribui para o pH. Qualquer excesso de H^+ se combina com o bicarbonato; assim ligado, o hidrogênio não afeta o pH:

$$H^+ + HCO_3^- \longrightarrow H_2CO_3$$
bicarbonato — ácido carbônico

Juntas, essas reações mantêm o pH do sangue entre 7,3 e 7,5, mas apenas até certo ponto. Um sistema de tamponamento pode neutralizar apenas alguns íons. Mesmo um pouco mais que esse limite faz com que o pH varie amplamente.

A falha de um sistema de tamponamento em um sistema biológico pode ser catastrófica. Em acidose respiratória aguda, o dióxido de carbono se acumula e um excesso de ácido carbônico se forma no sangue. A diminuição resultante no pH do sangue pode causar coma em um indivíduo — um nível de inconsciência que é perigoso. A alcalose, um aumento potencialmente letal no pH do sangue, também pode levar ao coma. Mesmo um aumento para 7,8 pode resultar em rigidez e tensão ou espasmos musculares prolongados.

> **Para pensar**
>
> *Por que os íons de hidrogênio são importantes na biologia?*
>
> - Os íons de hidrogênio contribuem para o pH. Os ácidos liberam íons de hidrogênio na água; as bases os aceitam. Os sais liberam quantidade de íons diferentes de H^+ e OH^-.
> - Os sistemas de tamponamento mantêm o pH dos fluidos corporais estáveis. Eles fazem parte da homeostasia.

QUESTÕES DE IMPACTO REVISITADAS — Quanto você vale?

Contaminante ou nutriente? Um corpo humano médio contém elementos de alta toxicidade como chumbo, arsênico, mercúrio, selênio, níquel e até mesmo alguns átomos de urânio. A presença desses elementos no corpo é geralmente presumida como o resultado de poluentes ambientais, mas ocasionalmente descobrimos que algum deles tem uma função vital. Por exemplo, descobrimos recentemente que pouco selênio pode causar problemas cardíacos e problemas na tireoide, então pode ser parte de alguns sistemas biológicos ainda não desvendados.

O corpo médio contém uma quantidade substancial de flúor, mas ainda não sabemos de qualquer função metabólica natural desse elemento. O flúor pode substituir outros elementos nas moléculas biológicas, mas a substituição tende a tornar as moléculas tóxicas. Diversos tipos de toxinas vegetais contra predadores são simples moléculas biológicas com flúor substituindo outros elementos.

Resumo

Seção 2.1 A maioria dos **átomos** tem **elétrons**, que têm uma **carga** negativa. Os elétrons se movem ao redor de um **núcleo** de prótons carregados positivamente e, exceto no caso do hidrogênio, **nêutrons** descarregados. Os átomos de um elemento possuem o mesmo número de prótons — o **número atômico** (Tabela 2.2).

Uma **tabela periódica** relaciona todos os elementos. Referimo-nos aos **isótopos** de um elemento por seu **número de massa**.

Tabela 2.2	Resumo dos agentes na química da vida
Átomo	Partículas que são blocos construtores básicos de toda a matéria; a menor unidade que retém as propriedades de um elemento
Elemento	Substância pura que consiste inteiramente de átomos com o mesmo número característico de prótons
Próton (p+)	Partícula carregada positivamente do núcleo de um átomo
Elétron (e−)	Partícula carregada negativamente que pode ocupar um volume de espaço (orbital) ao redor do núcleo de um átomo
Nêutron	Partícula não carregada do núcleo de um átomo
Isótopo	Uma das duas ou mais formas de um elemento, os átomos nos quais diferem o número de nêutrons
Radioisótopo	Isótopo instável que emite partículas e energia quando seu núcleo se desintegra
Indicador	Molécula que possui uma substância detectável (como um radioisótopo) anexa
Íon	Átomo que carrega uma carga após ganhar ou perder um ou mais elétrons
Molécula	Dois ou mais átomos unidos em uma ligação química
Composto	Molécula de dois mais elementos diferentes em proporções não variáveis (por exemplo, água)
Mistura	Mistura de dois ou mais elementos ou compostos em proporções que podem variar
Soluto	Molécula ou íon dissolvido em um solvente
Ácido	Substância que libera H+ quando dissolvido em água
Base	Substância que aceita H+ quando dissolvido em água
Sal	Substância que libera íons diferentes de H+ ou OH− quando dissolvida em água

Seção 2.2 Os pesquisadores fazem indicadores com substâncias detectáveis como radioisótopos, que emitem partículas e energia à medida que se deterioram espontaneamente.

Seção 2.3 Usamos **modelos orbitais** para visualizar a estrutura de elétrons do átomo. Átomos com números de elétrons e prótons diferentes são **íons**. Átomos com espaços livres tendem a interagir com outros átomos doando, aceitando ou compartilhando elétrons. Eles formam diferentes **ligações químicas** dependendo de sua **eletronegatividade**. Um **composto** é uma **molécula** de elementos diferentes. **Misturas** são substâncias entremeadas.

Seção 2.4 Uma **ligação iônica** é uma associação muito forte entre íons de cargas opostas. Dois átomos compartilham um par de elétrons em uma **ligação covalente**, que pode ser **não polar** ou **polar** (polaridade é uma separação de carga). **Pontes de hidrogênio** são mais fracas que as ligações iônicas ou covalentes.

Seção 2.5 Evaporação ajuda a água líquida a estabilizar a temperatura. Substâncias **hidrofílicas** se dissolvem facilmente em água; substâncias **hidrofóbicas** não. **Solutos** são substâncias dissolvidas em água ou em outro solvente. Coesão mantém as moléculas de água unidas.

Seção 2.6 pH reflete o número de íons de hidrogênio (H+) em uma solução. As escalas típicas de pH vão de 0 (mais ácido) até 14 (mais básico ou alcalino). No pH neutro (7), as quantidades de íons H+ e OH− são as mesmas. **Sais** são compostos que liberam íons que não H+ e OH− em água. **Ácidos** liberam H+; **bases** aceitam H+. Um sistema tampão mantém uma solução dentro de um limite consistente de pH. A maioria dos processos biológicos é tamponada; esses processos só funcionam dentro de um limite estreito de pH, geralmente próximo a **pH 7**.

Exercício de análise de dados

Seres vivos e não vivos têm os mesmos tipos de átomos unidos como moléculas, mas que diferem em suas proporções de elementos e em como os átomos desses elementos são dispostos. Os três quadros na Figura 2.15 comparam as proporções de alguns elementos no corpo humano, na crosta terrestre e na água do mar.

1. Qual é o elemento mais abundante na terra? No corpo humano? Na água do mar?

2. Que porcentagem de água do mar é oxigênio? E hidrogênio? Quantos átomos de hidrogênio existem para cada átomo de oxigênio na água do mar? Em que molécula são encontrados hidrogênio e oxigênio nessa proporção exata?

3. Quantos átomos de cloro existem para cada átomo de sódio na água do mar? Qual molécula comum tem um átomo de cloro para cada átomo de sódio?

Ser humano		Terra		Água do mar	
Hidrogênio	62,0%	Hidrogênio	3,1%	Hidrogênio	66,0%
Oxigênio	24,0	Oxigênio	60,0	Oxigênio	33,0
Carbono	12,0	Carbono	0,3	Carbono	< 0,1
Nitrogênio	1,2	Nitrogênio	< 0,1	Nitrogênio	< 0,1
Fósforo	0,2	Fósforo	< 0,1	Fósforo	< 0,1
Cálcio	0,2	Cálcio	2,6	Cálcio	< 0,1
Sódio	< 0,1	Sódio	< 0,1	Sódio	0,3
Potássio	< 0,1	Potássio	0,8	Potássio	< 0,1
Cloro	< 0,1	Cloro	< 0,1	Cloro	0,3

Figura 2.15 Comparação da abundância de alguns elementos em um ser humano, na crosta terrestre e na água do mar normal. Cada número é a porcentagem do número total de átomos em cada fonte. Por exemplo, 120 de cada 1.000 átomos em um corpo humano são carbono, comparados a somente 3 átomos de carbono em cada 1.000 átomos de terra.

Questões
Respostas no Apêndice III

1. Um(a) _____ é uma molécula à qual um radioisótopo foi incorporado.

2. Um íon é um átomo que possui _____ .
   a. o mesmo número de elétrons e prótons
   b. um número diferente de elétrons e prótons
   c. a e b estão corretas

3. Um(a) _____ se forma quando átomos de dois ou mais elementos se ligam de forma covalente.

4. A medida da capacidade de um átomo para afastar elétrons de outro átomo é chamada _____ .

5. Os átomos compartilham elétrons desigualmente em uma ligação _____.

6. Os símbolos dos elementos são dispostos de acordo com ___ na tabela periódica dos elementos.

7. A água líquida tem _____ .
   a. indicadores
   b. uma profusão de pontes de hidrogênio
   c. coesão
   d. resistência a aumentos na temperatura
   e. b, c e d estão corretas
   f. todas estão corretas

8. Uma substância _____ repele a água.

9. Íons de hidrogênio (H^+) são _____ .
   a. indicados por pH
   b. prótons
   c. dissolvidos em sangue
   d. todas as anteriores

10. Um(a) _____ é dissolvido em um solvente.

11. Quando dissolvido em água, um(a) _____ doa H^+.

12. Um sal libera íons que não de _____ na água.

13. Um(a) _____ é uma parceria química entre um ácido ou base fraca e seu sal.

14. Ligue os termos à sua descrição mais apropriada.
   ___ hidrofílico
   ___ número atômico
   ___ número de massa
   ___ temperatura
   a. medida de movimento molecular
   b. número de prótons no núcleo
   c. polar; se dissolve imediatamente na água
   d. número de prótons e nêutrons no núcleo

Raciocínio crítico

1. Os alquimistas eram estudiosos e filósofos precursores dos químicos modernos. Muitos passaram a vida tentando transformar chumbo (número atômico 82) em ouro (número atômico 79). Explique por que eles nunca obtiveram sucesso nessa tentativa.

2. As carnes são muitas vezes "curadas" ou salgadas, secas, defumadas, conservadas ou tratadas com substâncias químicas capazes de retardar sua deterioração. Desde meados de 1800, o nitrito de sódio ($NaNO_2$) tem sido usado em produtos de carne processada, como salsichas, mortadela, linguiças, carne de sol, toucinho e presunto. Os nitritos evitam o crescimento de *Clostridium botulinum*. Se ingerida, essa bactéria pode causar uma forma de intoxicação chamada botulismo.

Em água, o nitrito de sódio se separa em íons de sódio (Na^+) e íons de nitrito (NO_2^-), que são chamados nitritos. Os nitritos são rapidamente convertidos em óxido nítrico (NO), o composto que dá aos nitritos suas qualidades conservantes. Comer carnes em conserva aumenta o risco de câncer, mas os nitritos podem não ser os culpados. Descobriu-se que o óxido de nitrito tem várias funções importantes, incluindo a dilatação dos vasos sanguíneos (por exemplo, dentro do pênis durante uma ereção), a sinalização entre células e atividades antimicrobianas do sistema imunológico. Desenhe um modelo orbital para o óxido de nitrito e depois o utilize para explicar por que a molécula é tão reativa.

3. O ozônio é uma forma quimicamente ativa do gás oxigênio. No alto da atmosfera da Terra, ele forma uma camada que absorve cerca de 98% dos raios solares prejudiciais. O gás oxigênio consiste em dois átomos de oxigênio ligados covalentemente: O=O. O ozônio tem três átomos de oxigênio ligados covalentemente: O=O—O. O ozônio reage facilmente com muitas substâncias, dando um átomo de oxigênio e liberando oxigênio gasoso (O=O). A partir do que você sabe sobre química, por que você acha que o ozônio é tão reativo?

4. David, um menino muito curioso de três anos de idade, colocou os dedos dentro da água quente em uma panela de metal no fogão e não sentiu o calor. Depois, ele tocou a panela e sofreu uma queimadura. Explique porque a água na panela de metal aquece muito mais lentamente do que a própria panela.

5. Alguns ácidos não diluídos são mais corrosivos quando diluídos em água. É por isso que os laboratoristas devem limpar os respingos com uma toalha antes de se lavar. Explique.

3 Moléculas da Vida

QUESTÕES DE IMPACTO | Temor de Frituras

O corpo humano exige cerca de 1 colher de sopa de gordura todo dia para se manter saudável, mas a maioria de nós come muito mais do que isso, o que pode ser parte do motivo pelo qual uma grande parcela da população está acima do peso.

Estar acima do peso aumenta o risco de uma pessoa sofrer de várias doenças e problemas de saúde. Entretanto, o tipo de gordura que comemos pode ser mais importante que a quantidade de gordura ingerida. Gorduras são mais que apenas moléculas inertes que se acumulam em áreas estratégicas do corpo se as comermos em demasia. Elas são componentes das membranas celulares e, como tal, têm efeitos potentes sobre o funcionamento celular.

A molécula de gordura típica tem três "caudas" – longas cadeias de carbono chamadas ácidos graxos. Diferentes gorduras são constituídas de diferentes componentes de ácidos graxos. Aquelas com determinado tipo de ligação dupla em um ou mais de seus ácidos graxos são chamadas gorduras *trans* (Figura 3.1). Pequenas quantidades de gorduras *trans* ocorrem naturalmente na carne vermelha e derivados do leite, mas a maioria das gorduras *trans* que os humanos consomem vem de óleo vegetal parcialmente hidrogenado, um produto alimentício artificial.

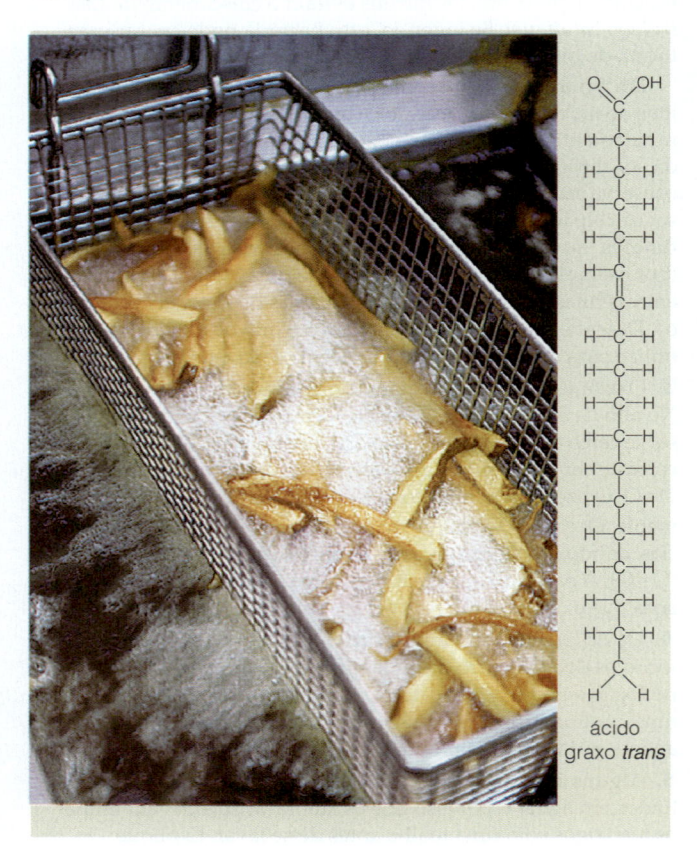

A hidrogenação, um processo de manufatura que adiciona átomos de hidrogênio a carbonos, transforma óleos vegetais líquidos em gorduras sólidas. A Procter & Gamble Co. (P&G) desenvolveu o óleo vegetal parcialmente hidrogenado em 1908 como substituto das gorduras animais, mais caras, que utilizavam para fazer velas. Entretanto, a demanda por velas começou a cair à medida que mais residências recebiam eletricidade, e a P&G começou a procurar outra forma de vender sua gordura. Óleo vegetal parcialmente hidrogenado se parece muito com banha, então, em 1911, a empresa começou a vendê-lo como um novo alimento revolucionário – uma gordura sólida para cozinhar, com vida longa, sabor suave e mais barata do que banha ou manteiga.

Em meados dos anos 1950, o óleo vegetal hidrogenado havia se tornado presente em grande parte da dieta norte-americana. Ele era (e ainda é) encontrado em uma variedade tremenda de alimentos industrializados e rápidos: substitutos de manteiga, biscoitos, bolachas, bolos e panquecas, manteiga de amendoim, tortas, roscas, muffins, salgadinhos, barras de cereais, chocolate, pipoca de micro-ondas, pizzas, burritos, batatas fritas, nuggets de frango, iscas de peixe etc.

Durante décadas, o óleo vegetal hidrogenado foi considerado uma alternativa mais saudável a gorduras animais. Agora sabemos que gorduras *trans* nos óleos vegetais hidrogenados aumentam o nível de colesterol no sangue mais que qualquer outra gordura e alteram diretamente o funcionamento de nossas artérias e veias.

Os efeitos de tais alterações são graves. Comer até 2 g de óleos vegetais hidrogenados por dia aumenta o risco de uma pessoa sofrer aterosclerose (endurecimento das artérias), ataque cardíaco e diabete. Uma única porção de batata frita feita com óleo vegetal hidrogenado contém cerca de 5 g de gordura *trans*.

Com este capítulo, apresentamos a você a química da vida. Embora cada ser vivo consista dos mesmos tipos básicos de moléculas – carboidratos, lipídeos, proteínas e ácidos nucleicos –, pequenas diferenças na forma como essas moléculas são unidas frequentemente têm grandes resultados.

ácido graxo *trans*

Figura 3.1 Gorduras *trans*. A organização de átomos de hidrogênio em volta da ligação dupla carbono-carbono no meio de um ácido graxo *trans* torna o alimento nada saudável. Pense em dispensar a batata frita.

Conceitos-chave

A estrutura dita a função
Definimos as células parcialmente por sua capacidade de construir carboidratos complexos e lipídeos, proteínas e ácidos nucleicos. Todos esses compostos orgânicos têm grupos funcionais acoplados a uma estrutura de átomos de carbono. **Seções 3.1, 3.2**

Carboidratos
Carboidratos são as moléculas biológicas mais abundantes. Eles funcionam como reservatórios de energia e materiais estruturais. Diferentes tipos de carboidratos complexos são construídos a partir das mesmas subunidades de açúcares simples, ligadas em padrões diferentes. **Seção 3.3**

Lipídeos
Os lipídeos funcionam como reservatórios de energia e como substâncias de impermeabilização ou lubrificação. Alguns são remodelados em outras moléculas. Os lipídeos são o principal componente estrutural de todas as membranas celulares. **Seção 3.4**

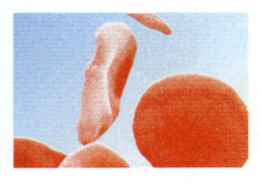

Proteínas
Estrutural e funcionalmente, as proteínas são as moléculas mais diversificadas. Elas incluem enzimas, materiais estruturais, moléculas de sinalização e transportadores. A função de uma proteína está ligada diretamente à sua estrutura. **Seções 3.5, 3.6**

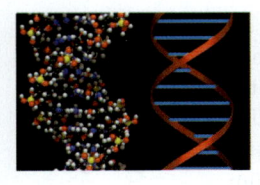

Nucleotídeos e ácidos nucleicos
Nucleotídeos têm grandes papéis metabólicos e são blocos construtores de ácidos nucleicos. Dois tipos de ácidos nucleicos, DNA e RNA, interagem como o sistema de armazenamento, recuperação e tradução de informações sobre proteínas construtoras das células. **Seção 3.7**

Neste capítulo

- Após aprender sobre átomos, você está prestes a entrar no próximo nível de organização na natureza: as moléculas da vida.
- Você se baseará em sua compreensão sobre como os elétrons são organizados em átomos e sobre a natureza de ligações covalentes e de hidrogênio.
- Aqui, mais uma vez, você irá considerar uma das consequências da mutação no DNA, desta vez com a anemia falciforme como exemplo.

Qual sua opinião? Os alimentos industrializados agora listam o conteúdo de gordura *trans*, mas podem estar marcados com "zero grama de gorduras *trans*" mesmo se uma porção tiver até 0,5 g dela. Os óleos vegetais hidrogenados devem ser banidos de todos os alimentos? Conheça a opinião de seus colegas e apresente seus argumentos a eles.

3.1 Moléculas orgânicas

- Todas as moléculas da vida são construídas tendo átomos de carbono como constituintes.
- Podemos utilizar diferentes modelos para destacar diferentes aspectos da mesma molécula.

Carbono – matéria-prima da vida

Os seres vivos são compostos principalmente de oxigênio, hidrogênio e carbono. A maior parte do oxigênio e do hidrogênio está na forma de água. Fora a água, o carbono compõe mais da metade do restante.

O carbono em organismos vivos faz parte das moléculas da vida – carboidratos complexos, lipídeos, proteínas e ácidos nucleicos. Tais moléculas consistem, principalmente, de átomos de hidrogênio e carbono, portanto são **orgânicas**. O termo é um resíduo de uma época quando se achava que tais moléculas eram produzidas apenas por seres vivos, ao contrário das moléculas "inorgânicas" que se formaram por processos não vivos. O termo persiste, embora agora saibamos que compostos orgânicos estavam presentes na Terra muito antes dos organismos e também podemos formá-los em laboratório.

A importância do carbono para a vida começa com seu comportamento versátil de ligação. Cada átomo de carbono pode formar ligações covalentes com um, dois, três ou quatro outros átomos. Dependendo dos outros elementos na molécula resultante, tais ligações podem ser polares ou não polares. Muitos compostos orgânicos têm uma cadeia principal – uma cadeia de átomos de carbono – à qual outros átomos se acoplam. As extremidades de uma cadeia principal podem se unir para que a cadeia de carbono forme uma ou mais estruturas anelares (Figura 3.2). Tal versatilidade significa que átomos de carbono podem ser montados e remodelados em diversos compostos orgânicos.

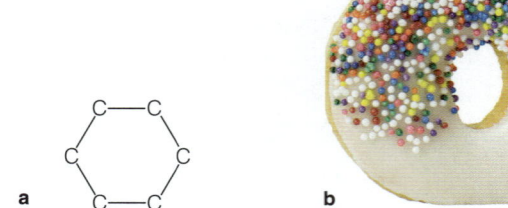

Figura 3.2 Anéis de carbono. (**a**) O comportamento versátil de ligação do carbono permite que ele forme uma variedade de estruturas, incluindo anéis. (**b**) Anéis de carbono formam a estrutura de muitos açúcares, amidos e gorduras, como os encontrados em rosquinhas.

Representação de estruturas de moléculas orgânicas

A estrutura de qualquer molécula pode ser mostrada por meio de diferentes tipos de modelos moleculares. Tais modelos nos permitem ver diferentes características da mesma molécula.

Por exemplo, modelos estruturais como o da direita mostram como todos os átomos em uma molécula se conectam entre si. Em tais modelos, cada linha indica uma ligação covalente. Uma linha dupla (=) indica uma ligação dupla; uma linha tripla (≡) indica uma ligação tripla. Alguns dos átomos ou ligações em uma molécula podem estar envolvidos, mas não são mostrados. Átomos de hidrogênio ligados a uma estrutura de carbono, assim como outros átomos, também podem ser omitidos.

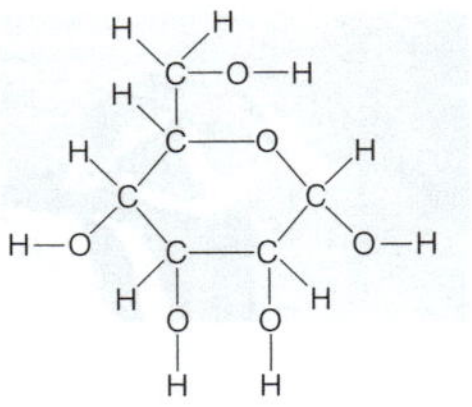

Estruturas de anel de carbono como as que ocorrem na glicose e outros açúcares frequentemente são representadas como polígonos. Se nenhum átomo for exibido em um canto ou ao final de uma ligação, um átomo de carbono está envolvido ali:

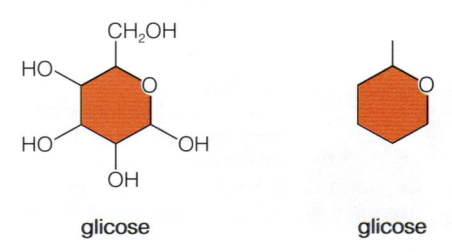

Modelos de esfera e bastão como os da direita mostram as posições dos átomos em três dimensões. Ligações covalentes simples, duplas e triplas são mostradas como um bastão que conecta duas esferas, que representam átomos. O tamanho da esfera reflete o tamanho relativo de um átomo. Os elementos normalmente são codificados por cor:

● Carbono ○ Hidrogênio ● Oxigênio ● Nitrogênio ● Fósforo

Modelos de preenchimento de espaço como o da direita mostram como os átomos que compartilham elétrons se sobrepõem. Os elementos nos modelos de preenchimento de espaço são codificados pelo mesmo esquema de cor daqueles nos modelos de esfera e bastão.

hemácia

A Figura 3.3 mostra três diferentes maneiras de representar a mesma molécula, a hemoglobina, uma proteína que dá a cor vermelha ao sangue. A hemoglobina transporta oxigênio para os tecidos em todo o corpo de todos os vertebrados (animais que têm coluna vertebral). Um modelo de esfera e bastão ou preenchimento de espaço de uma molécula tão grande pode parecer muito complicado se todos os átomos forem incluídos. O modelo de preenchimento de espaço na Figura 3.3a é um exemplo.

Para reduzir a complexidade visual, outros tipos de modelos omitem átomos individuais. Modelos superficiais de grandes moléculas podem revelar características em larga escala, como dobras ou bolsos, que podem ser difíceis de serem vistos em amostras individuais de átomos. Por exemplo, no modelo superficial da hemoglobina na Figura 3.3b, é possível ver dobras da molécula que abrigam duas "hemes", que são estruturas complexas de anel de carbono que frequentemente têm um átomo de ferro em seu centro. Elas fazem parte de muitas proteínas importantes que você verá no decorrer deste livro.

Moléculas muito grandes como a hemoglobina frequentemente são mostradas como modelos de fitas. Tais modelos destacam características diferentes da estrutura, como espirais ou folhas. Em um modelo de fita da hemoglobina (Figura 3.3c), é possível ver que a proteína consiste de quatro componentes em espiral, cada um com dobras em volta de uma heme.

Tais detalhes estruturais são pistas sobre o funcionamento de uma molécula. Por exemplo, a hemoglobina, que é o principal transportador de oxigênio no sangue dos vertebrados, tem quatro hemes. O oxigênio se vincula às hemes para que cada molécula de hemoglobina possa carregar até quatro moléculas de oxigênio.

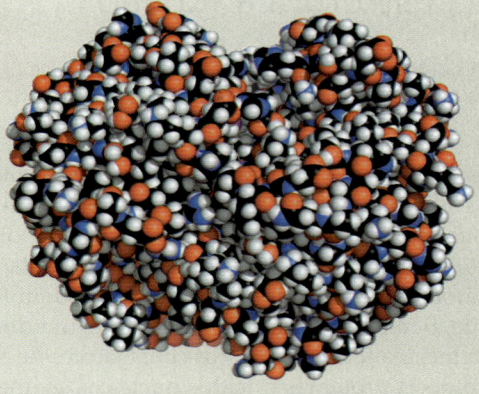

a Um modelo de preenchimento de espaço de hemoglobina mostra a complexidade da molécula.

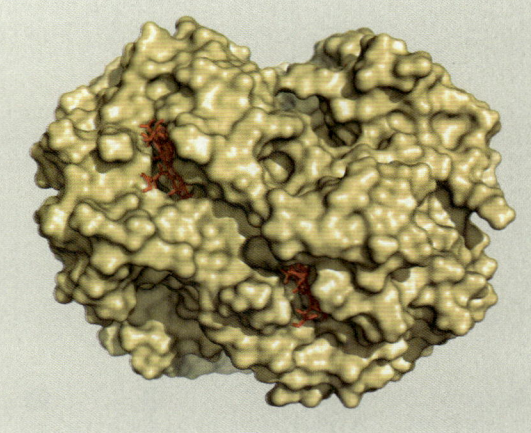

b Um modelo superficial da mesma molécula revela fendas e dobras importantes para sua função. Grupos heme, em vermelho, estão abrigados em bolsos da molécula.

c Um modelo de fita de hemoglobina mostra todos os quatro grupos heme, também em vermelho, mantidos no lugar pelas espirais da molécula.

Figura 3.3 Visualização da estrutura da hemoglobina, a molécula de transporte de oxigênio nas hemácias (acima à esquerda). Modelos que mostram átomos individuais normalmente os exibem codificados por cores específicas para cada elemento. Outros modelos podem ser mostrados em várias cores, dependendo de quais características são destacadas.

Para pensar

Como as moléculas da vida se parecem?

- Carboidratos, lipídeos, proteínas e ácidos nucleicos são moléculas orgânicas, que consistem principalmente de átomos de carbono e hidrogênio.
- A estrutura de uma molécula orgânica começa com sua estrutura de carbono, uma cadeia de átomos de carbono que pode formar um anel.
- Utilizamos diferentes modelos para representar diferentes características da estrutura de uma molécula. Considerar as características estruturais de uma molécula nos dá uma visão de como ela funciona.

3.2 Da estrutura à função

- A função de moléculas orgânicas em sistemas biológicos começa com sua estrutura.

Todos os sistemas biológicos se baseiam nas mesmas moléculas orgânicas – um legado da origem comum da vida –, mas os detalhes de tais moléculas podem diferenciar entre organismos. Lembre-se: dependendo da forma como os átomos de carbono se unem, eles podem formar o diamante, o mineral mais duro, ou grafite, um dos mais moles. Da mesma forma, os blocos construtores de carboidratos, lipídeos, proteínas e ácidos nucleicos se unem em arranjos diferentes para formar moléculas diferentes.

Grupos funcionais

Uma molécula orgânica que consiste apenas de átomos de hidrogênio e carbono é chamada hidrocarboneto. O metano, o hidrocarboneto mais simples, é um átomo de carbono ligado a quatro átomos de hidrogênio. A maioria das moléculas da vida tem pelo menos um **grupo funcional**: um agrupamento de átomos ligados de forma covalente a um átomo de carbono de uma molécula orgânica. Grupos funcionais oferecem propriedades químicas específicas a uma molécula, como polaridade ou acidez. A Figura 3.4 lista alguns grupos funcionais comuns em carboidratos, lipídeos, proteínas e ácidos nucleicos.

Por exemplo, álcoois constituem uma classe de compostos orgânicos que têm grupos hidroxila (—OH). Tais grupos funcionais polares podem formar ligações de hidrogênio, portanto álcoois (pelo menos os pequenos) se dissolvem rapidamente na água. Álcoois maiores não se dissolvem tão facilmente, porque suas longas cadeias não polares de hidrocarbonetos repelem água. Ácidos graxos também são assim e, por isso, lipídeos com caudas de ácido graxo não se dissolvem facilmente na água.

Grupos metila apresentam caráter não polar. Grupos carbonila reativos (—C=O) são parte de gorduras e carboidratos. Grupos carboxila (—COOH) formam aminoácidos e ácidos graxos ácidos. Grupos amina são básicos. ATP libera energia química quando doa um grupo fosfato (PO_4) a outra molécula. DNA e RNA também contêm grupos fosfato. Ligações entre grupos sulfidrila (—SH) estabilizam a estrutura de muitas proteínas.

Grupo	Caráter	Localização	Estrutura
hidroxila	polar	aminoácidos; açúcares e outros álcoois	—OH
metila	não polar	ácidos graxos, alguns aminoácidos	—CH₃
carbonila	polar, reativo	açúcares, aminoácidos, nucleotídeos	—CHO (aldeído) / C=O (cetona)
carboxila	ácido	aminoácidos, ácidos graxos, carboidratos	—COOH / —COO⁻ (ionizado)
amina	básico	aminoácidos, algumas bases de nucleotídeo	—NH₂ / —NH₃⁺ (ionizado)
fosfato	alta energia, polar	nucleotídeos (ex.: ATP); DNA e RNA; muitas proteínas; fosfolipídeos	—O—PO₃²⁻ (Ícone: P)
sulfidrila	forma pontes de dissulfeto	cisteína (um aminoácido)	—SH / —S—S— (ponte de dissulfeto)

Figura 3.4 Grupos funcionais comuns em moléculas biológicas, com exemplos de onde ocorrem. Como tais grupos fornecem características químicas específicas a compostos orgânicos, são uma parte importante do porquê as moléculas da vida funcionarem da maneira como funcionam.

um dos estrogênios — *testosterona*

pato-carolino macho — *pato-carolino fêmea*

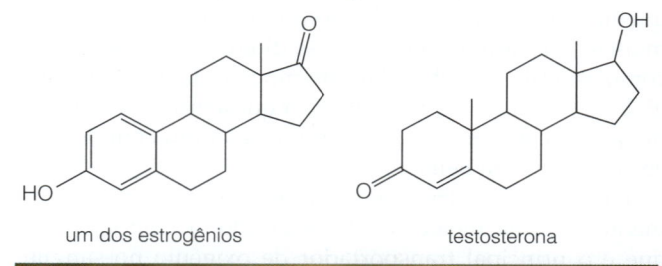

Figura 3.5 Estrogênio e testosterona, hormônios sexuais que causam diferenças nos traços entre machos e fêmeas de muitas espécies como os patos-carolinos (*Aix sponsa*).
Descubra: Que grupos funcionais se diferenciam entre esses hormônios?

Resposta: Os grupos hidroxila e carboxila diferem em posição e a testosterona tem um grupo metila extra.

Tabela 3.1 O que células fazem a compostos orgânicos	
Tipo de Reação	O Que Acontece
Condensação	As duas moléculas se ligam de forma covalente a uma maior.
Clivagem	Uma molécula se divide em duas menores. A hidrólise é um exemplo.
Transferência de grupo funcional	Um grupo funcional é transferido de uma molécula para outra.
Transferência de elétrons	Elétrons são transferidos de uma molécula para outra.
Reorganização	A alternância de ligações covalentes converte um composto orgânico em outro.

a Condensação. Um grupo —OH de uma molécula se combina com um átomo H de outra. A água se forma quando as duas moléculas se ligam de forma covalente.

b Hidrólise. Uma molécula se divide, então um grupo —OH e um átomo H de uma molécula de água são acoplados a locais expostos pela reação.

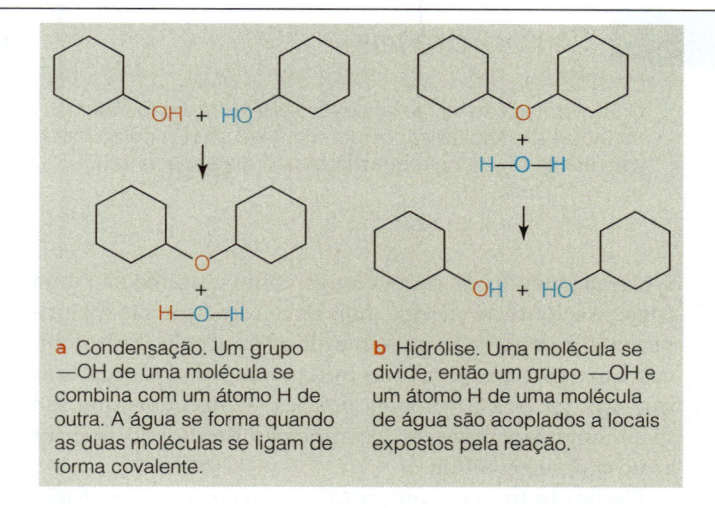

Figura 3.6 Dois exemplos do que acontece às moléculas orgânicas nas células. (**a**) Na condensação, duas moléculas são ligadas de forma covalente a uma maior. (**b**) Na hidrólise, uma reação de clivagem que precisa de água divide uma molécula maior em duas menores.

Calor e alguns tipos de substâncias químicas podem romper temporariamente ligações de sulfidrila no cabelo humano – por isso conseguimos encaracolar cabelo liso e alisar cabelo cacheado.

Quanto um grupo funcional consegue fazer? Considere uma diferença aparentemente pequena nos grupos funcionais de dois hormônios sexuais estruturalmente semelhantes (Figura 3.5).

No início, um embrião de um pato-carolino, humano ou qualquer outro vertebrado não é macho nem fêmea. Se ele começa a fabricar o hormônio testosterona, um conjunto de tubos e dutos se tornará órgãos sexuais masculinos, e traços masculinos se desenvolverão. Sem testosterona, tais dutos e tubos se tornam órgãos sexuais femininos e hormônios chamados estrogênios guiarão o desenvolvimento de traços femininos.

O que células fazem a compostos orgânicos

Metabolismo se refere a atividades pelas quais as células adquirem e utilizam energia enquanto constroem, reorganizam e dividem compostos orgânicos. Tais atividades ajudam cada célula a ficar viva, crescer e se reproduzir. Elas exigem enzimas – proteínas que tornam as reações mais rápidas do que seriam por conta própria. Algumas das reações metabólicas mais comuns estão listadas na Tabela 3.1. Revisitaremos essas reações no Capítulo 6. Por enquanto, comece a pensar em duas delas.

Com a **condensação**, duas moléculas se ligam de forma covalente a uma maior. A água normalmente é formada como um produto da condensação quando enzimas removem um grupo —OH de uma das moléculas e um átomo de hidrogênio da outra (Figura 3.6*a*).

Algumas moléculas grandes como amido se formam por reações repetidas de condensação. Reações de clivagem dividem moléculas grandes em menores. Um tipo de reação de clivagem, a **hidrólise**, é o inverso da condensação (Figura 3.6*b*). Enzimas rompem uma ligação ao acoplarem um grupo hidroxila a um átomo e um hidrogênio ao outro. —OH e —H derivam de uma molécula de água.

As células mantêm grupos de pequenas moléculas orgânicas – açúcares simples, ácidos graxos, aminoácidos e nucleotídeos. Algumas dessas moléculas são fontes de energia. Outras são utilizadas como subunidades, ou **monômeros**, para construir moléculas maiores que são partes estruturais e funcionais de células. Tais moléculas maiores, ou **polímeros**, são cadeias de monômeros. Quando as células decompõem um polímero, os monômeros liberados podem ser utilizados para energia ou entrar novamente em grupos celulares.

Para pensar

Como as moléculas orgânicas funcionam em sistemas vivos?

- A estrutura de uma molécula orgânica dita sua função em sistemas biológicos.
- Grupos funcionais oferecem determinadas características químicas a moléculas orgânicas. Tais grupos contribuem para o funcionamento de moléculas biológicas.
- Por reações como condensação, as células montam grandes moléculas a partir de subunidades menores de açúcares simples, ácidos graxos, aminoácidos e nucleotídeos.
- Por reações como a hidrólise, as células dividem grandes moléculas orgânicas em menores e convertem um tipo de molécula em outro.

3.3 Carboidratos

- Carboidratos são as moléculas biológicas mais abundantes na biosfera e são utilizados por algumas células como materiais estruturais, e por outras para energia armazenada ou instantânea.

Hidrocarbonetos de cadeia longa como gasolina são uma fonte excelente de energia, mas as células (que são majoritariamente água) não podem utilizar moléculas hidrofóbicas. Em vez disso, as células utilizam moléculas orgânicas que têm grupos funcionais polares – moléculas que são facilmente montadas e decompostas dentro do interior aquoso de uma célula.

Carboidratos são compostos orgânicos que consistem principalmente de carbono, hidrogênio e oxigênio em uma proporção 1:2:1. As células utilizam tipos diferentes como materiais estruturais e fontes de energia instantânea. Os três principais tipos de carboidratos em sistemas vivos são monossacarídeos, oligossacarídeos e polissacarídeos.

Açúcares simples

Sacarídeo é uma palavra que vem do grego e significa "açúcar". Monossacarídeos (uma unidade de açúcar) são as unidades mais simples de carboidratos. Monossacarídeos comuns têm uma estrutura de cinco ou seis átomos de carbono, um grupo cetona ou aldeído e dois ou mais grupos hidroxila. A maioria dos monossacarídeos é solúvel em água, portanto é transportada facilmente pelos ambientes internos de todos os organismos. Açúcares que fazem parte do DNA e RNA são monossacarídeos com cinco átomos de carbono. A glicose (à esquerda) tem seis carbonos. As células utilizam a glicose como fonte de energia ou material estrutural. Elas também a utilizam como precursora, ou molécula-mãe, que se remodela em outras moléculas. Por exemplo, a vitamina C deriva da glicose.

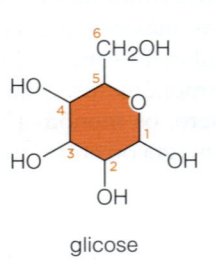

Carboidratos de cadeia curta

Um oligossacarídeo é uma cadeia curta de monossacarídeos ligados de forma covalente (*oligo* significa "poucos"). Como exemplos, dissacarídeos consistem de dois monômeros de açúcar. A lactose no leite é um dissacarídeo, com uma glicose e uma unidade de galactose. A sacarose, o açúcar mais abundante na natureza, tem uma glicose e uma unidade de frutose (Figura 3.7). A sacarose extraída da cana-de-açúcar ou da beterraba é nosso açúcar comum. Oligossacarídeos com três ou mais unidades de açúcar frequentemente são acoplados a lipídeos ou proteínas com funções importantes no sistema imune.

Carboidratos complexos

Os carboidratos "complexos", ou polissacarídeos, são cadeias retas ou ramificadas de muitos monômeros de açúcar – frequentemente centenas de milhares. Pode haver um ou muitos tipos de monômeros em um polissacarídeo. Os polissacarídeos mais comuns são celulose, glicogênio e amido. Todos consistem de monômeros de glicose, mas são diferentes em suas propriedades químicas. Por quê? A resposta começa com diferenças nos padrões de ligação covalente que unem suas unidades de glicose (Figura 3.8).

Por exemplo, o padrão de ligação covalente do amido faz a molécula se enrolar como uma escada em espiral (Figura 3.8*b*). O amido não se dissolve facilmente na água, portanto resiste à hidrólise. Esta estabilidade é um motivo pelo qual amido é utilizado para armazenar energia química no interior aquoso e cheio de enzimas de células vegetais.

A maioria das plantas fabrica muito mais glicose do que consegue utilizar. O excesso é armazenado como amido, em raízes, troncos e folhas. Entretanto, por ser insolúvel, o amido não pode ser transportado para fora das células e distribuído a outras partes da planta.

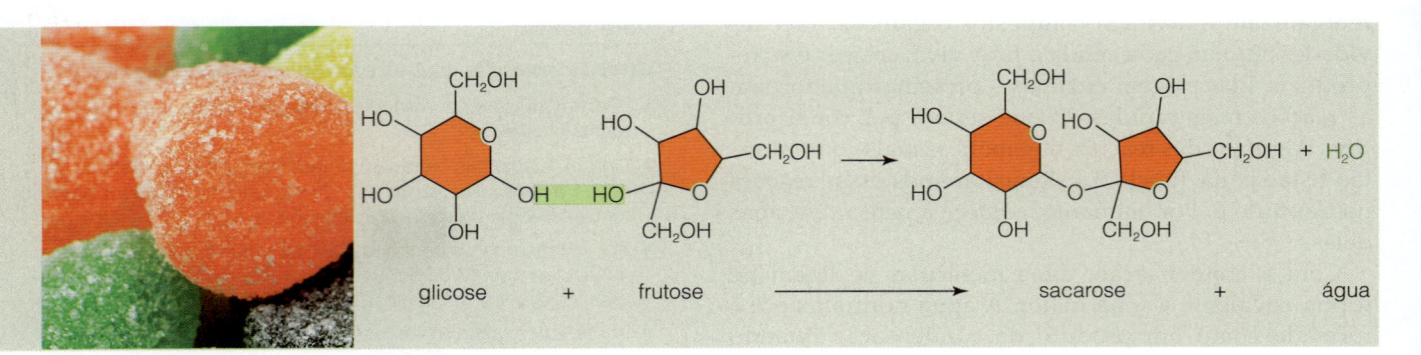

glicose + frutose ⟶ sacarose + água

Figura 3.7 A síntese de uma molécula de sacarose é um exemplo de reação de condensação. Você já está familiarizado com a sacarose – é o açúcar de cozinha comum.

a Celulose, um componente estrutural das plantas. Cadeias de unidades de glicose se alongam lado a lado e se ligam com hidrogênio em muitos grupos —OH. As ligações de hidrogênio estabilizam as cadeias em feixes firmes que formam fibras longas. Pouquíssimos tipos de organismos (ruminantes) podem digerir este material duro e insolúvel.

b Na amilose, um tipo de amido, uma série de unidades de glicose forma uma cadeia que se enrola em espiral. O amido é a principal reserva de energia em plantas, que o armazenam em suas raízes, troncos, folhas, frutos e sementes (como o coco).

c Glicogênio. Nos animais, este polissacarídeo funciona como reservatório de energia. É especialmente abundante no fígado e músculos de animais ativos, incluindo humanos.

Figura 3.8 Estrutura de (**a**) celulose, (**b**) amido e (**c**) glicogênio e suas localizações típicas em alguns organismos. Todos os três carboidratos consistem apenas de unidades de glicose, mas os diferentes padrões de ligação que unem as subunidades resultam em substâncias com propriedades muito diferentes.

Quando açúcares estão escassos, as enzimas de hidrólise cortam as ligações entre os monômeros de açúcar do amido. As células fabricam o dissacarídeo sacarose a partir das moléculas de glicose liberadas. A sacarose é solúvel e facilmente transportada.

A celulose, o principal material estrutural das plantas, pode ser a molécula orgânica mais abundante da biosfera. As cadeias de glicose se alongam lado a lado (Figura 3.8a). A ligação de hidrogênio entre as cadeias as estabiliza em feixes firmes e robustos. As paredes de células vegetais contêm longas fibras de celulose. Como hastes de aço dentro de pilares de concreto reforçado, as fibras resistentes ajudam troncos altos a resistir a vento e outras formas de tensão mecânica.

Nos animais, o glicogênio é o equivalente em armazenamento de açúcares ao amido nas plantas (Figura 3.8c) e é armazenado em células musculares e hepáticas. Quando o nível de açúcar no sangue cai, as células do fígado decompõem glicogênio e as subunidades de glicose liberadas entram no sangue.

Figura 3.9 Quitina. Este polissacarídeo fortalece as partes duras de muitos invertebrados, como caranguejos.

A quitina é um polissacarídeo com grupos que contêm nitrogênio em seus muitos monômeros de glicose (Figura 3.9). A quitina fortalece as partes duras de muitos animais, incluindo a cutícula externa de caranguejos, baratas e percevejos. Ela também reforça a parede celular de muitos fungos.

Para pensar

O que são carboidratos?

- Subunidades de carboidratos simples (açúcares), organizadas de formas diferentes, formam vários tipos de carboidratos complexos.
- As células utilizam carboidratos para energia, armazenamento ou como materiais estruturais.

3.4 Gorduroso, oleoso — devem ser lipídeos

- Lipídeos funcionam como o principal reservatório de energia do corpo e como a fundação estrutural das membranas celulares.

Lipídeos são compostos gordurosos, oleosos ou cerosos insolúveis em água. Muitos lipídeos incorporam **ácidos graxos**: compostos orgânicos simples que têm um grupo carboxila unido a uma cadeia de quatro a 36 átomos de carbono (Figura 3.10).

Gorduras

Gorduras são lipídeos com um, dois ou três ácidos graxos que se penduram como "caudas" de um pequeno álcool chamado glicerol. A maioria das gorduras neutras, como manteiga e óleos vegetais, é de triglicerídeos. **Triglicerídeos** são gorduras com três caudas de ácido graxo unidas ao glicerol (Figura 3.11). Triglicerídeos são a fonte de energia mais abundante nos corpos dos vertebrados, e a mais rica.

Grama a grama, triglicerídeos têm mais que o dobro de energia do glicogênio e estão concentrados no tecido adiposo que isola e amortece partes do corpo.

As caudas de ácido graxo das gorduras saturadas têm apenas ligações covalentes simples. Gorduras animais tendem a permanecer sólidas a temperatura ambiente porque suas caudas de ácido graxo saturado são muito unidas. Caudas de ácido graxo de gorduras insaturadas têm uma ou mais ligações covalentes. Tais ligações rígidas normalmente formam dobras que evitam que gorduras insaturadas se unam firmemente (Figura 3.12a). A maioria dos óleos vegetais é insaturada, portanto tende a permanecer líquida a temperatura ambiente. Óleos vegetais parcialmente hidrogenados são uma exceção. A ligação dupla nesses ácidos graxos *trans* os mantém retos. Gorduras *trans* são muito unidas, portanto são sólidas à temperatura ambiente (Figura 3.12b).

Figura 3.10 Exemplos de ácidos graxos. (**a**) A cadeia principal do ácido esteárico é totalmente saturada com átomos de hidrogênio. (**b**) O ácido oleico, com uma ligação dupla em sua estrutura, é insaturado. (**c**) O ácido linolênico, também insaturado, tem três ligações duplas. A primeira ligação dupla ocorre no terceiro carbono a partir do final da cauda, portanto o ácido oleico é chamado ácido graxo ômega-3. Ácidos graxos ômega-3 e ômega-6 são "ácidos graxos essenciais". Seu organismo não os fabrica, então eles devem ser ingeridos através dos alimentos.

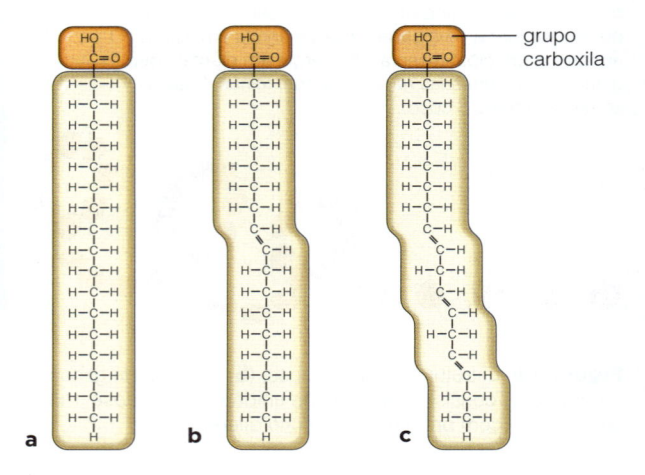

Figura 3.11 Formação de triglicerídeos pela condensação de três ácidos graxos com uma molécula de glicerol. A foto mostra pinguins, que são isolados por triglicerídeos durante as nevascas na Antártida.

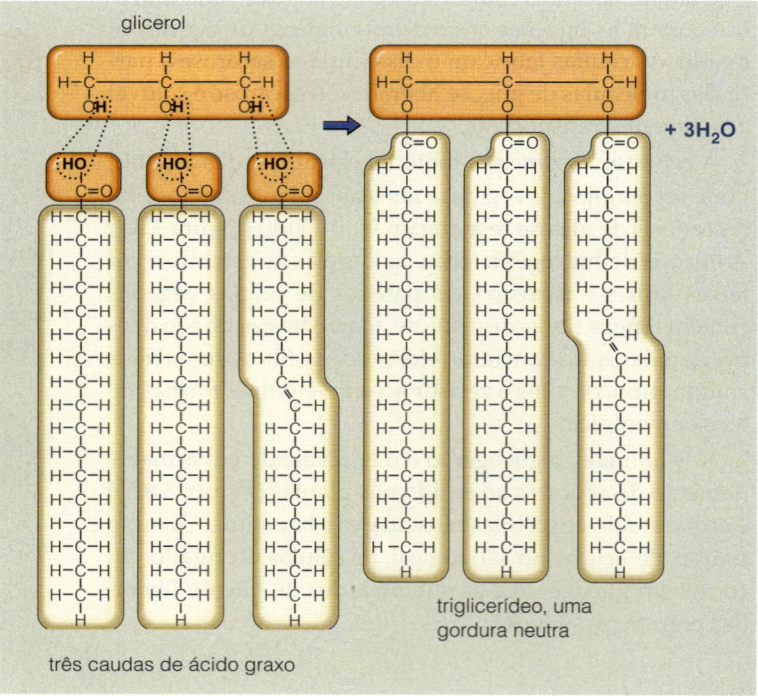

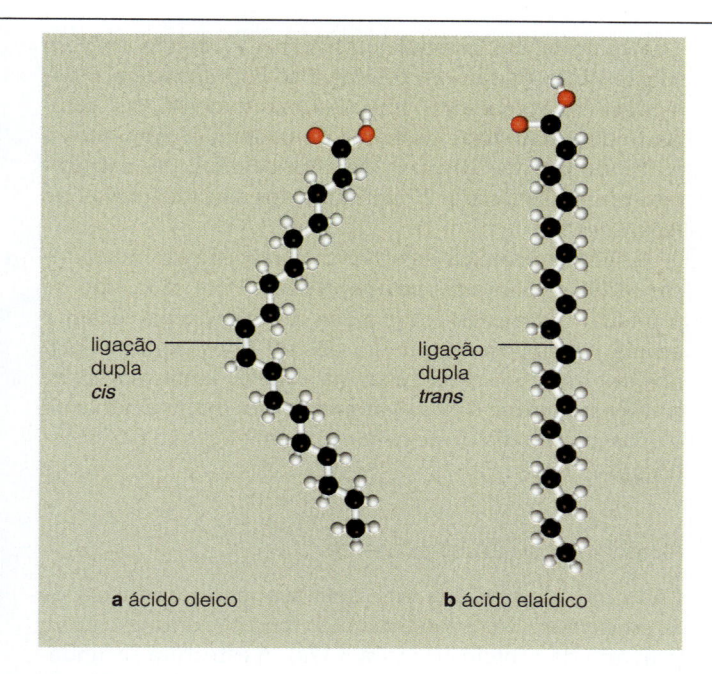

Figura 3.12 A única diferença entre o ácido oleico (**a**) (um ácido graxo *cis*) e o ácido elaídico (**b**) (um ácido graxo *trans*) é a organização de hidrogênios em volta de uma ligação dupla. Ácidos graxos *trans* se formam durante processos de hidrogenação química.

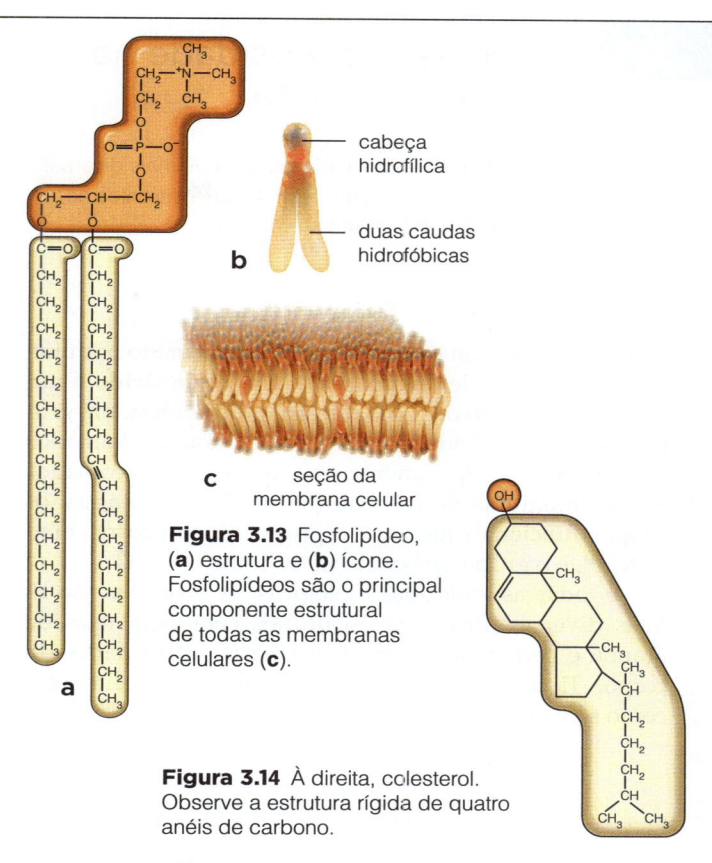

Figura 3.13 Fosfolipídeo, (**a**) estrutura e (**b**) ícone. Fosfolipídeos são o principal componente estrutural de todas as membranas celulares (**c**).

Figura 3.14 À direita, colesterol. Observe a estrutura rígida de quatro anéis de carbono.

Fosfolipídeos

Fosfolipídeos têm uma cabeça polar com um fosfato nela e duas caudas de ácido graxo não polares. Eles também são os lipídeos mais abundantes nas membranas celulares, que têm duas camadas de fosfolipídeos (Figura 3.13a–c). As cabeças de uma camada são dissolvidas no interior aquoso da célula, e as cabeças da outra camada, dissolvidas nos arredores fluidos da célula. Todas as caudas hidrofílicas ficam espremidas entre as cabeças.

Ceras

Ceras são misturas complexas e variadas de lipídeos com caudas longas de ácido graxo ligadas a álcoois de cadeia longa ou anéis de carbono. As moléculas são firmemente unidas, portanto a substância resultante é firme e repelente à água. Ceras na cutícula que cobre as superfícies expostas das plantas ajudam a restringir a perda de água e mantêm parasitas e outros seres longe. Outros tipos de ceras protegem, lubrificam e suavizam a pele e o cabelo. Ceras, em conjunto com gorduras e ácidos graxos, tornam as penas à prova d'água. As abelhas armazenam mel e criam novas gerações de abelhas dentro da colmeia, que formam a partir da cera de abelha.

Colesterol e outros esteroides

Esteroides são lipídeos com uma estrutura rígida, quatro anéis de carbono e nenhuma cauda de ácido graxo. Eles são diferentes no tipo, número e posição de grupos funcionais. Todas as membranas celulares eucarióticas contêm esteroides. Nos tecidos animais, o colesterol é o esteroide mais comum (Figura 3.14). O colesterol é remodelado em muitas moléculas, como sais de bile (que ajudam a digerir gorduras) e vitamina D (necessária para manter dentes e ossos fortes). Hormônios esteroides derivam do colesterol. Estrogênios e testosterona, hormônios que regem a reprodução e traços sexuais secundários, são exemplos (Figura 3.5).

Para pensar

O que são lipídeos?

- Lipídeos são compostos orgânicos gordurosos, cerosos ou oleosos. Eles resistem à dissolução na água. As principais classes de lipídeos são triglicerídeos, fosfolipídeos, ceras e esteroides.
- Triglicerídeos funcionam como reservatórios de energia em animais vertebrados.
- Fosfolipídeos são o principal componente de membranas celulares.
- Ceras são componentes de secreções lubrificantes e que repelem água.
- Esteroides são componentes de membranas celulares e precursores de muitas outras moléculas.

CAPÍTULO 3 MOLÉCULAS DA VIDA

3.5 Proteínas — diversidade na estrutura e função

- Proteínas constituem as moléculas biológicas mais diversas.
- As células constroem milhares de proteínas diferentes ao unirem aminoácidos em ordens diferentes.

Proteínas e aminoácidos

Uma **proteína** é um composto orgânico formado por uma ou mais cadeias de aminoácidos. Um **aminoácido** é um pequeno composto orgânico com um grupo amina, um grupo carboxila (o ácido) e um ou mais átomos chamados de "grupo R". Tipicamente, tais grupos são acoplados ao mesmo átomo de carbono (Figura 3.15). Na água, os grupos funcionais ionizam: o grupo amina ocorre como $-NH_3^+$, e o grupo carboxila ocorre como $-COO^-$.

De todas as moléculas biológicas, as proteínas são as mais diversas. Proteínas estruturais compõem teias de aranha e penas, cascos, pelos e muitas outras partes do corpo. Tipos nutritivos são abundantes em alimentos como sementes e ovos.

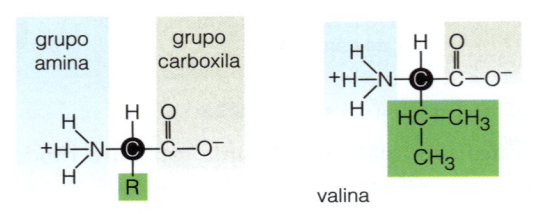

A maioria das enzimas é proteína. Proteínas movem substâncias, ajudam as células a se comunicarem e defendem o organismo. Impressionantemente, as células podem sintetizar milhares de proteínas diferentes a partir de apenas 20 tipos de aminoácidos. As estruturas completas desses 20 aminoácidos são mostradas no Apêndice V.

A síntese proteica envolve a ligação de aminoácidos em cadeias chamadas **polipeptídeos**. Para cada tipo de proteína, instruções codificadas no DNA especificam a ordem na qual qualquer um dos 20 tipos de aminoácidos ocorrerá em cada lugar na cadeia. Uma reação de condensação une o grupo amina de um aminoácido com o grupo carboxila do seguinte em uma ligação peptídica (Figura 3.16).

Níveis de estrutura proteica

Cada tipo de proteína tem uma sequência exclusiva de aminoácidos. Esta sequência é conhecida como estrutura primária da proteína (Figura 3.17a). A estrutura secundária surge à medida que a cadeia se torce, flexiona, dá voltas e se dobra. A ligação de hidrogênio entre aminoácidos faz trechos da cadeia de polipeptídeos formar uma folha ou se enrolar em uma hélice, parecida com uma escada em espiral (Figura 3.17b). A estrutura primária de cada tipo de proteína é exclusiva, mas padrões semelhantes de espirais e folhas ocorrem na maioria das proteínas.

Assim como um elástico de cabelo excessivamente torcido se enrola em si mesmo, as espirais, folhas e voltas de uma proteína se dobram ainda mais em domínios compactos. Um "domínio" é uma parte de uma proteína organizada como uma unidade estruturalmente estável. Tais unidades são a estrutura terciária de uma proteína, seu terceiro nível de organização.

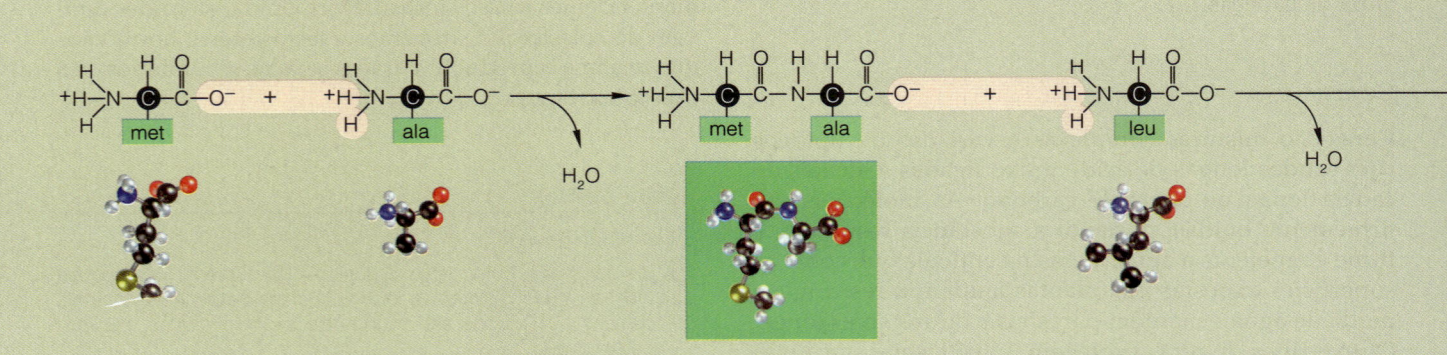

Figura 3.15 Estrutura generalizada de aminoácidos e um exemplo. Os campos verdes destacam grupos R.

a O DNA codifica a ordem de aminoácidos em uma nova cadeia de polipeptídeos. A metionina (met) tipicamente é o primeiro aminoácido.

b Em uma reação de condensação, uma ligação peptídica se forma entre a metionina e o aminoácido seguinte, a alanina (ala) neste exemplo. A leucina (leu) será a próxima. Pense em polaridade, carga e outras propriedades de grupos funcionais que se tornam vizinhos na cadeia crescente.

Figura 3.16 Exemplos de formação de ligação peptídica.

A estrutura terciária faz da proteína uma molécula de trabalho. Por exemplo, os domínios em forma de barril de algumas proteínas funcionam como túneis através de membranas (Figura 3.17c).

Muitas proteínas também têm um quarto nível de organização, ou estrutura quaternária: elas consistem de duas ou mais cadeias de polipeptídeos unidas ou em grande associação (Figura 3.17d). A maioria das enzimas e muitas outras proteínas são globulares, com várias cadeias de polipeptídeos dobradas em formatos aproximadamente esféricos. A hemoglobina, descrita em breve, é um exemplo.

As enzimas frequentemente acoplam oligossacarídeos lineares ou ramificados a cadeias de polipeptídeos, formando glicoproteínas como as que fornecem uma identidade molecular exclusiva a um tecido ou organismo.

Algumas proteínas agregam em muitos milhares em estruturas muito maiores, com suas cadeias de polipeptídeos organizadas em cordões ou folhas. Algumas dessas proteínas fibrosas contribuem para a estrutura e a organização de células e tecidos. A queratina em suas unhas é um exemplo. Outras proteínas fibrosas, como os filamentos de actina e miosina em células musculares, são parte dos mecanismos que ajudam células e partes delas a se mover.

a Estrutura primária da proteína: aminoácidos ligados como uma cadeia de polipeptídeos.

b Estrutura secundária da proteína: um conjunto enrolado em espiral (hélice) ou como uma página mantida no lugar por ligações de hidrogênio (*linhas pontilhadas*) entre diferentes partes da cadeia de polipeptídeos.

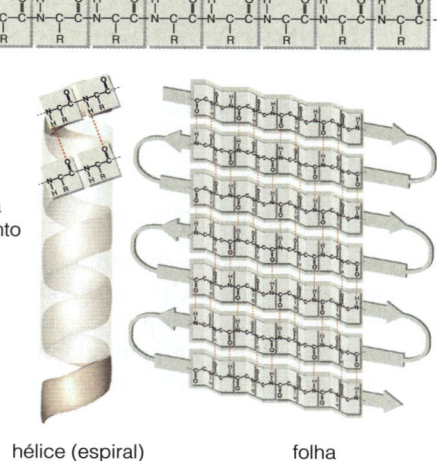

hélice (espiral)   folha

c Estrutura terciária da proteína: uma cadeia se enrola em espiral, forma páginas ou se dobra e torce em domínios funcionais estáveis, como barris ou bolsos.

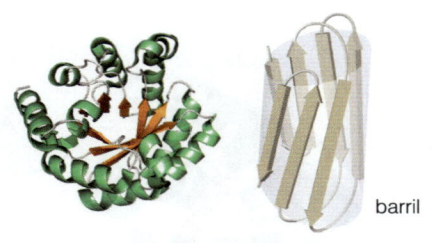

barril

d Estrutura quaternária da proteína: duas ou mais cadeias de polipeptídeos associadas como uma molécula.

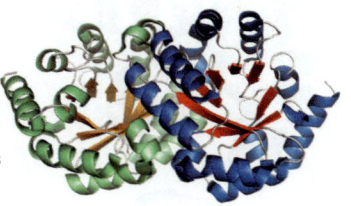

Figura 3.17 Quatro níveis de organização estrutural de uma proteína.

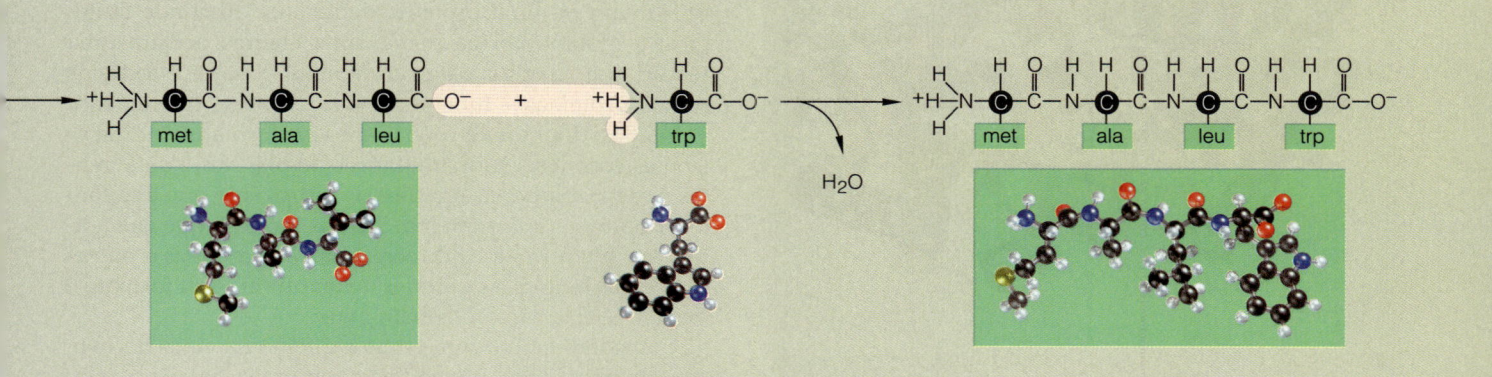

Para pensar

O que são proteínas?

- Proteínas consistem de cadeias de aminoácidos. A ordem dos aminoácidos em uma cadeia de polipeptídeos dita o tipo de proteína.
- Cadeias de polipeptídeos se torcem e dobram em espirais, folhas e alças, que se dobram e unem ainda mais em domínios funcionais.

3.6 Por que a estrutura da proteína é tão importante?

- Quando a estrutura de uma proteína é desfeita, ela perde sua função.

Apenas um aminoácido errado

Às vezes, a sequência de aminoácidos de uma proteína muda com consequências drásticas. Vamos utilizar a hemoglobina como exemplo. À medida que o sangue se move pelos pulmões, a hemoglobina dentro dos glóbulos vermelhos vincula-se ao oxigênio e, depois, cede-o em regiões do corpo onde os níveis de oxigênio estão baixos. Depois de ceder oxigênio aos tecidos, o sangue circula de volta aos pulmões, onde a hemoglobina dentro dos glóbulos vermelhos vincula mais oxigênio.

As propriedades de vinculação de oxigênio da hemoglobina dependem de sua estrutura. Cada uma das quatro cadeias de globina na proteína forma um bolso que guarda um grupo heme que contém ferro (Figuras 3.3 e 3.18). Uma molécula de oxigênio pode se vincular a cada heme em uma proteína hemoglobina.

A globina ocorre em duas formas levemente diferentes, a alfa-globina e a beta-globina. Em humanos adultos, duas de cada forma se dobram em uma molécula de hemoglobina. O ácido glutâmico carregado negativamente normalmente é o sexto aminoácido na cadeia de beta-globina, mas às vezes uma mutação no DNA coloca um aminoácido diferente – valina – na sexta posição (Figura 3.19a,b). A valina não é carregada.

Como resultado dessa substituição, um minúsculo trecho da proteína muda de polar para não polar – o que, por sua vez, faz o comportamento da proteína mudar levemente. A hemoglobina alterada desta forma é chamada de HbS. Em algumas condições, moléculas de HbS formam grandes grupos estáveis em forma de bastão. Glóbulos vermelhos com esses grupos são distorcidos em um formato de foice (Figura 3.19c). Células falciformes tendem a entupir vasos sanguíneos minúsculos e interromper a circulação de sangue.

Um humano tem dois genes para a beta-globina, um herdado do pai e outro da mãe (genes são unidades de DNA que podem codificar proteínas). Células utilizam os dois genes para formar beta-globina. Se um dos genes de uma pessoa for normal e o outro tiver a mutação de valina, a pessoa forma hemoglobina normal suficiente para sobreviver, mas não para ser completamente saudável. Alguém com dois genes de mutação da globina podem formar apenas hemoglobina HbS. O resultado é a anemia falciforme, uma desordem genética grave (Figura 3.19d).

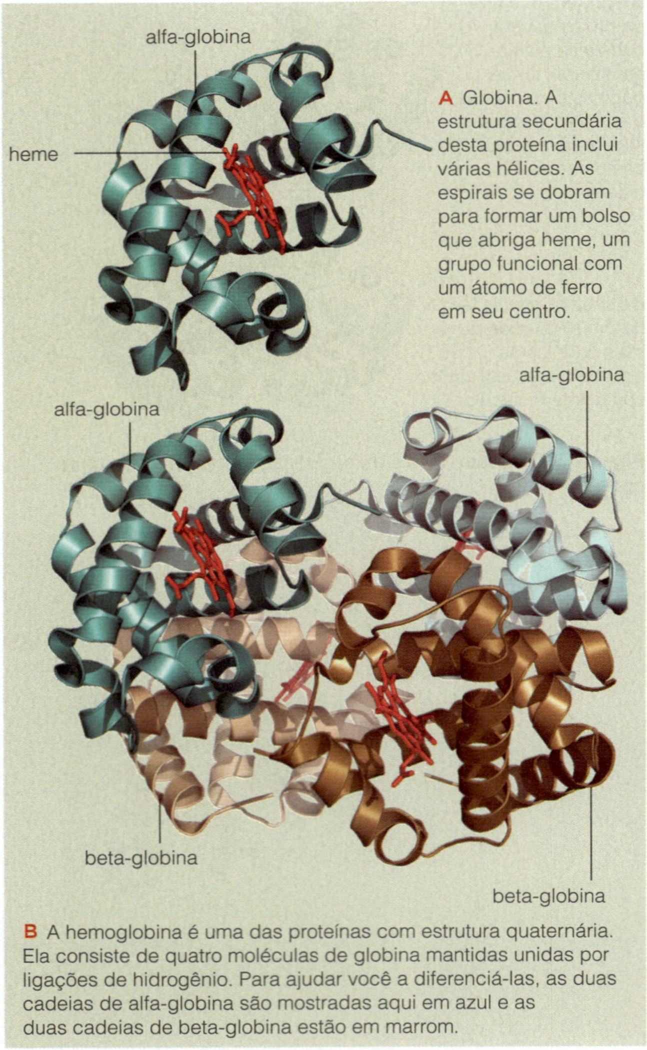

Proteínas desfeitas – desnaturação

O formato de uma proteína define sua atividade biológica: a globina abriga heme, uma enzima acelera uma reação, um receptor reage a um sinal. Essas – e todas as outras proteínas – funcionam desde que se mantenham enroladas, dobradas e unidas em seus formatos tridimensionais corretos. Calor, mudanças de pH, sais e detergentes podem romper as ligações de hidrogênio que mantêm o formato de uma proteína. Sem as ligações que as mantêm em seu formato tridimensional, as proteínas e outras moléculas biológicas grandes **desnaturam** – seu formato é desfeito e elas não funcionam mais.

Considere a albumina, uma proteína na clara do ovo. Ao cozinhar ovos, o calor não rompe as ligações covalentes da estrutura primária da albumina. Entretanto, ele destrói as ligações de hidrogênio mais fracas da albumina e, assim, a proteína se desfaz. Quando a clara de ovo translúcida fica opaca, sabemos que a albumina foi alterada. Para algumas proteínas, a desnaturação pode ser invertida se e quando as condições normais retornam, mas a albumina não é uma delas.

A Globina. A estrutura secundária desta proteína inclui várias hélices. As espirais se dobram para formar um bolso que abriga heme, um grupo funcional com um átomo de ferro em seu centro.

B A hemoglobina é uma das proteínas com estrutura quaternária. Ela consiste de quatro moléculas de globina mantidas unidas por ligações de hidrogênio. Para ajudar você a diferenciá-las, as duas cadeias de alfa-globina são mostradas aqui em azul e as duas cadeias de beta-globina estão em marrom.

Figura 3.18 Globina e hemoglobina. (a) Globina, uma cadeia de polipeptídeos enrolada em espiral que abriga a heme, um grupo funcional com um átomo de ferro. (b) Hemoglobina, uma proteína de transporte de oxigênio em hemácias.

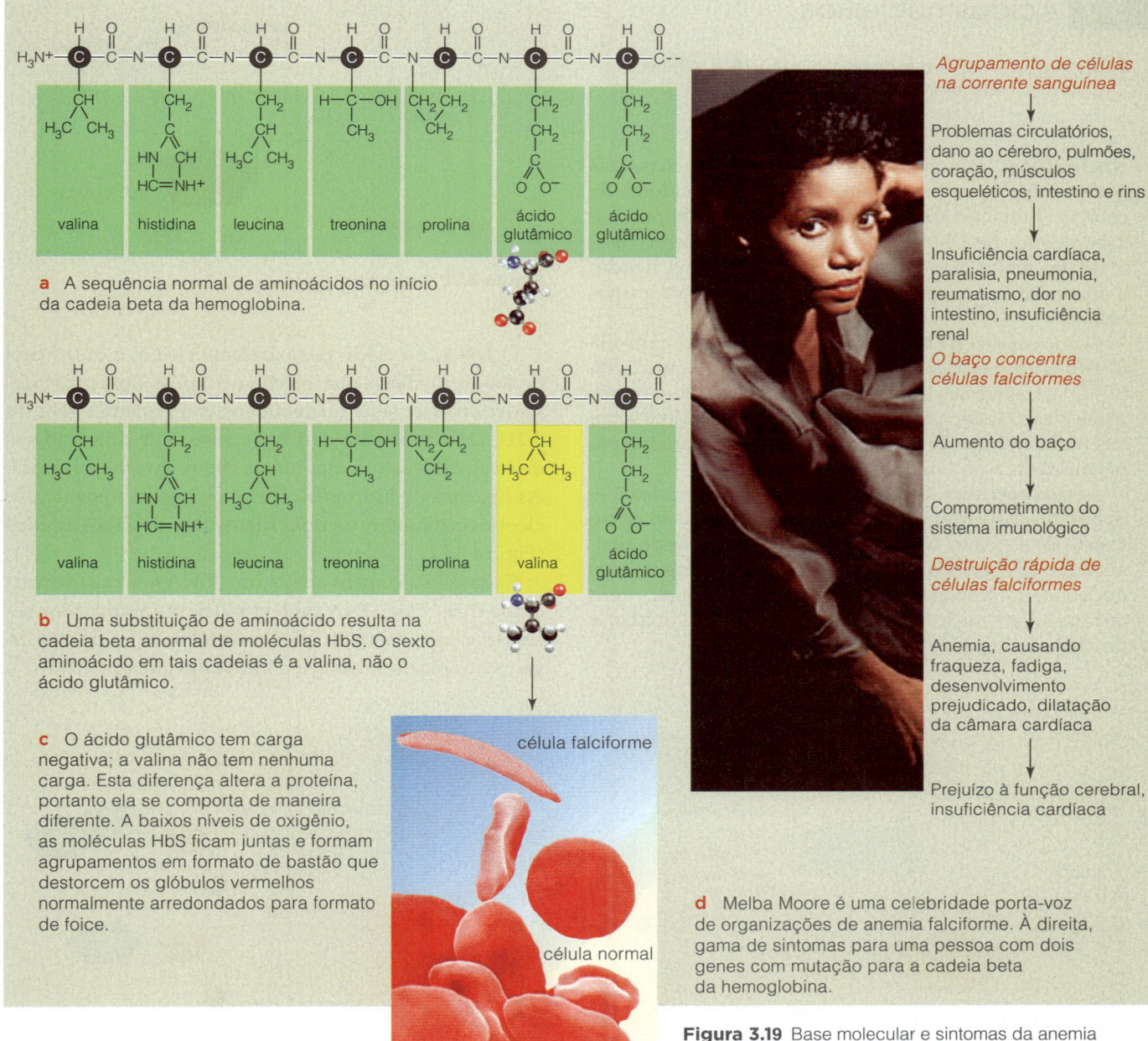

a A sequência normal de aminoácidos no início da cadeia beta da hemoglobina.
(valina – histidina – leucina – treonina – prolina – ácido glutâmico – ácido glutâmico)

b Uma substituição de aminoácido resulta na cadeia beta anormal de moléculas HbS. O sexto aminoácido em tais cadeias é a valina, não o ácido glutâmico.
(valina – histidina – leucina – treonina – prolina – valina – ácido glutâmico)

c O ácido glutâmico tem carga negativa; a valina não tem nenhuma carga. Esta diferença altera a proteína, portanto ela se comporta de maneira diferente. A baixos níveis de oxigênio, as moléculas HbS ficam juntas e formam agrupamentos em formato de bastão que destorcem os glóbulos vermelhos normalmente arredondados para formato de foice.

célula falciforme
célula normal

Agrupamento de células na corrente sanguínea
↓
Problemas circulatórios, dano ao cérebro, pulmões, coração, músculos esqueléticos, intestino e rins
↓
Insuficiência cardíaca, paralisia, pneumonia, reumatismo, dor no intestino, insuficiência renal
O baço concentra células falciformes
↓
Aumento do baço
↓
Comprometimento do sistema imunológico
Destruição rápida de células falciformes
↓
Anemia, causando fraqueza, fadiga, desenvolvimento prejudicado, dilatação da câmara cardíaca
↓
Prejuízo à função cerebral, insuficiência cardíaca

d Melba Moore é uma celebridade porta-voz de organizações de anemia falciforme. À direita, gama de sintomas para uma pessoa com dois genes com mutação para a cadeia beta da hemoglobina.

Figura 3.19 Base molecular e sintomas da anemia falciforme.

Não há como "descozinhar" um ovo

A estrutura de uma proteína dita sua função. Enzimas, hormônios, transportadores, hemoglobina – tais proteínas são essenciais para nossa sobrevivência. Suas cadeias de polipeptídeos enroladas, torcidas e dobradas formam "âncoras", "barris" que cobrem membranas ou mandíbulas que atacam proteínas estranhas no corpo. As mutações podem alterar as cadeias suficientemente para bloquear ou melhorar uma função de ancoragem, transporte ou defesa. Às vezes, as consequências são terríveis. Entretanto, tais mudanças também originam a variação em traços, o que é a matéria-prima da evolução. Aprenda sobre estrutura proteica e você começará a entender as expressões ricamente normais e anormais da vida.

Para pensar

Por que a estrutura proteica é importante?

- A função de uma proteína depende de sua estrutura.
- Mutações que alteram a estrutura de uma proteína também podem alterar sua função.
- O formato da proteína é desfeito se ligações de hidrogênio são rompidas.

3.7 Ácidos nucleicos

- Nucleotídeos são subunidades de DNA e RNA. Alguns têm papéis no metabolismo.

Nucleotídeos são moléculas orgânicas pequenas, das quais vários tipos funcionam como transportadores de energia, ajudantes de enzimas, mensageiros químicos e subunidades de DNA e RNA. Cada nucleotídeo consiste de um açúcar com um anel de cinco carbonos, ligados a uma base que contém nitrogênio e um ou mais grupos fosfato.

O nucleotídeo **ATP** (adenosina trifosfato) tem uma fila de três grupos fosfato acoplada a seu açúcar (Figura 3.20). O ATP transfere seu grupo fosfato mais externo a outras moléculas e, assim, prepara-as para reagir. Você lerá sobre tais transferências de grupo fosfato e seu importante papel metabólico no Capítulo 5.

Ácidos nucleicos são polímeros – cadeias de nucleotídeos nos quais o açúcar de um nucleotídeo é unido ao grupo fosfato do seguinte. Um exemplo é o **RNA**, ou ácido ribonucleico, que recebeu este nome do açúcar ribose de seus nucleotídeos componentes. O RNA consiste de quatro tipos de monômeros nucleotídeos, e um deles é o ATP. Moléculas de RNA são importantes na síntese proteica.

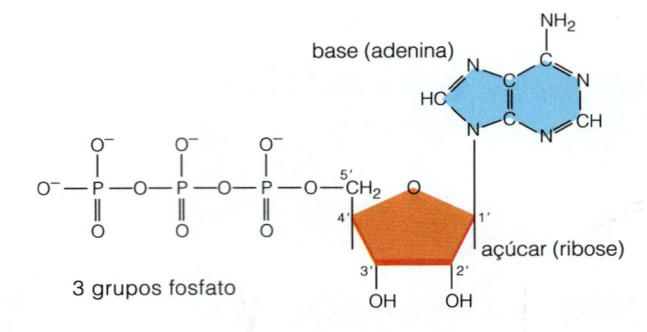

Figura 3.20 A estrutura do ATP.

O **DNA**, ou ácido desoxirribonucleico, é outro tipo de ácido nucleico que recebeu o nome do açúcar desoxirribose de seus nucleotídeos componentes (Figura 3.21). Uma molécula de DNA consiste de duas cadeias de nucleotídeos torcidas juntas como uma hélice dupla. As ligações de hidrogênio entre os quatro tipos de nucleotídeo mantêm os dois filamentos de DNA unidos (Figura 3.22).

Cada célula começa a vida com DNA herdado de uma célula-mãe. Esse DNA contém todas as informações necessárias para construir uma nova célula e, no caso de organismos pluricelulares, um indivíduo inteiro.

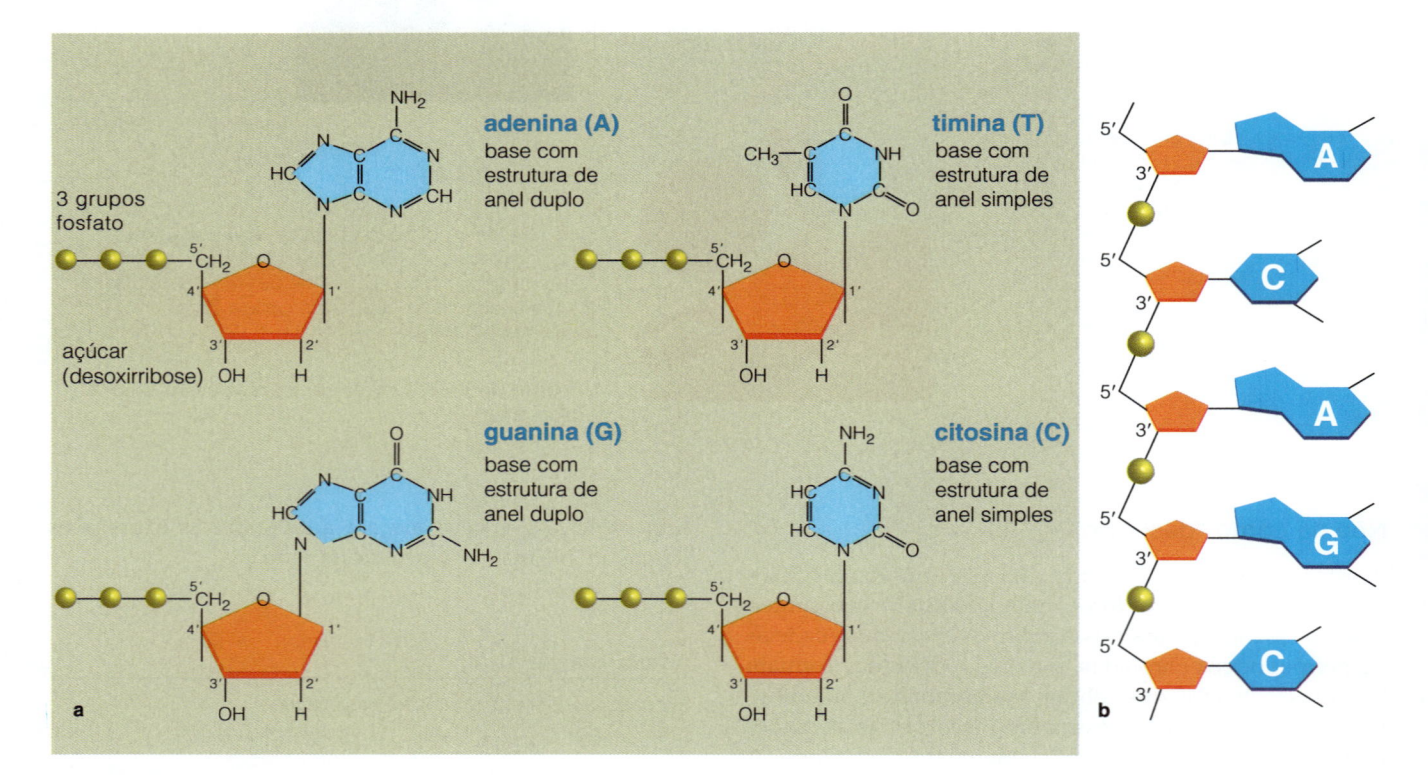

Figura 3.21 (a) Nucleotídeos de DNA. Os quatro tipos de nucleotídeos no DNA se diferenciam apenas em sua base componente, pela qual são nomeados. Os átomos de carbono dos anéis de açúcar em nucleotídeos são numerados como mostrado. Esta convenção de numeração nos permite acompanhar a orientação de uma cadeia de nucleotídeos, como mostrado em (b).

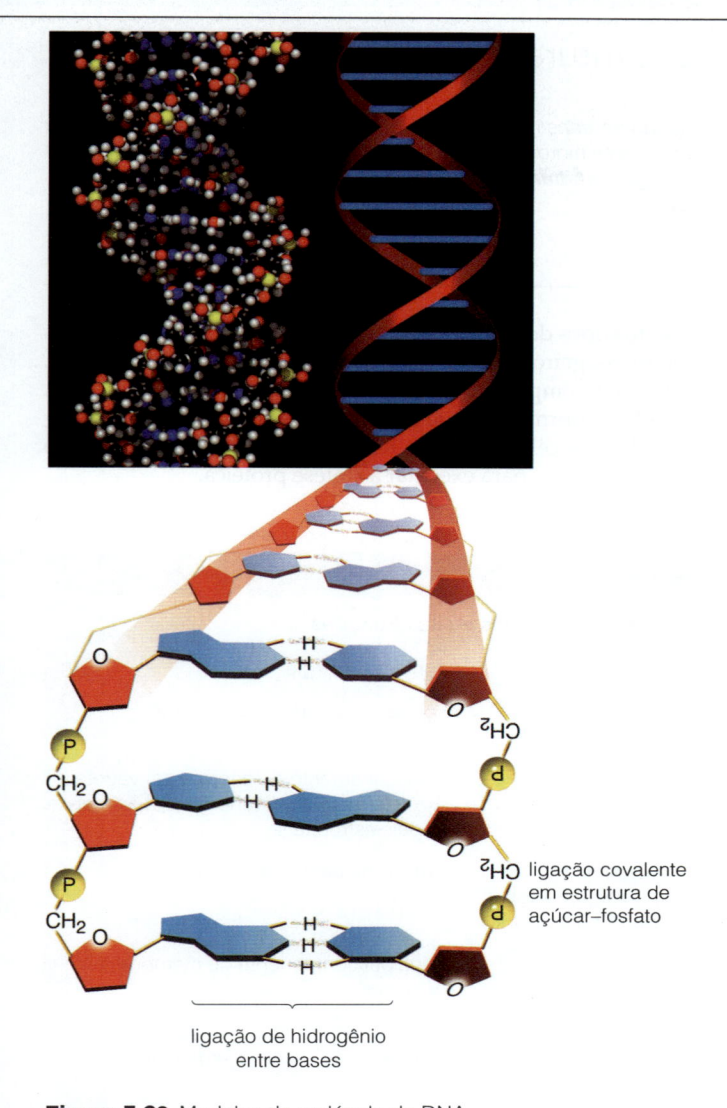

Figura 3.22 Modelos da molécula de DNA.

A célula utiliza a ordem das bases de nucleotídeo em seu DNA – a sequência de DNA – para construir RNA e proteínas. Partes da sequência são idênticas ou quase idênticas em todos os organismos. Outras partes são peculiares a uma espécie ou mesmo a um indivíduo.

Para pensar

O que são nucleotídeos e ácidos nucleicos?

- Diferentes nucleotídeos são monômeros dos ácidos nucleicos DNA e RNA, coenzimas, transportadores de energia e mensageiros.
- A sequência de nucleotídeos do DNA codifica informações que podem ser herdadas dos ancestrais.
- Diferentes tipos de RNA têm papéis nos processos pelos quais uma célula utiliza as informações em seu DNA que podem ser herdadas.

Resumo

Seção 3.1 Nas condições atuais na natureza, apenas células vivas formam as moléculas da vida: carboidratos complexos e lipídeos, proteínas e ácidos nucleicos.

As moléculas da vida são diferentes, mas todas elas são compostos orgânicos que consistem principalmente de átomos de carbono e hidrogênio. Átomos de carbono podem se ligar de forma covalente com até quatro outros átomos. Cadeias longas ou anéis de carbono formam a estrutura principal das moléculas da vida.

Seções 3.2 Grupos funcionais acoplados à estrutura de carbono influenciam o funcionamento de compostos orgânicos. A Tabela 3.2 (próxima página) resume as moléculas da vida e suas funções. Pelo processo de **metabolismo**, as células adquirem e utilizam energia enquanto formam, reorganizam e decompõem compostos orgânicos.

Reações enzimáticas comuns no metabolismo incluem **condensação** (**formação de polímeros**, a partir de **monômeros** menores), e **hidrólise**, que divide moléculas em tamanhos menores.

Seção 3.3 Células utilizam **carboidratos** como fontes de energia, ou como formas transportáveis ou armazenáveis de energia, e materiais estruturais. Os oligossacarídeos e polissacarídeos são polímeros de monômeros de monossacarídeos.

Seção 3.4 **Lipídeos** são moléculas não polares gordurosas ou oleosas, frequentemente com uma ou mais caudas de **ácidos graxos** e que incluem **triglicerídeos** e outras **gorduras**. **Fosfolipídeos** são o principal componente estrutural de membranas celulares. **Ceras** são parte de secreções lubrificantes e hidrofóbicas; **esteroides** são precursores de outras moléculas.

Seção 3.5 **Proteínas** são as moléculas mais diversas de vida. A estrutura da proteína começa como uma sequência linear de **aminoácidos** chamada de cadeia de **polipeptídios** (estrutura primária). As cadeias formam folhas e espirais (estrutura secundária), que podem se unir em domínios funcionais (estrutura terciária). Muitas proteínas, incluindo a maioria das enzimas, consistem de duas ou mais cadeias (estrutura quaternária). Proteínas fibrosas se agregam mais em grandes cadeias ou folhas.

- Leia o artigo InfoTrac "Dobras e Dobras Incorretas de Proteínas", de David Gossard, *American Scientist*, setembro de 2002.

Seção 3.6 A estrutura de uma proteína dita sua função. Às vezes, uma mutação no DNA resulta em uma substituição de aminoácido que altera a estrutura de uma proteína o suficiente para comprometer sua função. Doenças genéticas como a anemia falciforme podem ser o resultado dessa substituição. Mudanças de pH ou temperatura e a exposição a detergentes ou sais podem romper as muitas ligações de hidrogênio e outras interações moleculares que mantêm uma proteína em sua forma tridimensional.

| QUESTÕES DE IMPACTO REVISITADAS | Temor das frituras |

Vários países estão à frente dos Estados Unidos na restrição do uso de gorduras *trans* nos alimentos. Em 2004, a Dinamarca aprovou uma lei que proibiu a importação de alimentos que contêm óleos vegetais parcialmente hidrogenados. Batatas fritas e nuggets de frango que os dinamarqueses importam dos Estados Unidos não contêm quase nenhuma gordura *trans*; os mesmos alimentos vendidos a consumidores nos Estados Unidos contêm de 5 a 10 gramas de gorduras *trans* por porção.

Se uma proteína se desdobra de forma a perder seu formato tridimensional (ou se **desnatura**), também perde sua função.

Seção 3.7 **Nucleotídeos** são pequenas moléculas orgânicas que consistem de um açúcar ligado a três grupos fosfato e uma base que contém nitrogênio. O **ATP** transfere grupos fosfato a muitos tipos de moléculas. Outros nucleotídeos são coenzimas ou mensageiros químicos. **DNA** e **RNA** são **ácidos nucleicos**, cada um composto de quatro tipos de nucleotídeos. O DNA codifica informações que podem ser herdadas sobre as proteínas de uma célula e RNAs. RNAs diferentes interagem com o DNA e entre si para executar a síntese proteica.

Tabela 3.2 Resumo das principais moléculas orgânicas nos seres vivos

Categoria	Principais Subcategorias	Alguns Exemplos e suas Funções	
CARBOIDRATOS ... contêm um grupo aldeído ou cetona e um ou mais grupos hidroxila	**Monossacarídeos** Açúcares simples	Glicose	Fonte de energia
	Oligossacarídeos Cadeias curtas de carboidratos	Sacarose	Forma mais comum de açúcar
	Polissacarídeos Carboidratos complexos	Amido Glicogênio Celulose	Armazenamento de energia em vegetais Armazenamento de energia em animais Papéis estruturais
LIPÍDEOS ... são principalmente hidrocarbonetos; geralmente não se dissolvem em água (hidrofóbicos), mas se dissolvem em substâncias não polares, como álcoois ou outros lipídeos	**Glicerídeos** Estrutura de glicerol com uma, duas ou três caudas de ácido graxo (ex.: triglicerídeos)	Gorduras (ex.: manteiga), óleos (ex.: óleo de milho)	Armazenamento de energia
	Fosfolipídeos Estrutura de glicerol, grupo fosfato, outro grupo polar; frequentemente dois ácidos graxos	Lecitina	Principal componente de membranas celulares
	Ceras Álcool com caudas de ácido graxo de cadeia longa	Ceras na cutina	Conservação de água em plantas
	Esteroides Quatro anéis de carbono; o número, a posição e o tipo de grupos funcionais diferem	Colesterol	Componente de membranas celulares animais; precursor de muitos esteroides, vitamina D
PROTEÍNAS ... são uma ou mais cadeias de polipeptídeos, cada uma com até vários milhares de aminoácidos ligados de forma covalente	**Proteínas majoritariamente fibrosas** Cordões longos ou folhas de cadeias de polipeptídeos; frequentemente fortes e insolúveis em água	Queratina Colágeno Miosina, actina	Componente estrutural de cabelo, unhas Componente do tecido conjuntivo Componentes funcionais de músculos
	Proteínas majoritariamente globulares Uma ou mais cadeias de polipeptídeos dobradas em formas globulares; muitos papéis nas atividades celulares	Enzimas Hemoglobina Insulina Anticorpos	Grande aumento em taxas de reações Transporte de oxigênio Controle do metabolismo da glicose Defesa imunitária
ÁCIDOS NUCLEICOS E NUCLEOTÍDEOS ... são cadeias de unidades (ou unidades individuais) que consistem, cada uma, de um açúcar de cinco carbonos (pentose), fosfato e uma base que contém nitrogênio	**Adenosina fosfatos** **Coenzimas nucleotídeo** **Ácidos nucleicos** Cadeias de nucleotídeos	ATP cAMP NAD^+, $NADP^+$, FAD DNA, RNAs	Transportador de energia Mensageiro na regulação de hormônios Transferência de elétrons, prótons (H^+) de um local de reação para outro Armazenamento, transmissão, translação de informações genéticas

Exercício de análise de dados

O colesterol não se dissolve no sangue, portanto é transportado pela corrente sanguínea por agregados de lipídeos e proteínas chamados lipoproteínas, que variam em estrutura. A lipoproteína de baixa densidade (LDL) leva o colesterol a tecidos corporais como paredes das artérias, onde pode formar depósitos perigosos à saúde. O LDL frequentemente é chamado de "mau" colesterol. A lipoproteína de alta densidade (HDL) leva o colesterol para longe dos tecidos até o fígado para descarte; frequentemente, é chamada de "bom" colesterol.

Em 1990, R.P. Mensink e M.B. Katan publicaram um estudo que testou os efeitos de diferentes gorduras alimentares sobre os níveis de lipoproteínas no sangue. Seus resultados são exibidos na Figura 3.23.

1. Em qual grupo o nível de LDL ("mau" colesterol) foi maior?
2. Em qual grupo o nível de HDL ("bom" colesterol) foi menor?
3. Um risco elevado de doenças cardíacas foi correlacionado a maiores proporções entre LDL e HDL. Em qual grupo a proporção LDL:HDL foi maior? Classifique as três dietas de acordo com seu possível efeito sobre a saúde cardiovascular.

	Principais Gorduras Alimentares			
	Ácidos graxos *cis*	Ácidos graxos *trans*	Gorduras saturadas	Nível ideal
LDL	103	117	121	<100
HDL	55	48	55	>40
Proporção	1,87	2,43	2,2	<2

Figura 3.23 Efeito da dieta sobre níveis de lipoproteína. Pesquisadores colocaram 59 homens e mulheres em uma dieta na qual 10% de seu aporte diário de energia consistia de ácidos graxos *cis*, ácidos graxos *trans* ou gorduras saturadas. Os níveis de LDL e HDL no sangue foram medidos depois de três semanas na dieta; os resultados médios são mostrados em mg/dL (miligramas por decilitro). Todos os sujeitos foram testados em cada uma das dietas. A proporção entre LDL e HDL também é mostrada.

Questões
Respostas no Apêndice III

1. Cada átomo de carbono pode compartilhar pares de elétrons com até _____ outro(s) átomo(s).
2. Açúcares são um tipo de _____ .
3. _____ é um açúcar simples (um monossacarídeo).
   a. Glicose   c. Ribose   e. respostas a e b
   b. Sacarose   d. Quitina   f. respostas a e c
4. Diferentemente das gorduras saturadas, as caudas de ácido graxo de gorduras insaturadas incorporam uma ou mais _____ .
5. Esta afirmação é verdadeira ou falsa? Diferentemente de gorduras saturadas, todas as gorduras insaturadas são benéficas à saúde porque suas caudas de ácido graxo se dobram e elas não se unem.
6. Esteroides estão entre os lipídeos sem _____ .
7. Qual das seguintes opções é uma classe de moléculas que abrange todas as outras moléculas listadas?
   a. Triglicerídeos   c. Ceras   e. Lipídeos
   b. Ácidos graxos   d. Esteroides f. Fosfolipídeos
8. ____ estão para as proteínas como ____ estão para ácidos nucleicos.
   a. Açúcares; lipídeos
   b. Açúcares; proteínas
   c. Aminoácidos; ligações de hidrogênio
   d. Aminoácidos; nucleotídeos
9. Uma proteína desnaturada perdeu _____ .
   a. ligações de hidrogênio   c. função
   b. formato   d. todas as anteriores
10. _____ consiste(m) de nucleotídeos.
    a. açúcares   b. DNA   c. RNA   d. respostas b e c
11. _____ são a fonte de energia mais rica no corpo.
    a. Açúcares b. Proteínas c. Gorduras d. Ácidos nucleicos
12. Una cada molécula a sua descrição mais adequada.
    ___ cadeia de aminoácidos   a. carboidrato
    ___ transportador de energia nas células b. fosfolipídeo
    ___ glicerol, ácidos graxos, fosfato   c. polipeptídeo
    ___ dois filamentos de nucleotídeos   d. DNA
    ___ um ou mais monômeros de açúcar   e. ATP
    ___ fonte mais rica de energia   f. triglicerídeos

Raciocínio crítico

1. Na lista a seguir, identifique o carboidrato, o ácido graxo, o aminoácido e o polipeptídeo:
   a. $^+NH_3sCHRsCOO^-$ c. (glicina)20
   b. $C_6H_{12}O_6$ d. $CH_3(CH_2)_{16}COOH$

2. Lipoproteínas são agrupamentos esféricos relativamente grandes de moléculas de proteína e lipídeo que circulam no sangue de mamíferos. Elas são como malas que movem o colesterol, restos de ácidos graxos, triglicerídeos e fosfolipídeos de um lugar para outro no organismo. Com o que você sabe sobre a insolubilidade de lipídeos em água, qual dos quatro tipos de lipídeos, em sua previsão, estaria fora de um agrupamento de lipoproteína, banhado na parte fluida do sangue?

3. Em 1976, pesquisadores desenvolviam novos inseticidas ao modificar açúcares com cloro (Cl_2) e outros gases tóxicos. Um jovem membro da equipe entendeu mal as instruções para "testar" uma nova molécula. Ele achou que deveria "prová-la". Felizmente, a molécula não era tóxica, mas era doce. Ela se tornou o aditivo alimentício sucralose.

   A sucralose tem três átomos de cloro substituindo três grupos hidroxila da sacarose. Os átomos altamente eletronegativos de cloro tornam a sucralose fortemente eletronegativa. A sucralose se liga tão fortemente a receptores de paladar doce na língua que nosso cérebro o percebe como 600 vezes mais doce que a sacarose. O corpo não reconhece a sucralose como um carboidrato. Voluntários comeram sucralose rotulada com ^{14}C. A análise das moléculas radioativas em sua urina e fezes mostrou que 92,8% da sucralose passava inalterada pelo corpo. No entanto, muitos se preocupam que os átomos de cloro forneçam toxicidade à sucralose. Como você responderia a esta preocupação?

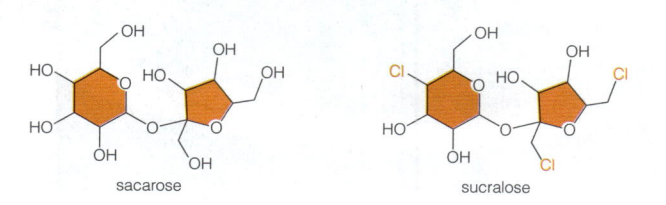

4 Estrutura e Função da Célula

QUESTÕES DE IMPACTO | Alimento para Pensar

Encontramos bactérias tanto no fundo do oceano, nas alturas da atmosfera, como a milhas sob a terra — basicamente em todo lugar que olhamos. Os intestinos dos mamíferos normalmente abrigam números incríveis de bactérias, mas elas não são apenas passageiras clandestinas lá. As bactérias intestinais produzem vitaminas que os mamíferos não conseguem produzir e excluem os patógenos mais perigosos.

A *Escherichia coli* é uma das bactérias intestinais mais comuns dos animais de sangue quente. Apenas algumas centenas de tipos ou cepas de *E. coli* são prejudiciais. Uma delas, a O157:H7, produz uma toxina potente que pode danificar gravemente o revestimento do intestino humano (Figura 4.1). Depois de ingerir uma dezena de células de O157:H7, a pessoa pode ficar doente com cãibras graves e diarreia com sangue que duram até dez dias. Em algumas pessoas, as complicações da infecção por O157:H7 resultam em insuficiência renal, cegueira, paralisia e morte. Cerca de 73 mil pessoas nos Estados Unidos são infectadas pela *E. coli* O157:H7 a cada ano e mais de 60 morrem.

A *E. coli* O157:H7 vive nos intestinos de outros animais — principalmente do gado, veado, cabras e ovelhas — aparentemente sem fazer-lhes mal. Os seres humanos são expostos à bactéria quando entram em contato com as fezes de animais que abrigam tal bactéria, por exemplo, comendo carne moída contaminada. Durante o abate, a carne pode entrar em contato com as fezes. As bactérias nas fezes aderem à carne, depois são misturadas a ela durante o processo de moagem. A menos que a carne contaminada seja cozida a, no mínimo, 70 °C, bactérias vivas vão entrar no trato digestório de quem as ingerir.

As pessoas também são infectadas ingerindo frutas frescas e vegetais que entraram em contato com as fezes de animais. Por exemplo, em 2006, pelo menos 205 pessoas ficaram doentes e 3 morreram depois de comer espinafre fresco. O espinafre foi cultivado em um campo próximo a um pasto de gado e a água contaminada por esterco pode ter sido utilizada para irrigar o campo. Lavar produtos contaminados com água não remove a *E. coli* O157:H7, pois as bactérias são aderentes.

O impacto econômico dessas epidemias, que ocorrem com certa regularidade, pode ser alto. Os produtores perderam entre US$ 50 milhões a US$ 100 milhões recolhendo espinafre fresco depois da epidemia de 2006. Em 2007, toneladas de carne moída foram recolhidas depois que 14 pessoas ficaram doente. Os produtores e processadores de alimentos estão começando a implementar novos procedimentos que podem reduzir as epidemias de *E. coli* O157:H7. Algumas carnes e produtos agora são testados quanto aos patógenos antes da venda, e documentação mais detalhada deve permitir que uma fonte de contaminação seja apontada mais rapidamente.

O que torna a bactéria aderente? Por que as pessoas, mas não as vacas, adoecem com a *E. coli* O157:H7? Você começará a encontrar respostas para essas e muitas outras perguntas que afetam sua saúde neste capítulo, no decorrer da leitura sobre as células e sobre como elas funcionam.

Figura 4.1 Bactérias *E. coli* O157:H7 (*acima, vermelho*) nas células intestinais (*bronze*) de uma criança pequena. Esse tipo de bactéria pode causar uma doença intestinal grave em pessoas que ingerem alimentos contaminados por ela, tais como carne moída ou produtos frescos (*esquerda*).

Conceitos-chave

O que todas as células têm em comum
Cada célula tem uma membrana plasmática, um limite entre o ambiente interno e externo. O interior consiste em citoplasma e material genético.
Seções 4.1, 4.2

Microscópios
A análise por microscópio fundamenta três generalizações da teoria celular: cada organismo consiste em uma ou mais células e seus produtos; uma célula tem a capacidade de vida independente; e cada nova célula descende de outra.
Seção 4.3

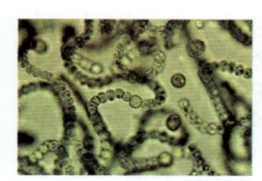

Células procarióticas
Arqueas e bactérias são células procarióticas que possuem poucos ou nenhum compartimento envolto em membrana. Em geral, elas são as menores e mais simples células.
Seções 4.4, 4.5

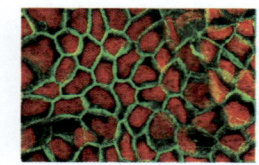

Células eucarióticas
As células de protistas, plantas, fungos e animais são eucarióticas; elas têm um núcleo e outros compartimentos envoltos em membrana. Elas diferem em relação às partes internas e especializações de superfície.
Seções 4.6-4.12

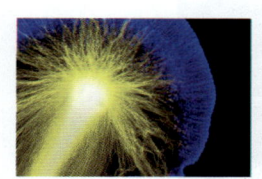

Um olhar sobre o citoesqueleto
Diversos filamentos de proteínas reforçam o formato da célula e mantêm suas partes organizadas. À medida que alguns filamentos alongam ou encurtam, elas movimentam as estruturas celulares ou a célula inteira.
Seção 4.13

Neste capítulo

- Você verá como as propriedades das membranas celulares emergem a partir da organização de lipídios e proteínas.
- O que você sabe sobre teoria científica ajudará a entender como o pensamento científico levou ao desenvolvimento da teoria celular. Este capítulo também oferece exemplos dos efeitos da mutação e como os pesquisadores usam os indicadores.
- Você considerará a localização celular de DNA e os locais onde os carboidratos são construídos e quebrados.
- Você expandirá seu entendimento sobre os papéis vitais das proteínas nas funções da célula e verá como o nucleotídeo ajuda no controle das atividades da célula.

Qual sua opinião? Alguns acham que a maneira mais segura de proteger os consumidores da intoxicação é expondo os alimentos à radiação de alta energia, que mata bactérias. Outros acham que deveríamos tornar os padrões de segurança mais rígidos. Você consumiria alimentos que passaram por radiação (irradiados)? Conheça a opinião de seus colegas e apresente seus argumentos a eles.

4.1 A teoria celular

- A Teoria Celular, um dos fundamentos da biologia moderna, afirma que as células são as unidades fundamentais da vida.

Medida das células

Você já se imaginou com cerca de 3/2.000 de um quilômetro de altura? Provavelmente não, mas é assim que medimos as células. Use as barras da escala na Figura 4.2 como uma régua e você verá que as células mostradas têm alguns mícrons de "altura". Um mícron (µm) é um milésimo de um milímetro, que é um milésimo de um metro, que é um milésimo de um quilômetro. As bactérias são células e estão entre as menores e mais simples células existentes na Terra. As células que compõem seu corpo são geralmente maiores e mais complexas que as bactérias.

Vida microscópica e pragas

Quase todas as células são tão pequenas que são invisíveis a olho nu. Ninguém jamais soube que existiam células até que o primeiro microscópio fosse inventado no final do século XVI.

Os primeiros microscópios não eram muito sofisticados. Os fabricantes holandeses de óculos Hans e Zacharias Janssen descobriram que os objetos apareciam aumentados (magnificados) quando visualizados através de uma série de lentes. A equipe formada por pai e filho criou o primeiro microscópio composto (que usa diversas lentes) no ano de 1590, quando montaram duas lentes de vidro dentro de um tubo.

Dada a simplicidade de seus instrumentos, é incrível que os pioneiros na microscopia observaram tanto. Antoni van Leeuwenhoek, um comerciante holandês, tinha uma habilidade excepcional para construir lentes e possivelmente a visão mais apurada. Em meados de 1600, ele já espionava com o microscópio o mundo da chuva, insetos, tecidos, espermatozoides, fezes — basicamente qualquer amostra que coubesse em seu microscópio (Figura 4.3a). Ele era fascinado pelos minúsculos organismos que via se movendo em muitas de suas amostras. Por exemplo, em raspagens de tártaro de seus dentes, Leeuwenhoek viu "muitos animálculos, com movimentos agradáveis de se ver". Ele presumiu (incorretamente) que o movimento definia a vida e concluiu (corretamente) que as "pragas" em movimento que ele via estavam vivas. Talvez Leeuwenhoek fosse tão fascinado por observar esses "animálculos" por não entender as implicações do que estava vendo: nosso mundo e nossos corpos, pulsando com a vida microbiana.

Robert Hooke, contemporâneo de Leeuwenhoek, adicionou outras lentes que tornaram o instrumento mais fácil de usar. Muitos dos microscópios que usamos hoje ainda são baseados em seu projeto. Hooke aumentou um pedaço de cortiça finamente fatiado de uma árvore madura e viu pequenos compartimentos (Figura 4.3b).

Ele os chamou de células — palavra de origem latina para designar câmaras pequenas onde os monges vivem — e depois cunhou o termo "célula". Na verdade, aquelas eram paredes de célula vegetal mortas, que compõem a

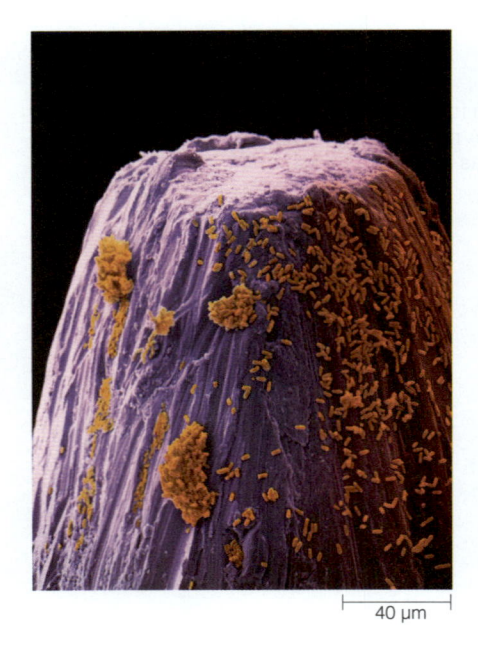

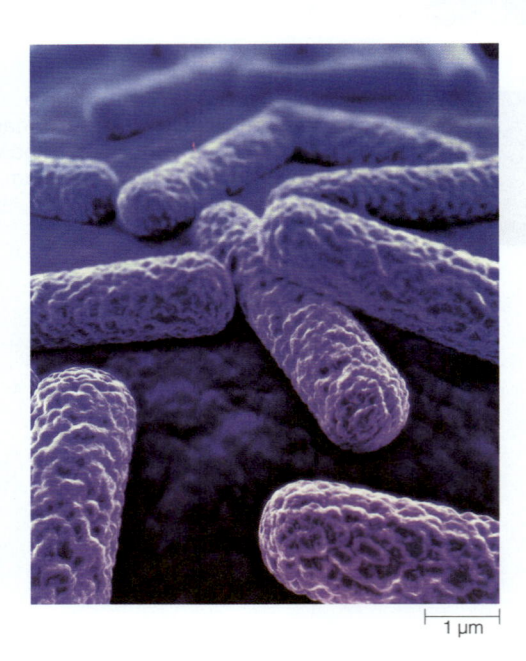

Figura 4.2 Células bacterianas em forma de bastão na ponta de um alfinete doméstico, mostrado com aumento cada vez maior (ampliações). O "µm" é uma abreviação para mícrons ou 10^{-6} metro. **Resolva:** Qual o tamanho aproximado dessas bactérias?

Resposta: cerca de 1 µm de largura e 5 µm de comprimento.

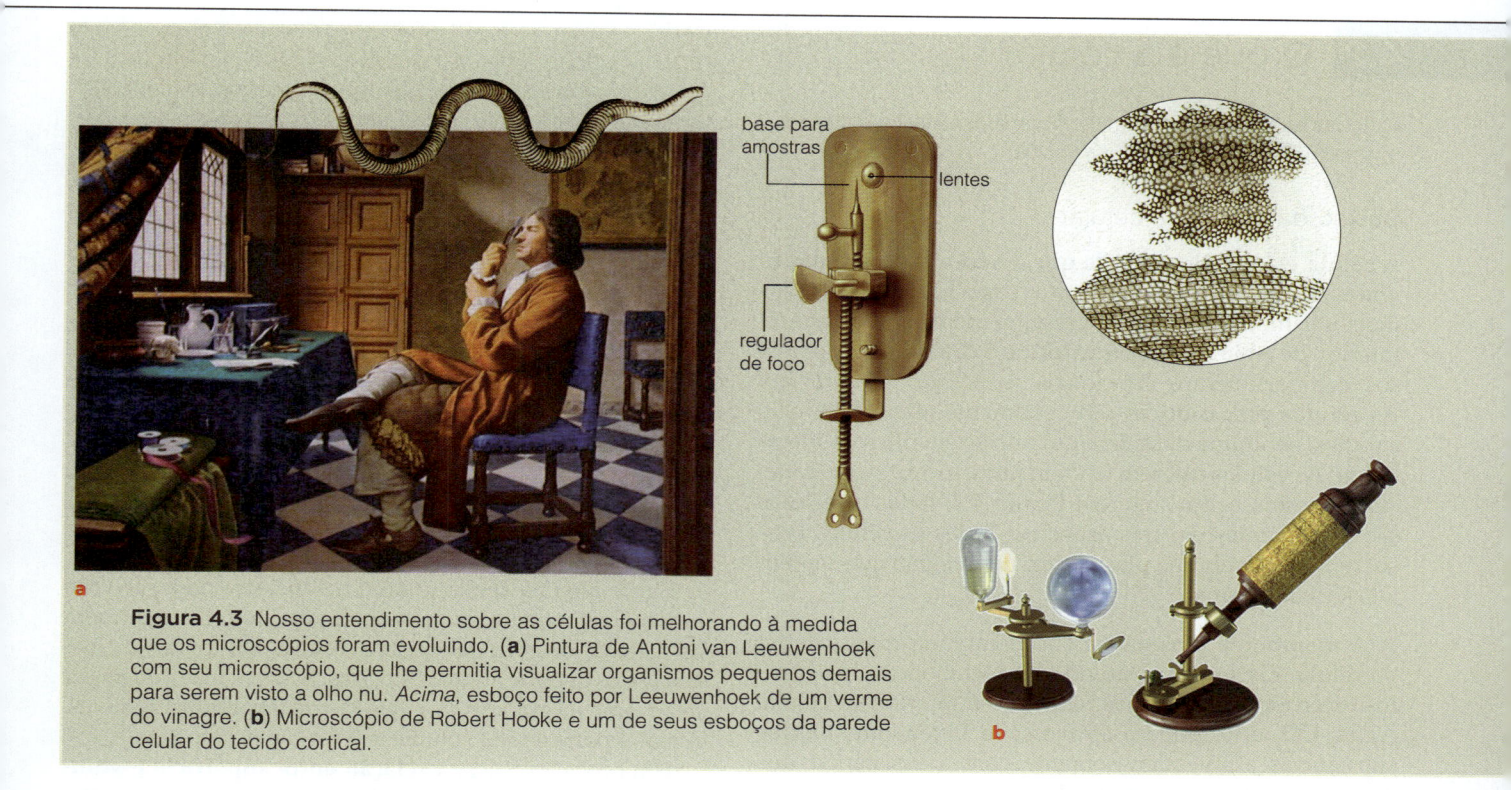

Figura 4.3 Nosso entendimento sobre as células foi melhorando à medida que os microscópios foram evoluindo. **(a)** Pintura de Antoni van Leeuwenhoek com seu microscópio, que lhe permitia visualizar organismos pequenos demais para serem visto a olho nu. *Acima*, esboço feito por Leeuwenhoek de um verme do vinagre. **(b)** Microscópio de Robert Hooke e um de seus esboços da parede celular do tecido cortical.

cortiça, mas Hooke não pensou nelas como mortas, pois nem ele nem ninguém mais sabiam que as células poderiam viver. Ele observou as células "cheias de suco" em tecidos vegetais verdes, mas não percebeu que estavam vivas.

Surgimento da teoria celular

Por cerca de 200 anos após sua descoberta, as células eram consideradas parte de um sistema de membranas contínuo em organismos multicelulares, e não entidades separadas. Nos anos 1820, lentes muito melhoradas trouxeram as células para um foco muito mais detalhado. Robert Brown, um botânico, foi o primeiro a identificar um núcleo celular vegetal. Matthias Schleiden, outro botânico, supôs que uma célula vegetal fosse uma unidade viva independente, mesmo quando faz parte de uma planta. Schleiden comparou observações com o zoólogo Theodor Schwann e ambos concluíram que os tecidos de animais, bem como os das plantas, são compostos de células e de seus produtos. Juntos, os dois cientistas reconheceram que as células tinham uma vida própria mesmo se fossem parte de um corpo multicelular.

Outra perspectiva surgiu do fisiologista Rudolf Virchow, que estudou como as células se reproduzem, ou seja, como elas se dividem em células descendentes. Ele percebeu que cada célula descendia de outra célula viva. Estas e muitas outras observações resultaram em quatro generalizações que hoje constituem a **Teoria Celular**:

1. Todo organismo vivo é composto de uma ou mais células.

2. A célula é a unidade estrutural e funcional de todos os organismos. A célula é a menor unidade da vida, individualmente viva, mesmo fazendo parte de um organismo multicelular.

3. Todas as células vivas provêm da divisão de outras células preexistentes.

4. As células contêm material hereditário, que é passado para sua descendência durante a divisão.

A Teoria Celular, articulada pela primeira vez em 1839 por Schwann e Schleiden e posteriormente revisada, permanece como a fundação da biologia moderna. Nem sempre foi assim. A teoria foi uma nova interpretação radical da natureza que ressaltava a unidade da vida. Assim como toda teoria científica, ela permaneceu (e sempre permanecerá) aberta à revisão se novos dados não a apoiarem.

Para pensar

O que é a Teoria Celular?

- Todos os organismos são compostos de uma ou mais células.
- A célula é a menor unidade com propriedades de vida.
- Cada nova célula surge da divisão de outra célula preexistente.
- Cada célula passa material hereditário à sua descendência.

4.2 O que é a célula?

- Todas as células possuem membrana plasmática e citoplasma, e todas iniciam a vida com DNA.

Básico da estrutura celular

A **célula** é a menor unidade que apresenta propriedades vitais, o que significa que tem a capacidade de realizar metabolismo, homeostasia, crescimento e reprodução. O interior de uma **célula eucariótica** é dividido em diversos compartimentos funcionais, incluindo um núcleo. As **células procarióticas** são geralmente menores e mais simples; nenhuma delas tem um núcleo envolto por membrana. As células diferem em tamanho, forma e atividade. Ainda assim, como sugere a Figura 4.4, todas as células são semelhantes em três aspectos. Todas as células possuem uma membrana plasmática, uma região que contém DNA e citoplasma:

1. A **membrana plasmática** é a membrana mais externa da célula. Ela separa as atividades metabólicas dos eventos externos à célula, mas não isola o interior da célula. Água, CO_2 e O_2 podem atravessá-la livremente. Outras substâncias atravessam somente com a assistência das proteínas da membrana. Ainda há outras que são mantidas totalmente fora.

2. Todas as células eucarióticas iniciam a vida com um **núcleo**. Esse saco com membrana dupla contém o DNA da célula eucariótica. O DNA dentro das células procarióticas está concentrado em uma região de citoplasma chamada **nucleoide**.

Diâmetro (cm)	2	3	6
Área de superfície (cm²)	12,6	28,2	113
Volume (cm³)	4,2	14,1	113
Razão superfície – volume	3:1	2:1	1:1

Figura 4.5 Três exemplos da razão superfície-volume. A relação física entre os aumentos no volume e na área da superfície influencia o tamanho e a forma da célula.

3. **Citoplasma** é uma mistura semifluida de água, açúcares, íons e proteínas entre a membrana plasmática e a região de DNA. Os componentes da célula estão suspensos no citoplasma. Por exemplo, os **ribossomos**, estruturas nas quais as proteínas são construídas, estão presentes no citoplasma.

Existe alguma célula grande o suficiente para ser vista sem o auxílio de um microscópio? Algumas. Estas incluem as "gemas" de ovos de pássaros, células nos tecidos da melancia e os ovos de anfíbios e peixes. Essas células podem ser relativamente grandes, pois não são metabolicamente ativas. A maior parte de seu volume tem função de depósito.

Uma relação física, a **relação entre superfície e volume**, influencia muito o tamanho e o formato da célula. Porém, nessa relação, o volume de um objeto aumenta com o cubo de seu diâmetro, mas a área de superfície aumenta somente com o quadrado. A relação é importante porque a bicamada lipídica é capaz de lidar somente com as trocas entre o citoplasma da célula e o ambiente externo.

Aplique a relação de superfície e volume a uma célula redonda. Como mostra a Figura 4.5, quando uma célula se

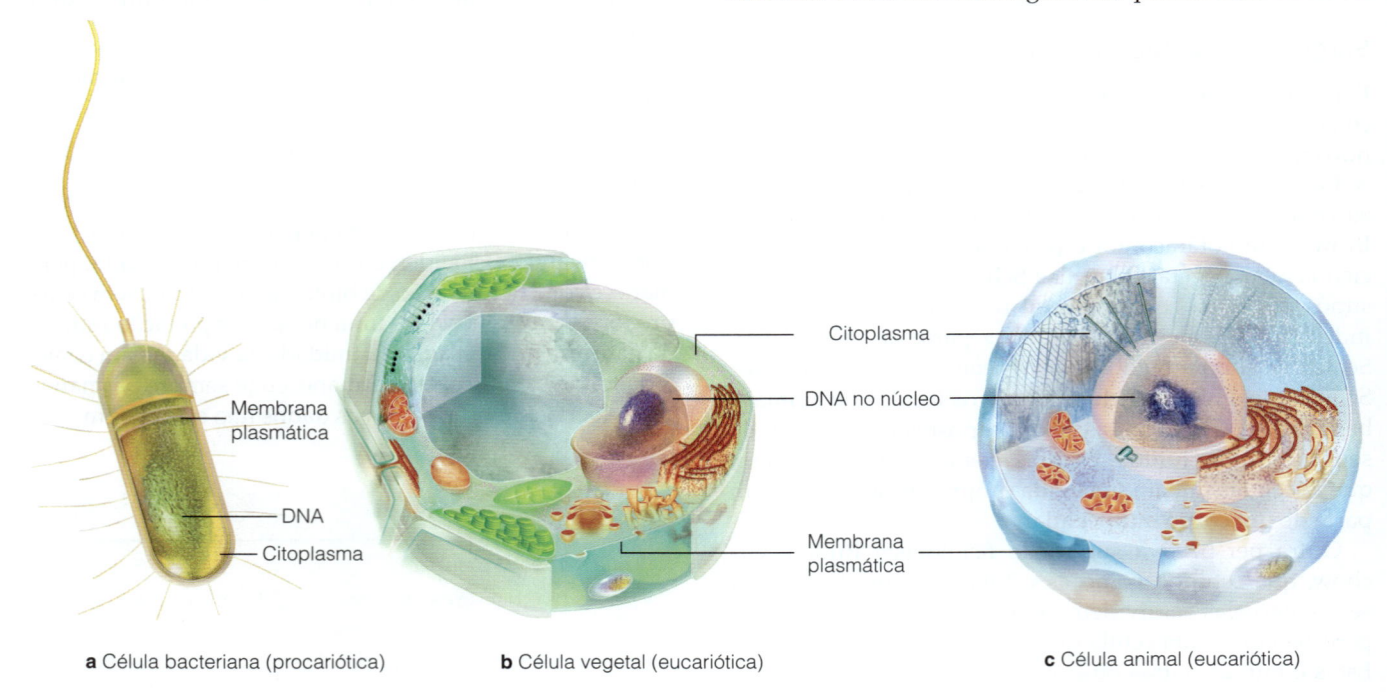

a Célula bacteriana (procariótica)   **b** Célula vegetal (eucariótica)   **c** Célula animal (eucariótica)

Figura 4.4 Organização geral das células procarióticas e eucarióticas. Se as células procarióticas fossem desenhadas na mesma escala que as outras duas células, teriam este tamanho:

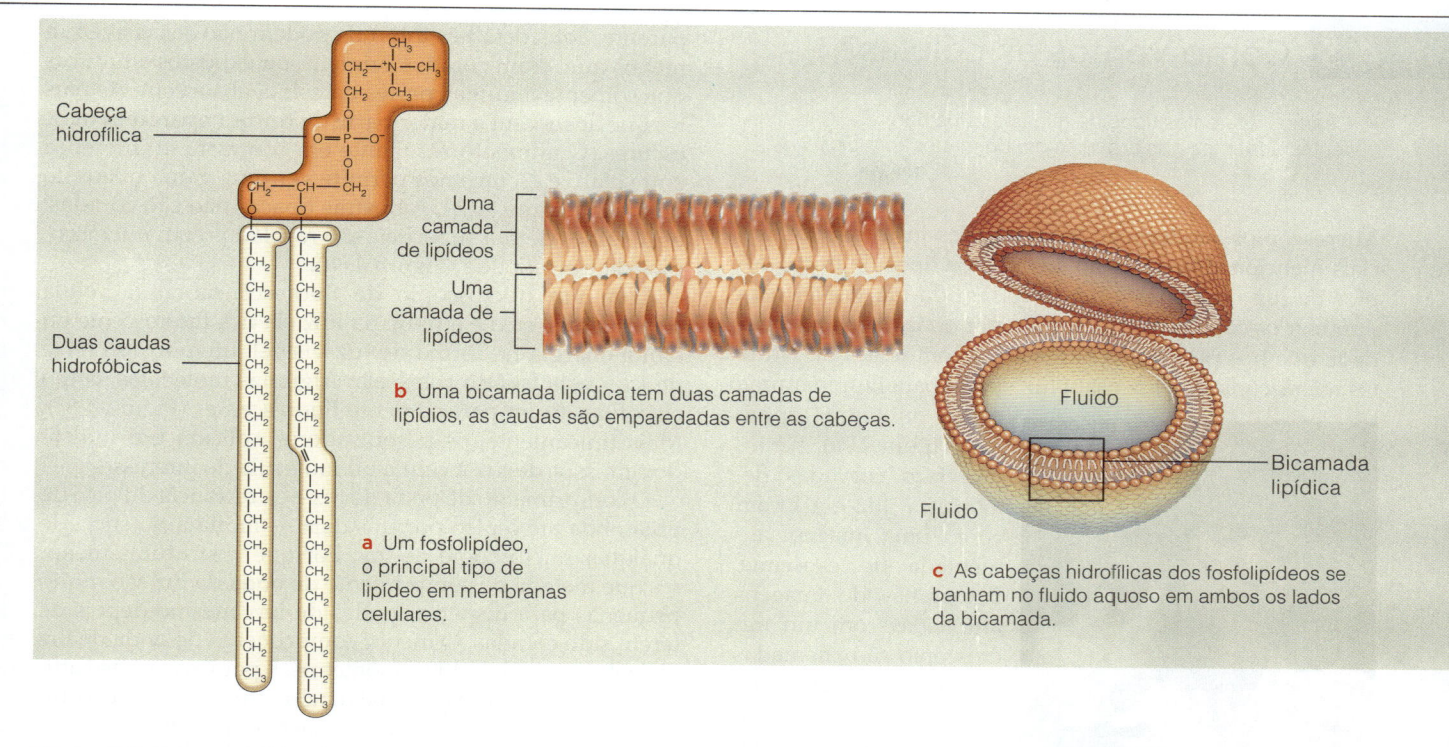

Figura 4.6 Estrutura básica das membranas celulares.

a Um fosfolipídeo, o principal tipo de lipídeo em membranas celulares.

b Uma bicamada lipídica tem duas camadas de lipídios, as caudas são emparedadas entre as cabeças.

c As cabeças hidrofílicas dos fosfolipídeos se banham no fluido aquoso em ambos os lados da bicamada.

expande em diâmetro durante o crescimento, seu volume aumenta mais rapidamente que a área de superfície.

Imagine que uma célula redonda se expande até quatro vezes seu diâmetro original. O volume da célula teria aumentado 64 vezes (4^3), mas sua área de superfície teria aumentado apenas 16 vezes (4^2). Cada unidade de membrana plasmática deve agora lidar com trocas ocorridas em quatro vezes mais citoplasma. Se a circunferência de uma célula crescer muito, o fluxo interno de nutrientes e o fluxo externo de resíduos não serão rápidos o suficiente para manter a célula viva.

Uma grande célula redonda também teria problemas em movimentar substância através de seu citoplasma. As moléculas se dispersam por seus próprios movimentos aleatórios, mas não se movimentam muito rapidamente. Nutrientes ou resíduos não seriam distribuídos rápido o suficiente para acompanhar o metabolismo de uma célula grande, redonda e ativa. É por isso que muitas células são longas e finas, ou com superfícies onduladas com dobras que aumentam a área de superfície. A relação entre superfície e volume dessas células é suficiente para sustentar seu metabolismo. A quantidade de substâncias que cruzam a membrana plasmática e a velocidade com que são distribuídas pelo citoplasma satisfazem as necessidades da célula. Os resíduos também são removidos rapidamente para evitar a intoxicação.

As restrições entre superfície e volume também afetam os planos corporais de espécies multicelulares. Por exemplo, células pequenas aderem de extremidade a extremidade em algas em forma de filamentos de forma que cada uma interaja diretamente com seu entorno. As células musculares em suas coxas são tão longas quanto o músculo em que ocorrem, mas cada uma delas é fina, de forma que troquem substâncias eficientemente com fluidos no tecido que as cerca.

Pré-visualização das membranas celulares

A composição estrutural de todas as membranas celulares é a **bicamada lipídica**, uma camada dupla organizada de forma que suas caudas hidrofóbicas fiquem emparedadas entre suas cabeças hidrofílicas (Figura 4.6).

Os fosfolipídeos são o tipo mais abundante de lipídeo nas membranas celulares. Muitas proteínas diferentes embutidas em uma bicamada ou presas a uma de suas superfícies realizam funções da membrana. Por exemplo, algumas proteínas formam canais através da bicamada; outras bombeiam substâncias através dela. Além da membrana plasmática, muitas células também têm membranas internas que formam canais ou formam bolsas. Essas estruturas membranosas compartilham tarefas como construção, modificação e armazenamento de substâncias. O Capítulo 5 oferece um olhar mais apurado da estrutura e função da membrana.

Para pensar

Como as células se assemelham?

- Todas as células iniciam a vida com uma membrana plasmática, citoplasma e uma região de DNA.
- Uma bicamada lipídica forma a estrutura de todas as membranas celulares.
- O DNA de células eucarióticas está envolvido por uma membrana dentro do núcleo.
- DNA dentro das células procarióticas está concentrado em uma região de citoplasma chamada nucleoide.

4.3 Como vemos as células?

- Usamos diferentes tipos de microscópios para estudar diferentes aspectos dos organismos, do menor ao maior.

Microscópios modernos Como aqueles instrumentos iniciais mencionados na Seção 4.1, muitos tipos de microscópios de luz modernos ainda precisam da luz visível para iluminar os objetos. Toda luz viaja por ondas, uma propriedade que nos permite focalizar a luz com lentes de vidro. Os microscópios de luz usam luz visível para iluminar uma célula ou outro espécime (Figura 4.7a). Lentes de vidro curvadas flexionam a luz e a focam como uma imagem aumentada do espécime. Fotografias de imagens ampliadas com um microscópio são chamadas micrografias (Figura 4.8).

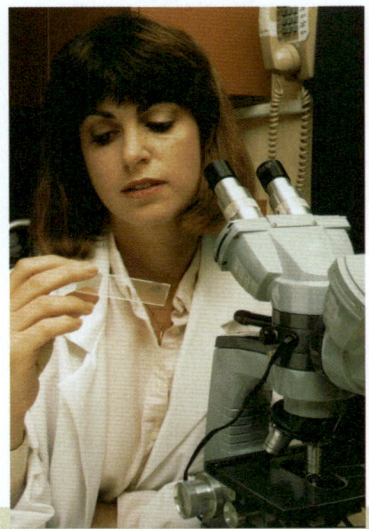

Microscópios de contraste de fase emitem luz através do espécime, mas a maioria das células é quase transparente. Seus detalhes internos podem não ser visíveis, a menos que sejam corados primeiro ou expostos a tinturas que somente algumas partes da célula absorvem. As partes que absorvem a maior parte da tintura aparecem mais escuras. O aumento resultante em contraste (a diferença entre claro e escuro) nos permite ver uma gama maior de detalhes (Figura 4.8a). Amostras opacas não são coradas; os detalhes de sua superfície são revelados com microscópios de luz refletida (Figura 4.8b).

Com um microscópio de fluorescência, uma célula ou uma molécula é a fonte da luz; ela fica fluorescente ou emite energia na forma de luz visível, quando um feixe de *laser* está focado sobre ela. Algumas moléculas, como clorofilas, ficam naturalmente fluorescentes (Figura 4.8c). Mais tipicamente, os pesquisadores aplicam um indicador emissor de luz à célula ou molécula de interesse.

O comprimento de onda de luz — a distância do pico de uma onda até o pico por trás dela — limita a potência de qualquer microscópio de luz. Por quê? Estruturas menores que metade do comprimento de onda da luz são muito pequenas para dispersar ondas de luz, mesmo depois de terem sido coradas. O menor comprimento de onda de luz visível tem cerca de 400 nanômetros. É por isso que estruturas menores que cerca de 200 nanômetros aparecem borradas até mesmo sob os melhores microscópios de luz.

Outros microscópios podem revelar detalhes menores. Por exemplo, microscópios eletrônicos usam elétrons em vez de luz visível para iluminar as amostras (Figura 4.7b).

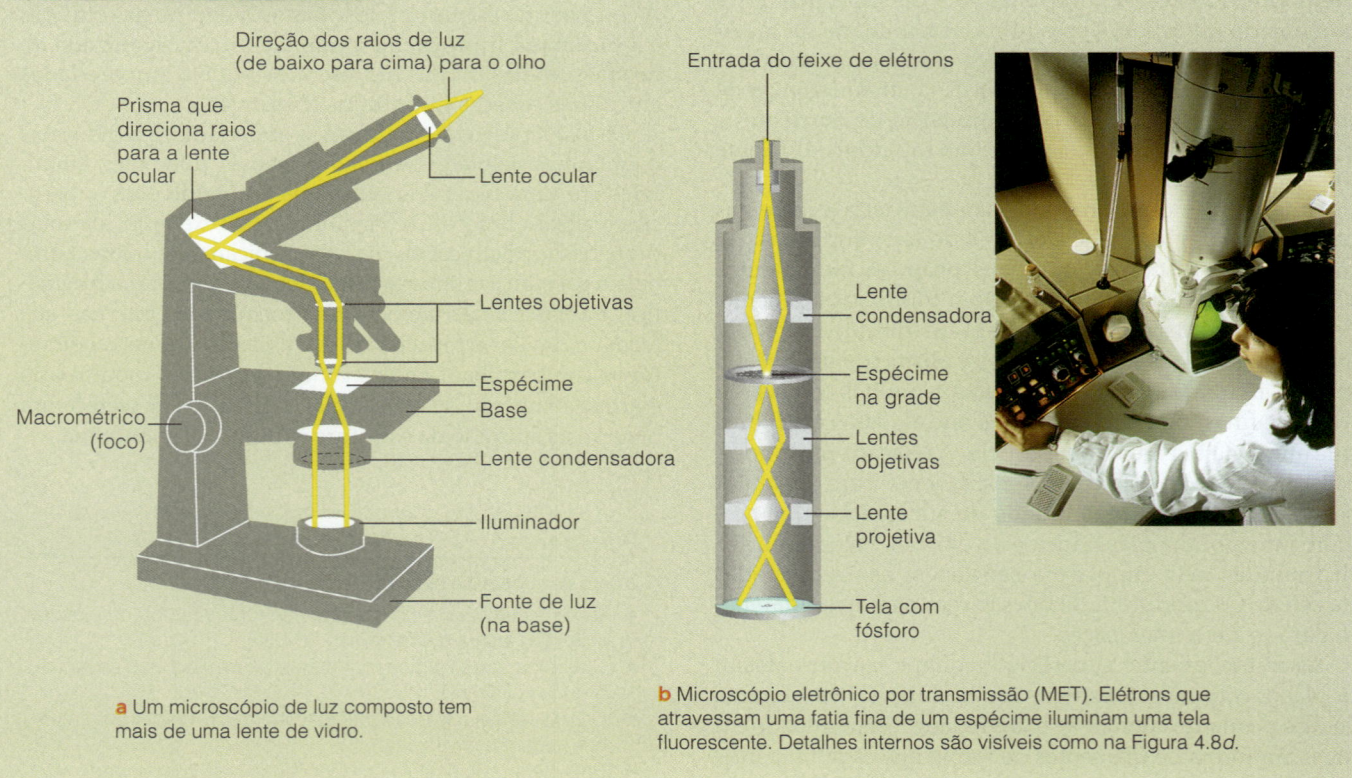

a Um microscópio de luz composto tem mais de uma lente de vidro.

b Microscópio eletrônico por transmissão (MET). Elétrons que atravessam uma fatia fina de um espécime iluminam uma tela fluorescente. Detalhes internos são visíveis como na Figura 4.8d.

Figura 4.7 Exemplos de microscópios.

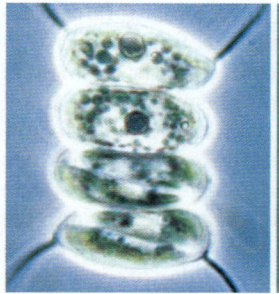

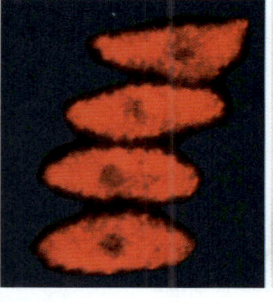

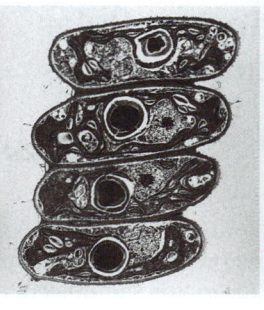

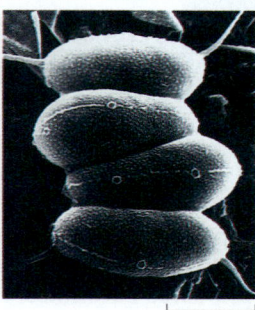

a Micrografia de luz. Um microscópio de contraste de fase produz imagens de alto contraste nos espécimes transparentes, como as células.

b Micrografia de luz. Um microscópio de luz refletida captura a luz refletida dos espécimes opacos.

c Micrografia por fluorescência. As moléculas de clorofila nestas células emitiram luz vermelha (elas fluorescem) naturalmente.

d Uma micrografia eletrônica por transmissão revela imagens incrivelmente detalhadas das estruturas internas.

e Uma micrografia eletrônica por varredura mostra detalhes da superfície de células e estruturas. Muitas vezes, as MEVs são coloridas artificialmente para destacar certos detalhes.

Figura 4.8 Diferentes microscópios podem revelar diferentes características do mesmo organismo aquático — uma alga verde (*Scenedesmus*). Tente estimar o tamanho de uma dessas células de alga usando a barra de escala.

Como os elétrons viajam em comprimentos de onda que são muito menores que aqueles da luz visível, os microscópios eletrônicos podem revelar detalhes que são muito menores que os vistos em microscópios de luz. Os microscópios eletrônicos usam campos magnéticos para focar feixes de elétrons sobre a amostra.

Com os microscópios eletrônicos de transmissão, os elétrons formam uma imagem depois de atravessarem um espécime fino. Os detalhes internos do espécime aparecem na imagem como sombras (Figura 4.8*d*). Os microscópios eletrônicos por varredura direcionam um feixe de elétrons para frente e para trás sobre a superfície de um espécime, que foi coberta com uma fina camada de ouro ou outro metal. O metal emite elétrons e raios X, que são convertidos em uma imagem da superfície (Figura 4.8*e*). Ambos os tipos de microscópios eletrônicos podem revelar estruturas de até 0,2 nanômetros.

A Figura 4.9 compara o poder de resolução dos microscópios de luz e eletrônico com o olho humano nu.

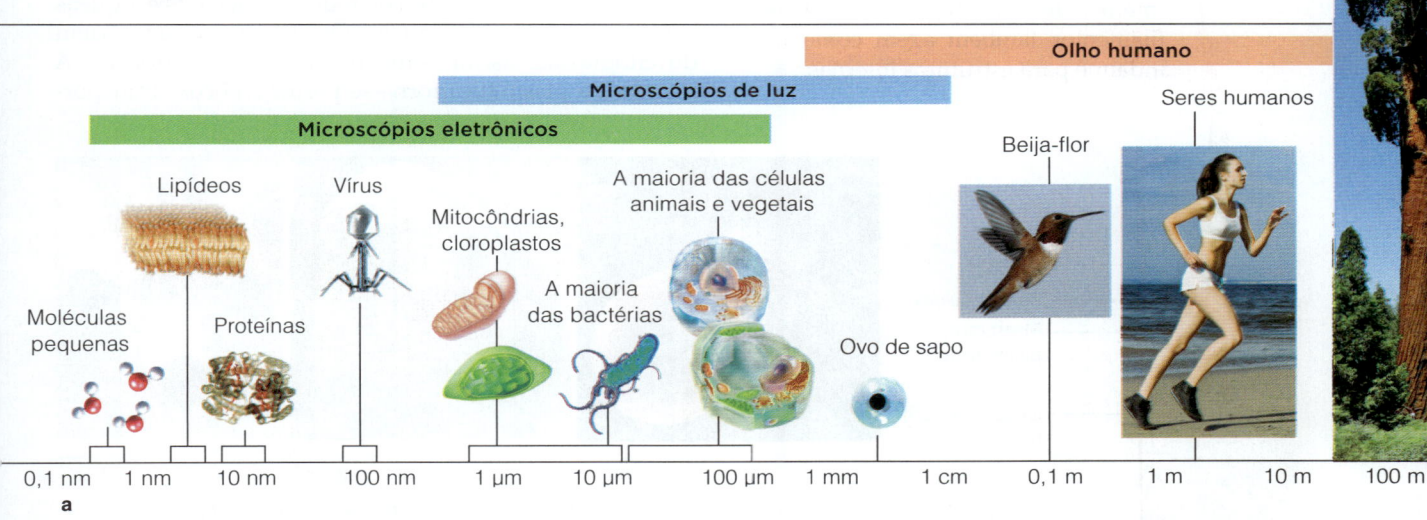

Figura 4.9 (**a**) Tamanhos relativos de moléculas, células e organismos multicelulares. O diâmetro da maioria das células varia de 1 a 100 mícrons. Ovos de sapo, uma das exceções, têm 2,5 milímetros de diâmetro.

A escala mostrada aqui é exponencial, não linear; cada unidade de medida é dez vezes maior que a unidade que a precede. (**b**) Unidades de medida. Veja também o Apêndice VII. **Resolva:** O que é menor: uma molécula de proteína, uma molécula de lipídio ou uma molécula de água?

Resposta: uma molécula de água.

1 centímetro (cm)	= 1/100 metro ou 0,4 polegada
1 milímetro (mm)	= 1/1.000 metro ou 0,04 polegada
1 mícron (µm)	= 1/1.000.000 metro ou 0,00004 polegada
1 nanômetro (nm)	= 1/1.000.000.000 metro ou 0,00000004 polegada
1 metro	= 10^2 cm = 10^3 mm = 10^6 µm = 10^9 nm

4.4 Introdução às células procarióticas

- Bactérias e arqueas são procariontes.

A palavra procarionte significa "antes do núcleo", um lembrete de que os primeiros procariotos evoluíram antes dos primeiros eucariotos. Procariotos são unicelulares (Figura 4.10). Como um grupo, eles são as menores e mais diversas formas metabólicas de vida que conhecemos. Os procariotos habitam todos os ambientes da terra, incluindo alguns lugares bastante hostis.

Os domínios *Bacteria* e *Archaea* abrangem todos os procariotos. As células dos dois domínios são semelhantes em aparência e tamanho, mas diferem em estrutura e detalhes metabólicos (Figuras 4.11 e 4.12). Algumas características das arqueas indicam que elas estão mais relacionadas às células eucarióticas do que as bactérias. Apresentamos aqui uma visão geral de sua estrutura.

A maioria das células procarióticas não é muito maior que um mícron. Espécies em forma de bastão possuem alguns mícrons de comprimento. Nenhuma possui uma estrutura interna complexa, mas os filamentos de proteína sob a membrana plasmática informam a forma para a célula. Esses filamentos também agem como um andaime para estruturas internas.

Uma **parede celular** rígida envolve a membrana plasmática de quase todos os procariotos. Substâncias dissolvidas atravessam facilmente essa camada permeável entrando e saindo pela membrana plasmática. A parede celular da maioria das bactérias consiste de peptideoglicanos, que são polímeros de peptídeos e polissacarídeos cruzados. A parede da maioria das arqueas consiste de proteínas. Alguns tipos de células eucarióticas (como células vegetais) também têm uma parede, mas ela é estruturalmente diferente de uma parede celular procariótica.

Os polissacarídeos aderentes formam uma camada ou cápsula pegajosa ao redor da parede de muitos tipos de bactérias. A cápsula pegajosa ajuda essas células a aderirem a muitos tipos de superfícies (como as folhas de espinafre e carne), além de protegê-las contra predadores e toxinas. Uma cápsula pode proteger bactérias patogênicas (causadoras de doenças) contra as defesas do hospedeiro.

Projetando-se além da parede de muitas células procarióticas estão um ou mais **flagelos**: estruturas celulares delgadas usadas para movimento. Um flagelo bacteriano se movimenta como um propulsor que impulsiona a célula através dos *habitats* fluidos, como os fluidos corporais do hospedeiro. Difere de um flagelo eucariótico, que flexiona como um chicote e possui uma estrutura interna característica.

Filamentos de proteína chamados **pili** (em latim, no singular *pilus* e, no plural, *pili*, significa pelo) se projetam da superfície de algumas espécies bacterianas (Figura 4.12a). Os pili ajudam as células a se agarrar ou mover pelas superfícies. Um tipo, um pilus "sexual", adere à outra bactéria e depois encurta. A célula aderida é enrolada, e o material genético é transferido de uma célula para outra através do pilus.

A membrana plasmática de todas as bactérias e arqueas controla seletivamente quais substâncias entram e saem do citoplasma, assim como nas células eucarióticas. A membrana plasmática torna-se permeável com transpor-

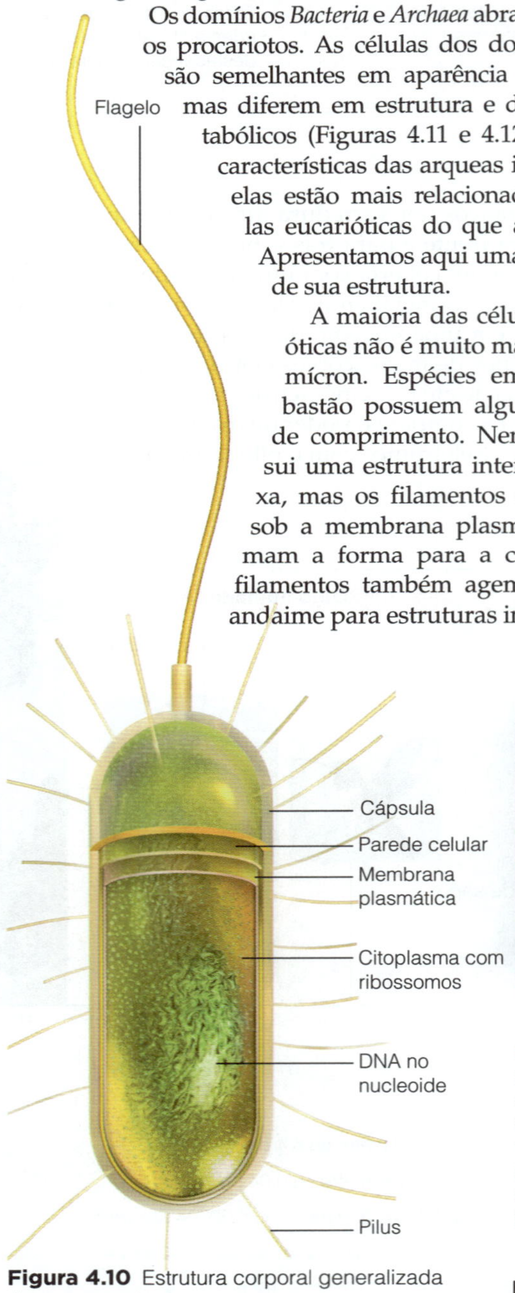

Figura 4.10 Estrutura corporal generalizada de um procarionte.

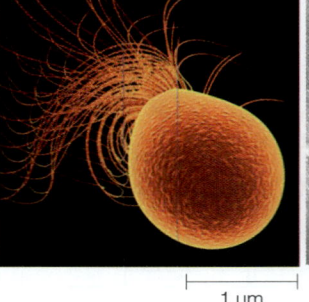

Flagelo — Cápsula — Parede celular — Membrana plasmática — Citoplasma com ribossomos — DNA no nucleoide — Pilus

a O *Pyrococcus furiosus* foi descoberto em sedimentos oceânicos próximo a um vulcão ativo. Ele vive melhor a 100 °C (212 °F) e produz um tipo raro de enzima que contém átomos de tungstênio.

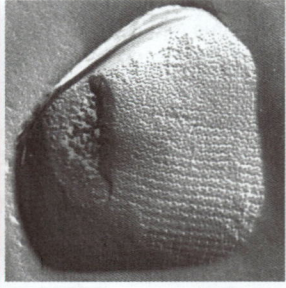

b O *Ferroglobus placidus* prefere água superaquecida expelida pelo fundo do oceano. A composição singular de bicamadas lipídicas das arqueas mantém essas membranas intactas sob calor e pH extremo.

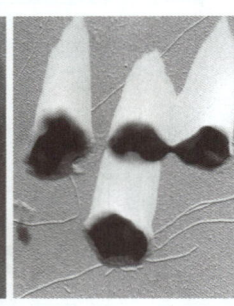

c O *Metallosphaera prunae*, descoberto em uma pilha fumegante de minério em uma mina de urânio, prefere altas temperaturas e pH baixo. (As sombras *brancas* são um artefato da microscopia eletrônica).

Figura 4.11 Arqueas: muitas arqueas habitam ambientes extremos. As células neste exemplo vivem sem oxigênio (anaeróbicas).

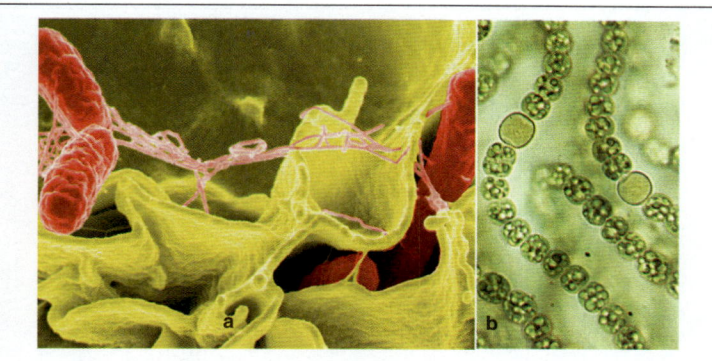

Figura 4.12 Bactérias. (**a**) Filamentos de proteína ou pili prendem células bacterianas umas às outras e às superfícies. Aqui, as células de *Salmonella typhimurium* (*vermelho*) usam seus pili para invadir uma cultura de células humanas. (**b**) As células em forma de esfera *Nostoc* se unem em uma bainha de suas próprias secreções. As *Nostoc* são cianobactérias fotossintéticas. Outros tipos de bactérias têm formatos de bastão ou espirais.

tadores e receptores, e também incorpora proteínas que realizam importantes processos metabólicos.

Por exemplo, a membrana plasmática das bactérias fotossintéticas possui conjuntos de proteínas que capturam a energia da luz e a convertem em energia química de ATP. O ATP é então usado para produção de açúcares. Processos metabólicos semelhantes ocorrem em eucariotos, mas em membranas internas especializadas, não na membrana plasmática.

O citoplasma de procariotos contém milhares de ribossomos, estruturas nas quais os polipeptídeos são montados. Um cromossomo único de uma célula procariótica, uma molécula de DNA circular, está localizado em uma região de forma irregular chamada nucleoide. A maioria dos nucleoides não é envolvida pela membrana e muitos procariotos também têm plasmídeos no citoplasma. Os pequenos círculos de DNA carregam alguns genes (unidades de herança) que podem conferir vantagens, como resistência a antibióticos.

Outro ponto intrigante: há evidências de que todos os protistas, plantas, fungos e animais evoluíram de alguns tipos antigos de procariontes. Por exemplo, parte da membrana plasmática das cianobactérias se dobra no citoplasma. Pigmentos e outras moléculas que realizam fotossíntese estão presentes na composição da membrana, assim como na membrana interna dos cloroplastos — estruturas especializadas para fotossíntese em células eucarióticas.

Para pensar

O que as células procarióticas têm em comum?
- Todos os procariotos são organismos unicelulares sem núcleo. Esses organismos habitam quase todas as regiões da biosfera.
- Bactérias e arqueas são os únicos procariotos. A maioria tem uma parede celular ao redor de sua membrana plasmática.
- Os procariotos têm uma estrutura relativamente simples, mas são um grupo diverso de organismos.

4.5 Multidões microbianas

- Embora os procariotos sejam unicelulares, poucos vivem sozinhos.

As células bacterianas muitas vezes vivem tão próximas que uma comunidade inteira compartilha uma camada de polissacarídeos e glicoproteínas excretados. Essas disposições de convivência em comunidade, nas quais organismos unicelulares vivem em uma massa compartilhada, são chamadas **biofilmes**. Na natureza, um biofilme típico consiste em múltiplas espécies, todas enredadas em suas próprias secreções misturadas. Podem incluir bactérias, algas, fungos, protistas e arqueas. Essas associações permitem às células viverem em um fluido e persistirem em um ponto em particular em vez de serem varridas pelas correntes.

Os habitantes microbianos de um biofilme se beneficiam mutuamente. Secreções rígidas e em rede de algumas espécies servem como andaime permanente para outras. Espécies que decompõem substâncias químicas tóxicas permitem às mais sensíveis prosperarem em *habitats* poluídos que não seriam suportados se estivessem sozinhas. Produtos residuais de algumas servem de matéria-prima para outras.

Como uma cidade metropolitana agitada, um biofilme se organiza em "bairros", cada um com um microambiente distinto que deriva de sua localização dentro do biofilme e das espécies particulares que o habitam (Figura 4.13). Por exemplo, células que residem próximo ao meio de um biofilme em áreas muito lotadas não se dividem com frequência. Aquelas nas bordas se dividem repetidamente, expandindo o biofilme.

A formação e continuação de um biofilme não se dão aleatoriamente. Células vivendo livremente sentem a presença de outras células. Aquelas que encontram o biofilme com condições favoráveis comutam seu metabolismo para suportar um estilo de vida em comunidade mais sedentário e se agregam. Os flagelos são excluídos e pili sexuais se formam. Se as condições ficarem menos favoráveis, as células podem reverter o modo de vida livre e nadar para achar acomodações mais hospitaleiras.

Figura 4.13 Biofilmes. Uma espécie simples de bactérias, *Bacillus subtilis*, formou esse biofilme. Observe as regiões distintas.

4.6 Apresentando as células eucarióticas

- As células eucarióticas realizam grande parte de seu metabolismo dentro de organelas envoltas por membranas.

Todas as células eucarióticas surgem com um núcleo. *Eu*- significa verdade; e *karyon* significa caroço, referindo-se ao núcleo. O núcleo é um tipo de **organela**: uma estrutura que realiza uma função especializada dentro de uma célula. Muitas organelas, especialmente aquelas nas células eucarióticas, são ligadas por membranas. Como todas as membranas celulares, aquelas ao redor das organelas controlam os tipos e quantidades de substâncias que atravessam. Esse controle mantém um ambiente interno especial que permite à organela realizar sua função particular. Essa função pode ser isolar uma substância tóxica ou sensível do resto da célula, transportar alguma substância através do citoplasma, manter o equilíbrio dos fluidos ou fornecer um ambiente favorável para uma reação que não pode ocorrer no citoplasma. Por exemplo, a mitocôndria produz ATP depois de concentrar íons de hidrogênio dentro de seu sistema de membrana.

Interações entre organelas mantêm a célula funcionando. Substâncias se lançam de um tipo de organela para outro, entrando e saindo pela membrana plasmática. Algumas vias metabólicas ocorrem em uma série de diferentes organelas.

A Tabela 4.1 relaciona os componentes comuns das células eucarióticas. Todas essas células iniciam a vida com determinados tipos de organelas, tais como núcleo e ribossomos. Elas também têm um citoesqueleto, um "esqueleto" dinâmico de proteínas (*cyto*- significa célula). Células especializadas contêm tipos adicionais de organelas e estruturas. A Figura 4.14 mostra duas células eucarióticas típicas.

Tabela 4.1 Organelas de células eucarióticas

Nome	Função
Organelas com membranas	
Núcleo	Proteção, controle de acesso ao DNA
Retículo endoplasmático (RE)	Direcionamento, modificação de novas cadeias de polipeptedeos, síntese de lipídios; outras tarefas
Complexo de Golgi	Modificação de novas cadeias de polipeptídeos; classificação, remessa de proteínas e lipídeos
Vesículas	Transporte, armazenamento e digestão de substâncias na célula; outras funções
Mitocôndria	Produção de ATP por quebra de açúcar
Cloroplasto	Produção de açúcares nas plantas, alguns protistas
Lisossomo	Digestão intracelular
Peroxissomo	Inativação de toxinas
Vacúolo	Armazenamento
Organelas sem membranas	
Ribossomos	Montagem de cadeias de polipeptídeos
Centríolo	Fixação para o citoesqueleto

Para pensar

O que as células eucarióticas têm em comum?

- As células eucarióticas iniciam a vida com um núcleo e outras organelas envoltas por membrana (estruturas que realizam tarefas específicas).

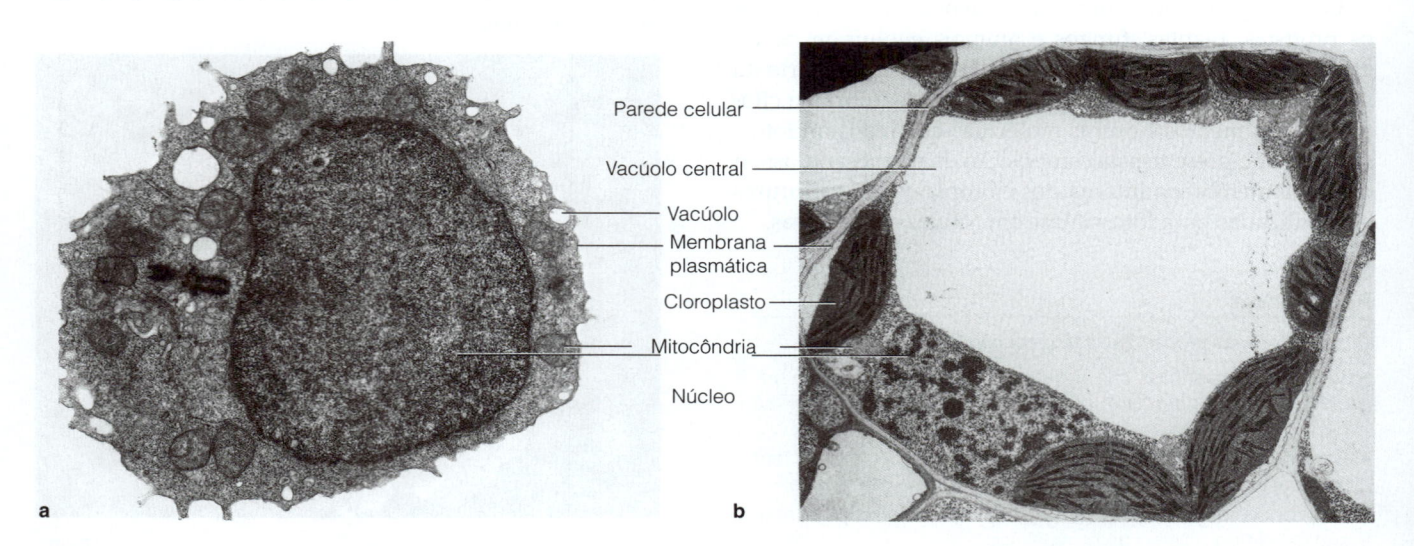

Figura 4.14 Micrografias eletrônicas por transmissão de células eucarióticas. (**a**) Leucócito humano. (**b**) Célula fotossintética de uma lâmina de grama.

4.7 Resumo visual dos componentes da célula eucariótica

PAREDE CELULAR
Protege, sustenta estruturalmente a célula

CLOROPLASTO
Armazena clorofila para realizar fotossíntese

VACÚOLO CENTRAL
Aumenta a área superficial da célula; armazena resíduos metabólicos

- Envelope nuclear
- Nucléolo
- DNA no nucleoplasma

NÚCLEO
Mantém o DNA separado do citoplasma; produz as subunidades ribossômicas; controla o acesso ao DNA

CITOESQUELETO
Sustento estrutural que confere o formato à célula; movimenta a célula e seus componentes
- Microtúbulos
- Microfilamentos
- Filamentos intermediários (não mostrados)

RIBOSSOMOS
(preso ao retículo endoplasmático (RE) rugoso e livre no citoplasma) Locais de síntese de proteína

MITOCÔNDRIA
Centro produtor de energia; produz bastante ATP por respiração aeróbica

RE RUGOSO
Modifica proteínas produzidas pelos ribossomos presos a ele

PLASMODESMOS
Junção de comunicação entre células contíguas

RE LISO
Produz lipídeos, decompõe carboidratos e gorduras, inativa toxinas

MEMBRANA PLASMÁTICA
Controla seletivamente os tipos e quantidades de substâncias que se movem para dentro e para fora da célula; ajuda a manter o volume e a composição citoplasmática

COMPLEXO DE GOLGI
Termina, classifica, remete lipídeos, enzimas e proteínas secretadas

LISOSSOMO
Digere, recicla materiais

a Componentes da célula vegetal típica

- Envelope nuclear
- Nucléolo
- DNA no nucleoplasma

NÚCLEO
Mantém o DNA separado do citoplasma; produz as subunidades ribossômicas; controla acesso ao DNA

CITOESQUELETO
Estruturalmente suporta, confere formato à célula; movimenta a célula e seus componentes
- Microtúbulos
- Microfilamentos
- Filamentos intermediários

RIBOSSOMOS
(preso ao RE rugoso e livre no citoplasma) Locais de síntese de proteína

MITOCÔNDRIA
Casa de força que produz energia; produz bastante ATP por respiração aeróbica

RE RUGOSO
Modifica proteínas produzidas pelos ribossomos presos a ele

CENTRÍOLOS
Centros especiais que produzem e organizam os microtúbulos

RE LISO
Produz lipídeos, decompõe carboidratos e gorduras, inativa toxinas

MEMBRANA PLASMÁTICA
Controla seletivamente os tipos e quantidades de substâncias que se movem para dentro e para fora da célula; ajuda a manter o volume e a composição citoplasmática

COMPLEXO DE GOLGI
Termina, classifica, remete lipídeos, enzimas e proteínas secretadas

LISOSSOMO
Digere, recicla materiais

b Componentes da célula animal típica

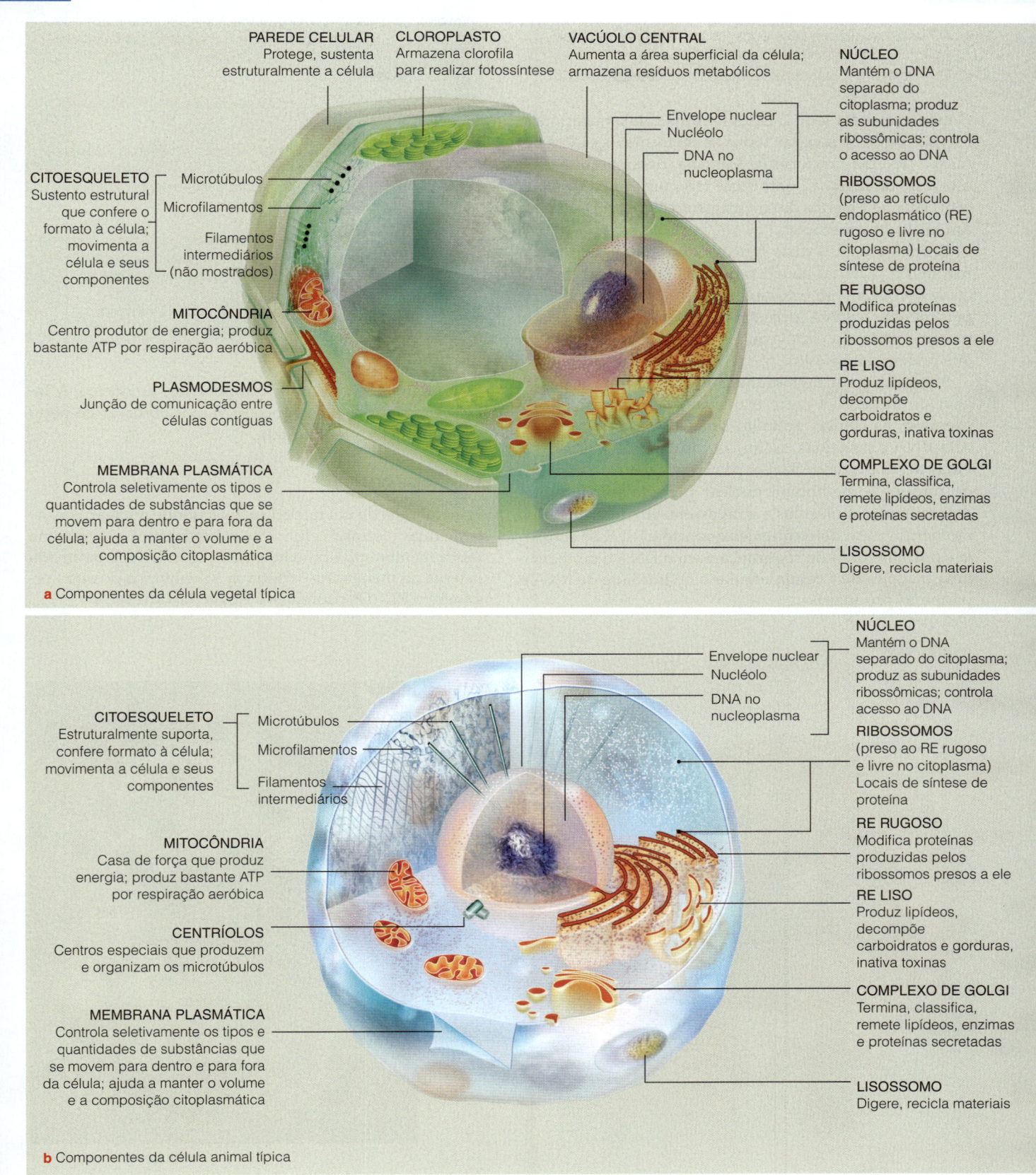

Figura 4.15 Organelas e estruturas típicas de (**a**) células vegetais e (**b**) células animais.

4.8 Núcleo

- O núcleo mantém o DNA eucariótico longe das reações potencialmente danificadoras no citoplasma.
- O envelope nuclear controla quando o DNA é acessado.

O núcleo contém todo o DNA de uma célula eucariótica. Se você pudesse separar todas as moléculas de DNA do núcleo de uma única célula humana, desemaranhá-las e esticá-las de ponta a ponta, você teria uma linha de DNA com cerca de 2 metros de comprimento. É muito DNA para um núcleo microscópico.

O núcleo realiza duas funções importantes. Primeiro, mantém o material genético de uma célula — é a única cópia de DNA — sã e salva. Isolado em seu próprio compartimento, o DNA permanece separado da atividade movimentada do citoplasma e das reações metabólicas que podem danificá-lo.

Segundo, uma membrana nuclear controla a passagem de moléculas entre o núcleo e o citoplasma. Por exemplo, as células acessam seu DNA quando produzem RNA e proteínas, assim, as várias moléculas envolvidas nesse processo devem passar por dentro e por fora do núcleo. A membrana nuclear permite somente que determinadas moléculas a atravessem, em determinados momentos e em determinadas quantidades. Esse controle é outra medida de segurança para o DNA e também é uma maneira de a célula regular a quantidade de RNA e proteínas produzidas.

Tabela 4.2 Componentes do núcleo

Envelope nuclear	Membrana dupla cheia de poros que controla quais substâncias entram e saem do núcleo
Nucleoplasma	Porção semifluida interna do núcleo
Nucléolo	Massa circular de proteínas e cópias de genes para RNA ribossômico usado para construir subunidades ribossômicas
Cromatina	Coleção total de todas as moléculas de DNA e proteínas associadas no núcleo; todos os cromossomos da célula
Cromossomo	Uma molécula de DNA e muitas proteínas associadas

A Figura 4.16 mostra os componentes do núcleo. A Tabela 4.2 relaciona suas funções. Vamos observar de perto os componentes individuais.

Envelope nuclear

A membrana de um núcleo, ou o **envelope nuclear**, consiste de duas bicamadas lipídicas dobradas juntas como uma única membrana. Como mostra a Figura 4.16, a bicamada externa da membrana é contínua à membrana de outra organela, o RE. (Discutiremos o RE na próxima seção.)

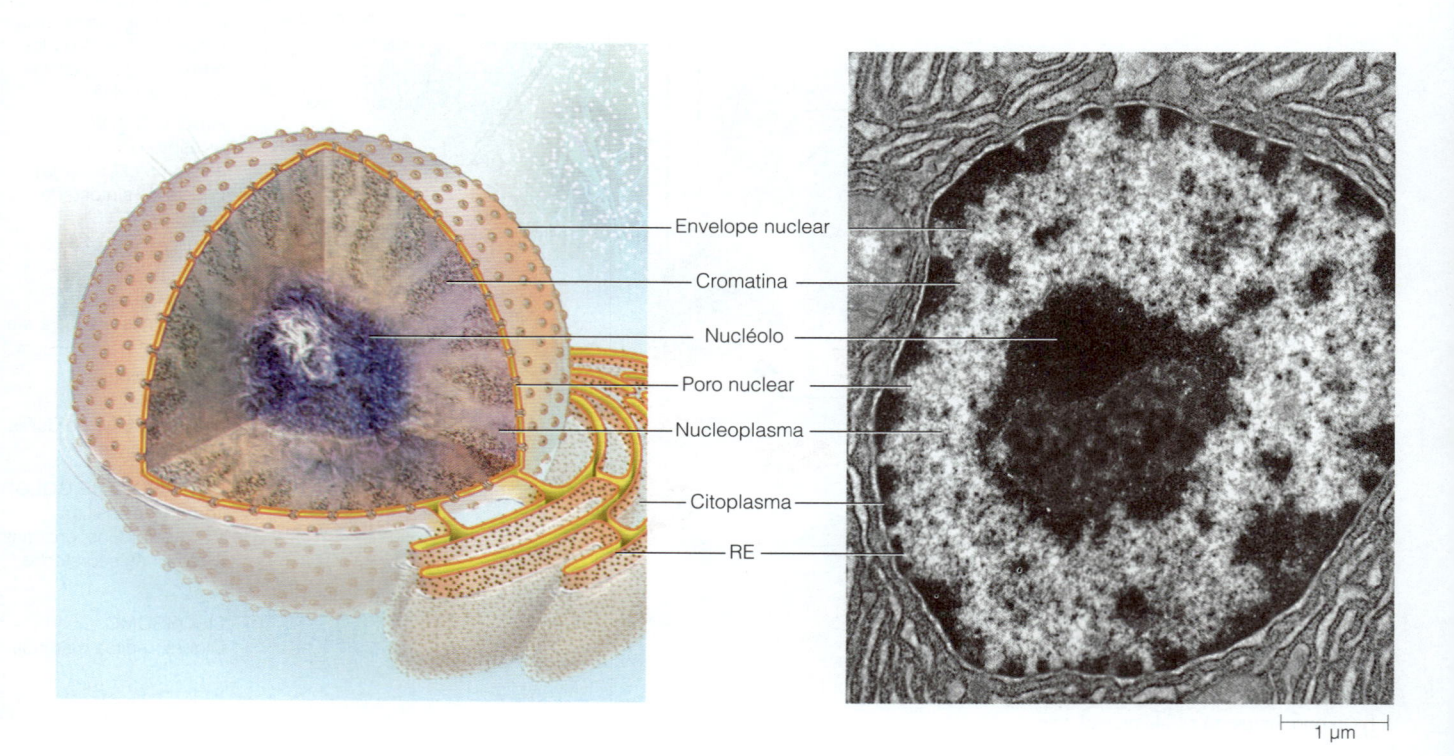

Figura 4.16 O núcleo. MET à direita, núcleo de uma célula pancreática de um rato.

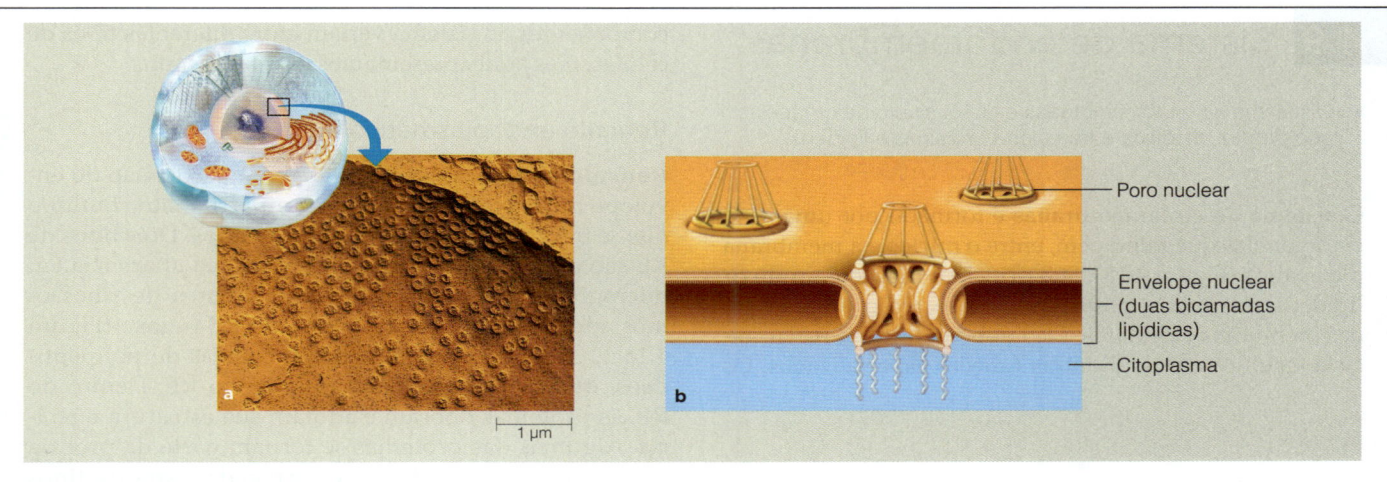

Figura 4.17 Estrutura do envelope nuclear. (**a**) A superfície externa de um envelope nuclear foi seccionada, revelando os poros que se espalham pelas bicamadas lipídicas. (**b**) Cada poro nuclear é um agrupamento organizado de proteínas da membrana que permite seletivamente que certas substâncias atravessem para dentro ou para fora do núcleo. (**c**) Esquema da estrutura do envelope nuclear.

Diferentes tipos de proteínas da membrana estão presentes nas duas bicamadas lipídicas. Algumas são receptoras e transportadoras; outras se agregam em pequenos poros que se estendem pela membrana (Figura 4.17). Essas moléculas e estruturas funcionam como um sistema de transporte de diversas moléculas através da membrana nuclear. Assim como com as membranas, água e gases atravessam as membranas nucleares livremente. Todas as outras substâncias podem atravessar somente através de transportadores e poros nucleares, ambos seletivos sobre quais moléculas irão atravessar.

Proteínas fibrosas que se prendem à superfície interna do envelope nuclear ancoram moléculas de DNA e as mantêm organizadas. Durante a divisão celular, essas proteínas ajudam a célula a repartir o DNA entre sua descendência.

Nucléolo

O envelope nuclear abriga o **nucleoplasma**, um fluido viscoso semelhante ao citoplasma. O núcleo contém também pelo menos um **nucléolo**, uma região com forma irregular onde as subunidades de ribossomos são montadas a partir das proteínas e RNA. As subunidades atravessam os poros nucleares para o citoplasma, onde se unem e se tornam ativas na síntese de proteína.

Cromossomos

Cromatina é o nome para todo o DNA com suas proteínas associadas no núcleo. O material genético de uma célula eucariótica é distribuído entre um número específico de moléculas de DNA. Esse número é característico do tipo de organismo e do tipo de célula, mas varia largamente entre as espécies. Por exemplo, o núcleo de uma célula de carvalho normal contém 12 moléculas de DNA. Uma célula humana, 46; e uma célula de caranguejo real, 208. Cada molécula de DNA, com suas muitas proteínas anexas, é chamada **cromossomo**.

Os cromossomos mudam de aparência durante a vida de uma célula. Quando uma célula não está se dividindo, sua cromatina pode aparecer granulosa (como na Figura 4.16). Logo antes da divisão celular, o DNA em cada cromossomo é copiado ou duplicado. Então, durante a divisão celular, os cromossomos se condensam. À medida que o fazem, eles se tornam visíveis em micrografias. Os cromossomos aparecem primeiramente como linhas, depois como bastões:

Nos próximos capítulos, veremos em mais detalhes a estrutura dinâmica e a função dos cromossomos.

Um cromossomo (uma molécula não duplicada de DNA)

Um cromossomo (uma molécula de DNA duplicada, parcialmente condensada)

Um cromossomo (uma molécula de DNA duplicada, completamente condensada)

> **Para pensar**
>
> *Qual é a função do núcleo da célula?*
>
> - O núcleo protege e controla o acesso ao material genético da célula eucariótica — seus cromossomos.
> - O envelope nuclear é uma bicamada lipídica. As proteínas embutidas nele controlam a passagem de moléculas entre o núcleo e o citoplasma.

4.9 Sistema de endomembranas

- O sistema de endomembranas é um conjunto de organelas que produz, modifica e transporta proteínas e lipídeos.

O **sistema de endomembranas** é formado por uma série de organelas que interagem, entre o núcleo e a membrana plasmática (Figura 4.18). Sua principal função é produzir lipídeos, enzimas e proteínas para secreção ou inserção nas membranas celulares. Ele também destrói toxinas, recicla resíduos e possui outras funções especializadas. Os componentes do sistema variam entre diferentes tipos de células, mas aqui apresentamos os mais comuns.

Retículo endoplasmático

Retículo endoplasmático ou RE é uma extensão do envelope nuclear. Ele forma um compartimento contínuo que se dobra em bolsas e tubos achatados. Dois tipos de RE são denominados de acordo com sua aparência em micrografias eletrônicas. Muitos milhares de ribossomos aderem à superfície externa do RE rugoso (Figura 4.18b). Os ribossomos sintetizam cadeias de polipeptídeos, que são expelidos no interior do RE. Dentro do RE, as proteínas dobram e adotam sua estrutura terciária. Algumas das proteínas se tornam parte da própria membrana do RE; outras são carregadas para destinos diferentes na célula.

Células que fabricam, armazenam e secretam muitas proteínas têm muito RE rugoso. Por exemplo, células glandulares ricas em RE no pâncreas (uma glândula) produzem e secretam enzimas que ajudam a digerir alimentos no intestino delgado.

O RE liso não tem ribossomos e não produz proteínas (Figura 4.18d). Alguns polipeptídeos produzidos no RE rugoso terminam no RE liso como enzimas. Essas enzimas produzem a maioria dos lipídeos da membrana da célula. Elas também quebram carboidratos, ácidos graxos e algumas drogas e venenos. Nas células músculoesqueléticas,

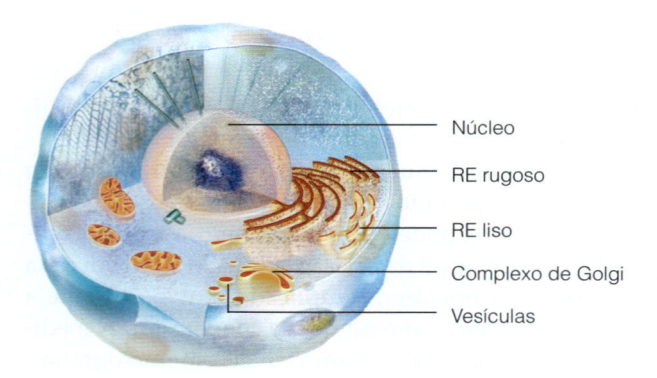

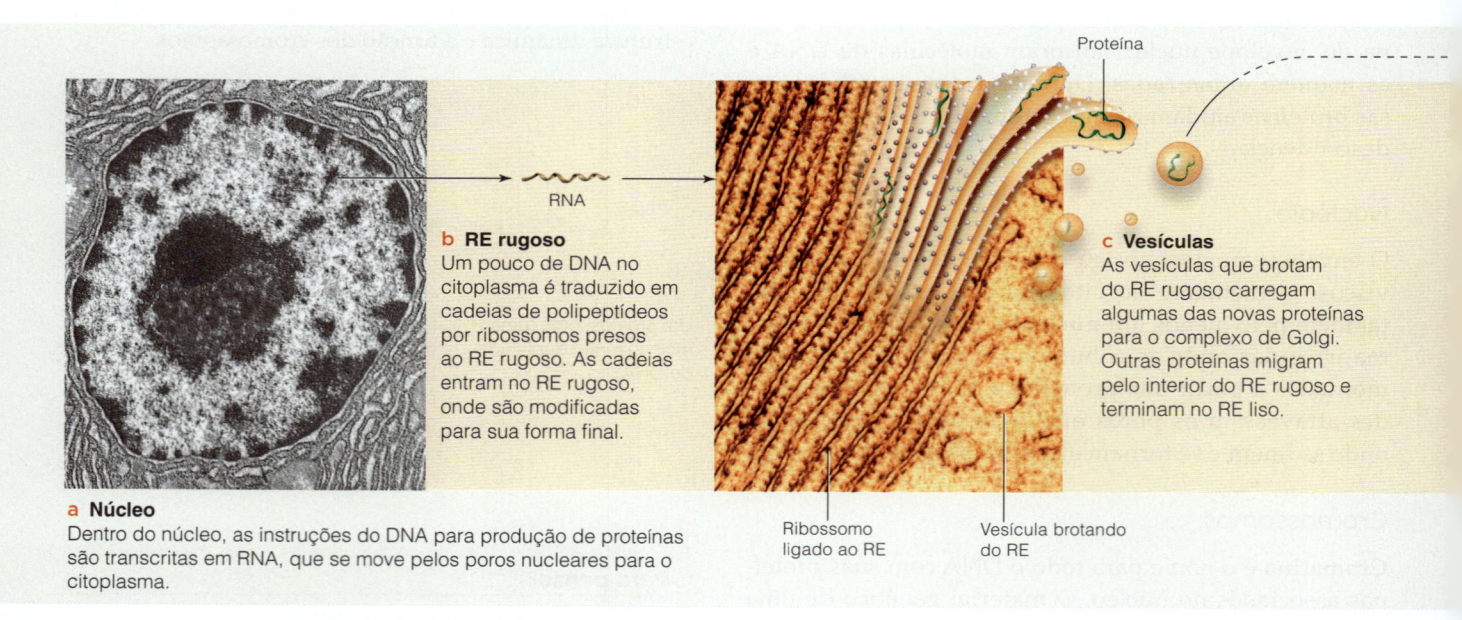

a Núcleo
Dentro do núcleo, as instruções do DNA para produção de proteínas são transcritas em RNA, que se move pelos poros nucleares para o citoplasma.

b RE rugoso
Um pouco de DNA no citoplasma é traduzido em cadeias de polipeptídeos por ribossomos presos ao RE rugoso. As cadeias entram no RE rugoso, onde são modificadas para sua forma final.

c Vesículas
As vesículas que brotam do RE rugoso carregam algumas das novas proteínas para o complexo de Golgi. Outras proteínas migram pelo interior do RE rugoso e terminam no RE liso.

Figura 4.18 Sistema de endomembrana, onde os lipídeos e muitas proteínas são construídos, depois transportados para destinos celulares ou para a membrana plasmática.

um tipo especial de RE liso chamado retículo sarcoplasmático armazena íons de cálcio e desempenha um papel na contração.

Vesículas

Vesículas são pequenas organelas semelhantes a bolsas, envolvidas por membrana. Elas se formam em grandes números e em uma variedade de tipos, seja de forma independente, seja brotando de outras organelas ou membrana plasmática.

Muitos tipos de vesículas transportam substâncias (Figura 4.18c–f). Outros tipos têm papéis diferentes.

Por exemplo, os **peroxissomos** contêm enzimas que digerem ácidos graxos e aminoácidos. Essas vesículas se formam e se dividem independentemente. Os peroxissomos possuem uma variedade de funções, tais como inativar o peróxido de hidrogênio, um subproduto tóxico da quebra do ácido graxo. As enzimas nos peroxissomos convertem peróxido de hidrogênio em água e oxigênio ou o utilizam em reações que decompõem álcool e outras toxinas. Beba álcool e os peroxissomos na células do seu fígado e rim degradam quase metade dele.

As células vegetais e animais contêm **vacúolos**. Embora essas vesículas apareçam vazias sob um microscópio, elas realizam uma função importante. Os vacúolos são como latas de lixo; eles isolam e descartam os resíduos, fragmentos ou materiais tóxicos. Um vacúolo central, descrito na Seção 4.11, ajuda a célula vegetal a manter seu formato e tamanho.

Complexo de Golgi

Muitas vesículas se fundem e esvaziam seus conteúdos em um **complexo de Golgi**. Essa organela tem uma membrana dobrada que normalmente parece uma pilha de panquecas (Figura 4.18e). As enzimas existentes no complexo de Golgi dão o toque final nas cadeias de polipeptídeos e lipídeos que foram entregues pelo RE. Eles se prendem a grupos de fosfato ou açúcares e racham determinadas cadeias de polipeptídeos. Os produtos acabados — proteínas da membrana, proteínas para secreção e enzimas — são classificados e embalados em novas vesículas, que os carregam para a membrana plasmática ou para os lisossomos. **Lisossomos** são vesículas que contêm enzimas digestórias poderosas. Eles se fundem aos vacúolos que carregam partículas ou moléculas para descarte, como componentes celulares desgastados. As enzimas dos lisossomos são esvaziadas nesses vacúolos, digerindo seu conteúdo.

Para pensar

O que é o sistema de endomembranas?

- O sistema de endomembrana inclui retículo endoplasmático rugoso e liso, vesículas e complexo de Golgi.
- Essa série de organelas trabalha junta para sintetizar e modificar as proteínas e lipídios da membrana celular.

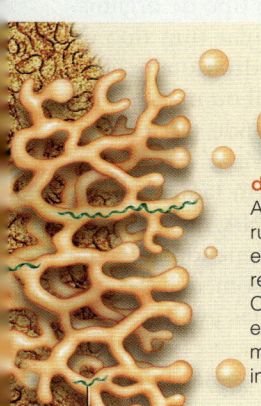

---

d RE liso
Algumas proteínas do RE rugoso são embaladas em novas vesículas e remetidas para o Golgi. Outras se transformam em enzimas do RE, que montam lipídeos ou inativam toxinas.

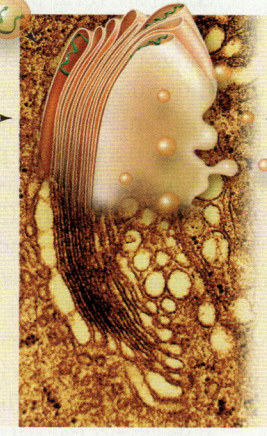

Proteína no RE liso

e Complexo de Golgi
As proteínas que chegam em vesículas do RE são modificadas para sua forma final e classificadas. Novas vesículas as carregam para a membrana plasmática ou para os lisossomos.

f Membrana plasmática
As vesículas do Complexo de Golgi se fundem à membrana plasmática. Lipídeos e proteínas de uma membrana da vesícula se fundem à membrana plasmática, e o conteúdo da vesícula é liberado para o exterior da célula.

4.10 Mau funcionamento do lisossomo

- Quando os lisossomos funcionam inadequadamente, alguns materiais celulares não são reciclados apropriadamente, com resultados devastadores.

Os lisossomos fazem o descarte de resíduos e são centros de reciclagem. As enzimas dentro deles decompõem moléculas grandes em subunidades menores que a célula pode usar como material de construção ou eliminá-las. Diferentes tipos de moléculas são decompostas por diferentes enzimas lisossômicas.

Em algumas pessoas, uma mutação genética causa uma deficiência ou mau funcionamento em uma das enzimas lisossômicas. Como resultado, as moléculas que normalmente se quebrariam se acumulam. O resultado pode ser fatal.

Por exemplo, as células produzem, usam e decompõem continuamente os gangliosídios, um tipo de lipídeo. Essa circulação de lipídeo é especialmente ativa durante o desenvolvimento inicial. Na doença de Tay-Sachs, a enzima responsável pela quebra do gangliosídio se desdobra incorretamente e é destruída. As crianças afetadas parecem normais nos primeiros meses de idade. Os sintomas começam a aparecer à medida que os gangliosídios se acumulam em níveis cada vez mais altos dentro das células nervosas. Dentro de três a seis meses, a criança se torna irritável, apática e pode ter convulsões. Cegueira, surdez e paralisia seguem os sintomas. A criança afetada geralmente morre até os cinco anos (Figura 4.19).

A mutação que causa Tay-Sachs é mais comum em descendentes de judeus da Europa Oriental. Cajúns e canadenses descendentes de franceses também têm uma incidência maior, mas o Tay-Sachs ocorre em todas as populações. A mutação pode ser detectada em pais prospectivos por triagem genética e no feto por diagnóstico pré-natal.

Os pesquisadores continuam a explorar opções para tratamento. Terapias em potencial envolvem o bloqueio da síntese do gangliosídio, usando terapia genética para fornecer uma versão normal da enzima faltante para o cérebro ou infusão de células sanguíneas normais de cordão umbilical. Todos os tratamentos ainda são considerados experimentais e o Tay-Sachs ainda é incurável.

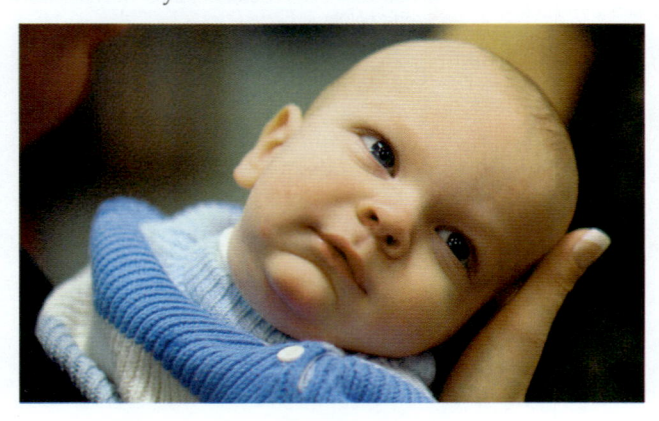

Figura 4.19 Conner Hopf foi diagnosticado com a doença de Tay-Sachs aos 7–1/2 meses de idade. Ele morreu aos 22 meses.

4.11 Outras organelas

- As células eucarióticas produzem a maior parte de ATP nas mitocôndrias.
- Organelas chamadas plastídios operam no armazenamento e fotossíntese em plantas e alguns tipos de algas.

Mitocôndrias

A **mitocôndria** é um tipo de organela especializada em produzir ATP (Figura 4.20). A respiração aeróbica, uma série de reações que exigem oxigênio que acontece dentro das mitocôndrias, pode extrair mais energia de compostos orgânicos do que qualquer outra via metabólica. A cada respiração, você está absorvendo oxigênio, principalmente para as mitocôndrias, em seus trilhões de células respirando aerobicamente.

Mitocôndrias típicas têm entre 1 e 4 mícrons de comprimento; algumas chegam a 10 mícrons. Algumas são ramificadas. Essas organelas podem mudar de formato, se dividir em dois e se fundir.

Uma mitocôndria tem duas membranas, uma dobrada dentro da outra. Essa organização cria dois compartimentos. A respiração aeróbica faz com que íons de hidrogênio se acumulem entre as duas membranas. O acúmulo faz com que os íons fluam através da membrana interna, pelo interior de proteínas de transporte da membrana. Esse fluxo leva à formação de ATP.

Quase todas as células eucarióticas possuem mitocôndrias, mas os procariotos não (eles produzem ATP em suas paredes celulares e citoplasma). O número de mitocôndrias varia pelo tipo de célula e pelo tipo de organismo. Por exemplo, uma levedura unicelular (um tipo de fungo) pode ter somente uma mitocôndria; uma célula músculoesquelética humana pode ter mil ou mais. As células que têm uma demanda muito grande por energia tendem a ter uma profusão de mitocôndrias.

As mitocôndrias lembram bactérias em tamanho, forma e bioquímica. Elas têm seu próprio DNA, que é similar ao DNA bacteriano. Elas se dividem independentemente da célula e possuem seus próprios ribossomos. Essas pistas levam à teoria de que as mitocôndrias evoluíram de bactérias aeróbicas que tomaram residência permanente dentro de uma célula hospedeira. Pela teoria da endossimbiose, uma célula foi engolfada por outra ou entrou nela como parasita, mas escapou à digestão. Essa célula manteve sua membrana plasmática intacta e se reproduziu dentro de seu hospedeiro. No momento certo, os descendentes da célula se tornaram residentes permanentes que ofereceram aos seus hospedeiros os benefícios do ATP extra. Estruturas e funções antes exigidas para via independente não eram mais necessárias e se perderam com o passar do tempo. Descendentes posteriores evoluíram para as mitocôndrias.

Plastídios

Plastídios são organelas envoltas em membrana que operam na fotossíntese ou armazenamento nas células vegetais e das algas. Cloroplastos, cromoplastos e amiloplastos são tipos comuns de plastídios.

As células fotossintéticas das plantas e de muitos protistas contêm **cloroplastos**, organelas especializadas na fotossíntese. A maioria dos cloroplastos tem uma forma oval ou em disco. Duas membranas externas envolvem um interior semifluido chamado estroma (Figura 4.21). O estroma contém enzimas e o DNA do próprio cloroplasto. Dentro do estroma, uma terceira membrana muito dobrada forma um único compartimento. As dobras lembram pilhas de discos achatados; as pilhas são chamadas grana (em latim, no singular *granum* e, no plural, *grana*). A fotossíntese ocorre nessa membrana, que é chamada membrana tilacoide.

A membrana tilacoide incorpora muitos pigmentos e outras proteínas. O mais abundante dos pigmentos são clorofilas, que apresentam coloração verde. Pelo processo da fotossíntese, os pigmentos e outras moléculas pegam a energia da luz do sol para fazer a síntese de ATP e da coenzima NADPH. O ATP e a NADPH são usados dentro do estroma para construir carboidratos a partir de dióxido de carbono e água. Descreveremos o processo de fotossíntese em mais detalhes no Capítulo 7.

De muitas maneiras, os cloroplastos lembram bactérias fotossintéticas e, como as mitocôndrias, podem ter evoluído por endossimbiose.

Os cromoplastos produzem e armazenam pigmentos diferentes das clorofilas. Eles têm carotenoides em abundância, um pigmento que dá cor a muitas flores, folhas, frutas e raízes vermelhas e laranja. Por exemplo, em um tomate que amadurece, seus cloroplastos verdes são convertidos em cromoplastos vermelhos, e a cor da fruta muda.

Os amiloplastos são plastídios despigmentados que normalmente armazenam grãos de amido. Eles são notavelmente abundantes nas células dos caules, tubérculos (caules subterrâneos) e sementes. Aminoplastos embalados com amido são densos; em algumas células vegetais, eles funcionam como organelas sensíveis à gravidade.

Vacúolo central

Aminoácidos, açúcares, íons, resíduos e toxinas se acumulam no interior cheio de água do **vacúolo central** da célula vegetal. A pressão do fluido no vacúolo central mantém as células vegetais e as estruturas como caules e folhas firmes. Normalmente, o vacúolo central ocupa de 50% a 90% do interior da célula, com citoplasma confinado a uma zona estreita entre essa grande organela e a membrana plasmática. A Figura 4.14*b* traz um exemplo.

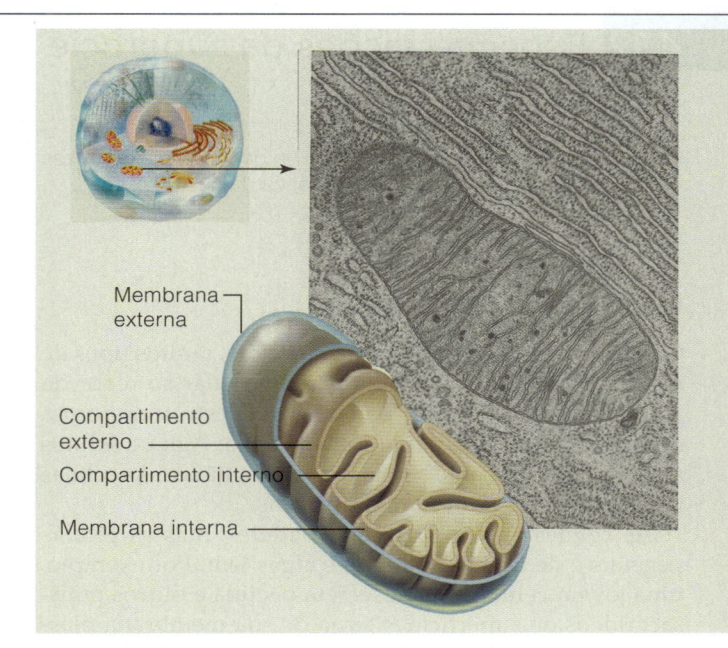

Figura 4.20 Esquema e micrografia eletrônica por transmissão de uma mitocôndria. Essa organela é especializada em produzir grandes quantidades de ATP.

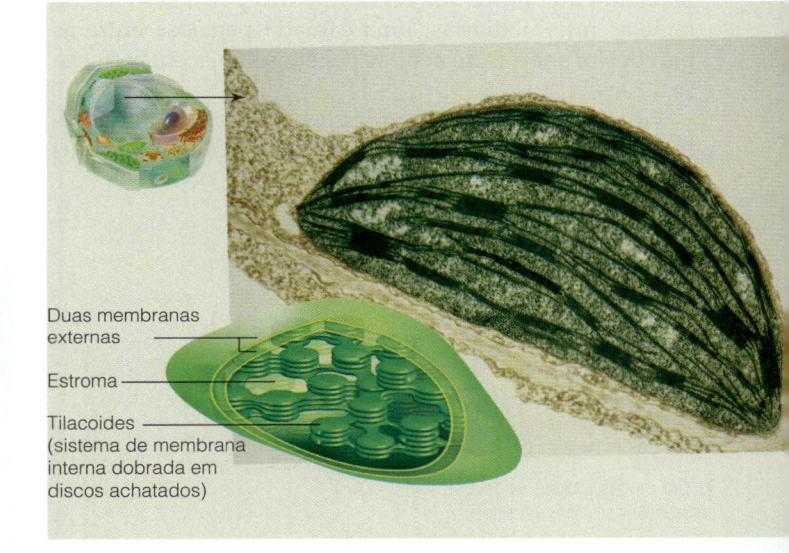

Figura 4.21 O cloroplasto, um traço que define as células eucarióticas fotossintéticas. À direita, micrografia eletrônica por transmissão de um cloroplasto de uma folha de tabaco (*Nicotiana tabacum*). Os remendos mais claros são nucleoides onde o DNA é armazenado.

Para pensar

Quais são algumas das outras organelas especializadas dos eucariotos?

- As mitocôndrias são organelas eucarióticas que produzem ATP a partir de compostos orgânicos nas reações que exigem oxigênio.
- Cloroplastos são plastídeos que realizam a fotossíntese.
- A pressão do fluido em um vacúolo central mantém as células vegetais firmes.

4.12 Especializações da superfície celular

- Uma parede ou outro revestimento de proteção muitas vezes intervém entre a membrana plasmática da célula e seus arredores.

Paredes da célula eucariótica

Como a maioria das células procarióticas, muitos tipos de células eucarióticas têm uma parede celular ao redor da membrana plasmática. A parede é uma estrutura porosa que protege, suporta e dá forma à célula. Água e solutos atravessam facilmente a membrana plasmática. As células não conseguem viver sem essas trocas.

As células animais não têm paredes, mas as células vegetais e de muitos protistas e algas têm. Por exemplo, uma jovem célula vegetal secreta pectina e outros polissacarídeos na superfície externa de sua membrana plasmática. O revestimento pegajoso é compartilhado entre as células adjacentes e as une. Cada célula então forma uma **parede primária**, secretando cordões de celulose no revestimento. Parte dos revestimentos permanece como lamelas intermediárias, uma camada pegajosa entre as paredes primárias de células vegetais subjacentes (Figura 4.22a,b).

Fina e maleável, a parede primária permite que a célula vegetal em crescimento aumente. As células vegetais com apenas uma parede primária fina podem mudar de formato à medida que se desenvolvem. Na maturidade, as células em alguns tecidos vegetais param de crescer e começam a secretar material sobre a superfície interna da parede primária. Esses depósitos formam uma **parede secundária** firme, do tipo mostrado na Figura 4.22b. Um dos materiais depositados é a **lignina**, um polímero complexo de álcoois que ocupa até 25% da parede celular de células em caules e raízes mais antigos. Partes de plantas lignificadas são mais fortes, mais impermeáveis e menos suscetíveis a organismos que atacam as plantas do que tecidos mais jovens.

Uma **cutícula** é um corpo protetor feito de secreções celulares. Nas plantas, uma cutícula semitransparente ajuda a proteger superfícies expostas de partes moles e limita a perda de água em dias quentes e secos (Figura 4.23).

Matrizes entre células

A maioria das células de organismos multicelulares é cercada e organizada por uma **matriz extracelular** (MEC). Essa mistura complexa não vivente de proteínas fibrosas e polissacarídeos é secretada pelas células e varia com o tipo de tecido. Ela suporta e prende as células, separa tecidos e opera na sinalização celular.

As paredes celulares primárias são um tipo de matriz extracelular, que nas plantas é formada em sua maior parte por celulose. A matriz extracelular dos fungos é formada principalmente por quitina.

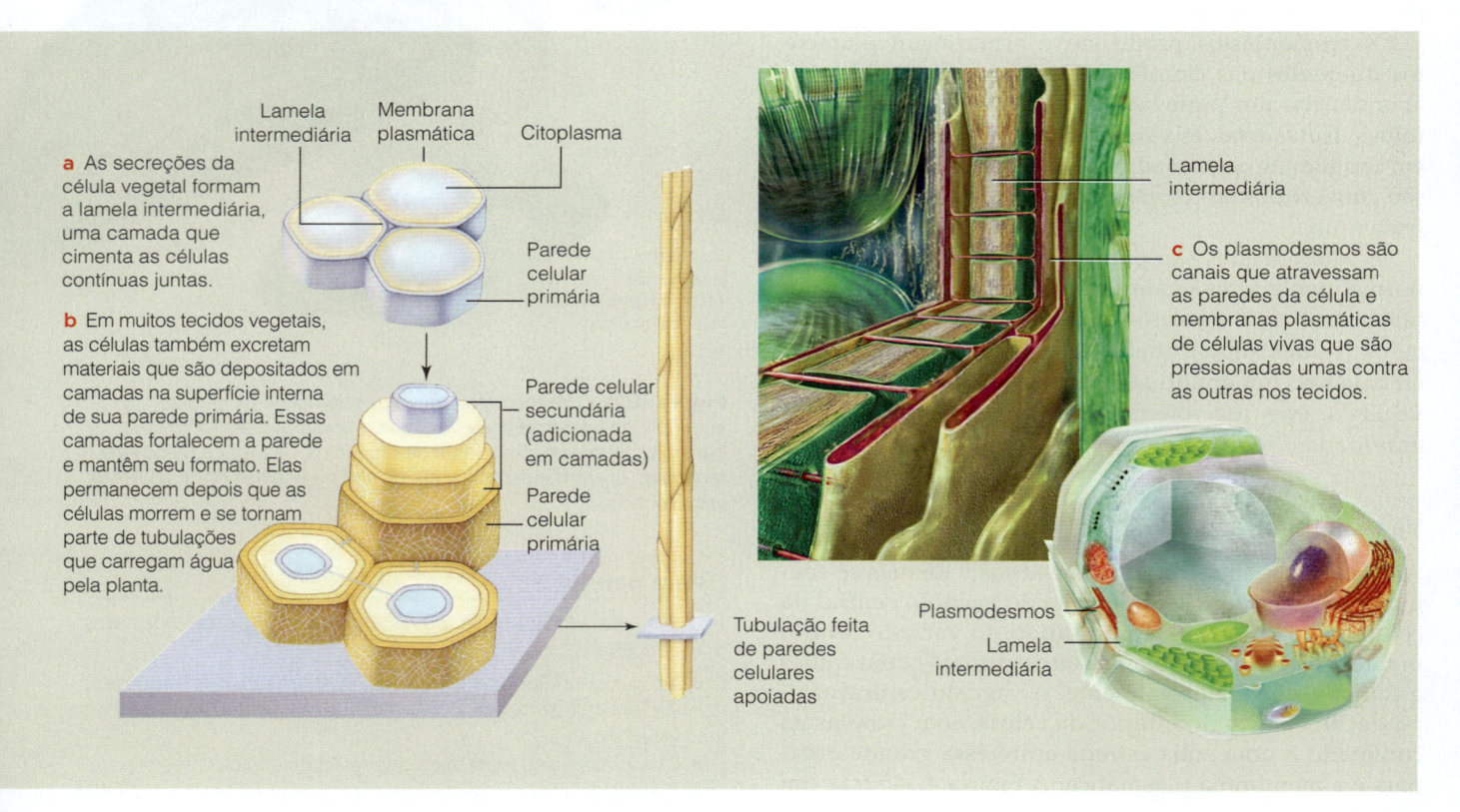

Figura 4.22 Algumas características de paredes celulares vegetais.

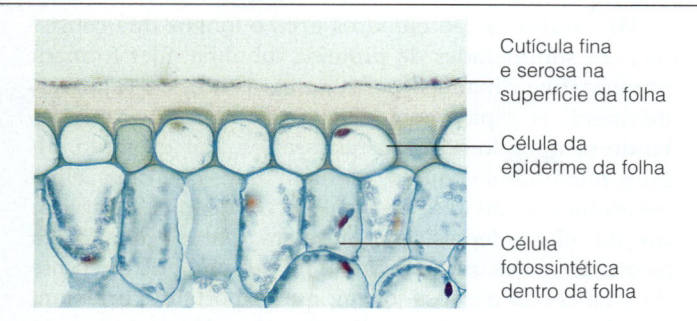

Figura 4.23 Uma cutícula vegetal é um revestimento seroso e impermeável excretado pelas células vivas.

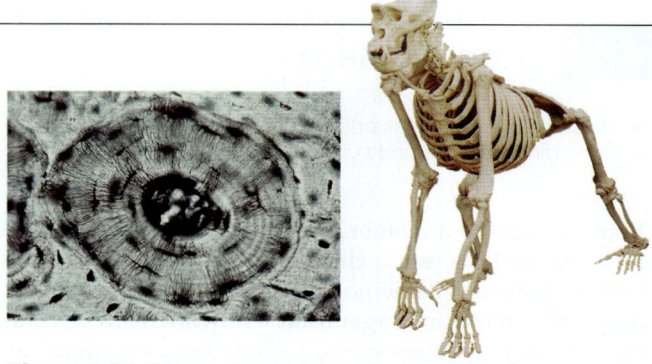

Figura 4.24 Células viventes cercadas por tecido ósseo endurecido, o principal material estrutural no esqueleto da maioria dos vertebrados.

Na maioria dos animais, a matriz extracelular consiste de diversos tipos de carboidratos e proteínas; é a base da organização do tecido e fornece suporte estrutural. Por exemplo, o osso é basicamente uma matriz extracelular (Figura 4.24). A MEC do osso é formada principalmente por colágeno, uma proteína fibrosa, e endurecida por depósitos de mineral.

Junções celulares

Uma célula cercada por uma parede ou outras secreções não está isolada; ela ainda pode interagir com outras células e com seus arredores. Em espécies multicelulares, essa interação ocorre por meio de **junções celulares**, que são estruturas que conectam uma célula a outras células e ao ambiente. As células enviam e recebem íons, moléculas ou sinais através de algumas junções. Outros tipos ajudam as células a reconhecer e aderir umas as outras e à matriz extracelular.

Nas plantas, canais chamados plasmodesmos se estendem através da parede primária de duas células contíguas, que conectam o citoplasma das células (Figura 4.22c). Substâncias como água, íons, nutrientes e moléculas de sinalização podem fluir rapidamente de célula para célula através dos plasmodesmos.

Três tipos de junções célula a célula são comuns na maioria dos tecidos animais: junções firmes, junções aderentes e junções de comunicação (Figura 4.25). As junções firmes unem as células que revestem as superfícies e cavidades internas dos animais. Essas junções selam as células juntas com firmeza, de forma que os fluidos não passem entre elas. Aquelas existentes em seu trato gastrointestinal evitam que o fluido gástrico vaze do seu estômago e danifique seus tecidos intestinais. As junções aderentes ancoram as células umas às outras e à matriz extracelular; elas fortalecem os tecidos contráteis como o músculo do coração. As junções de comunicação são canais abertos que conectam o citoplasma das células contíguas; elas são similares aos plasmodesmos nas plantas. As junções de comunicação permitem que regiões inteiras de células respondam a um único estímulo. Por exemplo, no músculo do coração, um sinal para contrair passa instantaneamente de célula em célula através das junções de comunica-

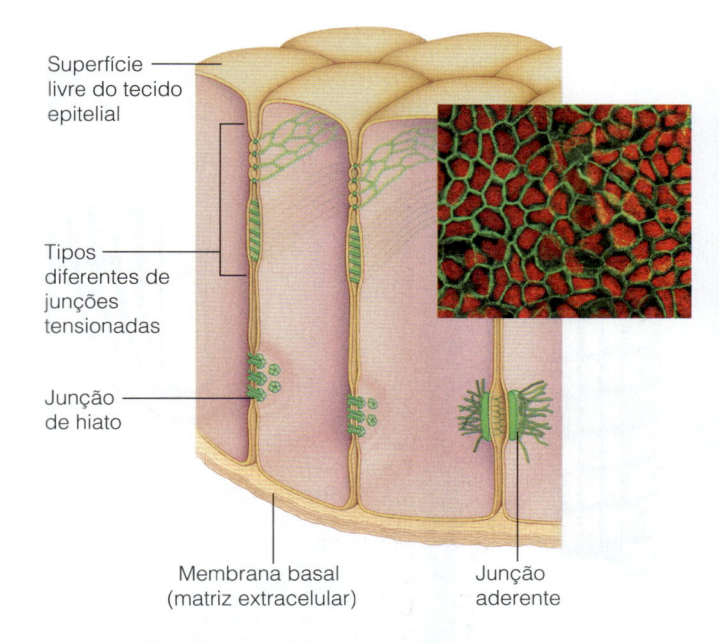

Figura 4.25 Junções celulares em tecidos animais. Na micrografia, uma organização contínua de junções firmes (*verde*) sela as superfícies subjacentes de membranas celulares do rim. O DNA, que preenche o núcleo de cada célula, aparece em *vermelho*.

ção, de forma que todas as células se contraiam como uma unidade.

Para pensar

Quais estruturas se formam no exterior das células eucarióticas?

- As células de muitos protistas, quase todos os fungos e de todas as plantas têm uma parede porosa ao redor da membrana plasmática. As células animais não têm paredes.
- As secreções da célula vegetal formam uma cutícula serosa que ajuda a proteger as superfícies expostas das partes moles da planta.
- As secreções celulares formam matrizes extracelulares entre as células em muitos tecidos.
- As células formam conexões estruturais e funcionais umas com as outras e com a matriz extracelular nos tecidos.

4.13 Citoesqueleto

- As células eucarióticas possuem uma estrutura interna ampla e dinâmica chamada citoesqueleto.

Entre o núcleo e a membrana plasmática de todas as células eucarióticas está o **citoesqueleto** — um sistema interconectado de filamentos de muitas proteínas. Partes do sistema reforçam, organizam e movimentam estruturas celulares e, muitas vezes, a célula toda. Algumas são permanentes; outras se formam apenas em determinados momentos. A Figura 4.26 mostra os principais tipos.

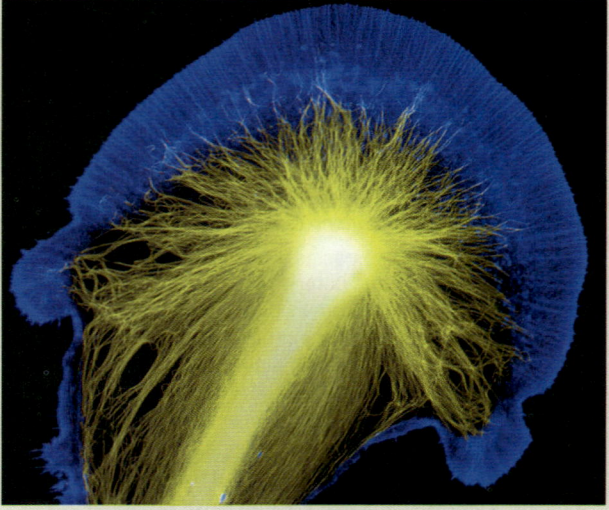

Microtúbulos são cilindros ocos e longos que consistem em subunidades da proteína tubulina. Eles formam um andaime dinâmico para muitos processos celulares, montando-se rapidamente quando necessário, e desmontando-se quando não são necessários. Por exemplo, alguns microtúbulos que se montam antes que uma célula eucariótica se divida separam os cromossomos duplicados da célula, depois se desmontam. Outro exemplo são os microtúbulos que se formam na extremidade crescente de uma célula nervosa jovem, que suportam e orientam seu alongamento em uma direção em particular.

Microfilamentos são fibras que consistem basicamente em subunidades da proteína globular actina. Eles fortalecem ou mudam o formato das células eucarióticas. Arranjos cruzados ou semelhantes a gel desses filamentos formam o **córtex celular**, uma malha de reforço sob a membrana plasmática. Os microfilamentos de actina que se formam na borda de uma célula se arrastam ou estendem em uma determinada direção (Figura 4.26). Nas células musculares, microfilamentos de miosina e actina interagem para fazer a contração.

Filamentos intermediários são as partes mais estáveis do citoesqueleto de uma célula. Eles fortalecem e mantêm as estruturas da célula e do tecido. Por exemplo, alguns filamentos intermediários chamados lâminas formam uma camada que suporta estruturalmente a superfície interna do envelope nuclear.

Todas as células eucarióticas possuem microtúbulos e microfilamentos semelhantes. Apesar da uniformidade, ambos os tipos de elementos desempenham papéis diversos. Como? Eles interagem com proteínas acessórias como as **proteínas motoras**, que podem mover partes da célula em uma direção sustentada quando são repetidamente energizadas por ATP.

Uma célula é como uma estação de trem em um feriado prolongado, com moléculas sendo transportadas por seu interior. Microtúbulos e microfilamentos são como trilhos de trem montados dinamicamente. As proteínas motoras se movem sobre os trilhos (Figura 4.27).

Algumas proteínas motoras movimentam os cromossomos. Outras deslizam um microtúbulo sobre outro. Algumas se movem ruidosamente pelos trilhos nas células nervosas que se estendem da espinha aos dedos do pé. Muitos motores são organizados em série, cada um movimentando alguma parte da vesícula ao longo do trilho antes de ir para a próxima da fila. Em células vegetais, a quinesina arrasta os cloroplastos para longe da luz muito intensa ou em direção à fonte de luz sob condições de pouca luz.

Figura 4.26 Componentes do citoesqueleto. Abaixo, uma micrografia fluorescente mostra os microtúbulos (*amarelo*) e microfilamentos de actina (*azul*) na extremidade crescente de uma célula nervosa. Esses elementos citoesqueléticos suportam e orientam o alongamento da célula.

Figura 4.27 Quinesina (*bronze*), uma proteína motora arrastando uma carga celular (neste caso, uma vesícula *rosa*) enquanto se movimenta por um microtúbulo.

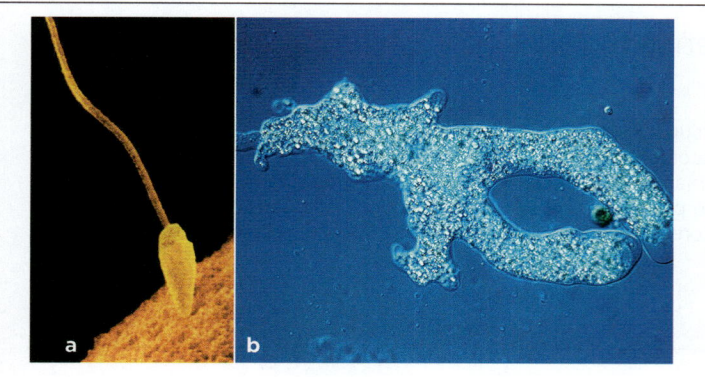

Figura 4.28 (**a**) Flagelo de um espermatozoide humano, que está prestes a penetrar no óvulo. (**b**) Uma ameba (*Chaos carolinense*) estendendo dois pseudópodes ao redor de sua infeliz refeição: uma alga verde unicelular (*Pandorina*).

Cílios, flagelos e pseudópodes

Conjuntos organizados de túbulos ocorrem em **flagelos eucarióticos** e **cílios**, que são estruturas longas que impulsionam as células, como os espermatozoides pelo fluido (Figura 4.28a). Os flagelos tendem a ser mais longos e menos numerosos que os cílios. A batida coordenada dos cílios impulsiona as células móveis pelo fluido e agita o fluido ao redor de células estacionárias. Por exemplo, o movimento coordenado dos cílios em células que revestem suas vias aéreas varre partículas para longe dos pulmões.

Uma disposição especial dos microtúbulos se estende pelo comprimento do flagelo ou cílio. Essa disposição 9+2 consiste em nove pares de microtúbulos em contato com outro par no centro (Figura 4.29). Os degraus e conexões de proteína estabilizam a disposição. Os microtúbulos originam-se a partir de uma organela em forma de barril chamada **centríolo**, que fica abaixo da disposição acabada como um corpúsculo basal.

Amebas e outros tipos de células eucarióticas formam **pseudópodes** ou "pés falsos" (Figura 4.28b). À medida que esses lóbulos temporários e irregulares se projetam para fora, eles movimentam a célula e engolfam um alvo como uma presa. O alongamento dos microfilamentos força o lóbulo a avançar em uma direção. As proteínas motoras que estão presas aos microfilamentos arrastam a membrana plasmática junto com elas.

Para pensar

O que é o citoesqueleto?

- Um citoesqueleto de filamento de proteína confere a forma da célula eucariótica, sua estrutura interna e movimento.
- Os microtúbulos organizam a célula e ajudam a movimentar suas partes. Redes de microfilamentos reforçam a superfície da célula. Filamentos intermediários fortalecem células e tecidos e mantêm seu formato.
- Quando energizadas por ATP, as proteínas motoras se movem pelos trilhos de microtúbulos e microfilamentos. Como parte dos cílios, flagelos e pseudópodes, eles são capazes de movimentar toda a célula.

a Desenho e micrografia de um flagelo eucariótico em seção cruzada. Como um cílio, ele contém um arranjo 9+2: um anel de nove pares de microtúbulos mais um par em seu núcleo. Degraus estabilizadores e elementos de conexão que se conectam aos microtúbulos os mantêm alinhados nesse padrão radial.

b Projetando-se a partir de cada par de microtúbulos no anel externo estão "braços" de dineína, uma proteína motora que possui atividade ATPase. Transferências de grupo fosfato a partir do ATP fazem com que os braços de dineína se liguem continuamente ao par adjacente de microtúbulos, flexionem e depois desconectem. Os braços de dineína "andam" pelos microtúbulos. Seu movimento faz com que os pares de microtúbulos adjacentes deslizem uns sobre os outros.

c Pequenos degraus deslizantes ocorrem em uma sequência coordenada ao redor do anel, pelo comprimento de cada par de microtúbulos. O flagelo flexiona à medida que o arranjo interno flexiona:

Corpúsculo basal, um centro de organização de microtúbulos que dá origem à disposição 9+2.

Figura 4.29 Flagelos e cílios eucarióticos.

QUESTÕES DE IMPACTO REVISITADAS | Alimento para pensar

Carne, frango, leite e frutas irradiadas agora estão disponíveis nos supermercados. Nos Estados Unidos, os alimentos irradiados devem ser marcados com o símbolo à direita. Itens que carregam esse símbolo foram expostos à radiação, mas não são radioativos. A irradiação de alimentos frescos mata as bactérias e prolonga seu prazo de validade. Contudo, alguns se preocupam se o processo de irradiação pode alterar o alimento e produzir substâncias químicas prejudiciais. Se os riscos à saúde estão associados ao consumo de alimentos irradiados, não sabemos.

Resumo

Seções 4.1-4.3 Todos os organismos são compostos de uma ou mais **células**. De acordo com a **Teoria Celular**, a célula é a menor unidade de vida e é a base da continuidade da vida. A relação entre **superfície e volume** limita o tamanho da célula.

Todas as células iniciam a vida com uma **membrana plasmática**, um **núcleo** (nas **células eucarióticas**) ou **nucleoide** (em **células procarióticas**) e **citoplasma**, no qual as estruturas, como os **ribossomos** ficam suspensos. A **bicamada lipídica** é a composição básica de todas as membranas celulares. Diferentes tipos de microscópios usam luz e elétrons para revelar diferentes detalhes das células.

Seções 4.4, 4.5 Bactérias e arqueas são a procariontes (Tabela 4.3). Nenhuma delas têm núcleo. Muitas têm uma **parede celular** e um ou mais **flagelos** ou **pili**. **Biofilmes** são organizações viventes compartilhadas entre bactérias e outros micróbios.

Seções 4.6-4.11 As células eucarióticas iniciam a vida com um núcleo e outras **organelas** envoltas em membrana. O núcleo contém **nucleoplasma** e **nucléolos**. A **cromatina** no núcleo de uma célula eucariótica é dividida em um número característico de **cromossomos**. Poros, proteínas receptoras e de transporte no **envelope nuclear** controlam o movimento de moléculas para dentro e para fora do núcleo.

O **sistema de endomembrana** inclui **retículo endoplasmático** rugoso e liso, **vesículas** e **complexo de Golgi**. Esse conjunto de organelas funciona principalmente para produzir e modificar lipídeos e proteínas; ele também recicla moléculas e partículas como parte celulares desgastadas, além de inativar toxinas.

As **mitocôndrias** produzem ATP quebrando compostos orgânicos na via que exige oxigênio da respiração aeróbica. Os **cloroplastos** são **plastídeos** especialistas em fotossíntese. Outras organelas incluem **peroxissomos**, **lisossomos** e **vacúolos** (incluindo **vacúolos centrais**).

Seção 4.12 As células da maioria dos procariontes, protistas, fungos e todas as células vegetais possuem uma parede ao redor da membrana plasmática. Células vegetais mais antigas secretam uma **parede secundária** rígida que contém **lignina** dentro de sua **parede primária** maleável. Muitas células eucarióticas também secretam uma **cutícula**. Os plasmodesmos conectam as células vegetais. As **junções celulares** conectam as células animais umas às outras e à **matriz extracelular** (MEC).

Seção 4.13 As células eucarióticas possuem um **citoesqueleto**. O **córtex celular** consiste em **filamentos intermediários**. As **proteínas motoras** que são a base do movimento interagem com os **microfilamentos** nos **pseudópodes** ou (nos **cílios** e **flagelos eucarióticos**) **microtúbulos** que crescem a partir dos **centríolos**.

Questões
Respostas no Apêndice III

1. A _____ é a menor unidade de vida.

2. Verdadeiro ou falso: alguns protistas são procariontes.

3. As membranas celulares consistem em sua maioria em _____.

4. Diferentemente das células eucarióticas, as células procarióticas _____.
    a. não têm membrana plasmática
    b. têm RNA, mas não têm DNA
    c. não têm núcleo
    d. a e c

5. Organelas envoltas por membranas são características típicas de células _____.

6. A principal função do sistema de endomembrana é construir e modificar _____ e _____.

7. As subunidades de ribossomos são construídas dentro do(a) _____.

8. Nenhuma célula animal tem _____.

9. Essa afirmação é verdadeira ou falsa? A membrana plasmática é o componente mais externo de todas as células. Explique.

10. As enzimas contidas em _____ decompõem organelas, bactérias e outras partículas desgastadas.

11. Ligue cada componente celular à sua função.
    ___ mitocôndria   a. síntese de proteínas
    ___ cloroplasto   b. associa-se aos ribossomos
    ___ ribossomo   c. ATP por quebra de açúcar
    ___ RE liso   d. classifica e remete
    ___ Complexo de Golgi   e. monta lipídios; outras tarefas
    ___ RE rugoso   f. fotossíntese

Exercício de análise de dados

Uma forma anormal da proteína motora dineína causa a síndrome de Kartagener, um distúrbio genético caracterizado por infecções crônicas nos *sinus* e pulmão. Os biofilmes se formam no muco espesso encontrado nas vias aéreas e as atividades bacterianas resultantes e inflamação danificam os tecidos.

Homens afetados podem produzir espermatozoides, mas são estéreis (Figura 4.30). Alguns se tornaram pais depois que o médico injetou suas células de espermatozoide diretamente no óvulo. Reveja a Figura 4.30, depois explique como a dineína anormal poderia causar os efeitos observados.

Raciocínio crítico

1. Em um episódio clássico de *Jornada nas Estrelas*, uma ameba gigante engolfa uma nave inteira. Spock destrói a célula antes que ela se reproduza. Pense em, pelo menos, um problema que um biólogo teria nesse cenário em particular.

2. Muitas células vegetais formam uma parede secundária na superfície interna de sua parede primária. Especule o motivo pelo qual a parede secundária não se forma na superfície externa.

3. Uma aluna está examinando diferentes amostras com um microscópio eletrônico de transmissão. Ela descobre um organismo unicelular em uma poça de água fresca (*abaixo*).

Figura 4.30 Seção cruzada do flagelo de uma célula do espermatozoide de (**a**) um homem afetado pela síndrome de Kartagener e (**b**) um homem não afetado.

Tabela 4.3 Resumo de componentes típicos de células procarióticas e eucarióticas

Componente da célula	Principais funções	Procariótica Arqueas	Eucariótica Protistas	Fungos	Plantas	Animais
Parede celular	Proteção, suporte estrutural	✱	✱	✔	✔	—
Membrana plasmática	Controle de substâncias que entram e saem da célula	✔	✔	✔	✔	✔
Núcleo	Separação física de DNA do citoplasma	—*	✔	✔	✔	✔
DNA	Codifica as informações hereditárias	✔	✔	✔	✔	✔
Nucléolo	Monta as subunidades de ribossomos	—	✔	✔	✔	✔
Ribossomo	Síntese de proteína	✔	✔	✔	✔	✔
Retículo endoplasmático	Síntese, modificação de proteínas da membrana; síntese de lipídios	—	✔	✔	✔	✔
Complexo de Golgi	Modificação final das proteínas da membrana; classificação; embalamento de lipídios e proteínas em vesículas	—	✔	✔	✔	✔
Lisossomo	Digestão intracelular	—	✔	✱	✱	✔
Centríolo	Organização de elementos citoesqueléticos	★	✔	✔	✱	✔
Mitocôndria	Formação de ATP	—	✔	✔	✔	✔
Cloroplasto	Fotossíntese	—	✱	—	✔	—
Vacúolo central	Armazenamento	—	—	✱	✔	—
Flagelo bacteriano	Locomoção através dos arredores fluídicos	✱	—	—	—	—
Flagelo ou cílio com organização 9+2 dos microtúbulos	Locomoção ou movimentação dentro dos arredores do fluido	—	✱	✱	✱	✔
Citoesqueleto	Formato da célula; organização interna; base da célula movimento e, em muitas células, locomoção	★	✱	✱	✱	✔

✔ Presente em, pelo menos, parte do ciclo de vida da maioria ou de todos os grupos.
✱ Sabe-se que está presente nas células de, pelo menos, alguns grupos.
★ Ocorre de uma forma única nos procariontes.
* Algumas bactérias planctomicetos possuem uma membrana dupla ao redor de seu DNA.

5 Olhar Atento às Membranas Celulares

QUESTÕES DE IMPACTO | Um Transportador Ruim e Fibrose Cística

Cada célula se envolve ativamente na empreitada de viver. Pense em como ela tem de mover algo tão comum quanto a água em uma direção ou outra por sua membrana plasmática. A água atravessa a membrana celular livremente. A célula tem a capacidade de absorver ou doar água em momentos diferentes para evitar que o citoplasma fique concentrado ou diluído demais. Se tudo correr bem, a célula absorve ou elimina água nas quantidades certas – nem pouco, nem muito.

Proteínas chamadas de transportadoras movem íons e moléculas, incluindo a água, pelas membranas celulares. Diferentes transportadores levam substâncias diferentes. Um transportador chamado CFTR é uma proteína transportadora na membrana plasmática de células epiteliais. Camadas dessas células revestem as passagens e dutos dos pulmões, fígado, pâncreas, intestinos, sistema reprodutor e pele. A CFTR bombeia íons cloreto para fora dessas células e a água segue os íons. Uma película fina e aquosa se forma na superfície das camadas de células epiteliais e o muco desliza facilmente sobre as camadas úmidas das células.

Às vezes, uma mutação altera a estrutura da CFTR. Quando membranas de células epiteliais não têm cópias operacionais suficientes da proteína CFTR, o transporte de íons cloreto é interrompido. Íons de cloreto não saem em quantidade suficiente das células e, portanto, delas não sai água suficiente e o resultado é um muco espesso e seco que adere às camadas de células epiteliais.

No trato respiratório, o muco entope as vias aéreas até os pulmões e dificulta a respiração. É espesso demais para as células ciliares que revestem as vias aéreas eliminar, e as bactérias prosperam nele. Infecções de baixo grau ocorrem e podem persistir por anos.

Tais sintomas – resultados da mutação na proteína CFTR – caracterizam a fibrose cística (FC), a desordem genética fatal mais comum nos Estados Unidos. Mesmo com transplante de pulmão, a maioria dos pacientes com FC não vive além dos 30 anos, quando normalmente seus pulmões falham. Não há cura.

Mais de 10 milhões de pessoas carregam uma forma do gene para CFTR com mutação. Algumas delas têm problemas de sinusite, mas nenhum outro sintoma se desenvolve. A maioria não sabe que tem o gene com mutação. A FC se desenvolve quando uma pessoa herda um gene com mutação dos dois pais – um evento infeliz que ocorre em 1 a cada aproximadamente 3.300 nascimentos (Figura 5.1). Pense nisto. Uma porcentagem impressionante da população humana pode desenvolver problemas graves quando mesmo um tipo de proteína da membrana não funciona.

Sua vida depende das funções de milhares de tipos de proteínas e outras moléculas que mantêm as células funcionando. Cada célula só funciona adequadamente se for reativa a condições nos ambientes dos dois lados de suas membranas. As membranas celulares fazem a diferença entre organização e caos.

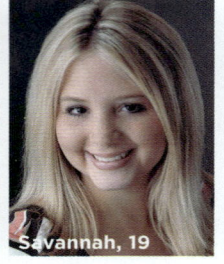

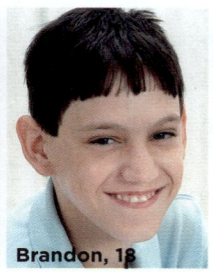

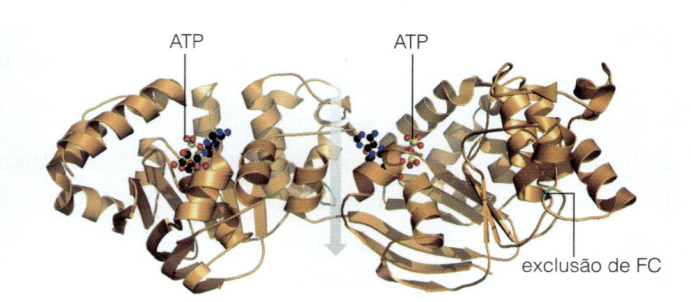

Figura 5.1 Fibrose cística. Acima, modelo da CFTR. As partes mostradas aqui são motores ativados por ATP que alargam ou estreitam um canal (*seta cinza*) na membrana plasmática. A minúscula parte da proteína perdida na maioria das mutações de fibrose cística é mostrada na fita em *verde*.

À esquerda, algumas das muitas vítimas da fibrose cística, que ocorre mais frequentemente em descendentes de europeus do norte. Pelo menos um jovem morre todos os dias nos Estados Unidos de complicações desta doença.

Conceitos-chave

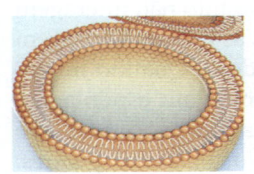

Estrutura e função da membrana
As membranas celulares têm uma bicamada lipídica que é uma fronteira entre o ambiente externo e o interno da célula. Diferentes proteínas presentes na bicamada ou posicionadas em uma de suas superfícies executam a maioria das funções da membrana. **Seções 5.1, 5.2**

Difusão e transporte de membrana
Gradientes orientam os movimentos direcionais de substâncias ao longo de membranas. Proteínas de transporte trabalham com ou contra gradientes para manter as concentrações de água e soluto. **Seções 5.3, 5.4**

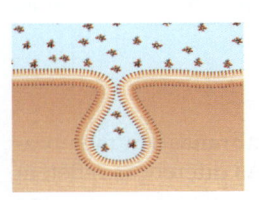

Tráfego na membrana
Grandes quantidades de substâncias se movem através da membrana plasmática pelos processos de endocitose e exocitose. **Seção 5.5**

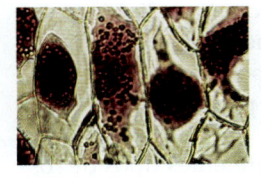

Osmose
A água tende a se difundir através de membranas seletivamente permeáveis, incluindo membranas celulares, para regiões onde sua concentração é menor. **Seção 5.6**

Neste capítulo

- Aqui, você verá como os lipídeos e proteínas são organizados nas membranas celulares.
- Neste capítulo, você irá considerar exemplos de como a função de uma proteína surge de sua estrutura. Você também aprenderá mais sobre as proteínas que compõem as junções celulares.
- Lipídeos têm propriedades hidrofílicas e hidrofóbicas, uma dualidade que origina a organização estrutural de todas as membranas celulares.
- Seu conhecimento sobre carga e as propriedades da água ajudará você a entender o movimento de íons e moléculas em resposta a gradientes.
- Você revisitará o sistema de endomembranas enquanto aprenderá como o citoesqueleto está envolvido no ciclo de lipídeos e proteínas da membrana.
- O movimento de água para dentro e fora das células é uma parte importante da homeostase. Uma revisão do que você sabe sobre paredes de células vegetais ajudará você a entender como este movimento afeta o crescimento nas plantas.

Qual sua opinião? A capacidade de detectar genes com mutação que causam desordens graves como a fibrose cística levanta questões éticas. Devemos encorajar a triagem em massa de possíveis pais quanto a mutações que causam FC? Conheça a opinião de seus colegas e apresente seus argumentos a eles.

5.1 Organização de membranas celulares

- A estrutura básica de todas as membranas celulares é a bicamada lipídica com muitas proteínas em sua composição.
- Uma membrana é uma barreira contínua e seletivamente permeável.

Revisando a camada dupla de lipídeos

As propriedades peculiares a membranas celulares surgem quando determinados lipídeos – principalmente fosfolipídeos – interagem. Cada molécula de fosfolipídeo consiste de uma cabeça que contém fosfato e duas caudas de ácido graxo (Figura 5.2a). A cabeça polar é hidrofílica, o que significa que interage com moléculas de água. As caudas não polares são hidrofóbicas, portanto não interagem com moléculas de água. Entretanto, as caudas interagem com as caudas dos outros fosfolipídeos. Quando misturados na água, os fosfolipídeos se montam espontaneamente em duas camadas, com todas as suas caudas não polares encaixadas entre todas as suas cabeças polares. Tais bicamadas lipídicas são a estrutura de todas as membranas celulares (Figura 5.2c).

Modelo do mosaico fluido

Um **modelo de mosaico fluido** descreve a organização de membranas celulares. Por este modelo, uma membrana celular é um mosaico, uma composição mista de majoritariamente fosfolipídeos, com esteroides, proteínas e outras moléculas dispersa entre eles (Figura 5.3). A parte fluida do modelo se refere ao comportamento dos fosfolipídeos nas membranas. Os fosfolipídeos continuam organizados como uma bicamada, mas também se movem para os lados, giram em seu longo eixo e suas caudas balançam.

Variações

Diferenças na composição de membranas As membranas se diferenciam na composição. As diferenças refletem suas funções nas células. Até as duas superfícies de uma bicamada lipídica são diferentes. Por exemplo, carboidratos acoplados a determinadas proteínas e lipídeos das membranas se projetam de uma membrana plasmática, mas não para dentro da célula. Os tipos e números de acoplamentos diferem de uma espécie para outra, e mesmo entre células do mesmo organismo.

Diferentes tipos de células têm diferentes tipos de fosfolipídeos na membrana. Por exemplo, as caudas de ácido graxo de fosfolipídeos da membrana variam no comprimento e na saturação. Normalmente, pelo menos uma das duas caudas é insaturada. Lembre: um ácido graxo insaturado tem uma ou mais ligações covalentes duplas em sua estrutura de carbono.

Diferenças na fluidez Já se acreditou que todas as proteínas em uma membrana celular estavam fixas no lugar, mas experimentos essenciais provaram o contrário. Dois desses experimentos estão resumidos na Figura 5.4. Agora sabemos que algumas proteínas ficam quietas, como as que se agrupam como poros rígidos. Filamentos de proteína no citoesqueleto travam essas e outras proteínas no lugar.

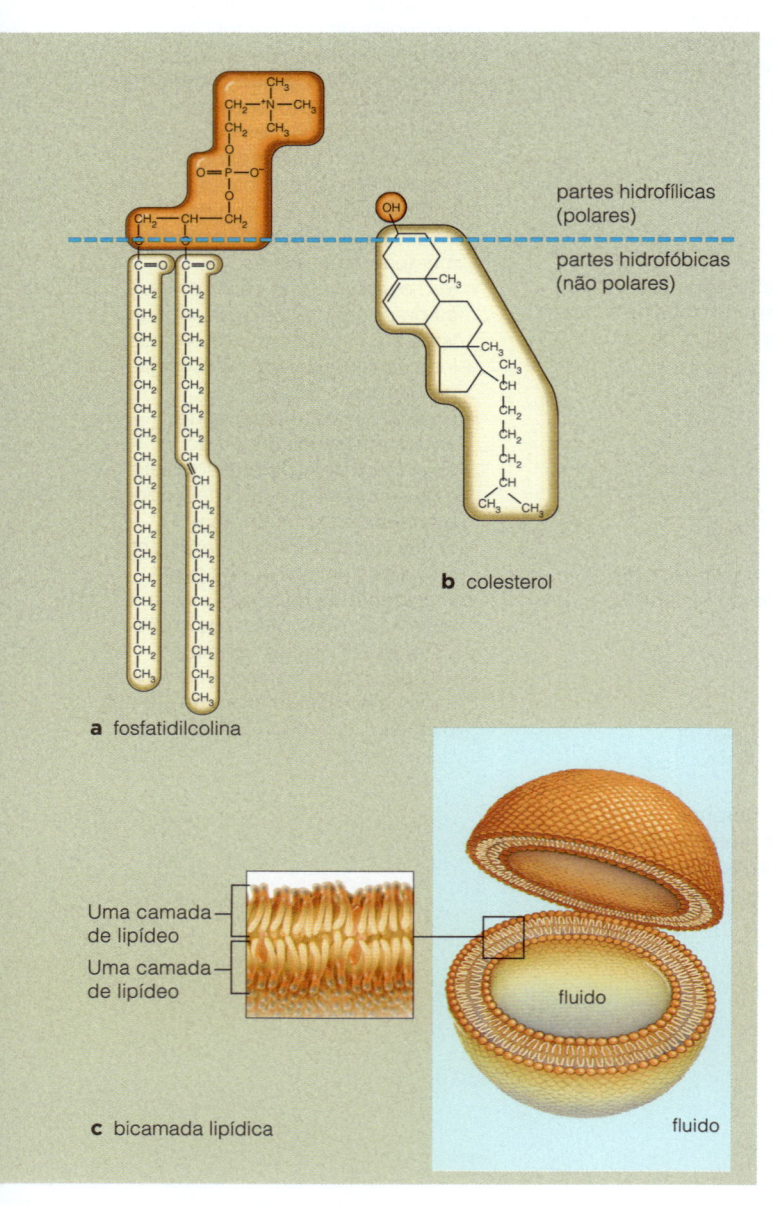

Figura 5.2 Organização da membrana celular. (**a**) Fosfatidilcolina, o fosfolipídeo componente mais comum de membranas celulares animais. (**b**) Colesterol, o principal componente esteroide de membranas celulares animais. Fitoesteróis são seu equivalente em membranas celulares vegetais. (**c**) Organização espontânea de fosfolipídeos em duas camadas (uma bicamada lipídica). Quando misturados à água, os fosfolipídeos se agregam em uma bicamada, com suas caudas hidrofóbicas espremidas entre suas cabeças hidrofílicas.

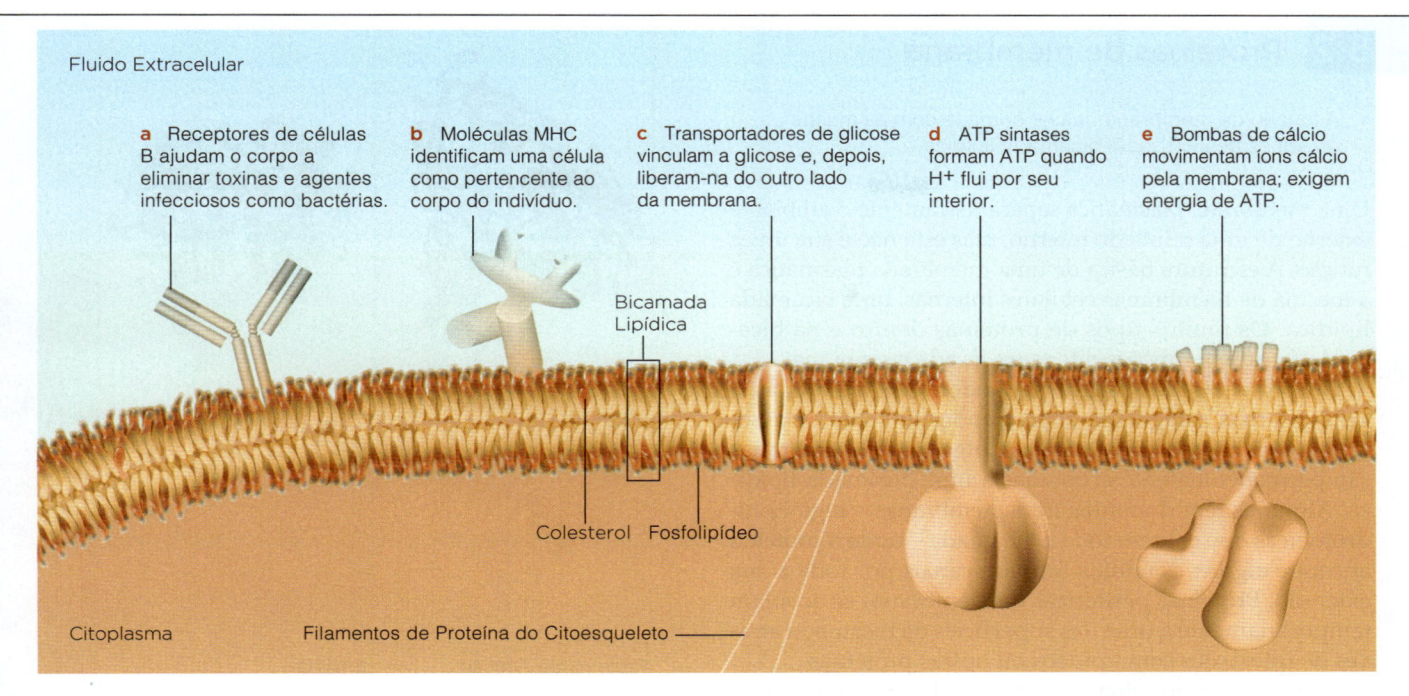

Figura 5.3 Modelo de mosaico fluido para a membrana plasmática de uma célula animal. A Seção 5.2 apresenta um panorama dos principais tipos de proteínas da membrana.

Fluido Extracelular

a Receptores de células B ajudam o corpo a eliminar toxinas e agentes infecciosos como bactérias.

b Moléculas MHC identificam uma célula como pertencente ao corpo do indivíduo.

c Transportadores de glicose vinculam a glicose e, depois, liberam-na do outro lado da membrana.

d ATP sintases formam ATP quando H^+ flui por seu interior.

e Bombas de cálcio movimentam íons cálcio pela membrana; exigem energia de ATP.

Bicamada Lipídica

Colesterol Fosfolipídeo

Citoplasma Filamentos de Proteína do Citoesqueleto

Junções firmes que unem os citoesqueletos de células adjacentes podem manter as proteínas das membranas justapostas nas superfícies superior ou inferior das células nos tecidos animais. Entretanto, a maioria das proteínas em membranas celulares bacterianas e eucarióticas se movimenta muito rapidamente. Parte do motivo pelo qual as membranas desses organismos são tão fluidas vem da composição dos fosfolipídeos na bicamada lipídica.

Arqueas não constroem seus fosfolipídeos com ácidos graxos. Em vez disso, utilizam moléculas que têm cadeias laterais reativas, para que as caudas de fosfolipídeos arqueanos formem ligações covalentes entre si. Como resultado dessa ligação cruzada rígida, fosfolipídeos arqueanos não se movem, giram ou balançam em uma bicamada. Assim, as membranas de arqueas são muito mais rígidas que aquelas de bactérias ou eucariotos, uma característica que pode ajudar essas células a sobreviver em *habitats* extremos.

Para pensar

Qual é a função de uma membrana celular?

- Uma membrana celular é uma barreira que seletivamente controla trocas entre a célula e seus arredores. É um mosaico de diferentes tipos de lipídeos e proteínas.
- A fundação das membranas celulares é a bicamada lipídica – duas camadas de fosfolipídeos, com as caudas espremidas entre as cabeças.

A Pesquisadores congelaram primeiro uma membrana celular, depois separaram as duas camadas de sua bicamada lipídica. Análises microscópicas revelaram muitas proteínas embutidas dentro da bicamada lipídica.

Célula humana Célula de rato

Fusão em célula híbrida

Proteínas de ambas as células na membrana em fuso

B Células de duas espécies se fundiram em uma célula híbrida. Em menos de uma hora, a maioria das proteínas da membrana plasmática das duas espécies havia atravessado a bicamada lipídica da célula híbrida e se misturado.

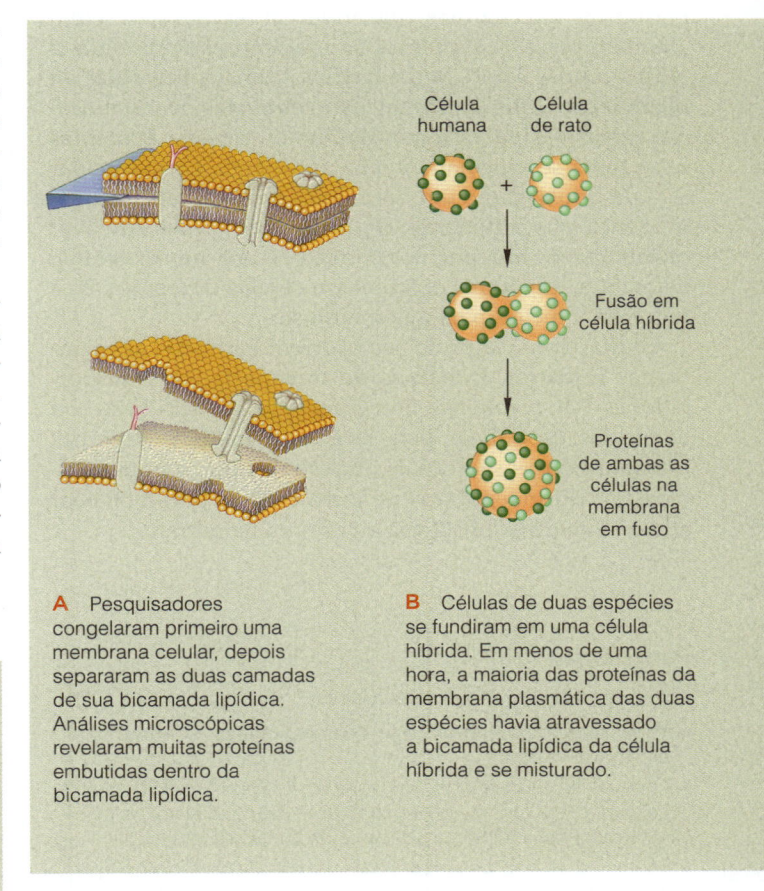

Figura 5.4 Dois estudos de estrutura das membranas, uma observação e um experimento.

5.2 Proteínas de membrana

- A função da membrana celular começa com as muitas proteínas associadas à bicamada lipídica.

Uma membrana plasmática separa fisicamente o ambiente externo de uma célula do interno, mas esta não é sua única função. A estrutura básica de uma membrana plasmática é a mesma de membranas celulares internas: uma bicamada lipídica. Os muitos tipos de proteínas dentro e na bicamada fornecem funções diferentes a cada membrana.

As proteínas da membrana podem ser atribuídas a uma de duas categorias, dependendo de como se associam a uma membrana. Proteínas integrais de membranas são permanentemente acopladas a uma bicamada lipídica. Algumas têm domínios transmembranas – regiões hidrofóbicas que cobrem toda a bicamada – onde a proteína ancora e alguns domínios formam canais por toda a sua extensão. Proteínas periféricas de membranas se acoplam temporariamente a uma das superfícies da bicamada através de interações com lipídeos ou outras proteínas.

Cada tipo de proteína em uma membrana fornece uma função específica a ela (Figura 5.5). Assim, membranas celulares diferentes podem ter características diferentes. Por exemplo, a membrana plasmática tem proteínas que nenhuma outra membrana celular tem. Muitas proteínas periféricas são **enzimas**, que aceleram reações sem serem alteradas por elas. **Proteínas de adesão** prendem células a outras células e a ECM em tecidos animais. **Proteínas de reconhecimento** funcionam como etiquetas de identificação exclusivas para cada indivíduo ou espécie. **Proteínas receptoras** se vinculam a uma substância em particular fora da célula, como um hormônio. A ligação aciona uma mudança nas atividades da célula que pode envolver metabolismo, movimento, divisão ou até morte celular. Diferentes receptores ocorrem em células diferentes, mas todos são cruciais para a homeostase.

Outros tipos de proteínas ocorrem em todas as membranas celulares. **Proteínas de transporte**, ou transportadoras, são proteínas integrais que movem íons ou moléculas específicas pela bicamada lipídica. Algumas transportadoras são canais através dos quais uma substância se difunde; outras utilizam energia para bombear ativamente uma substância através da membrana.

Proteína de Adesão

Função Acoplamento de células umas às outras e à matriz extracelular

Ocorre somente em membranas plasmáticas

Acoplamento de Membrana Integral

Exemplo Integrinas, incluindo esta, também são receptores que fazem mediação de acoplamento, migração, diferenciação, divisão e sobrevivência das células.

Exemplo Caderinas fazem parte de junções aderentes entre células.

Exemplo Selectinas ligam glicoproteínas na superfície das células que funcionam na imunidade.

Enzima

Função Acelera uma reação específica

Membranas fornecem um local relativamente estável de reação para as enzimas, especialmente aquelas que trabalham em série com outras moléculas. Conjuntos de enzimas vinculadas a membranas e outras proteínas executam tarefas importantes como fotossíntese e respiração aeróbica.

Acoplamento de Membrana Integral ou Periférico

Exemplo A enzima mostrada aqui é uma monoamina oxidase de membranas mitocondriais. Ela catalisa uma reação de hidrólise que remove um grupo amônia (NH_3) dos aminoácidos.

Figura 5.5 Principais categorias de proteínas de membranas, com descrições e exemplos. Você verá os ícones acima de algumas descrições novamente neste livro.

Transportadores cobrem todas as membranas celulares. As outras proteínas mostradas são componentes de membranas plasmáticas. Membranas de organelas também incorporam outros tipos de proteínas.

Para pensar

O que as proteínas de membrana fazem?

- Várias proteínas de membrana oferecem funcionalidade a uma bicamada lipídica.
- Uma membrana plasmática, especialmente de espécies pluricelulares, tem receptores e outras proteínas que funcionam no autorreconhecimento, na adesão e no metabolismo.
- Todas as membranas celulares têm transportadores que auxiliam passiva e ativamente íons e moléculas específicos pela bicamada lipídica.

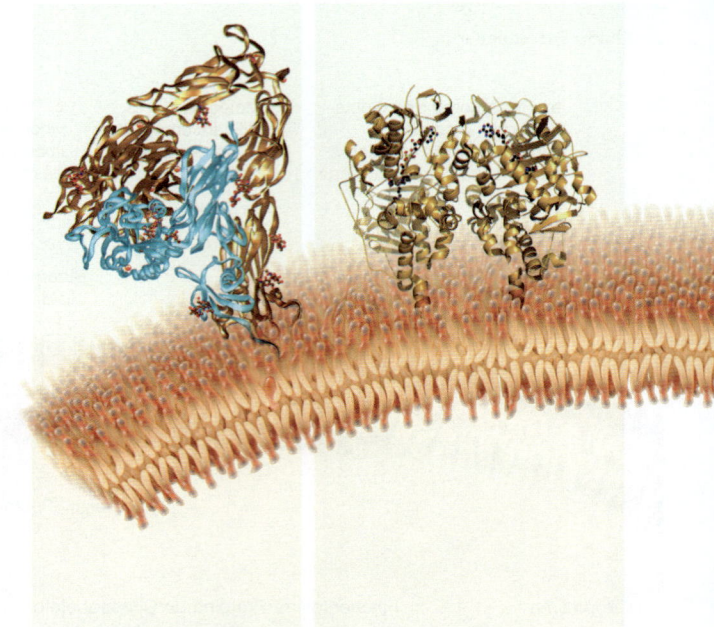

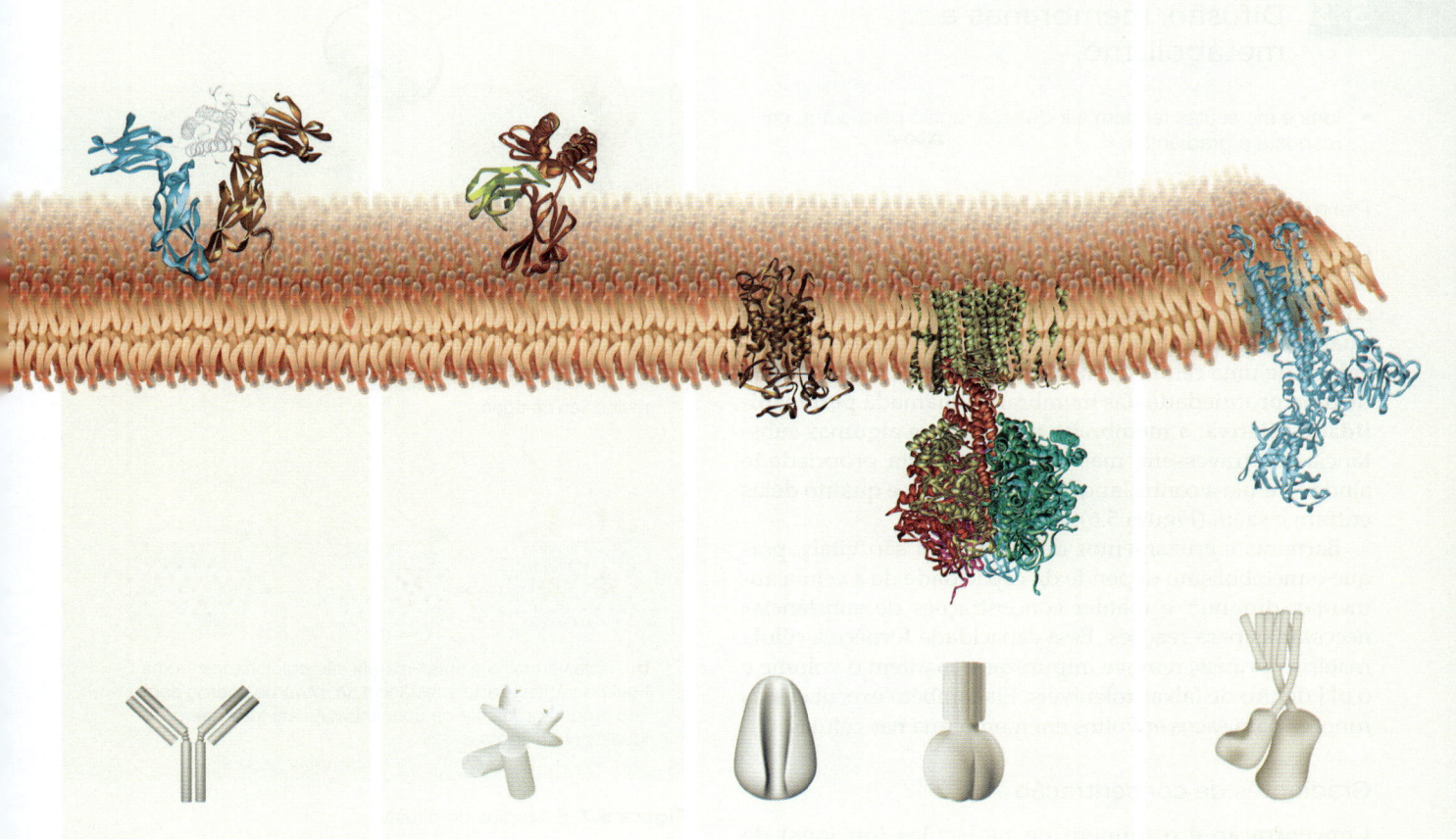

Proteína Receptora

Função Ligação de moléculas de sinalização

A ligação causa uma mudança na atividade celular, como expressão genética, metabolismo, movimento, adesão, divisão ou morte celular.

Acoplamento de Membrana Integral ou Periférico

Exemplo O receptor de célula B mostrado aqui é uma proteína feita apenas por leucócitos chamados linfócitos B. Receptores de células B são anticorpos ligados a membranas. Tais receptores são essenciais para respostas imunológicas.

Proteína de Reconhecimento

Função Identificador de tipo de célula, indivíduo ou espécie

Acoplamento de Membrana Integral

Exemplo A molécula MHC mostrada aqui funciona na imunidade vertebrados. As moléculas MHC permitem que glóbulos brancos chamados linfócitos T identifiquem uma célula como não própria (estranha) ou própria (pertencente ao próprio organismo). Fragmentos de organismos invasores ou outras partículas não próprias ligadas a moléculas MHC atraem a atenção de linfócitos T.

Transportador Passivo

Função Transporte de moléculas ou íons

Não exige energia (ATP)

Acoplamento de Membrana Integral

Exemplo À esquerda, um transportador de glicose. Quando a glicose se vincula a este transportador, a proteína muda de formato e a glicose é liberada no outro lado da membrana. Transportadores passivos que mudam de formato são chamados de "regulados".

Exemplo Outros transportadores, como aquaporina, são canais abertos. Aquaporina transporta água.

Exemplo Você verá o transportador mostrado à direita mais vezes neste livro. Quando íons hidrogênio fluem através de um canal em seu interior, esta molécula sintetiza ATP. Daí seu nome, ATP sintase.

Transportador Ativo

Função Transporte de moléculas ou íons

Utiliza energia (normalmente na forma de ATP) para bombear substâncias ao longo da membrana

Acoplamento de Membrana Integral

Exemplo A bomba de cálcio mostrada aqui utiliza ATP para bombear íons cálcio através de uma membrana.

Exemplo Em alguns contextos, a ATP sintase trabalha ao contrário, utilizando ATP para bombear íons hidrogênio através de uma membrana. Neste papel, a molécula é uma transportadora ativa.

5.3 Difusão, membranas e metabolismo

- Íons e moléculas tendem a ir de uma região para outra, em resposta a gradientes.

Permeabilidade da membrana

Qualquer fluido corporal fora das células é chamado de fluido extracelular. Muitas substâncias diferentes são dissolvidas no citoplasma e no fluido extracelular; os tipos e quantidades de solutos nos dois fluidos diferem. A capacidade de uma célula de manter essas diferenças depende de uma propriedade das membranas chamada **permeabilidade seletiva**: a membrana permite que algumas substâncias a atravessem, mas não outras. Esta propriedade ajuda a célula a controlar quais substâncias e quanto delas entram e saem (Figura 5.6).

Barreiras e cruzamentos de membrana são vitais, porque o metabolismo depende da capacidade de a célula aumentar, diminuir e manter concentrações de substâncias necessárias para reações. Essa capacidade fornece à célula matérias-primas, remove impurezas e mantém o volume e o pH dentro de faixas toleráveis. Ela também executa essas funções para sacos envoltos em membrana nas células.

Gradientes de concentração

Concentração é o número de moléculas (ou íons) de uma substância por volume de unidade de fluido. Uma diferença na concentração entre duas regiões adjacentes é chamada **gradiente de concentração**. Moléculas ou íons tendem a nivelar para seu gradiente de concentração, de uma região de maior para outra de menor concentração.

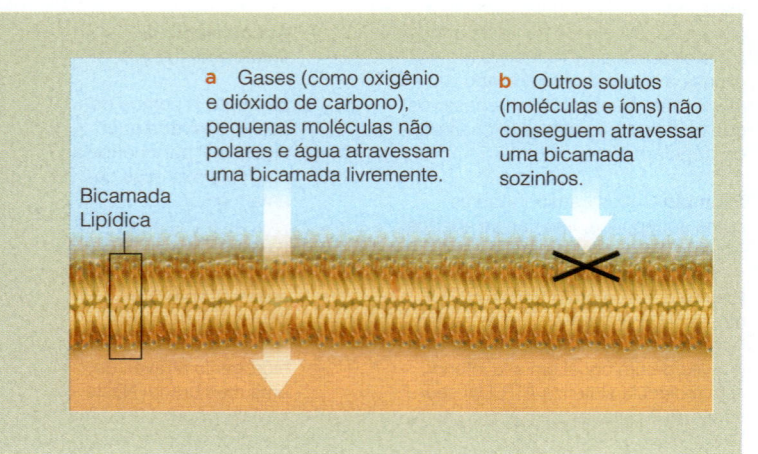

Figura 5.6 A natureza seletivamente permeável das membranas celulares. Pequenas moléculas não polares, gases e moléculas de água atravessam livremente a bicamada lipídica. Moléculas e íons polares atravessam com a ajuda de proteínas que cobrem a bicamada.

a Gases (como oxigênio e dióxido de carbono), pequenas moléculas não polares e água atravessam uma bicamada livremente.

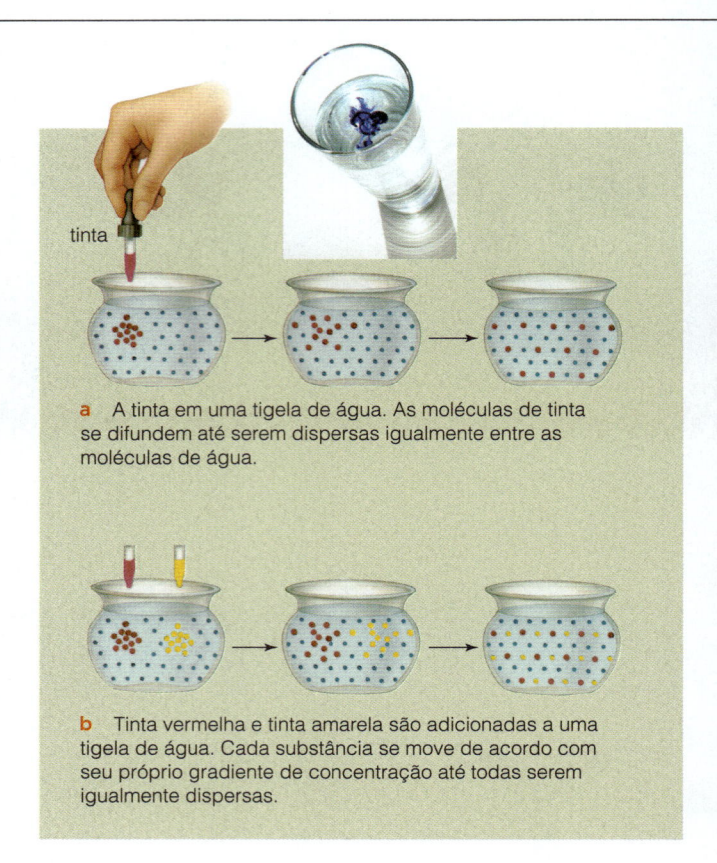

b Outros solutos (moléculas e íons) não conseguem atravessar uma bicamada sozinhos.

a A tinta em uma tigela de água. As moléculas de tinta se difundem até serem dispersas igualmente entre as moléculas de água.

b Tinta vermelha e tinta amarela são adicionadas a uma tigela de água. Cada substância se move de acordo com seu próprio gradiente de concentração até todas serem igualmente dispersas.

Figura 5.7 Exemplos de difusão.

Por quê? Como os átomos, as moléculas estão sempre em movimento. Elas colidem aleatoriamente e se rebatem milhões de vezes por segundo nas duas regiões. Entretanto, quanto mais povoadas são as moléculas, mais frequentemente colidem. Durante qualquer intervalo, mais moléculas são expulsas de uma região de maior concentração do que admitidas.

A **difusão** é o movimento de moléculas ou íons para um gradiente de concentração menor. É uma forma essencial na qual as substâncias entram, atravessam e saem das células. Em espécies pluricelulares, a difusão também move substâncias entre células em diferentes regiões do corpo ou entre células e o ambiente externo do corpo. Por exemplo, células fotossintéticas dentro de uma folha produzem oxigênio. O oxigênio se difunde para fora das células e dentro dos espaços da folha, onde sua concentração é menor. Então, ele se difunde para o ar fora da folha, onde sua concentração ainda é menor.

Qualquer substância tende a se difundir em uma direção definida por seu próprio gradiente de concentração, não pelos gradientes de outros solutos que possam compartilhar o mesmo espaço. É possível observar esta tendência ao pingar uma gota de tinta na água. As moléculas de tinta se difundem lentamente na região onde estão menos concentradas, independentemente da presença de outros solutos (Figura 5.7).

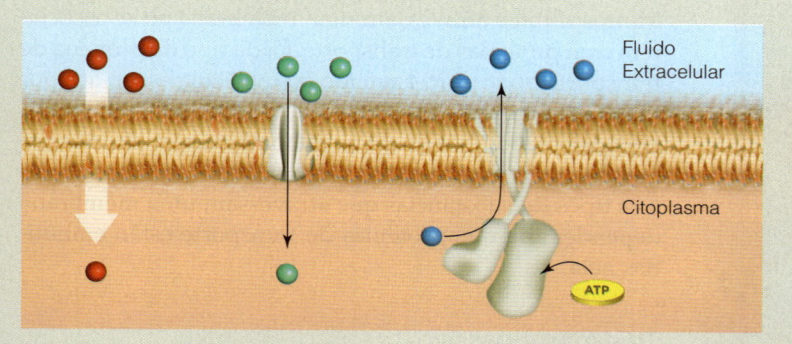

a Difusão
Uma substância simplesmente se difunde pela bicamada lipídica.

b Transporte Passivo
Um soluto atravessa a bicamada até o interior do transportador passivo; o movimento é orientado pelo gradiente de concentração (da maior para menor concentração).

c Transporte Ativo
O transportador ativo utiliza energia (frequentemente ATP) para bombear um soluto através da bicamada contra seu gradiente de concentração.

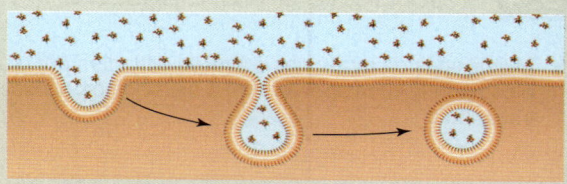

d Endocitose O movimento da vesícula traz substâncias em lotes para dentro da célula.

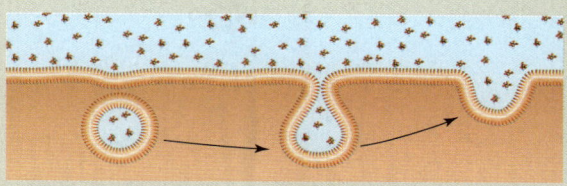

e Exocitose O movimento da vesícula ejeta substâncias em lotes da célula.

Figura 5.8 Panorama dos mecanismos de cruzamento de membrana.

Taxa de difusão

A rapidez com a qual um soluto se difunde depende de cinco fatores:

1. Tamanho. É necessário menos energia para mover uma molécula menor, portanto moléculas menores se difundem mais rapidamente.

2. Temperatura. Moléculas se movem mais rapidamente a temperaturas mais altas, portanto colidem mais frequentemente. As colisões as afastam umas das outras.

3. Intensidade do gradiente de concentração. A taxa de difusão é maior com gradientes maiores. Novamente, moléculas colidem mais frequentemente em uma região de maior concentração. Assim, mais moléculas saem de uma região de maior concentração do que entram nela.

4. Carga. Cada íon dissolvido em um fluido contribui para a carga elétrica geral do fluido. Uma diferença na carga entre duas regiões pode afetar a taxa e a direção da difusão entre elas, porque cargas opostas se atraem e semelhantes se repelem. Por exemplo, substâncias carregadas positivamente, como íons de sódio, irão em direção a uma região com carga negativa.

5. Pressão. A difusão pode ser afetada por uma diferença na pressão entre duas regiões adjacentes. A pressão une as moléculas; moléculas mais amontoadas colidem e se recuperam mais frequentemente.

Como as substâncias atravessam as membranas

A permeabilidade seletiva é uma propriedade que surge da estrutura de uma membrana. Uma bicamada lipídica permite que gases e moléculas não polares atravessem livremente, mas é impermeável a íons e grandes moléculas polares.

Uma proteína de transporte passivo permite que um soluto específico siga seu gradiente por uma membrana. O soluto se vincula à proteína e é liberado no outro lado da membrana. Este processo, chamado transporte passivo ou difusão facilitada, não exige gasto de energia; o movimento é orientado pelo gradiente de concentração do soluto. Algumas moléculas (como a água) que se difundem sozinhas ao longo de uma membrana também podem cruzar proteínas de transporte passivo.

Uma proteína de transporte ativo bombeia um soluto específico por uma membrana contra seu gradiente. Este mecanismo, o transporte ativo, exige gasto de energia – tipicamente na forma de ATP.

Outros mecanismos que exigem energia movem partículas em lotes para dentro ou fora das células. Na endocitose, um trecho da membrana plasmática afunda para dentro, levando com ela moléculas da parte externa da célula. Na exocitose, uma vesícula no citoplasma se funde com a membrana plasmática, portanto seu conteúdo é liberado fora da célula.

A Figura 5.8 mostra um panorama desses mecanismos de cruzamento de membranas; as seções a seguir os descrevem detalhadamente.

Para pensar

O que influencia o movimento de íons e moléculas ao longo de membranas celulares?

- Difusão é o movimento de moléculas ou íons para uma região adjacente onde não estão tão concentrados.
- A intensidade de um gradiente de concentração, além da temperatura, tamanho molecular e gradientes elétrico e de pressão, afetam a taxa de difusão.
- Substâncias atravessam membranas celulares por difusão, transportes passivo e ativo, endocitose e exocitose.

5.4 Transporte ativo e passivo

- Muitos tipos de moléculas e íons se difundem por uma bicamada lipídica apenas com a ajuda de proteínas de transporte.

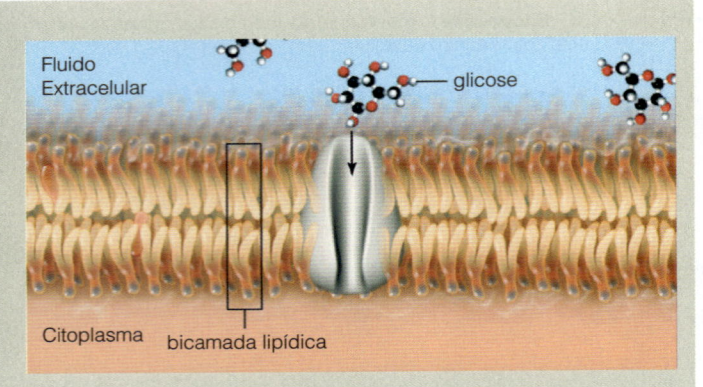

a Uma molécula de glicose (aqui, em fluido extracelular) se vincula a uma proteína de transporte embutida na bicamada lipídica.

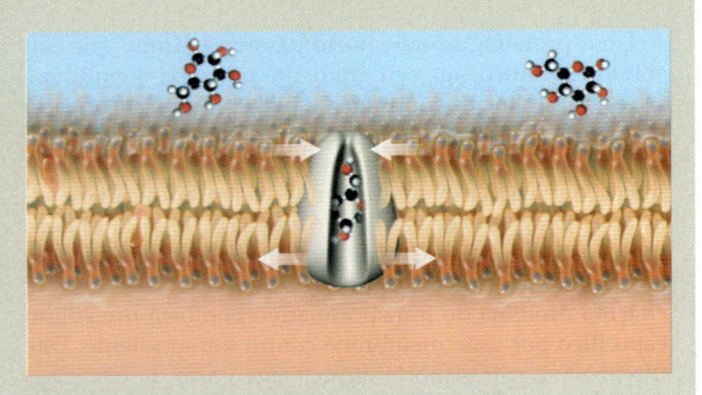

b A ligação faz com que a proteína mude de formato.

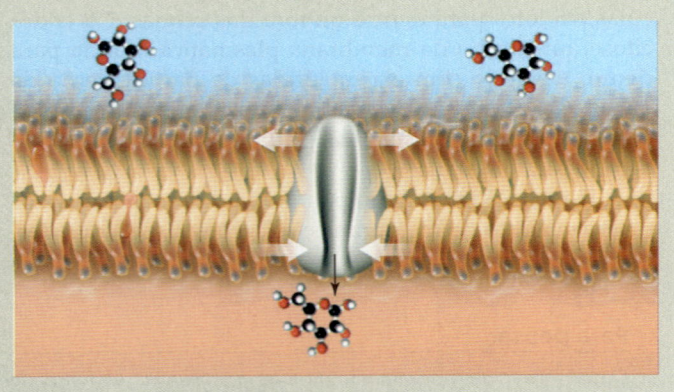

c A molécula de glicose se solta da proteína de transporte do outro lado da membrana (aqui, no citoplasma), e a proteína volta a seu formato original.

Figura 5.9 Transporte passivo. Este modelo mostra um dos transportadores de glicose que cobrem a membrana plasmática. A glicose cruza nas duas direções. O movimento líquido deste soluto é para o lado da membrana onde está menos concentrado.

Muitos solutos atravessam uma membrana ao se associarem com proteínas de transporte. Cada tipo de proteína de transporte pode mover um íon ou molécula específica por uma membrana. Transportadores de glicose só transportam glicose; bombas de cálcio só bombeiam cálcio, e assim por diante. A especificidade significa que as quantidades e os tipos de substâncias que atravessam uma membrana dependem de que proteínas de transporte estão embutidas nela.

Transporte passivo

No **transporte passivo**, um gradiente de concentração orienta a difusão de um soluto ao longo de uma membrana celular, com a assistência de uma proteína de transporte. A proteína não exige energia para auxiliar o movimento do soluto; assim, o transporte passivo também é chamado de difusão facilitada.

Alguns transportadores passivos são canais abertos; outros são "regulados". Um transportador regulado muda de formato quando uma molécula se vincula a ele ou em resposta a uma alteração na carga elétrica. A mudança de formato da proteína leva o soluto para o lado oposto da membrana, onde se desacopla. Então, o transportador volta a seu formato original. A Figura 5.9 mostra um exemplo, um transportador de glicose. Moléculas de glicose se difundem sem ajuda por uma bicamada lipídica, mas o transportador aumenta a taxa de difusão em cerca de 50.000 vezes.

O movimento líquido de um soluto em particular através de transportadores passivos tende a ser em direção ao lado da membrana onde o soluto está menos concentrado. Isso ocorre porque moléculas ou íons simplesmente colidem com os transportadores mais frequentemente no lado da membrana onde estão mais concentrados.

O transporte passivo continua até que as concentrações nos dois lados da membrana estejam iguais. Entretanto, tal equilíbrio raramente ocorre em um sistema vivo. Por exemplo, células utilizam glicose tão rapidamente quanto a obtêm. Assim que a molécula de glicose entra em uma célula, é decomposta para energia ou utilizada para construir outras moléculas. Assim, normalmente há um gradiente de concentração na membrana que favorece a absorção de mais glicose.

Transporte ativo

As concentrações de soluto mudam constantemente no citoplasma e fluido extracelular. Manter a concentração de um soluto em um determinado nível significa frequentemente transportar o soluto contra seu gradiente, até o lado de uma membrana onde está mais concentrado. Tal bombeamento não ocorre sem aportes de energia, normalmente de ATP.

No **transporte ativo**, uma proteína de transporte utiliza energia para bombear um soluto contra seu gradiente por uma membrana celular. A energia, frequentemente na forma de uma transferência de grupo fosfato do ATP, muda o formato do transportador e tal mudança faz o transportador liberar o soluto para o outro lado da membrana.

Por exemplo, **bombas de cálcio** são transportadores ativos que movem íons de cálcio por membranas de células musculares (Figura 5.10). As células musculares se contraem quando o sistema nervoso faz íons de cálcio saírem de uma organela em especial, o retículo sarcoplasmático, enrolado em torno da fibra muscular. A inundação limpa locais de vinculação em proteínas motoras que fazem os músculos se contraírem. A contração termina depois que as bombas de cálcio movem a maior parte dos íons de cálcio de volta ao retículo sarcoplasmático, contra seu gradiente de concentração. As bombas de cálcio mantêm a concentração de cálcio naquele compartimento 1.000 a 10.000 vezes maior que no citoplasma da célula muscular.

A bomba de sódio-potássio é um **cotransportador** – ela move duas substâncias ao mesmo tempo (Figura 5.11). Quase todas as células em seu corpo têm essas bombas, que transportam íons de sódio e potássio em direções opostas ao longo de uma membrana. Íons de sódio (Na^+) no citoplasma se difundem para dentro do canal aberto da bomba e se ligam a seu interior. A bomba muda de formato depois de receber um grupo fosfato do ATP. Seu canal se abre para o fluido extracelular e libera Na^+. Então, íons de potássio (K^+) do fluido extracelular se difundem para dentro do canal e se ligam a seu interior. O transportador libera o grupo fosfato, depois volta a seu formato original. O canal se abre para o citoplasma e o K^+ é liberado ali.

Lembre-se de que as membranas de todas as células, não apenas dos animais, têm transportadores ativos. Você aprenderá, por exemplo, como os açúcares feitos nas folhas de uma planta são bombeados para dentro de tubos que os distribuem pelo corpo da planta.

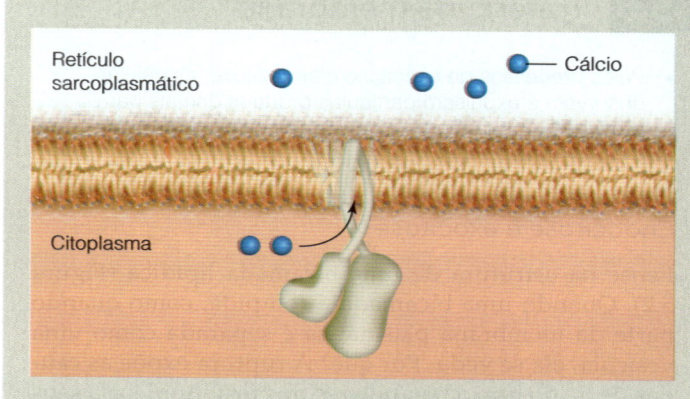

a Íons de cálcio se vinculam a um transportador de cálcio (bomba de cálcio).

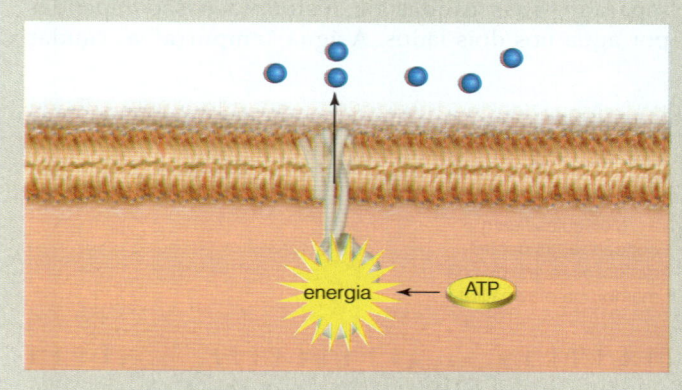

b Um grupo fosfato é transferido do ATP para a bomba. A bomba muda de formato para que ejete os íons de cálcio para o lado oposto da membrana e volta a seu formato original.

Figura 5.10 Transporte ativo. Este modelo mostra um transportador de cálcio. Depois que dois íons de cálcio se vinculam ao transportador, ATP transfere um grupo fosfato a ele, fornecendo, assim, energia que leva o movimento de cálcio contra seu gradiente de concentração através da membrana celular.

Para pensar

Se uma molécula ou íon não consegue se difundir através de uma bicamada lipídica, como cruza uma membrana celular?

- Proteínas de transporte ajudam moléculas ou íons específicos a atravessar membranas celulares. As substâncias que atravessam uma membrana são determinadas, majoritariamente, pelas proteínas de transporte embutidas nela.
- No transporte passivo, um soluto se vincula a uma proteína que o libera no lado oposto da membrana. Nenhuma energia é necessária; o movimento líquido de soluto é para abaixo de seu gradiente de concentração.
- No transporte ativo, uma proteína bombeia um soluto ao longo de uma membrana, contra seu gradiente de concentração. O transportador deve ser ativado, normalmente por um aporte de energia do ATP.

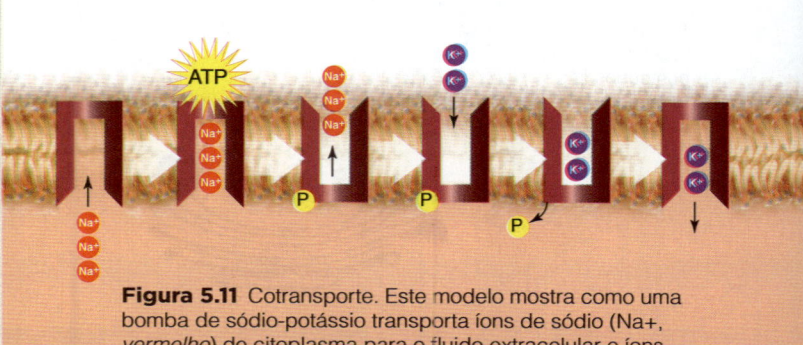

Figura 5.11 Cotransporte. Este modelo mostra como uma bomba de sódio-potássio transporta íons de sódio (Na^+, *vermelho*) do citoplasma para o fluido extracelular e íons potássio (K^+, *roxo*) na outra direção através da membrana plasmática. Uma transferência de grupo fosfato do ATP fornece energia para o transporte.

5.5 Tráfego na membrana

- Pelos processos de exocitose e endocitose, as células absorvem e expulsam partículas grandes demais para proteínas de transporte, além de substâncias em lotes.

Endocitose e exocitose

Pense na estrutura de uma bicamada lipídica (Figura 5.2). Quando uma bicamada é rompida, como quando parte da membrana plasmática é separada como uma vesícula, ela se veda. Por quê? A ruptura expõe as caudas de ácido graxo não polares dos fosfolipídeos a seus arredores aquosos. Lembre que, na água, os fosfolipídeos se reorganizam espontaneamente para que suas caudas continuem juntas. Quando um trecho da membrana é separado, suas caudas de fosfolipídeo são repelidas por água nos dois lados. A água "empurra" as caudas de fosfolipídeo e as junta, o que ajuda a arredondar o trecho como uma vesícula, e também sela a ruptura na membrana.

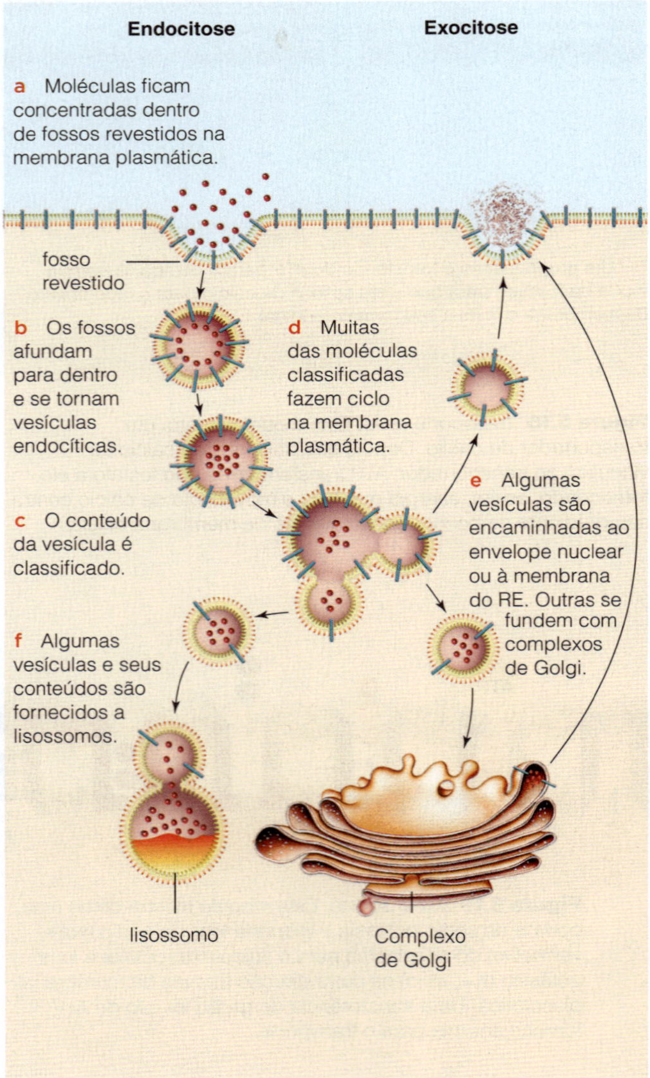

Como parte das vesículas, trechos de membrana se movem constantemente de e para a superfície da célula (Figura 5.12). A formação e o movimento de vesículas, que é chamado de tráfego da membrana, envolvem proteínas motoras e exigem ATP.

Pela **exocitose**, uma vesícula vai para a superfície da célula e a bicamada lipídica repleta de proteínas de sua membrana se funde com a membrana plasmática. À medida que a vesícula exocítica perde sua identidade, seu conteúdo é liberado para os arredores (Figura 5.12).

Há três rotas de **endocitose**, mas todas absorvem substâncias perto da superfície da célula. Um pequeno trecho de membrana plasmática incha para dentro e, depois, separa-se após afundar mais no citoplasma. O trecho de membrana se torna a fronteira externa de uma vesícula endocítica, que fornece seu conteúdo para uma organela ou o armazena em uma região citoplasmática.

Com a endocitose mediada por receptor, moléculas de um hormônio, vitamina, mineral ou outra substância se vinculam a receptores na membrana plasmática. Um poço raso se forma no trecho da membrana sob os receptores. O poço se afunda no citoplasma e se fecha em si, e desta forma se torna uma vesícula (Figura 5.13).

A **fagocitose** é uma rota endocítica. Células fagocíticas como amebas engolfam microrganismos, detritos celulares ou outras partículas. Em animais, macrófagos e outros leucócitos fagocíticos engolfam e digerem vírus e bactérias patogênicos, células corporais cancerosas e outras ameaças.

Agora sabemos que a endocitose mediada por receptor é um nome enganador, porque receptores também funcionam na fagocitose. Quando esses receptores se ligam a um alvo, fazem microfilamentos se montarem em uma malha sob a membrana plasmática. Os microfilamentos se contraem, forçando uma parte do citoplasma e da membrana plasmática acima dele a se projetar para fora como um lóbulo, ou pseudópodes (Figuras 5.14), que engolfam um alvo e se fundem como uma vesícula, que se afunda no citoplasma e se funde com um lisossomo. Enzimas no lisossomo decompõem o conteúdo da vesícula. As enzimas do lisossomo digerem a vesícula em fragmentos e moléculas menores e reutilizáveis.

Endocitose

a Moléculas ficam concentradas dentro de fossos revestidos na membrana plasmática.

fosso revestido

b Os fossos afundam para dentro e se tornam vesículas endocíticas.

c O conteúdo da vesícula é classificado.

f Algumas vesículas e seus conteúdos são fornecidos a lisossomos.

lisossomo

Exocitose

d Muitas das moléculas classificadas fazem ciclo na membrana plasmática.

e Algumas vesículas são encaminhadas ao envelope nuclear ou à membrana do RE. Outras se fundem com complexos de Golgi.

Complexo de Golgi

Figura 5.12 Endocitose e exocitose.

A A vesícula endocítica se forma.

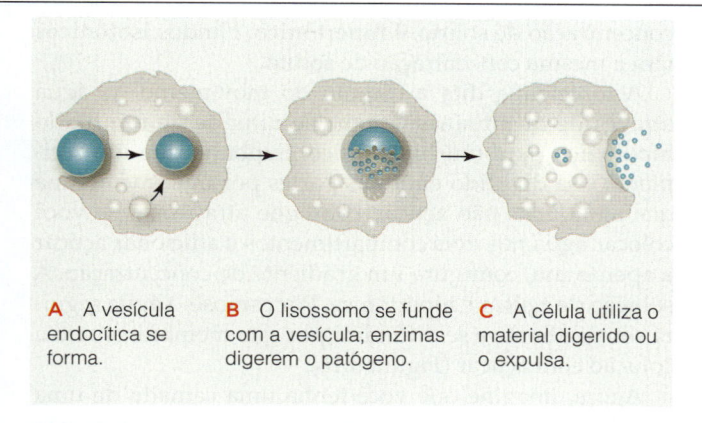

B O lisossomo se funde com a vesícula; enzimas digerem o patógeno.

C A célula utiliza o material digerido ou o expulsa.

Figura 5.14 Fagocitose. (**a-c**) Diagrama mostrando o que acontece dentro de uma célula fagocítica depois que seus pseudópodes (os lobos que se estendem do citoplasma) cercam um patógeno. A membrana plasmática acima dos lobos ressaltados se funde e forma uma vesícula endocítica. Dentro do citoplasma, a vesícula se funde com um lisossomo, que digere seu conteúdo.

A endocitose da fase em lote não é tão seletiva. Uma vesícula se forma em volta de um pequeno volume de fluido extracelular independentemente dos tipos de substâncias dissolvidos nele.

Ciclo da membrana

Desde que a célula esteja viva, a exocitose e a endocitose continuamente substituem e retiram trechos de sua membrana plasmática, como na Figura 5.12.

A composição de uma membrana plasmática começa no RE. Proteínas e lipídeos da membrana são formados e modificados e ambos se tornam parte de vesículas que os transportam aos complexos de Golgi para modificação final. As proteínas e os lipídeos acabados são reembalados como novas vesículas que vão até a membrana plasmática e se fundem com ela. Os lipídeos e as proteínas da membrana da vesícula se tornam parte da membrana plasmática. Este é o processo pelo qual a membrana plasmática nova se forma.

A Figura 5.15 mostra o que acontece quando uma vesícula exocítica se funde com a membrana plasmática. Os complexos de Golgi embalam proteínas da membrana voltadas para dentro de uma vesícula, portanto, depois da fusão, as proteínas estão voltadas para fora da célula.

Em uma célula que não cresce mais, a área total da membrana plasmática permanece mais ou menos constante. A membrana é perdida como resultado da endocitose, mas substituída pela membrana que chega como vesícula exocítica.

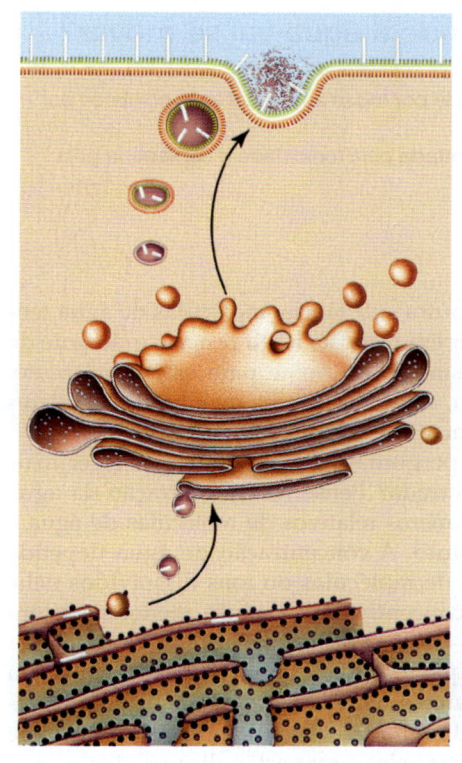

Resolva: Que processo a seta superior representa?

Resposta: Exocitose.

Figura 5.15 Como proteínas da membrana são voltadas para o interior ou exterior da célula.

Proteínas da membrana plasmática são montadas no RE e concluídas dentro de complexos de Golgi. As proteínas se tornam parte das membranas das vesículas que surgem do Complexo de Golgi. As proteínas da membrana se voltam automaticamente para a direção adequada quando as vesículas se fundem com a membrana plasmática.

Para pensar

Como as células absorvem grandes partículas e substâncias em lotes?

- A exocitose e a endocitose movem materiais em lotes nas membranas plasmáticas.
- Pela exocitose, uma vesícula citoplasmática se funde com a membrana plasmática e libera seu conteúdo para a parte externa da célula.
- Pela endocitose, um trecho de membrana plasmática se afunda para dentro e forma uma vesícula no citoplasma.
- A endocitose mediada por receptor e a fagocitose são duas rotas endocíticas que ocorrem quando substâncias específicas se ligam a receptores. A endocitose da fase em lote não é específica.
- A membrana plasmática perdida durante a endocitose é substituída pela membrana que cerca vesículas exocíticas.

5.6 Para onde a água vai se mover?

- A água se difunde por todas as membranas celulares por osmose.
- A osmose é orientada pela tonicidade e combatida pela tumidez.

Osmose

Como qualquer outra substância, moléculas de água tendem a se difundir em resposta a seu próprio gradiente de concentração. **Osmose** é o nome para este movimento. Como você já leu, a água atravessa membranas celulares sozinha e também através de proteínas de transporte.

Você pode se perguntar: Como a água pode ser mais ou menos concentrada? Pense na concentração da água em termos de números relativos de moléculas de água e moléculas de soluto. A concentração de água depende do número total de moléculas ou íons dissolvidos nela. Quanto maior a concentração de soluto, menor a concentração de água.

Por exemplo, quando se coloca um pouco de açúcar em um recipiente parcialmente cheio de água, você aumenta o volume total de líquido. O número de moléculas de água não muda, mas elas agora estão dispersas em um volume total maior. Como resultado do soluto adicionado, o número de moléculas de água por volume de unidade – a concentração de água – diminuiu.

Tonicidade

Tonicidade se refere às concentrações relativas de solutos em dois fluidos separados por uma membrana seletivamente permeável (semipermeável). Quando as concentrações de soluto diferem, diz-se que o fluido com menor concentração de solutos é **hipotônico**. O outro, com maior concentração de soluto, é **hipertônico**. Fluidos **isotônicos** têm a mesma concentração de soluto.

A tonicidade dita a direção do movimento de água através de membranas: a água se difunde de um fluido hipotônico para um hipertônico. Suponha que um recipiente seja dividido em duas partes por uma membrana que água, mas não açúcar, consegue atravessar. Se você colocar água nos dois compartimentos e adicionar açúcar a apenas um, configura um gradiente de concentração. A solução de açúcar é hipertônica. Por osmose, a água seguirá seu gradiente e se difundirá por esta membrana para a solução com açúcar (Figura 5.16).

Agora, imagine que você tenha uma camada de uma membrana seletivamente permeável que água, mas não sacarose, pode atravessar. Você faz um saco com a membrana e o enche com uma solução de sacarose 2%. Se você jogar o saco em uma solução com sacarose 2% (uma solução isotônica), ele ficará do mesmo tamanho (Figura 5.17a). Se o jogar em uma solução de sacarose 10% (uma solução hipertônica), o saco encolherá enquanto a água se difunde para fora dele. Se você jogar o saco na água sem sacarose nela (o que é hipotônico com relação à solução), ele inchará enquanto a água se difunde para dentro dele.

Uma célula é essencialmente um saco de membrana semipermeável de fluido. O que acontece quando o fluido fora de uma célula é hipertônico? A água seguirá seu gradiente e atravessará a membrana para o lado hipertônico, e o volume da célula diminuirá enquanto a água se difunde para fora dela. Se o fluido externo for muito hipotônico, o volume da célula aumentará enquanto a água se difunde para dentro dele.

A maioria das células de vida livre pode combater mudanças na tonicidade ao transportar seletivamente solutos ao longo da membrana plasmática. A maioria das células de espécies pluricelulares não consegue. Em organismos pluricelulares, manter a tonicidade de fluidos extracelulares faz parte da homeostase. Assim, o fluido do tecido normalmente é isotônico com o fluido dentro de células (Figura 5.17b). Se o fluido de um tecido se tornasse hipertônico, as células perderiam água e murchariam (Figura 5.17c). Se o fluido de um tecido se tornasse hipotônico, água demais difundiria para dentro das células e elas explodiriam (Figura 5.17d).

Efeitos da pressão dos fluidos

A **pressão hidrostática**, ou, como os botânicos utilizam, **turgidez**, frequentemente combate a osmose. Os dois termos se referem à pressão que um volume de fluido exerce contra uma parede, membrana, tubo celular ou qualquer outra estrutura que o segura. As paredes celulares em plantas e muitos protistas, fungos e bactérias resistem a um aumento no volume do citoplasma.

As paredes de vasos sanguíneos resistem a um aumento no volume de sangue. A quantidade de pressão hidrostática que pode evitar que a água se difunda para o fluido citoplasmático ou outra solução hipertônica é chamada **pressão osmótica**.

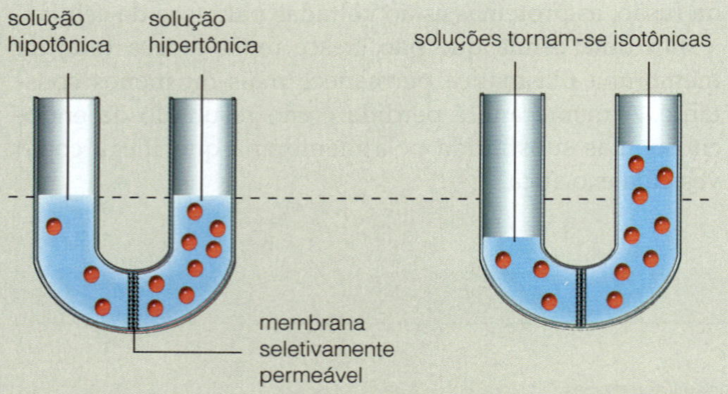

a Inicialmente, o volume de fluido é o mesmo nos dois compartimentos, mas a concentração de soluto difere.

b O volume de fluido nos dois compartimentos muda à medida que a água segue seu gradiente e se difunde pela membrana.

Figura 5.16 Experimento mostrando uma mudança no volume de fluido como resultado da osmose. Uma membrana seletivamente permeável separa duas regiões.

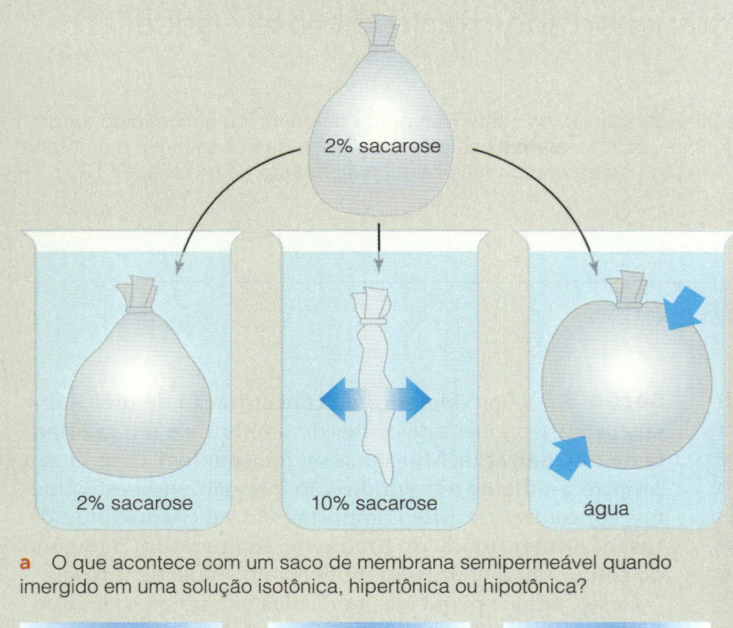

a O que acontece com um saco de membrana semipermeável quando imergido em uma solução isotônica, hipertônica ou hipotônica?

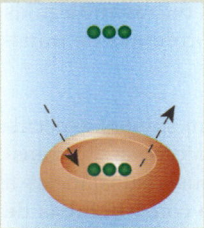

b Glóbulos vermelhos em uma solução isotônica não mudam de volume.

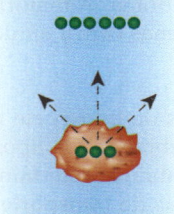

c Glóbulos vermelhos em uma solução hipertônica encolhem porque a água se difunde para fora deles.

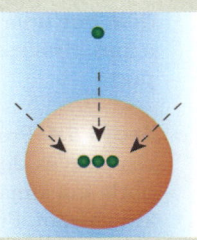

d Glóbulos vermelhos em uma solução hipotônica incham porque a água se difunde para dentro deles.

Figura 5.17 (**a**) Um experimento de tonicidade. (**b-d**) As imagens em microscópio mostram hemácias humanas imersas em fluidos de diferentes tonicidades.

Figura 5.18 (**a**) Um tomateiro sofrendo definhamento induzido osmoticamente 30 minutos depois que água salgada foi acrescentada ao solo no vaso. (**b**) Células de uma pétala de íris, cheias de água. Seu citoplasma e vacúolo central se estendem até a parede celular. (**c**) Células de uma pétala de íris murcha. Seu citoplasma e vacúolo central encolheram e a membrana plasmática se afastou da parede.

Como um exemplo, as células vegetais em crescimento são hipertônicas com relação à água no solo (o fluido citoplasmático normalmente tem mais solutos do que a água do solo). A água que se difunde para uma célula vegetal jovem por osmose exerce pressão de fluido na parede primária. A parede fina e flexível se expande sob pressão, o que permite que o volume citoplasmático aumente. A expansão da parede – e da célula – termina quando a pressão osmótica dentro da célula se acumula o suficiente para evitar a absorção de água adicional.

A pressão hidrostática também suporta partes moles da planta. Quando uma planta com folhas verdes moles cresce bem no solo com água suficiente, a pressão hidrostática mantém as células cheias – e a planta ereta. À medida que o solo seca, a concentração de sal na água do solo aumenta. Se a água do solo se tornar hipertônica com relação ao fluido citoplasmático, a água se difunde para fora das células da planta e a pressão hidrostática nelas cai. O citoplasma encolhe e a planta definha. Adicionar sal ao solo tem o mesmo efeito. A Figura 5.18 mostra o que acontece quando se coloca água salgada no solo em volta das raízes de um tomateiro. Em 30 minutos, a planta murcha.

Para pensar

Por que e como a água entra e sai das células?

- A água se move em resposta a seu próprio gradiente de concentração, que é influenciado pela concentração de soluto.
- A osmose é uma difusão líquida de água entre duas soluções que diferem na concentração de água e são separadas por uma membrana seletivamente permeável.
- A água tende a se mover osmoticamente para regiões de maior concentração de solutos (de uma solução hipotônica para uma hipertônica). Nenhuma difusão líquida ocorre entre soluções isotônicas.
- A pressão de fluido que uma solução exerce contra uma membrana ou parede influencia o movimento osmótico de água.

QUESTÕES DE IMPACTO REVISITADAS | Um transportador ruim e fibrose cística

CFTR é um transportador ativo de íons de cloreto. Em cerca de 90% dos pacientes com FC, a perda de um único aminoácido da proteína causa a desordem. As proteínas CFTR com mutação são funcionais, mas enzimas as destroem antes que cheguem à membrana plasmática. Assim, a fibrose cística é mais frequentemente um resultado de tráfego de membrana prejudicado da proteína CFTR.

Resumo

Seções 5.1, 5.2 Uma membrana celular é uma barreira **seletivamente permeável** que separa um ambiente interno de um externo. Cada uma é um mosaico de lipídeos (principalmente fosfolipídeos) e proteínas. Os lipídeos são organizados como uma camada dupla na qual as caudas não polares das duas camadas são entrelaçadas entre as cabeças polares. Membranas de bactérias e células eucarióticas podem ser descritas por um modelo de **mosaico fluido**; as de arqueas não são fluidas.

Proteínas associadas permanente ou temporariamente a uma membrana executam a maioria das funções da membrana. Todas as membranas têm **proteínas de transporte**. Membranas plasmáticas também incorporam **proteínas receptoras, proteínas de adesão, enzimas** e **proteínas de reconhecimento** (Tabela 5.1).

Seção 5.3 Uma diferença na **concentração** de uma substância entre regiões adjacentes de um fluido é um **gradiente de concentração**. Moléculas ou íons tendem a seguir seu próprio gradiente e ir em direção à região onde estão menos concentrados. Este comportamento é chamado de **difusão**. A intensidade do gradiente, temperatura, tamanho do soluto, carga e pressão influenciam a taxa de difusão.

Gases, água e pequenas moléculas não polares se difundem por uma membrana. A maioria das outras moléculas e íons atravessa apenas com a ajuda de proteínas de transporte.

Seção 5.4 Proteínas de transporte movem solutos específicos através de membranas. Os tipos de proteínas de transporte em uma membrana determinam quais substâncias a atravessam. Proteínas de **transporte ativo** como **bombas de cálcio** utilizam energia, normalmente de ATP, para mover um soluto contra seu gradiente de concentração. Proteínas de **transporte passivo** operam sem aporte de energia; o movimento de soluto é orientado pelo gradiente de concentração. **Co-transportadores** movem solutos em direções diferentes ao longo de uma membrana.

Seção 5.5 Exocitose, endocitose e **fagocitose** movem substâncias em lotes e grandes partículas por membranas plasmáticas. Com a exocitose, uma vesícula citoplasmática se funde com a membrana plasmática e seu conteúdo é liberado para a parte externa da célula. Os lipídeos e as proteínas da membrana da vesícula se tornam parte da membrana plasmática. Com a endocitose, um trecho de membrana plasmática infla para dentro da célula e forma uma vesícula que afunda no citoplasma. A membrana plasmática perdida por endocitose é substituída por vesículas exocíticas.

Seção 5.6 Osmose é a difusão de água através de uma membrana seletivamente permeável, da região com menor concentração de soluto (**hipotônica**) para a região com maior concentração de soluto (**hipertônica**). Não há movimento líquido de água entre soluções **isotônicas**. **Pressão osmótica** é a quantidade de **turgidez** ou **pressão hidrostática** (pressão de fluido contra uma membrana ou parede celular) que para a osmose.

Tabela 5.1 Tipos comuns de proteínas de membranas

Categoria	Funções	Exemplos
Transportadores passivos	Permitem que íons ou moléculas pequenas atravessem uma membrana até o lado onde são menos concentrados. Canais abertos ou regulados.	Porinas; transportador de glicose
Transportadores ativos	Bombeiam íons ou moléculas através de membranas para o lado onde estão mais concentrados. Exigem entrada de energia, como do ATP.	Bomba de cálcio; transportador de serotonina
Receptores	Iniciam a mudança na atividade de uma célula ao reagirem a um estímulo externo (ex.: ao se ligarem a uma molécula de sinalização).	Receptor de insulina; receptor de célula B
Moléculas de adesão celular	Ajudam as células a aderirem umas às outras e à matriz extracelular.	Integrinas; caderinas
Proteínas de reconhecimento	Identificam células como próprias (pertencentes ao próprio corpo ou tecido).	Moléculas de histocompatibilidade
Enzimas	Aceleram reações sem serem alteradas por elas.	Diversas hidrolases

Exercício de análise de dados

Na maioria das pessoas com fibrose cística, o 508º. aminoácido da proteína CFTR (uma fenilalanina) está ausente. Uma proteína CFTR com esta alteração é sintetizada corretamente e pode transportar íons corretamente, mas nunca chega à membrana plasmática para fazer seu trabalho.

Sergei Bannykh e seus colegas desenvolveram um procedimento para medir as quantidades relativas da proteína CFTR localizadas em regiões diferentes de uma célula. Eles compararam o padrão de distribuição de CFTR em células normais com o padrão em células com CFTR com mutação. Um resumo de seus resultados é mostrado na Figura 5.19.

1. Que organela contém a menor quantidade de proteína CFTR em células normais? Em células de FC? Qual contém mais?
2. Em que organela a quantidade de proteína CFTR em células de FC é mais próxima da quantidade em células normais?
3. Onde a proteína CFTR com mutação fica retida?

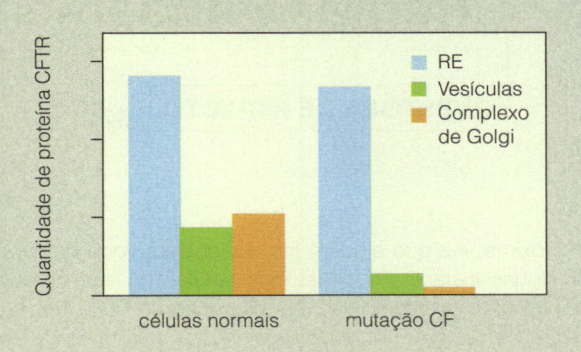

Figura 5.19 Comparação entre as quantidades de proteína CFTR associada ao retículo endoplasmático (*azul*), vesículas que vão do RE ao Complexo de Golgi (*verde*), e complexos de Golgi (*laranja*). Os padrões de distribuição de CFTR em células normais e células com a mutação mais comum de fibrose cística foram comparados.

Questões
Respostas no Apêndice III

1. As membranas celulares consistem principalmente de _____ .
   a. bicamada de carboidrato e proteínas
   b. bicamada de proteínas e fosfolipídeos
   c. bicamada lipídica e proteínas
2. Em uma bicamada lipídica, _____ de todas as moléculas de lipídeos são espremidas entre todas as _____ .
   a. caudas hidrofílicas; cabeças hidrofóbicas
   b. cabeças hidrofílicas; caudas hidrofílicas
   c. caudas hidrofóbicas; cabeças hidrofílicas
   d. cabeças hidrofóbicas; caudas hidrofílicas
3. Pelo modelo _____ , as membranas celulares são estruturas flexíveis compostas de uma mistura de muitos tipos diferentes de moléculas.
4. A maioria das funções da membrana é executada por _____ .
   a. proteínas   c. ácidos nucleicos
   b. fosfolipídeos   d. hormônios
5. Membranas de organelas incorporam _____ .
   a. proteínas de transporte   c. proteínas de reconhecimento
   b. proteínas de adesão   d. todas as anteriores
6. Algumas proteínas _____ também são receptores.
7. A difusão é o movimento de íons ou moléculas de uma região na qual estão _____ (mais/menos) concentradas para outra onde estão _____ (mais/menos) concentradas.
8. Nomeie uma molécula que pode se difundir rapidamente em uma bicamada lipídica.
9. Alguns íons de sódio atravessam uma membrana celular através de proteínas de transporte que primeiro devem ser ativadas por um impulso de energia. Este é um exemplo de _____ .
   a. transporte passivo   c. difusão facilitada
   b. transporte ativo   d. respostas a e c
10. Mergulhe uma célula viva em uma solução hipotônica e a água tenderá a _____ .
    a. entrar na célula
    b. sair da célula
    c. não mostrar nenhum movimento líquido
    d. entrar por endocitose
11. A pressão de fluido contra uma parede ou membrana celular é chamada de _____ .
12. Vesículas se formam por _____ .
    a. endocitose   d. halitose
    b. exocitose   e. respostas a e c
    c. fagocitose   f. respostas a até c
13. Coloque as seguintes estruturas em ordem de acordo com uma rota de tráfego exocítico.
    a. membrana plasmática   c. retículo endoplasmático
    b. complexos de Golgi   d. vesículas pós-Golgi
14. Una o termo à descrição mais adequada.

    ___ fagocitose   a. proteína de identidade
    ___ transporte passivo   b. base da difusão
    ___ proteína de   c. importante nas membranas
        reconhecimento
    ___ transporte ativo   d. uma célula engolfa a outra
    ___ fosfolipídeo   e. exige impulso de energia
    ___ gradiente   f. procura sinais e substâncias na
                                   superfície da célula
    ___ receptores   g. nenhum impulso de energia
                                   necessário para mover solutos

Raciocínio crítico

1. A água entra osmoticamente no *Paramecium*, um protista aquático unicelular. Se não corrigido, o fluxo incharia a célula, romperia sua membrana plasmática e a célula morreria. Um mecanismo que exige energia e envolve vacúolos contráteis (*direita*) expele o excesso de água. A água entra nas extensões semelhantes a tubos do vacúolo e se acumula dentro. Um vacúolo cheio se contrai e leva a água para fora da célula. Os arredores do *Paramécio* são hipotônicos, hipertônicos ou isotônicos?

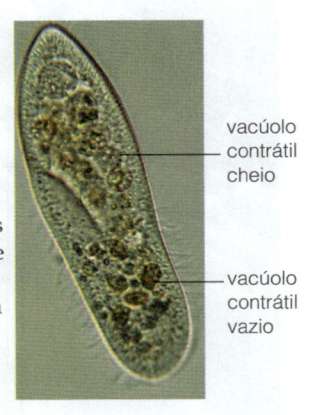

6 | Regras Fundamentais do Metabolismo

QUESTÕES DE IMPACTO | Álcool Desidrogenase (ADH)

Da próxima vez que alguém lhe disser para você beber, pare por alguns instantes e pense nas células do seu corpo que desintoxicam o álcool. Não faz diferença se você bebe uma garrafa de cerveja, um copo de vinho ou uma dose de vodca (43 ml). Todos têm a mesma quantidade de álcool ou, mais precisamente, etanol (CH_3CH_2OH). As moléculas de etanol passam rapidamente do estômago e intestino delgado para a corrente sanguínea. Quase todo o etanol que as pessoas bebem termina no fígado, que possui números impressionantes de enzimas que metabolizam álcool. Uma dessas enzimas, a álcool desidrogenase, ajuda o corpo a eliminar o etanol e outros álcoois tóxicos do corpo (Figura 6.1).

É difícil desintoxicar o álcool das células do fígado. Ele provoca desaceleração da síntese de proteína e glicose e interrompe a quebra de lipídeos e carboidratos. As mitocôndrias usam oxigênio no metabolismo do etanol – oxigênio que normalmente faria parte da quebra de ácidos graxos. Os ácidos graxos se acumulam como glóbulos grandes de gordura nos tecidos de pessoas que bebem muito. Conforme as células do fígado morrem por falta de oxigênio, há cada vez menos células para realizar a desintoxicação. Um resultado possível é a hepatite alcoólica, uma doença comum caracterizada pela inflamação e destruição do tecido hepático. A cirrose hepática, outra possibilidade, deixa o fígado permanentemente marcado. (A palavra cirrose vem da palavra grega *kirros*, ou de cor laranja, por causa da cor anormal das pessoas com a doença.) Como resultado, o fígado para de funcionar, tendo consequências terríveis à saúde.

O fígado é a maior glândula do corpo humano, pesando aproximadamente 1,4 kg. Ele fica na lateral superior direita da cavidade abdominal e tem muitas funções importantes que afetam o corpo inteiro. Ajuda a digerir gorduras e a regular o nível de açúcar no sangue, além de eliminar muitos compostos químicos tóxicos, não apenas o etanol. Ele também produz as proteínas do plasma que circulam no sangue. As proteínas do plasma são essenciais para a coagulação do sangue, funções imunológicas e para manter o equilíbrio de solutos dos fluidos corporais.

Agora pense sobre o comportamento autodestrutivo conhecido como "bebedeira". A ideia é consumir grandes quantidades de álcool em um curto período de tempo. As "bebedeiras" são atualmente o problema de drogas mais sério em *campus* de faculdade nos Estados Unidos e também no Brasil. Por exemplo, um estudo de 2006 mostrou que quase metade dos 4.580 alunos universitários norte-americanos pesquisados é de "bebedores" abusivos, o que significa que eles consumiram cinco ou mais bebidas alcoólicas em um período de duas horas pelo menos uma vez durante o ano anterior à pesquisa.

As "bebedeiras" fazem mais do que prejudicar o fígado. No Brasil não há dados concretos, mas nos Estados Unidos sabe-se que, além das 500 mil lesões relacionadas a acidentes, dos 600 mil atentados praticados pelos alunos intoxicados, 100 mil casos de estupro e 400 mil ocorrências de (ops!) sexo sem proteção, as "bebedeiras" matam mais de 1.400 alunos a cada ano. Com este exemplo grave, voltamos ao metabolismo, à capacidade da célula de adquirir e usar energia.

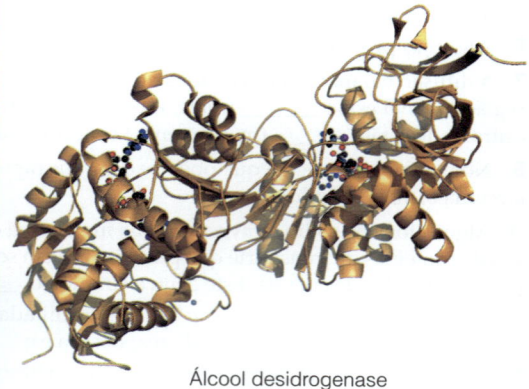

Figura 6.1 Álcool desidrogenase. Essa enzima, que ajuda o corpo a decompor etanol e outros álcoois tóxicos, possibilita aos seres humanos beberem cerveja, vinho e outras bebidas alcoólicas.

Conceitos-chave

Fluxo de energia nos seres vivos
A energia tende a se dispersar espontaneamente. Cada vez que a energia é transferida, um pouco dela se dissipa. Os organismos só mantêm sua organização se consumirem energia continuamente. O ATP combina reações que liberam energia utilizável com reações que exigem energia. **Seções 6.1, 6.2**

Como as enzimas funcionam
As enzimas aumentam muito a taxa de reações metabólicas. Fatores ambientais, como temperatura, sal e pH, influenciam a função da enzima. **Seção 6.3**

A natureza do metabolismo
Vias metabólicas são sequências de reações mediadas por enzimas impulsionadas por energia. Elas concentram, convertem ou descartam os materiais nas células. Os controles das enzimas que governam as etapas principais em vias metabólicas podem mudar as atividades celulares rapidamente. **Seção 6.4**

Metabolismo em todo lugar
O conhecimento sobre metabolismo, incluindo como as enzimas funcionam, pode ajudar você a interpretar alguns fenômenos naturais. **Seção 6.5**

Neste capítulo

- Neste capítulo, você conseguirá entender como os organismos exploram o fluxo obrigatório de energia para manter sua organização.
- Seu conhecimento sobre ligações químicas e carboidratos lhe ajudará a entender como as células armazenam e recuperam energia em ligações químicas. Você também verá como ATP conecta processos que exigem energia do metabolismo com os que liberam energia.
- Este capítulo revisa a relação entre a estrutura e função da proteína, no contexto das enzimas e como elas funcionam. Fatores como temperatura e pH afetam as funções enzimáticas.
- Você começará a pensar em como as células obtêm energia a partir de moléculas orgânicas em sequências de transferência de elétrons e proteínas da membrana que executam tais reações.
- Você verá um exemplo de como cientistas atrelam reações metabólicas para formar indicadores e como esses indicadores nos ajudam a entender melhor fenômenos naturais como os biofilmes.

Qual sua opinião? Algumas pessoas prejudicam seu fígado porque bebem álcool em excesso, outras têm infecções que causam danos ao fígado. Por não haver doadores de fígado suficientes, o estilo de vida deve ser um fator decisivo para quem faz um transplante? Conheça a opinião de seus colegas e apresente seus argumentos a eles.

6.1 Energia e os seres vivos

- A organização das moléculas da vida começa com a entrada de energia nas células vivas.

Energia dispersa

Energia, lembre-se, é a capacidade de trabalhar, mas esta definição não é perfeita. Mesmo os melhores físicos não podem dizer, exatamente, o que é energia. Porém, mesmo sem uma definição perfeita, nós podemos entender energia apenas pensando em tipos familiares, como a luz, a eletricidade, a pressão e o movimento (Figura 6.2).

Também entendemos que uma forma de energia pode ser convertida em outra forma. Por exemplo, uma lâmpada pode transformar eletricidade em luz, e um automóvel pode transformar a energia química da gasolina em energia para se mover. O que pode não ser óbvio é que a quantidade total de energia em cada conversão permanece a mesma. A energia não aparece de lugar nenhum e ela não desaparece no nada, um conceito que é chamado **Primeira Lei da Termodinâmica**.

Outro conceito descreve a maneira como a energia se comporta. Ela tende a se dispersar espontaneamente. Por exemplo, o calor passa de uma panela quente para o ar em uma cozinha fria até que a temperatura de ambos seja a mesma. Nós nunca vemos ar frio aumentar a temperatura de uma panela quente. Cada forma de energia – não apenas calor – tende a se dispersar até que nenhuma parte de um sistema possua mais que a outra parte.

Entropia é a medida de quanta energia em um sistema particular se tornou dispersa. Vamos usar a panela quente em uma cozinha fria como exemplo de um sistema. Conforme o calor passa da panela para o ar, a entropia do sistema aumenta. A entropia continua a aumentar até que o calor esteja uniformemente distribuído na cozinha e não haja mais um fluxo de uma área para a outra. Nosso sistema agora alcançou sua entropia máxima com relação ao calor (Figura 6.3).

Quando dissermos que a energia dispersa, significa que um sistema tende a se modificar em busca de um estado de entropia máxima. O conceito de que a entropia aumenta espontaneamente é a **Segunda Lei da Termodinâmica**. Se virmos uma diminuição na entropia, podemos esperar que alguma alteração de energia tenha ocorrido para torná-la possível.

Biólogos usam o conceito de entropia aplicado à ligação química, porque o fluxo de energia da vida ocorre primariamente fazendo e quebrando ligações químicas. Como a entropia está relacionada à ligação química? Pense nela apenas em termos de movimento. Dois átomos não ligados podem vibrar, rodopiar e girar em todas as direções: eles estão sob alta entropia com relação ao movimento. Uma ligação covalente entre os átomos os inibe, então eles se movem de formas diferentes de antes da ligação. Assim, a entropia de dois átomos diminui quando uma ligação se faz entre eles.

Mudança de entropia é parte do motivo pelo qual algumas reações ocorrem espontaneamente, e outras exigem uma entrada de energia, como você verá na próxima seção.

Figura 6.2 Demonstração de um tipo familiar de energia – a energia de movimento.

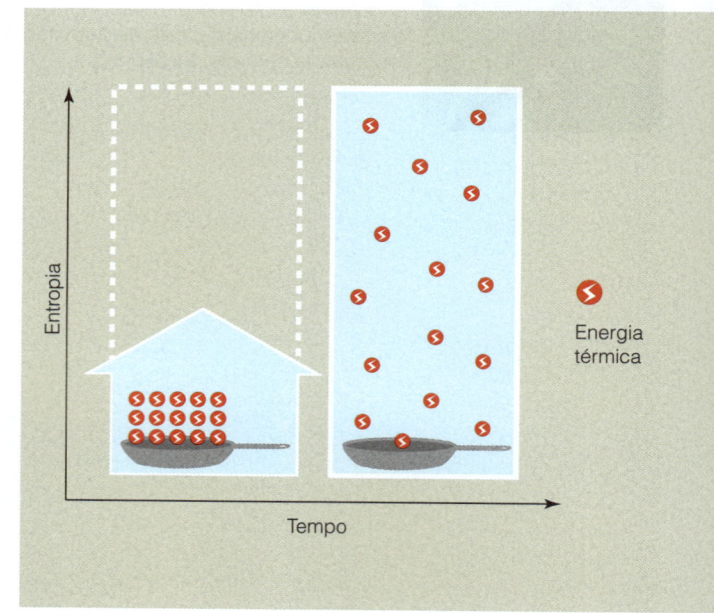

Figura 6.3 Entropia é a "trocabilidade" de energia. A entropia tende a aumentar, mas a quantidade total de energia sempre permanece a mesma.

Figura 6.4 São necessárias mais de 4 toneladas de grãos de soja e milho para criar um novilho de 400 kg. Para onde vão as outras 3,6 toneladas? O corpo do animal decompõe as moléculas no alimento para acessar energia armazenada nas ligações químicas. Somente cerca de 10% dessa energia vai para a construção de massa corporal. Parte do restante é usada para atividades (tais como o movimento), mas a maioria se perde durante as conversões de energia.

Fluxo único de energia

O trabalho ocorre enquanto a energia é transferida de um lugar para outro, sendo que tais transferências de energia frequentemente envolvem a conversão de uma forma de energia para outra. Para um biólogo, esta afirmação significa que todos os organismos usam energia que retiraram do meio ambiente para guiar o trabalho celular. Por exemplo, células fotossintéticas de produtores capturam luz do sol, convertendo-a em energia química armazenada nas ligações de carboidratos, e o acesso a essa energia ocorre através da quebra dessas ligações. Ambos os processos envolvem muitas transferências de energia.

Um pouco de energia escapa com cada transferência, geralmente em forma de calor. Esta é outra maneira de interpretar a segunda lei: transferências de energia nunca são completamente eficientes. Por exemplo, a lâmpada incandescente típica converte aproximadamente 5% da energia da eletricidade em luz. A energia restante, aproximadamente 95% dela, termina como calor que irradia da lâmpada. O calor dispersado não é muito útil para o trabalho e não é facilmente convertido em uma forma mais útil de energia (como eletricidade). Como um pouco de energia em toda transferência se dispersa em calor, e o calor não é útil para fazer o trabalho, podemos dizer que a quantidade total de energia disponível para fazer o trabalho no universo está sempre diminuindo.

A vida é uma exceção a esse fluxo em depressão? Um corpo organizado dificilmente é dispersado. A energia fica concentrada em cada organismo novo conforme as moléculas da vida se formam e se organizam em células. Mesmo assim, a segunda lei se aplica. Seres viventes usam constantemente energia para crescer, se mover, obter nutrientes, reproduzir e assim por diante. Perdas inevitáveis ocorrem durante as transferências de energia que mantêm a vida (Figura 6.4). A menos que as perdas sejam repostas com energia de outra fonte, a organização complexa da vida terminará. A maior parte da energia que abastece a vida na Terra é energia que foi perdida do Sol, que vem perdendo energia desde que se formou há 4,5 bilhões de anos.

CAPTAÇÃO DE ENERGIA
A energia da luz do Sol alcança ambientes na Terra. Os produtores de quase todos os ecossistemas seguram alguma energia e a convertem em formas armazenadas de energia. Eles e todos os outros organismos convertem energia armazenada em formas capazes de impulsionar o trabalho celular.

PERDA DE ENERGIA
A cada conversão, há um fluxo de mão única de um pouco de energia de volta ao ambiente. Ciclo de nutrientes entre produtores e consumidores.

Figura 6.5 Um fluxo obrigatório de energia nos organismos vivos compensa o fluxo obrigatório de energia para fora dele. As entradas de energia impulsionam o ciclo de materiais entre produtores e consumidores.

Em nosso mundo, a energia vem do Sol, através de produtores, depois consumidores (Figura 6.5). Durante essa jornada, a energia muda de forma e muda de mãos muitas vezes. A cada momento, um pouco de energia escapa em forma de calor até que, finalmente, toda ela é irrevogavelmente dispersada. Porém, a segunda lei não diz quão rapidamente a dispersão deve acontecer. A dispersão espontânea da energia enfrenta a resistência das ligações químicas. Pense em todas as ligações das inúmeras moléculas que constituem sua pele, coração, fígado, fluidos e outras partes do corpo. Essas ligações mantêm as moléculas e você juntos – pelo menos temporariamente.

Para pensar

O que é energia?

- Energia é a capacidade de trabalhar. Ela pode ser convertida de uma forma para outra, mas não pode ser criada ou destruída.
- A energia tende a se espalhar ou dispersar espontaneamente.
- Organismos só conseguem manter sua organização complexa obtendo energia que retiram de algum outro lugar.

6.2 Energia nas moléculas da vida

- Todas as células armazenam e recuperam energia nas ligações químicas das moléculas da vida.

Ganho e perda de energia

Você já sabe como as ligações químicas unem átomos em moléculas. Quando as moléculas interagem, as ligações químicas podem se quebrar, se formar ou ambos. Uma **reação** é o processo pelo qual tal mudança química ocorre. Durante uma reação química, um ou mais **reagentes** (moléculas que participam da reação) se transformam em um ou mais **produtos** (moléculas que permanecem ao final da reação). Uma reação química é tipicamente mostrada em uma equação (Figura 6.6).

Toda ligação química possui energia. A quantidade de energia que uma ligação particular mantém depende de quais elementos fazem parte dela. Por exemplo, a ligação covalente entre um átomo de oxigênio e um de hidrogênio em qualquer molécula de água sempre possui a mesma quantidade de energia. Essa é a quantidade de energia exigida para quebrar a ligação, e ela também é a quantidade de energia liberada quando a ligação se forma.

Tanto a energia de ligação quanto a entropia contribuem para a **energia livre** de uma molécula, que é a quantidade de energia que está disponível (livre) para fazer o trabalho.

Na maioria das reações, a energia livre dos reagentes difere da energia livre dos produtos. Reações nas quais os reagentes têm menos energia livre que os produtos exigem uma entrada de energia para prosseguir. Tais reações são **endergônicas**, que significa "entrada de energia" (Figura 6.7a).

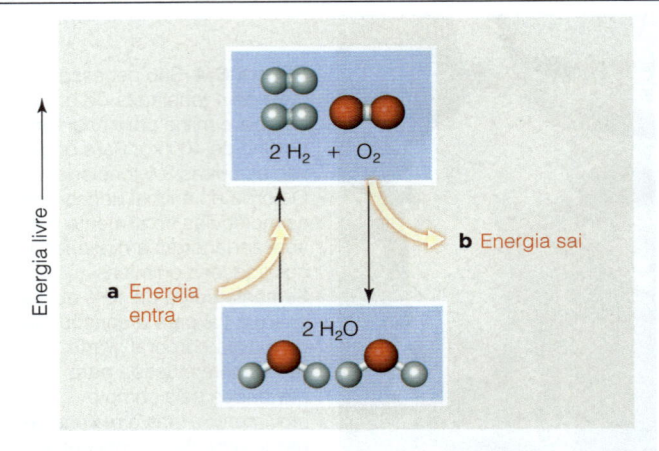

Figura 6.7 Entradas e saídas de energia em reações químicas.

(**a**) Reações endergônicas exigem uma entrada de energia, pois convertem moléculas com menos energia livre em moléculas com mais energia livre.

(**b**) Reações exergônicas terminam com uma saída de energia, pois convertem moléculas com mais energia livre em moléculas com menos energia livre.

Resolva: Qual lei da termodinâmica explica as entradas e saídas de energia nas reações químicas?

Resposta: A primeira lei.

As células armazenam energia processando reações endergônicas. Por exemplo, a energia (na forma de luz) produz todas as reações da fotossíntese, que convertem dióxido de carbono e água em glicose e oxigênio. Diferente da luz, a glicose pode ser armazenada dentro de uma célula.

Em outras reações, os reagentes têm mais energia livre que os produtos. Tais reações são **exergônicas**, que significa "saída de energia", porque elas terminam com uma liberação de energia (Figura 6.7b). As células acessam a energia livre das moléculas realizando reações exergônicas. Um exemplo é o processo todo da respiração aeróbica, que converte glicose e oxigênio em dióxido de carbono e água para a saída de energia.

Por que o mundo não entra em combustão?

As moléculas da vida liberam energia quando são combinadas com oxigênio. Por exemplo, pense em quando uma faísca acende madeira seca em uma fogueira. A madeira possui celulose em sua maior parte, que é um carboidrato que consiste em cadeias longas de unidades repetidas de glicose. Uma faísca inicia uma reação que converte celulose e oxigênio em água e dióxido de carbono. A reação é exergônica e libera energia suficiente para iniciar a mesma reação com outras moléculas de celulose e oxigênio. É por isso que uma fogueira queima quando é acesa.

A Terra é rica em oxigênio – e em reações exergônicas potenciais. Por que ela não se rompe em chamas? Por sorte, ela pega energia para quebrar as ligações químicas dos reagentes, mesmo em uma reação exergônica. **Ativação de energia** é a quantidade mínima de energia que iniciará a

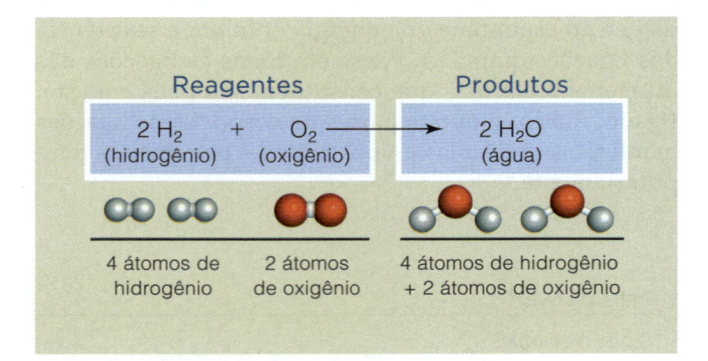

Figura 6.6 Escrituração química. Em equações que representam reações químicas, os reagentes são escritos à esquerda de uma seta que aponta para os produtos. Um número antes de uma fórmula indica o número de moléculas.

Os átomos se embaralham ao redor de uma reação, mas nunca desaparecem. O mesmo número de átomos que entra em uma reação permanece na extremidade da reação.

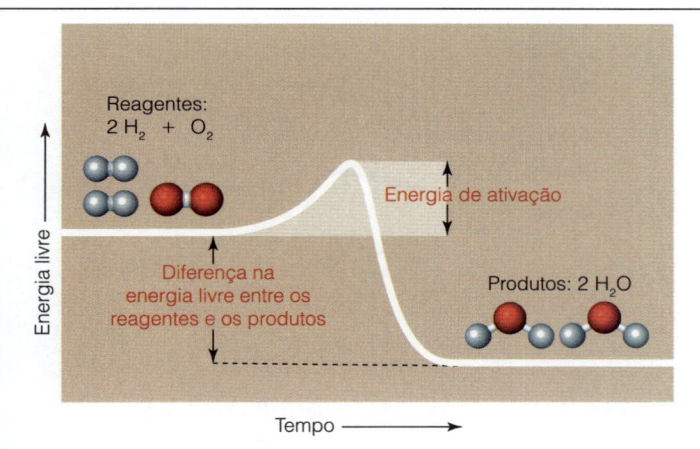

Figura 6.8 Energia de ativação. A maioria das reações não prosseguirá sem uma entrada de energia de ativação, que é mostrada aqui como uma protuberância em um monte de energia. Neste exemplo, os reagentes têm mais energia livre que os produtos. A energia de ativação evita que essas reações exergônicas sejam realizadas espontaneamente.

reação química (Figura 6.8). É independente de qualquer diferença de energia entre reagentes e produtos.

Tanto reações endergônicas como exergônicas possuem energia de ativação, mas a quantidade varia de acordo com a reação. Por exemplo, algodão-pólvora, ou nitrocelulose, é um derivado de celulose altamente explosivo. Christian Schönbein descobriu acidentalmente uma forma de produzi-la quando usou um avental de algodão para limpar ácido nítrico derramado sobre a mesa da cozinha, depois o pendurou perto do fogão. O avental explodiu. Sendo químico nos anos 1800, Schönbein tinha esperanças imediatas de que pudesse comercializar o algodão-pólvora como uma arma de fogo explosiva, mas ele provou ser instável demais. Muito pouca energia de ativação é necessária para fazer com que o algodão-pólvora reaja com o oxigênio e exploda espontaneamente. O substituto? Pólvora, que tem energia de ativação maior para a reação com oxigênio.

ATP – a moeda de energia da célula

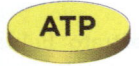

ATP (adenosina trifosfato) é um transportador de energia. Ele aceita energia liberada por reações exergônicas e fornece energia para reações endergônicas. ATP é a moeda principal na economia de energia da célula, por isso usamos uma moeda fictícia para simbolizá-lo.

ATP é um nucleotídeo com três grupos de fosfato (Figura 6.9a). As ligações que unem esses grupos de fosfatos contêm muita energia. Quando um grupo fosfato é transferido do ATP para outra molécula, a energia é transferida com ele. Essa energia contribui para a parte da "entrada de energia" de uma reação endergônica. Uma transferência de grupo fosfato é chamada **fosforilação**.

As células usam constantemente ATP para conduzir reações endergônicas, depois o repõem novamente.

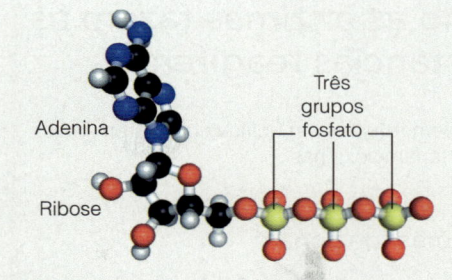

a Estrutura de ATP (adenosina trifosfato)

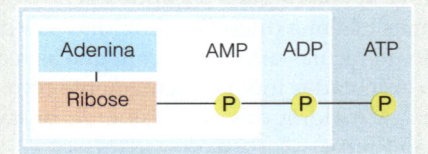

b A molécula é chamada ATP quando tem três grupos fosfato. Depois de perder um grupo fosfato, a molécula é chamada ADP (adenosina difosfato); depois de perder dois grupos fosfato, é chamada AMP (adenosina monofosfato).

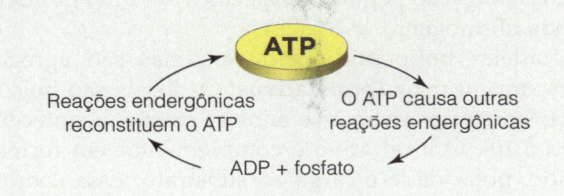

c ATP se forma quando uma reação endergônica causa a ligação covalente de ADP e fosfato. A energia ATP é transferida para outra molécula com um grupo fosfato e ADP se forma novamente. A energia dessas transferências impulsiona as reações endergônicas que são objeto de trabalho celular, como transporte ativo e contração muscular.

Figura 6.9 ATP, a moeda de energia de todas as células.

Quando o ATP perde um fosfato, forma-se ADP (adenosina difosfato) (Figura 6.9b). O ATP se forma novamente quando ADP liga fosfato em uma reação endergônica. O ciclo do uso e reuso de ATP é chamado **ciclo do ATP/ADP** (Figura 6.9c).

Para pensar

Como as células usam energia?

- As células armazenam e recuperam energia fazendo e quebrando ligações químicas.
- A energia de ativação é a quantidade mínima de energia necessária para iniciar uma reação química.
- Reações endergônicas não acontecem sem uma entrada líquida de energia. Reações exergônicas terminam com a liberação de energia líquida.
- O ATP, o principal transportador de energia em todas as células, combina reações que liberam energia com reações que exigem energia.

6.3 Como as enzimas fazem as substâncias reagirem

- As enzimas fazem reações específicas ocorrerem mais rápido do que fariam sozinhas.

Como as enzimas funcionam

Séculos podem passar antes que o açúcar se decomponha em dióxido de carbono e água sozinho, ainda que a mesma conversão leve apenas alguns segundos dentro de sua célula. As enzimas fazem a diferença. **Enzimas** são catalisadores, que são moléculas que fazem com que as reações químicas sejam executadas independentemente com muito mais rapidez. A maioria das enzimas é de proteínas, mas algumas são RNAs.

A maioria das enzimas não é consumida ou alterada pela participação em uma reação; ou seja, pode trabalhar várias vezes. Cada tipo reconhece e altera reagentes específicos, ou **substratos**. Por exemplo, a enzima trombina rompe uma ligação peptídica específica em uma proteína chamada fibrinogênio.

As cadeias polipeptídicas de enzimas são agregadas em um ou mais **locais ativos**. Os locais são bolsos onde os substratos se ligam e onde as reações acontecem (Figura 6.10). O local ativo é complementar em forma, tamanho, polaridade e carga ao substrato. Essa combinação é o motivo pelo qual cada enzima age apenas em substratos específicos. Os locais ativos também são chamados sítios ativos.

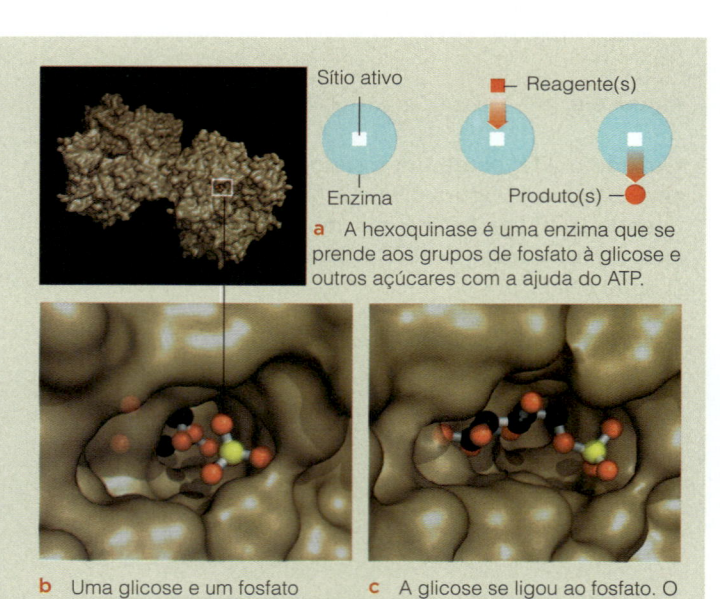

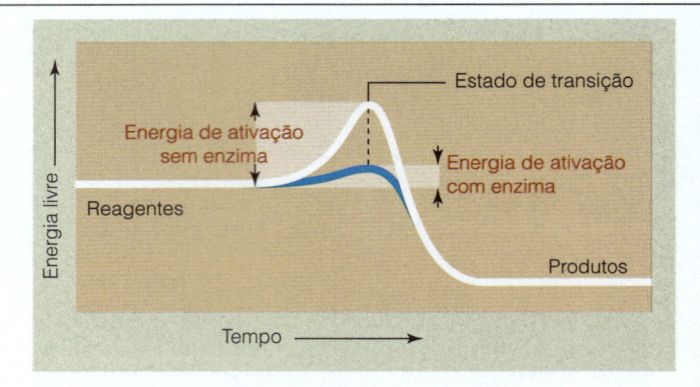

Figura 6.11 Uma enzima melhora a taxa de uma reação reduzindo sua energia de ativação. **Resolva:** Essa reação é endergônica ou exergônica?

Resposta: Exergônica.

A energia de ativação é um pouco semelhante a uma montanha que os reagentes devem escalar antes de poderem descer para o outro lado e se transformarem em produtos. Quando falamos sobre a energia de ativação, realmente pensamos sobre a energia necessária para quebrar as ligações dos reagentes. Dependendo da reação, essa energia pode forçar os substratos a ficar juntos, redistribuir sua carga ou provocar alguma outra mudança. A mudança traz o **estado de transição**, quando ligações de substratos alcançam seu ponto de quebra e a reação acontece espontaneamente em produto. As enzimas podem ajudar a chegar ao estado de transição diminuindo a energia de ativação (Figura 6.11). Elas fazem isso através dos quatro mecanismos a seguir, que funcionam sozinhos ou em combinação.

Auxílio na junção de substratos As moléculas de substrato mais próximas são as que têm mais probabilidade de reagir. Fazer a ligação em um local ativo é tão efetivo quanto tornar substratos 10 milhões de vezes mais próximos.

Orientação de substratos para posições que favorecem reações Sozinhos, os substratos colidem a partir de direções aleatórias. Por outro lado, a ligação em um local ativo posiciona os substratos para que eles se alinhem para uma reação.

Indução de um encaixe entre a enzima e o substrato Pelo **modelo de ajuste induzido**, um substrato não é totalmente complementar em um local ativo. A enzima limita o substrato, esticando ou apertando-o em uma forma que frequentemente o coloque próximo a um grupo reativo ou a outra molécula. Ao forçar um substrato a caber em um local ativo, a enzima o guia ao estado de transição.

Fechar a entrada das moléculas de água O metabolismo ocorre em fluidos com base em água, mas as moléculas de água podem interferir em determinadas reações. Os locais ativos de algumas enzimas repelem água e a mantêm longe das reações.

a A hexoquinase é uma enzima que se prende aos grupos de fosfato à glicose e outros açúcares com a ajuda do ATP.

b Uma glicose e um fosfato se encontram no local ativo da hexoquinase, o microambiente no qual essas moléculas são incentivadas a reagir.

c A glicose se ligou ao fosfato. O produto dessa reação, glicose-6-fosfato, é mostrado deixando o local ativo.

Figura 6.10 O local ativo de uma enzima.

Efeitos da temperatura, pH e salinidade

Adicionar mais energia em forma de calor estimula a energia livre, pois o movimento molecular aumenta com a temperatura. Quanto maior a energia livre dos reagentes, mais próxima a reação fica de sua energia de ativação. Assim, a taxa de uma reação enzimática tipicamente aumenta com a temperatura, mas apenas até certo ponto. Uma enzima se desnatura acima de uma temperatura característica. Então, a taxa de reação cai nitidamente conforme a forma da enzima muda e para de funcionar (Figura 6.12). Por exemplo, temperaturas do corpo acima de 42 °C afetam adversamente muitas enzimas, motivo pelo qual febres altas são perigosas.

A tolerância de enzimas ao pH varia. No corpo humano, a maioria das enzimas trabalha melhor em pH 6-8. Por exemplo, a molécula hexoquinase na Figura 6.10 é mais ativa nas áreas do intestino delgado, onde o pH é de aproximadamente 8. Algumas enzimas, como a pepsina, funcionam fora do limite típico de pH. A pepsina funciona apenas no fluido estomacal, onde ela quebra proteínas nos alimentos. O fluido é muito ácido, com um pH de aproximadamente 2 (Figura 6.13).

Uma atividade enzimática também é influenciada pela quantidade de sal no fluido circundante. Muito ou pouco sal pode interferir nas ligações de hidrogênio que mantêm uma enzima em sua forma tridimensional.

Ajuda dos cofatores

Cofatores são átomos ou moléculas (diferentes das proteínas) que se associam às enzimas e são necessários para cumprir sua função. Alguns são íons de metal. Cofatores orgânicos são chamados **coenzimas**. Quase todas as vitaminas são coenzimas ou precursoras delas.

Nós podemos usar uma enzima chamada catalase como um exemplo de como os cofatores funcionam. Como a hemoglobina, a catalase possui quatro hemes. O átomo de ferro no centro de cada heme é um cofator. O ferro, como outros átomos de metal, afeta elétrons e moléculas próximas. A catalase funciona mantendo uma molécula de substrato perto de um de seus átomos de ferro. O ferro afasta os elétrons de substrato, que leva ao estado de transição.

A catalase é um **antioxidante**, o que significa que ela neutraliza radicais livres – átomos ou moléculas com um ou mais elétrons não pareados. Estas sobras perigosas das reações metabólicas atacam a estrutura de moléculas biológicas. Radicais livres se acumulam conforme envelhecemos, em parte porque o corpo produz menos moléculas de catalase.

Algumas coenzimas são firmemente ligadas a uma enzima. Outras, como NAD+ e NADP+, podem se difundir livremente através do citoplasma. Diferente das enzimas, muitas coenzimas são modificadas durante a reação.

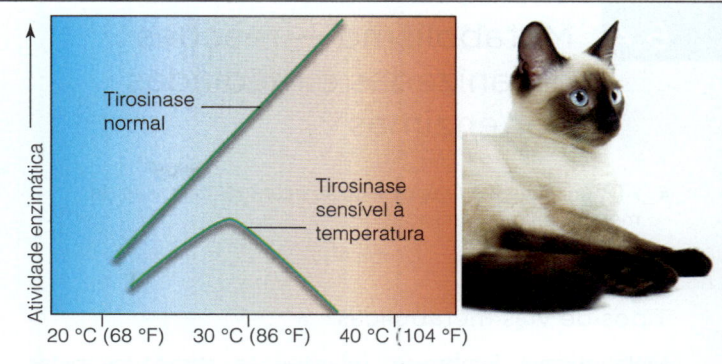

Figura 6.12 A enzima tirosinase está envolvida na produção de melanina, um pigmento escuro nas células da pele. Normalmente, a atividade da tirosinase aumenta com a temperatura entre 20 °C e 40 °C. As mutações podem fazer com que a atividade da tirosinase seja nivelada às temperaturas normais do corpo. A mutação siamesa faz com que ela seja inativa nas partes mais quentes do corpo do gato, que resulta em menos melanina e pelo mais claro.

Figura 6.13 Enzimas e pH. (**a**) Como os valores de pH afetam três enzimas. (**b**) Plantas carnívoras do gênero *Nepenthes* crescem em *habitats* pobres em nitrogênio. Elas excretam ácidos e enzimas que digerem proteínas no fluido em um recipiente feito de uma folha modificada. As enzimas liberam nitrogênio a partir da pequena presa, como insetos, que é atraída pelos odores do fluido e depois se afoga nele. Uma dessas enzimas semelhantes à pepsina funciona melhor sob pH 2,6.

Para pensar

Como as enzimas funcionam?

- As enzimas aumentam bastante a taxa de reações específicas. A ligação a um local ativo da enzima faz com que um substrato alcance seu estado de transição. Nesse estado, as ligações de substrato estão no ponto de quebra.
- Cada enzima trabalha melhor sob determinadas temperaturas, pH e concentrações de sal.
- Cofatores se associam a enzimas e auxiliam suas funções.

6.4 Metabolismo — reações organizadas e mediadas por enzimas

- ATP, enzimas e outras moléculas interagem em vias de metabolismo organizadas.

Tipos de vias metabólicas

Metabolismo, lembre-se, refere-se às atividades pelas quais as células adquirem e usam energia. Quaisquer séries de reações mediadas por enzimas pelas quais uma célula constrói, reorganiza ou decompõe uma substância orgânica é chamada **via metabólica**. Vias que constroem moléculas a partir das menores são biossintéticas, ou anabólicas. Outros caminhos que quebram moléculas são degradativas, ou catabólicas.

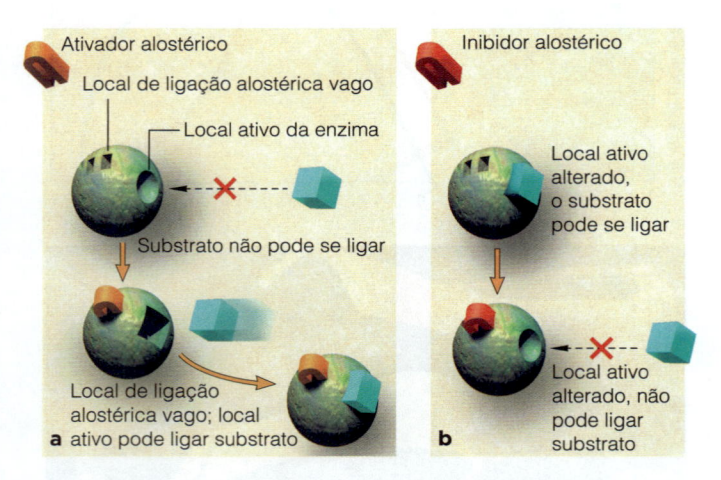

Figura 6.14 Exemplos de controle alostérico. (**a**) Um local ativo se torna funcional quando um ativador se liga a um local alostérico. (**b**) Um local ativo deixa de funcionar quando um inibidor se liga a um local alostérico.

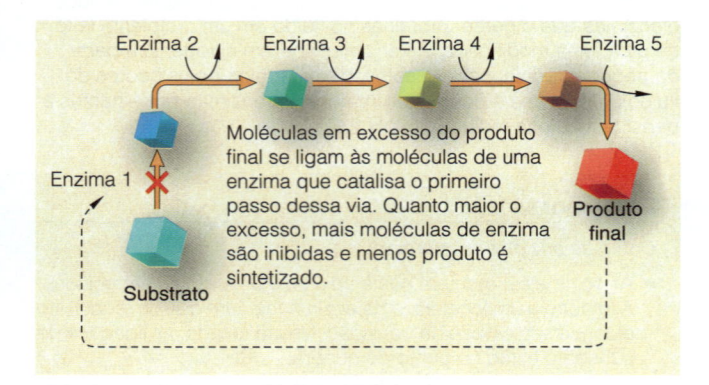

Figura 6.15 Inibição de retroalimentação. Neste exemplo, cinco tipos de enzimas agem em sequência para converter um substrato em produto, que inibe a atividade da primeira enzima.

Muitas vias metabólicas são lineares, uma linha direta de reagentes para produtos. Outras são ramificadas: seus intermediários podem prosseguir em mais de uma sequência de reações. Outras, ainda, são cíclicas; o último passo regenera um reagente para o primeiro passo. Por exemplo, uma via cíclica ocorre durante o segundo estágio da fotossíntese. O ponto de entrada para as reações é uma molécula chamada RuBP; a última reação do caminho converte um intermediário em outra molécula de RuBP.

Controles sobre o metabolismo

Reações enzimáticas acontecem não apenas de reagentes para produtos. Muitas também acontecem ao contrário e ao mesmo tempo, com alguns dos produtos sendo convertidos novamente em reagentes. As taxas de reações feitas e revertidas muitas vezes dependem das concentrações de reagentes e produtos: uma alta concentração de reagentes tende a empurrar a reação para adiante. Uma alta concentração de produtos tende a revertê-la.

As células conservam energia e recursos fazendo o que precisam – nada mais, nada menos – a qualquer momento. Como uma célula ajusta os tipos e quantidades de moléculas que produz? Mecanismos de resposta ajudam a célula a se manter, aumentar ou diminuir sua produção de milhares de substâncias diferentes. Alguns desses mecanismos ajustam a velocidade com que as moléculas enzimáticas são produzidas. Outros ativam ou inibem enzimas que já foram feitas.

Em alguns casos, moléculas que se ligam a uma enzima diretamente a ativam ou a inibem. Tais moléculas reguladoras não se conectam ao local ativo, mas a um **local alostérico** da enzima, que é uma região diferente do local ativo que pode vincular moléculas regulatórias (*allo* significa outro; *steric* significa estrutura). A ligação de um regulador alostérico altera a forma da enzima de um modo que aprimora ou inibe sua função (Figura 6.14).

Os efeitos alostéricos podem causar **inibição de resposta**, em que o produto final de uma série de reações enzimáticas inibe a primeira enzima na série (Figura 6.15). Por exemplo, a isoleucina inibe sua própria síntese, assim as células produzem mais desse aminoácido quando sua concentração no citoplasma diminui. As células esgotam seus estoques de isoleucina e outros aminoácidos – os blocos construtores de proteína – durante a síntese de proteína. Quando a síntese de proteína desacelera, menos isoleucina é incorporada às proteínas, e os aminoácidos se acumulam. A isoleucina não utilizada se liga ao local alostérico em uma enzima em sua própria via sintética.

A ligação muda a forma da enzima e menos isoleucina se forma. Quando a célula começa a produzir proteínas novamente, ela esgota a isoleucina acumulada até que os locais alostéricos nas moléculas de enzima sejam liberados. Então, a síntese de isoleucina começa novamente.

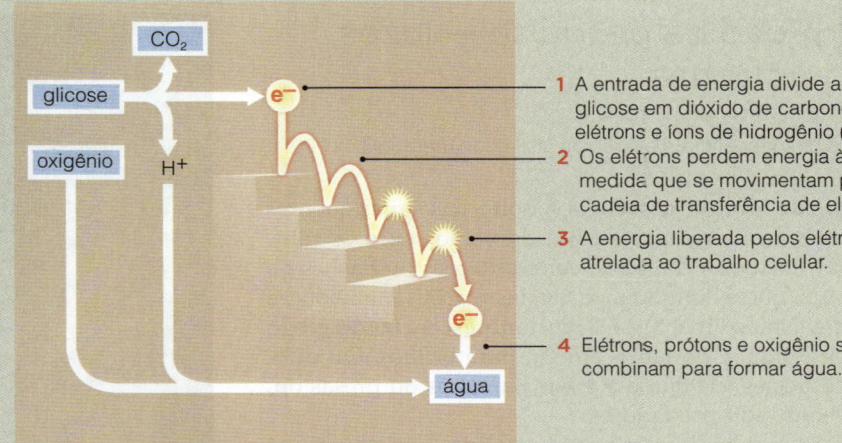

Figura 6.16 Liberação de energia não controlada *versus* energia controlada.

a Glicose e oxigênio reagem quando expostos a uma faísca. Energia é liberada de uma vez à medida que CO_2 e água se formam.

b A mesma reação ocorre em pequenos passos com uma cadeia de transferência de elétrons. A energia é liberada em quantidades que podem se atrelar ao trabalho celular, tais como contração muscular ou transporte ativo.

1 A entrada de energia divide a glicose em dióxido de carbono, elétrons e íons de hidrogênio (H^+).
2 Os elétrons perdem energia à medida que se movimentam pela cadeia de transferência de elétrons.
3 A energia liberada pelos elétrons é atrelada ao trabalho celular.
4 Elétrons, prótons e oxigênio se combinam para formar água.

Reações redox

Se uma molécula de glicose se decompõe em água e dióxido de carbono de uma vez, ela libera energia de forma explosiva (Figura 6.16a). Explosões não são ocorrências positivas para as células. A única maneira de as células capturarem energia da glicose é decompondo a molécula em passos pequenos e administráveis. A maioria desses passos é de **reações de oxidação-redução**. Em cada uma dessas reações "redox", uma molécula aceita elétrons (é *reduzida*) de outra molécula (que é oxidada). Para lembrar o significado de reduzido, pense em como a carga negativa de um elétron "reduz" a carga de uma molécula receptora. Pense no x da palavra oxidação como sinais de + laterais, que representam o aumento na carga que ocorre quando uma molécula perde um elétron.

Coenzimas estão entre os muitos tipos de moléculas que aceitam elétrons em reações redox, que também são chamadas de transferências de elétrons. Nos próximos dois capítulos, você aprenderá a importância das reações redox nas cadeias de transferência de elétrons. Uma **cadeia de transferência de elétrons** é uma série organizada de passos na reação, onde as organizações de enzimas mediadas por membrana doam e aceitam elétrons em troca. Os elétrons estão em um nível de energia mais alto quando entram na cadeia do que quando saem. Pense nos elétrons como se estivessem descendo uma escada e perdendo um pouco de energia a cada passo (Figura 6.16b).

Muitas coenzimas fornecem elétrons para as cadeias de transferência de elétrons e respiração aeróbica. A energia liberada em determinados degraus dessas cadeias ajuda a impulsionar a síntese de ATP. A Figura 6.17 é uma visão geral de como o ATP e as coenzimas conectam vias liberadoras de energia com vias que exigem energia. Essas vias ocuparão nossa atenção nos próximos capítulos.

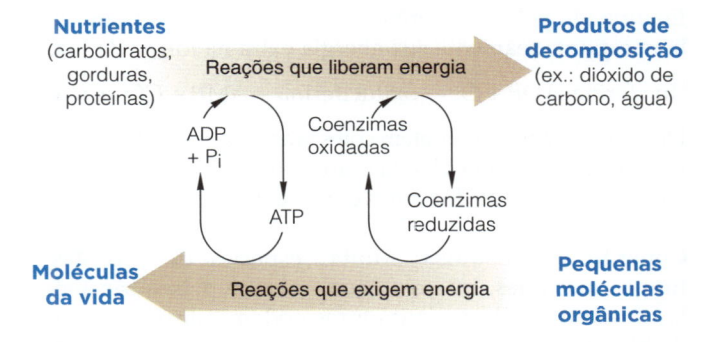

Figura 6.17 ATP se forma nas reações que liberam energia, depois fornece energia às reações que exigem energia. As coenzimas (NAD^+, $NADP^+$ e FAD) aceitam elétrons e hidrogênio provenientes das reações que liberam energia. As coenzimas (assim reduzidas para NADH, NADPH e $FADH_2$) entregam sua carga de elétrons e hidrogênio para reações que exigem energia.

Para pensar

O que são vias metabólicas?

- Vias metabólicas são sequências de reações mediadas por enzimas. Algumas são biossintéticas; outras são degradativas.
- Os mecanismos de controle aprimoram ou inibem a atividade de muitas enzimas. Os ajustes ajudam as células a produzirem apenas o que é necessário em certo intervalo.
- Muitas vias metabólicas envolvem transferências de elétrons ou reações de oxidação-redução. As reações redox ocorrem nas cadeias de transferência de elétrons. As cadeias são locais importantes para troca de energia na fotossíntese e respiração aeróbica.

6.5 Foco na pesquisa — luzes noturnas

- A bioluminescência é evidência visível de metabolismo.

Enzimas de bioluminescência À noite, nas águas quentes dos mares tropicais ou na brisa de verão sobre os campos e jardins, você consegue ver cintilações ou flashes de luz. A luz, que é emitida a partir das reações metabólicas nos organismos viventes, é a **bioluminescência** (do grego *bio-*, para vida, e do latim **lúmen**, para brilho). Em diferentes espécies, ela ajuda a atrair parceiros ou presas ou, ainda, confundir predadores.

Organismos bioluminescentes emitem luz quando as enzimas chamadas luciferases convertem energia de ligação química em energia luminosa (luciferase é um termo genérico que se refere a muitas enzimas diferentes). A Figura 6.18 mostra a luciferase de vaga-lume, uma enzima sensível à temperatura que usa ATP para energizar uma molécula de pigmento emissora de luz. Qualquer substrato de luciferase é chamado luciferina:

$$\text{luciferina} + ATP \rightarrow \text{luciferina-ADP} + P_i$$

Energizada pela transferência, a luciferina modificada libera espontaneamente sua energia extra na forma de luz:

$$\text{luciferina-ADP} + O_2 \rightarrow \text{oxiluciferina} + AMP + CO_2 + \text{luz}$$

Diferentes luciferinas emitem cores através do espectro de luz visível – de vermelho a laranja, amarelo, verde, azul e violeta. Algumas emitem até luz infravermelha ou ultravioleta.

Conexão de pesquisa Muitas espécies de protistas, fungos, bactérias, insetos, águas-vivas e peixes são bioluminescentes. Os pesquisadores podem transferir genes de bioluminescência de uma dessas espécies para outra, de forma que o organismo receptor se ilumine sob certas condições. Na verdade, fazer organismos brilhar parece bizarro. No entanto, os pesquisadores estão usando a bioluminescência como um indicador visível em uma variedade de experimentos.

Por exemplo, as bactérias de *Escherichia coli* na Figura 6.19 são receptoras de genes de um tipo de água-viva bioluminescente. A luz bioluminescente emitida por essas células indica sua atividade metabólica. Diferenças na intensidade de luz de células individuais refletem diferenças reais na atividade metabólica entre as células nesse biofilme. Essas bactérias são geneticamente idênticas; como a atividade metabólica poderia diferir entre elas? A resposta deve ser a de que o metabolismo da célula depende de sua localização dentro do biofilme. Essa pesquisa deve nos ajudar a descobrir por que algumas células bacterianas, mas não todas, tornam-se resistentes a antibióticos e são capazes de estabelecer infecções nos seres humanos.

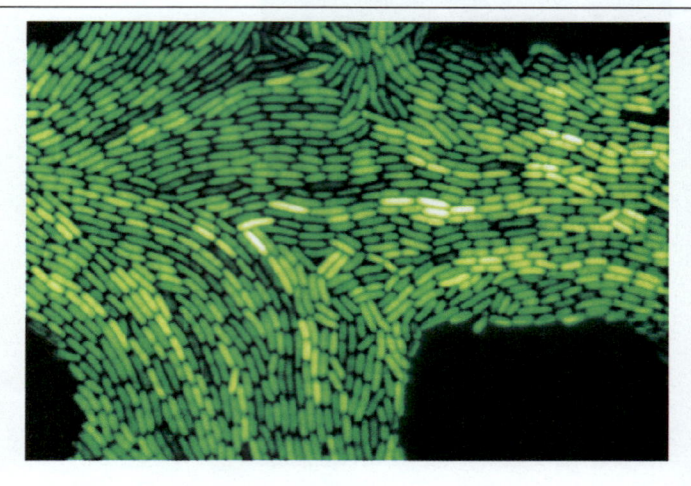

Figura 6.19 Biofilme bioluminescente. Essas bactérias foram alteradas para carregar genes de bioluminescência de uma espécie de água-viva.

Figura 6.18 Bioluminescência. À *esquerda*, um vaga-lume (*Photinus pyralis*) emite um flash a partir de seu órgão luminoso, que contém peroxissomos empacotados com moléculas de luciferase. Os flashes do vaga-lume podem ajudar parceiros em potencial a encontrar outros no escuro. À direita, estrutura da luciferase de vaga-lume.

QUESTÕES DE IMPACTO REVISITADAS | Álcool desidrogenase (ADH)

No corpo humano, a álcool desidrogenase (ADH) converte etanol em acetaldeído, uma molécula orgânica ainda mais tóxica que o etanol e a fonte mais provável de diversos sintomas da ressaca:

$$\text{etanol} + NAD^+ \xrightarrow{ADH} \text{acetaldeído} + NADH$$

Uma enzima diferente, a aldeído desidrogenase (ALDH), converte muito rapidamente o acetaldeído tóxico em acetato não tóxico:

$$\text{acetaldeído} + NAD^+ \xrightarrow{ALDH} \text{acetato} + NADH + H^+$$

Logo, a via geral de metabolismo do etanol em humanos é:

$$\text{etanol} \xrightarrow[NAD^+ \;\; NADH]{ADH} \text{acetaldeído} \xrightarrow[NAD^+ \;\; NADH]{ALDH} \text{acetato}$$

No corpo de um adulto médio, essa via metabólica pode desintoxicar entre 7 e 14 gramas de etanol por hora. Uma bebida alcoólica média contém entre 10 e 20 gramas de etanol, e é por isso que beber mais de um copo em um intervalo de duas horas pode resultar em ressaca.

A maioria dos organismos tem álcool desidrogenase, que desintoxica as pequenas quantidades de álcoois que se formam em algumas vias metabólicas. Em animais, a enzima também desintoxica álcoois produzidos pelas bactérias habitantes dos intestinos, e os dos alimentos como nas frutas maduras.

Apesar das pequenas quantidades de álcool que os seres humanos encontram naturalmente, nossos corpos produzem, pelo menos, nove tipos diferentes de álcool desidrogenase. É interessante especular sobre por que tantos deles evoluíram.

Nós entendemos como algumas mutações no ADH afetam nosso metabolismo alcoólico. Por exemplo, algumas mutações fazem com que as enzimas de ADH fiquem superativas, e nesse caso, o acetaldeído se acumula mais rapidamente do que o ALDH é capaz de desintoxicar:

$$\text{etanol} \xrightarrow{ADH} \begin{array}{c}\text{acetaldeído}\\\text{acetaldeído}\\\text{acetaldeído}\end{array} \xrightarrow{ALDH} \text{acetato}$$

Pessoas que carregam muitas mutações ficam coradas e se sentem mal depois de beber até mesmo uma pequena quantidade de álcool. Essa experiência desagradável pode ser parte do motivo pelo qual essas pessoas são menos propensas a se tornar alcoólatras do que outras.

Mutações diferentes que resultam em ALDH pouco ativo também causam o acúmulo de acetaldeído:

$$\text{etanol} \xrightarrow{ADH} \begin{array}{c}\text{acetaldeído}\\\text{acetaldeído}\\\text{acetaldeído}\end{array} \xrightarrow{X} \text{acetato}$$

Essas mutações estão associadas ao mesmo efeito – e à mesma proteção contra o alcoolismo –, assim como as mutações que fazem com que o ADH seja superativo. Ambos os tipos de mutações são comuns em pessoas descendentes de asiáticos. Por esse motivo, a reação de rubor ao ingerir álcool é muitas vezes chamada de "rubor asiático".

As mutações que interrompem a atividade de uma enzima de ADH têm o efeito oposto. Essas mutações resultam em metabolismo desacelerado do álcool, e as pessoas que as carregam podem não sentir os efeitos desconfortáveis após beberem bebidas alcoólicas como as outras pessoas. Quando essas pessoas bebem álcool, elas têm uma tendência a se tornarem alcoólatras. O estudo mencionado na abertura do capítulo mostrou que um quarto dos estudantes de universidades que bebem também apresenta outros sinais de alcoolismo.

Os alcoólatras continuarão a beber apesar de saberem das suas muitas consequências negativas. O abuso de álcool é a causa principal de cirrose hepática. O fígado torna-se tão danificado, endurecido e cheio de gordura que perde sua função (Figura 6.20). Ele para de produzir a proteína albumina, e o equilíbrio de solutos dos fluidos corporais é interrompido. As pernas e o abdome incham com fluidos aquosos. Ele não consegue remover drogas e outras toxinas do sangue, então elas se acumulam no cérebro – que tem sua função mental deteriorada, além de alterar a personalidade. O fluxo de sangue restrito pelo fígado faz com que as veias aumentem e se rompam, causando o risco de sangramento interno. O dano ao corpo resulta em susceptibilidade aumentada a diabetes e câncer do fígado. Uma vez diagnosticada cirrose, a pessoa tem cerca de 50% de chance de morrer em dez anos.

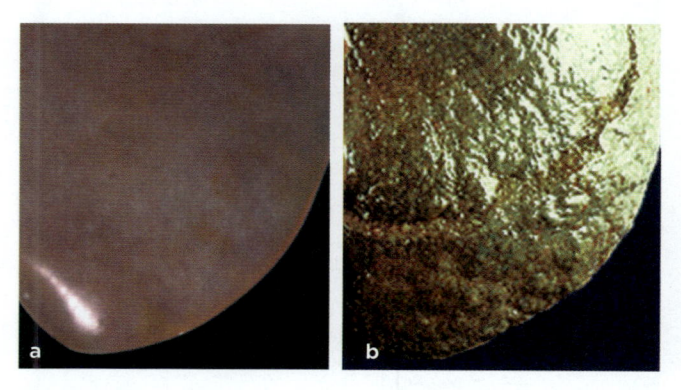

Figura 6.20 Doença alcoólica no fígado. (**a**) Fígado humano normal. (**b**) Fígado cirrótico aumentado de um alcoólatra. Dois drinques por dia podem causar essa doença.

Resumo

Seção 6.1 **Energia** é definida como uma capacidade para fazer um trabalho. A energia não pode ser criada nem destruída (**Primeira Lei da Termodinâmica**), mas pode ser convertida de uma forma para outra e, assim, transferida entre objetos ou sistemas. A energia tende a se dispersar espontaneamente (**Segunda Lei da Termodinâmica**). Um pouco se dispersa a cada transferência de energia, geralmente na forma de calor. Todos os seres viventes mantêm sua organização somente enquanto colhem energia de algum lugar. A energia flui em uma direção através da biosfera, começando principalmente a partir do Sol, depois dentro e fora dos ecossistemas. Produtores e depois consumidores usam energia para montar, reorganizar e decompor moléculas orgânicas que circulam entre organismos nos ecossistemas.

Seção 6.2 As células armazenam e recuperam **energia livre**, fazendo e quebrando ligações químicas em **reações** metabólicas nas quais **reagentes** são convertidos em **produtos** (Tabela 6.1). **Energia de ativação** é a energia mínima exigida para iniciar uma reação. Reações **endergônicas** exigem uma entrada de energia líquida. Reações **exergônicas** terminam com a liberação de energia líquida.

ATP é um transportador de energia entre locais de reação nas células. Tem três ligações de fosfato; quando um fosfato é transferido para outra molécula, a energia da ligação é transferida com ele. Transferências de grupo fosfato (**fosforilações**) para e do ATP combinam reações que liberam energia com reações que exigem energia. As células regeneram ATP através do **ciclo de ATP/ADP**.

Seção 6.3 **Enzimas** são proteínas ou RNAs que melhoram muito a taxa de uma reação química. As enzimas reduzem a energia de ativação de uma reação estimulando concentrações locais de **substratos**, orientando substratos em direções que favoreçam a reação, induzindo a combinação entre um substrato e o **local ativo** da enzima (**modelo de ajuste induzido**), e às vezes excluindo água; tudo isso provoca o **estado de transição** do substrato. Cada tipo de enzima funciona melhor dentro de um limite característico de temperatura, concentração de sal e pH. A maioria das enzimas requer a assistência de **cofatores**, que são íons de metal ou **coenzimas** orgânicas. Os cofatores em alguns **antioxidantes** os ajudam a desintoxicar radicais livres.

Seção 6.4 As células concentram, convertem e descartam a maioria das substâncias em sequências de reação mediada por enzimas chamadas **vias metabólicas**. Locais **alostéricos** são pontos de controle pelos quais a célula ajusta os tipos e quantidades de substâncias que produz. **Inibição de retroalimentação** é um exemplo de controle de enzima. Reações de **oxidação-redução** (redox) nas **cadeias de transferência de elétrons** permite que as células coletem energia em incrementos administráveis.

Seção 6.5 **Bioluminescência** é a luz emitida pelos organismos vivos. Grande parte da bioluminescência é o produto de reações mediadas por enzimas que muitas vezes incluem ATP.

Questões
Respostas no Apêndice III

1. _____ é a fonte primária de energia da vida.
    a. Alimento   b. Água   c. Luz do sol   d. ATP
2. Energia _____:
    a. não pode ser criada nem destruída.
    b. pode mudar de uma forma para outra.
    c. tende a se dispersar espontaneamente.
    d. todas as anteriores
3. Entropia _____. (Escolha todas as corretas.)
    a. se dispersa
    b. é uma medida de desordem
    c. sempre aumenta, de um modo geral
    d. é energia
4. Se compararmos uma reação química a um monte de energia, então uma reação _____ é uma corrida de subida.
    a. endergônica
    b. exergônica
    c. assistida por ATP
    d. a e c
5. Se compararmos uma reação química a um monte de energia, então a energia de ativação é como _____.
    a. uma explosão de velocidade
    b. uma protuberância no topo do morro
    c. costear a descida
    d. a e b
6. _____ são sempre alterados(as) quando participam de uma reação. (Escolha todas as corretas.)
    a. Enzimas
    b. Cofatores
    c. Reagentes
    d. Intermediários
7. Enzimas _____.
    a. são proteínas, exceto alguns RNAs
    b. reduzem a energia de ativação de uma reação
    c. são alteradas pelas reações que catalisam
    d. a e b

Tabela 6.1 Principais atores nas reações metabólicas	
Reagente	Substância que entra em uma reação metabólica; também chamada substrato de uma enzima.
Intermediário	Substância que se forma em uma reação ou via entre os reagentes e os produtos.
Produto	Substância que permanece no final de uma reação ou via.
Enzima	Proteína ou RNA que melhora muito a taxa de uma reação, mas não é alterada por fazer parte dela.
Cofator	Molécula ou íon que auxilia as enzimas; pode carregar elétrons, hidrogênio ou grupos funcionais para outros locais de reação.
Transportador de energia	Principalmente ATP; combina reações que liberam energia com reações que exigem energia.

Exercício de análise de dados

O etanol é uma toxina, então faz sentido dizer que ingeri-lo pode causar diversos sintomas de intoxicação – dor de cabeça, dor de estômago, náusea, fadiga, memória prejudicada, tontura, tremores e diarreia, entre outros. Todos são sintomas de ressaca, a palavra comum para o que acontece à medida que o corpo se recupera de uma fase de bebedeira.

O tratamento mais efetivo para uma ressaca é evitar beber, em primeiro lugar. Receitas caseiras (como aspirina, café, banana, mais álcool, mel, cevada, pizza, milkshake, glutamina, ovo cru, tabletes de carvão ou repolho) são abundantes, mas poucas foram estudadas cientificamente. Em 2003, Max Pittler e seus colegas testaram uma delas. Os pesquisadores deram a 15 participantes uma pílula sem marcação contendo extrato de alcachofra ou placebo (uma substância inativa) antes ou depois de beber álcool suficiente para causar uma ressaca. Os resultados são exibidos na Figura 6.21.

1. Quantos participantes tiveram ressaca mais aguda e que tomaram placebo em vez do extrato de alcachofra?
2. Quantos participantes tiveram uma ressaca pior tomando o extrato de alcachofra?
3. Calcule os números que você contou nas perguntas 1 e 2 como porcentagem do número total de participantes. Qual a diferença entre as porcentagens?
4. Esses dados apoiam a hipótese de que o extrato de alcachofra é um tratamento eficiente para ressaca? Por que ou por que não?

Participante (idade, sexo)	Severidade da ressaca	
	Extrato de alcachofra	Placebo
1 (34, F)	1,9	3,8
2 (48, F)	5,0	0,6
3 (25, F)	7,7	3,2
4 (57, F)	2,4	4,4
5 (34, F)	5,4	1,6
6 (30, F)	1,5	3,9
7 (33, F)	1,4	0,1
8 (37, F)	0,7	3,6
9 (62, M)	4,5	0,9
10 (36, M)	3,7	5,9
11 (54, M)	1,6	0,2
12 (37, M)	2,6	5,6
13 (53, M)	4,1	6,3
14 (48, F)	0,5	0,4
15 (32, F)	1,3	2,5

Figura 6.21 Resultados de um estudo que testou extrato de alcachofra como preventivo de ressacas. Todos os participantes foram testados uma vez com placebo e uma vez com o extrato, com uma semana de intervalo. Cada um classificou a gravidade de 20 sintomas de ressaca em uma escala de 0 (não experimentou) a 5 ("o pior que se pode imaginar"). As 20 classificações foram ponderadas como classificações gerais simples, que estão relacionadas abaixo.

8. Qual das seguintes afirmações não é correta?
Uma via metabólica _____.
   a. é uma sequência de reações mediadas por enzima
   b. pode ser biossintética ou degradativa
   c. gera calor
   d. pode incluir uma cadeia de transferência de elétrons
   e. nenhuma das anteriores

9. Uma molécula que doa elétrons fica _____, e a que aceita elétrons fica _____.
   a. reduzida; oxidada
   b. reduzida; reduzida
   c. oxidada; reduzida
   d. oxidada; oxidada

10. Radical livre é um átomo ou molécula que _____.
    a. não tem carga
    b. tem muitos elétrons
    c. tem um elétron não pareado
    d. tem muito poucos elétrons

11. Antioxidante á uma molécula que:
    a. desintoxica radicais livres
    b. degrada toxinas
    c. equilibra carga
    d. oxida radicais livres

12. Ligue cada termo à sua descrição mais apropriada.
    ___reagente   a. auxilia as enzimas
    ___enzima   b. estão no final da reação
    ___entropia   c. entra em uma reação
    ___produto   d. aumenta espontaneamente
    ___reação redox e. energia não pode ser criada ou destruída
    ___cofator   f. uma forma de dar e tomar
    ___primeira lei g. geralmente inalterada por participar em uma reação

Raciocínio crítico

1. Alunos iniciantes de física muitas vezes aprendem os conceitos básicos de termodinâmica em duas fases: primeiro, você não pode vencer; segundo, você não pode empatar. Explique.

2. Dixie Bee queria fazer doses de JELL-O para a próxima festa, mas se sentiu culpada em incentivar seus convidados a consumirem álcool. Ela tentou compensar a toxicidade do álcool adicionando pedaços de abacaxi fresco à bebida, mas quando o fez, o JELL-O não ficou bom. O que aconteceu? *Dica*: JELL-O é composto principalmente de açúcar e colágeno, uma proteína.

3. Radicais livres são átomos ou moléculas semelhantes a íons com o número errado de elétrons. Eles se formam em muitas reações catalisadas por enzima, como na digestão de gorduras e aminoácidos. Eles saem das cadeias de transferência de elétrons. Elas se formam quando os raios-X e outros tipos de radiação ionizante atingem a água e outras moléculas. Radicais livres reagem com as moléculas da vida e podem destruí-las.

O peróxido de hidrogênio – água oxigenada – se forma na maioria dos organismos como subproduto da respiração aeróbica. Essa molécula tóxica pode facilmente se transformar em radicais livres ainda mais perigosos, então as células devem descartá-los rapidamente ou estarão arriscadas a sofrer danos. Uma molécula de catalase pode desativar cerca de 6 milhões de moléculas de peróxido de hidrogênio por minuto combinando as duas ao mesmo tempo. A catalase também desativa outras toxinas, incluindo o etanol. Dado que esse local ativo liga especificamente peróxido de hidrogênio, como essa enzima pode agir sobre outras substâncias?

4. A catalase combina duas moléculas de peróxido de hidrogênio ($H_2O_2 + H_2O_2$) para produzir duas moléculas de água. Um gás também se forma. O que é o gás?

5. O peróxido de hidrogênio borbulha se colocado sobre um corte, mas não borbulha se colocado sobre a pele sadia. Explique por quê.

7 Onde Tudo Começa — Fotossíntese

QUESTÕES DE IMPACTO Biocombustíveis

Plantas e outros organismos fotossintetizadores coletam energia da luz do sol e a armazenam em ligações químicas de moléculas orgânicas que fabricam a partir de dióxido de carbono e água. Esse processo é a fotossíntese, que serve de alimento a elas, a nós e também à maior parte da vida na Terra. A fotossíntese também satisfaz quase todas as nossas necessidades — para a energia que podemos utilizar para aquecer nossos lares, preparar nossas refeições e operar nossas máquinas. Há 300 milhões de anos, a fotossíntese suportou o crescimento de vastas matas. Florestas sucessivas se decompuseram lentamente, compactaram e se tornaram combustíveis fósseis que agora extraímos da Terra. Carvão, petróleo e gás natural são compostos de moléculas que foram montadas originalmente por fotossintetizadores antigos. Como tal, seu suprimento é limitado.

De onde vamos obter nossa energia quando o suprimento de combustíveis fósseis da Terra acabar? O Sol nos fornece muita energia, mas, diferentemente das plantas, não podemos capturar a energia utilizável do sol de maneira economicamente viável. Felizmente, para nós, os fotossintetizadores ainda conseguem. As moléculas que eles fabricam vão para a vegetação, produtos agrícolas e, essencialmente, animais e detritos animais — biomassa (matéria orgânica que não é fossilizada).

Muita energia é bloqueada na biomassa. Podemos queimá-la, mas essa é uma maneira ineficiente de liberar sua energia. Entretanto, podemos convertê-la em óleos, gases ou álcoois que queimam de forma limpa e produzem mais energia por volume de unidade do que a queima da própria biomassa. Tais biocombustíveis são uma fonte renovável de energia: eles podem ser feitos de plantas, ervas ou do que consideramos detritos. Agora, fazemos biodiesel de óleos que vêm de algas, soja, semente de colza, linhaça e até de cozinhas de restaurantes. O metano vem de esterco, aterros e vacas; só precisamos encontrar uma maneira eficiente de coletá-lo.

Também podemos fazer etanol da biomassa. Primeiro, os carboidratos na biomassa devem ser decompostos até seus açúcares componentes. Fazer etanol a partir de açúcares é fácil: simplesmente os damos a microrganismos que podem converter açúcares em etanol. É muito mais difícil decompor os carboidratos na biomassa com custo competitivo e sem combustíveis fósseis. Quanto mais celulose na biomassa, mais complicado é o processo. A celulose é um carboidrato duro e insolúvel. A quebra das ligações entre seus açúcares componentes utiliza muitas substâncias químicas e energia, o que agrega custo ao biocombustível.

Hoje, fazemos etanol de plantas alimentícias ricas em açúcar, como milho, beterraba e cana-de-açúcar. Pode ser caro cultivar tais plantas, e utilizá-las para fazer biocombustível compete com nosso suprimento de alimentos. Assim, pesquisadores estão trabalhando para encontrar uma forma mais barata de decompor a celulose abundante nas ervas de crescimento rápido, como gramíneas *switchgrass* (Figura 7.1) e resíduos agrícolas como lascas de madeira, haste de trigo, talos de algodão e casca de arroz — todos biomassa que agora descartamos nos aterros ou queimamos.

Figura 7.1 Biocombustíveis. (**a**) A gramínea *switchgrass* (*Panicum virgatum*) cresce descontroladamente em prados norte-americanos. (**b**) As pesquisadoras Ratna Sharma e Mari Chinn, da North Carolina State University, estão trabalhando para tornar a produção de biocombustível de biomassa como *switchgrass* e resíduos agrícolas economicamente viável.

Conceitos-chave

Receptores de arco-íris
O fluxo de energia através da biosfera começa quando clorofilas e outros pigmentos fotossintéticos absorvem a energia da luz visível. **Seções 7.1, 7.2**

Formação de ATP e NADPH
A fotossíntese ocorre através de dois estágios dentro dos cloroplastos de plantas e muitos tipos de protistas autótrofos. No primeiro estágio, a energia da luz do sol é convertida na energia de ligação química do ATP. A coenzima NADPH se forma em uma rota que também libera oxigênio. **Seções 7.3-7.5**

Formação de açúcares
O segundo estágio é a parte de "síntese" da fotossíntese. Açúcares são montados a partir de CO_2. As reações utilizam ATP e NADPH que se formam no primeiro estágio da fotossíntese. Detalhes das reações variam entre organismos. **Seções 7.6, 7.7**

Evolução e fotossíntese
A evolução da fotossíntese mudou a composição da atmosfera da Terra. **Seção 7.8**

Fotossíntese, CO_2 e aquecimento global
A fotossíntese realizada por organismos autótrofos remove CO_2 da atmosfera, e o metabolismo de todos os organismos heterótrofos o devolve. Atividades humanas interromperam este equilíbrio e, assim, contribuíram para o aquecimento global. **Seção 7.9**

Neste capítulo

- O conceito de fluxo de energia ajuda a explicar como os organismos fotossintetizadores podem coletar energia do Sol. Uma revisão do nível de energia dos elétrons e de ligações químicas pode ser útil.
- A fotossíntese é a principal função dos cloroplastos. Especializações superficiais suportam indiretamente a fotossíntese nas plantas.
- Você verá como transportadores de energia como ATP vinculam reações metabólicas liberadoras de energia com as que exigem energia e como as células coletam energia com cadeias de transferência de elétrons.
- O que você sabe sobre carboidratos, proteínas de membrana e gradientes de concentração lhe ajudará a entender os processos químicos da fotossíntese.
- Você verá como radicais livres influenciaram a evolução de organismos que alteraram nossa atmosfera.
- Um exemplo de ciclo de nutrientes ilustra uma das formas nas quais a fotossíntese conecta a biosfera com seus habitantes.

Qual sua opinião? Etanol e outros combustíveis feitos de plantas custam menos que gasolina. São fontes renováveis de energia e têm menores emissões. Você pagaria mais por um veículo que utilizasse biocombustíveis? Caso afirmativo, quanto? Conheça a opinião de seus colegas e apresente seus argumentos a eles.

7.1 Luz do Sol como fonte de energia

- Organismos fotossintetizantes utilizam pigmentos para capturar a energia da luz do Sol.

O fluxo de energia através de quase todos os ecossistemas na Terra começa quando fotossintetizadores interceptam energia do Sol. Agora, veremos os detalhes deste processo.

Propriedades da luz

A luz visível é parte de um espectro de energia eletromagnética que irradia do Sol. Tal energia radiante viaja em ondas pelo espaço, como ondas se movimentam pelo oceano. A distância entre as cristas de duas ondas de luz sucessivas é chamada de **comprimento de onda**, que medimos em nanômetros (nm).

A energia eletromagnética da luz é organizada em pacotes chamados fótons. A energia de um fóton e seu comprimento de onda estão relacionados, portanto todos os fótons que percorrem o mesmo comprimento de onda têm a mesma quantidade de energia. Fótons com menor quantidade de energia viajam em comprimentos de onda maiores; os com mais energia trafegam em comprimentos menores.

Pela rota metabólica da **fotossíntese**, organismos podem coletar a energia da luz para construir moléculas orgânicas a partir de matérias-primas inorgânicas. Apenas luz com comprimentos de onda entre 380 e 750 nanômetros orienta a fotossíntese. Humanos e muitos outros organismos percebem a luz de todos esses comprimentos de onda combinados como branco, e outros comprimentos como cores diferentes. A luz branca se separa em suas cores componentes quando atravessa um prisma (Figura 7.2).

A Figura 7.2 também mostra onde a luz visível fica dentro do espectro eletromagnético, que é a faixa de todos os comprimentos de onda de energia radiante. Comprimentos de onda de luz UV (ultravioleta), raios X e raios gama são mais curtos que 380 nanômetros. Eles são suficientemente energéticos para alterar ou romper as ligações químicas do DNA e outras moléculas biológicas, portanto são uma ameaça à vida.

Receptores de arco-íris

Pigmentos são pontes moleculares entre a luz do sol e a fotossíntese. Um **pigmento** é uma molécula orgânica que absorve seletivamente comprimentos específicos de onda de luz. Comprimentos de onda de luz que não são absorvidos são refletidos, e essa luz refletida dá a cada pigmento sua cor característica. Por exemplo, um pigmento que absorve luz violeta, azul e verde reflete o restante do espectro de luz visível: luz amarela, laranja e vermelha. Este pigmento pareceria laranja para nós.

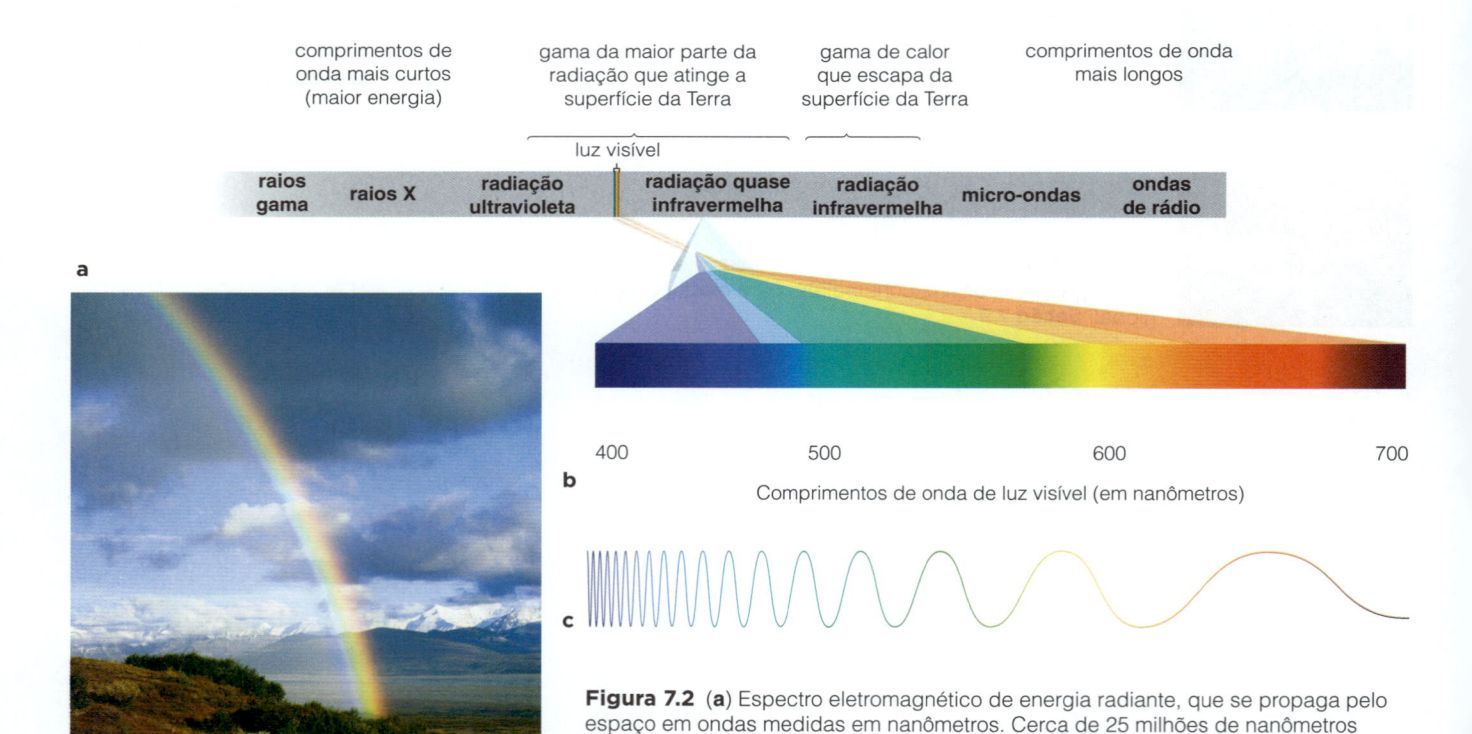

Figura 7.2 (**a**) Espectro eletromagnético de energia radiante, que se propaga pelo espaço em ondas medidas em nanômetros. Cerca de 25 milhões de nanômetros são iguais a 1 polegada. (**b**) A luz visível é uma parte muito pequena do espectro eletromagnético. Um prisma de vidro pode decompô-la nas faixas que vemos em um arco-íris. (**c**) Quanto menor o comprimento de onda, maior a energia.

Tabela 7.1	Alguns pigmentos em fotossintetizadores				
Pigmento	Cor	Ocorrência em organismos fotossintéticos			
		Plantas	Protistas	Bactérias	Arqueas
Clorofila a	verde	✗	✗	✗	
Outras clorofilas	verde		✗	✗	✗
Ficobilinas					
ficocianobilina	azul		✗	✗	
ficoeritrobilina	vermelho		✗	✗	
ficoviolobilina	púrpura		✗	✗	
ficourobilina	laranja		✗	✗	
Carotenoides					
carotenos					
betacaroteno	laranja	✗	✗	✗	✗
alfacaroteno	laranja	✗	✗	✗	✗
licopeno	vermelho	✗	✗		
Xantofilas					
luteína	amarelo	✗	✗		✗
zeaxantina	amarelo	✗	✗		✗
fucoxantina	laranja		✗	✗	
Antocianinas	púrpura	✗	✗		✗
Retinal	púrpura				✗

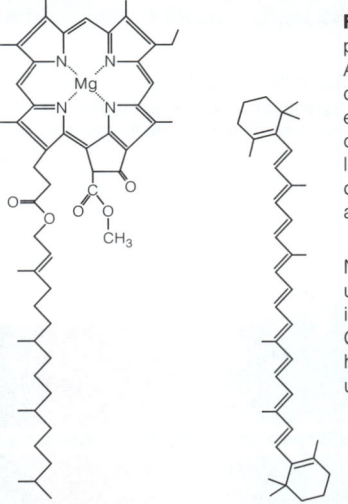

Figura 7.3 Estrutura de dois pigmentos fotossintéticos. Ambas as estruturas derivam da remodelagem evolucionária da mesma rota de síntese. A parte que capta luz de cada uma é o conjunto de ligações simples que se alterna com ligações duplas.

Na clorofila, o conjunto é uma estrutura anelar quase icêntica a um grupo heme. Grupos heme fazem parte da hemoglobina, que também é um pigmento.

clorofila *a*   betacaroteno

A **clorofila *a*** é, de longe, o pigmento fotossintético mais comum em plantas, protistas fotossintéticos e cianobactérias. A clorofila *a* absorve luz violeta e vermelha, portanto parece verde. Pigmentos acessórios absorvem outras cores de luz para a fotossíntese. Alguns dos cerca de 600 pigmentos acessórios estão listados na Tabela 7.1.

A maioria dos tipos de organismos fotossintetizantes utiliza uma mistura de pigmentos para realizar a fotossíntese. Em folhas de plantas típicas, a clorofila normalmente é tão abundante que ofusca as cores de todos os outros pigmentos. Assim, a maioria das folhas normalmente parece verde. Entretanto, no outono, a síntese de pigmento é desacelerada e em muitos tipos de plantas a clorofila se decompõe mais rapidamente do que é substituída. Em algumas plantas, outros pigmentos tendem a ser mais estáveis que a clorofila, portanto as folhas destas ficam vermelhas, laranja, amarelas ou roxas enquanto seu conteúdo de clorofila cai e os pigmentos acessórios ficam visíveis.

Coletivamente, os pigmentos fotossintéticos absorvem quase todos os comprimentos de onda de luz visível. Diferentes tipos se agrupam nas membranas fotossintéticas. Juntos, podem absorver uma ampla gama de comprimentos de onda, como uma antena de rádio que pode sintonizar estações diferentes.

A parte aprisionadora de luz em um pigmento é uma gama de átomos na qual ligações simples se alternam com duplas (Figura 7.3). Elétrons desses átomos ocupam uma grande órbita que cobre todos os átomos. Elétrons em tais gamas absorvem fótons facilmente, portanto moléculas de pigmento funcionam como antenas especializadas para receber energia luminosa.

A absorção de um fóton excita os elétrons. Lembre-se: um aporte de energia pode impulsionar um elétron para um nível superior de energia. O elétron excitado retorna rapidamente a um nível inferior de energia ao emitir a energia adicional. Como você verá na Seção 7.4, células fotossintéticas podem capturar a energia emitida de um elétron ao rebater a energia como uma bola de vôlei super-rápida entre um time de pigmentos fotossintéticos. Quando a energia chega ao capitão do time — um par especial de clorofilas — as reações da fotossíntese começam.

Para pensar

Como os organismos fotossintetizantes absorvem luz?

- A energia que irradia do sol viaja pelo espaço em ondas e é organizada em pacotes chamados fótons.
- O espectro de energia radiante do Sol inclui luz visível. Os humanos percebem a luz de determinados comprimentos de onda como cores diferentes. Quanto mais curto o comprimento de onda da luz, maior sua energia.
- Pigmentos absorvem comprimentos específicos de luz visível. Organismos fotossintéticos utilizam clorofila *a* e outros pigmentos para capturar a energia da luz. Essa energia é utilizada para orientar as reações da fotossíntese.

FOCO NA PESQUISA

7.2 Exploração do arco-íris

- Pigmentos fotossintéticos trabalham juntos para coletar luz de comprimentos de onda diferentes.

a Imagem de microscópio óptico de células fotossintéticas em um filamento de *Chladophora*. Engelmann utilizou esta alga verde para demonstrar que determinadas cores de luz são melhores para a fotossíntese.

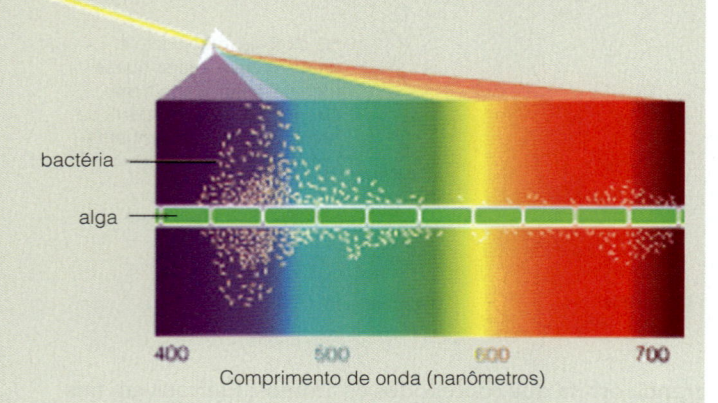

b Engelmann direcionou luz através de um prisma para que faixas de cores cruzassem uma gota de água em uma lâmina de microscópio. A água tinha um filamento de *Chladophora* e bactérias que precisam de oxigênio. As bactérias se agruparam em volta de células da alga que liberavam mais oxigênio — as que se envolviam mais ativamente na fotossíntese. Essas células estavam sob luz vermelha e violeta.

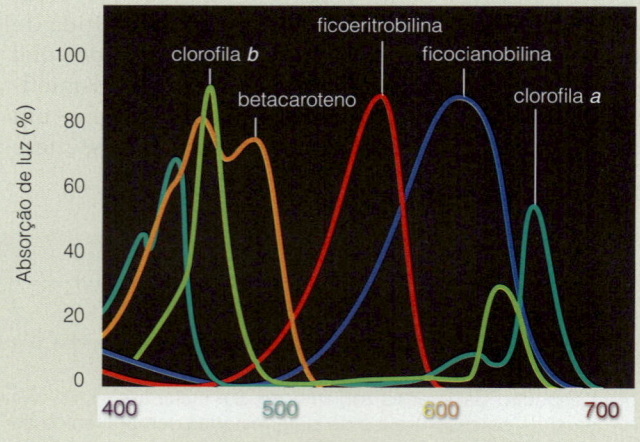

c Espectros de absorção de alguns pigmentos fotossintéticos. A cor da linha indica a cor característica de cada pigmento.

Há algum tempo, as pessoas achavam que as plantas só utilizavam as substâncias no solo para crescer. Até 1882, poucos químicos entendiam que havia mais ingredientes nessa receita: água, algo no ar e luz. O botânico Theodor Engelmann elaborou um experimento para testar a hipótese de que a cor da luz afeta a fotossíntese. Já se sabia que a fotossíntese libera oxigênio, portanto Engelmann utilizou a quantidade de oxigênio liberada pelas células fotossintetizantes como uma medida da quantidade de fotossíntese que ocorria nelas.

Em seu experimento, Engelmann utilizou um prisma para dividir um raio de luz em suas cores componentes, depois direcionou o espectro resultante para um único filamento de alga fotossintetizante (Figura 7.4*a*) suspensa em uma gota de água. Equipamentos sensores de oxigênio ainda não tinham sido inventados, então Engelmann utilizou bactérias que exigem oxigênio para lhe mostrar onde a concentração de oxigênio na água era maior. As bactérias atravessaram a água e se juntaram principalmente onde a luz violeta ou vermelha caía sobre o filamento de alga (Figura 7.4*b*). Engelmann concluiu que as células da alga iluminadas pela luz dessas cores liberavam mais oxigênio — um sinal de que luz violeta e vermelha são melhores para a realização da fotossíntese.

O experimento de Engelmann lhe permitiu identificar corretamente quais cores de luz eram mais eficientes para a realização da fotossíntese na *Chladophora*. Seus resultados constituíram um espectro de absorção — um gráfico que mostra quão eficientemente os diferentes comprimentos de onda de luz são absorvidos por uma substância. Os picos no gráfico indicam comprimentos de onda de luz que a substância absorve melhor (Figura 7.4*c*).

O espectro de absorção de Engelmann representa os espectros combinados de todos os pigmentos fotossintéticos na *Chladophora*. A maioria dos organismos fotossintetizantes utiliza uma combinação de pigmentos para realizar a fotossíntese e a combinação difere por espécie. Por quê? Diferentes proporções de comprimentos de onda na luz do sol chegam a partes diferentes da Terra. O conjunto em particular de pigmentos em cada espécie é uma adaptação que permite que um organismo absorva os comprimentos de onda em particular de luz disponível em seu *habitat*. Por exemplo, a água absorve luz entre comprimentos de onda de 500 nm e 600 nm menos eficientemente que outros comprimentos. Algas que vivem nas profundezas do oceano têm pigmentos que absorvem luz na faixa de 500 nm a 600 nm, que é a faixa que a água não absorve muito bem. Ficobilinas são os pigmentos mais comuns em algas de águas profundas.

Figura 7.4 Descoberta de que a fotossíntese é orientada por comprimentos de onda de luz em particular. Theodor Engelmann utilizou a alga verde *Chladophora* (**a**) em um dos primeiros experimentos de fotossíntese. (**b**) Seus resultados constituíram um dos primeiros espectros de absorção. (**c**) Espectros de absorção das clorofilas *a* e *b*, betacaroteno e duas ficobilinas revelam a eficiência com a qual esses pigmentos absorvem diferentes comprimentos de onda de luz visível.

Resolva: Quais são os três principais pigmentos fotossintéticos na *Chladophora*?

Resposta: clorofila a, clorofila b e betacaroteno.

7.3 Panorama da fotossíntese

- Cloroplastos são organelas da fotossíntese em plantas e outros eucariotos fotossintetizantes.

O **cloroplasto** é uma organela especializada em fotossíntese nas plantas e muitos protistas (Figura 7.5a,b). Cloroplastos vegetais têm duas membranas externas e são repletos de uma matriz semifluida chamada **estroma**. O estroma contém o DNA do cloroplasto, alguns ribossomos e uma **membrana tilacoide** interna e bastante dobrada. As dobras de uma membrana tilacoide tipicamente formam pilhas de discos (tilacoides) conectados por canais.

O espaço dentro de todos os discos e canais é um compartimento único e contínuo (Figura 7.5b).

Embutidos na membrana tilacoide há muitos agrupamentos de pigmentos coletores de luz. Tais agrupamentos absorvem fótons de energias diferentes. A membrana também incorpora **fotossistemas**, que são grupos de centenas de pigmentos e outras moléculas que trabalham como uma unidade para iniciar as reações da fotossíntese. Cloroplastos contêm dois tipos de fotossistemas, tipo I e tipo II, nomeados na ordem de sua descoberta. Os dois tipos convertem energia luminosa em energia química.

Frequentemente, a fotossíntese é resumida por esta simples equação, de reagentes a produtos:

$$6H_2O + 6CO_2 \xrightarrow[\text{enzimas}]{\text{energia luminosa}} 6O_2 + C_6H_{12}O_6$$

água dióxido de carbono   oxigênio glicose

Entretanto, a fotossíntese é, na verdade, uma série de muitas reações que ocorrem em dois estágios. No primeiro estágio, as **reações dependentes de luz (também chamadas reações de claro ou fotoquímicas)**, a energia da luz é convertida na energia de ligação química do ATP. Tipicamente, a coenzima NADP$^+$ aceita elétrons e íons hidrogênio, tornando-se, assim, NADPH. Átomos de oxigênio liberados na decomposição de moléculas de água escapam da célula como O$_2$. O segundo estágio, as **reações independentes de luz (também chamadas reações de escuro ou bioquímicas)**, é realizado a partir da energia fornecida pelo ATP e NADPH formados no primeiro estágio. Essa energia orienta a síntese de glicose e outros carboidratos a partir de dióxido de carbono e água (Figura 7.5c).

Para pensar

O que são reações da fotossíntese e onde ocorrem?

- Nos cloroplastos, o primeiro estágio da fotossíntese ocorre na membrana tilacoide. Nessas reações dependentes de luz, a energia luminosa orienta a formação de ATP e NADPH; oxigênio é liberado.
- O segundo estágio da fotossíntese ocorre no estroma. Nessas reações independentes de luz, ATP e NADPH orientam a síntese de açúcares da água e dióxido de carbono.

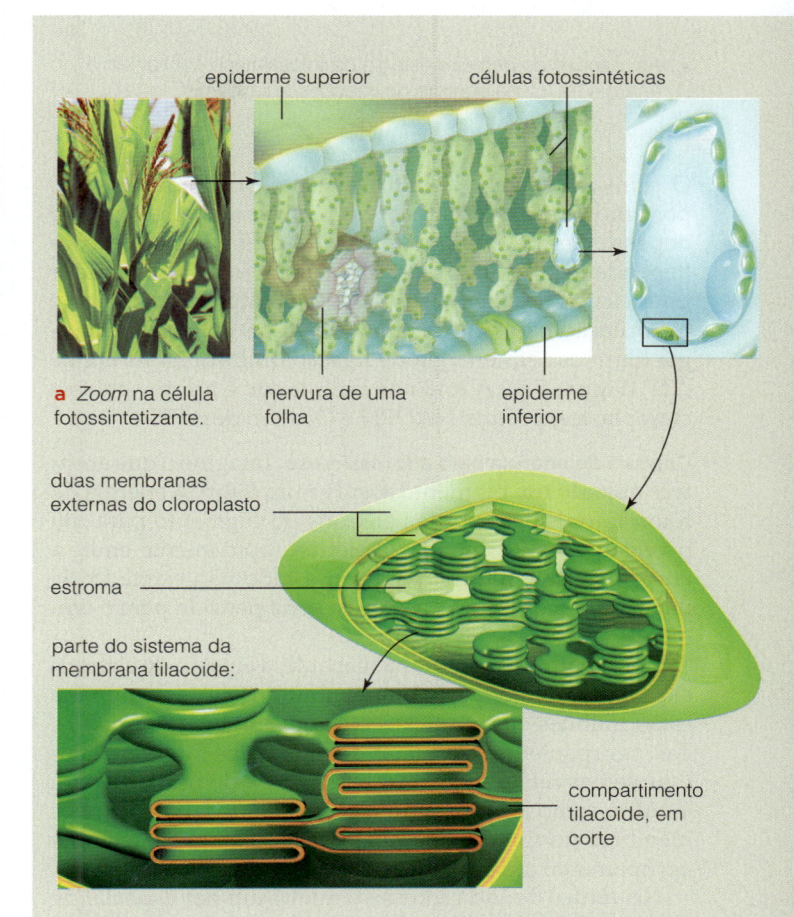

a *Zoom* na célula fotossintetizante. nervura de uma folha. epiderme inferior.

b Estrutura do cloroplasto. Mesmo se for altamente dobrado, seu sistema de membrana tilacoide forma um único compartimento contínuo no estroma.

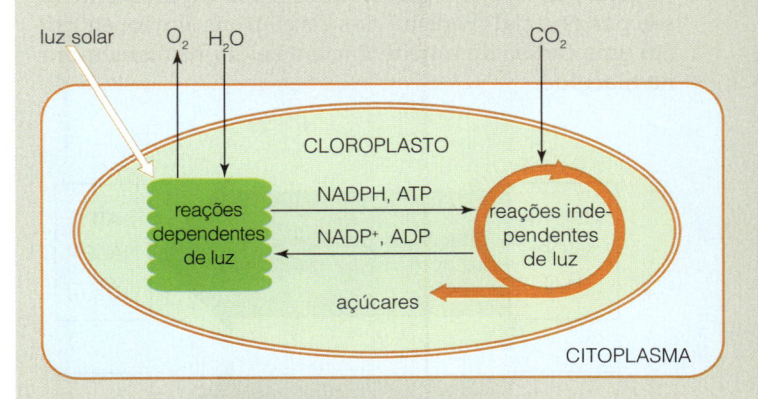

c Em cloroplastos, ATP e NADPH se formam no estágio dependente de luz da fotossíntese, que ocorre na membrana tilacoide. O segundo estágio, que produz açúcares e outros carboidratos, ocorre no estroma.

Figura 7.5 Locais de fotossíntese em uma planta típica.

7.4 Reações dependentes de luz (fotoquímicas)

- As reações do primeiro estágio da fotossíntese convertem a energia da luz na energia de ligações químicas.

O primeiro estágio da fotossíntese é orientado por luz, portanto se diz que as reações coletivas deste estágio são dependentes de luz. Dois conjuntos diferentes de reações dependentes de luz constituem uma rota não cíclica e uma cíclica (também chamadas de fosforilação cíclica e fosforilação não cíclica). Ambas as rotas convertem energia luminosa em energia de ligação química na forma de ATP (Figura 7.6). A rota não cíclica, que é a principal nos cloroplastos, produz NADPH e O_2 além de ATP.

Captura de energia para a fotossíntese Imagine o que acontece quando um pigmento absorve um fóton. A energia do fóton impulsiona um dos elétrons do pigmento para um nível superior de energia. O elétron rapidamente emite a energia extra e retorna para seu estado não excitado. Se nada mais acontecesse, a energia seria perdida para o ambiente.

Entretanto, na membrana tilacoide, a energia de elétrons excitados é mantida em jogo. Embutidos nesta membrana estão milhões de complexos coletores de luz (Figura 7.7). Tais agrupamentos circulares de pigmentos fotossintéticos e proteínas retêm a energia, passando-a de um lado para o outro, como jogadores de vôlei passando a bola entre os membros do time. A energia é jogada de agrupamento a agrupamento até um fotossistema absorvê-la.

No centro de cada fotossistema há um par especial de moléculas de clorofila *a*. O par no fotossistema I absorve energia com comprimento de onda de 700 nanômetros, portanto é chamado de P700. O par no fotossistema II absorve energia com um comprimento de 680 nanômetros, portanto é chamado de P680. Quando um fotossistema absorve energia, elétrons saem rapidamente de seu par especial (Figura 7.8*a*). Os elétrons, então, entram em uma cadeia de transferência de elétrons na membrana tilacoide.

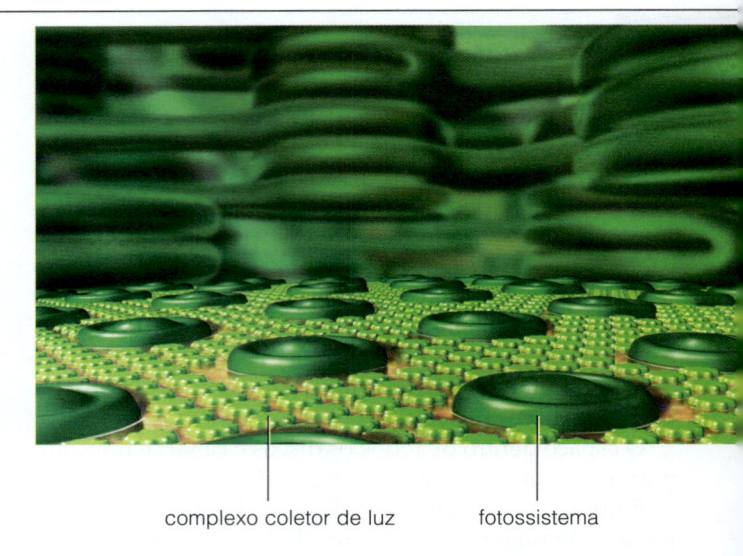

Figura 7.7 Vista de alguns componentes da membrana tilacoide do estroma.

Substituição de elétrons perdidos Um fotossistema pode doar apenas alguns elétrons a cadeias de transferência de elétrons antes de ser reabastecido com mais. De onde vêm os substitutos? O fotossistema II obtém mais elétrons ao retirá-los de moléculas de água. Esta reação é tão forte que faz as moléculas de água se dissociarem em íons hidrogênio e oxigênio (Figura 7.8*b*). O oxigênio liberado se difunde para fora da célula como O_2. O processo pelo qual qualquer molécula é decomposta pela energia da luz é chamado **fotólise**.

Coleta de energia de elétrons A energia luminosa é convertida em energia química quando um fotossistema doa elétrons para uma cadeia de transferência de elétrons (Figura 7.8*c*). A luz não participa de reações químicas. Os elétrons, sim. Em uma série de reações de redução ("redox"), passam de uma molécula da cadeia de transferência de elétrons para outra. Com cada reação, os elétrons liberam um pouco de sua energia extra.

As moléculas da cadeia de transferência de elétrons utilizam a energia liberada para mover íons hidrogênio (H^+) pela membrana, do estroma ao compartimento tilacoide (Figura 7.8*d*). Assim, o fluxo de elétrons através de cadeias de transferência de elétrons mantém um gradiente de íons hidrogênio pela membrana tilacoide.

Este gradiente motiva os íons hidrogênio no compartimento tilacoide a se difundirem de volta ao estroma. Entretanto, os íons não conseguem simplesmente se difundir através de uma bicamada lipídica. H^+ pode sair do compartimento tilacoide apenas fluindo através de proteínas de transporte da membrana chamadas ATP sintases. O fluxo de íon hidrogênio através de uma ATP sintase faz com que esta proteína acople um grupo fosfato ao ADP (Figura 7.8*g,h*). Assim, um gradiente de íon hidrogênio ao longo de uma membrana tilacoide orienta a formação de ATP no estroma.

Figura 7.6 Resumo das entradas e saídas das reações dependentes de luz cíclicas e não cíclicas da fotossíntese.

ADP + P_i, NADP+, H_2O → Reações dependentes da luz (fosforilação não cíclica) → ATP, NADPH, O_2

ADP + P_i → Reações dependentes da luz (fosforilação cíclica) → ATP

Reações dependentes de luz da fotossíntese

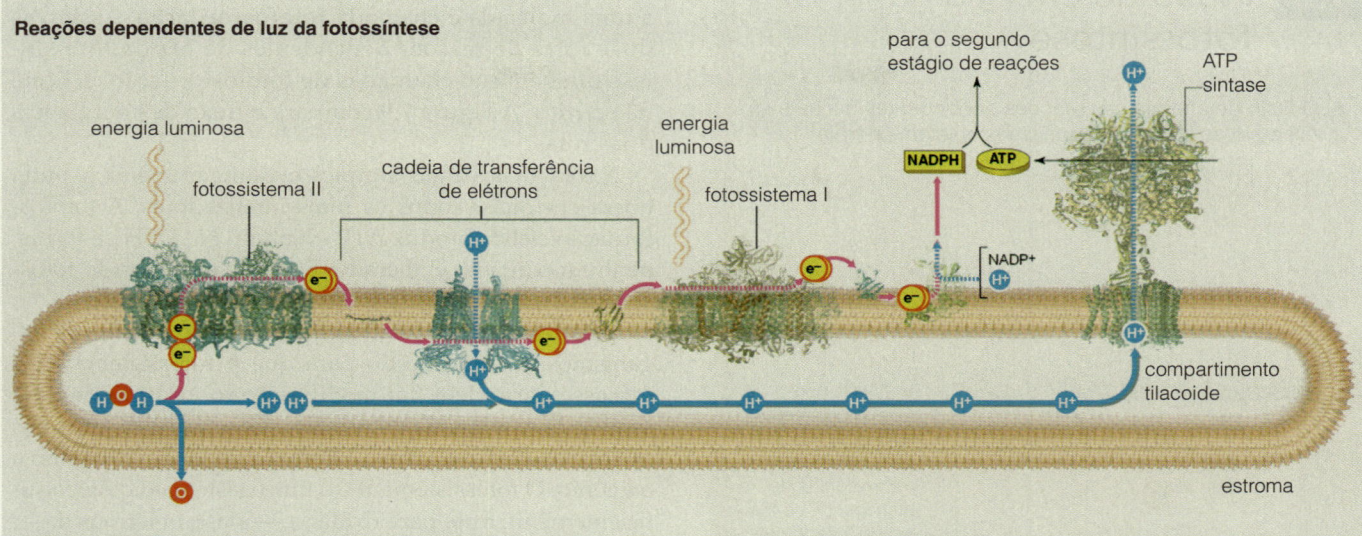

a A energia luminosa remove os elétrons do fotossistema II.

b O fotossistema II retira elétrons substitutos de moléculas de água, que se dissociam em íons oxigênio e hidrogênio (fotólise). O oxigênio sai da célula como O_2.

c Elétrons do fotossistema II entram em uma cadeia de transferência de elétrons.

d A energia perdida pelos elétrons enquanto eles atravessam a cadeia faz o H^+ ser bombeado do estroma para dentro do compartimento tilacoide. Um gradiente H^+ se forma na membrana.

e A energia luminosa remove os elétrons do fotossistema I, que aceita elétrons substitutos de cadeias de transferência de elétrons.

f Elétrons do fotossistema I se movem através de uma segunda cadeia de transferência de elétrons, depois se combinam com $NADP^+$ e H^+. NADPH se forma.

g Íons hidrogênio no compartimento tilacoide são impulsionados através do interior de ATP sintases por seu gradiente na membrana tilacoide.

h O fluxo de H^+ faz com que ATP sintases acoplem fosfato a ADP, portanto ATP se forma no estroma.

Figura 7.8 Rota não cíclica da fotossíntese. Elétrons que viajam através de duas cadeias de transferência de elétrons diferentes terminam no NADPH, que os entrega a reações construtoras de açúcar no estroma. A rota cíclica (não mostrada) utiliza um terceiro tipo de cadeia de transferência de elétrons.

Aceitação de elétrons Depois que elétrons de um fotossistema II atravessaram uma cadeia de transferência de elétrons, são aceitos por um fotossistema I. O fotossistema absorve energia e os elétrons saem de seu par especial de clorofilas (Figura 7.8*e*). Os elétrons, então, entram em uma segunda e diferente cadeia de transferência de elétrons. Ao final desta cadeia, $NADP^+$ aceita os elétrons em conjunto com H^+, portanto NADPH se forma (Figura 7.8*f*):

$$NADP^+ + 2e^- + H^+ \rightarrow NADPH$$

ATP continua se formando desde que os elétrons continuem fluindo através de cadeias de transferência na membrana tilacoide. Entretanto, quando NADPH não está sendo utilizado, acumula-se no estroma. O acúmulo faz a rota não cíclica regredir e parar. Então, a rota cíclica ocorre independentemente em fotossistemas tipo I. Esta rota permite que a célula continue fabricando ATP mesmo quando a rota não cíclica não está ocorrendo.

A rota cíclica envolve o fotossistema I e uma cadeia de transferência de elétrons que retorna os elétrons a ele.

A cadeia de transferência de elétrons que atua na rota cíclica utiliza a energia dos elétrons para mover íons hidrogênio para o compartimento tilacoide. O gradiente de íon hidrogênio resultante orienta a formação de ATP, como faz na rota não cíclica. Entretanto, o NADPH não se forma, porque elétrons no final dessa cadeia são aceitos pelo fotossistema I, não $NADP^+$. Oxigênio (O_2) também não se forma, porque o fotossistema I não se fia na fotólise para se repor com elétrons.

Para pensar

O que acontece nas reações dependentes de luz da fotossíntese?

- Nos cloroplastos, o ATP se forma durante as reações dependentes de luz da fotossíntese, o que pode ocorrer em uma rota cíclica ou não cíclica.
- Na rota não cíclica, elétrons fluem das moléculas de água, através de dois fotossistemas e duas cadeias de transferência de elétrons, e terminam na coenzima NADPH. Esta rota libera oxigênio e forma ATP.
- Na rota cíclica, elétrons perdidos do fotossistema I retornam a ele depois de atravessar uma cadeia de transferência de elétrons. ATP se forma, mas NADPH não. Oxigênio não é liberado.

7.5 Fluxo de energia na fotossíntese

- O fluxo de energia nas reações dependentes de luz é um exemplo de como os organismos coletam energia.

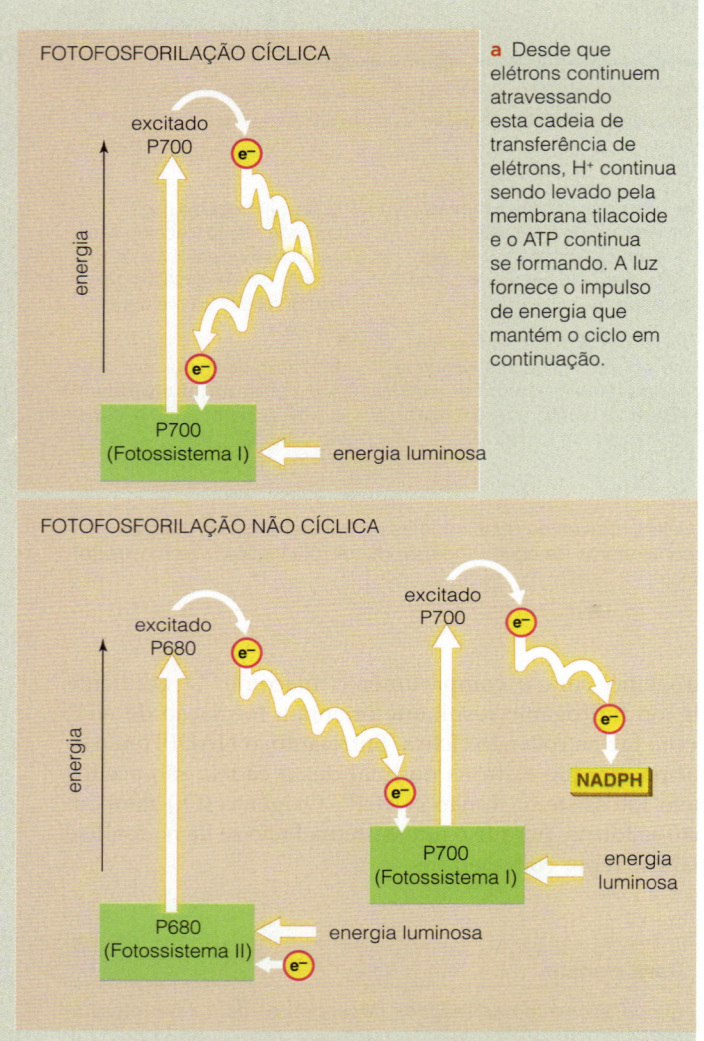

Qualquer reação orientada por luz que acopla fosfato a uma molécula é chamada **fotofosforilação**. Assim, as duas rotas de reações dependentes de luz da fotossíntese também são chamadas de fotofosforilação cíclica e não cíclica. A Figura 7.9 compara o fluxo de energia nas duas rotas.

A rota cíclica mais simples evoluiu primeiro e ainda opera em quase todos os fotossintetizadores. A fotofosforilação cíclica produz ATP. Nenhum NADPH se forma; nenhum oxigênio é liberado. Elétrons perdidos do fotossistema I retornam a ele (Figura 7.9a).

Mais tarde, o maquinário fotossintético em alguns organismos foi modificado para que o fotossistema II se tornasse parte dele. Tal modificação foi o início de uma sequência combinada de reações que remove elétrons das moléculas de água, com a liberação de íons hidrogênio e oxigênio. O fotossistema II é o único sistema biológico suficientemente forte para oxidar a — afastar elétrons da — água (Figura 7.9b).

Os elétrons que saem do fotossistema II não retornam a ele. Eles acabam no NADPH, um agente redutor potente (doador de elétrons). NADPH fornece elétrons às reações produtoras de açúcar no estroma.

Na fotofosforilação cíclica e não cíclica, moléculas nas cadeias de transferência de elétrons utilizam a energia dos elétrons para levar H+ pela membrana tilacoide. Íons hidrogênio se acumulam no compartimento tilacoide, formando um gradiente que aciona a síntese de ATP.

Hoje, a membrana plasmática de diferentes espécies de bactérias fotossintéticas incorpora fotossistemas de tipo I ou tipo II. Cianobactérias, plantas e todos os protistas fotossintéticos utilizam os dois tipos. Qual das duas rotas de fosforilação predomina em determinado momento depende das exigências metabólicas imediatas do organismo por ATP e NADPH.

Ter rotas alternadas é eficiente, porque as células podem direcionar energia para a produção de NADPH e ATP ou de apenas ATP. NADPH se acumula quando não está sendo utilizado.

O excesso retarda a rota não cíclica, portanto a rota cíclica predomina. A célula ainda forma ATP, mas não NADPH. Quando a produção de açúcar está no auge, NADPH é utilizado rapidamente. Ele não se acumula e a rota não cíclica é a predominante.

a Desde que elétrons continuem atravessando esta cadeia de transferência de elétrons, H+ continua sendo levado pela membrana tilacoide e o ATP continua se formando. A luz fornece o impulso de energia que mantém o ciclo em continuação.

b A rota não cíclica é um fluxo unidirecional de elétrons da água para o fotossistema II, o fotossistema I e NADPH. Desde que elétrons continuem fluindo através desta cadeia de transferência de elétrons, H+ continua sendo levado pela membrana tilacoide e ATP e NADPH continuam se formando. A luz fornece os impulsos de energia que mantêm a rota em andamento.

Figura 7.9 Fluxo de energia nas reações dependentes de luz da fotossíntese. O P700 no fotossistema I absorve fótons de comprimento de onda de 700 nanômetros. O P680 no fotossistema II absorve fótons de comprimento de onda de 680 nanômetros. Aportes de energia impulsionam o P700 e o P680 a um estado excitado no qual perdem elétrons.

Para pensar

Como a energia flui na fotossíntese?

- A luz fornece aportes de energia que mantêm os elétrons fluindo através das cadeias de transferência de elétrons. A energia perdida pelos elétrons enquanto fluem através das cadeias configura um gradiente de íon hidrogênio que orienta a síntese de ATP sozinho, ou ATP e NADPH.

7.6 Reações independentes de luz — indústria do açúcar

- As reações cíclicas e independentes de luz do ciclo Calvin-Benson são a parte de "síntese" da fotossíntese.

As reações mediadas por enzima do **ciclo de Calvin-Benson (conhecido simplesmente como Ciclo de Calvin)** formam açúcares no estroma de cloroplastos. Tais reações são independentes de luz porque a luz não as aciona. Em vez disso, são baseadas na energia de ligação do ATP e no poder redutor do NADPH — moléculas que se formaram nas reações dependentes de luz.

As reações independentes de luz geram glicose a partir de dióxido de carbono (Figura 7.10). A extração de átomos de carbono de uma fonte inorgânica e sua incorporação em uma molécula orgânica é chamada **fixação de carbono**. Na maioria das plantas, protistas fotossintéticos e algumas bactérias, a enzima **rubisco** fixa o carbono ao acoplar CO_2 ao RuBP, ou ribulose bisfosfato, de cinco carbonos (Figura 7.11a).

O intermediário de seis carbonos que se forma é instável. Ele se divide rapidamente em duas moléculas de PGA (fosfoglicerato) de três carbonos. Os PGAs recebem um grupo fosfato do ATP e hidrogênio e elétrons do NADPH (Figura 7.11b). Assim, duas moléculas de PGAL (fosfogliceraldeído) de três carbonos se formam.

A glicose, lembre-se, tem seis átomos de carbono. Para fazer uma molécula de glicose, seis CO_2 devem ser acoplados a seis moléculas de RuBP, portanto 12 intermediários PGAL se formam. Dois dos PGAL se combinam para formar um açúcar de seis carbonos (Figura 7.11c).

Os 10 PGAL restantes se combinam e regeneram os seis RuBP (Figura 7.11d).

Plantas podem utilizar a glicose que fabricam nas reações independentes de luz como blocos construtores para outras moléculas orgânicas ou decompô-la para acessar a energia contida em suas ligações. Entretanto, a maior parte da glicose é convertida de uma vez em sacarose ou amido por outras rotas que concluem as reações independentes de luz. O excesso de glicose é armazenado na forma de grãos de amido dentro do estroma de cloroplastos. Quando açúcares são necessários em outras partes da planta, o amido é decomposto em monômeros de açúcar e exportado.

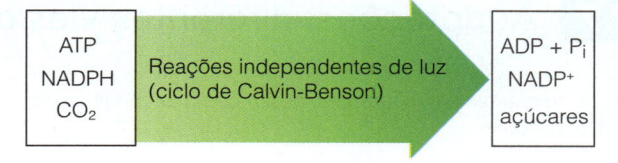

Figura 7.10 Resumo das entradas e saídas das reações independentes de luz da fotossíntese.

Para pensar

O que acontece durante as reações independentes de luz da fotossíntese?

- Orientadas pela energia do ATP, as reações independentes de luz da fotossíntese utilizam hidrogênio e elétrons (do NADPH) e carbono e oxigênio (do CO_2) para formar glicose e outros açúcares.

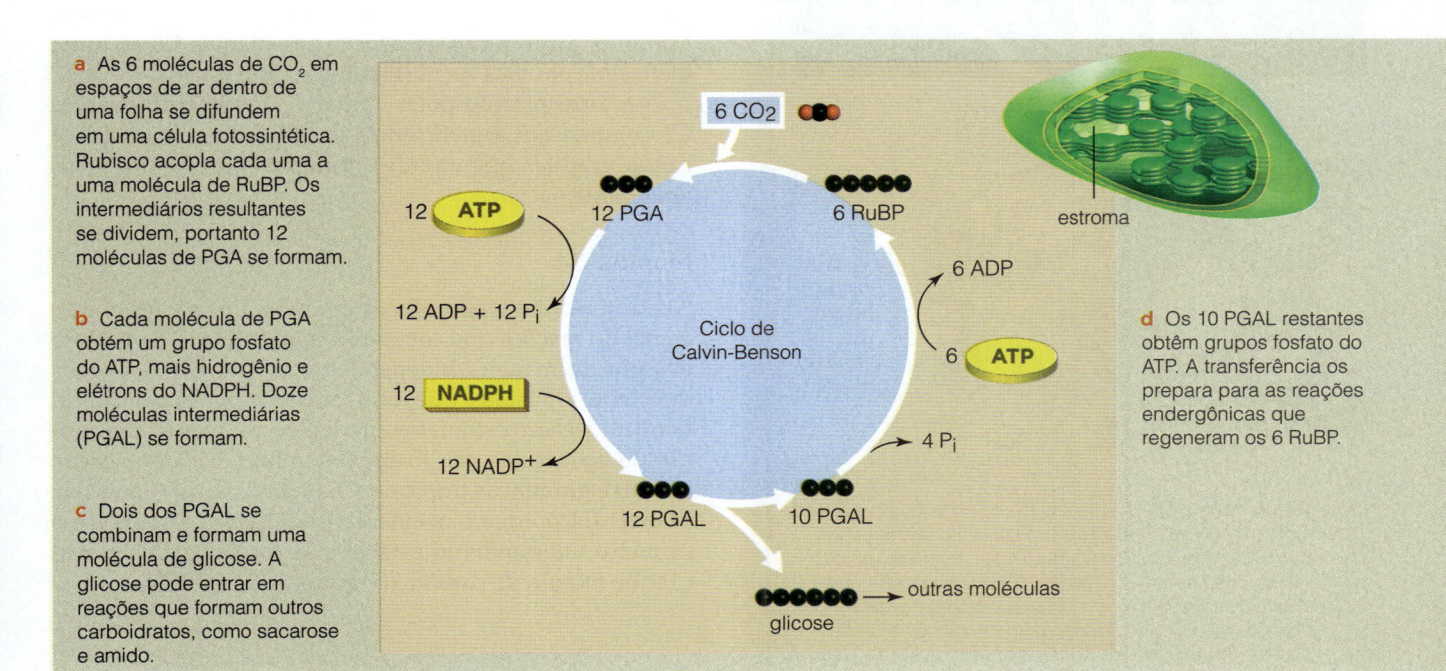

a As 6 moléculas de CO_2 em espaços de ar dentro de uma folha se difundem em uma célula fotossintética. Rubisco acopla cada uma a uma molécula de RuBP. Os intermediários resultantes se dividem, portanto 12 moléculas de PGA se formam.

b Cada molécula de PGA obtém um grupo fosfato do ATP, mais hidrogênio e elétrons do NADPH. Doze moléculas intermediárias (PGAL) se formam.

c Dois dos PGAL se combinam e formam uma molécula de glicose. A glicose pode entrar em reações que formam outros carboidratos, como sacarose e amido.

d Os 10 PGAL restantes obtêm grupos fosfato do ATP. A transferência os prepara para as reações endergônicas que regeneram os 6 RuBP.

Figura 7.11 Reações independentes de luz da fotossíntese que, nos cloroplastos, ocorrem no estroma. O desenho é um resumo dos seis ciclos das reações de Calvin-Benson e seu produto, uma molécula de glicose. As esferas *pretas* significam átomos de carbono. O Apêndice VI detalha os passos da reação.

7.7 Adaptações: diferentes vias de fixação de carbono

- Os ambientes são diferentes, assim como os detalhes da fotossíntese.

a Folhas de plantas C3. Cloroplastos são distribuídos igualmente entre dois tipos de células de mesófilos em folhas de plantas C3 como tília americana (*Tilia americana*). As reações dependentes e independentes de luz ocorrem nos dois tipos de célula.

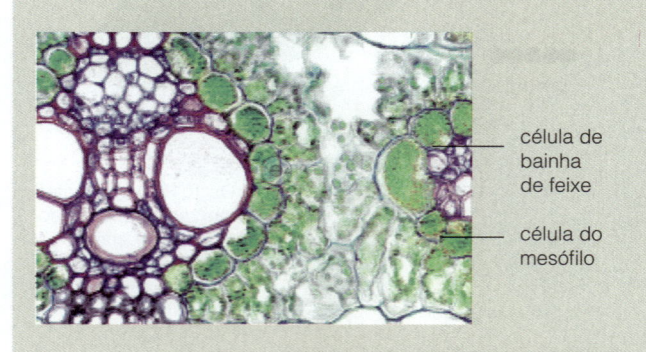

célula de bainha de feixe

célula do mesófilo

b Folhas de plantas C4. Em plantas C4 como milho (*Zea mays*), o carbono é fixado da primeira vez nas células dos mesófilos, que ficam perto dos espaços de ar na folha, mas têm poucos cloroplastos. Células especializadas de bainha de feixe que cercam as veias da folha se associam proximamente com as células dos mesófilos. A fixação de carbono ocorre pela segunda vez nas células de bainha de feixe, que são repletas de cloroplastos que contêm rubisco.

Rubisco ineficiente

Plantas que utilizam apenas o ciclo de Calvin-Benson para fixar carbono são chamadas **plantas C3**, porque o PGA de *três* carbonos é o primeiro intermediário estável a se formar.

A maioria das plantas emprega esta via, mas ela pode ser ineficiente no tempo seco.

As superfícies vegetais expostas ao ar tipicamente têm uma cutícula cerosa conservadora de água. Elas também têm **estômatos**, que são pequenas aberturas nas superfícies da epiderme de folhas e caules verdes. Os estômatos se fecham em dias secos, o que ajuda a planta a minimizar a perda de água por evaporação de folhas e caules. Entretanto, como a água, gases também entram e saem através dos estômatos. Quando os estômatos são fechados, o CO_2 exigido para reações independentes de luz não pode se difundir do ar para dentro das folhas e o O_2 produzido pelas reações dependentes de luz não pode se difundir para fora. Assim, quando as reações dependentes de luz são executadas com os estômatos fechados, o oxigênio se acumula dentro da planta. Este acúmulo ativa uma outra rota que reduz a capacidade de a célula formar açúcares.

Lembre-se de que rubisco é a enzima fixadora de carbono do ciclo de Calvin-Benson. A altos níveis de O_2, rubisco acopla oxigênio (em vez de carbono) a RuBP em uma rota chamada **fotorrespiração**. CO_2 é um produto da fotorrespiração, portanto a célula perde carbono em vez de fixá-lo. Além disso, ATP e NADPH são utilizados para desviar os intermediários da rota de volta ao ciclo de Calvin-Benson. Portanto, a produção de açúcar nas plantas C3 se torna ineficiente em dias secos (Figuras 7.12*a* e 7.13*a*).

A fotorrespiração pode limitar o crescimento; plantas C3 compensam a ineficiência da proteína rubisco fabricando grandes quantidades. Rubisco é a proteína mais abundante na Terra.

Plantas C4

Nos últimos 50 a 60 milhões de anos, um conjunto adicional de reações que compensa a ineficiência da rubisco evoluiu de maneira independente em muitas linhagens de plantas. Plantas que utilizam as reações adicionais também fecham estômatos em dias secos, mas sua produção de açúcar não cai. Exemplos: milho, cana-de-açúcar, bambu e gramíneas tropicais. Chamamos essas plantas de **plantas C4** porque o oxaloacetato de *quatro* carbonos é o primeiro intermediário estável a se formar em suas reações de fixação de carbono (Figuras 7.12*b* e 7.13*b*).

Figura 7.12 Diferentes tipos de plantas, diferentes tipos de células. Cloroplastos aparecem como partes verdes nos cortes transversais das folhas. As áreas roxas são nervuras das folhas.

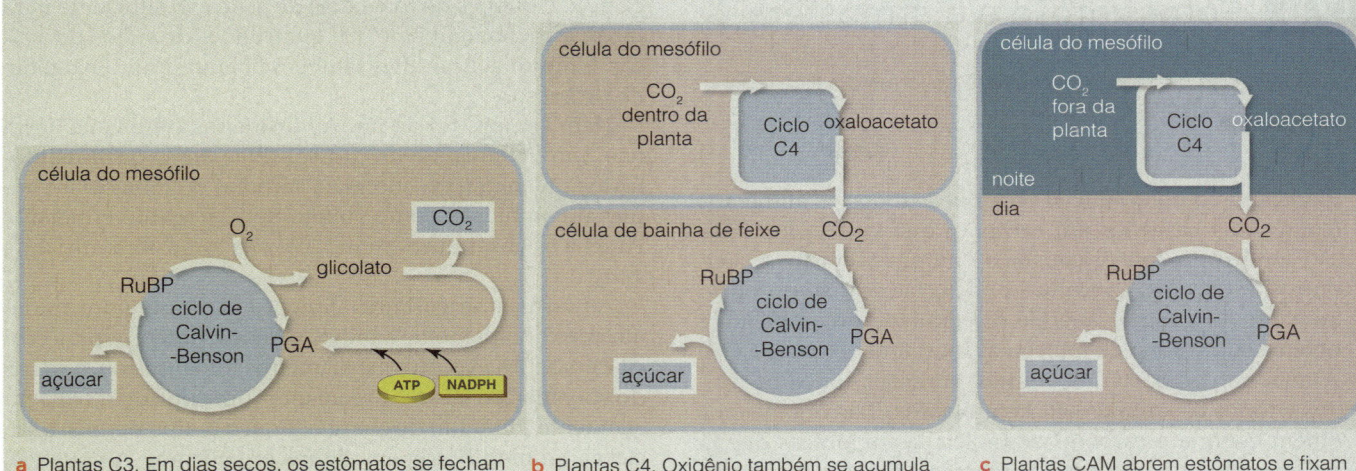

a Plantas C3. Em dias secos, os estômatos se fecham e oxigênio se acumula em alta concentração dentro das folhas. O excesso faz rubisco acoplar oxigênio em vez de carbono a RuBP. As células perdem carbono e energia enquanto formam açúcares.

b Plantas C4. Oxigênio também se acumula dentro das folhas quando estômatos se fecham durante a fotossíntese. Uma via adicional nessas plantas mantém a concentração de CO_2 suficientemente alta para evitar que rubisco utilize oxigênio.

c Plantas CAM abrem estômatos e fixam carbono utilizando uma via C4 à noite. Quando os estômatos estão fechados durante o dia, os compostos orgânicos formados durante a noite são convertidos em CO_2, que entra no ciclo de Calvin-Benson.

Figura 7.13 Reações independentes de luz em três tipos de plantas.

Em plantas C4, o primeiro conjunto de reações independentes de luz ocorre em células de mesófilos. Ali, o carbono é fixado por uma enzima que não utiliza oxigênio mesmo quando o nível de oxigênio é alto. Um intermediário é transportado em células de bainha de feixes, onde uma reação que exige ATP o converte em CO_2. A rubisco fixa o carbono uma segunda vez enquanto o CO_2 entra no ciclo de Calvin-Benson nas células de bainha de feixes. O ciclo das C4 mantém o nível de CO_2 perto da rubisco alto, portanto minimiza a fotorrespiração. Plantas C4 utilizam mais ATP que as plantas C3, mas, em dias secos, podem formar mais açúcar.

Plantas CAM

São plantas que possuem o "Metabolismo Ácido das Crassuláceas" (CAM, *Crassulacean Acid Metabolism*, em inglês). Cactos e outras **plantas CAM** têm uma via alternativa de fixação de carbono que lhes permite conservar água até em regiões onde a temperatura durante o dia pode ser extremamente alta. O nome derivou da família de plantas Crassuláceas, na qual esta via foi estudada pela primeira vez (Figura 7.14). Como as plantas C4, as plantas **CAM** utilizam um ciclo C4 além do ciclo de Calvin, mas esses dois ciclos de fixação do carbono ocorrem em momentos diferentes em vez de em células diferentes. Os poucos estômatos em uma planta **CAM** se abrem à noite, quando um ciclo C4 fixa carbono do CO_2 no ar. O produto do ciclo, um ácido de quatro carbonos, é armazenado no vacúolo central da célula. Quando os estômatos se fecham no dia seguinte, o ácido sai do vacúolo e é decomposto até CO_2, que entra no ciclo de Calvin (Figura 7.13c).

Figura 7.14 Uma planta CAM: *Crassula argentea*, ou jade.

Para pensar

Como as reações de fixação de carbono variam?

- Quando os estômatos estão fechados, o oxigênio se acumula dentro das folhas de plantas C3. A rubisco, então, pode acoplar oxigênio (em vez de dióxido de carbono) a RuBP.
- Esta reação, a fotorrespiração, reduz a eficiência da produção de açúcar, portanto pode limitar o crescimento.
- Plantas adaptadas a condições secas limitam a fotorrespiração ao fixar carbono duas vezes. Plantas C4 separam os dois grupos de reações no espaço; as plantas CAM as separam no tempo.

7.8 Fotossíntese e a atmosfera

- A evolução da fotossíntese mudou de forma drástica e permanente a atmosfera da Terra.

Plantas são o ponto inicial para quase todos os alimentos (compostos baseados em carbono) que você come. Elas são **autótrofos**, ou organismos "autonutrientes". Como outros autótrofos, as plantas podem fabricar seu próprio alimento ao garantir energia diretamente do ambiente e obtêm seu carbono de moléculas inorgânicas (como CO_2). A maioria das bactérias, muitos protistas, todos os fungos e todos os animais são **heterótrofos**. Tais organismos obtêm energia e carbono de moléculas orgânicas que já foram montadas por outros organismos, por exemplo, ao se alimentar de autótrofos, uns dos outros ou de resíduos ou detritos orgânicos. *Hetero* significa outro, como em "ser nutrido por outros".

Plantas são um tipo de **fotoautótrofo**. Pelo processo da fotossíntese, os fotoautótrofos formam açúcares a partir de dióxido de carbono e água utilizando a energia da luz solar. A cada ano, as plantas produzem coletivamente cerca de 220 bilhões de toneladas de açúcar, o suficiente para fazer aproximadamente 300 quatrilhões de cubos de açúcar. É muito açúcar. Elas também liberam muito oxigênio no processo.

Nem sempre foi assim. As primeiras células na Terra não aproveitavam a luz do sol. Elas eram **quimioautótrofos** que extraíam energia e carbono de moléculas simples no ambiente, como sulfeto de hidrogênio e metano. Ambos os gases eram abundantes na atmosfera inicial da Terra.

As formas de garantir alimento não mudaram muito em aproximadamente 1 bilhão de anos. Então, a fotofosforilação cíclica evoluiu nos primeiros fotoautótrofos e a luz do sol ofereceu a esses organismos um suprimento essencialmente ilimitado de energia. Pouco tempo depois, a via cíclica foi modificada em alguns organismos. A nova via, a fotofosforilação não cíclica, dividiu moléculas de água em hidrogênio e oxigênio. O oxigênio molecular, que anteriormente havia sido muito raro na atmosfera, começou a se acumular. Daquele momento em diante, o mundo nunca mais seria o mesmo (Figura 7.15).

O enriquecimento de oxigênio da atmosfera inicial da Terra exerceu uma tremenda pressão de seleção sobre a vida. O oxigênio reage com metais, incluindo cofatores de enzima, e radicais livres se formam durante essas reações. Os radicais livres, lembre-se, são tóxicos.

A maioria das primeiras células não tinha mecanismo de desintoxicação dos radicais de oxigênio e se tornou extinta. Poucas persistiram em águas profundas, sedimentos enlameados e outros *habitats* livres de oxigênio.

Novas vias para desintoxicar o oxigênio evoluíram e uma delas utiliza as propriedades reativas do oxigênio. O oxigênio aceita elétrons ao final das cadeias de transferência de elétrons nessas reações formadoras de ATP, que são coletivamente chamadas de respiração aeróbica.

Enquanto isso, no alto da atmosfera antiga, moléculas de oxigênio se combinavam em ozônio (O_3), uma molécula que absorve radiação ultravioleta de comprimento de onda curto na luz solar. A camada de ozônio que se formou lentamente na atmosfera superior eventualmente blindou a vida da perigosa radiação UV do sol. Só então espécies aeróbicas surgiram do oceano profundo, do lodo e de sedimentos, para se diversificar a céu aberto.

Figura 7.15 Antes e depois — uma visão de como nossa atmosfera foi irrevogavelmente alterada pela fotossíntese. A fotossíntese agora é a principal rota pela qual energia e carbono entram na teia da vida. Plantas neste pomar produzem partes ricas em oxigênio e carbono — maçãs.

Para pensar

Como a fotossíntese afetou a atmosfera da Terra?

- A evolução da fotofosforilação não cíclica mudou drasticamente o conteúdo de oxigênio da atmosfera da Terra.
- Em alguns organismos que sobreviveram à mudança, novas rotas evoluíram para desintoxicar radicais de oxigênio.
- Organismos só começaram a viver em áreas abertas depois que a camada de ozônio se formou e começou a absorver luz UV do sol.

FOCO NO MEIO AMBIENTE

7.9 Uma preocupação que queima

- O ciclo atmosférico natural da Terra de dióxido de carbono está desequilibrado, como resultado da atividade humana.

Você já se perguntou de onde vieram todos os átomos em seu corpo? Pense apenas nos átomos de carbono. Você come outros organismos para obter os átomos de carbono que seu corpo utiliza para energia e matérias-primas. Tais átomos podem ter atravessado outros heterótrofos antes de você comê-los, mas em algum ponto fizeram parte de organismos fotoautotróficos. Fotoautótrofos tiram carbono do dióxido de carbono, depois utilizam os átomos para construir compostos orgânicos. Seus átomos de carbono — e os da maioria dos outros organismos — vieram do dióxido de carbono.

A fotossíntese remove o dióxido de carbono da atmosfera e tranca seus átomos de carbono dentro de compostos orgânicos. Quando fotossintetizadores e outros organismos aeróbicos decompõem os compostos orgânicos para energia, átomos de carbono são liberados na forma de CO_2 e, então, voltam para a atmosfera. Desde que a fotossíntese evoluiu, esses dois processos constituíram um ciclo balanceado da biosfera. A quantidade de dióxido de carbono que a fotossíntese remove da atmosfera é aproximadamente a mesma que os organismos liberam de volta a ela — pelo menos era, até os humanos chegarem.

Há 8 mil anos, os humanos começaram a queimar florestas para abrir terreno para a agricultura. Quando árvores e outras plantas queimam, a maioria do carbono de seus tecidos é liberada na atmosfera como dióxido de carbono. Queimadas que ocorrem naturalmente liberam dióxido de carbono da mesma maneira.

Hoje, queimamos muito mais do que nossos ancestrais. Além de madeira, queimamos combustíveis fósseis — carvão, petróleo e gás natural — para satisfazer nossas demandas cada vez maiores por energia. Combustíveis fósseis são os restos orgânicos de organismos antigos. Quando queimamos esses combustíveis, liberamos o carbono que estava preso dentro deles há centenas de milhões de anos de volta à atmosfera — como dióxido de carbono (Figura 7.16).

Pesquisadores acham bolsões de nossa atmosfera antiga na Antártica. Neve e gelo vêm se acumulando em camadas ali, ano após ano, pelos últimos 15 milhões de anos. Ar e poeira presos em cada camada revelam a composição da atmosfera que prevalecia quando a camada se formou. Assim, agora sabemos que o nível de CO_2 atmosférico havia estado relativamente estável por cerca de 10 mil anos antes da revolução industrial. Desde 1850, o nível de CO_2 vem aumentando constantemente. Em 2006, ele atingiu seu nível mais alto em *23 milhões de anos*.

Nossas atividades colocaram o ciclo atmosférico de dióxido de carbono da Terra em desequilíbrio. Acrescentamos muito mais CO_2 à atmosfera do que os organismos fotossintetizantes removem dela. Hoje, liberamos cerca de 26 bilhões de toneladas de dióxido de carbono na atmosfera a cada ano, mais de dez vezes a quantidade que liberamos em 1900. A maior parte dele vem da queima de combustíveis fósseis.

Figura 7.16 Evidências de emissões de combustíveis fósseis na atmosfera: céu de Nova York em um dia ensolarado.

Como sabemos? Pesquisadores podem determinar há quanto tempo os átomos de carbono em uma amostra de CO_2 faziam parte de um organismo vivo medindo a proporção entre isótopos de carbono diferentes nele.

Tais resultados estão correlacionados com as estatísticas de extração, refino e comercialização de combustíveis fósseis.

O aumento no dióxido de carbono atmosférico está provocando efeitos drásticos sobre o clima. O CO_2 contribui para o aquecimento global. Estamos vendo uma tendência de aquecimento que espelha o aumento nos níveis de CO_2; a Terra agora está mais quente do que já esteve em 12 mil anos. A mudança climática está afetando sistemas biológicos em todo lugar. Os ciclos de vida estão mudando: aves estão depositando ovos mais cedo, plantas estão florescendo nas épocas erradas e mamíferos hibernam por períodos mais curtos. Os padrões de migração e *habitats* também estão mudando. As mudanças podem ser rápidas demais e muitas espécies podem ser extintas como resultado.

Sob circunstâncias normais, dióxido de carbono extra estimula a fotossíntese, o que significa absorção de CO_2 extra. No entanto, as mudanças que já estamos vendo nos padrões de temperatura e umidade como resultado do aquecimento global descompensam este benefício. Tais alterações estão provando ser danosas a plantas e outros organismos fotossintetizadores.

Muitas pesquisas hoje estão voltadas para o desenvolvimento de fontes de energia que não se baseiem em combustíveis fósseis. Por exemplo, o fotossistema II catalisa a fotólise, a reação de oxidação mais eficiente na natureza. Pesquisadores estão trabalhando para duplicar sua função catalítica em sistemas artificiais. Se tiverem sucesso, talvez também consigamos utilizar luz para dividir água em hidrogênio, oxigênio e elétrons — todos podendo ser utilizados como fontes limpas de energia. Outras pesquisas se concentram em formas de remover dióxido de carbono da atmosfera — por exemplo, ao melhorar a eficiência da enzima rubisco nas plantas.

| QUESTÕES DE IMPACTO REVISITADAS | Biocombustíveis

Milho e cana-de-açúcar atualmente são as principais culturas para o biocombustível etanol. Essas plantas C4 se adaptaram a regiões quentes e secas, onde a fotorrespiração pode limitar o crescimento de plantas C3. Elas não crescem tão bem em áreas onde a temperatura da época de crescimento é inferior a 16 °C em média, parcialmente porque a atividade de rubisco diminui nesta temperatura. As plantas C3 podem compensar a redução de atividade fabricando mais enzima. As plantas C4 não conseguem. Sua especialização celular de fixação de carbono significa que há menos espaço na folha para cloroplastos que contêm rubisco. Esta restrição de espaço limita a capacidade de plantas C4 de fazerem rubisco extra em climas frios.

Resumo

Seções 7.1, 7.2 Pelas vias metabólicas da **fotossíntese**, organismos capturam a energia da luz e a utilizam para construir açúcares a partir de água e dióxido de carbono. **Pigmentos** como a **clorofila** *a* absorvem luz visível de **comprimentos de onda** em particular para a fotossíntese.

Seção 7.3 Nos **cloroplastos**, as **reações dependentes de luz** da fotossíntese ocorrem em uma **membrana tilacoide** bastante dobrada, que incorpora dois tipos de **fotossistemas**. A membrana forma um compartimento contínuo no interior semifluido do cloroplasto (**estroma**) onde as **reações independentes de luz** ocorrem. As reações gerais da fotossíntese podem ser resumidas da seguinte maneira:

$$6H_2O + 6CO_2 \xrightarrow[\text{enzimas}]{\text{energia luminosa}} 6O_2 + C_6H_{12}O_6$$

água   dióxido de carbono   oxigênio   glicose

Seções 7.4, 7.5 Complexos coletores de luz na membrana tilacoide absorvem fótons e passam a energia para fotossistemas, que, então, liberam elétrons.
Na fotofosforilação não cíclica, elétrons liberados do fotossistema II fluem através de uma cadeia de transferência de elétrons. Ao final da cadeia, eles entram no fotossistema I. A energia dos fótons faz o fotossistema I liberar elétrons, que acabam no NADPH. O fotossistema II substitui elétrons perdidos ao retirá-los da água, que, então, dissocia-se em H+ e O_2 (**fotólise**).
Na **fotofosforilação** cíclica, os elétrons liberados do fotossistema I entram em uma cadeia de transferência de elétrons, depois retornam ao fotossistema I. O NADPH não se forma. Nas duas vias, elétrons que fluem através de cadeias de transferência de elétrons fazem H+ se acumular no compartimento tilacoide, portanto um gradiente de íon hidrogênio se acumula na membrana tilacoide. H+ flui de volta pela membrana através de ATP sintases. Este fluxo resulta na formação de ATP no estroma.

Seção 7.6 A **fixação de carbono** ocorre em reações independentes de luz. Dentro do estroma, a enzima **rubisco** se acopla a um carbono do CO_2 a RuBP para iniciar o **ciclo de Calvin-Benson**. Esta via cíclica utiliza a energia do ATP, carbono e oxigênio do CO_2, e hidrogênio e elétrons do NADPH para formar glicose.

Seção 7.7 Ambientes são diferentes, assim como os detalhes da produção de açúcar nas reações independentes de luz. Em dias secos, as plantas conservam água ao fechar seus **estômatos**, mas o O_2 da fotossíntese não consegue escapar. Em **plantas C3**, o nível de O_2 resultante nas plantas faz a rubisco acoplar O_2 em vez de CO_2 a RuBP. Esta via, chamada de **fotorrespiração**, reduz a eficiência da produção de açúcar. Em **plantas C4**, a fixação de carbono ocorre duas vezes. As primeiras reações liberam CO_2 perto da rubisco e, assim, limitam a fotorrespiração quando estômatos estão fechados. **Plantas CAM** abrem seus estômatos e fixam carbono à noite.

Seção 7.8 **Autótrofos** produzem seu próprio alimento utilizando a energia que obtêm diretamente do meio ambiente e carbono de fontes inorgânicas como CO_2. **Heterótrofos** obtêm energia e carbono de moléculas que outros organismos já produziram.
A atmosfera inicial da Terra tinha pouquíssimo oxigênio livre, e **quimioautótrofos** eram comuns.
Quando a via não cíclica da fotossíntese evoluiu, o oxigênio liberado pelos **fotoautótrofos** permanentemente mudou a atmosfera e foi uma força seletiva que favoreceu a evolução de novas vias metabólicas, incluindo a respiração aeróbica.

Seção 7.9 Fotoautótrofos removem CO_2 da atmosfera; a atividade metabólica da maioria dos organismos o devolve. As atividades humanas interrompem este ciclo ao acrescentarem mais CO_2 à atmosfera do que os fotoautótrofos removem dela. O desequilíbrio resultante contribui para o aquecimento global.

Questões

Respostas no Apêndice III

1. Autótrofos fotossintéticos utilizam _____ do ar como uma fonte de carbono e como sua fonte de energia.

2. A clorofila *a* absorve principalmente luz violeta e vermelha e reflete principalmente luz _____.

   a. violeta e vermelha   c. amarela
   b. verde   d. azul

Exercício de análise de dados

A maioria das plantações de milho é cultivada intensamente em vastas áreas, o que significa que os fazendeiros que as cultivam utilizam fertilizantes e pesticidas, ambos frequentemente feitos de combustíveis fósseis. O milho é uma planta anual, e colheitas anuais tendem a causar esgotamento do solo e poluir rios.

Em 2006, David Tilman e seus colegas publicaram os resultados de um estudo de dez anos comparando a produção de energia líquida de vários biocombustíveis. Os pesquisadores cultivaram uma mistura de gramas perenes nativas sem irrigação, fertilizante, pesticidas ou herbicidas, em solo arenoso que estava tão esgotado pela agricultura intensiva que havia sido abandonado. Eles mediram a energia utilizável em biocombustíveis feito de grama, do milho e da soja. Eles também mediram a energia necessária para cultivar e produzir cada tipo de biocombustível (Figura 7.17).

1. Aproximadamente quanta energia o etanol produziu de um hectare de milho? Quanta energia foi necessária para cultivar e produzir tal etanol?

2. Que biocombustível testado teve a proporção mais alta entre energia produzida e energia aportada?

3. Qual das três culturas exigiria a menor quantidade de terra para produzir uma determinada quantia de energia de biocombustível?

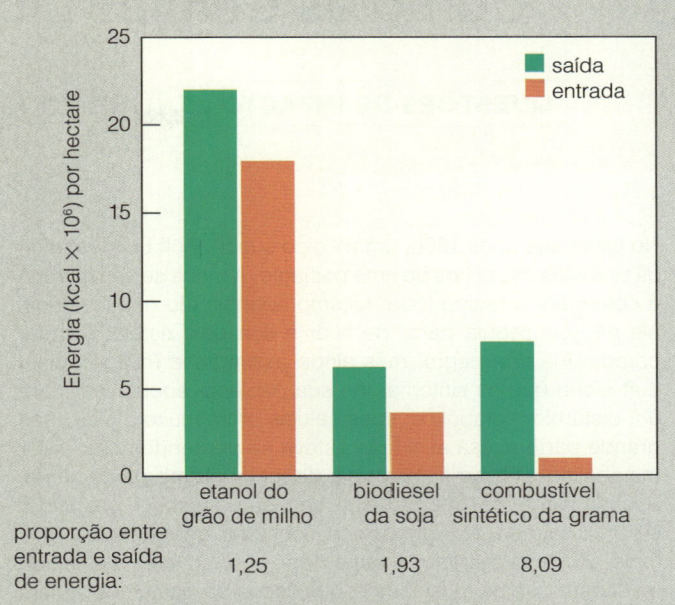

Figura 7.17 Entradas e saídas de energia de biocombustíveis de fontes diferentes: milho e soja cultivados em terreno fértil e plantas gramíneas cultivadas em solo infértil.

proporção entre entrada e saída de energia: 1,25 — 1,93 — 8,09

---

3. Reações dependentes de luz nas plantas ocorrem no(a) _____ .
   a. membrana tilacoide
   b. membrana plasmática
   c. estroma
   d. citoplasma

4. Nas reações dependentes de luz, _____ .
   a. dióxido de carbono é fixado
   b. ATP se forma
   c. CO_2 aceita elétrons
   d. açúcares se formam

5. O que se acumula dentro do compartimento tilacoide durante as reações dependentes de luz?
   a. glicose
   b. RuBP
   c. íons hidrogênio
   d. CO_2

6. Quando um fotossistema absorve luz, _____ .
   a. fosfatos de açúcar são produzidos
   b. elétrons são transferidos para ATP
   c. RuBP aceita elétrons
   d. reações dependentes de luz começam

7. Reações independentes de luz ocorrem no(a) _____ .
   a. citoplasma   b. membrana plasmática   c. estroma

8. O ciclo de Calvin-Benson começa quando _____ .
   a. luz está disponível
   b. dióxido de carbono é acoplado a RuBP
   c. elétrons saem do fotossistema II

9. Que substância não faz parte do ciclo de Calvin-Benson?
   a. ATP
   b. NADPH
   c. RuBP
   d. PGAL
   e. O_2
   f. CO_2

10. Uma planta C3 absorve um radioisótopo de carbono (como $^{14}CO_2$). Em que composto orgânico e estável o carbono rotulado aparece primeiro? Que composto se forma primeiro se uma planta C4 absorve o mesmo radioisótopo de carbono?

11. Depois que a fotofosforilação não cíclica evoluiu, seu derivado, _____ , acumulou-se e mudou a atmosfera.

12. Um gato come um pássaro, que comeu uma lagarta que mastigou uma erva. Que organismos são autótrofos? Heterótrofos?

13. Una cada evento a sua descrição mais adequada.
   __ formação de PGAL
   __ fixação de CO_2
   __ fotólise
   __ ATP se forma; NADPH não
   a. rubiscos funcionam
   b. moléculas de água se dividem
   c. ATP, NADPH exigidos
   d. elétrons retornaram ao fotossistema I

Raciocínio crítico

1. Há cerca de 200 anos, Jan Baptista van Helmont queria saber onde plantas em crescimento obtêm os materiais necessários para aumentar de tamanho. Ele plantou uma muda de àrvore com 2,3 kg em um barril cheio com 90,7 kg de solo e, depois, regava a árvore regularmente.

Depois de cinco anos, a árvore pesava 76,7 kg e o solo pesava 90,6 kg. Como a árvore havia ganhado muito peso e o solo havia perdido tão pouco, ele concluiu que a árvore tinha ganhado todo o seu peso adicional absorvendo a água que adicionou ao barril. O que realmente aconteceu?

2. Apenas cerca de oito classes de moléculas de pigmento são conhecidas, mas este grupo limitado faz o que pode. Por exemplo, os fotoautótrofos fazem carotenoides, que atravessam teias alimentares, como quando minúsculos caracóis se alimentam de algas verdes e, depois, flamingos comem esses moluscos. Flamingos modificam os carotenoides. Suas células dividem betacaroteno para formar duas moléculas de vitamina A. Esta vitamina é a precursora de retinal, um pigmento visual que converte energia luminosa em sinais elétricos nos olhos. O betacaroteno se dissolve na gordura sob a pele. Células que originam as penas rosa intensa o absorvem. Pesquise outro organismo para identificar fontes dos pigmentos que colorem suas superfícies.

8 Como as Células Liberam Energia Química

QUESTÕES DE IMPACTO | Quando a Mitocôndria entra em Ação

No início dos anos 1960, um médico sueco, Rolf Luft, estudou os sintomas estranhos de uma paciente. A moça se sentia fraca e com calor o tempo todo. Mesmo no mais frio dos invernos, ela não conseguia parar de suar e sua pele estava sempre corada. Ela era magra, mas ainda assim tinha muito apetite. Luft aferiu que os sintomas de sua paciente apontavam para um distúrbio metabólico: suas células eram muito ativas, mas grande parte dessa atividade estava se perdendo como calor metabólico. Luft verificou a taxa de metabolismo da paciente, a quantidade de energia que seu corpo estava gastando. Mesmo quando em repouso, o consumo de oxigênio era o mais alto já registrado. Exames em uma amostra de tecido revelaram que os músculos esqueléticos da pacientes tinham muitas mitocôndrias, as organelas produtoras de ATP nas células. Mas havia um grande número delas e muitas possuíam formato anormal. As mitocôndrias estavam produzindo pouco ATP apesar de trabalharem a toda velocidade.

O distúrbio, agora chamado síndrome de Luft, foi o primeiro a ser vinculado às mitocôndrias defeituosas. As células de uma pessoa com distúrbio são como cidades queimando toneladas de carvão em muitas usinas de energia, mas que não obtêm muita energia utilizável. Os músculos esqueléticos e do coração, o cérebro e outras partes operacionais do corpo com altas demandas por energia são os mais afetados.

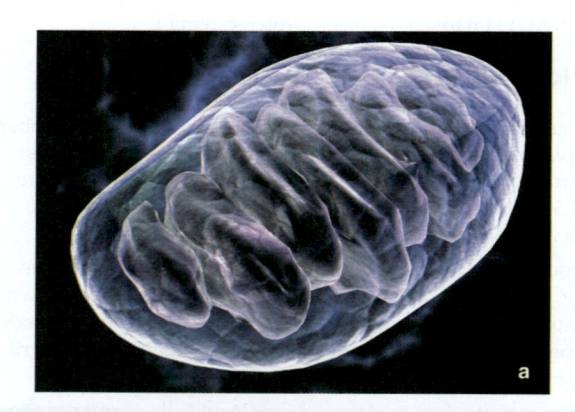

Mais de quarenta distúrbios relacionados a mitocôndrias defeituosas são agora conhecidos. Um deles, a ataxia de Friedreich, causa perda de coordenação (ataxia), músculos fracos e graves problemas coronários. Muitas das pessoas afetadas morrem quando se tornam adultas (Figura 8.1).

Assim como os cloroplastos descritos no capítulo anterior, as mitocôndrias têm um sistema de membrana interna dobrada que permite a produção de ATP. Pelo processo de respiração aeróbica, as cadeias de transferência de elétrons na membrana mitocondrial estabelecem gradientes de H^+ que impulsionam a formação de ATP.

Na síndrome de Luft, as cadeias de transferência de elétrons nas mitocôndrias trabalham mais, mas formam pouco ATP. Na ataxia de Friedreich, uma proteína chamada frataxina não funciona adequadamente. Essa proteína ajuda a formar algumas enzimas que contêm ferro nas cadeias de transferência de elétrons. Quando ela funciona mal, átomos de ferro que devem ser incorporados às enzimas acumulam dentro das mitocôndrias.

Oxigênio está presente nas mitocôndrias. Conforme explicado na Seção 7.8, radicais livres tóxicos se formam quando o oxigênio reage com metais. Muito ferro nas mitocôndrias significa a formação de muitos radicais livres que destroem as moléculas da vida mais rapidamente do que a célula é capaz de reparar ou substituir. Ocasionalmente, as mitocôndrias param de funcionar e a célula morre.

Você já tem uma ideia de como as células colhem energia nas cadeias de transferência de elétrons. Detalhes das reações variam de um tipo de organismo para outro, mas toda vida conta com esse maquinário produtor de ATP. Quando você considerar as mitocôndrias neste capítulo, lembre-se de que sem elas você não produziria ATP suficiente nem mesmo para ler sobre como elas o produzem.

Figura 8.1 Irmã, irmão e mitocôndria em corte. (**a**) As mitocôndrias são as organelas produtoras de ATP do organismo. (**b**) A ataxia de Friedreich, um distúrbio genético, impede que as mitocôndrias produzam ATP suficiente. Leah (à esquerda) começou a perder o equilíbrio e a coordenação aos cinco anos de idade. Seis anos mais tarde, ela estava em uma cadeira de rodas; agora ela é diabética e parcialmente surda. Seu irmão Joshua (à direita) não andava até os sete anos de idade, e agora é cego. Ambos têm problemas coronários; ambos fizeram uma cirurgia de fusão espinhal. Equipamentos especiais lhes permitem ir à escola e trabalhar em tempo parcial. Leah é modelo profissional.

Conceitos-chave

Energia proveniente da quebra de carboidratos
Diversas vias de degradação convertem a energia química da glicose e outros compostos orgânicos em energia química na forma de ATP. A respiração aeróbica produz a maior parte do ATP a partir de cada molécula de glicose. Nos eucariotos, ela é completada dentro das mitocôndrias. **Seção 8.1**

Glicólise
A glicólise é o primeiro estágio de respiração aeróbica e das vias de fermentação anaeróbica. As enzimas que realizam a glicólise convertem glicose em piruvato. **Seção 8.2**

Como a respiração aeróbica termina
Os estágios finais de respiração aeróbica decompõem piruvato em CO_2. Muitas coenzimas que são reduzidas fornecem elétrons e íons de hidrogênio para as cadeias de transferência de elétrons. A energia liberada pelos elétrons que fluem pelas cadeias é por fim capturada em ATP. O oxigênio aceita elétrons no final das cadeias. **Seções 8.3, 8.4**

Como as vias anaeróbicas terminam
As vias de fermentação começam com a glicólise. Outras substâncias além do oxigênio aceitam elétrons no final das vias. Em comparação à respiração aeróbica, a produção de ATP proveniente da fermentação é pequena. **Seções 8.5, 8.6**

Outras vias metabólicas
Outras moléculas além de glicose são fontes de energia comuns. Diferentes vias convertem lipídeos e proteínas em substâncias que podem entrar na glicólise ou no ciclo de Krebs. **Seção 8.7**

Neste capítulo

- Este capítulo expande a figura de fluxo de energia. Ele enfoca as vias metabólicas que produzem ATP degradando glicose e outros compostos orgânicos.
- As reações de decomposição ou quebra dos carboidratos ocorrem tanto no citoplasma como nas mitocôndrias. Você poderá revisar a estrutura da glicose e outros carboidratos.
- Você encontrará mais exemplos de cadeias de transferência de elétrons e refletirá sobre a conexão global entre respiração aeróbica e fotossíntese.

Qual sua opinião? Desenvolver novas drogas é dispendioso, então as empresas farmacêuticas tendem a ignorar a ataxia de Friedreich e outros distúrbios que afetam relativamente poucas pessoas. As autoridades governamentais deveriam custear as empresas privadas no desenvolvimento de tratamentos para distúrbios raros? Conheça a opinião de seus colegas e apresente seus argumentos a eles.

8.1 Visão geral das vias de decomposição de carboidrato

- Fotoautótrofos produzem ATP durante a fotossíntese e o utilizam para sintetizar glicose e outros carboidratos.
- A maioria dos organismos, incluindo os fotoautótrofos, produz ATP decompondo glicose e outros compostos orgânicos.

Os organismos se mantêm vivos enquanto se abastecerem com energia que obtêm de seu ambiente. Plantas e outros fotoautótrofos obtêm sua energia diretamente do sol; os heterótrofos se alimentam de autótrofos ou se alimentam uns dos outros. Independentemente de sua fonte, a energia deve ser convertida em uma forma que possa impulsionar diversas reações necessárias para sustentar a vida. Uma dessas formas é o trifosfato de adenosina (ATP), uma moeda comum de gastos de energia em todas as células.

Comparação das principais vias metabólicas

A maioria dos organismos faz ATP por vias metabólicas que decompõem carboidratos e outras moléculas orgânicas. Algumas vias são **aeróbicas** (utilizam oxigênio); outras são **anaeróbicas** (ocorrem na ausência de oxigênio).

As principais vias pelas quais as células obtêm energia das moléculas orgânicas são chamadas **respiração aeróbica** e **fermentação** anaeróbica. A maioria das células eucarióticas usa a respiração aeróbica exclusivamente, ou a utilizam a maior parte do tempo. Muitos procariotos e protistas em *habitats* anaeróbicos usam vias alternativas. Alguns procariotos têm sua versão própria de respiração aeróbica, mas enfocaremos a via que ocorre nas células eucarióticas.

A fermentação e respiração aeróbica começam com as mesmas reações no citoplasma. Essas reações são a **glicólise**, que converte uma molécula de seis carbonos de glicose em dois **piruvatos**, uma molécula orgânica com uma estrutura de três carbonos. Depois da glicólise, as vias de fermentação e respiração aeróbica divergem.

A respiração aeróbica termina dentro das mitocôndrias, onde o oxigênio é o aceptor final de elétrons das cadeias de transferência (Figura 8.2). A cada respiração, suas células recebem um suprimento de oxigênio. A fermentação termina no citoplasma, onde uma molécula que não de oxigênio aceita elétrons no final da via.

A respiração aeróbica é muito mais eficiente que as vias de fermentação, que terminam com um resultado líquido de dois ATP por glicose. A respiração aeróbica produz cerca de trinta e seis ATP por glicose. Você e outros organismos multicelulares não poderiam viver sem a alta produção da respiração aeróbica.

a As vias de quebra de carboidrato começam no citoplasma com a glicólise.

b As vias de fermentação são completadas na matriz semifluida do citoplasma.

c Nos eucariotos, a respiração aeróbica é completada nas mitocôndrias.

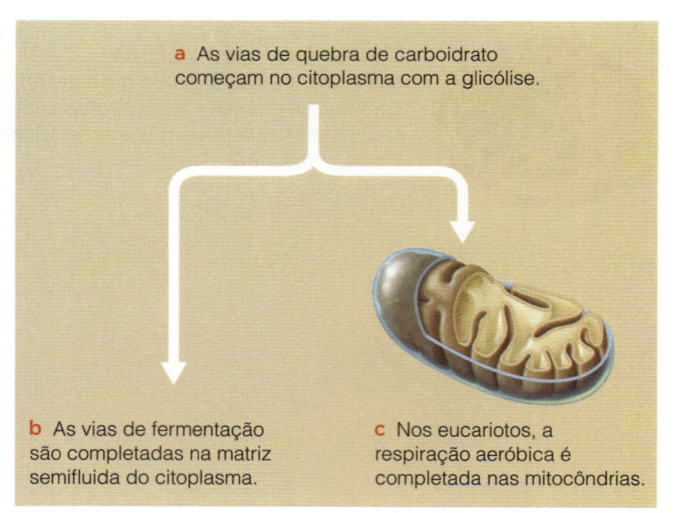

Figura 8.2 Onde as diferentes vias de quebra de carboidrato começam e terminam. A respiração aeróbica sozinha pode fornecer ATP suficiente para sustentar grandes organismos multicelulares, como pessoas, sequoias e gansos canadenses.

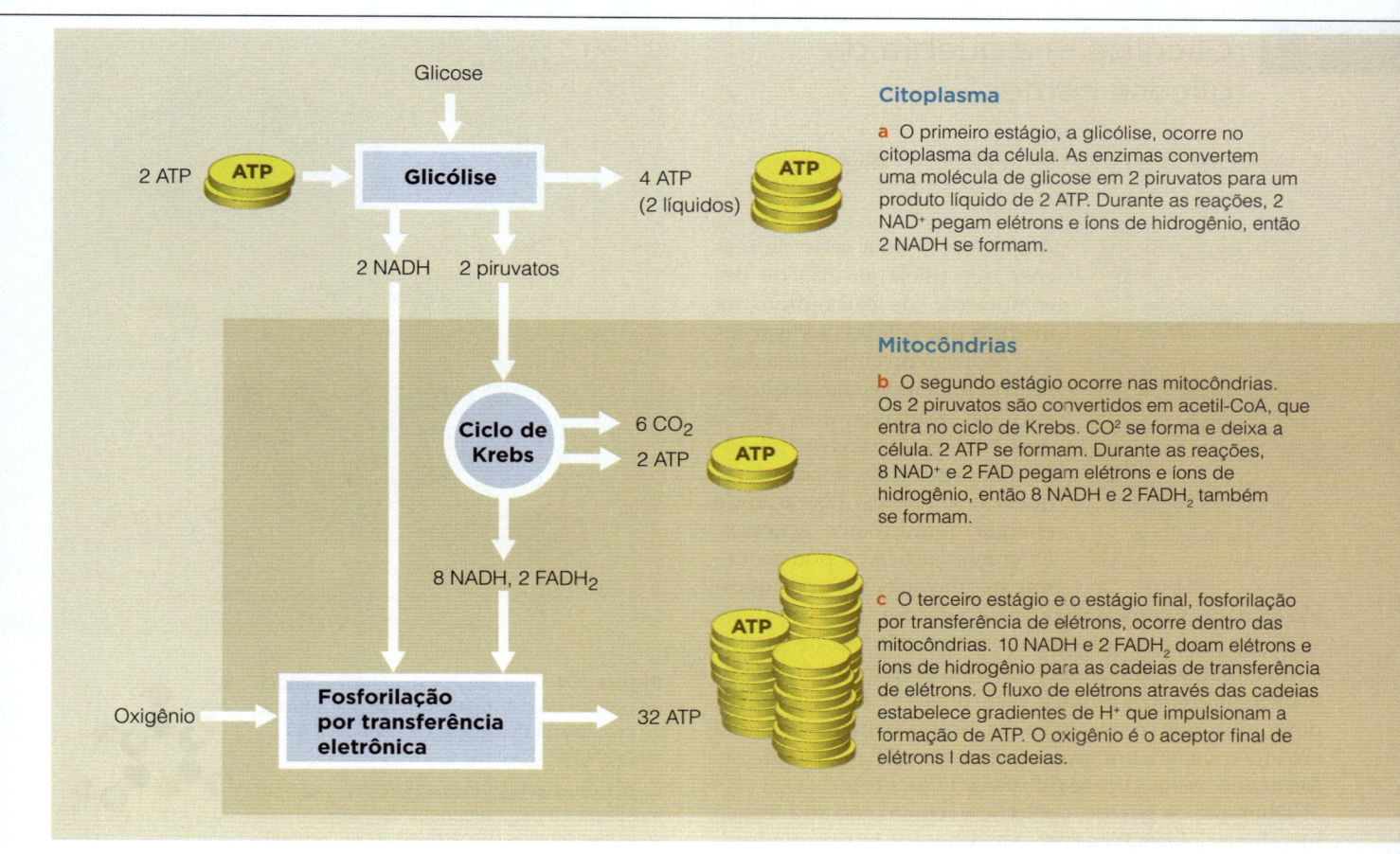

Figura 8.3 Visão geral da respiração aeróbica. As reações começam no citoplasma e terminam dentro das mitocôndrias. As entradas e saídas da via são resumidas à direita.
Resolva: Qual o produto de ATP proveniente da respiração aeróbica?

Resposta: 38 − 2 = 36 ATP por glicose.

Citoplasma

a O primeiro estágio, a glicólise, ocorre no citoplasma da célula. As enzimas convertem uma molécula de glicose em 2 piruvatos para um produto líquido de 2 ATP. Durante as reações, 2 NAD⁺ pegam elétrons e íons de hidrogênio, então 2 NADH se formam.

Mitocôndrias

b O segundo estágio ocorre nas mitocôndrias. Os 2 piruvatos são convertidos em acetil-CoA, que entra no ciclo de Krebs. CO_2 se forma e deixa a célula. 2 ATP se formam. Durante as reações, 8 NAD⁺ e 2 FAD pegam elétrons e íons de hidrogênio, então 8 NADH e 2 $FADH_2$ também se formam.

c O terceiro estágio e o estágio final, fosforilação por transferência de elétrons, ocorre dentro das mitocôndrias. 10 NADH e 2 $FADH_2$ doam elétrons e íons de hidrogênio para as cadeias de transferência de elétrons. O fluxo de elétrons através das cadeias estabelece gradientes de H⁺ que impulsionam a formação de ATP. O oxigênio é o aceptor final de elétrons I das cadeias.

Visão geral da respiração aeróbica

Esta equação resume a respiração aeróbica:

$$C_6H_{12}O_6 + O_2 \longrightarrow CO_2 + H_2O$$
Glicose Oxigênio Dióxido de carbono Água

A equação mostra apenas as substâncias no início e no fim da via, mas não aquelas nos três estágios intermediários (Figura 8.3). O primeiro estágio, a glicólise, converte glicose em piruvato. Durante o segundo estágio, o piruvato é convertido em acetil-CoA, que entra no ciclo de Krebs. O dióxido de carbono que se forma nas reações do segundo estágio sai da célula.

Íons de elétrons e hidrogênio liberados pelas reações dos primeiros dois estágios são recolhidos pelas duas coenzimas, NAD⁺ (ou nicotinamida adenina dinucleotídeo) e FAD (ou flavina adenina dinucleotídeo). Quando essas duas coenzimas estão carregando elétrons e hidrogênio, são reduzidas e nos referimos a elas como NADH e $FADH_2$.

Um pouco de ATP é formado durante os primeiros dois estágios. O grande benefício ocorre no terceiro estágio depois que as coenzimas doam elétrons e hidrogênio às cadeias de transferência de elétrons. A operação das cadeias de transferência estabelece gradientes de íon (H⁺) que impulsionam a formação de ATP. O oxigênio nas mitocôndrias é o aceptor final de elétrons e H⁺ das cadeias de transferência, e sua redução forma água.

Para pensar

Como as células obtêm energia química dos carboidratos?

- A maioria das células converte a energia química dos carboidratos em energia química de ATP por respiração aeróbica e vias de fermentação. Essas vias começam no citoplasma, com a glicólise.
- As vias de fermentação terminam no citoplasma. Elas não usam oxigênio. O resultado líquido por molécula de glicose é de dois ATP.
- Nos eucariontes, a respiração aeróbica termina nas mitocôndrias. Ela usa oxigênio, e o resultado por molécula de glicose consumida é de ATP.

8.2 Glicólise — a quebra da glicose começa

- Um investimento de energia (ATP) inicia a glicólise.

A glicólise é uma série de reações que inicia as vias de decomposição de carboidrato na maioria das células. As reações que ocorrem no citoplasma convertem uma molécula de glicose em dois piruvatos, dois ATP e dois NADH. A palavra "glicólise" (do grego *glyk-*, doce; e *-lysis*, quebra) se refere à liberação de energia química dos açúcares. Diferentes açúcares podem entrar na glicólise, mas por questões didáticas enfocamos apenas a glicose.

A glicólise começa quando uma molécula de glicose entra em uma célula através de uma proteína de transporte da membrana. A célula investe dois ATP nas reações endergônicas que começam na via. Na primeira reação, uma enzima transfere um grupo fosfato do ATP para a glicose, formando assim glicose-6-fosfato (Figura 8.4a).

Diferente da glicose, a glicose-6-fosfato não atravessa a membrana plasmática com o auxílio dos transportadores de glicose, então fica presa dentro da célula. Quase toda glicose que entra em uma célula é imediatamente convertida em glicose-6-fosfato. Essa fosforilação mantém a concentração de glicose no citoplasma mais baixa que no fluido fora da célula. Ao manter esse gradiente de concentração em toda a membrana plasmática, a célula favorece a tomada de mais glicose.

A glicólise continua à medida que a glicose-6-fosfato aceita um grupo fosfato de outro ATP, depois divide em dois (Figura 8.4b). PGAL é uma abreviatura para os intermediários de três carbonos que resultam.

Enzimas se prendem a cada PGAL, formando duas moléculas de PGA (Figura 8.4c). Nessa reação, dois elétrons e um íon de hidrogênio são transferidos de cada PGAL para NAD+, de forma que dois NADH se formam. Essas coenzimas reduzidas doarão sua carga de elétrons e íons de hidrogênio nas reações que seguem a glicólise.

Um grupo fosfato é transferido de cada PGA para ADP, de forma que dois ATP se formam (Figura 8.4d). Mais dois ATP se formam quando um fosfato é transferido de outro par de intermediários para dois ADP (Figura 8.4e). Ambas as reações são **fosforilações em nível de substrato** — transferências diretas de um grupo fosfato a partir de um substrato para ADP.

Lembre-se, dois ATP foram utilizados para iniciar as reações de glicólise. Um total de quatro ATP se formam, então o produto é de dois ATP por molécula de glicose que entra na glicólise (Figura 8.4f).

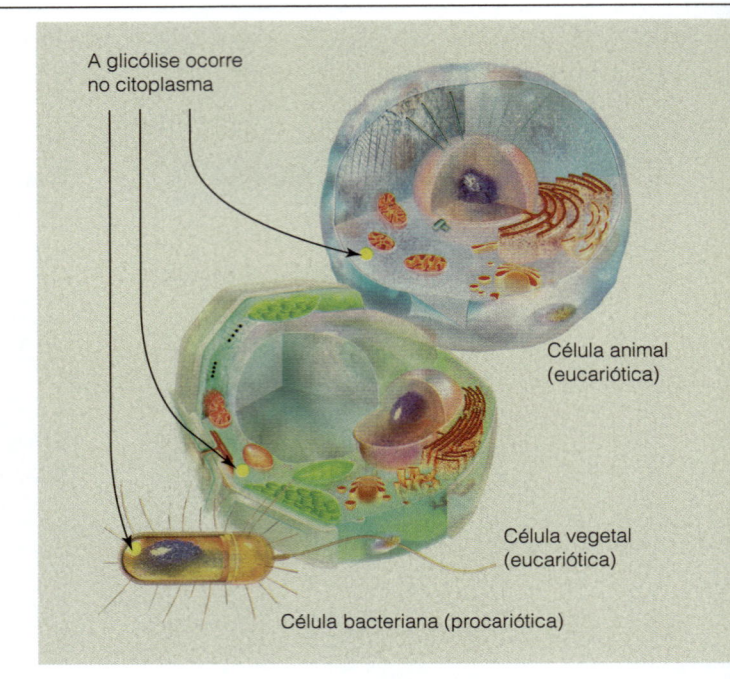

Figura 8.4 Glicólise. Esse primeiro estágio de quebra de carboidrato começa e termina no citoplasma de células procarióticas e eucarióticas.

A glicose (*à direita*) é o reagente no exemplo mostrado na *página oposta*; rastreamos seus seis átomos de carbono (*bolas pretas*). O Apêndice VI mostra as estruturas completas dos intermediários e produtos.

As células utilizam dois ATP para iniciar a glicólise, assim a produção de energia líquida de uma molécula de glicose é de dois ATP. Dois NADH também se formam, e duas moléculas de piruvatos são os produtos finais (*acima*).

A glicólise termina com a formação de duas moléculas de piruvato com três carbonos. Esses produtos podem agora entrar nas reações de segundo estágio de respiração aeróbica ou fermentação.

Para pensar

O que é glicólise?

- Glicólise é o primeiro estágio de decomposição de carboidratos tanto na respiração aeróbica como na fermentação.
- Na glicólise, uma molécula de glicose é convertida em duas moléculas de piruvato, com uma energia líquida de dois ATP. Dois NADH também se formam. As reações ocorrem no citoplasma.

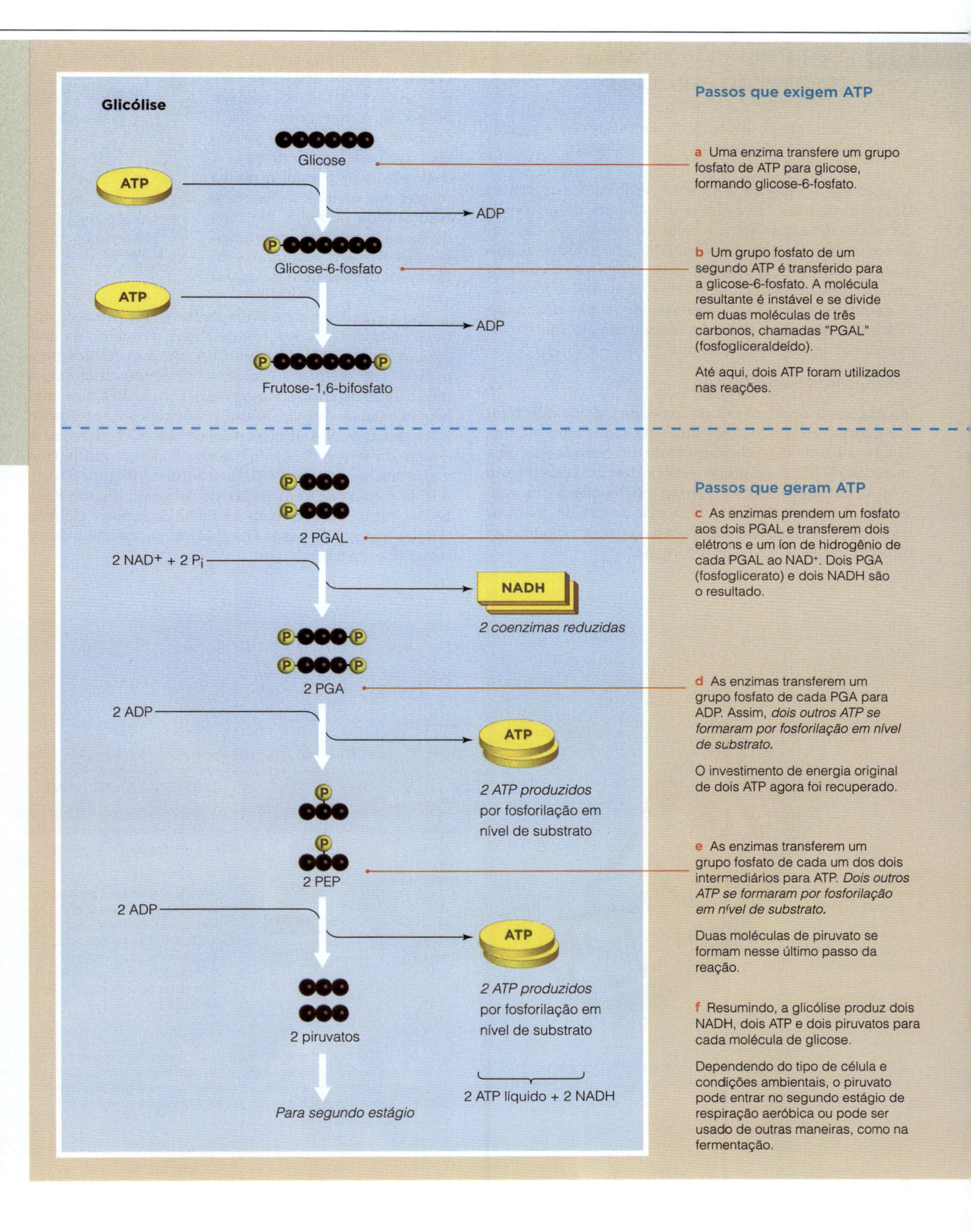

Glicólise

Glicose

ATP → ADP

Glicose-6-fosfato

ATP → ADP

Frutose-1,6-bifosfato

2 PGAL

2 NAD⁺ + 2 P$_i$ → NADH
2 coenzimas reduzidas

2 PGA

2 ADP → ATP
2 ATP produzidos por fosforilação em nível de substrato

2 PEP

2 ADP → ATP
2 ATP produzidos por fosforilação em nível de substrato

2 piruvatos

Para segundo estágio

2 ATP líquido + 2 NADH

Passos que exigem ATP

a Uma enzima transfere um grupo fosfato de ATP para glicose, formando glicose-6-fosfato.

b Um grupo fosfato de um segundo ATP é transferido para a glicose-6-fosfato. A molécula resultante é instável e se divide em duas moléculas de três carbonos, chamadas "PGAL" (fosfogliceraldeído).

Até aqui, dois ATP foram utilizados nas reações.

Passos que geram ATP

c As enzimas prendem um fosfato aos dois PGAL e transferem dois elétrons e um íon de hidrogênio de cada PGAL ao NAD⁺. Dois PGA (fosfoglicerato) e dois NADH são o resultado.

d As enzimas transferem um grupo fosfato de cada PGA para ADP. Assim, *dois outros ATP se formaram por fosforilação em nível de substrato.*

O investimento de energia original de dois ATP agora foi recuperado.

e As enzimas transferem um grupo fosfato de cada um dos dois intermediários para ATP. *Dois outros ATP se formaram por fosforilação em nível de substrato.*

Duas moléculas de piruvato se formam nesse último passo da reação.

f Resumindo, a glicólise produz dois NADH, dois ATP e dois piruvatos para cada molécula de glicose.

Dependendo do tipo de célula e condições ambientais, o piruvato pode entrar no segundo estágio de respiração aeróbica ou pode ser usado de outras maneiras, como na fermentação.

8.3 Segundo estágio de respiração aeróbica

- O segundo estágio da respiração aeróbica finaliza a decomposição de glicose que começa na glicólise.

O segundo estágio da respiração aeróbica ocorre dentro das mitocôndrias. Ele inclui dois conjuntos de reações, a formação de acetil-CoA e o **ciclo de Krebs**, que decompõem os piruvatos de glicólise (Figura 8.5). Todos os átomos de carbono que fizeram parte da glicose terminam em CO_2, que deixa a célula. Somente dois ATP se formam. A grande recompensa é a formação de muitas coenzimas reduzidas que impulsionam o terceiro estágio, que é o estágio final da respiração aeróbica.

Formação de acetil-CoA

As reações de segundo estágio começam quando dois piruvatos formados por glicólise entram na matriz mitocondrial. Uma enzima divide cada piruvato de três carbonos em uma molécula de CO_2 e um grupo acetil de dois carbonos (Figura 8.6a). O CO_2 sai da célula, e o grupo acetil combina com a coenzima A (abreviação CoA), formando acetil-CoA. Elétrons e íons de hidrogênio liberados pela reação se combinam com a coenzima NAD^+ e NADH se formam.

Ciclo de Krebs

O ciclo de Krebs decompõe acetil-CoA em CO_2. O ciclo não é um objeto físico, como uma roda. É uma via, uma sequência de reações mediadas por enzimas. É chamado ciclo porque a última reação na sequência forma o substrato da primeira. No ciclo de Krebs, o substrato da primeira reação — e o produto da última — é oxaloacetato de quatro carbonos.

Use a Figura 8.6 para acompanhar o que acontece durante cada ciclo de reações de Krebs. Primeiro, os dois átomos de carbono de acetil-CoA são transferidos para oxaloacetato de quatro carbonos, formando citrato, uma forma de ácido cítrico (Figura 8.6b). O ciclo de Krebs também é chamado de ciclo de ácido cítrico após esse primeiro intermediário. Nas últimas reações, dois CO_2 se formam e saem da célula; dois NAD^+ aceitam íons de hidrogênio e elétrons, assim dois NADH se formam (Figura 8.6c,d); ATP se forma por fosforilação de substrato (Figura 8.6e); FAD e outro NAD^+ aceitam íons de hidrogênio e elétrons (Figura 8.6f,g). Os passos finais da via regeneram oxaloacetato (Figura 8.6h).

a Uma membrana interna divide o interior da mitocôndria em dois compartimentos. O segundo e terceiro estágios de respiração aeróbica ocorrem nessa membrana.

b O segundo estágio começa depois que as proteínas da membrana transportam piruvato do citoplasma ao compartimento interno. Seis átomos de carbono entram nessas reações (em duas moléculas de piruvato) e seis saem (em seis CO_2). Dois ATPs se formam e dez coenzimas são reduzidas.

Decomposição de 2 piruvatos em 6 CO_2 resulta em 2 ATP. Além disso, 10 coenzimas (8 NAD^+, 2 FAD) são reduzidas. As coenzimas carregam íons de hidrogênio e elétrons para o terceiro estágio da respiração aeróbica.

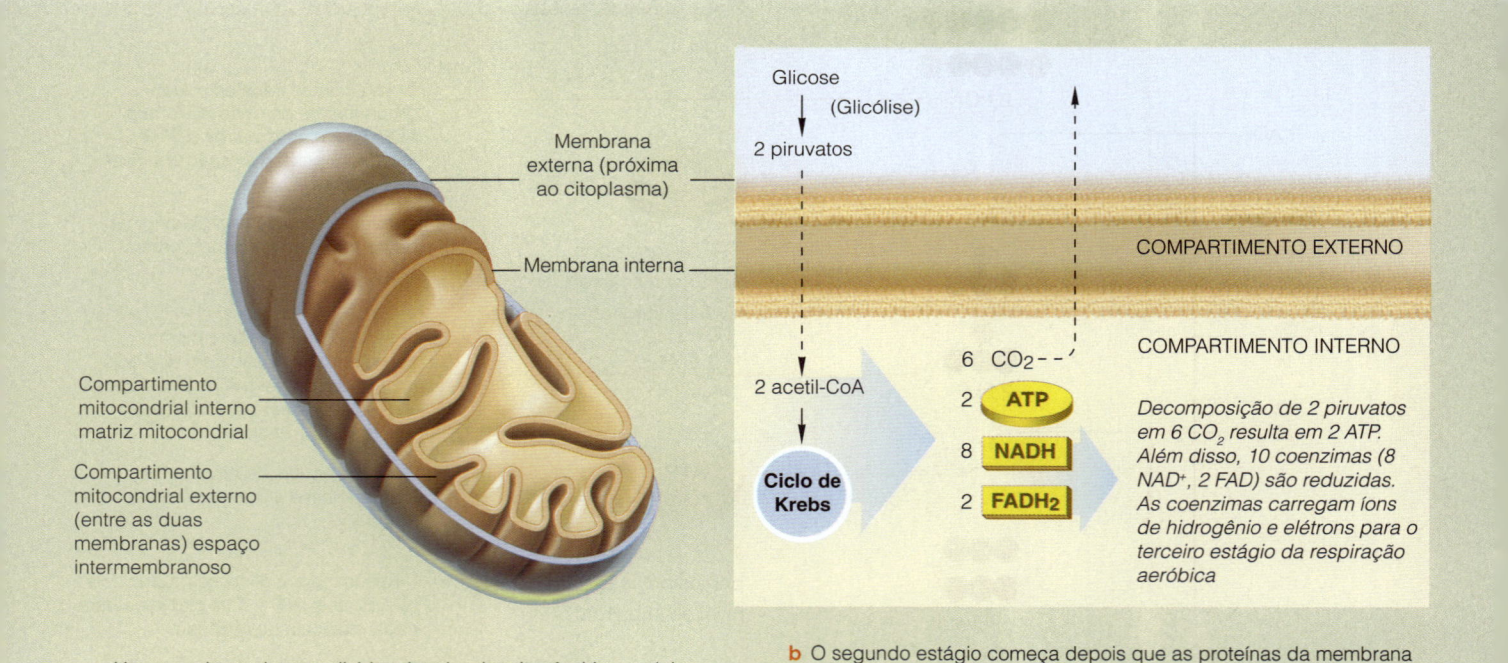

Figura 8.5 Detalhe da respiração aeróbica dentro de uma mitocôndria.

Formação de acetil-CoA

a Uma enzima divide uma molécula de piruvato em um grupo acetila de dois carbonos e CO_2. A coenzima A se liga ao grupo acetila (formando acetil-CoA). O NAD^+ combina com íons de hidrogênio e elétrons liberados, formando NADH.

b O ciclo de Krebs começa à medida que um átomo de carbono é transferido de acetil-CoA para oxaloacetato. Citrato se forma, e a coenzima A é formada.

c Um átomo de carbono é removido de um intermediário e deixa a célula como CO_2. NAD^+ combina com íons de hidrogênio e elétrons liberados, formando NADH.

d Um átomo de carbono é removido de outro intermediário e deixa a célula como CO_2 e outro NADH se forma.

Átomos de três carbonos de piruvato agora saíram da célula como CO_2.

h Os passos finais do ciclo de Krebs regeneram oxaloacetato.

g NAD^+ combina com íons de hidrogênio e elétrons, formando NADH.

f A coenzima FAD combina com íons de hidrogênio e elétrons, formando $FADH_2$.

e Um ATP é formado por fosforilação de substrato.

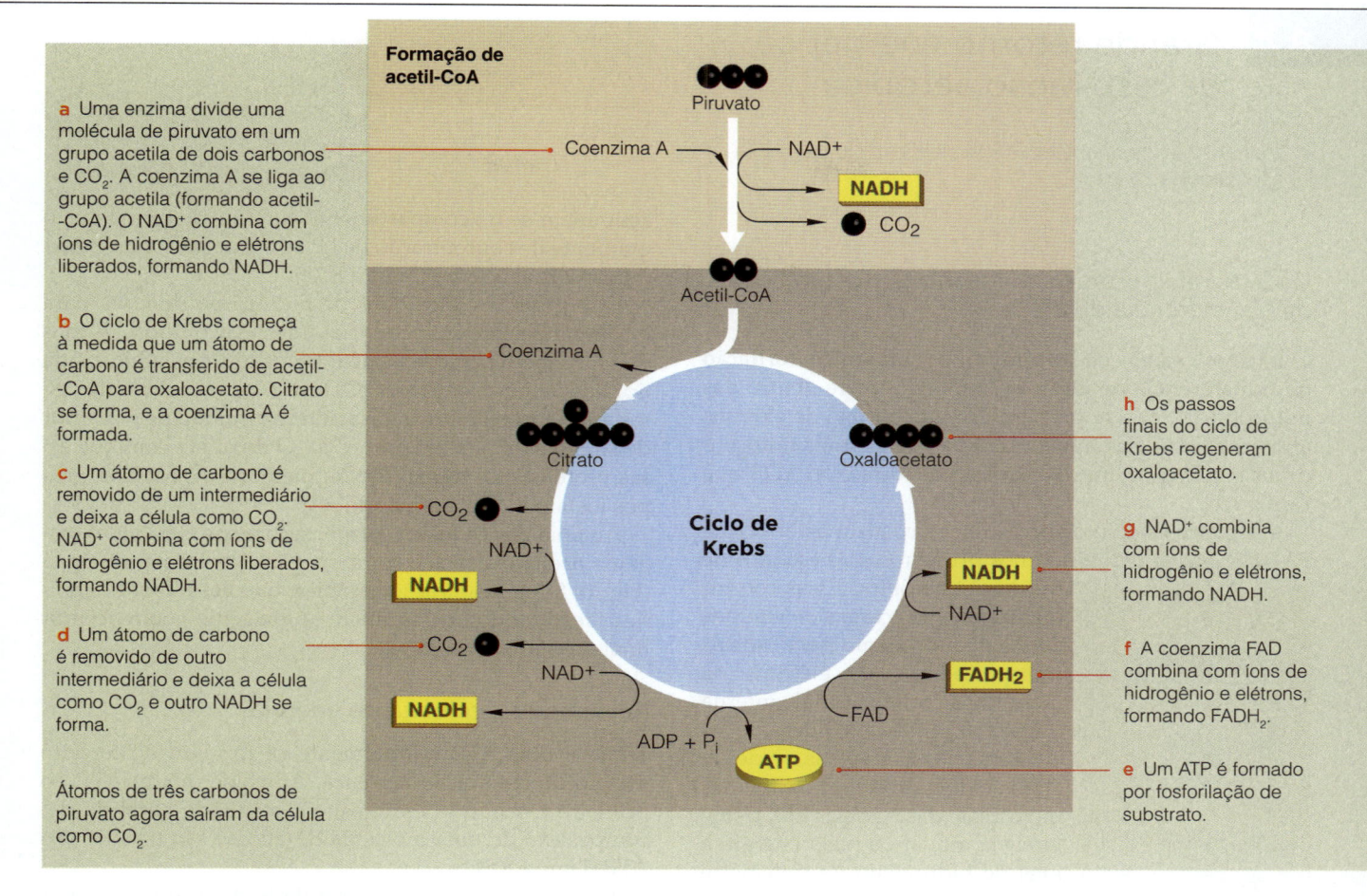

Figura 8.6 Segundo estágio da respiração aeróbica: formação de acetil-CoA e o ciclo de Krebs. Um conjunto de reações de segundo estágio convertem um piruvato em três CO_2 para uma produção de um ATP, quatro NADH e um $FADH_2$ (à direita). As reações ocorrem na matriz mitocondrial. Para simplificar, muitos dos intermediários de via não são exibidos. Consulte o Apêndice VI para detalhes das reações.

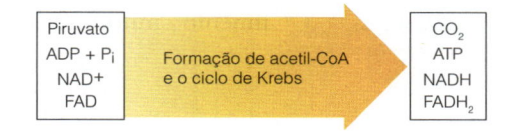

Piruvato, ADP + P_i, NAD^+, FAD → Formação de acetil-CoA e o ciclo de Krebs → CO_2, ATP, NADH, $FADH_2$

Lembre-se, a glicólise converteu uma molécula de glicose em dois piruvatos, e estes foram convertidos em dois acetil-CoA quando entraram na matriz mitocondrial. Lá, as reações de segundo estágio convertem as duas moléculas de acetil-CoA em seis CO_2. Nesse ponto da respiração aeróbica, uma glicose foi quebrada completamente: seis átomos de carbono deixaram a célula, em seis CO_2. Dois ATP se formaram. Contudo, seis NAD^+ foram reduzidos a seis NADH, e dois FAD foram reduzidos a dois $FADH_2$.

O que é tão importante sobre as coenzimas reduzidas? Uma molécula é reduzida quando recebe elétrons. Os elétrons carregam energia – que pode ser usada para impulsionar reações endergônicas. Nesse caso, os elétrons recolhidos pelas coenzimas durante os primeiros dois estágios de respiração aeróbica carregam energia que impulsiona as reações do terceiro estágio.

No total, dois ATP se formam e dez coenzimas (oito NAD^+ e dois FAD) são reduzidas durante a formação de acetil-CoA e no ciclo de Krebs (o segundo estágio de respiração aeróbica). Doze coenzimas reduzidas fornecerão elétrons (e a energia que eles carregam) para o terceiro estágio de respiração aeróbica.

Para pensar

O que acontece durante o segundo estágio da respiração aeróbica?

- O segundo estágio da respiração aeróbica inclui a formação de acetil-CoA e o ciclo de Krebs. As reações ocorrem na matriz mitocondrial.
- O piruvato formado na glicólise é convertido em acetil-CoA e dióxido de carbono. O acetil-CoA entra no ciclo de Krebs, que o quebra em CO_2.
- Para cada dois piruvatos quebrados nas reações de segundo estágio, dois ATP se formam e dez coenzimas (oito NAD^+ e dois FAD) são reduzidas.

8.4 Grande retorno energético da respiração aeróbica

- Muito ATP é formado durante o terceiro estágio da respiração aeróbica.

Cadeia transportadora de elétrons (fosforilação de transferência de elétrons)

O terceiro estágio da respiração aeróbica, a **fosforilação de transferência de elétrons**, também ocorre dentro das mitocôndrias. Seu nome significa que o fluxo de elétrons através das cadeias transportadoras de elétrons mitocondriais resulta por fim na anexação de fosfato ao ADP, que forma ATP.

O terceiro estágio começa com as coenzimas NADH e $FADH_2$, que se reduziram nos primeiros dois estágios de respiração aeróbica. Essas coenzimas doam suas cargas de elétrons e íons de hidrogênio para cadeias transportadoras de elétrons na membrana mitocondrial interna (Figura 8.7a). À medida que os elétrons passam pelas cadeias, elas vão doando energia. Algumas moléculas das cadeias de transferência atrelam aquela energia a íons de hidrogênio de transporte ativamente a partir do compartimento mitocondrial. Os íons acumulam-se no compartimento externo, de forma que o gradiente de concentração de H^+ se forma pela membrana mitocondrial interna (Figura 8.7b).

Esse gradiente atrai íons de hidrogênio de volta para o compartimento mitocondrial interno. Contudo, os íons de hidrogênio não conseguem se difundir pela bicamada lipídica sem transportador. Os íons só conseguem atravessar a membrana mitocondrial interna fluindo pelo interior de sintases de ATP (Figura 8.7d). O fluxo faz com que essas proteínas de transporte da membrana prendam grupos fosfato à ADP, formando ATP.

Ao final das cadeias transportadoras de elétrons, o oxigênio aceita elétrons e combina com H^+, formando água (Figura 8.7c). Respiração aeróbica, que literalmente significa "respirando ar", se refere ao oxigênio como aceptor final de elétrons nessa via.

Resumindo – colheita de energia

Trinta e dois ATP normalmente se formam no terceiro estágio de respiração aeróbica. Adicione quatro ATP do primeiro e segundo estágios, e o resultado geral da decomposição de uma molécula de glicose são trinta e seis ATP (Figura 8.8).

Muitos fatores afetam o resultado de respiração aeróbica. Por exemplo, os dois NADH da glicólise não con-

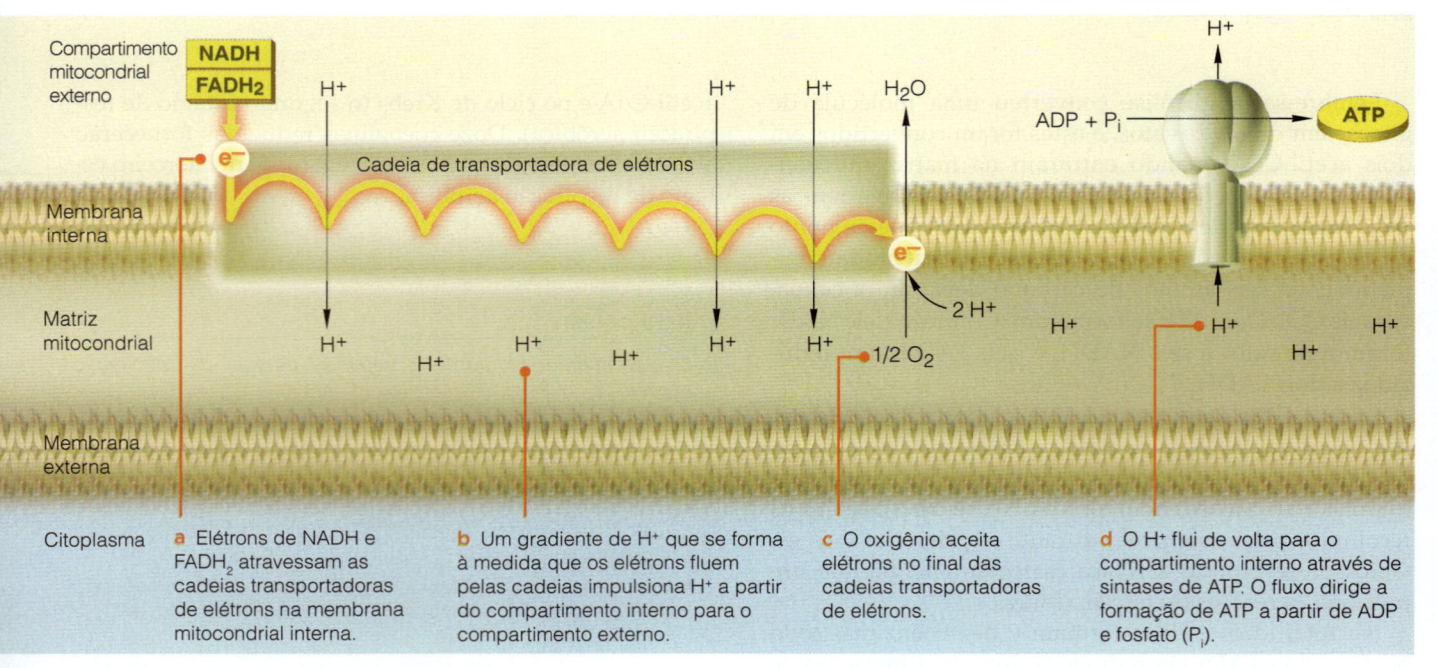

Figura 8.7 Fosforilação de transferência de elétrons, o terceiro e último estágio de respiração aeróbica.

a Primeiro estágio: Glicose é convertida em 2 piruvatos; 2 NADH e 4 ATP se formam. Um investimento de energia de 2 ATP inicia as reações, assim o resultado líquido é de 2 ATP.

b Segundo estágio: 10 mais coenzimas aceitam elétrons e íons de hidrogênio durante as reações de segundo estágio. Todos os seis carbonos de glicose saem da célula (como 6 CO_2), e 2 ATP se formam.

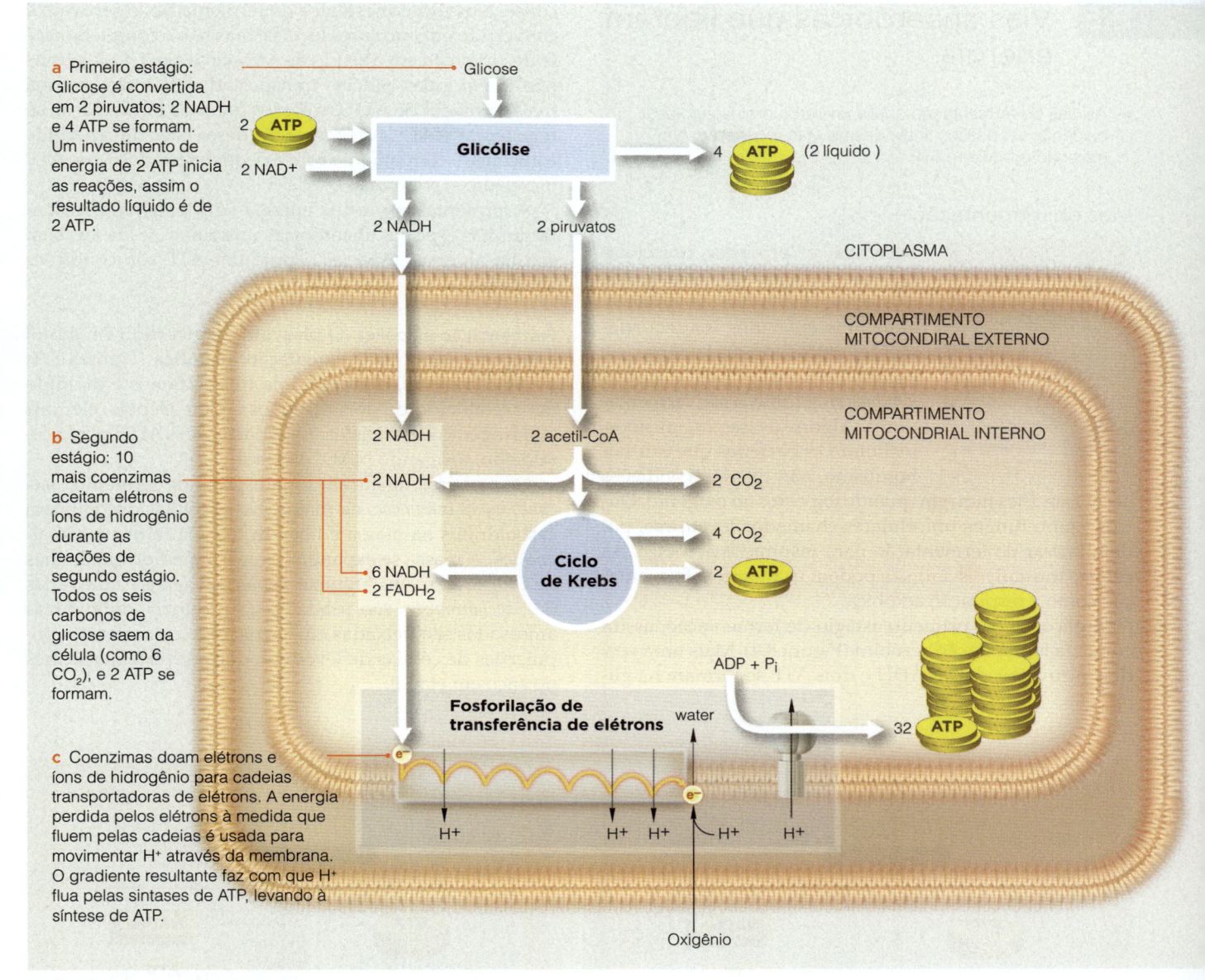

c Coenzimas doam elétrons e íons de hidrogênio para cadeias transportadoras de elétrons. A energia perdida pelos elétrons à medida que fluem pelas cadeias é usada para movimentar H^+ através da membrana. O gradiente resultante faz com que H^+ flua pelas sintases de ATP, levando à síntese de ATP.

Figura 8.8 Resumo dos passos da respiração aeróbica. A produção geral típica da respiração aeróbica é de trinta e seis ATP por glicose.

seguem atravessar as membranas mitocondriais; eles transferem elétrons e íons de hidrogênio para moléculas que conseguem.

Depois de atravessar as membranas, as moléculas intermediárias transferem os elétrons para NAD^+ ou FAD no compartimento interno. Esse mecanismo de ida e volta, que difere entre as células, influencia a produção de ATP. Nas células do cérebro e músculos esqueléticos, a produção é de trinta e oito ATP. Nas células do fígado, coração e rins, são trinta e seis.

Lembre-se de que um pouco de energia é dispersa em cada transferência. Ainda que a respiração aeróbica seja uma maneira muito eficiente de recuperar energia dos carboidratos, cerca de 60% da energia colhida nessa via se dispersa como calor metabólico.

Para pensar

O que ocorre no terceiro estágio da respiração aeróbica?

- No terceiro estágio da respiração aeróbica, fosforilação de transferência de elétrons, a energia liberada pelos elétrons que flui pelas cadeias de transporte é por fim capturada na vinculação de fosfato ao ADP.
- As reações começam quando as coenzimas fornecem elétrons e íons de hidrogênio para as cadeias de transporte de elétrons na membrana mitocondrial interna.
- A energia liberada pelos elétrons à medida que atravessam as cadeias de transferência bombeia íons de hidrogênio a partir do compartimento mitocondrial interno para um externo. Assim, um gradiente de H^+ se forma.
- O gradiente impulsiona o fluxo de H^+ pelas sintases de ATP, que resulta na formação de ATP. A produção líquida típica da respiração aeróbica é de trinta e seis ATP por glicose.

8.5 Vias anaeróbicas que liberam energia

- As vias de fermentação quebram carboidratos sem usar oxigênio. Os passos finais dessas vias regeneram NAD+, mas não produzem ATP.

Vias de fermentação

Bactérias e protistas unicelulares que habitam os sedimentos marinhos, entranhas de animais, alimentos enlatados inadequadamente, poços de tratamento de esgoto, lama profunda e outros *habitats* anaeróbicos são fermentadores. Alguns desses organismos, incluindo as bactérias que causam botulismo, não toleram condições aeróbicas. Eles morrem quando expostos ao oxigênio. Outros, como fungos unicelulares chamados leveduras, podem passar da fermentação para respiração aeróbica. As células musculares animais podem usar tanto a fermentação como a respiração aeróbica.

A glicólise é o primeiro estágio de fermentação, assim como da fermentação aeróbica (Figura 8.4). Mais uma vez, dois piruvatos, dois NADH e dois ATP se formam na glicólise. Nos últimos estágios de fermentação, o piruvato é convertido em outras moléculas, mas não é completamente decomposto em dióxido de carbono e água. Os elétrons não fluem pelas cadeias transportadoras; então, não há mais formação de ATP. Os passos finais de fermentação só regeneram NAD+. A regeneração dessa coenzima permite à glicólise — juntamente com a pequena produção de ATP oferecida — continuar.

A fermentação produz energia suficiente para sustentar muitas espécies anaeróbicas unicelulares. Ela também auxilia algumas espécies a produzir ATP sob condições anaeróbicas.

Fermentação alcoólica O piruvato é convertido em álcool etílico ou etanol na **fermentação alcoólica** (Figuras 8.9a e 8.10). Primeiro, o piruvato de três carbonos é dividido em acetaldeído de dois carbonos e CO_2. Depois, elétrons e hidrogênio são transferidos a partir de NADH para acetaldeído, formando NAD+ e etanol.

Os padeiros misturam uma espécie de fermento, *Saccharomyces cerevisiae*, na massa. Essas células decompõem carboidratos na massa e liberam CO_2 na fermentação alcoólica. A massa se expande (cresce) à medida que bolhas de CO_2 se formam. Algumas cepas selvagens e cultivadas de *Saccharomyces* são usadas para produzir vinho. Uvas amassadas são deixadas em barris junto com grandes populações de células de levedura, que convertem açúcares no suco em etanol.

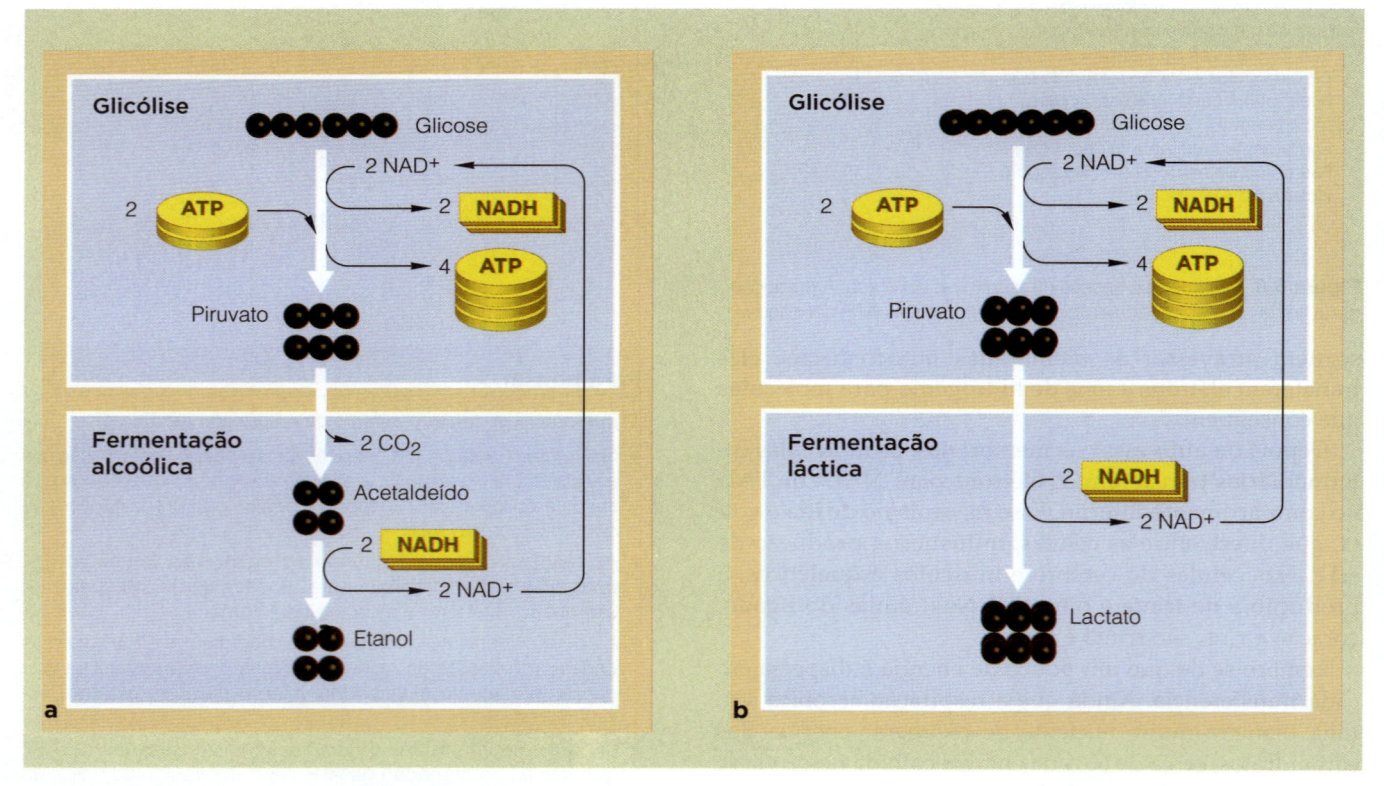

Figura 8.9 (a) Fermentação alcoólica. (b) Fermentação láctica. Em ambas as vias, os passos finais não produzem ATP. Eles regeneram NAD+. O resultado líquido por molécula de glicose é de dois ATP (a partir da glicólise).

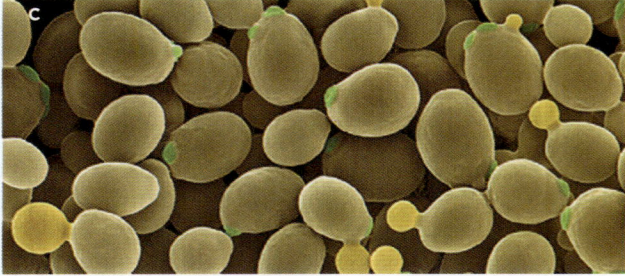

Figura 8.10 Fermentação alcoólica em ação. (**a**) Um vinicultor examina o produto da fermentação de *Saccharomyces*. (**b**) Massa com levedura subindo com o auxílio de células de levedura. (**c**) Micrografia eletrônica por varredura de células de levedura.

Fermentação láctica Na **fermentação láctica**, os elétrons e os íons de hidrogênio são transferidos de NADH diretamente para piruvato. Essa reação converte piruvato em lactato de três carbonos (ácido láctico) e converte também NADH em NAD$^+$ (Figura 8.9*b*).

Alguns fermentadores lácticos estragam os alimentos, mas outros conservam. Por exemplo, usamos *Lactobacillus acidophilus*, que digerem lactose no leite, para fermentar laticínios como queijo e iogurte. Outras espécies de levedura fermentam e conservam picles, carne enlatada e chucrute.

Para pensar

O que é fermentação?

- ATP pode ser formado pela quebra de carboidrato nas vias de fermentação, que são anaeróbicas.
- O produto final da fermentação láctica é o lactato. O produto final da fermentação alcoólica é o etanol.
- Ambas as vias têm uma produção líquida de dois ATP por molécula de glicose. O ATP se forma durante a glicólise.
- As reações de fermentação regeneram a coenzima NAD$^+$, sem a qual a glicólise (e a produção de ATP) pararia.

8.6 Contratores

- Tanto a fermentação láctica como a respiração aeróbica produzem ATP para os músculos que se associam aos ossos.

Os músculos esqueléticos que movimentam o organismo consistem em células fundidas como longas fibras. As fibras diferem em como produzem ATP.

Fibras musculares de contração lenta possuem muitas mitocôndrias e produzem ATP por respiração aeróbica. Elas são mais utilizadas durante a atividade prolongada, tais como longas corridas. Fibras de contração lenta são vermelhas, pois possuem uma abundância de mioglobina, um pigmento relacionado à hemoglobina. A mioglobina armazena oxigênio no tecido muscular.

As fibras musculares de contração rápida possuem poucas mitocôndrias e nenhuma mioglobina; elas são brancas. O ATP produzido pela fermentação láctica sustenta somente explosões de atividade, como corridas de pequenas distâncias e levantamento de peso (Figura 8.11). A via produz ATP rapidamente, mas não por muito tempo; ela não suporta atividade prolongada. Essa é uma das razões pela qual as galinhas não voam longe. Os músculos de voo de uma galinha são em sua maior parte fibras de contração rápida, que formam a carne "branca" do peito. As galinhas voam somente em pequenas distâncias, apenas para escapar dos predadores. Com mais frequência, a galinha anda ou corre. Os músculos das suas pernas são em sua maioria músculos de contração lenta, a "carne escura".

Você esperaria encontrar mais músculos peitorais claros ou escuros em um pato migratório? Em um avestruz? Em um albatroz que consegue planar sobre a superfície do oceano por meses?

A maioria dos músculos humanos é uma mistura de fibras de contração lenta e rápida, mas as proporções variam entre músculos e entre indivíduos. Grandes corredores de pequenas distâncias possuem mais fibras de contração rápida. Grandes corredores de maratonas tendem a ter mais fibras de contração lenta.

Figura 8.11 Corredores de explosão e fermentação láctica. A micrografia, uma seção cruzada do músculo da coxa humana, revela dois tipos de fibras. As fibras claras sustentam explosões intensas e curtas de velocidade; elas produzem ATP por fermentação láctica. As fibras escuras contribuem para a resistência; elas produzem ATP por respiração aeróbica. Elas aparecem escuras porque o tecido foi corado para presença de sintase de ATP.

8.7 Fontes de energia alternativa no corpo

- Vias que decompõem moléculas que não são carboidratos também mantêm os organismos vivos.

Destino da glicose na hora de comer e entre as refeições

Assim que você (e todos os outros mamíferos) come, glicose e outros produtos de decomposição de digestão são absorvidos pelo revestimento intestinal, e o sangue transporta essas pequenas moléculas orgânicas por todo o corpo. A concentração de glicose na corrente sanguínea aumenta, e em resposta o pâncreas (uma glândula digestiva) aumenta sua taxa de secreção de insulina. O aumento faz com que as células absorvam a glicose mais rápido. As células convertem a glicose em glicose-6-fosfato, um intermediário de glicólise (Figura 8.4).

Quando a célula abriga muita glicose, o maquinário formador de ATP entra em marcha mais rápida. A menos que o ATP seja usado rapidamente, sua concentração aumenta no citoplasma. A alta concentração de ATP faz com que a glicose-6-fosfato seja desviada da glicólise para uma via biossintética que forma glicogênio, um polissacarídeo. Células do fígado e musculares favorecem particularmente a conversão de glicose em glicogênio, e essas células mantêm os maiores estoques de glicogênio do corpo.

O que acontece se você comer muitos carboidratos? Quando o nível de glicose no sangue fica muito alto, o acetil-CoA é desviado do ciclo de Krebs e para a via que produz ácidos graxos. É por isso que carboidratos em excesso acabam em gordura (Tabela 8.1).

Entre as refeições, o nível de glicose no sangue diminui. Se não houvesse diminuição, seria ruim para o cérebro, um dos maiores consumidores de glicose do corpo. A qualquer momento, seu cérebro está absorvendo mais de dois terços da glicose circulando livremente. Por quê? Exceto em momentos de fome, as células nervosas do cérebro (neurônios) usam apenas o açúcar livre, pois não conseguem armazená-lo.

O pâncreas responde aos baixos níveis de glicose no sangue secretando glucagon. O hormônio faz com que as células do fígado convertam glicogênio armazenado em glicose. As células liberam glicose na corrente sanguínea, aumentando o nível de glicose e as células cerebrais se mantêm trabalhando. Logo, os hormônios controlam se as células utilizam glicose como fonte de energia imediata ou guardam para mais tarde.

O glicogênio forma cerca de 1% da média das reservas de energia total de um adulto, que é energia equivalente a cerca de duas xícaras de massa cozida. A menos que você coma regularmente, você esgotará completamente o armazenamento de glicogênio do fígado em menos de doze horas.

Energia proveniente de gorduras

Do total das reservas de energia em um adulto normal que come bem, cerca de 78% (isto é, 10 mil quilocalorias) são armazenados em gordura corporal e 21% em proteínas.

Como o corpo humano acessa seu reservatório de gordura? Uma molécula de gordura, lembre-se, tem uma cabeça de glicerol e uma, duas ou três caudas de ácido graxo. O corpo armazena mais gorduras como triglicérides, que possuem três caudas de ácido graxo. Os triglicérides se acumulam nas células de gordura do tecido adiposo. Esse tecido é um reservatório de energia, que se acumula em áreas estratégicas do corpo

Quando o nível de glicose no sangue cai, os triglicérides são usados como alternativa à energia. As enzimas nas células de gordura quebram as ligações entre glicerol e ácidos graxos, e ambos são liberados na corrente sanguínea. As enzimas nas células do fígado convertem o glicerol em PGAL, que é um intermediário de glicólise (Figura 8.4). Quase todas as células do seu corpo são capazes de absorver os ácidos graxos. Dentro das células, as enzimas quebram as estruturas do ácido graxo e convertem os fragmentos em acetil-CoA, que pode entrar no ciclo de Krebs (Figuras 8.6 e 8.12).

Comparado à quebra de carboidrato, a quebra do ácido graxo resulta em mais ATP por átomo de carbono. Entre refeições ou durante exercício pesado e prolongado, a quebra do ácido graxo fornece cerca da metade do ATP de que as células musculares, do fígado e dos rins precisam.

Energia proveniente de proteínas

Algumas enzimas no seu sistema digestório dividem proteínas em suas subunidades de aminoácidos, que são então absorvidas pela corrente sanguínea. As células usam os aminoácidos para construir proteínas ou outras moléculas. Mesmo assim, quando você come mais proteína

Tabela 8.1	Disposição de compostos orgânicos
Durante as refeições	Excesso de glicose convertido em glicogênio ou gordura
Entre refeições	Glicogênio degradado, subunidades de glicose entram na glicólise
	Gorduras degradadas em ácidos graxos; alguns fragmentos entram na glicólise, outras são convertidas em acetil-CoA.
	Proteínas degradadas em aminoácidos, fragmentos se tornam intermediários no ciclo de Krebs

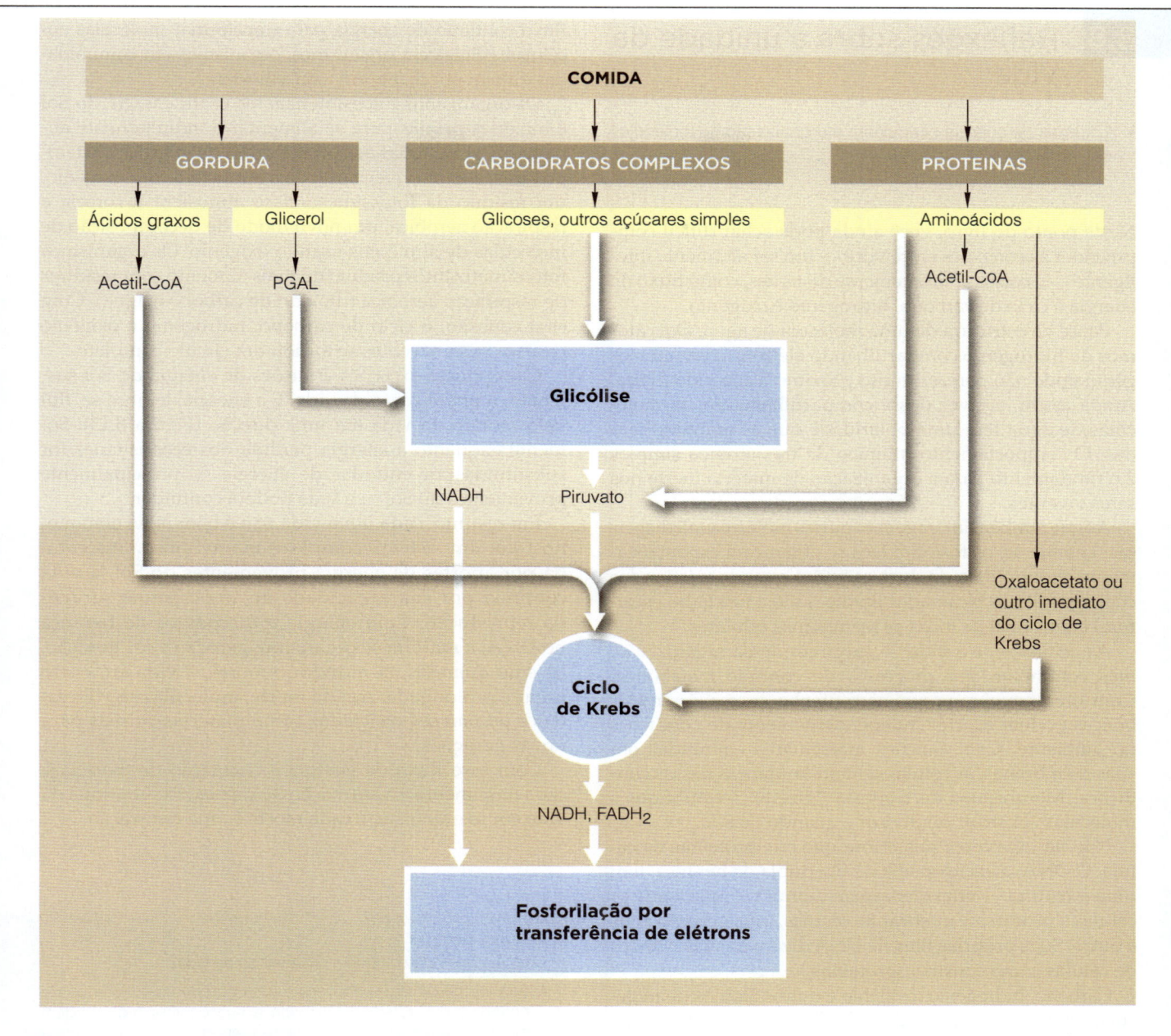

Figura 8.12 Locais de reação onde uma variedade de compostos orgânicos entra na respiração aeróbica. Esses compostos são fontes de energia alternativa no corpo humano.

do que seu corpo precisa, os aminoácidos são quebrados posteriormente.

Em humanos e outros mamíferos, carboidratos complexos, gorduras e proteínas provenientes dos alimentos não entram na via de respiração aeróbica diretamente. Primeiro, o sistema digestório, e depois células individuais, quebram todas essas moléculas em subunidades mais simples.

Seu grupo NH_3^+ é removido e se torna amônia (NH_3). Sua estrutura de carbono é dividida e, dependendo do aminoácido, acetil-CoA, piruvato ou um intermediário do ciclo de Krebs se forma. Suas células podem desviar qualquer uma dessas moléculas orgânicas para o ciclo de Krebs (Figura 8.12).

Manter e acessar reservas de energia é um negócio complicado. Controlar o uso de glicose é importante, porque ela é o combustível de escolha do cérebro. Contudo, o fornecimento de energia a todas as suas células começa com os tipos e quantidades de alimento que você ingere.

Para pensar

Como moléculas que não são de glicose são metabolizadas?

- Em humanos e em outros mamíferos, a entrada de glicose ou outros compostos orgânicos em uma via que libera energia depende dos tipos e proporções de carboidratos, gorduras e proteínas na dieta.

8.8 Reflexões sobre a unidade da vida

- Entradas de energia direcionam a organização de moléculas em unidades chamadas células.

Neste ponto do livro, você ainda pode achar difícil compreender as conexões entre você — um ser altamente inteligente — e coisas aparentemente distantes, como fluxo de energia e ciclo de carbono, hidrogênio e oxigênio.

Pense na estrutura de uma molécula de água. Dois átomos de hidrogênio compartilhando elétrons com um oxigênio pode não parecer muito próximo à sua vida diária. Ainda assim, através desse compartilhamento, as moléculas de água têm uma polaridade que as mantém ligadas. O comportamento químico de três átomos simples é o fundamento para a organização de matéria inerte nos seres viventes.

A água também interage com outras moléculas ali dispersas. Lembre-se, os fosfolipídeos se organizam espontaneamente em um filme de duas camadas quando misturados com água. Essas bicamadas lipídicas são a fundação estrutural e funcional de todas as membranas celulares.

As células — e a vida — surgiram dessa organização, mas continuam por processos de controle metabólico. Com uma membrana que as contenha, as reações metabólicas podem ocorrer independentemente de condições no ambiente. Com funções moleculares embutidas em suas membranas, as células sentem mudanças nessas condições. Mecanismos de resposta "dizem" à célula quais moléculas construir ou dividir e quando fazê-lo.

Não há uma força misteriosa que crie proteínas na célula. O DNA, a enciclopédia de fita dupla da herança, tem uma estrutura — uma mensagem química — que ajuda as células a produzir e quebrar moléculas, uma geração após a outra. Suas próprias fitas de DNA dizem às suas trilhões de células como construir proteínas.

Carbono, hidrogênio, oxigênio e outros átomos de moléculas orgânicas são parte de você, de nós e de toda a vida. Ainda assim, a vida é mais do que moléculas. Ela usa um fluxo contínuo de energia para transformar moléculas em células, células em organismos, organismos em comunidades e assim por diante em toda a biosfera.

Os organismos fotossintetizantes usam energia do Sol e matérias-primas para se alimentar e indiretamente alimentam quase todas as outras formas de vida. Muito tempo atrás, eles enriqueciam toda a atmosfera com oxigênio, um resíduo da fotossíntese. Essa atmosfera favorecia a respiração aeróbica, um novo modo de decomposição de moléculas de alimentos usando oxigênio. Os organismos fotossintetizantes produziam mais alimento com resíduos de respiração aeróbica (dióxido de carbono e água). Com essa conexão, o ciclo de carbono, hidrogênio e oxigênio entre os seres viventes se tornou um círculo completo.

Com poucas exceções, infusões de energia do Sol sustentam a organização da vida. E a energia, lembre-se, flui pelo mundo da vida em uma direção (Figura 8.13). Somente enquanto a energia perdida dos ecossistemas for substituída por entradas de energia — principalmente provenientes do Sol — a vida poderá continuar.

Em resumo, cada nova vida não é nem mais nem menos que um sistema complexo maravilhoso. Sustentada por aportes de energia provenientes do Sol, a vida continua por sua capacidade de se perpetuar através da reprodução. Com energia e os códigos de herança no DNA, a matéria se organizou, geração após geração. Mesmo quando um indivíduo morre, a vida em outro lugar é prolongada. A cada morte, moléculas são liberadas e podem ser recicladas como matérias-primas para novas gerações.

Com esse fluxo de energia e circulação de materiais, cada nascimento é a afirmação da capacidade contínua da vida em se organizar, e cada morte é uma renovação.

> **Para pensar**
> *Qual é a base da unidade e diversidade da vida?*
> - Através da biologia, obtivemos uma perspectiva profunda da natureza: a diversidade da vida e sua continuidade surgem da unidade em nível de moléculas e energia.

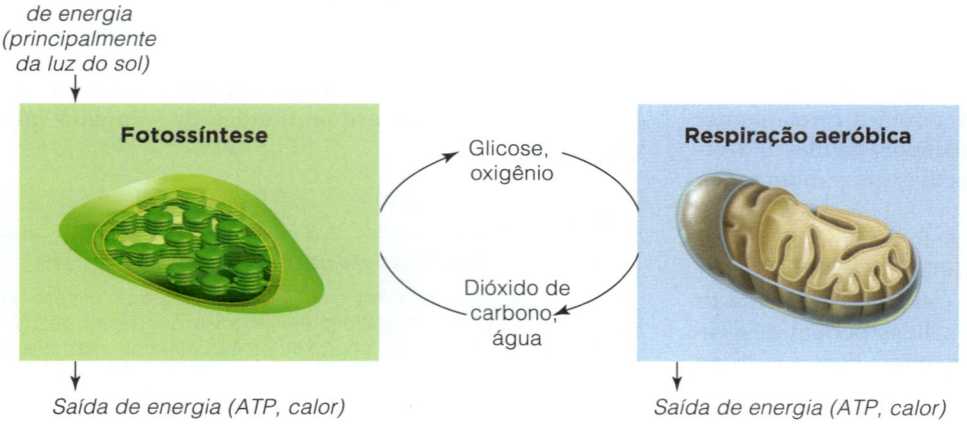

Figura 8.13 Resumo de ligações entre fotossíntese (o principal processo que exige energia) e respiração aeróbica (o principal processo que libera energia). Observe o fluxo compulsório de energia.

Resolva: O que representa o círculo mediano?

Resposta: A circulação de materiais.

| **QUESTÕES DE IMPACTO REVISITADAS** | Quando a mitocôndria entra em ação

Pelo menos 83 proteínas estão envolvidas diretamente nas cadeias de transferência de elétrons nas mitocôndrias. Um defeito em qualquer uma delas — ou em qualquer das milhares de outras proteínas usadas pelas mitocôndrias, tais como frataxina (*à direita*) — pode dar vazão a um estrago no corpo. Cerca de uma em 5 mil pessoas sofrem de algum distúrbio mitocondrial desconhecido. Novas pesquisas mostram que defeitos mitocondriais podem estar envolvidos em muitas outras doenças, como diabetes, hipertensão, mal de Alzheimer e Parkinson e, até mesmo, envelhecimento.

Resumo

Seção 8.1 A maioria dos organismos converte energia química de carboidratos em energia química de ATP. As vias **anaeróbicas** e **aeróbicas** de quebra de carboidratos iniciam-se no citoplasma com o mesmo conjunto de reações, a **glicólise**, que converte glicose e outros açúcares em **piruvato**. As vias de **fermentação** terminam no citoplasma, não usam oxigênio e produzem dois ATP por molécula de glicose. A maioria das células eucarióticas usa **respiração aeróbica**, que usa oxigênio e produz muito mais ATP que a fermentação. Nos eucariotos, é completada nas mitocôndrias.

Seção 8.2 As enzimas de glicólise usam dois ATP para converter uma molécula de glicose ou outro açúcar de seis carbonos em duas moléculas de piruvato. Nas reações, elétrons e íons de hidrogênio são transferidos para dois NAD^+, que então são reduzidos para NADH. Quatro ATP também se formam por **fosforilação de substrato**, a transferência direta de um grupo fosfato a partir de um intermediário da reação em ATP.

Os produtos da glicólise são dois piruvatos, dois ATP e dois NADH por molécula de glicose. O piruvato pode continuar na fermentação no citoplasma ou pode entrar nas mitocôndrias e nos próximos passos da respiração aeróbica.

Seção 8.3 O segundo estágio de respiração aeróbica, a formação do acetil-CoA e o **ciclo de Krebs**, ocorrem no compartimento interno das mitocôndrias. Os primeiros passos convertem dois piruvatos da glicólise em acetil-CoA e dois CO_2. O acetil-CoA entra no ciclo de Krebs. Ele leva dois ciclos para desmontar os dois acetil-CoA. Nesse estágio, todos os átomos de carbono na molécula de glicose que entraram na glicólise deixaram a célula em CO_2.

Durante essas reações, elétrons e íons de hidrogênio são transferidos para NAD^+ e FAD, que então são reduzidos para NADH e $FADH_2$. ATP é formado por fosforilação em nível de substrato.

No total, o segundo estágio de respiração aeróbica resulta na formação de seis CO_2, dois ATP, oito NADH e dois $FADH_2$ para cada dois piruvatos. Adicionando o produto da glicólise, o estoque total para os primeiros dois estágios de respiração aeróbica é de 12 coenzimas reduzidas e quatro ATP para cada molécula de glicose.

Seção 8.4 A respiração aeróbica termina nas mitocôndrias. No terceiro estágio de reações, **fosforilação de transferência de elétrons**, coenzimas reduzidas fornecem seus elétrons e H^+ para as cadeias de transportadora de elétrons na membrana mitocondrial interna. Os elétrons que se movem pelas cadeias liberam energia pouco a pouco; as moléculas da cadeia usam essa energia para movimentar H^+ do compartimento interno para o externo.

Íons de hidrogênio que se acumulam no compartimento externo formam um gradiente através da membrana interna. Os íons seguem o gradiente de volta para a matriz mitocondrial através de sintases de ATP. O fluxo de H^+ através dessas proteínas de transporte impulsionam a síntese de ATP.

O oxigênio se combina a elétrons e H^+ no final das cadeias de transferência, formando água.

De um modo geral, a respiração aeróbica tipicamente resulta em trinta e seis ATP para cada molécula de glicose.

Seções 8.5, 8.6 As vias de fermentação começam com a glicólise e terminam no citoplasma. Elas não usam oxigênio ou cadeias de transporte de elétrons. Os passos finais oxidam NADH em NAD^+, que é necessário para que a glicólise continue, mas não produz ATP. O produto final da **fermentação láctica** é o lactato. O produto final da **fermentação alcoólica** é o álcool etílico ou etanol. Ambas as vias têm uma produção líquida de dois ATP por molécula de glicose (a partir da glicólise).

Fibras musculoesqueléticas de contração lenta e rápida são capazes de suportar diferentes níveis de atividade. A respiração aeróbica e a fermentação láctica ocorrem em diferentes fibras que formam esses músculos.

Seção 8.7 Em humanos e outros mamíferos, os açúcares simples da quebra do carboidrato, glicerol e ácidos graxos da quebra de gordura, e as estruturas de carbono de aminoácidos da quebra de proteínas podem entrar na respiração aeróbica em diversos passos da reação.

Seção 8.8 A diversidade e continuidade da vida surge de sua unidade em nível de moléculas e energia.

Exercício de análise de dados

A tetralogia de Fallot (TF) é um distúrbio genético caracterizado por quatro principais más-formações do coração. A circulação do sangue é anormal, assim os pacientes com TF têm muito pouco oxigênio no sangue. Níveis inadequados de oxigênio resultam em membranas mitocondriais danificadas, o que faz com que as células se autodestruam. Em 2004, Sarah Kuruvilla e seus colegas observaram anormalidades nas mitocôndrias do músculo do coração em pacientes com TF. Os resultados são exibidos na Figura 8.14.

1. Qual anormalidade está mais fortemente associada à TF?
2. Você consegue fazer correlações entre o conteúdo de oxigênio no sangue e as anormalidades mitocondriais nesses pacientes?

Figura 8.14 Mudanças mitocondriais na Tetralogia de Fallot (TF). (a) Músculo do coração normal. Muitas mitocôndrias entre as fibras fornecem às células musculares ATP para contração. (b) Músculo do coração de uma pessoa com TF mostra mitocôndrias inchadas e partidas. (c) Anomalias mitocondriais em pacientes com TF. SPO_2 é a saturação de oxigênio do sangue. Um valor normal de SPO_2 é 96%. As anomalias observadas são indicadas por sinais de "+".

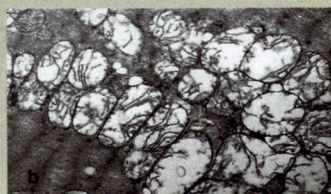

Paciente (idade)	SPO_2 (%)	Anormalidades mitocondriais na TF			
		Número	Forma	Tamanho	Danificados
1 (5)	55	+	+	−	−
2 (3)	69	+	+	−	−
3 (22)	72	+	+	−	−
4 (2)	74	+	+	−	−
5 (3)	76	+	+	−	−
6 (2,5)	78	+	+	−	+
7 (1)	79	+	+	−	−
8 (12)	80	+	−	+	−
9 (4)	80	+	+	−	−
10 (8)	83	+	−	+	−
11 (20)	85	+	+	−	−
12 (2,5)	89	+	−	+	−

Questões
Respostas no Apêndice III

1. A afirmação a seguir é verdadeira ou falsa? Diferente dos animais, que produzem muito ATP por respiração aeróbica, as plantas produzem seu próprio ATP por fotossíntese.

2. A glicólise começa e termina no(a) _____ .
   a. núcleo
   b. mitocôndria
   c. membrana plasmática
   d. citoplasma

3. Qual das seguintes vias metabólicas exige oxigênio molecular (O_2)?
   a. respiração aeróbica
   b. fermentação láctica
   c. fermentação alcoólica
   d. todas as anteriores

4. Quais moléculas não se formam durante a glicólise?
   a. NADH
   b. piruvato
   c. $FADH_2$
   d. ATP

5. Nos eucariotos, a respiração aeróbica é completada no(a) _____ .
   a. núcleo
   b. mitocôndria
   c. membrana plasmática
   d. citoplasma

6. Quais das seguintes vias de reação não faz parte do segundo estágio de respiração aeróbica?
   a. Fosforilação por transferência de elétrons
   b. Formação de acetil-CoA
   c. Ciclo de Krebs
   d. Glicólise
   e. a e d

7. Depois que o ciclo de Krebs é realizado _____ vez(es), uma molécula de glicose foi completamente oxidada.
   a. uma
   b. duas
   c. três
   d. seis

8. No terceiro estágio da respiração aeróbica, _____ é o aceptor final de elétrons da glicose.
   a. água
   b. hidrogênio
   c. oxigênio
   d. NADH

9. Na fermentação alcoólica, _____ é o aceptor final de elétrons retirados da glicose.
   a. oxigênio
   b. piruvato
   c. acetaldeído
   d. sulfato

10. A fermentação não produz mais ATP além do pequeno produto da glicólise. As reações restantes _____ .
    a. regeneram FAD
    b. regeneram NAD^+
    c. regeneram NADH
    d. regeneram $FADH_2$

11. As células do seu corpo podem usar _____ como fonte de energia alternativa quando a glicose está baixa.
    a. ácidos graxos
    b. glicerol
    c. aminoácidos
    d. todas as anteriores

12. Ligue cada evento à sua descrição mais apropriada.
    ___ glicólise
    ___ fermentação
    ___ ciclo de Krebs
    ___ fosforilação por transferência de elétrons

    a. ATP, NADH, $FADH_2$ e CO_2 se formam
    b. glicose em dois piruvatos
    c. NAD^+ pouco ATP regenerado
    d. H^+ flui através das sintases de ATP

Raciocínio crítico

1. Em grandes altitudes, os níveis de oxigênio são baixos. Alpinistas estão arriscados a terem mal das alturas, que é caracterizado por falta de ar, fraqueza, tontura e confusão. Os primeiros sintomas de intoxicação por cianeto lembram o mal das alturas. O cianeto se prende fortemente ao citocromo *c* oxidase, um complexo de proteína que é o último componente das cadeias de transporte de elétrons mitocondriais. O citocromo *c* oxidase com cianeto anexo não consegue mais transferir elétrons. Explique porque a intoxicação por cianeto começa com os mesmos sintomas do mal das alturas.

2. Como você aprendeu, membranas impermeáveis aos íons de hidrogênio são necessárias para a fosforilação de transferência de elétrons. As membranas nas mitocôndrias realizam essa função nos eucariotos. As células procarióticas não possuem essa organela, mas podem produzir ATP por fosforilação de transferência de elétrons. Como você acha que elas fazem isso não possuindo mitocôndrias?

Espermatozoides humanos, um dos quais irá penetrar neste óvulo maduro e então iniciar o estágio para o desenvolvimento de um novo indivíduo à imagem de seus pais. Esta imagem formidável foi feita com base em uma micrografia eletrônica.

9 Como as Células se Reproduzem

QUESTÕES DE IMPACTO | As Células Imortais de Henrietta

Cada ser humano começa como um ovo fertilizado. No momento do nascimento, o corpo humano consiste de cerca de um trilhão de células, todas descendentes dessa única célula. Mesmo em um adulto, bilhões de células se dividem diariamente e substituem suas antecessoras danificadas ou envelhecidas. Entretanto, células humanas cultivadas em laboratório tendem a se dividir poucas vezes e morrer em semanas.

Desde meados do século XIX, pesquisadores tentam fazer com que as células humanas se tornem imortais, ou seja, continuem se dividindo fora do corpo por tempo indeterminado. Por quê? Muitas doenças humanas se propagam apenas em células humanas. Linhagens de células imortais, ou linhas celulares, permitiram aos pesquisadores estudarem tais doenças sem experimentar em pessoas. Na Universidade Johns Hopkins, George e Margaret Gey estavam entre esses pesquisadores. Eles estavam tentando cultivar células humanas há quase 30 anos quando, em 1951, sua assistente Mary Kubicek preparou uma última amostra de células cancerosas humanas. Mary nomeou as células HeLa, devido ao nome e sobrenome da paciente de quem elas foram tiradas.

As células HeLa começaram a se dividir. Elas se dividiram várias e várias vezes. Quatro dias depois, havia tantas células que os pesquisadores tiveram de transferir parte da população para mais tubos de ensaio. As populações de células aumentaram a uma taxa fenomenal; as células se dividiam a cada 24 horas e cobriam a parte interna dos tubos em dias.

Infelizmente, as células cancerosas na paciente se dividiam com rapidez igual. Seis meses após seu diagnóstico de câncer, as células malignas haviam invadido tecidos por todo o corpo. Dois meses depois disso, Henrietta Lacks, uma mulher de Baltimore, morreu.

Embora Henrietta tenha morrido, suas células continuaram vivas no laboratório dos Gey (Figura 9.1). Os Gey utilizaram as células HeLa para se diferenciar entre as cepas virais que causam poliomielite, que era uma epidemia na época. Eles também enviaram as células para outros laboratórios no mundo inteiro. Pesquisadores ainda utilizam as técnicas de cultura celular desenvolvida pelos Gey. Eles também continuam utilizando as células HeLa para investigar câncer, crescimento viral, síntese proteica, efeitos da radiação sobre as células etc. Algumas células HeLa até já viajaram ao espaço para experimentos no satélite Discoverer XVII.

Henrietta Lacks tinha 31 anos, era casada e tinha quatro filhos quando divisões celulares descontroladas a mataram. Décadas depois, seu legado continua ajudando pessoas no mundo inteiro através de suas células que ainda se dividem dia após dia.

A compreensão da divisão celular – e, essencialmente, como novos indivíduos são montados à imagem de seus pais – começa com as respostas a três perguntas. Primeiro: que tipo de informação orienta o padrão hereditário? Segundo: como essa informação é copiada dentro de uma célula-mãe antes de ser distribuída a cada uma de suas células descendentes? Terceiro: que tipos de mecanismos distribuem as informações às células descendentes?

Precisaremos de mais de um capítulo para falar sobre a natureza do padrão hereditário. Neste capítulo, apresentaremos as estruturas e os mecanismos que as células utilizam para se reproduzir.

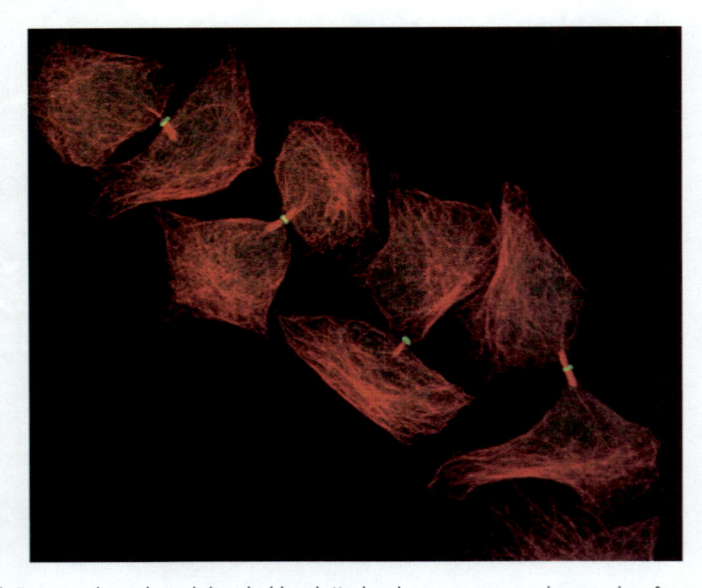

Figura 9.1 Células HeLa em divisão – um legado celular de Henrietta Lacks, que morreu jovem de câncer.

Conceitos-chave

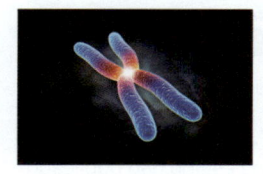

Cromossomos e células em divisão
Indivíduos têm um número característico de cromossomos em cada uma de suas células. Os cromossomos diferem em comprimento e formato e trazem partes diferentes da informação hereditária da célula. Mecanismos de divisão distribuem as informações para as células descendentes.
Seção 9.1

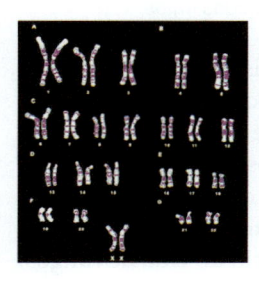

Onde a mitose se encaixa no ciclo celular
Um ciclo celular começa quando uma nova célula se forma por divisão de uma célula-mãe e termina quando a célula completa sua própria divisão. Um ciclo celular típico ocorre através de intervalos de intérfase, mitose e divisão citoplasmática (citocinese). **Seção 9.2**

Estágios da mitose
A mitose divide o núcleo, não o citoplasma, em um processo chamado cariocinese. Ela tem quatro estágios sequenciais: prófase, metáfase, anáfase e telófase. Um fuso bipolar, formado por microtúbulos, forma-se e move os cromossomos duplicados da célula em duas parcelas, que acabam em dois núcleos geneticamente idênticos. **Seção 9.3**

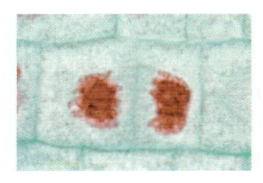

Como o citoplasma se divide
Depois da divisão nuclear (cariocinese), o citoplasma se divide. Tipicamente, um núcleo termina em cada uma das duas novas células. O citoplasma de uma célula animal simplesmente se divide em dois. Em células vegetais, uma parede cruzada se forma no citoplasma e o divide. **Seção 9.4**

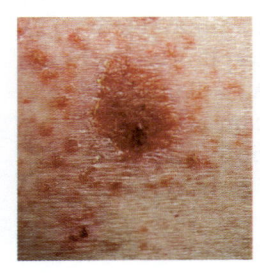

Ciclo celular e câncer
Mecanismos da célula monitoram e controlam o tempo e a taxa da divisão celular. Raramente, os mecanismos de vigilância falham e a divisão celular se torna incontrolável. Formação de tumor e câncer são os resultados. **Seção 9.5**

Neste capítulo

- Antes de iniciar este capítulo, pense sobre a mudança na aparência dos cromossomos no núcleo de células eucarióticas.
- Também pode ser bom revisar a introdução a microtúbulos e proteínas motoras. Fazer isso ajudará a entender como o fuso mitótico funciona.
- Uma revisão das paredes celulares vegetais ajudará a ter uma noção de por que células vegetais não se dividem separando o citoplasma em duas partes como as células animais.

Qual sua opinião? Ninguém pediu permissão a Henrietta Lacks para usar suas células. Sua família só descobriu sobre elas 25 anos depois de sua morte. As células HeLa ainda são vendidas no mundo inteiro. A família de Henrietta Lacks deveria ter participação nos lucros? Conheça a opinião de seus colegas e apresente seus argumentos a eles.

9.1 Visão geral dos mecanismos de divisão celular

- Células ou organismos individuais produzem descendentes pelo processo de reprodução.

Quando uma célula se reproduz, cada descendente seu herda informações codificadas no DNA paternal em conjunto com citoplasma suficiente para iniciar sua própria operação. O DNA contém instruções de construção de proteínas. Algumas das proteínas são estruturais; outras são enzimas que aceleram a construção de moléculas orgânicas. Se uma nova célula não herda todas as informações necessárias para construir proteínas, não crescerá nem funcionará adequadamente.

O citoplasma de uma célula-mãe contém todas as enzimas, organelas e outros maquinários metabólicos necessários à vida. Uma célula descendente herda uma parte do citoplasma e também recebe maquinário metabólico de inicialização que a manterá funcionando até conseguir fazer o seu próprio.

Mitose, meiose e procariotos

Em geral, uma célula eucariótica não pode simplesmente se dividir em duas, porque apenas uma de suas células descendentes receberia o núcleo – e, assim, o DNA. O citoplasma de uma célula se divide apenas depois que seu DNA é dividido em mais de um núcleo através da mitose ou meiose.

Mitose é um mecanismo de divisão nuclear que ocorre nas células somáticas (corporais) de eucariotos pluricelulares. A mitose e a divisão citoplasmática são a base dos aumentos no tamanho do corpo durante o desenvolvimento e reposições contínuas de células danificadas ou mortas. Muitas espécies de plantas, animais, fungos e protistas unicelulares também fazem cópias de si mesmos ou se reproduzem assexuadamente pela mitose (Tabela 9.1).

Tabela 9.1	Comparação entre mecanismos de divisão celular
Mecanismos	**Funções**
Mitose, divisão citoplasmática	Em todos os eucariotos pluricelulares, base de: 1. Aumentos no tamanho do corpo durante o crescimento 2. Reposição de células mortas ou desgastadas 3. Reparo de tecidos danificados Em espécies unicelulares e muitas pluricelulares, também a base da reprodução assexuada
Meiose, divisão citoplasmática	Em eucariotos unicelulares e pluricelulares, a base da reprodução sexuada; parte dos processos pelos quais gametas e esporos sexuais se formam
Fissão procariótica	Em bactérias e arqueas, base da reprodução assexuada

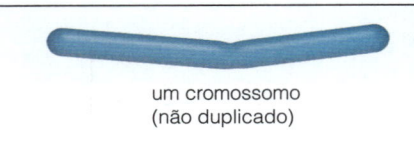

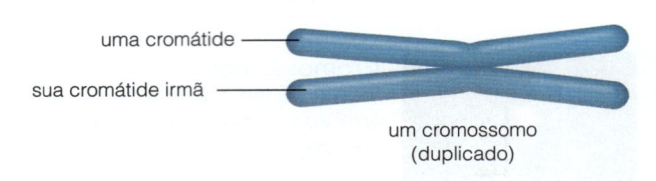

Figura 9.2 Um cromossomo eucariótico no estado não duplicado e no duplicado. Células eucarióticas duplicam seus cromossomos antes de a mitose ou meiose começar. Depois da duplicação, cada cromossomo consiste de duas cromátides irmãs.

Meiose é um mecanismo de divisão nuclear que precede a formação de gametas ou esporos e é a base da reprodução sexuada. Nos humanos e em todos os outros mamíferos, os gametas são chamados de espermatozoides e óvulos e se desenvolvem a partir de células reprodutivas imaturas. Esporos, que protegem e dispersam novas gerações, são formados durante o ciclo de vida de fungos, plantas e muitos tipos de protistas.

Como você descobrirá neste e no próximo capítulo, a meiose e a mitose têm muito em comum. Mesmo assim, seus resultados são diferentes.

E quanto aos procariotos – bactérias e arqueas? Tais células se reproduzem assexuadamente pela fissão procariótica, que é um mecanismo completamente diferente.

Pontos principais sobre a estrutura do cromossomo

As informações genéticas de cada espécie eucariótica são distribuídas entre um número característico de cromossomos que diferem em comprimento e formato. Antes que uma célula eucariótica entre em mitose ou meiose, cada um de seus cromossomos consiste de uma molécula de DNA de filamento duplo (Figura 9.2). Depois que os cromossomos são duplicados, cada um consiste de *duas* moléculas de DNA de filamento duplo. Essas duas moléculas de DNA ficam acopladas como um único cromossomo até posteriormente na divisão nuclear. Até elas se separarem, são chamadas de **cromátides irmãs**.

Durante os estágios iniciais da mitose e da meiose, cada cromossomo duplicado se espirala em si mesmo repetidamente até estar altamente condensado. A Figura 9.3a mostra um exemplo de cromossomo humano duplicado quando está mais condensado. A organização estrutural de um cromossomo surge de interações entre cada molécula de DNA e as proteínas associadas a ela. Essas proteínas são chamadas de histonas.

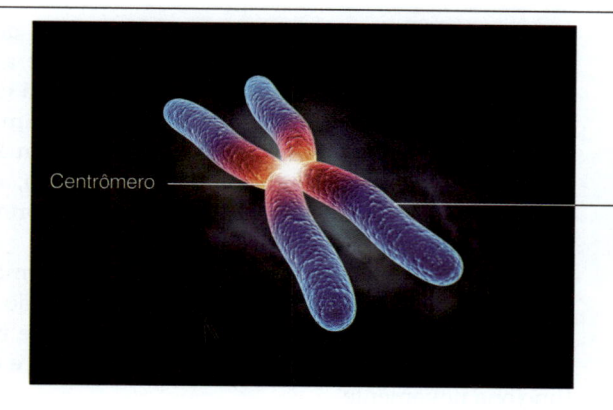

a Cromossomo humano duplicado na sua forma mais condensada. Se este cromossomo realmente fosse do tamanho mostrado na imagem de microscópio, seus dois filamentos de DNA se esticariam por cerca de 800 metros.

Múltiplos níveis de DNA e proteínas em espiral

b Quando um cromossomo está mais condensado, o DNA fica enovelado em espirais firmes.

c Quando as espirais formadas se desenrola, uma molécula de DNA do cromossomo e suas proteínas associadas são organizadas como uma fibra cilíndrica.

d Uma fibra solta mostra uma organização "pérolas em um colar". O "colar" é a molécula de DNA; cada "pérola" é um nucleossomo.

pérolas em um colar

Hélice dupla do DNA

Núcleo de histonas

e Um nucleossomo consiste de parte de uma molécula de DNA enrolada duas vezes em volta de um centro de proteínas histona.

Nucleossomo

Em intervalos regulares, uma molécula de DNA de filamento duplo se enrola duas vezes em volta de "carretéis" de proteína chamados **histonas**. Em uma imagem de microscópio, esses carretéis de DNA-histona se parecem com pérolas de um colar (Figura 9.3d). Cada "pérola" é um **nucleossomo**, a menor unidade de organização estrutural nos cromossomos eucarióticos (Figura 9.3e).

Quando um cromossomo duplicado se condensa, suas cromátides irmãs se apertam onde se acoplam uma à outra. Esta região contraída é chamada **centrômero** (Figura 9.3a). A localização de um centrômero é diferente para cada tipo de cromossomo. Durante a divisão nuclear, um cinetócoro se forma no centrômero. Cinetócoros são sítios de vinculação para microtúbulos que se acoplam a cromátides.

Qual é a finalidade de toda essa organização estrutural? Ela permite que uma enorme quantidade de DNA caiba em um núcleo pequeno. Por exemplo, o DNA de uma de suas células corporais esticado mediria cerca de 2 metros! Isso é muito DNA para embalar em um núcleo que tipicamente tem menos de 10 micrômetros de diâmetro. A embalagem também tem um objetivo regulador.

Para pensar

O que é a divisão celular e por que acontece?

- Quando uma célula se divide, cada uma de suas células descendentes recebe um número necessário de cromossomos e algum citoplasma. Nas células eucarióticas, o núcleo se divide primeiro, depois o citoplasma.
- A mitose é um mecanismo de divisão nuclear que é a base dos aumentos no tamanho do corpo, reposições celulares e reparo de tecidos em eucariotos pluricelulares. A mitose também é a base da reprodução assexuada em eucariotos unicelulares e alguns pluricelulares.
- Nos eucariotos, um mecanismo de divisão celular chamado meiose precede a formação de gametas e, em muitas espécies, esporos. Ela é a base da reprodução sexuada.

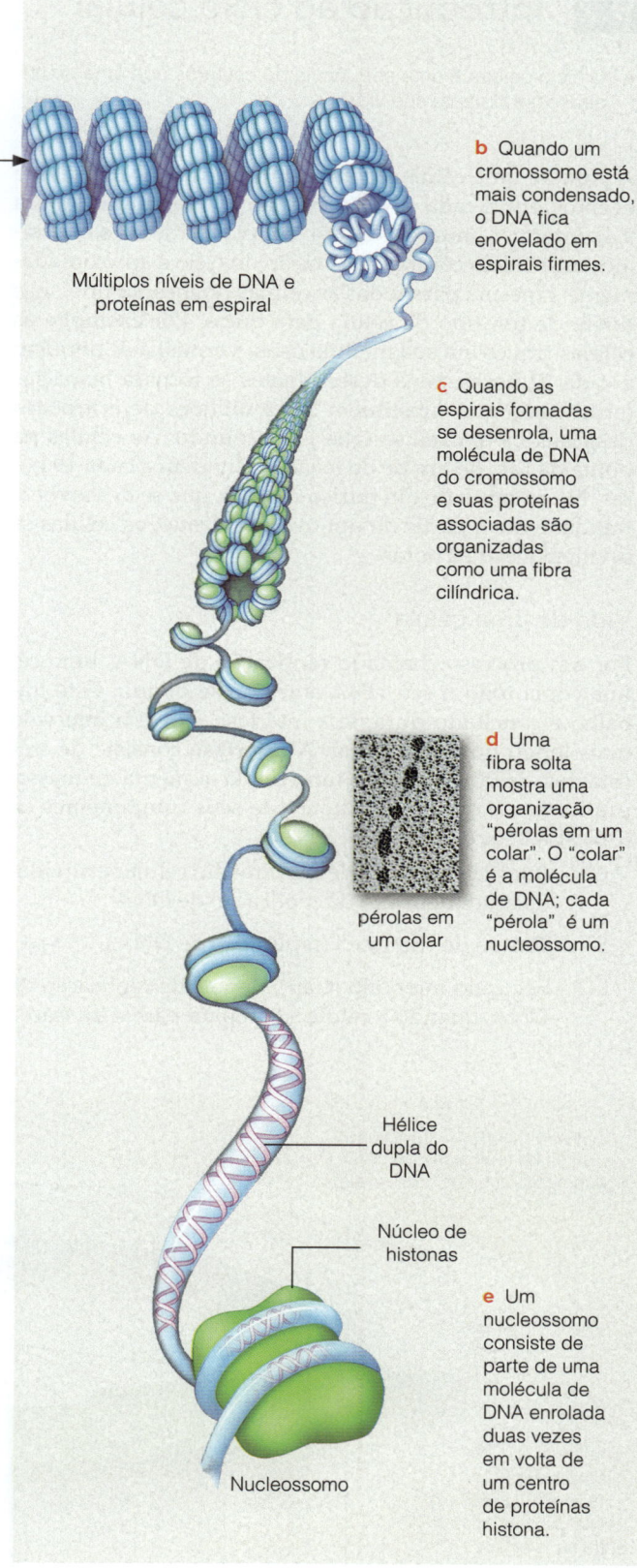

Figura 9.3 Estrutura do cromossomo. Vários níveis de organização estrutural permitem que muito DNA seja compactado muito firmemente em núcleos pequenos.

9.2 Introdução ao ciclo celular

- O ciclo celular é uma sequência de estágios que uma célula atravessa durante sua vida.

A vida de uma célula é composta por uma sequência de eventos entre cada divisão celular e a seguinte (Figura 9.4). Intérfase, mitose e divisão citoplasmática são os estágios deste **ciclo celular**. A duração do ciclo é aproximadamente a mesma para todas as células do mesmo tipo, mas difere de um tipo de célula para outro. Por exemplo, as células-tronco em sua medula óssea vermelha se dividem a cada 12 horas. Seus descendentes se tornam hemácias (eritrócitos) que substituem 2 a 3 milhões de eritrócitos desgastados em seu sangue por segundo. As células na ponta da raiz de um pé de feijão se dividem a cada 19 horas. No embrião de um ouriço-do-mar, que se desenvolve rapidamente a partir de um ovo fertilizado, as células se dividem a cada 2 horas.

Vida de uma célula

Por um processo chamado **replicação de DNA**, uma célula copia todo o seu DNA antes de se dividir. Este trabalho é concluído durante a intérfase, que é o intervalo mais longo do ciclo celular. A **intérfase** consiste de três estágios, durante os quais uma célula aumenta de massa, praticamente duplica o número de seus componentes citoplasmáticos e replica seu DNA:

- G1 Intervalo ("Gap") de crescimento celular e atividade antes do início da replicação de DNA
- S   Tempo de "Síntese" (replicação de DNA)
- G2 Segundo intervalo (Gap), depois da replicação de DNA, quando a célula se prepara para a divisão

Intervalos Gap receberam este nome porque, de fora, parecem ser períodos de inatividade. Na verdade, a maioria das células que executa seu metabolismo está em G1. As células que se preparam para se dividir entram em S, quando copiam seu DNA. Durante o G2, formam as proteínas que orientarão a mitose. Quando S começa, a replicação de DNA normalmente ocorre a uma taxa previsível e termina antes que a célula se divida.

Mecanismos de controle operam em determinados pontos no ciclo celular. Alguns funcionam como freios embutidos no ciclo celular. Acione os freios que funcionam em G1 e o ciclo para em G1. Solte os freios e o ciclo funciona novamente.

Tais controles são uma parte importante da manutenção do funcionamento correto do corpo. Por exemplo, os neurônios (células nervosas) na maior parte de seu cérebro ficam permanentemente no G1 da intérfase; depois que amadurecem, nunca mais se dividirão. Removê-los experimentalmente do G1 faz com que morram, porque as células normalmente se autodestroem se seu ciclo celular ficar desregulado.

O suicídio celular (apoptose), uma morte programada, é importante porque, se os controles sobre o ciclo celular param de funcionar, o corpo pode entrar em perigo. Como você verá em breve, o câncer começa desta forma. Controles cruciais são perdidos e o ciclo celular fica desregulado.

Mitose e o número de cromossomos

Depois do G2, a célula entra na mitose. Resulta em células descendentes idênticas, cada uma com o mesmo número e tipo de cromossomos do pai. O **número de cromossomos** é a soma de todos os cromossomos em uma célula de determinado tipo. As células corporais de gorilas têm 48, e as de humanos têm 46. Células de ervilhas têm 14.

G1 Intervalo de crescimento celular antes da replicação do DNA (cromossomos não duplicados)

S Intervalo de crescimento celular quando o DNA é replicado (todos os cromossomos duplicados)

G2 Intervalo depois da replicação do DNA; a célula se prepara para dividir

A intérfase termina para a célula-mãe

Prófase — Metáfase — Anáfase — Telófase

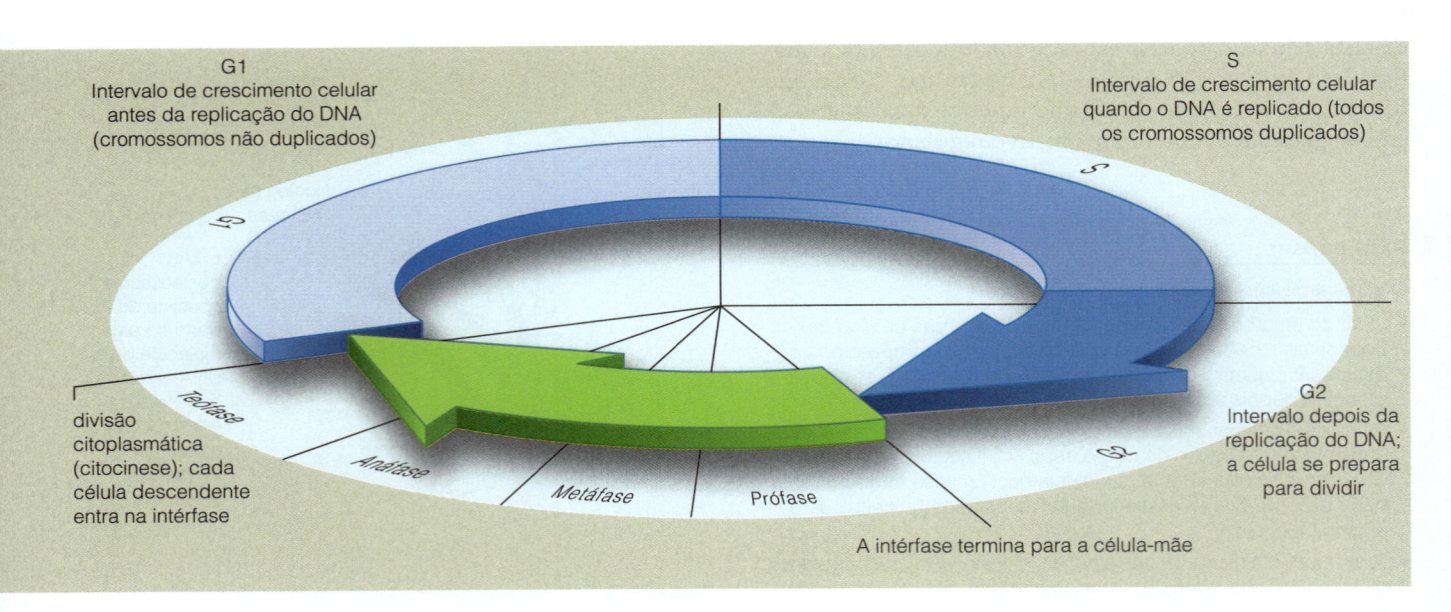

divisão citoplasmática (citocinese); cada célula descendente entra na intérfase

Figura 9.4 Ciclo celular eucariótico. A duração de cada intervalo difere entre células.

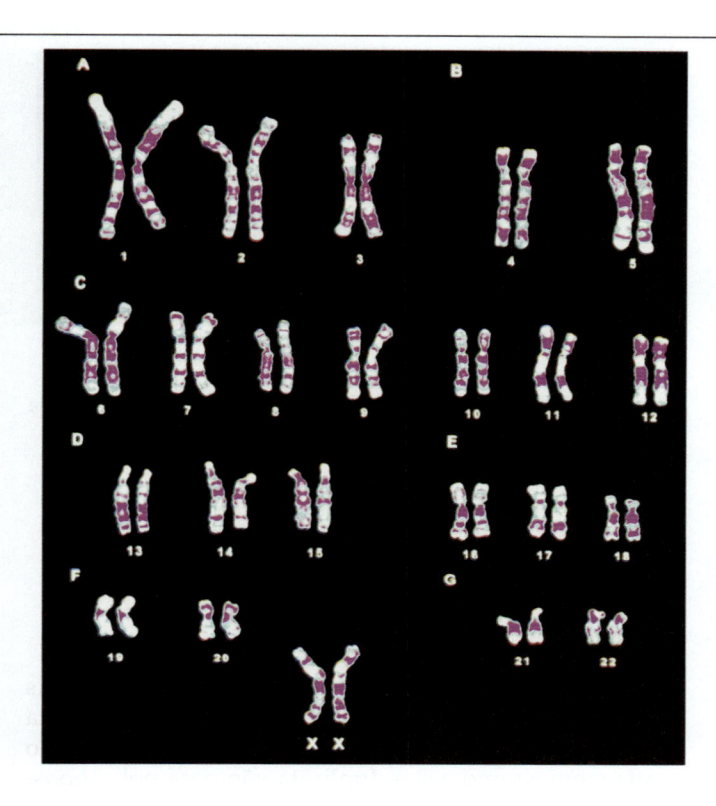

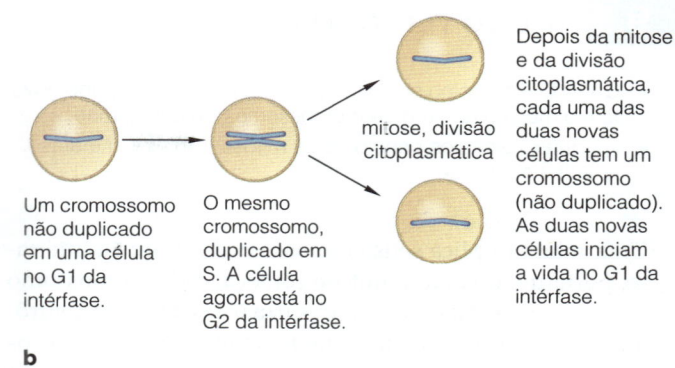

Figura 9.5 A mitose mantém o número de cromossomos.

(a) Células do corpo humano são diploides – têm 23 pares de cromossomos, para um total de 46. As últimas neste alinhamento de cromossomos humanos são um par de cromossomos sexuais: Mulheres têm dois cromossomos X; homens têm um X e um Y.

(b) O que acontece com cada um dos 46 cromossomos? Cada vez que uma célula corporal humana sofre mitose e divisão citoplasmática, suas células descendentes terminam com um conjunto completo de 46 cromossomos.

Resolva: Os cromossomos em (a) foram tirados da célula de um homem ou uma mulher?

Resposta: mulher.

Um cromossomo não duplicado em uma célula no G1 da intérfase.

O mesmo cromossomo, duplicado em S. A célula agora está no G2 da intérfase.

mitose, divisão citoplasmática

Depois da mitose e da divisão citoplasmática, cada uma das duas novas células tem um cromossomo (não duplicado). As duas novas células iniciam a vida no G1 da intérfase.

Na verdade, as células do corpo humano têm dois de cada tipo de cromossomo: seu número de cromossomos é **diploide** (2n). Os 46 são como dois grupos de livros numerados de 1 a 23 (Figura 9.5a). Você tem dois volumes de cada: um par. Exceto pelo pareamento de cromossomos sexuais (XY) nos machos, membros de cada par têm o mesmo comprimento e formato e guardam informações sobre os mesmos traços.

Pense neles como dois conjuntos de livros sobre como construir uma casa. Seu pai lhe deu um conjunto. Sua mãe tinha ideias próprias sobre fiação, encanamento etc. Ela lhe deu um outro conjunto que diz coisas um pouco diferentes sobre muitas dessas tarefas.

Com a mitose seguida pela divisão citoplasmática, uma célula-mãe diploide produz duas células descendentes diploides. Não é que cada nova célula simplesmente receba 46, 48 ou 14 cromossomos. Se apenas o total importasse, uma célula poderia receber, digamos, dois pares do cromossomo 22 e nenhum par do cromossomo 9. Nenhuma célula poderia funcionar como sua mãe sem dois de cada tipo de cromossomo.

Como a próxima seção explica, uma rede dinâmica de microtúbulos chamada **fuso bipolar** se forma durante a divisão nuclear. O fuso cresce dentro do citoplasma de extremidades opostas, ou polos, da célula. Durante a mitose, alguns dos microtúbulos do fuso se acoplam aos cromossomos duplicados. Microtúbulos de um polo se conectam a uma cromátide de cada cromossomo; microtúbulos do outro polo se conectam a sua irmã:

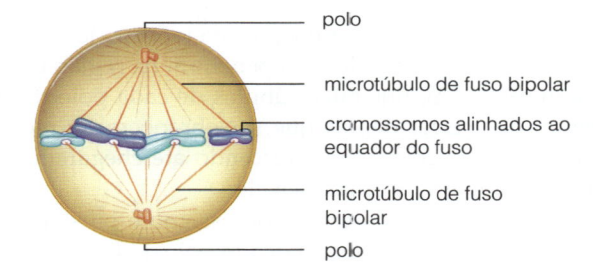

- polo
- microtúbulo de fuso bipolar
- cromossomos alinhados ao equador do fuso
- microtúbulo de fuso bipolar
- polo

Os microtúbulos separam cromátides irmãs e as movem para lados opostos da célula. Duas parcelas de cromossomos se formam e uma membrana nuclear se forma em volta de cada uma. O citoplasma se divide e duas novas células são formadas. A Figura 9.5b mostra uma prévia de como a mitose mantém o número de cromossomos dos pais.

Para pensar

O que é um ciclo celular?

- Um ciclo celular é uma sequência de estágios (intérfase, mitose e divisão citoplasmática) pela qual uma célula passa durante sua vida.
- Durante a intérfase, uma nova célula duplica o número de seus componentes citoplasmáticos e duplica seus cromossomos. O ciclo termina depois que a célula sofre mitose e divide seu citoplasma.

9.3 Foco na mitose

- Quando um núcleo se divide pela mitose, cada núcleo novo tem o mesmo número de cromossomos da célula-mãe.
- Há quatro estágios principais da mitose: prófase, metáfase, anáfase e telófase.

Uma célula duplica seus cromossomos durante a intérfase, portanto, quando a mitose começa, cada cromossomo é composto de duas cromátides irmãs unidas pelo centrômero. Durante o primeiro estágio da mitose, a **prófase**, os cromossomos se condensam e ficam visíveis em imagens de microscópio (Figura 9.6a,b). "Mitose" vem do grego *mitos*, ou filamento, para a aparência semelhante a um filamento de cromossomos durante o processo de divisão nuclear.

A maioria das células animais tem um centrossomo, uma região perto do núcleo que organiza os microtúbulos (fusos) enquanto ainda estão se formando. O centrossomo normalmente inclui dois centríolos em forma de barril e é duplicado logo antes de a prófase começar. Na prófase, um dos dois centrossomos (em conjunto com seu par de centríolos) vai para o polo oposto do núcleo. Microtúbulos que formarão o fuso bipolar começam a crescer a partir dos dois centrossomos (células vegetais não têm centrossomos, e sim outras estruturas que orientam o crescimento do fuso). Proteínas motoras que percorrem os microtúbulos ajudam o fuso a crescer nas direções adequadas. O movimento das proteínas motoras é orientado por ATP.

Quando a prófase termina, o envelope nuclear se rompe e os microtúbulos de fuso penetram na região nuclear (Figura 9.6c). Alguns microtúbulos de cada polo do fuso param de crescer depois que se sobrepõem no meio da célula. Outros continuam crescendo até chegarem a um cromossomo e se acoplarem a ele.

Uma cromátide de cada cromossomo é presa por microtúbulos que se estendem de um polo do fuso e sua cromátide irmã é presa por microtúbulos que se estendem do outro polo do fuso. Os conjuntos opostos de microtúbulos começam um cabo de guerra ao adicionar e liberar subunidades de tubulina. À medida que os microtúbulos crescem e encolhem, empurram e puxam os cromossomos. Logo, todos os microtúbulos ficam do mesmo comprimento. Nesse ponto, alinharam os cromossomos entre os polos do fuso (Figura 9.6d). O alinhamento marca a **metáfase** (do grego antigo *meta*, entre).

A **anáfase** é o intervalo quando cromátides irmãs de cada cromossomo se separam e vão em direção a polos opostos do fuso (Figura 9.6e). Três atividades celulares causam isso. Primeiro, os microtúbulos do fuso acoplados a cada cromátide encolhem. Segundo, proteínas motoras arrastam as cromátides com os microtúbulos encolhidos para cada polo do fuso. Terceiro, os microtúbulos que se sobrepõem no meio do caminho entre os polos do fuso começam a deslizar um sobre o outro. As proteínas motoras orientam este movimento, que afasta os polos do fuso ainda mais. A anáfase termina quando cada cromossomo e sua duplicata vão para polos opostos do fuso.

A **telófase** começa quando os dois agrupamentos de cromossomos chegam aos polos do fuso. Cada agrupamento consiste do complemento paternal de cromossomos – dois de cada um, se a célula-mãe era diploide. Vesículas derivadas do envelope nuclear antigo se fundem em segmentos em volta dos agrupamentos enquanto os cromossomos se descondensam. Um segmento se une ao outro até que cada conjunto de cromossomos seja envolvido por um novo envelope nuclear. Assim, dois núcleos se formam (Figura 9.6f). A célula-mãe em nosso exemplo era diploide, portanto cada novo núcleo é diploide também. Quando dois núcleos se formaram, a telófase acaba, assim como a mitose.

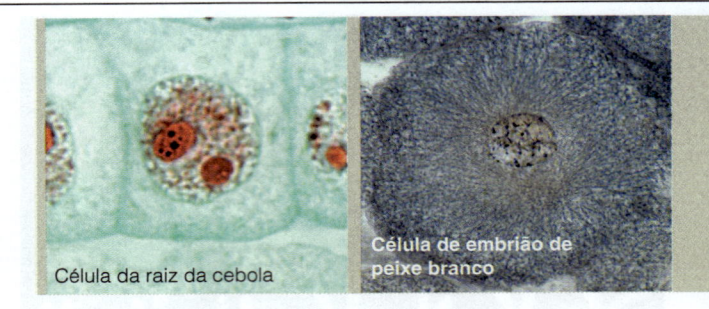

Figura 9.6 Mitose.

Na outra página, imagens em microscópio de células da raiz de cebola (vegetais) são mostradas à esquerda; células de embrião de peixe branco (animais) *à direita*.

Os desenhos mostram uma célula animal diploide (2n). Para clareza, apenas dois pares de cromossomos estão ilustrados, mas células de quase todos os eucariotos têm mais de dois. Os dois cromossomos do par herdados de um pai estão codificados em púrpura; os dois cromossomos herdados do outro pai estão codificados em *azul*.

Acima, células da intérfase são mostradas para comparação, mas a intérfase não faz parte da mitose.

Para pensar

O que acontece durante a mitose?

- Cada cromossomo no núcleo de uma célula foi duplicado antes do início da mitose, portanto cada um consiste de duas cromátides irmãs.
- Na prófase, os cromossomos se condensam e os microtúbulos formam um fuso bipolar. O envelope nuclear se rompe. Alguns dos microtúbulos se acoplam aos cromossomos.
- Na metáfase, todos os cromossomos duplicados são alinhados entre os polos do fuso.
- Na anáfase, microtúbulos separam as cromátides irmãs de cada cromossomo e as levam para polos opostos do fuso.
- Na telófase, dois agrupamentos de cromossomos chegam aos polos do fuso. Um novo envelope nuclear se forma em torno de cada agrupamento.
- Assim, dois núcleos se formam. Cada um tem o mesmo número de cromossomos do núcleo da célula-mãe.

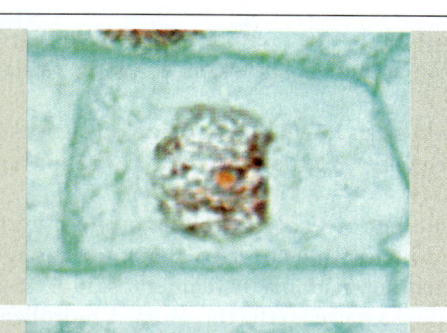

a Prófase inicial
A mitose começa. No núcleo, a cromatina começa a aparecer granulosa enquanto se organiza e condensa. O centrossomo é duplicado.

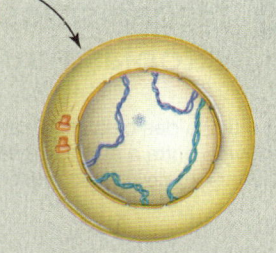

b Prófase
Os cromossomos ficam visíveis como estruturas separadas quando se condensam ainda mais. Microtúbulos se montam e movem um dos dois centrossomos para o lado oposto do núcleo, e o envelope nuclear se rompe.

c Transição para metáfase
O envelope nuclear se foi e os cromossomos estão em sua condensação máxima. Microtúbulos do fuso bipolar se montam e acoplam cromátides irmãs a polos opostos do fuso.

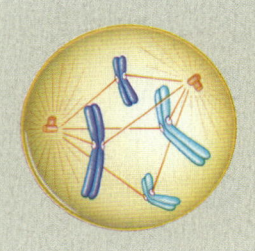

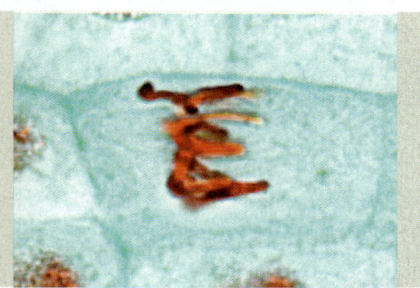

d Metáfase
Todos os cromossomos estão alinhados entre os polos do fuso. Microtúbulos acoplam cada cromátide a um dos polos do fuso e sua irmã ao polo oposto.

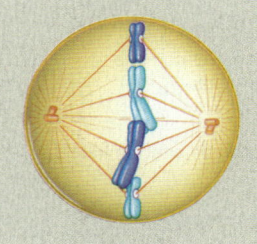

e Anáfase
Proteínas motoras que se movem pelos microtúbulos do fuso arrastam as cromátides em direção aos polos do fuso e as cromátides irmãs se separam. Cada cromátide irmã agora é um cromossomo separado.

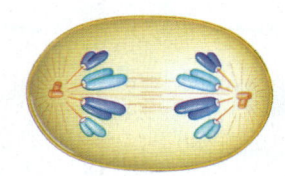

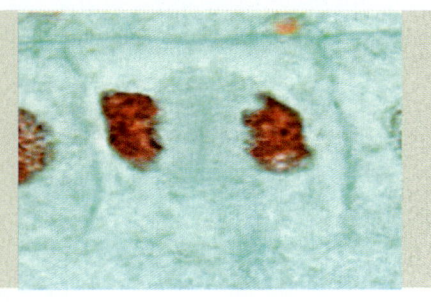

f Telófase
Os cromossomos chegam aos polos do fuso e se descondensam. Um envelope nuclear começa a se formar em volta de cada agrupamento; nova membrana plasmática pode se formar entre eles. A mitose acaba.

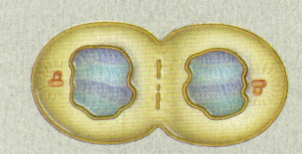

CAPÍTULO 9 COMO AS CÉLULAS SE REPRODUZEM

9.4 Mecanismos de divisão citoplasmática

- Na maioria das células eucariotas, o citoplasma da célula se divide entre a anáfase tardia e o fim da telófase, mas o mecanismo de divisão é diferente.

Divisão de células animais

O citoplasma de uma célula normalmente se divide depois da mitose. O processo de divisão citoplasmática, ou **citocinese**, é diferente entre eucariotos. Células animais típicas dividem seu citoplasma, separando-o em dois. A membrana plasmática começa a invaginar para dentro como um sulco fino entre os antigos polos do fuso (Figura 9.7a). O sulco é chamado de indentação de clivagem e é o primeiro sinal visível de que o citoplasma está se dividindo. A indentação avança até se estender em volta da célula.

Assim, aprofunda-se ao longo de um plano que corresponde ao antigo equador do fuso (no meio do caminho entre os polos).

O que está acontecendo? O córtex celular, que é a malha de elementos do citoesqueleto logo abaixo da membrana plasmática, inclui uma faixa de filamentos de actina e miosina que envolve a parte média da célula. A hidrólise de ATP faz esses filamentos interagirem, como ocorre nas células musculares, e a interação resulta em contração. A faixa de filamentos, chamada **anel contrátil**, está ancorada à membrana plasmática. Enquanto encolhe, a faixa arrasta a membrana plasmática para dentro até que o citoplasma (e a célula) seja separado em dois (Figura 9.7a).

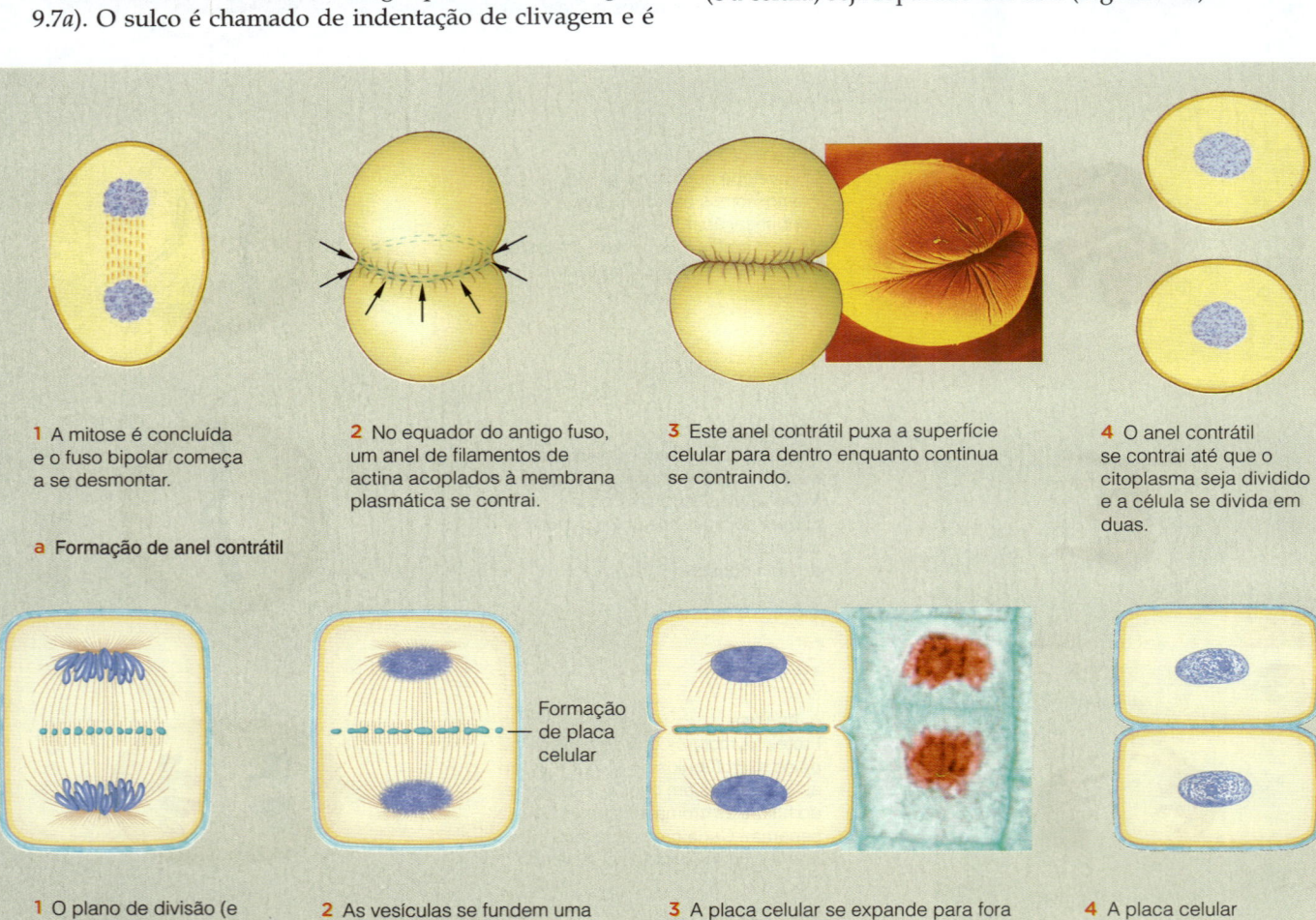

1 A mitose é concluída e o fuso bipolar começa a se desmontar.

2 No equador do antigo fuso, um anel de filamentos de actina acoplados à membrana plasmática se contrai.

3 Este anel contrátil puxa a superfície celular para dentro enquanto continua se contraindo.

4 O anel contrátil se contrai até que o citoplasma seja dividido e a célula se divida em duas.

a Formação de anel contrátil

Formação de placa celular

1 O plano de divisão (e da futura parede cruzada) foi estabelecido por microtúbulos e filamentos de actina que se formaram e romperam antes do início da mitose. Vesículas se agrupam aqui quando a mitose termina.

2 As vesículas se fundem uma com a outra e com vesículas endocíticas que levam componentes da parede celular e proteínas da membrana plasmática da superfície da célula. Os materiais fundidos formam uma placa celular ao longo do plano de divisão.

3 A placa celular se expande para fora ao longo do plano de divisão até atingir a membrana plasmática. Quando a placa celular se acopla à membrana plasmática, divide o citoplasma.

4 A placa celular amadurece como duas novas paredes celulares primárias, cercando o material intermediário de lamela. As novas paredes se unem à parede da célula-mãe, portanto cada célula-filha fica envolvida por sua própria parede.

b Formação de placa celular

Figura 9.7 Divisão citoplasmática de uma célula animal (**a**) e uma célula vegetal (**b**).

Duas novas células se formam desta maneira. Cada uma tem um núcleo e uma parte do citoplasma da célula-mãe e está envolvida em sua própria membrana plasmática.

Divisão de células vegetais

As células vegetais em divisão enfrentam um desafio peculiar. Diferentemente da maioria das células animais, células vegetais continuam acopladas umas às outras e organizadas em tecidos durante o desenvolvimento. Assim, o crescimento das plantas ocorre principalmente na direção de divisão celular e a orientação da divisão de cada célula é crucial para a arquitetura da planta.

Assim, as plantas têm um passo adicional na citocinese. Os microtúbulos sob a membrana plasmática de uma célula vegetal ajudam a orientar as fibras de celulose na parede celular. Antes da prófase, esses microtúbulos se desmontam e depois remontam em uma faixa densa em volta do núcleo no futuro plano de divisão. A faixa, que também inclui filamentos de actina, desaparece enquanto microtúbulos do fuso bipolar se formam. Uma zona sem actina fica para trás. A zona marca o plano no qual a divisão citoplasmática ocorrerá (Figura 9.7b).

O mecanismo de anel contrátil que funciona para células animais não funcionaria para uma célula vegetal. A força contrátil dos microfilamentos não é suficientemente grande para perfurar as paredes celulares vegetais, que são rígidas devido à presença de celulose e, frequentemente, também formadas por lignina.

Ao final da anáfase em uma célula vegetal, um conjunto de microtúbulos curtos se formou em cada lado do plano de divisão. Esses microtúbulos agora orientam vesículas derivadas dos complexos de Golgi e da superfície celular para o plano de divisão. Ali, as vesículas e seu conteúdo construtor de paredes começa a se fundir em uma **placa celular** em formato de disco.

A placa cresce para fora até suas bordas atingirem a membrana plasmática. Ela se acopla à membrana e, assim, divide o citoplasma. Com o tempo, a placa celular se desenvolverá em uma parede celular primária que se funde com a parede da célula-mãe. Assim, ao final da divisão, cada uma das células descendentes estará envolvida por sua própria membrana plasmática e sua própria parede celular.

Aprecie o processo!

Passe um tempo visualizando as células que compõem as palmas, dedos e polegares de suas mãos. Agora, imagine as divisões mitóticas que produziram as muitas gerações de células antes delas enquanto você se desenvolvia dentro de sua mãe (Figura 9.8). Seja grato pela precisão dos mecanismos que levaram à formação da partes de seu corpo nos momentos certos e nos locais adequados. Por quê? A sobrevivência de um indivíduo depende do momento adequado e da conclusão de eventos do ciclo celular. Se o ciclo de uma célula tiver problemas, a célu-

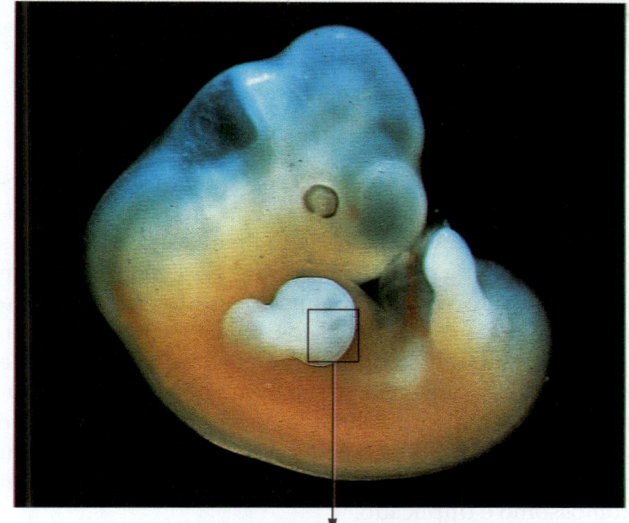

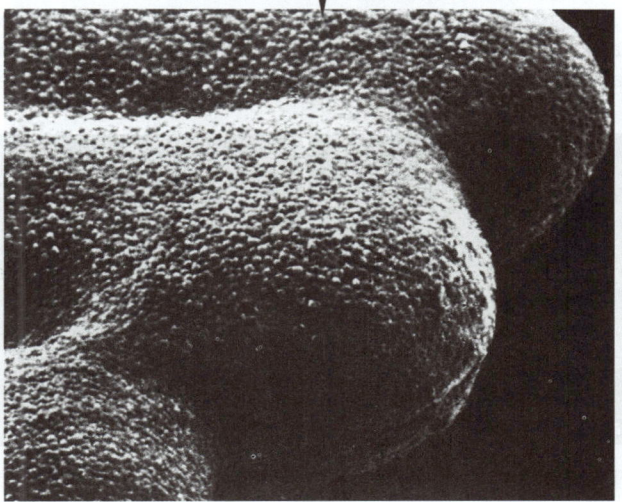

Figura 9.8 A estrutura semelhante a uma pá de um embrião humano que se desenvolve em uma mão por mitose, divisões citoplasmáticas e outros processos. A imagem do microscópio por varredura de elétrons revela células individuais.

la pode começar a se dividir de maneira descontrolada. Tais divisões podem destruir tecidos e, por fim, o indivíduo.

Para pensar

Como as células se dividem?

- Depois da mitose, o citoplasma da célula-mãe é dividido em duas células descendentes, cada uma com seu próprio núcleo. O processo de divisão citoplasmática, citocinese, é diferente entre vários tipos de células eucarióticas.
- Em células animais, um anel contrátil divide o citoplasma. Uma faixa de filamentos de actina que envolve a parte intermediária da célula se contrai e separa o citoplasma em dois.
- Em células vegetais, uma placa celular que se forma entre os polos do fuso divide o citoplasma quando ele atinge e se conecta à parede celular paternal.

9.5 Quando se perde o controle

- Raramente, perde-se o controle sobre a divisão celular. Câncer pode ser o resultado.

Ciclo celular revisitado A cada segundo, milhões de células em sua pele, medula óssea, revestimento dos intestinos, fígado e outros lugares se dividem e substituem suas antecessoras desgastadas ou mortas. Elas não se dividem aleatoriamente. Muitos mecanismos controlam a replicação de DNA e quando a divisão celular começa e termina.

O que acontece quando algo dá errado? Suponha que as cromátides irmãs não se separem como deveriam durante a mitose. Como resultado, uma célula descendente fica com cromossomos demais e a outra, de menos. Ou então suponha que o DNA seja danificado quando um cromossomo é duplicado.

O DNA de uma célula também pode ser danificado por radicais livres, substâncias químicas ou ataques ambientais, como radiação ultravioleta. Tais problemas são frequentes e inevitáveis, mas uma célula não pode funcionar adequadamente se não forem combatidos rapidamente.

O ciclo celular tem pontos de verificação embutidos que permitem que os problemas sejam corrigidos antes que o ciclo avance. Algumas proteínas, produtos dos genes de verificação, podem monitorar se o DNA de uma célula foi copiado completamente, se está danificado e até se as concentrações de nutrientes são suficientes para apoiar o crescimento celular. Tais proteínas interagem para acelerar, retardar ou parar o ciclo celular (Figura 9.9).

Por exemplo, algumas enzimas de verificação são as quinases. Esta classe de enzimas pode ativar outras moléculas ao transferir um grupo fosfato a elas. Quando o DNA está rompido ou incompleto, as quinases ativam determinadas proteínas em uma cascata de eventos de sinalização que interrompe o ciclo celular ou faz a célula morrer (apoptose).

Como outro exemplo, as proteínas de verificação chamados **fatores de crescimento** ativam genes que estimulam as células a crescer e se dividir. Um tipo, um fator de crescimento epidérmico, ativa uma quinase ao se vincular a receptores em células-alvo em tecidos epiteliais. A ligação é um sinal para começar a mitose.

Falha no ponto de verificação e tumores Às vezes, um gene de ponto de verificação sofre mutação e seu produto proteico não funciona mais adequadamente. O resultado pode ser que a célula pule a intérfase e a divisão ocorra repetidamente sem período de repouso. Ou então um DNA danificado pode ser copiado e embalado em células descendentes. Em outros casos, a mutação altera mecanismos de sinalização que levam uma célula anormal à morte (você lerá mais sobre a apoptose, o mecanismo de autodestruição celular).

Quando todos os mecanismos do ponto de verificação falham, uma célula perde o controle sobre seu ciclo. Os descendentes da célula podem formar um **tumor** – uma massa anormal – no tecido ao redor (Figuras 9.10-9.12).

Genes de verificação com mutação são associados a um maior risco de formação de tumores e, às vezes, ocorrem em famílias. Normalmente, um ou mais genes de verificação estão ausentes em células tumorais. Os genes de verificação que inibem a mitose são chamados de supressores de tumor porque tumores se formam quando eles estão ausentes. Os genes de verificação que codificam proteínas que estimulam a mitose são chamados de proto-oncogenes (do grego *onkos*, ou tumor); mutações que alteram seus produtos ou a taxa na qual são formados podem transformar uma célula normal em uma tumoral.

Pintas e outros tumores são **neoplasmas** – massas anormais de células que perderam controle de como crescem e se dividem. Pintas comuns na pele estão entre os neoplasmas não cancerosos ou benignos. Eles crescem muito lentamente e suas células retêm as proteínas de reconhecimento superficiais que as mantêm em seu tecido inicial (Figura 9.11). A não ser que um neoplasma benigno fique muito grande ou irritado, não apresenta ameaça nenhuma ao organismo.

Características do câncer Um neoplasma maligno é perigoso para a saúde. O **câncer** ocorre quando as células de

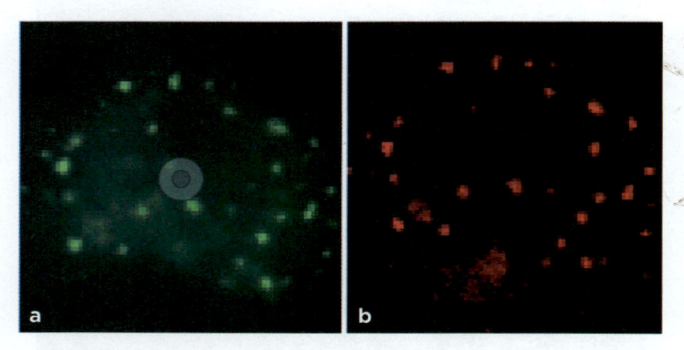

Figura 9.9 Produtos proteicos dos genes de verificação em ação. Uma forma de radiação danificou o DNA dentro deste núcleo. (**a**) Pontos em verde indicam a localização de uma proteína chamada 53BP1, e (**b**) pontos em vermelho mostram a localização de outra proteína, BRCA1. Ambas as proteínas se agruparam em torno dos mesmos rompimentos de cromossomo no mesmo núcleo. A ação integrada dessas proteínas e outras bloqueia a mitose até que o DNA seja reparado.

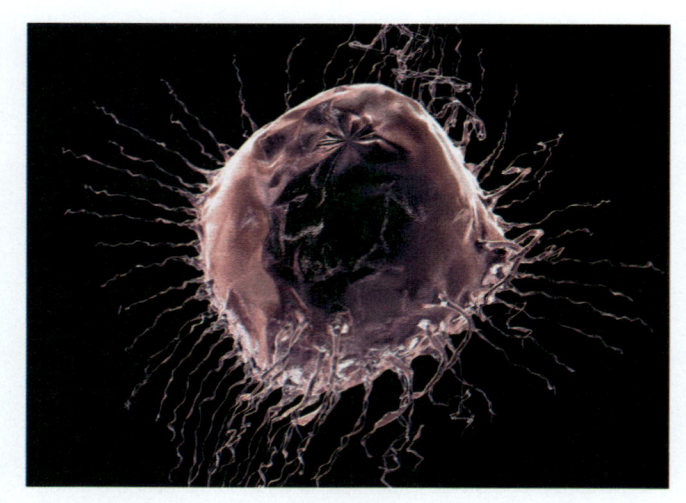

Figura 9.10 Imagem de microscópio de varredura da superfície de uma célula de câncer de mama.

um neoplasma maligno que se dividem anormalmente invadem tecidos corporais, física e metabolicamente. Essas células tipicamente desfiguradas podem se desprender de seus tecidos natais, entrar e sair de vasos sanguíneos e linfáticos e invadir outros tecidos aos quais não pertencem (Figura 9.11). Células cancerosas tipicamente exibem as três características a seguir:

Primeiro, células cancerosas crescem e se dividem anormalmente. Controles que normalmente evitam que os tecidos fiquem muito povoados são perdidos, portanto as populações de células cancerosas podem atingir densidades extremamente altas. O número de pequenos vasos sanguíneos, ou capilares, que transportam sangue para a massa celular crescente também aumenta anormalmente.

Segundo, células cancerosas frequentemente têm membrana plasmática e citoplasma alterados. A membrana pode vazar e ter proteínas alteradas ou ausentes. O citoesqueleto pode ficar encolhido, desorganizado ou ambos. O equilíbrio de metabolismo frequentemente muda, como na formação de ATP pela fermentação em vez da respiração aeróbica.

Terceiro, células cancerosas frequentemente têm menor capacidade de adesão. Como suas proteínas de reconhecimento são alteradas ou perdidas, elas não ficam necessariamente ancoradas em seus tecidos de origem e podem se soltar e estabelecer colônias em tecidos distantes. A metástase é o nome deste processo de migração e invasão de tecidos por células anormais.

Se quimioterapia, cirurgia ou outro procedimento não as erradicar, as células cancerosas podem colocar o indivíduo em uma estrada dolorosa para a morte. A cada ano, o câncer causa 15% a 20% de todas as mortes humanas somente nos países desenvolvidos. O câncer não é apenas um problema humano. Sabe-se que ele também ocorre na maioria das espécies animais estudadas até o momento.

O câncer é um processo com vários passos. Os pesquisadores já sabem sobre muitas mutações que contribuem para ele. Eles estão trabalhando para identificar medicamentos que se focam e destroem células cancerosas ou impedem que se dividam.

As células HeLa, por exemplo, foram utilizadas em testes iniciais do taxol, um medicamento que evita que os microtúbulos se desmontem e, assim, interrompe a mitose. Divisões frequentes de células cancerosas as tornam mais vulneráveis a este princípio ativo do que células normais. Essas pesquisas podem produzir medicamentos que freiam o câncer. Retornaremos a este tópico em capítulos posteriores.

Tumor benigno   **Tumor maligno**

a Células cancerosas se afastam de seu tecido de origem.

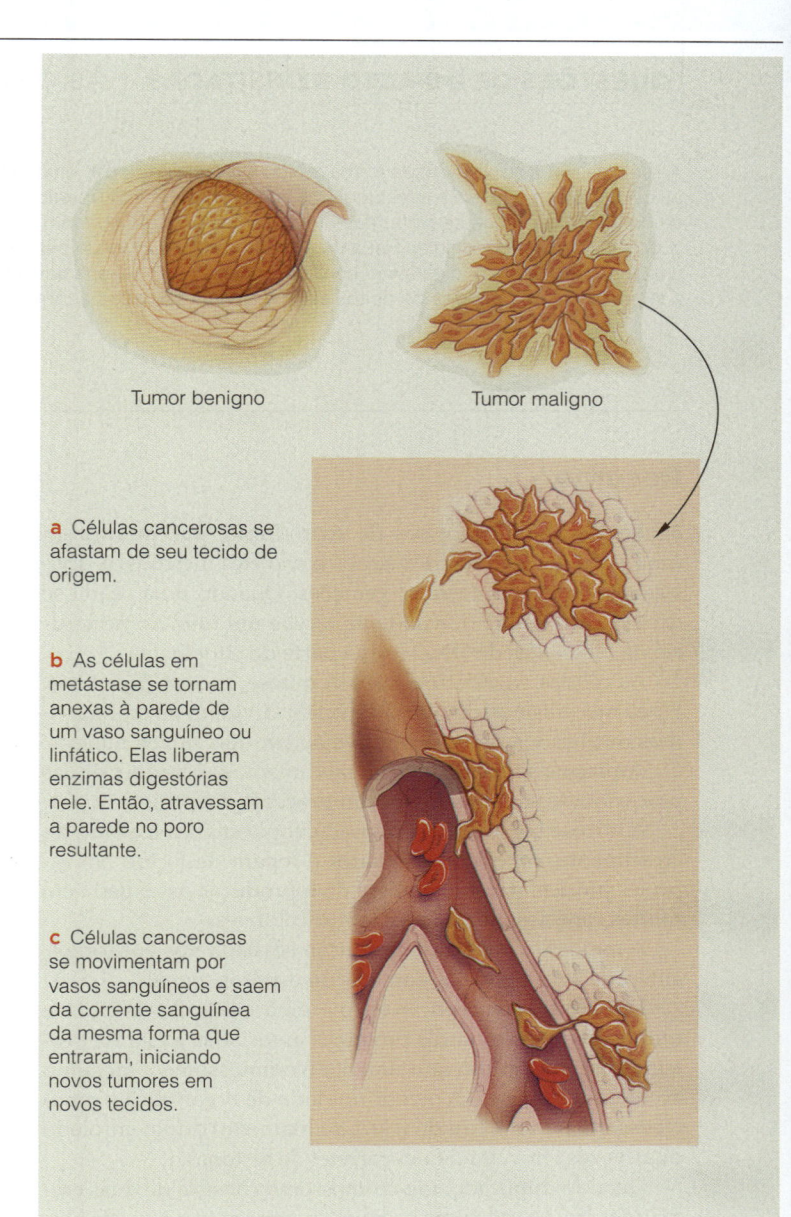

b As células em metástase se tornam anexas à parede de um vaso sanguíneo ou linfático. Elas liberam enzimas digestórias nele. Então, atravessam a parede no poro resultante.

c Células cancerosas se movimentam por vasos sanguíneos e saem da corrente sanguínea da mesma forma que entraram, iniciando novos tumores em novos tecidos.

Figura 9.11 Comparação entre tumores benignos e malignos. Tumores benignos tipicamente têm crescimento lento e ficam em seu tecido de origem. Células de um tumor maligno migram anormalmente através do corpo e estabelecem colônias até em tecidos distantes.

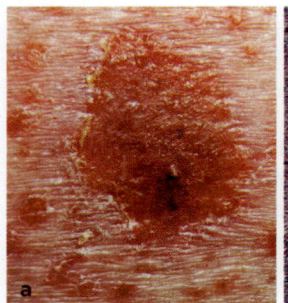

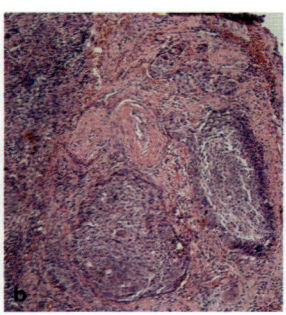

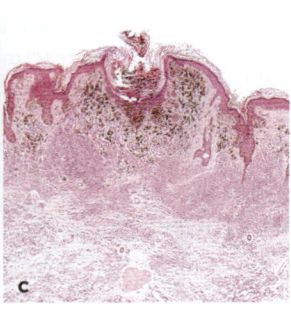

Figura 9.12 Cânceres de pele. (**a**) Um carcinoma de célula basal é o tipo mais comum. Esta saliência de crescimento lento tipicamente é incolor, marrom-avermelhada ou preta.
(**b**) A segunda forma mais comum de câncer de pele é um carcinoma de células escamosas. Na imagem, um carcinoma cervical de células escamosas.
(**c**) O melanoma maligno se espalha mais rapidamente. As células formam saliências escuras e incrustadas. Elas podem coçar como uma mordida de inseto ou sangrar facilmente.

| QUESTÕES DE IMPACTO REVISITADAS | As células imortais de Henrietta

As células HeLa se dividem de forma rápida e indefinidamente, então são difíceis de conter. Mesmo com práticas cuidadosas de laboratório, as células HeLa tendem a infestar outras linhas celulares cultivadas no mesmo laboratório e rapidamente superam as outras células. A maioria das células parece semelhante na cultura dos tecidos, portanto a contaminação pode não ser detectada. Pesquisadores descobriram o quão fácil é propagar células HeLa na década de 1970, quando perceberam que dezenas de linhagens celulares de diferentes origens – até uma em cada três – não estavam como deveriam. As linhagens haviam sido completamente tomadas por células HeLa. O achado diminuiu a importância de décadas de pesquisa que haviam se fiado nas linhagens contaminadas.

Resumo

Seção 9.1 Pelos processos de reprodução, pais produzem uma nova geração de indivíduos como eles mesmos. A divisão celular é a ponte entre gerações. Quando uma célula se divide, cada célula descendente recebe um número necessário de moléculas de DNA e uma parte do citoplasma.

As células eucarióticas sofrem mitose, meiose ou ambas. Esses mecanismos de divisão nuclear dividem os cromossomos duplicados de uma célula-mãe em dois novos núcleos. O citoplasma se divide por um mecanismo separado. Células procarióticas se dividem por um processo diferente.

A **mitose** seguida pela divisão citoplasmática é a base do crescimento, reposições celulares e reparo de tecido em espécies pluricelulares e também da reprodução assexuada em muitas espécies unicelulares e pluricelulares.

A **meiose**, a base da reprodução sexuada nos eucariotos, antecede a formação de gametas ou esporos sexuais.

Um cromossomo eucariótico é uma molécula de DNA e muitas **histonas** e outras proteínas associadas a ela. As proteínas organizam estruturalmente o cromossomo e afetam o acesso a seus genes. A menor unidade de organização, o **nucleossomo**, é uma tira de DNA de filamento duplo enrolado duas vezes em volta de um carretel de histonas.

Quando duplicado, um cromossomo consiste de duas **cromátides irmãs**, cada uma com um cinetócoro (um local de acoplamento para microtúbulos). Cromátides irmãs continuam acopladas a seu **centrômero** até tarde na mitose (ou meiose).

Seção 9.2 Um **ciclo celular** começa quando uma nova célula se forma, atravessa a intérfase e termina quando tal célula se reproduz por divisão nuclear e citoplasmática. A maioria das atividades de uma célula ocorre na **intérfase**, quando ela cresce, praticamente dobra o número de seus componentes citoplasmáticos e, depois, duplica seus cromossomos.

O **número de cromossomos** é a soma de todos os cromossomos em células de um tipo especificado. Por exemplo, o número de cromossomos de células corporais humanas é 46. Tais células têm dois de cada tipo de cromossomo, portanto são **diploides**.

Seção 9.3 Mitose é um mecanismo de divisão nuclear que mantém o número de cromossomos. Ela ocorre nesses quatro estágios sequenciais:

Prófase. Cromossomos duplicados começam a se condensar. Microtúbulos são montados e formam um **fuso bipolar**, e o envelope nuclear se rompe. Alguns microtúbulos que se estendem de um polo do fuso prendem uma cromátide de cada cromossomo; alguns que se estendem do polo oposto do fuso restringem sua cromátide irmã. Outros microtúbulos se estendem dos dois polos e crescem até se sobreporem no ponto intermediário do fuso.

Metáfase. Todos os cromossomos são alinhados no ponto intermediário do fuso.

Anáfase. As cromátides irmãs de cada cromossomo se soltam uma da outra e os microtúbulos do fuso começam a levá-las a polos opostos do fuso. Microtúbulos que se sobrepõem no ponto intermediário do fuso deslizam um sobre o outro, afastando os polos ainda mais. As proteínas motoras orientam todos esses movimentos.

Telófase. Um agrupamento de cromossomos que consiste de um conjunto completo de cromossomos chega a cada polo do fuso. Um envelope nuclear se forma em volta de cada agrupamento, formando dois novos núcleos. Ambos os núcleos têm o número de cromossomos dos pais.

Seção 9.4 A maioria das células se divide em duas depois que seu núcleo se divide. Os mecanismos da **citocinese** ou divisão citoplasmática são diferentes. Em células animais, um **anel contrátil** de microfilamentos que faz parte do córtex celular puxa a membrana plasmática para dentro até que o citoplasma seja dividido em dois. Em células vegetais, uma faixa de microtúbulos e microfilamentos que se forma em torno do núcleo antes da mitose marca o local no qual uma **placa celular** se forma. A placa celular se expande até se tornar uma parede cruzada, que divide o citoplasma quando ele se funde com a parede celular paterna.

Seção 9.5 As proteínas de verificação como **fatores de crescimento** controlam o ciclo celular. Os genes de verificação com mutação podem causar **tumores** (**neoplasmas**) ao interromperem os controles normais. Câncer é um processo com vários passos envolvendo células anormais que crescem e se dividem sem controle. Células cancerosas podem sofrer metástase ou se soltar e colonizar tecidos distantes.

Exercício de análise de dados

Apesar de sua notória capacidade de contaminar outras linhagens celulares, as células HeLa continuam sendo uma ferramenta extremamente útil na pesquisa do câncer. Um dos primeiros achados foi que as células HeLa variam em número de cromossomos. O painel de cromossomos na Figura 9.13, originalmente publicado em 1989, mostra todos os cromossomos em uma única célula HeLa em metáfase.

1. Qual é o número de cromossomos desta célula HeLa?
2. Quantos cromossomos adicionais essas células têm em comparação com células humanas normais?
3. É possível dizer se essas células vieram de uma mulher? Como?

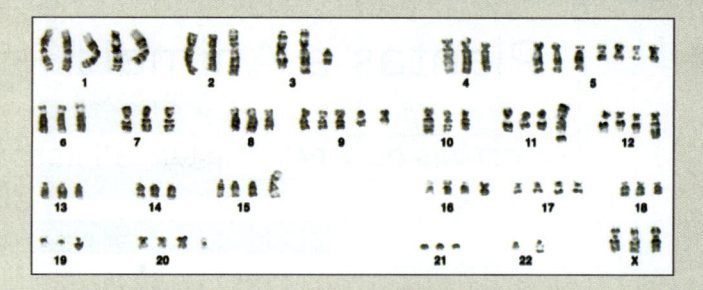

Figura 9.13 Cromossomos de uma linha celular HeLa.

Questões
Respostas no Apêndice III

1. Mitose e divisão citoplasmática funcionam em _____.
   a. reprodução assexuada de eucariotos unicelulares
   b. crescimento e reparo de tecidos em espécies pluricelulares
   c. formação de gametas em procariotos
   d. respostas a e b
2. Um cromossomo duplicado tem _____ cromátide(s).
   a. uma   b. duas   c. três   d. quatro
3. A unidade básica que organiza estruturalmente um cromossomo eucariótico é _____.
   a. espiralamento de alta ordem   c. nucleossomo
   b. fuso mitótico bipolar   d. microfilamento
4. O número de cromossomos é _____.
   a. a soma de todos os cromossomos em uma célula de um determinado tipo
   b. um recurso identificável de cada espécie
   c. mantido pela mitose
   d. todas as anteriores
5. Uma célula somática com dois de cada tipo de cromossomo tem um número de cromossomos:
   a. diploide   b. haploide   c. tetraploide   d. anormal
6. Intérfase é a parte do ciclo celular quando _____.
   a. uma célula para de funcionar
   b. uma célula forma seu sistema de fuso
   c. uma célula cresce e duplica seu DNA
   d. a mitose ocorre
7. Depois da mitose, o número de cromossomos das duas novas células é _____ célula paterna.
   a. igual ao da
   b. metade da
   c. reorganizado em comparação com a
   d. duplicado em comparação com a
8. Nomeie os intervalos no diagrama da mitose *abaixo*.
9. Apenas a _____ não é um estágio da mitose.
   a. prófase   c. metáfase
   b. intérfase   d. anáfase
10. Qual dos seguintes é um subconjunto dos outros dois?
    a. câncer   b. neoplasma   c. tumor
11. Nomeie um tipo de produto de gene de verificação.
12. Una cada estágio aos eventos listados.
    ___ metáfase
    ___ prófase
    ___ telófase
    ___ anáfase
    a. cromátides irmãs se separam
    b. cromossomos começam a se condensar
    c. novos núcleos se formam
    d. todos os cromossomos duplicados são alinhados ao equador do fuso

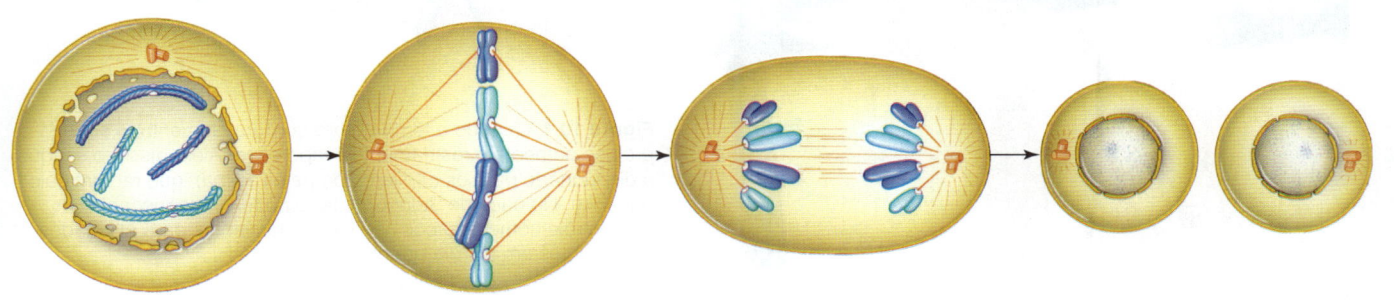

Raciocínio crítico

1. O medicamento anticâncer taxol foi isolado pela primeira vez do teixo do Pacífico (*Taxus brevifolia*), que é uma árvore de crescimento lento (*direita*). A casca de cerca de seis árvores forneceu taxol suficiente para tratar um paciente, mas a remoção da casca matou as árvores. Felizmente, o taxol agora é produzido utilizando células vegetais que crescem em grandes tonéis em vez de em árvores. Em sua opinião, que desafios tiveram de ser superados para fazer as células vegetais crescerem e se dividirem em laboratório?

2. Suponha que você tenha uma forma de medir a quantidade de DNA em uma célula durante o ciclo celular. Você mediu primeiro a quantidade na fase G1. Em que pontos no restante do ciclo você verá uma mudança na quantidade de DNA por célula?

10 | Plantas e Animais — Desafios Comuns

QUESTÕES DE IMPACTO | Uma História Alarmante

Uma célula só consegue sobreviver se certas condições no meio intra e extracelular forem mantidas. Alterações na acidez, salinidade ou temperatura podem desativar as enzimas que catalisam as muitas reações necessárias à vida. Para continuar vivo, qualquer organismo pluricelular deve manter a homeostase, ou seja, as condições corporais dentro da faixa que suas células conseguem tolerar.

O colapso por calor é um exemplo do que pode acontecer quando as condições internas ficam desequilibradas. Ele pode ser mortal. Por exemplo, Korey Stringer, um jogador de futebol americano do time Minnesota Vikings, teve um aumento da temperatura corporal durante um treino e desmaiou. Ele e seu time estavam se exercitando com o uniforme completo em um dia no qual a temperatura e a umidade estavam altas.

Stringer foi levado ao hospital com uma temperatura corporal interna de 42,7 °C e a pressão sanguínea baixa demais para medir. Os médicos o mergulharam em uma banheira de água gelada para abaixar sua temperatura, mas danos irreparáveis já haviam sido feitos. O mecanismo de coagulação do sangue de Stringer foi desativado e ele começou a sangrar internamente. Então, seus rins falharam. Ele parou de respirar e foi ligado a um respirador, mas seu coração não resistiu. Menos de 24 horas depois do início do treino de futebol, foi anunciada a morte de Stringer. Ele tinha 27 anos.

O corpo humano funciona melhor quando a temperatura interna fica entre 36 °C e 38 °C. Acima de 40 °C, o fluxo de sangue é cada vez mais desviado dos órgãos internos para a pele. O calor é transferido da pele para o ar, desde que o corpo esteja mais quente que seus arredores. O suor ajuda a se livrar do calor, mas é menos eficaz em dias úmidos.

Quando a temperatura interna vai para acima de 40,6 °C, os processos normais de resfriamento falham e o colapso por calor ocorre. O corpo para de suar e sua temperatura interna começa a disparar. O coração bate mais forte; desmaio ou convulsão se seguem. Sem tratamento imediato, pode haver dano ou morte cerebral.

Utilizamos este exemplo impressionante como nossa introdução à anatomia e fisiologia. *Anatomia* é o estudo da forma corporal. *Fisiologia* é o estudo de como as partes do corpo funcionam. Essas informações podem lhe ajudar a entender o que acontece dentro de seu corpo. Mais amplamente, também podem ajudá-lo a perceber como todos os organismos sobrevivem.

Discutiremos a anatomia e a fisiologia de plantas e animais separadamente em capítulos posteriores. Neste capítulo, fornecemos um panorama dos processos e traços estruturais que os dois grupos têm em comum.

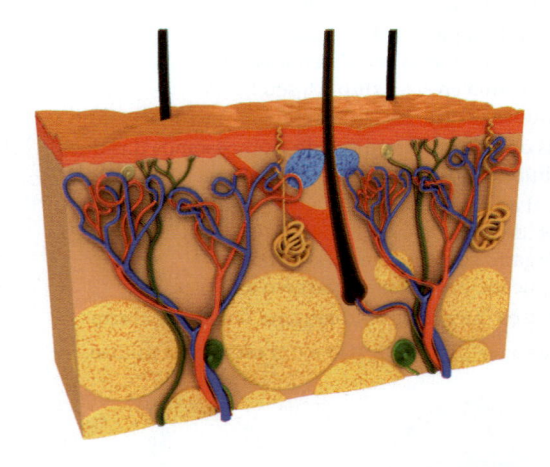

Figura 10.1 Quando a temperatura corporal aumenta, o suor profuso aumenta o resfriamento evaporativo. Além disso, o sangue é direcionado para os capilares da pele (*acima*), que radiam calor para o ar. No caso de Stringer (citado no texto) os mecanismos de controle homeostáticos não foram suficientes para atividades extenuantes em um dia quente e úmido.

Conceitos-chave

Muitos níveis de estrutura e função
Células de plantas e animais são organizadas em tecidos. Tecidos formam órgãos, que trabalham em conjunto em sistemas de órgãos. Essa organização surge à medida que a planta ou o animal cresce e se desenvolve. Interações entre células e entre partes corporais mantêm o corpo vivo.
Seção 10.1

Semelhanças entre animais e plantas
Animais e plantas trocam gases com seu ambiente, transportam materiais pelo seu corpo, mantêm o volume e a composição de seu ambiente interno e coordenam atividades celulares. Eles também reagem a ameaças e a variações nos recursos disponíveis. **Seção 10.2**

Homeostase
A homeostase é o processo de manutenção da estabilidade das condições no ambiente interno do corpo. Os mecanismos de retroalimentação que frequentemente têm um papel na homeostase envolvem receptores que detectam estímulos, um centro de integração e executores que efetuam as respostas.
Seções 10.3-10.5

Comunicação celular em organismos pluricelulares
Células de tecidos e órgãos se comunicam ao secretar moléculas químicas em fluido extracelular e ao responder a sinais químicos secretados por outras células. **Seção 10.6**

Neste capítulo

- Neste capítulo, exploramos alguns exemplos de estímulos e resposta, um dos traços característicos da vida.
- Você aprenderá como restrições impostas pela proporção entre área superficial e volume afetam as estruturas corporais.
- Estruturas celulares como junções celulares e proteínas de membrana também entram em jogo, assim como processos celulares como transporte e rotas liberadoras de energia.

Qual sua opinião? O interior de um veículo esquenta rapidamente até em um dia fresco. Todos os anos, crianças esquecidas em veículos morrem como resultado do colapso por calor. Alguns estados dos Estados Unidos tornaram crime o fato de deixar uma criança sozinha em um carro estacionado. Você apoia essas leis? Conheça a opinião de seus colegas e apresente seus argumentos a eles.

10.1 Níveis de organização estrutural

- A partir daqui, apresentamos como os corpos de plantas e animais são organizados.

Das células aos organismos pluricelulares

O corpo de qualquer planta ou animal consiste de centenas de trilhões de células. Em todos os corpos, exceto nos mais simples, as células são organizadas como tecidos, órgãos e sistemas, cada um capaz de realizar funções especializadas. Dito de outra forma, há uma divisão de trabalho entre as partes do corpo de uma planta ou as de um animal.

Um **tecido** consiste de um ou mais tipos de célula — e frequentemente de uma matriz extracelular — que realizam coletivamente uma tarefa ou tarefas específicas. Cada tecido é caracterizado pelos tipos de células que inclui. Por exemplo, o tecido nervoso tem tipos de células diferentes de tecido muscular e tecido ósseo.

Um **órgão** consiste de dois ou mais tecidos que ocorrem em proporções específicas e interagem na realização de uma tarefa ou tarefas específicas. Por exemplo, uma folha é um órgão que serve na troca de gases e na fotossíntese (Figura 10.2); pulmões são órgãos da troca de gases (Figura 10.3).

Órgãos que interagem em uma ou mais tarefas formam um **sistema**. Por exemplo, folhas e caules são componentes do sistema de troca de gases de uma planta. Pulmões e vias aéreas são órgãos do sistema respiratório de vertebrados terrestres.

Crescimento versus desenvolvimento

Uma planta ou um animal se torna estruturalmente organizado à medida que cresce e se desenvolve. Para qualquer espécie pluricelular, o **crescimento** se refere a aumento no número, tamanho e volume de células. Nós o descrevemos em termos quantitativos. **Desenvolvimento** é uma série de estágios pela qual tecidos, órgãos e sistemas de órgãos especializados se formam em padrões que podem ser herdados. Nós o descrevemos em termos qualitativos, normalmente ao descrever os estágios. Por exemplo, plantas e animais têm um estágio inicial chamado embrião.

Evolução de forma e função

Todos os traços anatômicos e fisiológicos têm uma base genética e, assim, foram afetados pela seleção natural. Os traços que vemos em espécies modernas são o resultado de adaptações para sobrevivência e reprodução entre muitas gerações de indivíduos. Apenas adaptações que provaram ser melhorias para a vida dos animais foram transmitidas para gerações modernas.

À medida que as plantas saíam do ambiente aquático para a terra, enfrentaram um novo desafio — tinham de evitar que se ressecassem no ar. Vemos soluções para esse desafio na anatomia de raízes, caules e folhas (Figura 10.2). Tubos internos chamados xilema transportam água que as raízes absorvem do solo até as folhas. O tecido epidérmico que cobre folhas e caules de plantas vasculares secreta uma cutícula cerosa que reduz a perda de água evaporativa. Estômatos, pequenas brechas na epiderme de uma folha, podem se abrir para permitir troca de gases ou fechar para evitar perda de água.

Da mesma forma, animais evoluíram na água e enfrentaram novos desafios quando foram para a terra. Gases

Sistema caulinar (partes acima do solo)

Sistema de raiz (partes majoritariamente abaixo do solo)

Flor, um órgão reprodutivo

Seção cruzada de uma folha, um órgão de fotossíntese e troca de gases

Seção cruzada de um caule, um órgão de suporte estrutural, armazenamento e distribuição de água e comida

Figura 10.2 Anatomia de um tomateiro. Seus tecidos vasculares (*roxo*) conduzem água, íons minerais dissolvidos e compostos orgânicos. Outro tecido compõe a grande parte do corpo da planta. Um terceiro cobre todas as superfícies externas. Órgãos como flores, folhas, troncos e raízes são compostos de todos esses três tecidos.

Figura 10.3 Partes do sistema respiratório humano. As células que compõem os tecidos desse sistema executam tarefas especializadas.

As vias aéreas para pares de pulmões são revestidas com tecido epitelial. Células ciliadas nesse tecido removem quaisquer bactérias e partículas que podem causar infecções dos pulmões.

Pulmões são órgãos de troca de gases. Dentro deles há sacos de ar revestidos com tecido epitelial continuamente úmido. Vasos minúsculos (capilares) cheios de sangue cercam os sacos aéreos e interagem com eles na tarefa de troca de gases.

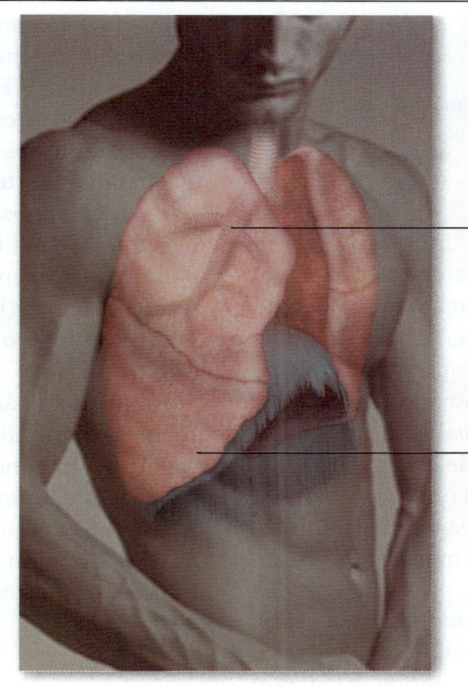

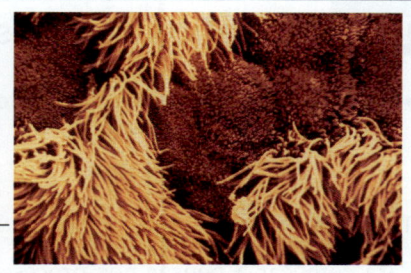

Células ciliadas e células secretoras de muco de um tecido que reveste as vias aéreas respiratórias.

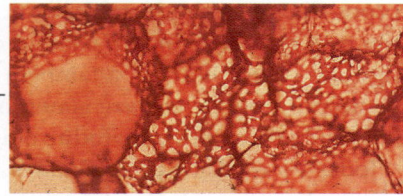

Órgãos (pulmões), parte de um sistema de órgãos (trato respiratório) de um organismo.

Tecido pulmonar (minúsculos sacos de ar) envolto por capilares sanguíneos — estruturas tubulares espessas e unicelulares que contêm sangue, que é um tecido conjuntivo fluido.

só podem entrar e sair do corpo de um animal ao passarem por uma superfície úmida. Isso não é um problema para organismos aquáticos, mas, em terra, a evaporação pode fazer superfícies úmidas secarem. A evolução dos sistemas respiratórios permitiu que animais terrestres trocassem gases com o ar por uma superfície úmida dentro do corpo.

Em vertebrados terrestres, o sistema respiratório inclui vias aéreas e pares de pulmões (Figura 10.3). O tecido que reveste as vias aéreas que levam aos pulmões inclui células ciliadas que podem capturar partículas e patógenos transportados pelo ar. Dentro dos pulmões, gases são trocados entre o ar e o sangue através do tecido fino e continuamente umedecido, formado de minúsculos sacos de ar (alvéolos).

Ambiente interno

Um organismo unicelular obtém os nutrientes e gases necessários do fluido em volta dele. Células vegetais e animais também são cercadas por fluido. Esse **fluido extracelular (ECF)** é como um ambiente interno no qual as células do corpo vivem. Para manter as células vivas, as partes de um organismo trabalham em conjunto para manter o volume e a composição do fluido extracelular.

Tarefas corporais

Os próximos capítulos descrevem como uma planta ou um animal executa as seguintes funções essenciais:

- Manter condições favoráveis para suas células (manter a homeostase)
- Obter e distribuir água, nutrientes e outras matérias-primas; descartar água
- Defender-se contra patógenos
- Reproduzir-se
- Nutrir-se e proteger gametas e (em muitas espécies) embriões

Cada célula se envolve em atividades metabólicas que a mantêm viva. Ao mesmo tempo, atividades integradas de células em tecidos, órgãos e sistemas de órgãos sustentam o corpo como um todo. Suas interações mantêm condições no ambiente interno dentro de limites toleráveis — um processo chamado **homeostase**.

Para pensar

Como corpos vegetais e animais são organizados?

- Corpos vegetais e animais consistem tipicamente de células organizadas como tecidos, órgãos e sistemas. O modo pelo qual as partes do corpo estão organizadas e funcionam tem fundamento genético e foi moldado por seleção natural.
- Coletivamente, células, tecidos e órgãos mantêm a homeostase dentro do corpo.

10.2 Desafios comuns

- Embora plantas e animais sejam diferentes entre si, têm alguns desafios em comum.

Troca de gases

Para começar a pensar nos processos que ocorrem em plantas e animais, considere como um atleta é parecido com uma tulipa (Figura 10.4). Células dentro dos dois corpos liberam energia ao realizar respiração aeróbica. Esta rota exige oxigênio e produz dióxido de carbono. Algumas células da tulipa também realizam fotossíntese, um processo de armazenamento de energia que exige dióxido de carbono e produz oxigênio.

Todas as espécies pluricelulares reagem estrutural e funcionalmente a este desafio comum: mover rapidamente moléculas de uma célula para outra.

Pelo processo de **difusão**, íons ou moléculas de uma substância vão de um lugar onde estão concentrados para outro onde estão menos concentrados. Plantas e animais mantêm gases se difundindo em direções mais adequadas para o metabolismo e a sobrevivência das células. Como? Esta questão levará você aos estômatos nas superfícies das folhas e aos sistemas circulatório e respiratório de animais.

Transporte interno

A difusão é mais eficaz em pequenas distâncias. À medida que o diâmetro de um objeto aumenta, a proporção entre área superficial e volume diminui. Isso significa que, à medida que o diâmetro de uma parte do corpo aumenta, células internas ficam cada vez mais longe da superfície do corpo.

Como resultado dessa restrição, plantas e animais que utilizam apenas a difusão para movimentar materiais pelo corpo tendem a ser pequenos e achatados. Vermes platelmintos e hepáticas (vegetais não vasculares) são dois exemplos (Figura 10.5a,b). Ambos têm poucas camadas celulares de espessura.

A maioria das plantas e animais que não é pequena e achatada tem tecidos vasculares — sistemas de tubos pelos quais substâncias entram e saem das células. A nervura de uma folha em uma planta vascular consiste de longos filamentos de xilema e floema, os dois tipos de tecido vascular (Figura 10.5c). Vasos sanguíneos humanos, como veias e capilares, são nossos tecidos vasculares (Figura 10.5d).

Em plantas e animais, o tecido vascular leva água, nutrientes e moléculas de sinalização (como hormônios, por exemplo). Em animais, esse tecido também distribui gases. Gases entram e se movimentam em uma planta por difusão. Componentes do sangue animal combatem infecções. Da mesma forma, o floema de plantas vasculares transporta substâncias químicas formadas em resposta a ferimentos.

Manutenção do equilíbrio soluto-água

Plantas e animais ganham e perdem água e solutos continuamente. Mesmo assim, para continuarem vivos, devem manter o volume e a composição de seu fluido extracelular dentro de faixas limitadas. Como fazem isso? Plantas e animais são extremamente diferentes nessa questão, mas ainda é possível encontrar respostas comuns quando estudamos as moléculas.

Na superfície de um corpo ou órgão, células em camadas (tecido) executam transporte ativo e passivo. Lembre que, no **transporte passivo**, um soluto diminui seu gradiente de concentração com a ajuda de uma proteína de transporte; esse processo é a favor do gradiente de concentração. No **transporte ativo**, uma proteína bombeia um soluto de uma região de baixa concentração para outra de maior concentração, ou seja, contra o gradiente de concentração.

O transporte ativo por células em raízes de plantas ajuda a controlar a entrada de solutos na planta. Nas folhas, o transporte ativo coloca açúcares formados pela fotossíntese dentro do floema, e os distribui pela planta.

Nos animais, o transporte ativo move nutrientes do alimento dentro do intestino e para as células corporais. Nos vertebrados, o transporte ativo permite que os rins eliminem dejetos e excesso de solutos e água na urina.

Comunicação entre células

Plantas e animais têm outra semelhança: ambos dependem da comunicação celular. Muitos tipos de células especializadas liberam moléculas de sinalização que ajudam a coordenar e controlar o metabolismo no corpo. Mecanismos de sinalização orientam o crescimento,

Figura 10.4 O que um atleta e as tulipas têm em comum?

Figura 10.5 Ter um corpo achatado permite que uma hepática (**a**) e um platelminto (**b**) vivam bem sem tecidos vasculares. Todas as suas células ficam próximas da superfície corporal.

A evolução de tecidos vasculares como (**c**) vasos (nervuras) de folhas em uma dicotiledônea e (**d**) vasos sanguíneos em humanos permite que esses organismos fiquem muito maiores e tenham partes corporais mais grossas.

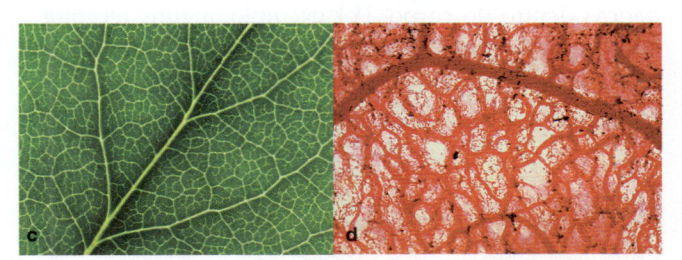

o desenvolvimento e a reprodução do corpo da planta ou do animal.

Sobre variações em recursos e ameaças

Um *habitat* é um lugar no qual membros de uma espécie vivem. Cada *habitat* tem seu conjunto específico de recursos e apresenta um grupo peculiar de desafios. Cada um tem características físicas próprias. Água e nutrientes podem ser abundantes ou escassos. O *habitat* pode ser muito iluminado, um pouco sombrio ou escuro. Pode ser varrido por ventos ou ser inerte. A temperatura pode variar pouco ou muito no decorrer de um dia. Da mesma forma, as condições podem mudar com a estação ou ficar mais ou menos constantes.

Componentes bióticos (vivos) do *habitat* também variam. Diferentes produtores, predadores, presas, patógenos ou parasitas podem estar presentes. A competição por recursos e parceiros reprodutivos pode ser mínima ou intensa. A variação nesses fatores promove diversidade de forma e função.

Mesmo com toda a diversidade, ainda podemos ver respostas semelhantes para desafios semelhantes. Espinhos afiados, tanto de um cacto como de um porco-espinho, detêm a maioria dos predadores dessas espécies (Figura 10.6). Em ambos, células epidérmicas modificadas originaram esses espinhos que defendem o corpo contra possíveis predadores.

Figura 10.6 Proteção de tecidos corporais contra predadores: (**a**) Espinhos de cacto. (**b**) Espinhos de um porco-espinho (*Erethizon dorsatum*).

Para pensar

Quais as semelhanças entre corpos vegetais e animais?
- Plantas e animais realizam respiração aeróbica e trocam gases com o ambiente.
- A maioria das plantas e dos animais tem tecidos vasculares que funcionam no transporte.
- Plantas e animais mantêm seu ambiente interno estável ao regular quais substâncias entram no corpo e quais são eliminadas.

10.3 Homeostase nos animais

- A detecção e a reação a mudanças são um traço característico de todos os organismos vivos e são essenciais para a homeostase.

Detecção e reação a mudanças

Nos animais, a homeostase envolve interações entre receptores, integradores e executores (Figura 10.7). Um **receptor** é uma célula ou componente celular que muda em resposta a estímulos específicos. Alguns receptores, como os nos olhos, ouvidos e pele, reagem a estímulos externos como luz, som ou toque. Receptores envolvidos na homeostase funcionam como vigilantes internos. Eles detectam mudanças dentro do corpo. Por exemplo, alguns receptores detectam mudanças na pressão sanguínea, outros detectam mudanças no nível de dióxido de carbono no sangue e mais outros detectam alterações na temperatura interna.

Informações de receptores sensoriais para todo o corpo fluem para um **integrador**: um grupo de células que recebe e processa informações sobre estímulos. Nos vertebrados, esse integrador é o cérebro.

Em resposta aos sinais que recebe, o integrador envia um sinal para **executores** — músculos, glândulas ou ambos — que executam reações ao estímulo. Executores também são chamados de efetores.

Receptores sensoriais, integradores e executores frequentemente interagem em sistemas de retroalimentação. Em tais sistemas, algum estímulo causa uma mudança de um determinado ponto definido, que então "retroalimenta" e afeta o estímulo original; esta retroalimentação é chamada de feedback e pode ser de dois tipos segundo sua função: feedback positivo e feedback negativo.

Feedback negativo

Em um **mecanismo de feedback negativo**, uma alteração leva a uma reação que reverte tal mudança. Pense em como um forno com termostato opera. Um usuário ajusta o termostato para uma temperatura desejada. Quando a temperatura vai para abaixo deste ponto predefinido, o forno liga e emite calor. Quando a temperatura aumenta até o nível desejado, o termostato desliga o calor.

Mecanismos de feedback semelhantes ajudam a manter a temperatura corporal interna humana perto de 37 °C apesar de mudanças na temperatura dos arredores.

Figura 10.7 Três tipos de componentes que interagem na homeostase em corpos de animais.

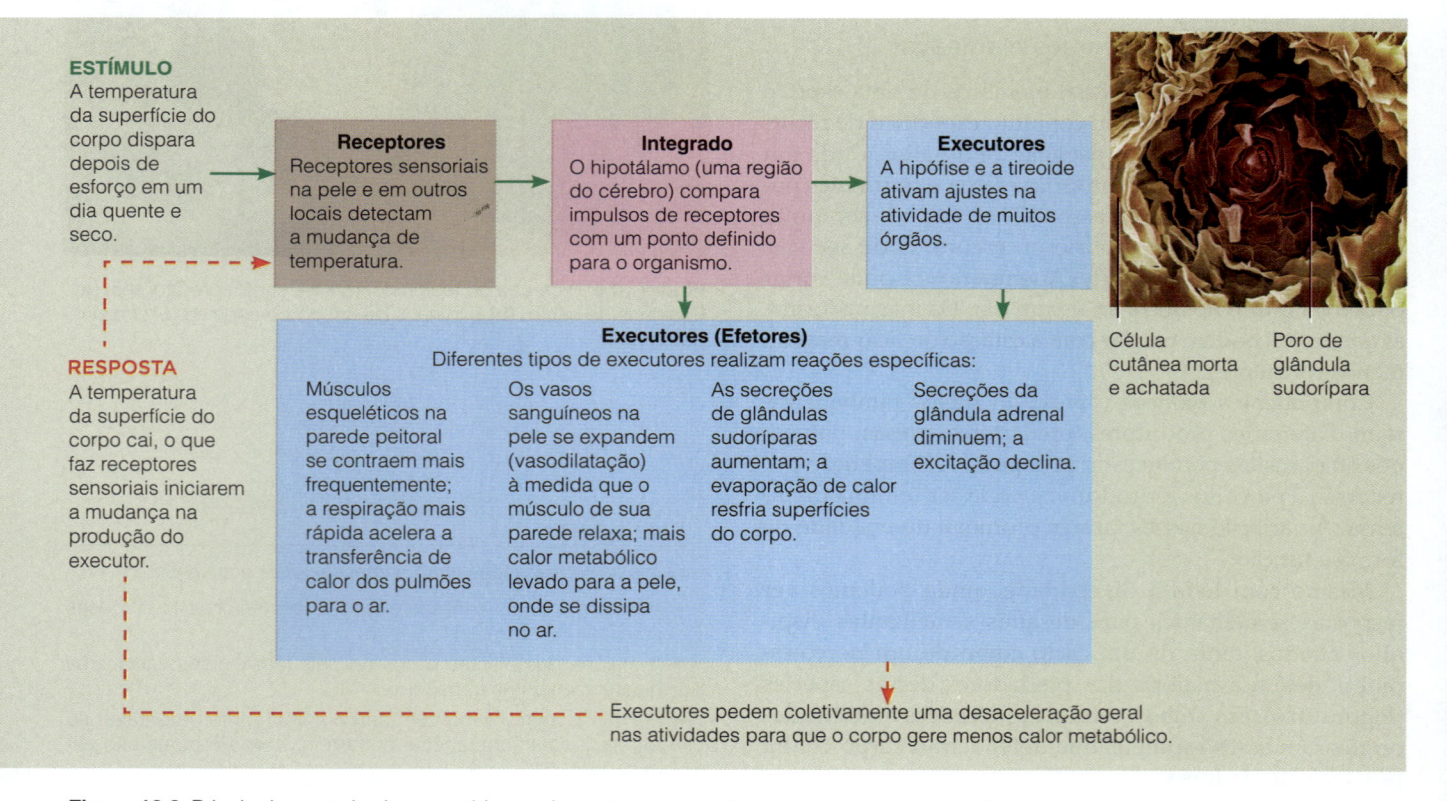

Figura 10.8 Principais controles homeostáticos sobre a temperatura interna do corpo humano. Setas *contínuas* significam as principais rotas de controle. Setas *tracejadas* significam a alça do feedback.

Considere o que acontece quando você se exercita em um dia quente. Durante o exercício, os músculos aumentam sua taxa metabólica. Como as reações metabólicas geram calor, a temperatura corporal aumenta. Receptores sentem o aumento e ativam mudanças que afetam todo o corpo (Figura 10.8). O fluxo sanguíneo muda, portanto mais sangue do interior quente do corpo flui para a pele. Isso maximiza a quantidade de calor que se dissipa para o ar ao redor. Ao mesmo tempo, glândulas na pele aumentam sua secreção de suor. O suor é majoritariamente água e, quando evapora, ajuda a resfriar a superfície corporal. A respiração e o volume de cada respiro aumentam, acelerando a transferência de calor do sangue que flui pelos pulmões para o ar. Níveis de hormônios excitatórios declinam, portanto você se sente mais mole. À medida que seu nível de atividade desacelera e sua taxa de perda de calor para o ambiente aumenta, sua temperatura cai. Assim, o estímulo (alta temperatura corporal) que ativou essas reações é revertido por elas.

Para a maioria das pessoas, na maior parte do tempo, este mecanismo de retroalimentação evitará aquecimento excessivo. A doença do calor que ocorre quando mecanismos de feedback negativo falham é o tópico da próxima seção.

Feedback positivo

Mecanismos de feedback positivo também operam em um corpo, embora sejam menos comuns que os de retroalimentação negativa. Tais mecanismos disparam uma cadeia de eventos que intensificam mudança de uma condição original. Em organismos vivos, a intensificação eventualmente leva a uma mudança que encerra a retroalimentação.

Por exemplo, quando uma mulher está em trabalho de parto, músculos de seu útero se contraem e forçam o feto contra a parede do órgão. A pressão resultante sobre a parede uterina induz a secreção de uma molécula de sinalização (ocitocina) que causa contrações mais fortes. Em uma alça de feedback positivo, à medida que as contrações ficam mais fortes, a pressão sobre a parede uterina aumenta, causando, assim, contrações ainda mais fortes. O ciclo de feedback positivo continua até a criança nascer.

> **Para pensar**
>
> *Que tipos de mecanismos operam na homeostase animal?*
>
> - Receptores detectores de mudanças, um cérebro que processa informações e músculos e glândulas controlados pelo cérebro interagem na homeostase.
> - Mecanismos de feedback positivo podem reverter mudanças em condições dentro do corpo.
> - O feedback positivo é menos comum que negativa. Ele causa uma intensificação temporária de uma mudança no corpo.

10.4 Doença relacionada ao calor

- O colapso por calor é uma falha da homeostase que pode causar dano cerebral irreversível ou morte.

Para evitar problemas relacionados ao calor, escute seu corpo. A maioria das mortes relacionadas por calor em adultos jovens e saudáveis ocorre quando pessoas continuam se esforçando apesar de advertências claras de que algo está errado.

A pressão social para continuar uma atividade frequentemente tem um papel no estresse provocado por calor e induzido por esforço. Uma tentativa de impressionar o técnico ou os colegas, ou satisfazer um chefe, pode levar uma pessoa saudável para além de limites seguros. Sintomas da exaustão por calor incluem tontura, visão embaçada, cãibras musculares, fraqueza, náusea e vômito. Korey Stringer vomitou várias vezes durante seu último treino, mas não parou de se exercitar. Da mesma forma, um jovem bombeiro recruta na Flórida reclamou de fraqueza e visão embaçada. Entretanto, correu até desmaiar com uma temperatura corporal de 42,22 °C. Tratamento imediato por outros bombeiros e a rápida hospitalização não puderam salvá-lo — ele morreu nove dias depois.

Parte do problema é que a exaustão por calor pode prejudicar a capacidade de julgamento. Suor profuso causa perda de água e sais, alterando a concentração do fluido extracelular. O fluxo de sangue para o intestino e o fígado cai. Sem os nutrientes e o oxigênio necessários, esses órgãos liberam toxinas no sangue. As toxinas interferem no funcionamento do sistema nervoso, bem como de outros sistemas de órgãos. Como resultado, uma pessoa pode ser incapaz de reconhecer e reagir a sinais aparentemente óbvios de perigo.

Para ficar seguro ao ar livre em um dia quente, beba muita água e evite exercícios em excesso. Se você tiver de realizar algum esforço físico, faça intervalos frequentes e monitore como se sente. Use roupas leves, claras e respiráveis. Fique na sombra ou, se precisar ficar diretamente na luz solar, use um boné e protetor solar forte. A queimadura do sol prejudica a capacidade de a pele transferir calor para o ar.

Lembre-se de que a alta umidade aumenta o perigo. A evaporação desacelera quando há mais água no ar, portanto o suor é menos eficaz em dias úmidos. Um dia de 35 °C com 90% de umidade coloca mais tensão de calor sobre o corpo do que um dia de 37,8 °C com 55% de umidade.

As reações ao calor podem variar com a idade e algumas condições médicas. Gestantes, idosos e pessoas com problemas cardíacos ou diabete têm maior risco de entrar em colapso pelo calor e devem tomar cuidado especial. O uso de álcool, medicamentos para pressão sanguínea, antidepressivos e outros remédios também aumenta a probabilidade de problemas relacionados ao calor. Além disso, as pessoas podem ficar acostumadas a uma temperatura externa alta; quem não estiver acostumado a viver no calor tem maior risco de sofrer problemas relacionados ao calor.

Se você suspeitar que alguém esteja entrando em colapso pelo calor, peça ajuda médica imediatamente. Dê à vítima água para beber e, depois, faça que ela se deite com os pés levemente elevados. Passe água fria nela com spray ou esponja e, se possível, coloque bolsas de gelo sob suas axilas.

10.5 A homeostase ocorre em plantas?

- Plantas também devem manter condições internas dentro de uma faixa que suas células possam tolerar.

Nem sempre é possível comparar plantas e animais. Por exemplo, à medida que a planta cresce, novos tecidos surgem apenas em lugares específicos em raízes e brotos. Nos embriões animais, tecidos se formam em todo o corpo. As plantas não têm o equivalente de um cérebro animal. Entretanto, têm alguns mecanismos descentralizados que influenciam o ambiente interno e mantêm o corpo funcionando adequadamente. Dois exemplos simples ilustram o fato; os capítulos a seguir apresentarão mais.

Proteção contra ameaças

Diferentemente das pessoas, o corpo celular das plantas é formado na sua maioria por células mortas e moribundas e também árvores não conseguem fugir de ataques. Quando um patógeno se infiltra em seus tecidos, as árvores não podem liberar leucócitos para combater a infecção, porque não possuem este tipo celular.

No entanto, as plantas têm uma **resistência sistêmica adquirida**: uma reação de defesa a infecções e tecidos feridos. Células em um tecido afetado liberam moléculas de sinalização. As moléculas causam a síntese e a liberação de compostos orgânicos que protegerão a planta contra ataques durante dias ou meses. Alguns compostos protetores são tão eficazes que versões sintéticas estão sendo utilizadas para aumentar a resistência a doenças em plantações e plantas ornamentais.

A maioria das árvores também tem outra defesa que minimiza os efeitos de patógenos. Quando feridas, tais paredes protegem o tecido danificado, liberam fenóis e outros compostos tóxicos e frequentemente secretam resinas. Um fluxo intenso de compostos viscosos satura e protege a casca e a madeira na ferida. Ele também penetra no solo em volta das raízes. Algumas dessas toxinas são tão potentes que podem matar células da própria árvore. Compartimentos se formam em volta de tecidos feridos, infectados ou envenenados e novos tecidos crescem sobre eles. A reação dessa planta a ferimentos é chamada de **compartimentalização**.

Quando há furos em uma espécie de árvore que forme uma reação de compartimentalização rápida, a ferida é protegida rapidamente (Figura 10.9). Em uma espécie que forma uma reação moderada, decompositores causam a deterioração de mais madeira em volta dos furos. Um furo em um compartimentalizador fraco e decompositores causarão uma deterioração profunda no tronco.

Compartimentalizadores ainda mais fortes vivem por pouco tempo. Se tecido em excesso for protegido, o fluxo de água e solutos para células vivas desacelera e a árvore começa a morrer. E quanto ao *Pinus longaeva*, que cresce no alto em regiões montanhosas? Uma árvore que conhecemos tem quase 5 mil anos. Essas árvores vivem em condições difíceis em locais remotos onde há poucos patógenos. As árvores passam a maior parte de cada ano dormentes sob um manto de neve e crescem lentamente durante um verão curto e seco. Esse crescimento lento torna a madeira de um *Pinus longaeva* tão densa que poucos insetos conseguem penetrá-la.

Areia, vento e *Lupinus arboreus*

Se você já andou descalço na areia da praia em um dia ensolarado de verão, sabe como ela pode ficar quente. Solo arenoso tende a drenar rapidamente e a ser pobre em nutrientes. Poucas plantas são adaptadas para sobreviver neste *habitat*, mas o *Lupinus arboreus* prospera aqui (Figura 10.10). Esse arbusto é nativo de dunas costeiras do centro e do sul da Califórnia.

Vários fatores contribuem para seu sucesso em seu ambiente costeiro desafiador. É uma leguminosa e, como outros membros desta família de plantas, abriga bactérias fixadoras de nitrogênio dentro de suas raízes jovens.

Figura 10.9 Resultados de um experimento no qual furos foram feitos em árvores vivas para testar reações de compartimentalização (A, B e C). De cima para baixo, padrões de deterioração (*verde*) nos troncos de três espécies de árvores que formaram reações de compartimentalização forte, moderada e fraca, respectivamente.

Figura 10.10 *Lupinus arboreus* em um *habitat* de praia arenosa. Em dias quentes e com vento, suas folhas se dobram longitudinalmente na fenda que percorre seu centro. Isso ajuda a minimizar a perda de água evaporativa.

| 1 hora | 6 horas | Meio-dia | 15 horas | 22 horas | Meia-noite |

Figura 10.11 Teste de observação de movimentos rítmicos das folhas de um pé de feijão jovem (*Phaseolus*). O fisiologista Frank Salisbury manteve a planta no escuro por 24 horas. Apesar da falta de pistas de luz, as folhas continuaram dobrando e abrindo no nascer (6 horas) e no por do sol (18 horas).

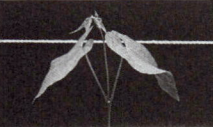

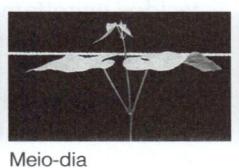

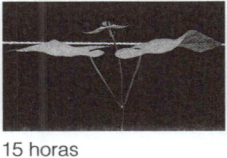

As bactérias compartilham uma parte do nitrogênio produzido com sua planta hospedeira. Este processo confere à planta uma vantagem competitiva no solo pobre em nitrogênio.

Outro desafio ambiental perto da praia é a falta de água doce. Folhas de um *Lupinus arboreus* são estruturalmente adaptadas para conservação de água. Cada folha tem uma gama densa de pelos epidérmicos finos que se projetam acima dela, especialmente na superfície inferior da folha. Coletivamente, esses pelos prendem umidade que evapora dos estômatos. Os pelos umedecidos mantêm a umidade em volta dos estômatos alta, o que ajuda a minimizar perdas de água para o ar.

O *Lupinus arboreus* também forma uma reação homeostática. Ele dobra suas folhas no comprimento quando as condições são quentes e com bastante vento (Figura 10.10). Essa dobra protege estômatos do vento e aumenta ainda mais a umidade em volta deles. Quando os ventos são fortes e o potencial de perda de água é maior, as folhas se dobram firmemente. As folhas menos dobradas estão perto do centro da planta ou no lado mais abrigado do vento. A dobra é uma resposta ao calor e ao vento. Quando a temperatura do ar é mais alta durante o dia, as folhas se dobram em um ângulo que ajuda a minimizar a quantidade de luz que interceptam e a quantidade de calor que absorvem.

Dobramento rítmico das folhas

Outro exemplo de reação de uma planta é o dobramento rítmico das folhas (Figura 10.11). Um pé de feijão mantém suas folhas na horizontal durante o dia, mas as dobra perto do tronco à noite. Uma planta exposta à luz ou escuridão constante por alguns dias continuará tirando e colocando suas folhas na posição de "dormir" no nascer e pôr do sol. A resposta pode ajudar a reduzir a perda de calor à noite, quando o ar esfria e, assim, manter a temperatura interna da planta dentro de limites toleráveis.

Os movimentos rítmicos das folhas são apenas um exemplo de um **ritmo circadiano**: um padrão de atividade biológica que ocorre em um ciclo de aproximadamente 24 horas. Circadiano significa "cerca de um dia". Plantas e animais, e também outros organismos, têm ritmos circadianos.

Para pensar

Como a homeostase em plantas é diferente da de animais?
- Mecanismos de controle que funcionam na homeostase de plantas não são controlados centralmente como na maioria dos animais.
- Resistência sistêmica adquirida, compartimentalização e movimentos de folhas em resposta a mudanças ambientais são exemplos desses mecanismos.

10.6 Como as células recebem e reagem aos sinais

- A ação coordenada exige comunicação entre células corporais. Mecanismos de sinalização são essenciais para essa integração.

Células em qualquer corpo pluricelular se comunicam com seus vizinhos e frequentemente com células mais distantes. Plasmodesmos em plantas e junções comunicantes em animais permitem que substâncias passem rapidamente entre células adjacentes. A comunicação entre células mais distantes envolve moléculas especiais. Alguns sinais moleculares se difundem de uma célula para outra através do fluido entre elas. Outras viajam em vasos sanguíneos ou nos tecidos vasculares de uma planta.

Mecanismos moleculares pelos quais as células "conversam" entre si evoluíram no início da história da vida. Eles frequentemente têm três passos: recepção de sinal, transdução de sinal e resposta celular (Figura 10.12a).

Durante a recepção de sinal, um receptor específico é ativado, como ao ligar reversivelmente uma molécula de sinalização. Os receptores frequentemente são proteínas de membrana.

Em seguida, o sinal é transduzido ou convertido para uma forma que atua dentro da célula receptora de sinal. Algumas proteínas receptoras de sinal são enzimas que sofrem mudança de formato quando uma molécula de sinalização se liga. Uma vez ativada dessa forma, a enzima catalisa a formação de uma molécula que, então, atua como sinal intracelular.

Por fim, a célula responde ao sinal. Por exemplo, ela pode alterar seu crescimento ou que genes expressa.

Considere um exemplo: uma via de sinalização que ocorre enquanto um animal se desenvolve. Como parte do desenvolvimento, muitas células atendem a chamados para se autodestruir em um momento em particular. A **apoptose** é um processo de morte celular programada. Ela frequentemente começa quando alguns sinais moleculares se ligam a receptores na superfície da célula (Figura 10.12b). Uma cadeia de reações leva à ativação de enzimas autodestrutivas. Algumas dessas enzimas destroem proteínas estruturais, como as proteínas do citoesqueleto e as histonas que organizam o DNA. Outras separam ácidos nucleicos.

Uma célula animal que passa por apoptose se afasta das suas células vizinhas. Sua membrana faz bolhas para dentro e para fora. O núcleo e, depois, toda a célula se desfazem. Leucócitos fagocíticos que patrulham os tecidos engolfam as células mortas e seus restos. Enzimas nos fagócitos digerem os pedaços fagocitados.

Muitas células cometeram apoptose enquanto suas mãos se desenvolviam. Cada mão começa como uma estrutura semelhante a uma pá. Normalmente, a apoptose em fileiras verticais de células divide a pá em dedos em poucos dias (Figura 10.13). Quando as células não morrem quando solicitadas, a pá não se divide adequadamente (Figura 10.14).

Além de ajudar a esculpir algumas partes do corpo em desenvolvimento, a apoptose também remove células envelhecidas ou danificadas de um organismo. Por exemplo, queratinócitos são as principais células de sua pele. Normalmente, eles vivem por cerca de três semanas e depois sofrem apoptose. A formação de novas células equilibra a morte de células antigas, portanto sua pele permanece uniformemente espessa.

Recepção de Sinal	Transdução de Sinal	Resposta Celular
O sinal se vincula a um receptor, normalmente na superfície da célula.	A ligação causa mudanças nas propriedades da célula, atividades ou ambas.	As mudanças alteram o metabolismo celular, a expressão genética ou a taxa de divisão.

a

b

Figura 10.12 (**a**) Via de transdução do sinal. Uma molécula de sinalização ancora em um receptor. O sinal ativa enzimas ou outros componentes citoplasmáticos que causam mudanças dentro da célula. (**b**) Bela imagem feita por um artista sobre o que acontece durante a apoptose, o processo pelo qual uma célula corporal se autodestrói.
Resolva: O que são os objetos azuis com lâminas afiadas?

Resposta: enzimas destruidoras de proteína.

QUESTÕES DE IMPACTO | Uma história alarmante

Um carro estacionado pode esquentar rapidamente até em um dia ameno. Os corpos de crianças não regulam a temperatura tão bem quanto os de adultos. Juntos, esses fatores podem aumentar a tragédia. Entre 1997 e 2007, 339 crianças que ficaram sozinhas em carros morreram de colapso por calor. Em alguns casos, um adulto inadvertidamente deixou a criança lá, mas cerca de 20% das mortes ocorreram depois que um adulto deixou deliberadamente um bebê ou uma criança no carro.

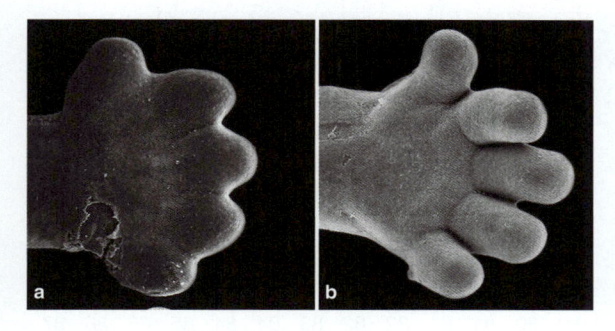

Figura 10.13 Formação de dedos humanos. (**a**) Quarenta e oito dias depois da fertilização, redes de tecido conectam os dígitos embrionários. (**b**) Três dias depois, após a apoptose das células que compõem as redes de tecido, os dígitos são separados.

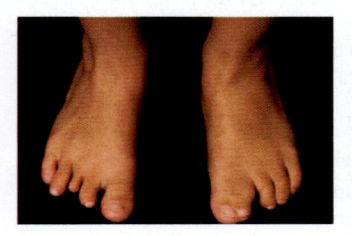

Figura 10.14 Os dedos permanecem unidos quando células embrionárias não cometem apoptose.

Se você passa tempo demais no sol, as células entram em apoptose antecipadamente, então sua pele descasca. Descascar é ruim para células individuais, mas ajuda a proteger seu corpo. As células expostas ao excesso de radiação UV frequentemente acabam com DNA danificado e têm mais chance de se tornar cancerosas.

Algumas células de plantas com paredes também sofrem apoptose (morte celular programada). Elas esvaziam o citoplasma e as paredes das células adjacentes atuam como tubulações de água. Células que anexam folhas a um caule morrem em resposta a mudança sazonal ou tensão e as folhas caem. Quando um tecido vegetal é ferido ou atacado por um patógeno, sinais podem acionar a morte de células vizinhas, que formam uma parede em volta da ameaça, como descrito na seção anterior.

Para pensar

Como é a comunicação entre as células em um organismo pluricelular?

- A comunicação celular envolve a ligação de moléculas de sinalização a receptores de membranas, a transdução desse sinal e a resposta celular a ele.

Resumo

Seção 10.1 Anatomia é o estudo científico da forma corporal e fisiologia é o estudo de funções corporais. A organização estrutural e funcional surge durante o **crescimento** e **desenvolvimento** de um indivíduo.

Os corpos têm níveis de organização. Cada célula executa tarefas metabólicas que a mantêm viva. Ao mesmo tempo, células interagem em **tecidos** e, frequentemente, em **órgãos** e **sistemas**. Juntos, células, tecidos e órgãos mantêm condições no **fluido extracelular (ECF)**, o fluido fora das células. Manter o ECF é um aspecto da **homeostase**: o processo de manter as condições dentro de um organismo em uma faixa que as células corporais possam tolerar.

Seção 10.2 Plantas e animais se adaptaram a alguns dos mesmos desafios ambientais. Pequenas plantas e animais utilizam a **difusão** de material pelo corpo. Os maiores têm tecidos vasculares. O **transporte ativo** e o **transporte passivo** mantêm concentrações de água e soluto dentro de plantas e animais. Os dois grupos têm mecanismos que os permitem reagir a sinais de outras células e também a mudanças ambientais.

Seções 10.3, 10.4 Em corpos animais, **receptores** detectam estímulos e enviam sinais a um **integrador** como o cérebro. Sinais do integrador fazem **executores** (músculos e glândulas) reagirem. Com **mecanismos de feedback negativo**, receptores detectam uma mudança, depois executores reagem e revertem a mudança. Tais mecanismos atuam na homeostase. Com **mecanismos de feedback positivo**, a detecção de uma mudança leva a uma resposta que a intensifica. O colapso por calor é um exemplo das consequências de uma falha da homeostase.

Seção 10.5 Plantas não possuem cérebro, mas sim mecanismos descentralizados de homeostase, como **resistência adquirida sistêmica** a patógenos e uma capacidade de proteger uma ferida (**compartimentalização**). Plantas reagem a mudanças em seu ambiente quando dobram folhas de maneira que minimizam a perda de água ou ajudam a manter a temperatura. O dobramento rítmico das folhas é um tipo de **ritmo circadiano**, um evento repetido em um ciclo de 24 horas.

Exercício de análise de dados

Como parte de esforços contínuos para evitar doenças relacionadas ao calor, o Serviço Meteorológico dos Estados Unidos elaborou um índice de calor (IC) para alertar as pessoas sobre o risco da alta temperatura aliada à alta umidade. O índice de calor é chamado, às vezes, de "temperatura aparente". Ele lhe diz a sensação de temperatura, dado o nível de umidade relativa. Quanto maior o valor do IC, maior o risco de desordem por calor com a exposição prolongada ou com esforço.

A Figura 10.15 mostra o gráfico do índice de calor. O valor máximo possível é 137. *Dourado* indica temperaturas perto do nível de perigo, *laranja* indica perigo e *rosa* significa perigo extremo.

1. Qual é o índice de calor em um dia no qual a temperatura é de 35,56 °C e a umidade relativa é de 45%?

2. Qual é o índice de calor em um dia no qual a temperatura é de 35,56 °C e a umidade relativa é de 75%?

3. Como o nível de perigo indicado por esses dois valores do índice de calor é comparado?

4. Qual é a temperatura mais baixa que, quando aliada a umidade relativa de 100%, pode causar perigo extremo?

Temp (°F)	\multicolumn{13}{c}{Umidade Relativa (%)}												
	40	45	50	55	60	65	70	75	80	85	90	95	100
110	136												
108	130	137											
106	124	130	137										
104	119	124	131	137									
102	114	119	124	130	137								
100	109	114	118	124	129	136							
98	105	109	113	117	123	128	134						
96	101	104	108	112	116	121	126	132					
94	97	100	103	106	110	114	119	124	129	135			
92	94	96	99	101	105	108	112	116	121	126	131		
90	91	93	95	97	100	103	106	109	113	117	122	127	132
88	88	89	91	93	95	98	100	103	106	110	113	117	121
86	85	87	88	89	91	93	95	97	100	102	105	108	112
84	83	84	85	86	88	89	90	92	94	96	98	100	103
82	81	82	83	84	84	85	86	88	89	90	91	93	95
80	80	80	81	81	82	82	83	84	84	85	86	86	87

Figura 10.15 Gráfico do índice de calor (IC).*

*Esta tabela foi originalmente publicada por National Weather Service (EUA), por isso não foi feita a conversão da escala de temperatura de Fahrenheit (utilizada nos EUA) para Celsius (usada no Brasil).

Seção 10.6 A comunicação entre células envolve a recepção de sinal, transdução de sinal e uma resposta por uma célula-alvo. Muitos sinais são transduzidos por proteínas de membrana que ativam reações na célula. As reações podem alterar a expressão genética ou atividades metabólicas. Um exemplo é um sinal que libera as enzimas de clivagem de proteínas da **apoptose**, a autodestruição programada de uma célula.

Questões

Respostas no Apêndice III

1. Preencha o espaço em branco. Um aumento no número, tamanho e volume de células vegetais ou animais é chamado de _____.

2. Uma folha é um exemplo de _____.
   a. um tecido
   b. um órgão
   c. um sistema de órgãos
   d. nenhuma das anteriores

3. Uma substância vai espontaneamente para uma região de menor concentração pelo processo de:
   a. difusão
   b. transporte ativo
   c. transporte passivo
   d. respostas a e c

4. A respiração aeróbica ocorre em _____.
   a. plantas
   b. animais
   c. plantas e animais
   d. nenhum

5. O xilema e o floema de uma planta são tecidos _____.
   a. vasculares
   b. sensoriais
   c. respiratórios
   d. digestórios

6. Os músculos e glândulas de um animal são _____.
   a. integradores
   b. receptores
   c. executores
   d. todas estão corretas

7. Preencha o espaço em branco: Com a retroalimentação _____, uma mudança nas condições ativa uma resposta que intensifica tal mudança.

8. A resistência sistêmica adquirida _____.
   a. ajuda a proteger a planta de infecções
   b. é um exemplo de resposta circadiana
   c. exige leucócitos
   d. todas estão corretas

9. Quando um sinal é transduzido, é:
   a. aumentado
   b. amortecido
   c. convertido para uma nova forma
   d. ignorado

10. O processo de _____ esculpe uma mão em desenvolvimento a partir de uma forma semelhante a uma pá.
   a. apoptose
   b. transdução
   c. retroalimentação positiva
   d. difusão

11. Una os termos à descrição mais adequada.

___ ritmo circadiano
___ homeostase
___ apoptose
___ integrador
___ executores
___ retroalimentação negativa

a. morte celular programada
b. atividade cíclica de cerca de 24 horas
c. centro de comando central
d. ambiente interno estável
e. músculos e glândulas
f. uma atividade muda alguma condição, depois a mudança ativa sua própria reversão

Raciocínio crítico

1. O órix-da-Arábia (*Oryx leucoryx*), um antílope ameaçado de extinção, vive nos desertos árduos do Oriente Médio. Na maior parte do ano, não há água, e a temperatura comumente chega a 47 °C. A árvore mais comum nesta região é a *Acacia tortilis*. Liste os desafios comuns enfrentados pelo órix e pela acácia diferentes dos enfrentados por plantas e animais em outros ambientes.

2. Fazer uma refeição pesada e rica em proteína em um dia quente pode aumentar o risco de doença por calor? Por quê?

O lótus sagrado, *Nelumbo nucifera*, fazendo o que seus ancestrais fizeram por bem mais de 100 milhões de anos — florescendo de forma espetacular durante a fase reprodutiva de seu ciclo de vida.

11 Tecidos Vegetais

QUESTÕES DE IMPACTO | Secas *Versus* Civilização

Quanto mais desenterramos registros de climas passados, mais nos perguntamos o que está acontecendo agora. Em qualquer ano, lugares em todo o mundo passam por secas graves — muito menos chuvas do que esperamos. Neles, as secas não são incomuns, mas algumas têm sido graves o suficiente para causar fome em massa, arruinar economias e provocar conflitos sobre recursos que estão diminuindo. Qual é a previsão a longo prazo? Enquanto o aquecimento global altera os padrões do clima da Terra, espera-se que as ondas de calor sejam mais intensas e que as secas sejam mais frequentes e severas.

Os seres humanos construíram toda a civilização moderna em uma vasta base de agricultura. Hoje nós lutamos com secas que duram dois, cinco, sete anos ou mais. Imagine uma com duração de 200 anos! Ela aconteceu. Há aproximadamente 3.400 anos, a chuva parou e acabou com a civilização acadiana no norte da Mesopotâmia. Sabemos sobre a seca por meio dos núcleos de gelo. Pesquisadores coletam essas amostras perfurando o gelo e inserindo nele um cano longo, depois o retirando. O núcleo de gelo dentro do cano tem poeira e bolhas de ar envoltas em camadas de neve que caíram ano após ano. O gelo em algumas regiões tem mais de 3 mil metros de espessura e camadas que se acumularam nos últimos 200 mil anos. Essas camadas possuem pistas de condições atmosféricas passadas e indicam alterações climáticas recorrentes que podem ter acabado com muitas sociedades no mundo.

Uma seca catastrófica contribuiu para o fim da civilização Maia há séculos (Figura 11.1). Mais recentemente, o Afeganistão foi abrasado por sete anos de seca — a pior do último século. A grande maioria de afegãos é de fazendeiros de subsistência; a seca acabou com suas colheitas, secou completamente seus poços e matou seu gado. Apesar de esforços para aliviar a situação, a fome foi excessiva. Famílias rurais desesperadas venderam suas terras, suas propriedades e suas filhas. A partir daí, a seca extrema está afetando a China meridional e aproximadamente um terço da parte continental dos Estados Unidos; a Austrália está no meio da pior seca em mil anos.

Esta unidade enfoca as plantas vasculares que contêm sementes, especialmente as que produzem flores e que integram nossas vidas. Você verá a função dessas plantas e seus padrões de crescimento, desenvolvimento e reprodução. Você considerará como elas são adaptadas para resistir a uma variedade de condições estressantes e por que a privação da água prolongada as mata.

A vulnerabilidade da base agrícola das sociedades ao redor do mundo causará impacto em seu futuro. Que nações sofrerão durante a mudança climática a longo prazo? Quais passarão por uma seca longa e severa?

Figura 11.1 Nós dependemos das adaptações pelas quais as plantas obtêm e usam recursos, que incluem a água. Direta ou indiretamente, as plantas produzem o alimento que sustenta quase todas as formas de vida na Terra. *À esquerda*, lembrança muda da civilização maia fracassada.

Conceitos-chave

Visão geral dos tecidos vegetais
Plantas vasculares com sementes têm um sistema caulinar, que inclui caules, folhas e partes reprodutivas. A maioria também tem um sistema radicular. Tais plantas possuem os tecidos fundamental, vascular e dérmico. As plantas se alongam ou se tornam mais espessas apenas em meristemas ativos.
Seções 11.1, 11.2

Organização do eixo caulinar primário
Os tecidos fundamental, vascular e dérmico são organizados em um padrão característico nos caules e nas folhas. Os padrões diferem entre monocotiledôneas e eudicotiledôneas. As especializações do caule e da folha maximizam a interceptação da luz solar, a conservação de água e a troca de gases. **Seções 11.3, 11.4**

Organização das raízes primárias
Os tecidos fundamental, vascular e dérmico são organizados em um padrão característico nas raízes. O padrão difere entre monocotiledôneas e eudicotiledôneas. As raízes absorvem água e minerais e ancoram a planta. **Seção 11.5**

Crescimento secundário
Em muitas plantas, caules e raízes mais velhos fazem o crescimento secundário que os tornam mais espessos durante as estações sucessivas. A madeira tem crescimento secundário extenso. **Seções 11.6, 11.7**

Caules modificados
Determinados tipos de modificação de caules são adaptações para armazenamento de água ou nutrientes ou para reprodução. **Seção 11.8**

Neste capítulo

- Neste capítulo você aprenderá sobre algumas especializações estruturais da célula das plantas e verá como as adaptações na água funcionam na homeostase da planta. Você também verá como o crescimento secundário é parte da compartimentalização.

Qual sua opinião? Fazendas produtoras em grande escala e cidades grandes competem para obter água limpa e fresca. As cidades deveriam restringir o crescimento urbano? As fazendas deveriam ser restritas às áreas com chuva suficiente para sustentar a agricultura? Conheça a opinião de seus colegas e apresente seus argumentos a eles.

11.1 O corpo da planta

- A organização singular de tecidos em plantas com flores é parte do motivo pelo qual elas são o grupo dominante do reino das plantas.

Estrutura básica

A Figura 11.2 mostra a estrutura corporal de uma típica planta com flor. Ela possui **um eixo caulinar**: partes acima do solo como caules, folhas e flores. Os caules suportam o crescimento vertical, um bônus para as células que interceptam energia do sol. Eles também conectam as folhas e as flores com as **raízes**, que são estruturas que absorvem água e minerais dissolvidos à medida que crescem pelo solo. As raízes frequentemente fixam a planta. Todas as células da raiz armazenam alimento para seu próprio uso e alguns tipos também armazenam para o restante do corpo da planta.

O eixo caulinar e as raízes consistem em três sistemas de tecido. O **sistema de tecido fundamental** funciona em diversas tarefas, tais como fotossíntese, armazenamento e suporte estrutural de outros tecidos. Vasos do **sistema do tecido vascular** distribuem água e íons minerais que a planta retira de seu ambiente. Eles também levam açúcares produzidos por células fotossintéticas para o resto da planta. O **sistema de tecido dérmico** reveste e protege superfícies expostas da planta.

Os sistemas de tecido fundamental, vascular e dérmico consistem em células que são organizadas como tecidos simples e complexos. Os tecidos simples são feitos primariamente de um tipo de célula; exemplos incluem parênquima, colênquima e esclerênquima. Os tecidos complexos têm dois ou mais tipos de célula. Xilema, floema e epiderme são exemplos. Você aprenderá mais sobre todos esses tecidos na próxima seção.

Eudicotiledôneas e monocotiledôneas — tecidos iguais, características diferentes

Os mesmos tecidos são formados em todas as plantas com flores, mas eles possuem padrões diferentes. Considere os **cotilédones**, que são estruturas parecidas com folhas que contêm alimento para um embrião da planta. Essas "folhas-semente" murcham após a semente germinar e a planta em desenvolvimento começa a produzir seu próprio alimento pela fotossíntese. Cotilédones consistem nos mesmos tipos de tecido em todas as plantas que os possuem, mas as sementes das **eudicotiledôneas** têm dois cotilédones e as das **monocotiledôneas** têm apenas um. A Figura 11.3 mostra outras diferenças entre esses dois tipos de planta reprodutora. A maioria dos arbustos e árvores, como arbustos de rosas e árvores de bordo, é de eudicotiledôneas. Lírios, orquídeas e o milho são típicas monocotiledôneas.

Introdução aos meristemas

Todos os tecidos de plantas surgem a partir de **meristemas**, cada um deles em uma região com células não diferenciadas que podem se dividir rapidamente. Porções das células descendentes se diferenciam e se tornam tecidos especializados.

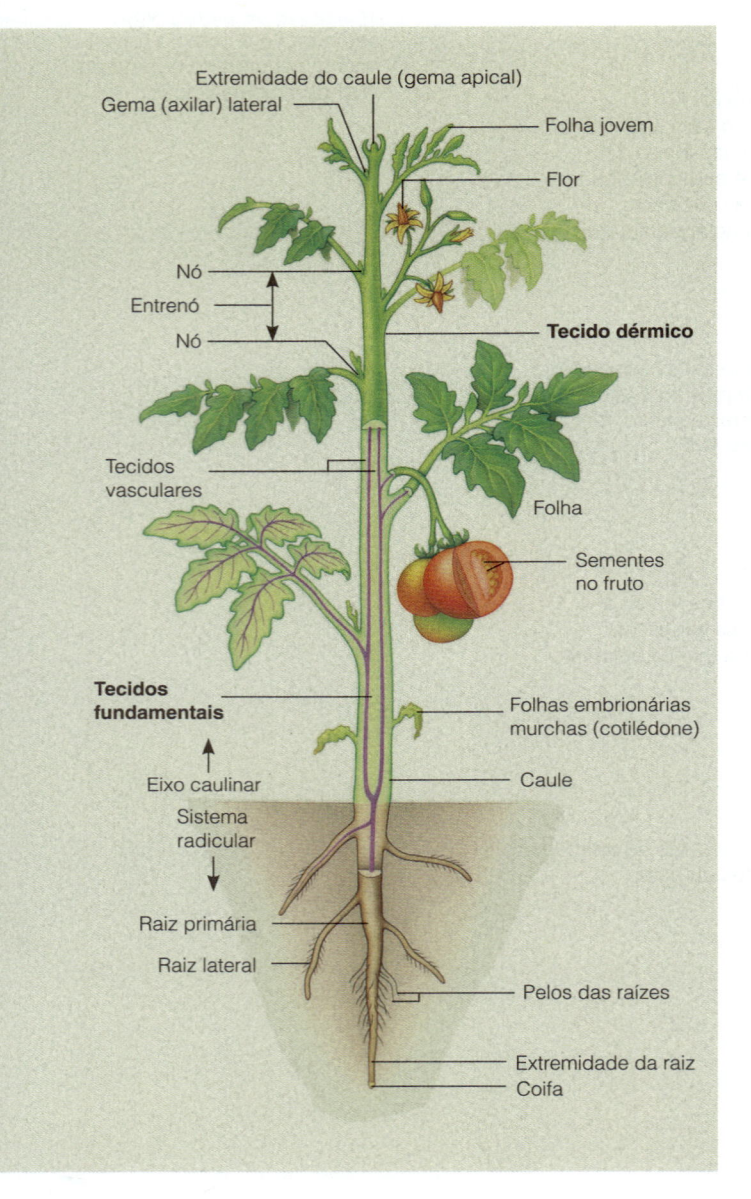

Figura 11.2 Corpo de um tomateiro (*Lycopersicon esculentum*). Seus tecidos vasculares (*roxo*) conduzem água, minerais dissolvidos e substâncias orgânicas. Eles entram nos tecidos fundamentais que constituem a maior parte da planta. A epiderme, um tipo de tecido dérmico, reveste as superfícies do sistema radicular e do eixo caulinar.

A Características das eudicotiledôneas

Nas sementes, dois cotilédones (primeiras folhas de um embrião)	Partes das flores em quatro ou cinco (ou múltiplos de quatro ou cinco)	Nervuras das folhas geralmente formando um arranjo em forma de rede	Grãos de pólen com três poros ou sulcos	Feixes vasculares organizados em um anel no tecido fundamental

B Características das monocotiledôneas

Nas sementes, um cotilédone (primeira folha de um embrião)	Partes das flores em três (ou múltiplos de três)	Nervuras das folhas geralmente correndo em paralelo umas às outras	Grãos de pólen com um poro ou sulco	Feixes vasculares por todo o tecido fundamental

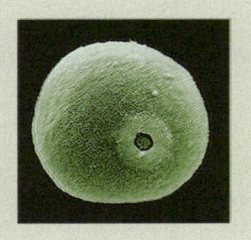

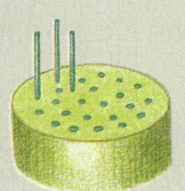

Figura 11.3 Comparação de monocotiledôneas e eudicotiledôneas

Figura 11.4 *À direita*, localizações dos meristemas apical e lateral.

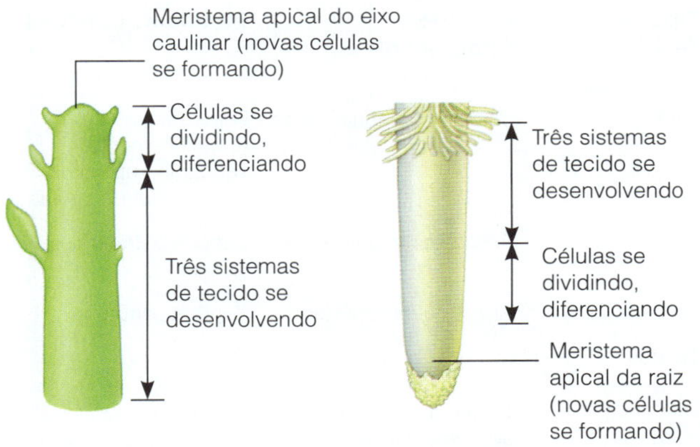

Novas partes vegetais se alongam pela atividade nos **meristemas apicais** nas extremidades do eixo caulinar e das raízes. O alongamento sazonal de caules jovens e raízes é chamado **crescimento primário** (Figura 11.4a).

Algumas plantas também sofrem **crescimento secundário** — seus caules e raízes se espessam com o passar do tempo. Em eudicotiledôneas lenhosas e em gimnospermas como pinhos, o crescimento secundário acontece quando células de uma camada cilíndrica fina chamada **meristema lateral** se dividem (Figura 11.4b).

a Muitos descendentes celulares de meristemas apicais são o início de linhagens de células diferenciadas que crescem, se dividem e alongam o eixo caulinar e as raízes.

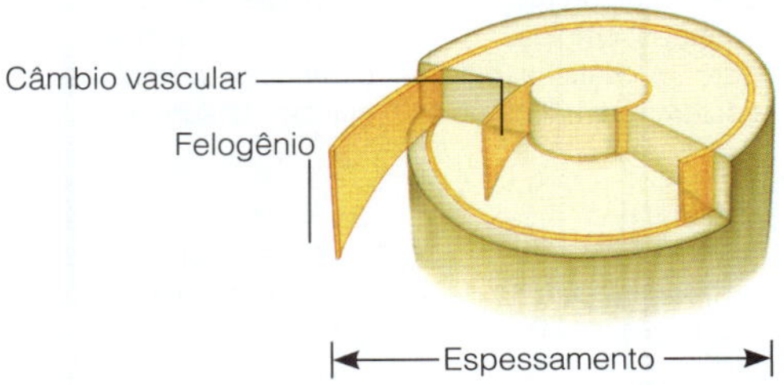

b Em plantas lenhosas, a atividade de dois meristemas laterais — câmbio vascular e felogênio — resulta no crescimento secundário que torna caules e raízes mais velhos mais espessos.

Para pensar

Qual é a estrutura básica das plantas com flores ?

- As plantas tipicamente têm eixos caulinares acima do solo, como caules, folhas e flores. Todas possuem sistemas de tecidos fundamental, vascular e dérmico.
- Os padrões nos quais os tecidos de plantas são organizados diferem entre eudicotiledôneas e monocotiledôneas.
- As plantas se alongam, ou utilizam o crescimento primário, no eixo caulinar jovem e na extremidade da raiz. Muitas plantas utilizam o crescimento secundário; caules e raízes mais velhos se espessam em estações sucessivas de crescimento.

11.2 Tecidos vegetais

- Os diferentes tecidos vegetais se formam a partir das extremidades do caule e da raiz e nos caules mais velhos e em partes da raiz.

A Tabela 11.1 resume os tecidos de planta comuns e suas funções. Alguns desses tecidos são visíveis na micrografia mostrada na Figura 11.5. As partes da planta são tipicamente seccionadas em planos padrão como este corte transversal a fim de simplificar nossa interpretação de micrografias (Figura 11.6).

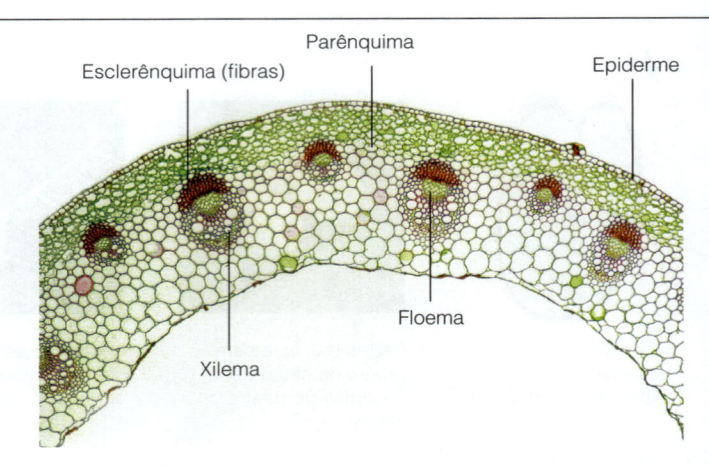

Figura 11.5 Alguns tecidos em um caule de ranúnculo (*Ranunculus*).

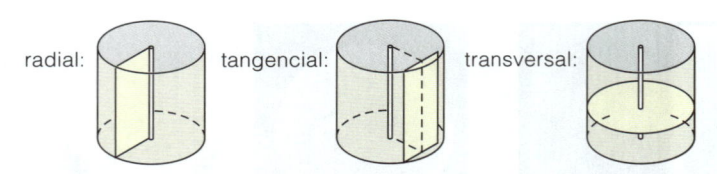

Figura 11.6 Termos que identificam como espécimes de tecido de uma planta são seccionados. Os cortes longitudinais ao longo de um caule ou raio de raiz resultam em *seções radiais*. Cortes em ângulos retos resultam em *seções tangenciais*. Cortes perpendiculares no eixo longo de um caule ou raiz produzem *seções transversais* — isto é, cortes transversais.

Tabela 11.1 Visão Geral de Tecidos de Plantas com Flores

Tipo de Tecido	Principais Componentes	Principais Funções
Tecidos Simples		
Parênquima	Células parenquimáticas	Fotossíntese, armazenamento, secreção, reparo de tecidos, outras tarefas
Colênquima	Células colenquimáticas	Suporte estrutural flexível
Esclerênquima	Fibras ou esclereides	Suporte estrutural
Tecidos complexos		
Vasculares		
Xilema	Traqueídes, elementos de vaso; células parenquimáticas; células esclerenquimáticas	Vasos condutores de água; componentes de reforço
Floema	Elementos de tubos crivados; células parenquimáticas; células esclerenquimáticas	Vasos de células vivas que distribuem compostos orgânicos; células de suporte
Dérmicos		
Epiderme	Células não diferenciadas e especializadas (ex.: células-guarda)	Secreção de cutícula; proteção; controle de troca de gases e perda de água
Periderme	Felogênio; células corticais; parênquima	Forma cobertura protetora nos caules e raízes mais velhos

Tecidos simples

O tecido parênquima compõe a maior parte do crescimento primário de raízes, caules, folhas e flores, e ele também desempenha funções de armazenamento e secreção. **Parênquima** é um tecido simples que consiste principalmente em células parenquimáticas, que são tipicamente flexíveis, com formato multifacetado e paredes finas. Essas células estão vivas no tecido maduro e podem continuar a se dividir. Os ferimentos em plantas são reparados dividindo-se as células do parênquima. O **mesofilo**, o único tecido fotossintético, é um tipo de parênquima.

Colênquima é um tecido simples que consiste principalmente em células colenquimáticas, que são alongadas e vivas no tecido maduro. Esse tecido maleável sustenta partes da planta que crescem rapidamente, incluindo caules jovens e nervuras das folhas (Figura 11.7a). A pectina, um polissacarídeo, dá flexibilidade à parede primária da célula colênquima, que é mais espessa onde três ou mais células entram em contato.

As células do **esclerênquima** têm formas diferentes e morrem na maturidade, mas as paredes ricas em lignina que possuem auxiliam esse tecido a resistir à compressão. Lembre-se, a lignina é o composto orgânico que suporta estruturalmente plantas verticais e as ajudou a evoluir na terra. A lignina também detém alguns ataques fúngicos.

As fibras e as esclereides são células esclerenquimáticas típicas. As fibras são células longas e afiladas que suportam estruturalmente tecidos vasculares em alguns caules e folhas (Figura 11.7b). Elas se dobram e giram, mas resistem ao estiramento. Nós usamos determinadas fibras como materiais para tecido, corda, papel e outros produtos comerciais. As esclereides frequentemente ramificadas e mais curtas fortalecem a cobertura de sementes duras, como caroços de pêssego, e tornam as peras granulosas (Figura 11.7c).

Tecidos complexos

Tecidos Vasculares O xilema e o floema são tecidos vasculares que se enfileiram pelo tecido fundamental. Ambos consistem em vasos condutores alongados que são frequentemente revestidos por fibras de esclerênquima e de células de parênquima. O **xilema**, que conduz água e íons minerais, consiste em dois tipos de célula, **traqueídes** e

Figura 11.7 Tecidos simples. (**a**) Colênquima e parênquima do cordão de suporte dentro de um caule de aipo, seção transversal. Esclerênquima: (**b**) Fibras de um talo forte de linho, visão tangencial. (**c**) Células pétreas, um tipo de esclereide em peras, seção transversal.

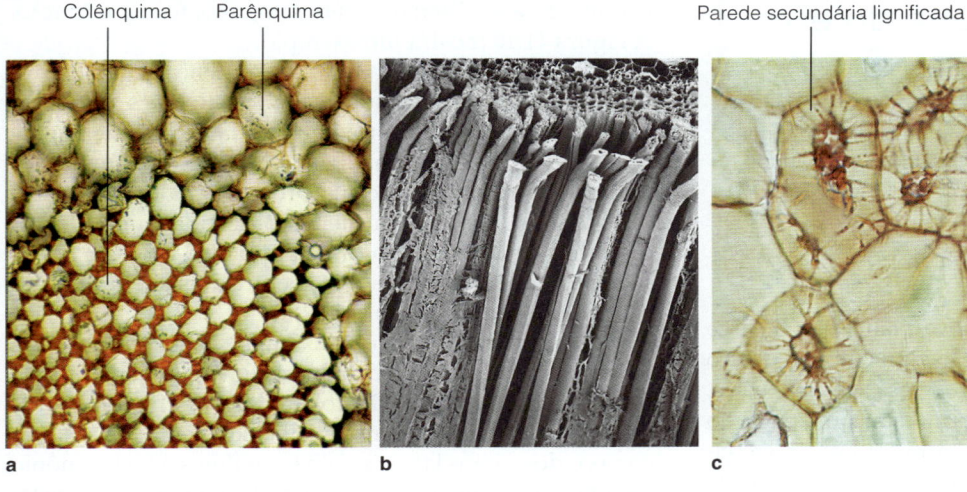

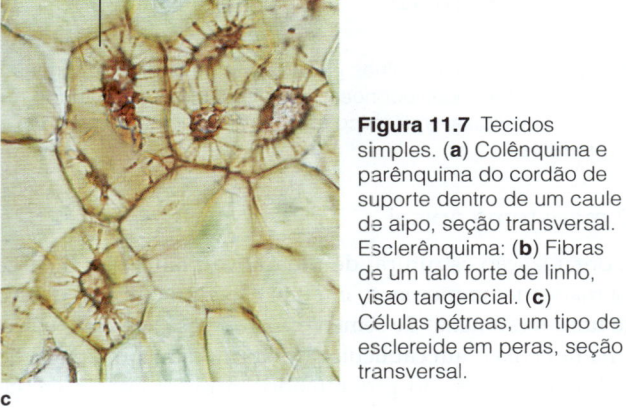

elementos de vaso, mortos na maturidade (Figura 11.8*a,b*). As paredes secundárias dessas células são enrijecidas e impermeabilizadas com lignina. Elas se interconectam para formar vasos condutores e também dão suporte estrutural à planta. As perfurações em paredes de células adjacentes se alinham, assim o líquido se move lateralmente entre os vasos assim como para cima através delas.

O **floema** conduz açúcares e outros solutos orgânicos. Suas células principais, elementos de tubos crivados, estão vivos no tecido maduro. Elas conectam uma extremidade à outra por meio de placas crivadas, formando **tubos crivados** que distribuem açúcares para todas as partes da planta (Figura 11.8*c*). As **células companheiras** do floema são células parenquimáticas que carregam açúcares para os tubos crivados.

Tecidos Dérmicos O primeiro tecido dérmico a se formar em uma planta é a **epiderme**, que normalmente é formada por uma camada única de células. Secreções depositadas nas paredes do lado externo da célula formam uma cutícula. A cutícula da planta é rica em depósitos de cutina, uma substância cerosa. Ela ajuda a planta a conservar a água e repelir patógenos (Figuras 11.5 e 11.9).

A epiderme de folhas e caules jovens inclui células especializadas. Por exemplo, um estômato é uma célula especializada da epiderme que possui um orifício; ele abre quando o par de células-guarda ao seu redor se torna túrgido. A difusão de vapor-d'água, oxigênio e dióxido de carbono através da epiderme é controlada nos estômatos. A periderme, um tecido diferente, substitui a epiderme em caules e raízes lenhosos.

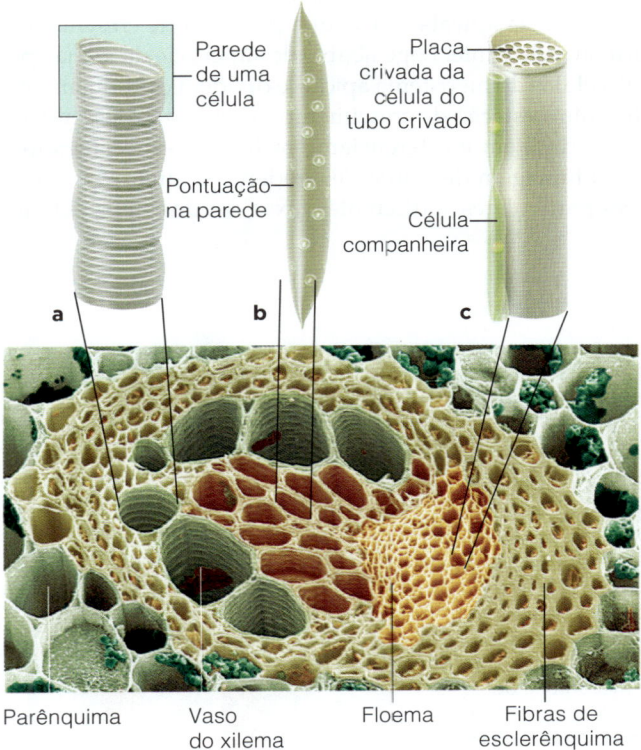

Figura 11.8 Tecidos simples e complexos em um caule. No xilema, (**a**) parte de uma coluna de elementos de vaso e (**b**) um traqueíde. (**c**) Uma das células vivas que se interconectam com os tubos crivados no floema.

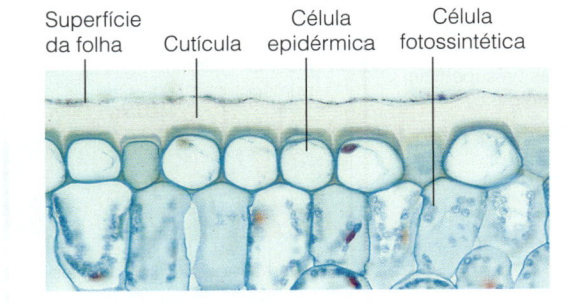

Figura 11.9 Uma cutícula vegetal típica com muitas células epidérmicas e células fotossintéticas sob ela.

Para pensar

Quais são os principais tipos de tecidos vegetais?

- As células de parênquima têm papéis diversos, como secreção, armazenamento, fotossíntese e reparo de tecidos. O colênquima e esclerênquima sustentam e fortalecem partes da planta.
- O xilema e o floema são tecidos vasculares que se distribuem pelo tecido fundamental. No xilema, água e íons fluem por traqueídes e elementos de vaso mortos. No floema, os tubos crivados que consistem em células vivas distribuem açúcares.
- A epiderme reveste todas as partes jovens da planta expostas ao ambiente. A periderme que se forma em caules e raízes mais velhos substitui a epiderme de caules mais jovens.

11.3 Estrutura primária do eixo caulinar

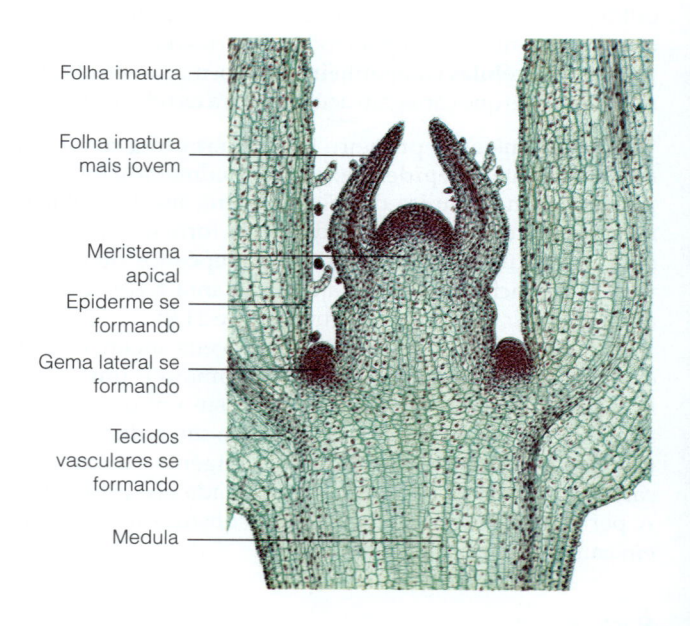

- Dentro de caules e folhas jovens tanto de eudicotiledôneas como de monocotiledôneas, os sistemas de tecido fundamental, vascular e dérmico estão organizados em padrões previsíveis.

O meristema apical

A organização estrutural de uma nova planta que floresce foi mapeada no momento em que ela é um embrião dentro de um revestimento de semente. Como você lerá mais tarde, uma radícula e um caulículo já se formaram como parte do embrião. Ambos são programados para retomar o crescimento e o desenvolvimento assim que a semente germinar.

As **gemas apicais** são a zona principal de crescimento primário do caule. Logo abaixo de superfície da gema apical, células do meristema apical se dividem continuamente durante a estação de crescimento. Alguns dos descendentes se dividem e diferenciam em tecidos especializados. Cada linhagem de célula descendente se divide em direções particulares, a diferentes taxas, sendo que as células continuam a se diferenciar em tamanho, forma e função. A Figura 11.10 mostra um exemplo.

As gemas podem ser desnudas ou encaixadas em folhas modificadas chamadas catafilos. Regiões pequenas de tecido protuberam próximo aos lados do meristema apical do caule; cada uma delas é o começo de uma nova folha. À medida que o caule prolonga, as folhas se formam e amadurecem em fileiras ordenadas, uma depois da outra. Uma região do caule onde uma ou mais folhas se forma é chamada nó; a região entre dois nós sucessivos é chamado entrenó (Figura 11.2).

Gemas laterais, ou gemas axilares, são gemas dormentes principalmente de tecido meristemático. Cada uma se forma dentro de uma axila foliar, o ponto em que a folha está presa ao caule. Diferentes tipos de gema axilar são o começo dos ramos laterais, folhas ou flores. Um hormônio secretado por uma gema apical pode manter as gemas laterais dormentes.

Dentro do caule

Na maioria das plantas com flores, as células de xilema e floema primários estão agrupadas formando cordões longos na mesma bainha cilíndrica de células. Os cordões são chama-

Figura 11.10 Caule de *Coleus*, uma eudicotiledônea. (**a-c**) Fases sucessivas do crescimento primário do caule, começando com o meristema apical do caule. (**d**) A micrografia de luz mostra um corte longitudinal pelo centro do caule. As camadas de folhas na fotografia ao lado se formaram nesse padrão linear de desenvolvimento.

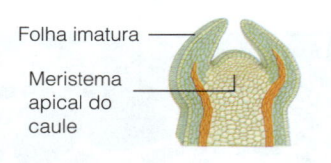

a Desenho do ápice do caule na micrografia à direita, corte tangencial. As células meristemáticas descendentes são codificadas em *laranja*.

b A mesma região do tecido mais tarde, depois que o ápice do caule alongou acima dela.

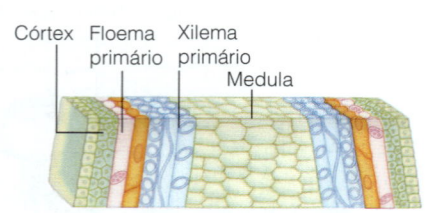

c A mesma região do tecido mais tarde, com linhagens de células alongando e diferenciando-se.

Córtex — Floema primário — Xilema primário — Medula

Resolva: O que é a camada transparente de células na superfície externa de b e c?

Resposta: Epiderme.

Folha imatura — Folha imatura mais jovem — Meristema apical — Epiderme se formando — Gema lateral se formando — Tecidos vasculares se formando — Medula

d

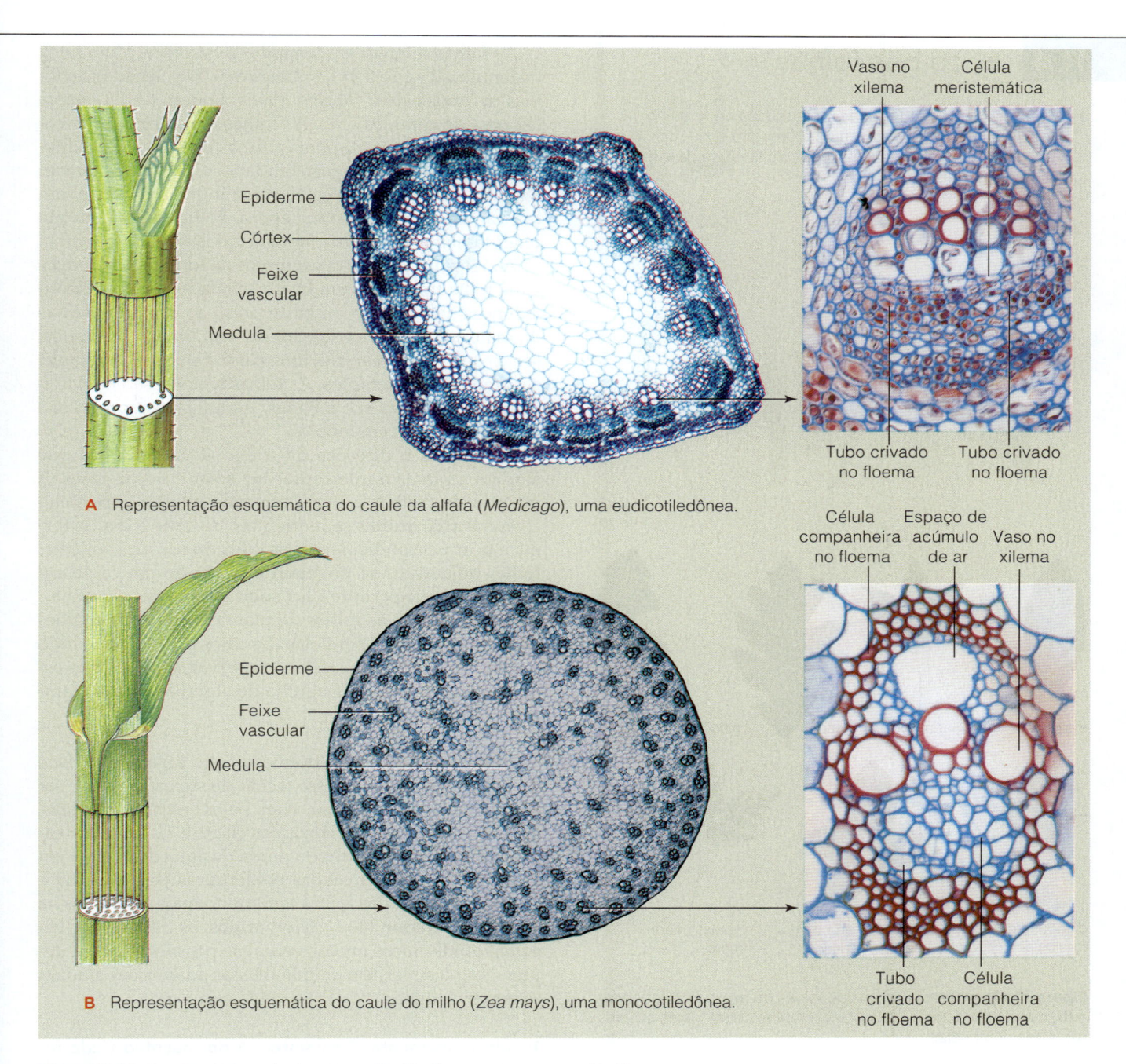

A Representação esquemática do caule da alfafa (*Medicago*), uma eudicotiledônea.

B Representação esquemática do caule do milho (*Zea mays*), uma monocotiledônea.

Figura 11.11 Ampliando o caule de uma eudicotiledônea e uma monocotiledônea.

dos **feixes vasculares** e se distribuem no comprimento do sistema de tecido fundamental de todos os caules.

Os feixes vasculares se formam em dois padrões distintos. Os feixes vasculares da maioria das eudicotiledôneas se formam em um cilindro que corre paralelo ao longo eixo do caule. A Figura 11.11a mostra como o cilindro divide o parênquima do tecido fundamental em córtex (parênquima entre os feixes vasculares e a epiderme) e em medula (parênquima dentro do cilindro de feixe vascular).

A maioria das monocotiledôneas e algumas magnoliidae têm um arranjo diferente. Os feixes vasculares nos caules dessas plantas são distribuídos ao longo do tecido fundamental (Figura 11.11b).

Para pensar

Como os tecidos vegetais são organizados dentro dos caules?

- As gemas apicais são as zonas principais de crescimento primário em caules. Tecidos fundamental, vascular e dérmico se formam em padrões organizados.
- O arranjo de feixes vasculares, que são cordões de tecido vascular, difere entre caules de eudicotiledôneas e monocotiledôneas.

11.4 Foco nas folhas

- Todas as folhas são fábricas metabólicas onde as células fotossintéticas produzem açúcares em série, mas que variam em tamanho, formato, especializações de superfície e estrutura interna.

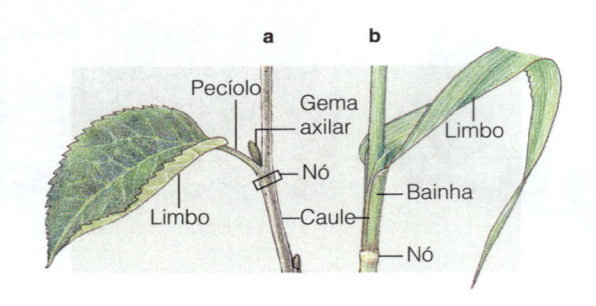

Figura 11.12 formatos comuns de folhas de (**a**) eudicotiledôneas e (**b**) monocotiledôneas, e alguns exemplos de (**c**) folhas simples e (**d**) folhas compostas.

As folhas diferem em tamanho e estrutura. Uma folha de lentilha-d'água tem 1 milímetro (0,04 polegada); as folhas de uma palma (*Raphia regalis*) podem ter 25 metros (82 pés) de comprimento. As folhas têm formatos de copos, agulhas, lâminas, pontas, tubos ou penas. Elas diferem em cor, odor e degustabilidade (algumas produzem toxinas). Folhas de espécie decídua murcham e se soltam dos caules de acordo com a época. Folhas de plantas perenes também se soltam, mas não todas ao mesmo tempo.

A Figura 11.12 mostra exemplos de formatos de folhas. Uma folha típica tem um limbo achatado e, nas eudicotiledôneas, um pecíolo ou haste preso ao caule. As folhas da maioria das monocotiledôneas tem limbos achatados, sendo que sua base forma uma bainha em torno do caule. As gramas são exemplos. As folhas simples são não divididas, mas muitas são lobadas. As folhas compostas são limbos divididos em folíolos.

As formas e direções da folha são adaptações que ajudam a planta a interceptar luz solar e trocar gases. A maioria das folhas é fina, com uma relação superfície-volume alta; muitas se reorientam durante o dia de forma a ficar perpendiculares aos raios do sol. Tipicamente, folhas adjacentes se projetam a partir de um caule em um padrão que permite à luz solar alcançá-las em sua totalidade. Porém, as folhas de plantas nativas de regiões áridas podem ficar paralelas aos raios do sol, reduzindo a absorção de calor e, assim, conservar água. Folhas espessas ou em forma de agulha de algumas plantas também conservam água.

Epiderme da folha A epiderme reveste toda a superfície da folha exposta ao ar. Esse tecido de superfície pode ser liso, pegajoso ou viscoso, com pelos, escamas, pontas, ganchos e outras especializações (Figura 11.13). Uma camada de cutícula restringe a perda da água do arranjo em forma de lençol das células epidérmicas (Figuras 11.9 e 11.14). A maioria das folhas tem muito mais estômatos na superfície inferior. Nos *habitats* áridos, os estômatos e tricomas epidérmicos muitas vezes são posicionados em depressões na superfície da folha. Essas adaptações ajudam a conservar água.

Tecido fundamental fotossintético do mesofilo Cada folha tem no mesofilo foliar um parênquima fotossintético com espaços aéreos entre as células (Figura 11.14). O dióxido de carbônico alcança as células difundindo-se pelas folhas através dos estômatos e o oxigênio liberado por fotossíntese se difunde para fora da mesma maneira. Os plasmodesmos se conectam ao citoplasma de células

Figura 11.13 Exemplo de especialização de superfície celular da folha: pelos na folha de tomate. As cabeças lobadas são estruturas glandulares que ocorrem nas folhas de muitas plantas; elas secretam substâncias químicas aromáticas que detêm insetos que se alimentam de plantas. As das folhas de maconha secretam a substância psicoativa tetrahidrocanabinol (THC).

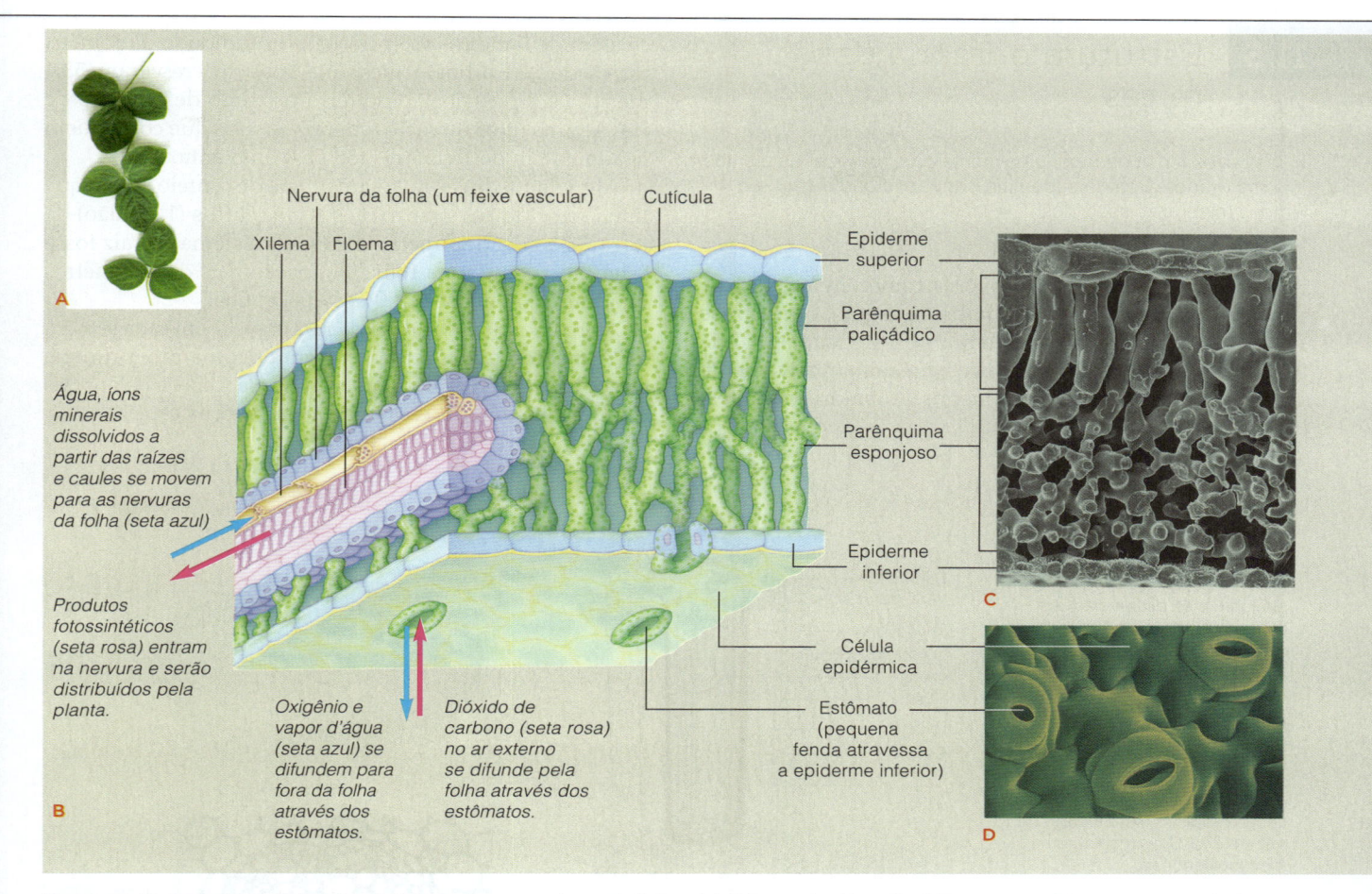

Figura 11.14 Organização da folha de *Phaseolus*, uma planta de feijão. (**a**) Folhas primárias. (**b-d**) Representação esquemática da folha.

adjacentes. As substâncias podem fluir rapidamente entre as paredes de células adjacentes através dessas junções celulares.

Folhas em direção perpendicular ao sol têm duas camadas no mesofilo foliar. O parênquima paliçádico é adjacente à epiderme superior. As células alongadas de parênquima desse tecido têm mais cloroplastos que as células da camada inferior do parênquima esponjoso (Figura 11.14). Folhas de grama e outras folhas de monocotiledôneas que crescem verticalmente conseguem interceptar luz de todas as direções. O mesofilo nessas folhas não é dividido em duas camadas.

Nervuras — os feixes vasculares da folha As nervuras das folhas são feixes vasculares tipicamente fortalecidos com fibras. Dentro dos feixes, vasos contínuos do xilema transportam rapidamente água e íons dissolvidos para o mesofilo. Os vasos contínuos do floema transportam rapidamente os produtos de fotossíntese (açúcares) para longe do mesofilo. Na maioria das eudicotiledôneas, grandes nervuras se ramificam em uma rede de nervuras secundárias embutidas no mesofilo. Na maioria das monocotiledôneas, todas as nervuras são semelhantes em comprimento e correm paralelas ao longo eixo da folha (Figura 11.15).

Figura 11.15 Padrões típicos de nervuras em plantas com flores. (**a**) O arranjo em forma de teia nesta folha de uva é comum entre eudicotiledôneas. Uma nervura primária enrijecida segue do pecíolo à ponta da folha. Nervuras menores saem da nervura primária. (**b**) A marcante orientação paralela das nervuras em uma folha de *Agapanthus* é típica das monocotiledôneas. Como os raios de um guarda-chuva, nervuras enrijecidas ajudam a manter o formato da folha.

Para pensar

Como a estrutura da folha contribui para sua função?

- A forma, a direção e a estrutura da folha funcionam tipicamente na interceptação de luz solar, troca de gases e distribuição da água e solutos para e a partir das células vivas. Sua epiderme envolve o mesofilo e as nervuras.

11.5 Estrutura primária das raízes

- as raízes funcionam principalmente para fornecer às plantas uma grande área de superfície para absorção de água e íons minerais dissolvidos.

A menos que as raízes das árvores comecem a deformar uma calçada ou entupir uma linha de esgoto, os sistemas de raízes da planta não tendem a nos preocupar. Ainda assim, eles são sistemas dinâmicos que minam ativamente o solo em busca de água e minerais. A maioria não cresce além de 5 metros (16 pés) de profundidade. Porém, as raízes de um arbusto mesquita robusto cresceram 53,4 metros (175 pés) abaixo da terra próximo de um leito de rio. Alguns tipos de cacto têm raízes rasas que conseguem irradiar além de 15 metros (50 pés) da planta.

Alguém mediu as raízes de um pé de centeio jovem que tinha crescido por quatro meses em 6 litros (1,6 galão) de terra. Se a área de superfície daquele sistema de raiz fosse estendido como uma folha, ocuparia mais de 600 metros quadrados ou quase 6.500 pés quadrados!

A organização estrutural da raiz começa em uma semente. À medida que a semente germina, uma raiz primária cresce pelo seu revestimento. Em quase todas as plântulas de eudicotiledôneas, essa raiz jovem se torna espessa.

A Organização de uma raiz primária, mostrando as zonas onde as células se dividem, se alongam e se diferenciam em tecidos primários.
As células mais velhas em uma raiz estão mais longe do meristema apical, que é protegido pela coifa da raiz. O desenho é de uma raiz eudicotiledônea; sem escala.

A micrografia abaixo mostra uma seção radial da extremidade da raiz de *Zea mays* (milho), uma monocotiledônea.

- CILINDRO VASCULAR
- Endoderme
- Periciclo
- Xilema
- Floema
- Epiderme
- Córtex
- Pelo da raiz

- Os elementos de vaso estão maduros; os pelos da raiz estão prestes a se formar.
- Novas células de raiz alongam, os tubos crivados amadurecem, os elementos de vaso começam a se formar.
- A maioria das células parou de se dividir.
- As células meristemáticas estão se dividindo rápido.
- Nenhuma divisão celular está ocorrendo aqui.
- Extremidade da raiz
- Coifa

- Endoderme
- Periciclo
- Córtex da raiz
- Floema primário
- Xilema primário

CILINDRO VASCULAR

B Seções transversais da raiz e do cilindro vascular de um ranúnculo (*Ranunculus*).

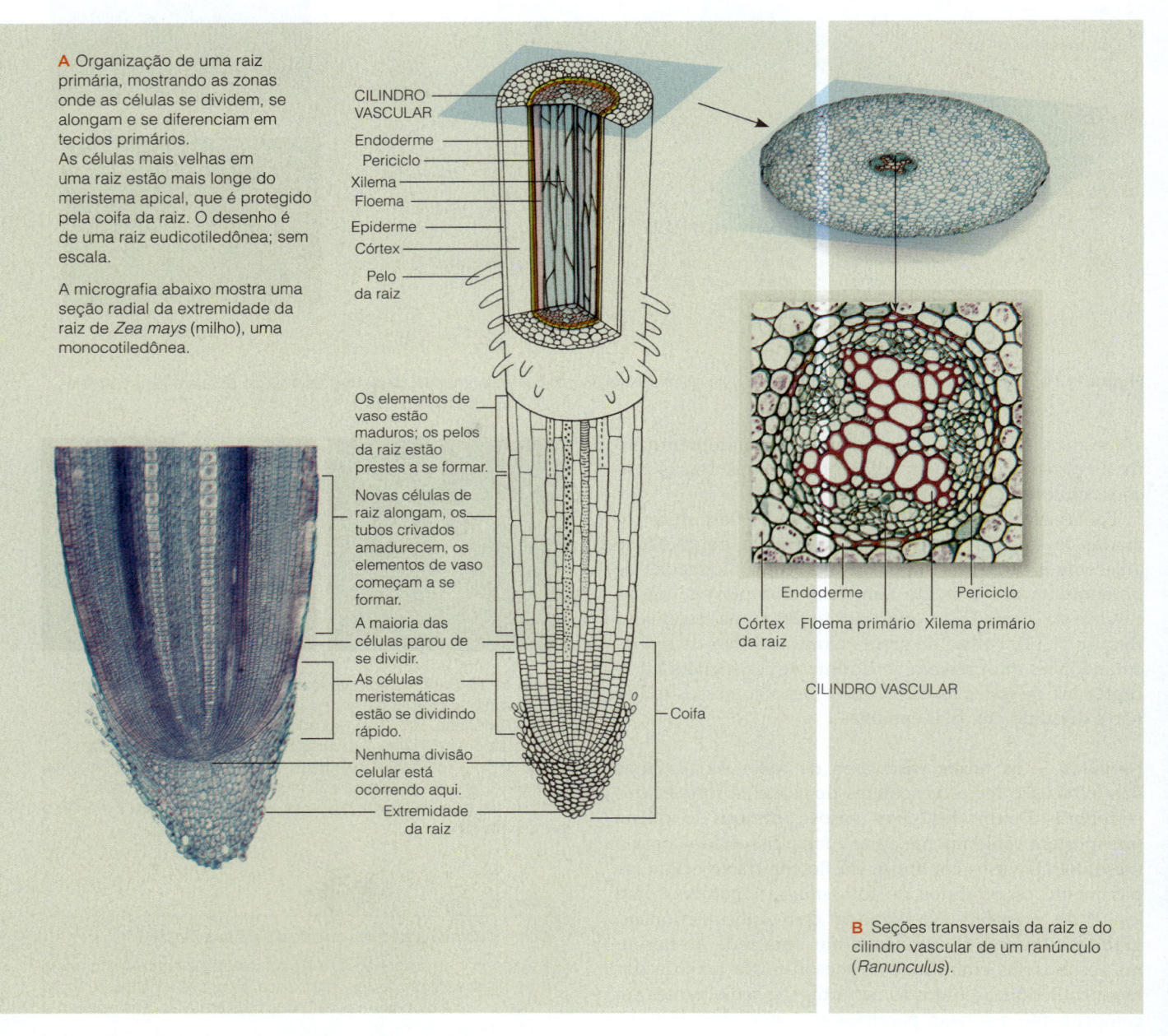

Figura 11.16 Organização de tecido em uma raiz típica.

a estrutura da raiz de eudicotiledônea **b** estrutura da raiz de monocotiledônea **c** raiz lateral crescendo a partir do periciclo

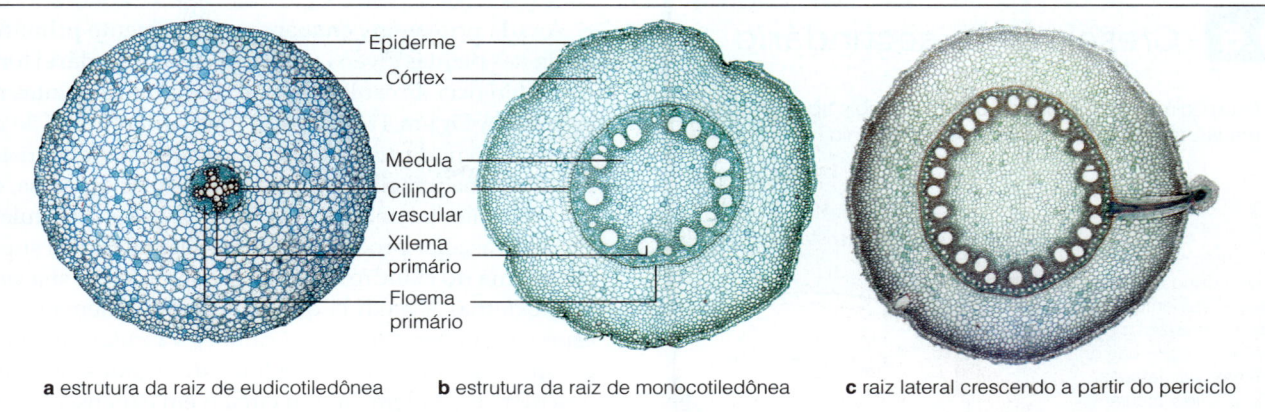

Figura 11.17 Comparação da estrutura da raiz de (**a**) uma eudicotiledônea (ranúnculo, *Ranunculus*) e (**b**) uma monocotiledônea (milho, *Zea mays*). No milho e em outras monocotiledôneas, o cilindro vascular divide o tecido fundamental em córtex e medula. (**c**) Uma raiz lateral se forma e ramificações se formam a partir do periciclo do *Zea mays*.

Olhe a extremidade de raiz na Figura 11.16*a*. Algumas células do meristema apical de raiz originam uma coifa, uma massa de células em forma de cúpula que protege a raiz jovem enquanto ela cresce pela terra. Outras células dão origem às linhagens que se prolongam, alargam ou achatam quando se diferenciam como parte dos sistemas de tecido dérmico, fundamental e vascular.

As divisões contínuas empurram as células para longe do meristema apical de raiz ativo. Alguns descendentes formam a epiderme. A epiderme da raiz é a interface absortiva da planta com o solo. Muitas de suas células especializadas emitem finas extensões chamados **pelos de raiz**, que coletivamente aumentam a área de superfície disponível para absorver a água, o oxigênio dissolvido e os íons minerais do solo. O Capítulo 12 trata do papel dos pelos da raiz na nutrição da planta.

As células meristemáticas também formam o **cilindro vascular** da raiz, uma coluna central de tecido condutivo. O cilindro vascular da raiz de eudicotiledôneas típicas é formado principalmente de xilema e de floema primário (Figura 11.17*a*); aquele típico das monocotiledôneas divide o tecido fundamental em duas zonas, o córtex e a medula (Figura 11.17*b*). O cilindro vascular é revestido por um periciclo, um arranjo de células de parênquima com uma ou mais camadas de espessura (Figura 11.16*b*). Essas células são diferenciadas, mas ainda se dividem repetidamente em uma direção perpendicular ao eixo da raiz. Massas de células rompem pelo córtex e epiderme enquanto novas raízes laterais surgem (Figura 11.17*c*).

Como você verá no Capítulo 12, a água que entra por uma raiz se move de célula em célula até chegar à endoderme, uma camada de células que inclui o periciclo. Onde quer que as células endodérmicas se esbarrem, suas paredes são impermeabilizadas. A água deve passar pelo citoplasma de células endodérmicas para alcançar o cilindro vascular. O transporte de proteínas na membrana plasmática controla a tomada de água e de substâncias dissolvidas.

O crescimento de raiz primária resulta em um dos dois tipos de sistema de raiz. O **sistema de raiz axial** das eudicotiledôneas consiste em uma raiz primária e suas ramificações laterais. Cenouras, árvores de carvalho e papoulas estão entre as plantas que têm um sistema de raiz axial (Figura 11.18*a*). Por comparação, a raiz primária da maioria das monocotiledôneas é rapidamente substituída por raízes adventícias que crescem externas ao caule. As raízes laterais que são semelhantes em diâmetro e comprimento se ramificam a partir das raízes adventícias. Juntas, as raízes adventícias e laterais dessas plantas formam um **sistema de raiz fasciculado** (Figura 11.18*b*).

a eudicotiledônea **b** monocotiledônea

Figura 11.18 Tipos diferentes de sistemas de raiz. (**a**) Raiz axial da papoula da Califórnia, uma eudicotiledônea. (**b**) Raízes fasciculadas de uma planta gramínea, uma monocotiledônea.

Para pensar

Qual a função das raízes das plantas?

- As raízes fornecem à planta uma área superficial enorme para absorção de água e solutos. Dentro de cada uma há um cilindro vascular, com longos cordões de xilema e floema primário.
- Os sistemas de raiz axial consistem em uma raiz primária e ramificações laterais. Os sistemas de raiz fasciculada consistem em raízes adventícias e laterais que substituem a raiz primária.

11.6 Crescimento secundário

- O crescimento secundário ocorre em dois tipos de meristema lateral, o câmbio vascular e o felogênio I.

A cada primavera, enquanto o crescimento primário se inicia nas plantas jovens, o crescimento secundário torna a circunferência de caules e raízes de algumas plantas mais espessa. A Figura 11.19 mostra um padrão típico de crescimento secundário no **câmbio vascular**. Esse meristema lateral forma um cilindro, algumas células espessas, dentro dos caules e raízes mais velhos. Divisões da células do câmbio vascular produzem xilema secundário na superfície interna do cilindro e floema secundário em sua superfície externa. À medida que o núcleo do xilema se torna espesso, também desloca o câmbio vascular em direção à superfície do caule. As células deslocadas do câmbio vascular se dividem em um círculo em expansão, assim a forma cilíndrica do tecido é mantida.

O câmbio vascular consiste em dois tipos de célula. Células longas e estreitas dão origem aos tecidos secundários que se estendem longitudinalmente por um caule ou raiz: as traqueídes, fibras e parênquima no xilema secundário; e os tubos crivados, células companheiras e fibras no floema secundário. Células pequenas e arredondadas que se dividem perpendicularmente ao eixo do caule dão origem a "raios" de parênquima, radialmente direcionados como os raios da roda de uma bicicleta. O xilema e o floema secundário dos raios conduzem água e solutos radialmente pelos caules e raízes de plantas mais velhas.

O xilema secundário, ou **lenho,** contribui com até 90% do peso de algumas plantas. Células vivas de parênquima com paredes finas e tubos crivados do floema secundário aparecem em uma zona estreita fora do câmbio vascular. As faixas espessas de fibra de reforço são muitas vezes entremeadas com esse floema secundário. Os únicos tubos crivados vivos estão dentro de um centímetro ou mais do câmbio vascular; os restantes estão mortos, mas ajudam a proteger as células vivas atrás deles.

Conforme as estações passam, a expansão interna do xilema continua a exercer pressão direta sobre a superfície do caule ou raiz.

A **cortiça** componente da casca possui camadas densas de células mortas, cujas paredes são espessadas com uma substância gordurosa chamada suberina. A cortiça protege, isola e impermeabiliza a superfície do caule ou da raiz. A cortiça também se forma por cima de tecidos feridos.

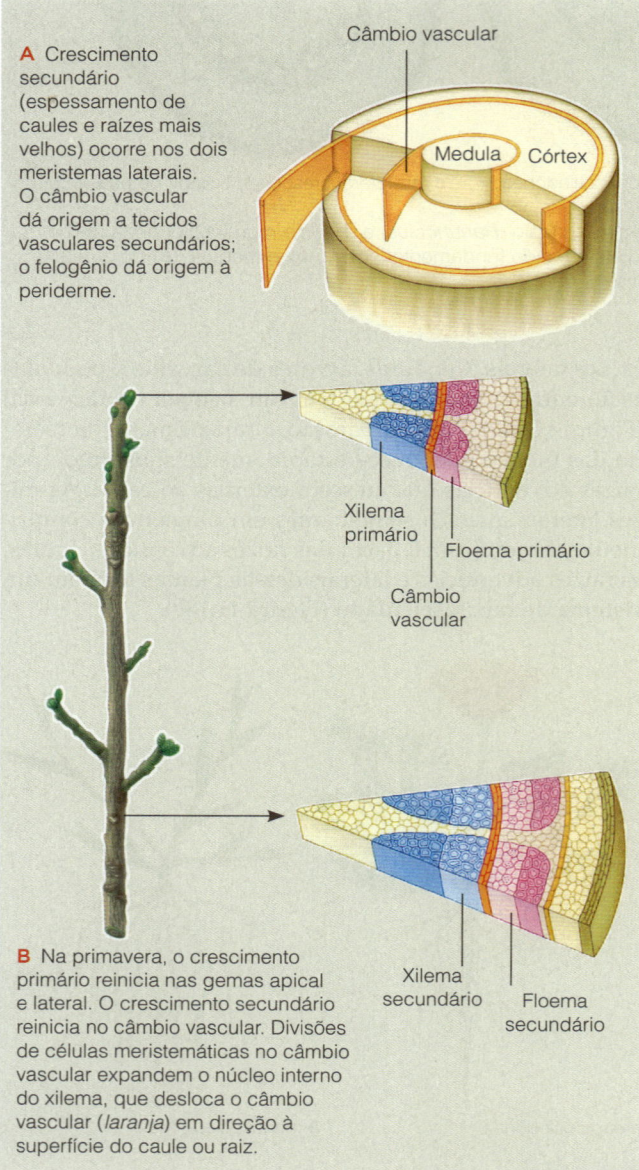

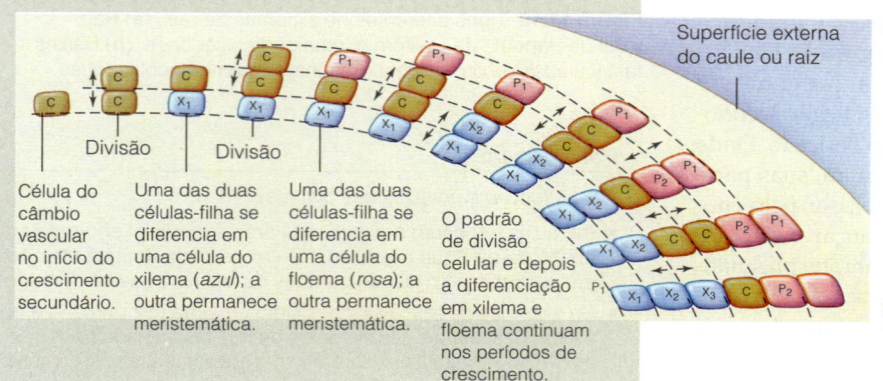

A Crescimento secundário (espessamento de caules e raízes mais velhos) ocorre nos dois meristemas laterais. O câmbio vascular dá origem a tecidos vasculares secundários; o felogênio dá origem à periderme.

B Na primavera, o crescimento primário reinicia nas gemas apical e lateral. O crescimento secundário reinicia no câmbio vascular. Divisões de células meristemáticas no câmbio vascular expandem o núcleo interno do xilema, que desloca o câmbio vascular (*laranja*) em direção à superfície do caule ou raiz.

Célula do câmbio vascular no início do crescimento secundário.

Uma das duas células-filha se diferencia em uma célula do xilema (*azul*); a outra permanece meristemática.

Uma das duas células-filha se diferencia em uma célula do floema (*rosa*); a outra permanece meristemática.

O padrão de divisão celular e depois a diferenciação em xilema e floema continuam nos períodos de crescimento.

C Padrão geral de crescimento no câmbio vascular.

Figura 11.19 Crescimento secundário.

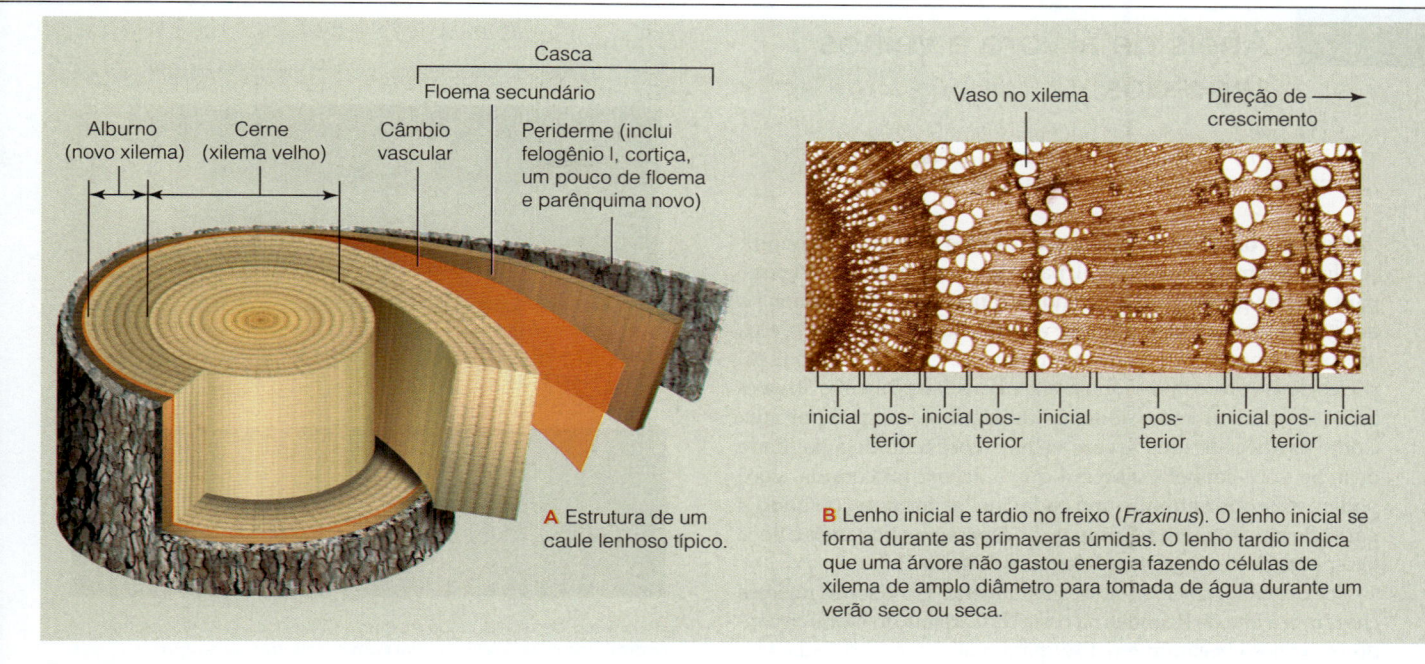

Figura 11.20 Estrutura de madeira.

A Estrutura de um caule lenhoso típico.

B Lenho inicial e tardio no freixo (*Fraxinus*). O lenho inicial se forma durante as primaveras úmidas. O lenho tardio indica que uma árvore não gastou energia fazendo células de xilema de amplo diâmetro para tomada de água durante um verão seco ou seca.

Com o passar do tempo, ele rompe o córtex e o floema secundário externo. Depois, outro meristema lateral, o **felogênio**, se forma e dá origem à **periderme**. Esse tecido dérmico consiste em parênquima e cortiça, bem como o felogênio que os produz. O que chamamos de **casca** é o floema secundário e periderme. A casca consiste em todos os tecidos vivos e mortos fora do câmbio vascular (Figura 11.20a).

Quando as folhas caem da planta, a cortiça se forma nos lugares onde os pecíolos se prendiam no caule.

A aparência e função da madeira mudam à medida que o caule ou raiz envelhecem. Resíduos metabólicos, como resinas, taninos, gomas e óleos, entopem e preenchem o xilema mais velho de forma que ele deixa de ser capaz de transportar água e solutos. Essas substâncias frequentemente escurecem e fortalecem a madeira, que é chamada de **cerne**.

O **alburno** é o xilema ativo e ainda funcional entre o cerne e o câmbio vascular. Em árvores de zonas temperadas, açúcares dissolvidos são transportados das raízes até os locais em que serão utilizados pelo xilema secundário do alburno na primavera. O fluido rico em açúcar é a seiva. A cada primavera, os habitantes da Nova Inglaterra colhem seiva da árvore de bordo para fazer o xarope de bordo.

O câmbio vascular fica inativo durante os invernos frios ou longos períodos secos. Quando o tempo fica quente ou quando a umidade retorna, o câmbio vascular dá origem ao lenho inicial, com células de paredes finas com diâmetro grande. O lenho tardio, com células de xilema de paredes espessas com diâmetro pequeno, se forma em verões secos. Um corte transversal de troncos velhos revela faixas alternadas de lenho inicial e lenho tardio (Figura 11.20b). Cada faixa é um anel de crescimento ou "anel de árvore."

Árvores nativas de regiões em que a mudança sazonal é pronunciada tendem a adicionar um anel de crescimento a cada ano. Aquelas em regiões desertas podem adicionar mais de um anel de lenho inicial em resposta a uma única estação com chuvas abundantes. Na região tropical, a mudança sazonal é quase inexistente, então os anéis de crescimento não são uma característica de árvores tropicais.

Carvalhos, nogueiras e outras árvores eudicotiledôneas que evoluíram em zonas temperadas e tropicais são madeiras duras, com vasos, traqueídes e fibras no xilema. Pinhos e outras coníferas são madeiras macias, porque são mais fracas e menos densas que as madeiras duras. Seu xilema tem traqueídes e raios de parênquima, mas nenhum vaso ou fibras.

Como outros organismos, as plantas competem por recursos. As plantas com caules mais altos ou copas mais largas que desafiam a gravidade também interceptam mais energia solar. Ao explorar uma provisão maior de energia para fotossíntese, elas têm os meios metabólicos para produzir um amplo sistema de raiz e de caule. Quanto maior os sistemas de raiz e caule, mais competitiva a planta pode ser na aquisição de recursos.

Para pensar

O que é crescimento secundário em plantas?

- O crescimento secundário torna os caules e raízes de plantas mais velhas mais espessos.
- O lenho é formado pelo xilema secundário.
- O crescimento secundário ocorre em dois tipos de meristema lateral: câmbio vascular e felogênio. Os tecidos vasculares secundários se formam em um cilindro de câmbio vascular. O felogênio I dá origem à periderme, que é parte da casca.

11.7 Anéis de árvore e velhos segredos

- O número e a espessura relativa dos anéis da árvore dão dicas das condições ambientais durante sua vida.

Os anéis das árvores podem ser usados para estimar o índice pluviométrico médio anual; para datar ruínas arqueológicas; para coletar provas sobre incêndios, enchentes, deslizamentos de terra e movimentos glaciais; e para estudar a ecologia e os efeitos de populações de insetos parasitas. Como? Algumas espécies de árvore, como sequoias canadenses e pinheiros 'bristlecone', acumulam lenho ao longo de séculos, um anel por ano. Conte os anéis de uma árvore velha e você tem ideia da idade dela. Se você souber o ano em que a árvore foi cortada, você poderá descobrir em que ano cada anel se formou contando a partir da borda externa. Compare as espessuras dos anéis e você terá pistas dos eventos naqueles anos (Figura 11.21).

Por exemplo, em 1587, aproximadamente 150 colonos ingleses chegaram à ilha de Roanoke na costa da Carolina do Norte. Quando os navios chegaram em 1589 para reabastecer a colônia, eles descobriram que a ilha tinha sido abandonada. Buscas pela ilha não conseguiram descobrir onde estavam os colonos perdidos.

Cerca de vinte anos mais tarde, os ingleses estabeleceram uma colônia em Jamestown, Virgínia. Embora essa colônia tenha sobrevivido, os primeiros anos foram difíceis. Só no verão de 1610, mais de 40% dos colonos morreram, muitos deles de fome.

Pesquisadores examinaram lenhos provenientes de ciprestes calvos (*Taxodium distichum*) que tinham crescido na época em que as colônias de Roanoke e Jamestown foram fundadas. Diferenças nas espessuras dos anéis de crescimento das árvores revelaram que os colonos estavam no lugar errado no momento errado (Figura 11.22). Os colonos chegaram a Roanoke justo na pior seca em 800 anos. Quase uma década de seca severa atingiu Jamestown. Nós sabemos que a colheita de milho da colônia de Jamestown deu errado. Os fracassos da colheita relacionados à seca provavelmente aconteceram em Roanoke também. Os colonos também tiveram dificuldade em encontrar água fresca. Jamestown se estabeleceu na cabeceira de um estuário; quando os níveis do rio caíram, o suprimento de água potável se misturou com a água de oceano e ficou salgado. Juntando essas peças de evidência, temos uma ideia de como deve ter sido a vida para os primeiros colonos.

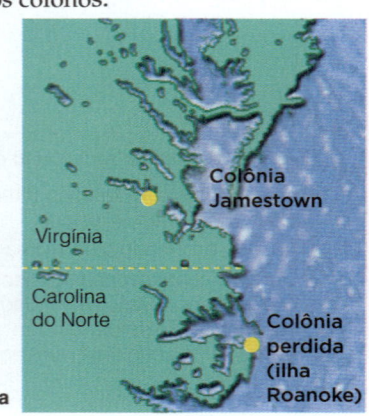

A O pinheiro é uma madeira macia. Ele cresce rápido, assim, tende a ter anéis mais largos que as espécies que crescem mais lentamente. Observe a diferença entre a aparência do cerne e do alburno.

B Os anéis desse carvalho mostram diferenças dramáticas nos padrões de crescimento anual com o decorrer do tempo.

C Um olmo produziu esta série entre 1911 e 1950.

Figura 11.21 Anéis da árvore. Na maioria das espécies, cada anel corresponde a um ano, assim o número de anéis indica a idade da árvore. A espessura relativa dos anéis pode ser usada para estimar dados, como o índice pluviométrico anual médio, muito tempo antes de esses registros serem feitos.

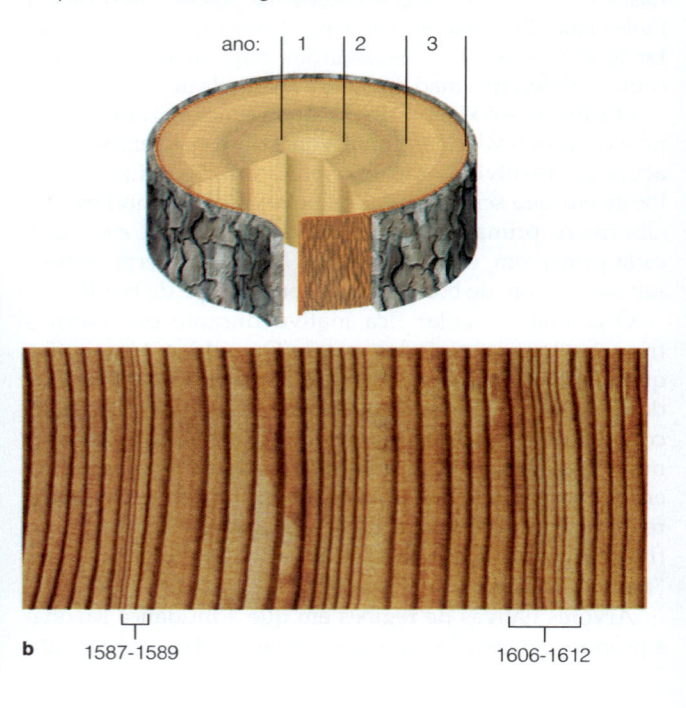

Figura 11.22 (a) Localização de duas das primeiras colônias norte-americanas. (b) Anéis de um cipreste calvo, seção transversal. Essa árvore vivia quando os colonos ingleses se estabeleceram pela primeira vez na América do Norte. Anéis anuais mais estreitos marcam os anos de seca severa.

11.8 Caules modificados

- Muitas plantas possuem caules modificados com funções de armazenamento ou reprodução.

A estrutura de um caule típico é mostrada na Figura 11.2, mas existem muitas variações nessa estrutura em diferentes tipos de planta. A maioria opera funções especiais de reprodução ou armazenamento.

Estolões Os estolões, muitas vezes chamados estolhos, são caules que ramificam do caule principal da planta, tipicamente em ou próximo à superfície do solo. Os estolões podem parecer raízes, mas eles possuem nós; já as raízes, não. Raízes adventícias e ramos foliares que brotam dos nós se desenvolvem em novas plantas (Figura 11.23a).

Rizomas Os rizomas são caules robustos e escamosos que tipicamente crescem debaixo do solo e paralelos à sua superfície. Um rizoma é o caule principal da planta e também opera como tecido de armazenamento primário da planta. Ramos que brotam dos nós crescem acima do solo para fotossíntese e floração. Os exemplos incluem gengibre, flores-de-lis, muitas samambaias e algumas gramas (Figura 11.23b).

Bulbos Um bulbo é uma seção pequena de caule subterrâneo envolto por camadas sobrepostas de folhas espessas e modificadas chamadas catafilos. Os catafilos contêm goma e outras substâncias que a planta mantém em reserva quando condições ambientais forem desfavoráveis para o crescimento. Quando as condições favoráveis retornam, a planta usa essas substâncias armazenadas para sustentar o crescimento rápido. Os catafilos se desenvolvem no disco caulinar basal, assim como as raízes. O catafilo seco mais externo de muitos bulbos serve como um revestimento protetor. A cebola é um exemplo (Figura 11.23c).

Cormos O cormo é um caule subterrâneo espesso que armazena nutrientes. Como um bulbo, um cormo tem um disco caulinar basal onde as raízes crescem. Diferentemente de um bulbo, um cormo é sólido em vez de formado por camadas e tem nós a partir dos quais novas plantas se desenvolvem (Figura 11.23d).

Tubérculos Os tubérculos são porções espessas de estolões subterrâneos; eles são o tecido de armazenamento primário da planta. Os tubérculos são como cormos, pois têm nós a partir dos quais novos ramos e raízes se desenvolvem, mas não têm um disco caulinar basal. As batatas são tubérculos; seus "olhos" são os nós (Figura 11.23e).

Cladódios Cactos e outras suculentas têm caules fotossintéticos chamado cladódios: caules achatados que armazenam água. Novas plantas se formam a partir dos nós. Os cladódios de algumas plantas são semelhantes a folhas, mas a maioria é suculenta (Figura 11.23f).

Figura 11.23 Variações em um caule. *À esquerda*, a partir do *topo:* (**a**) plantas como esta zostera aquática (*Vallisneria*) se propagam produzindo estolões. Novas plantas se desenvolvem em nós nos estolões. (**b**) Os caules principais de plantas de açafroeira (*Curcuma longa*) são rizomas subterrâneos. (**c**) Catafilos claramente visíveis de uma cebola (*Allium cepa*) cercam o caule no centro do bulbo. (**d**) Cará, também conhecido como araruta, é um cormo de *Colocasia esculenta*. Os cormos, diferente dos bulbos, não têm camadas de catafilos. (**e**) As batatas são tubérculos que crescem em estolões de plantas *Solanum tuberosum*. (**f**) Os caules de pera espinhosa (*Opuntia*) são cladódios pontudos. Essas estruturas em forma de pá armazenam água, permitindo à planta sobreviver em regiões muito secas.

Para pensar

Todos os caules são semelhantes?

- Muitas plantas têm caules modificados que funcionam como estruturas de armazenamento ou reprodução. Estolões, rizomas, bulbos, cormos, tubérculos e cladódios são exemplos.

QUESTÕES DE IMPACTO REVISITADAS | Secas *versus* civilização

Até uma pequena seca reduz a fotossíntese e os produtos da colheita. Como outras plantas, as plantas de colheita conservam água fechando os estômatos, o que também impede o dióxido de carbono de entrar. Sem um suprimento contínuo de dióxido de carbono, as células fotossintéticas da planta não conseguem continuar a fazer açúcares. As plantas com flores que são assoladas pela seca produzem menos flores ou flores mal desenvolvidas. Ainda que as flores sejam polinizadas, os frutos podem cair da planta antes de amadurecem.

Resumo

Seção 11.1 A maioria das plantas com flores possui **eixos caulinares** acima do solo, incluindo caules, folhas fotossintéticas e flores. A maioria dos tipos também possui **raízes**. Os eixos caulinares e as raízes consistem em **sistemas fundamental, vascular** e **dérmico**. Os tecidos fundamentais armazenam materiais, realizam a fotossíntese e suportam estruturalmente a planta. Os vasos nos tecidos vasculares conduzem substâncias para todas as células vivas. Os tecidos dérmicos protegem as superfícies das plantas.

Monocotiledôneas e **eudicotiledôneas** são formadas pelos mesmos tecidos organizados de modos diferentes. Por exemplo, as monocotiledôneas e eudicotiledôneas diferem em como o xilema e o floema são distribuídos pelo tecido fundamental, no número de pétalas das flores e no número de **cotilédones**. Todos os tecidos da planta se originam nos **meristemas**, que são regiões de células não diferenciadas que retêm sua capacidade de se dividir. **Crescimento primário** (ou prolongando) surge dos **meristemas apicais**. **Crescimento secundário** (ou espessamento) surge dos **meristemas laterais**.

Seção 11.2 Os tecidos simples de planta são o **parênquima**, o **colênquima** e o **esclerênquima**. As células vivas com paredes finas no parênquima têm papéis diversos no tecido fundamental. O parênquima fotossintético é chamado **mesofilo**. As células vivas do colênquima têm paredes flexíveis robustas que suportam partes da planta que crescem rápido. As células do esclerênquima morrem na maturidade, mas suas paredes reforçadas com lignina permanecem e sustentam a planta.

Tecidos vasculares (**xilema e floema**) e tecidos dérmicos (epiderme e periderme) são exemplos de tecidos vegetais complexos. Os **elementos de vaso** e **traqueídes** do xilema são mortos na maturidade; suas paredes perfuradas e interconectadas conduzem água e minerais dissolvidos. Os **tubos crivados** do floema permanecem vivos na maturidade. Essas células se interconectam para formar tubos que conduzem açúcares. **Células companheiras** carregam açúcares pelos tubos crivados. A **epiderme** reveste e protege as superfícies externas de partes primárias da planta. A **periderme** substitui a epiderme em plantas lenhosas, que têm crescimento secundário extensivo.

Seção 11.3 Os caules da maioria das espécies sustentam o crescimento ereto, que favorece a interceptação de luz solar. Os **feixes vasculares** do xilema e floema se distribuem por eles. Novos ramos se formam **nas gemas apicais e nas gemas laterais** nos caules.

Na maioria dos caules de plantas herbáceas e jovens eudicotiledôneas lenhosas, um anel de feixes divide o tecido fundamental em córtex e medula. Em caules de eudicotiledôneas lenhosas, o anel se torna faixas de tecidos diferentes. As monocotiledôneas frequentemente têm feixes vasculares distribuídos ao longo do tecido fundamental.

Seção 11.4 Folhas são fábricas fotossintéticas que contêm mesofilo e feixes vasculares (**nervuras**) entre suas epidermes superior e inferior. Meatos ao redor das células do mesofilo permitem a troca de gases. O vapor d'água e os gases atravessam a epiderme coberta pela cutícula através dos estômatos.

Seção 11.5 As raízes absorvem água e íons minerais para o resto da planta. Dentro de cada uma há um **cilindro vascular** com xilema e floema primários. Os **pelos da raiz** aumentam a superfície de absorção das raízes. A maioria das eudicotiledôneas tem um **sistema de raiz axial**; muitas monocotiledôneas têm um **sistema de raiz fasciculado.**

Seções 11.6, 11.7 A atividade no **câmbio vascular** e no **câmbio felogênio**, ambos meristemas laterais, tornam espessos os caules e raízes mais velhos de muitas plantas. O lenho é classificado por sua localização e função, como em **cerne** ou **alburno**. A **casca** é o floema secundário e a periderme. A **cortiça** na **periderme** protege e impermeabiliza caules e raízes lenhosos.

Seção 11.8 Modificações nos caules de muitos tipos de planta funcionam como estruturas de armazenamento ou reprodução.

Questões
Respostas no Apêndice III

1. Qual dos seguintes padrões de distribuição de tecidos vasculares é comum entre as eudicotiledôneas? Qual é comum entre as monocotiledôneas?

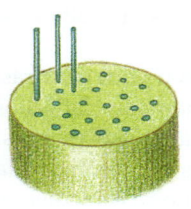

Exercício de análise de dados

Os abetos de Douglas (*Pseudotsuga menziesii*) são excepcionalmente duradouros e particularmente sensíveis aos níveis de precipitação. O pesquisador Henri Grissino-Mayer colheu amostras de arbustos de Douglas em El Malpais National Monument, no centro-oeste do Novo México. Bolsões de vegetação nesse local foram cercados por campos de lava por aproximadamente 3 mil anos; assim, escaparam de incêndios, animais de pastagem, atividade agrícola e corte de árvores. Grissino-Mayer compilou dados dos anéis das árvores antigas, vivas e mortas, e troncos para gerar um registro da precipitação anual de 2.129 anos (Figura 11.24).

1. A civilização Maia começou a sofrer uma perda massiva da população em torno de 770 d.C. Os dados dos anéis das árvores refletem uma condição de seca nessa época? Em caso afirmativo, essa condição foi relativamente mais ou menos severa que a seca de "dust bowl"?*

2. Umas das piores catástrofes populacionais já registradas aconteceu na Mesoamérica entre 1519 e 1600 d.C., quando aproximadamente 22 milhões de nativos da região morreram. De acordo com esses dados, que período entre 137 a.C. e 1992 teve a seca mais severa? Quanto tempo essa seca em particular durou?

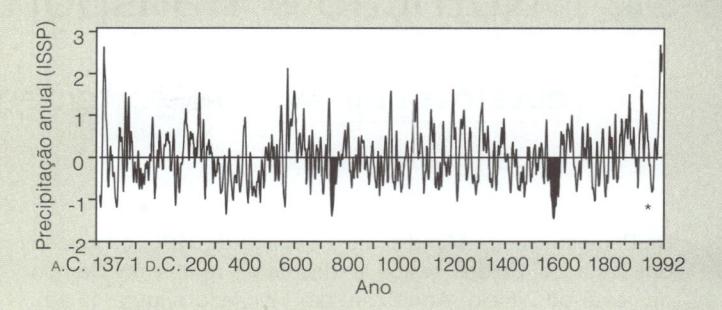

Figura 11.24 Registro de precipitação anual de 2.129 anos compilado dos anéis de árvores em El Malpais National Monument, Novo México. Os dados foram calculados em intervalos de 10 anos; o gráfico se correlaciona com outros indicadores de chuva coletados em todas as partes da América do Norte. ISSP: Índice de Severidade de Seca de Palmer: 0, chuva normal; números crescentes significam aumento excessivo de chuva; números decrescentes significam severidade crescente da seca.

* Uma seca severa contribuiu para uma série de tempestades de pó catastróficas que tornaram o meio-oeste dos Estados Unidos em uma "tigela de pó (*dust bowl*)" entre 1933 e 1939.

---

2. As raízes e os caules se prolongam por atividade no(s) _____.
   a. meristemas apicais
   b. meristemas laterais
   c. câmbio vascular
   d. felogênio

3. Em muitas espécies de plantas, raízes e caules mais velhos se tornam espessos por atividade no(s) _____.
   a. meristemas apicais
   b. felogênio
   c. câmbio vascular
   d. b e c

4. A casca é formada principalmente por _____.
   a. periderme e cortiça
   b. cortiça e lenho
   c. periderme e floema
   d. felogênio e floema

5. O _____ conduz água e minerais pela planta e o _____ conduz açúcares.
   a. floema; xilema
   b. câmbio; floema
   c. xilema; floema
   d. xilema; câmbio

6. O mesofilo consiste em _____.
   a. ceras e cutina
   b. paredes celulares lignificadas
   c. células fotossintéticas
   d. cortiça, mas não casca

7. No floema, os compostos orgânicos fluem através de _____.
   a. células do colênquima
   b. tubos crivados
   c. vasos
   d. traqueídes

8. O xilema e o floema são tecidos _____.
   a. fundamental
   b. vascular
   c. dérmico
   d. b e c

9. No lenho inicial, as células têm diâmetros _____ e paredes _____.
   a. pequenos; espessas
   b. pequenos; finas
   c. grandes; espessas
   d. grandes; finas

10. Ligue cada parte da planta com a descrição apropriada.
   ___ meristema apical
   ___ meristema lateral
   ___ xilema
   ___ floema
   ___ cilindro vascular
   ___ lenho

   a. crescimento secundário massivo
   b. fonte de crescimento primário
   c. distribuição de açúcares
   d. fonte de crescimento secundário
   e. distribuição de água
   f. coluna central nas raízes

Raciocínio crítico

1. A planta com a flor amarela *acima* é de uma eudicotiledônea ou de uma monocotiledônea? E a planta com a flor roxa?

2. Oscar e Lucinda se encontram em uma floresta tropical e se apaixonam, e ele esculpe suas iniciais na casca de uma pequena árvore. Porém, eles não ficam juntos. Dez anos mais tarde, ainda de coração partido, Oscar procura pela árvore. Com base no que você sabe sobre crescimento primário e secundário, ele encontrará as iniciais esculpidas mais alto em relação ao nível do solo? Se ele ficar com raiva e atacar a árvore, que tipos de anel de crescimento ele verá?

3. As estruturas mostradas *abaixo à esquerda* são estolões, rizomas, bulbos, cormos ou tubérculos? (Sugestão: Observe a partir de onde os ramos estão crescendo.) E as estruturas mostradas *abaixo à direita*?

12 Nutrição e Transporte em Plantas

QUESTÕES DE IMPACTO | Fitorremediação

Da Primeira Guerra Mundial até a década de 1970, o Exército dos Estados Unidos testou e descartou armas no Campo de Teste de J-Field, Aberdeen, em Maryland (Figura 12.1a). Armas químicas e explosivos obsoletos foram incinerados em fossos abertos, em conjunto com plásticos, solventes e outros dejetos. Chumbo, arsênico, mercúrio e outros metais contaminaram bastante o solo e o lençol freático. O mesmo ocorreu com compostos orgânicos altamente tóxicos, incluindo tricloroetileno (TCE). O TCE danifica o sistema nervoso, pulmões e fígado e pode causar coma e morte. Hoje, o lençol freático tóxico está indo em direção a pântanos e à Chesapeake Bay.

Havia solo demais contaminado no J-Field para remover. Então o Exército e a Agência de Proteção Ambiental utilizaram a fitorremediação: o uso de plantas para absorver e concentrar ou degradar contaminantes ambientais. Eles plantaram álamos híbridos, (*Populus trichocarpa* x *deltoides*) que limpam o lençol freático ao absorver TCE e outros compostos orgânicos dele (Figura 12.1b).

Como? As raízes de álamos híbridos absorvem água do solo. Em conjunto com a água, vêm nutrientes dissolvidos e contaminantes químicos, incluindo o TCE. As árvores decompõem uma parte do TCE e liberam parte dele na atmosfera. O TCE transportado pelo ar é o menor de dois males: o TCE persiste por muito tempo no lençol freático, mas se decompõe rapidamente no ar poluído com outras substâncias químicas.

Em outros tipos de fitorremediação, contaminantes do lençol freático se acumulam nos tecidos de plantas, que, depois, são coletados para um descarte mais seguro em outros lugares.

As melhores plantas para fitorremediação absorvem muitos contaminantes, crescem rapidamente e ficam grandes. Poucas espécies podem tolerar substâncias tóxicas, mas as geneticamente modificadas podem aumentar nosso número de opções para essa finalidade. Por exemplo, a *Thlaspi caerulescens* absorve zinco, cádmio e outros minerais potencialmente tóxicos dissolvidos na água do solo. Diferentemente de células típicas, as células dessas plantas armazenam zinco e cádmio dentro de um vacúolo central. Isolados dentro dessas organelas, os elementos tóxicos são mantidos seguramente longe do restante das atividades das células. A *Thlaspi caerulescens* é uma pequena planta rasteira, portanto sua utilidade para a fitorremediação é limitada. Pesquisadores estão trabalhando na transferência de um gene que confira sua capacidade de armazenamento de toxinas a plantas maiores.

Muitas adaptações que ajudam captadores de toxina a limpar áreas contaminadas são as mesmas que absorvem e distribuem água e solutos pelo corpo da planta. Ao considerar tais adaptações, lembre-se de que muitos detalhes da fisiologia das plantas são adaptações a recursos ambientais limitados. Na natureza, plantas raramente têm suprimentos ilimitados dos recursos de que precisam para se nutrirem, e só em jardins superfertilizados a água do solo contém grandes quantidades de minerais dissolvidos.

Figura 12.1 Fitorremediação em ação. (**a**) J-Field, um antigo local de teste e descarte de armas. (**b**) Hoje, álamos híbridos ajudam a remover substâncias que contaminam o solo e o lençol freático do campo.

Conceitos-chave

Nutrientes da planta e solo
Muitas estruturas das plantas são adaptações a quantidades limitadas de água e nutrientes essenciais. A quantidade de água e nutrientes disponível para as plantas absorverem depende da composição do solo. O solo é vulnerável à lixiviação e à erosão. **Seção 12.1**

Absorção e movimentação de água nas plantas
Algumas especializações ajudam as raízes de plantas vasculares a absorver água e nutrientes. O xilema distribui água e solutos absorvidos das raízes para as folhas. **Seções 12.2, 12.3**

Perda de água *versus* troca de gases
A cutícula e os estômatos ajudam as plantas a conservar água, um recurso limitado na maioria dos *habitats* terrestres. Estômatos fechados impedem a perda de água, mas também a troca de gases. Algumas adaptações das plantas são intercâmbios entre a conservação de água e a troca de gases. **Seção 12.4**

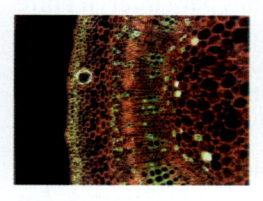

Distribuição de açúcar nas plantas
O floema distribui sacarose e outros compostos orgânicos de células fotossintéticas presentes nas folhas para células vivas em toda a planta. Compostos orgânicos são carregados ativamente em células condutoras, depois descarregados em tecidos em crescimento ou de armazenamento. **Seção 12.5**

Neste capítulo

- Neste capítulo, você verá como os fluidos se movem pelas plantas. Esse movimento depende da ligação de hidrogênio na água, de transportadores de membrana e da osmose e turgor.
- Ele lhe ajudará a aprender sobre nutrientes, íons, água e carboidratos, assim como a fotossíntese e a respiração aeróbica.
- Você utilizará seu conhecimento sobre tecidos vasculares, folhas e raízes. Você também verá mais exemplos de simbiontes de plantas.
- Veremos algumas adaptações de plantas terrestres, incluindo a cutícula e estômatos. Você verá um exemplo de como a sinalização celular faz parte da homeostase nas plantas.

Qual sua opinião? Plantas transgênicas podem ser mais eficientes na limpeza de locais contaminados do que plantas não modificadas. Você apoia o uso de plantas geneticamente modificadas para a fitorremediação? Conheça a opinião de seus colegas e apresente seus argumentos a eles.

12.1 Nutrientes das plantas e disponibilidade no solo

- As plantas exigem nutrientes elementares do solo, água e ar.
- Diferentes tipos de solo afetam o crescimento de diferentes plantas.

Nutrientes necessários

Um **nutriente** é um elemento ou molécula com um papel essencial no crescimento e na sobrevivência de um organismo. Plantas exigem 16 nutrientes, todos disponíveis na água e no ar, ou como minerais que se dissolveram como íons na água. Exemplos incluem o cálcio e o potássio. Nove dos elementos são macronutrientes, o que significa que são necessários em quantidades acima de 0,5% do peso seco da planta (seu peso depois de toda a água ser removida). Sete outros elementos são micronutrientes, que compõem apenas traços (tipicamente algumas partes por milhão) do peso seco da planta. Uma deficiência em qualquer um desses nutrientes pode afetar o crescimento da planta (Tabela 12.1).

Propriedades do solo

O **solo** consiste em partículas minerais misturadas com quantidades variáveis de material orgânico em decomposição, ou **húmus**. As partículas se formam pelo desgaste de rochas duras. O húmus se forma a partir de organismos mortos e restos orgânicos: folhas caídas, fezes etc. Água e ar ocupam espaços entre as partículas e pedaços orgânicos.

Os solos diferem em suas proporções de partículas de minerais e em quão compactadas elas estão. As partículas, que diferem de tamanho, são essencialmente areia, silte e argila. Os maiores grãos de areia têm 0,05 a 2 mm de diâmetro. É possível ver grãos individuais ao escoar areia da praia pelos dedos. Partículas individuais de silte são pequenas demais para ver — têm apenas 0,002 a 0,05 mm de diâmetro. Partículas de argila são ainda menores.

Cada partícula de argila consiste de camadas finas e empilhadas de cristais carregados negativamente. Lâminas de moléculas de água se alternam entre as camadas. Devido a sua carga negativa, a argila pode se ligar positivamente de forma temporária a íons minerais dissolvidos na água do solo. A argila prende nutrientes dissolvidos que de outra forma passariam por raízes rápido demais para serem absorvidos.

Embora não se liguem a íons minerais tão bem quanto a argila, areia e silte são necessários para o crescimento das plantas. Sem areia e silte suficientes para intervir entre as minúsculas partículas de argila, o solo fica tão compactado que o ar é excluído. Sem espaços de ar no solo, as células da raiz não conseguem garantir oxigênio suficiente para a respiração aeróbica.

Solos e crescimento das plantas Solos com melhor penetração de oxigênio e água são **margas**, que têm proporções aproximadamente iguais de areia, silte e argila. A maioria das plantas cresce melhor em margas.

O húmus também afeta o crescimento das plantas porque libera nutrientes e seus ácidos orgânicos carregados negativamente podem prender os íons minerais carregados positivamente na água do solo. O húmus incha e encolhe enquanto absorve e libera água, e tais alterações de tamanho aeram o solo ao abrir espaços para o ar penetrar.

A maioria das plantas cresce bem em solos que contêm de 10% a 20% de húmus. Solo com menos de 10% de húmus pode ser pobre em nutrientes. Solo com mais de 90% de húmus fica tão saturado de água que o ar (e o oxigênio nele) é excluído. O solo em pântanos e turfas contém tanta matéria orgânica que pouquíssimos tipos de planta podem crescer nele.

Como o solo se desenvolve O solo se desenvolve ao longo de milhares de anos. Há diferentes estágios de desenvolvimento em diferentes regiões. A maioria se forma em camadas, ou horizontes, distintas em cor e outras propriedades.

Tabela 12.1 Nutrientes das plantas e sintomas da deficiência

Tipo de nutriente	Sintomas de deficiência
MACRONUTRIENTE	
Carbono, oxigênio, hidrogênio	Nenhum; todos estão disponíveis em abundância na água e no dióxido de carbono
Nitrogênio	Crescimento prejudicado; clorose (folhas ficam amarelas e morrem devido à insuficiência de clorofila)
Potássio	Redução no crescimento; folhas curvadas, manchadas ou mais velhas com pontos; bordas de folhas marrons; planta enfraquecida
Cálcio	Gemas apicais murcham; folhas deformadas; raízes prejudicadas
Magnésio	Clorose; folhas murchas
Fósforo	Nervuras arroxeadas; crescimento prejudicado; menos sementes e frutos
Enxofre	Folhas verde-claras ou amareladas; crescimento reduzido
MICRONUTRIENTE	
Cloro	Definhamento; clorose; algumas folhas morrem
Ferro	Clorose; faixas amarelas e verdes nas folhas de gramíneas
Boro	Gemas morrem; as folhas ficam espessas, enrolam e ficam quebradiças
Manganês	Nervuras escuras, mas as folhas ficam esbranquiçadas e caem
Zinco	Clorose; folhas manchadas ou bronzeadas; raízes anormais
Cobre	Clorose; pontos mortos nas folhas; crescimento prejudicado
Molibdênio	Folhas verde-pálidas, enroladas ou em copo

Figura 12.2 A erosão em Providence Canyon, Georgia, é o resultado de más práticas de cultivo combinadas com solo mole. Colonos que chegaram à área em 1800 cavaram a terra nas montanhas. Os sulcos formaram excelentes condutos para a água da chuva, que escavou fendas profundas que formaram condutos de água da chuva ainda melhores. A área se tornou inútil para cultivo em 1850. Ela agora consiste de cerca de 445 hectares de cânions profundos que continuam se expandindo a uma taxa de aproximadamente 2 m por ano.

em savanas. Por quê? Gramíneas absorvem água mais rapidamente do que árvores.

A **erosão do solo** é a perda de solo sob a força do vento e da água. Ventos fortes, água de correnteza, vegetação escassa e más práticas de cultivo causam as maiores perdas (Figura 12.2). Por exemplo, a cada ano, cerca de 25 bilhões de toneladas métricas de camada superior erodem de plantações no meio-oeste dos Estados Unidos. A camada superior entra no rio Mississipi, que a joga no Golfo do México. As perdas de nutrientes devido a essa erosão afetam não apenas plantas que crescem na região, mas também outros organismos que dependem delas para a sobrevivência.

As camadas nos ajudam a caracterizar o solo em determinado lugar e a compará-lo com solos em outros locais. Por exemplo, a **camada superior** tipicamente contém a maior quantidade de matéria orgânica, portanto as raízes da maioria das plantas crescem mais densamente nela. A camada superior é mais profunda em alguns lugares do que em outros.

Lixiviação e erosão

Minerais, sais e outras moléculas se dissolvem na água enquanto ela penetra através do solo. **Lixiviação** é o processo pelo qual a água remove nutrientes do solo e os leva. A lixiviação é mais rápida em solos arenosos, que não ligam nutrientes tão bem quanto os argilosos. Durante chuvas pesadas, mais lixiviação ocorre em florestas do que

Para pensar

De onde as plantas obtêm os nutrientes de que precisam?

- As plantas exigem nove macronutrientes e sete micronutrientes, todos elementos. Todos estão disponíveis na água, no ar e no solo.
- O solo consiste principalmente de partículas de minerais: areia, silte e argila. A argila atrai e liga reversivelmente íons minerais dissolvidos.
- O solo contém húmus, um reservatório de material orgânico rico em ácidos orgânicos.
- A maioria das plantas cresce melhor em margas (solos com proporção igual de areia, lodo e argila) e entre 10% e 20% de húmus.
- Lixiviação e erosão removem os nutrientes do solo.

12.2 Como as raízes absorvem água e nutrientes?

- Especializações radiculares como pelos, micorrizas e nódulos ajudam a planta a absorver água e nutrientes.

Em plantas de crescimento ativo, novas raízes se infiltram em diferentes partes do solo enquanto substituem raízes antigas. As novas raízes não estão "explorando" o solo. Em vez disso, seu crescimento é simplesmente maior em áreas nas quais as concentrações de água e nutrientes atendem melhor às exigências da planta em particular.

Algumas especializações ajudam as plantas a absorver água e nutrientes do solo e do ar. Nas raízes, micorrizas e pelos radiculares ajudam as plantas a absorver água e íons do solo, e os nódulos radiculares ajudam algumas plantas a absorver nitrogênio adicional do ar.

Pelos da raiz À medida que a maioria das plantas realiza o crescimento primário, seus ápices radiculares formam muitos **pelos radiculares** (Figura 12.3a). Coletivamente, essas extensões finas de células epidérmicas da raiz aumentam a área superficial disponível para absorção de água e íons minerais dissolvidos. Os pelos de raiz são estruturas frágeis de não mais que poucos milímetros de comprimento. Eles não se desenvolvem em novas raízes e vivem por poucos dias. Novos pelos se formam constantemente na região do ápice radicular.

Micorrizas A **micorriza** é uma forma de mutualismo entre uma raiz jovem e um fungo. As duas espécies se beneficiam da associação. As hifas dos fungos crescem como uma cobertura aveludada em volta da raiz ou penetram em suas células (Figura 12.3b). Coletivamente, as hifas têm uma área superficial muito maior que a própria raiz, portanto podem absorver minerais escassos de um volume maior de solo. As células da raiz fornecem alguns açúcares e compostos ricos em nitrogênio ao fungo, e o fungo fornece alguns dos minerais que coleta para a planta.

Nódulos de raiz Alguns tipos de bactéria no solo são mutualistas com o trevo, ervilhas e outras leguminosas. Como todas as outras plantas, as leguminosas precisam de nitrogênio para o crescimento. O gás nitrogênio (N=N, ou N_2) é abundante no ar, mas as plantas não têm enzimas que possam decompor. As bactérias sim. Suas enzimas convertem gás nitrogênio em amônia (NH_3). A conversão metabólica de gás nitrogênio em amônia é um processo altamente energético chamado **fixação do nitrogênio**. Outros tipos de bactéria do solo convertem amônia em nitrato (NO_3^-), a forma de nitrogênio que as plantas podem utilizar mais facilmente.

Nódulos de raiz são massas de células intumescidas nas raízes infectadas por bactérias (Figura 12.3c). As bactérias (*Rhizobium* e *Bradyrhizobium*, ambas anaeróbicas) fixam o nitrogênio e o dividem com a planta. Em retorno, a planta fornece às bactérias um ambiente livre de oxigênio e divide seus açúcares produzidos fotossinteticamente com elas.

Figura 12.3 Exemplos de especializações radiculares.
(**a**) Os pelos nesta raiz de um trevo-branco (*Trifolium repens*) têm cerca de 0,2 mm de comprimento. (**b**) Micorrizas (pelos *brancos*) que se estendem do ápice dessas raízes (*marrom*) aumentam muito sua área superficial para absorção de minerais escassos do solo.
(**c**) Nódulos de raiz neste pé de soja fixam nitrogênio do ar e o compartilham com a planta. (**d**) Pés de soja que crescem em solo pobre em nitrogênio mostram o efeito de nódulos radiculares sobre o crescimento. Apenas plantas na coluna à *direita* foram inoculadas com bactérias *Rhizobium* e formaram nódulos.
Resolva: As bactérias *Rhizobium* são parasitas ou mutualistas?

Resposta: Mutualistas

Figura 12.4 Na maioria das plantas com flores, as proteínas de transporte nas membranas plasmáticas de células da raiz controlam a absorção de água e íons minerais dissolvidos do solo pela planta.

Como as raízes controlam a entrada de água

A osmose orienta o movimento da água do solo para dentro da raiz, depois para dentro das paredes das células do parênquima, que compõem o córtex da raiz. Uma parte da água repleta de nutrientes fica nas paredes celulares — ela permeia o córtex ao se difundir em volta das membranas plasmáticas das células. Moléculas de água entram no citoplasma das células ao se difundir pelas membranas plasmáticas diretamente ou através de aquaporinas. Transportadores ativos nas membranas bombeiam íons minerais dissolvidos para dentro das células. Depois de entrar no citoplasma, a água e os íons se difundem de célula a célula através de plasmodesmos.

O cilindro vascular é separado do córtex da raiz pela endoderme, um tecido composto de uma única camada de células de parênquima (Figura 12.4*a*). Essas células secretam uma substância cerosa em suas paredes onde quer que estejam. A substância forma a **estria de Caspary**, uma faixa impermeável entre as membranas plasmáticas das células endodérmicas (Figura 12.4*b*). A estria de Caspary evita que a água em volta das células no córtex da raiz atravesse as paredes das células endodérmicas e entre direto no cilindro vascular.

Água e íons entram no cilindro vascular de uma raiz ao atravessar os plasmodesmos, ou cruzar membranas plasmáticas de células endodérmicas. De qualquer forma, têm de cruzar pelo menos uma membrana plasmática. Assim, as proteínas de transporte da membrana plasmática podem controlar a quantidade de água e a quantidade e os tipos de íon que vão do córtex da raiz para o cilindro vascular (Figura 12.4*c*). A seletividade dessas proteínas também oferece proteção contra toxinas que possam estar na água do solo.

As raízes de muitas plantas também têm uma **exoderme**, uma camada de células logo abaixo de sua superfície. As células da exoderme frequentemente depositam sua própria estria de Caspary, que funciona como a que está próxima do cilindro vascular.

A Nas raízes, a camada externa do cilindro vascular é formada por células da endoderme.

B Células do parênquima que compõem a camada secretam uma substância cerosa em suas paredes aonde quer que cheguem. As secreções formam a estria de Caspary, que evita que água penetre nas células da endoderme e entre direto no cilindro vascular.

C Água e íons só podem entrar no cilindro vascular ao atravessarem células da endoderme. Eles entram nas células via plasmodesmos ou proteínas de transporte nas membranas plasmáticas das células.

Água e íons devem atravessar pelo menos uma bicamada lipídica antes de entrar no cilindro vascular. Assim, as proteínas de transporte da membrana plasmática controlam o movimento dessas substâncias para dentro do restante da planta.

Para pensar

Como as raízes coletam água e nutrientes?

- Pelos radiculares, micorrizas e nódulos de raiz aumentam bastante a capacidade de uma raiz de coletar água e nutrientes.
- Proteínas de transporte nas membranas plasmáticas da célula da raiz controlam a entrada de água e íons pelo cilindro vascular.

12.3 Como a água se move pelas plantas?

- A evaporação de folhas e caules orienta o movimento ascendente de água através de vasos de xilema dentro de uma planta.
- A coesão da água permite que ela seja puxada das raízes para todas as outras partes da planta.

A água do solo entra nas raízes e, depois, vai para as partes da planta acima do solo. Como a água vai das raízes para folhas que podem estar a mais de 100 metros acima do solo? O movimento não ocorre por bombeamento ativo, e sim é orientado por duas características da água: evaporação e coesão.

Teoria da coesão-tensão

Em plantas vasculares, a água se move dentro do xilema. A Seção 11.2 introduziu as **traqueídes** e os **elementos de vaso** que compõem seus vasos condutores de água. Tais células estão mortas na maturidade — apenas restam suas paredes impregnadas de lignina (Figura 12.5). Obviamente, estando mortas, as células não gastam energia alguma para bombear água contra a gravidade.

O botânico Henry Dixon explicou como a água é transportada nas plantas. De acordo com sua **teoria de coesão-tensão**, a água dentro do xilema é puxada para cima pelo poder de secagem do ar, que cria uma pressão negativa contínua chamada de tensão. A tensão se estende continuamente das folhas para as raízes. A Figura 12.6 ilustra a teoria.

Primeiro, o poder de secagem do ar causa a **transpiração**: a evaporação de água das partes da planta acima do solo. A maior parte da água que uma planta absorve é perdida por evaporação, tipicamente de estômatos nas folhas e caules da planta. A transpiração cria pressão negativa dentro dos vasos condutores de xilema. Em outras palavras, a evaporação de água de folhas e caules puxa a água que permanece no xilema.

Segundo, as colunas contínuas de fluido dentro dos vasos condutores estreitos de xilema resistem à quebra em gotículas. Lembre-se de que a resistência coletiva de muitas ligações de hidrogênio entre moléculas de água fornece coesão à água líquida. Como todas as moléculas de água estão conectadas entre si por ligações de hidrogênio, quando uma é puxada, as outras também são. Assim, a pressão negativa criada pela transpiração exerce tensão sobre toda a coluna de água que preenche o vaso de xilema. Tal tensão se estende das folhas, que podem

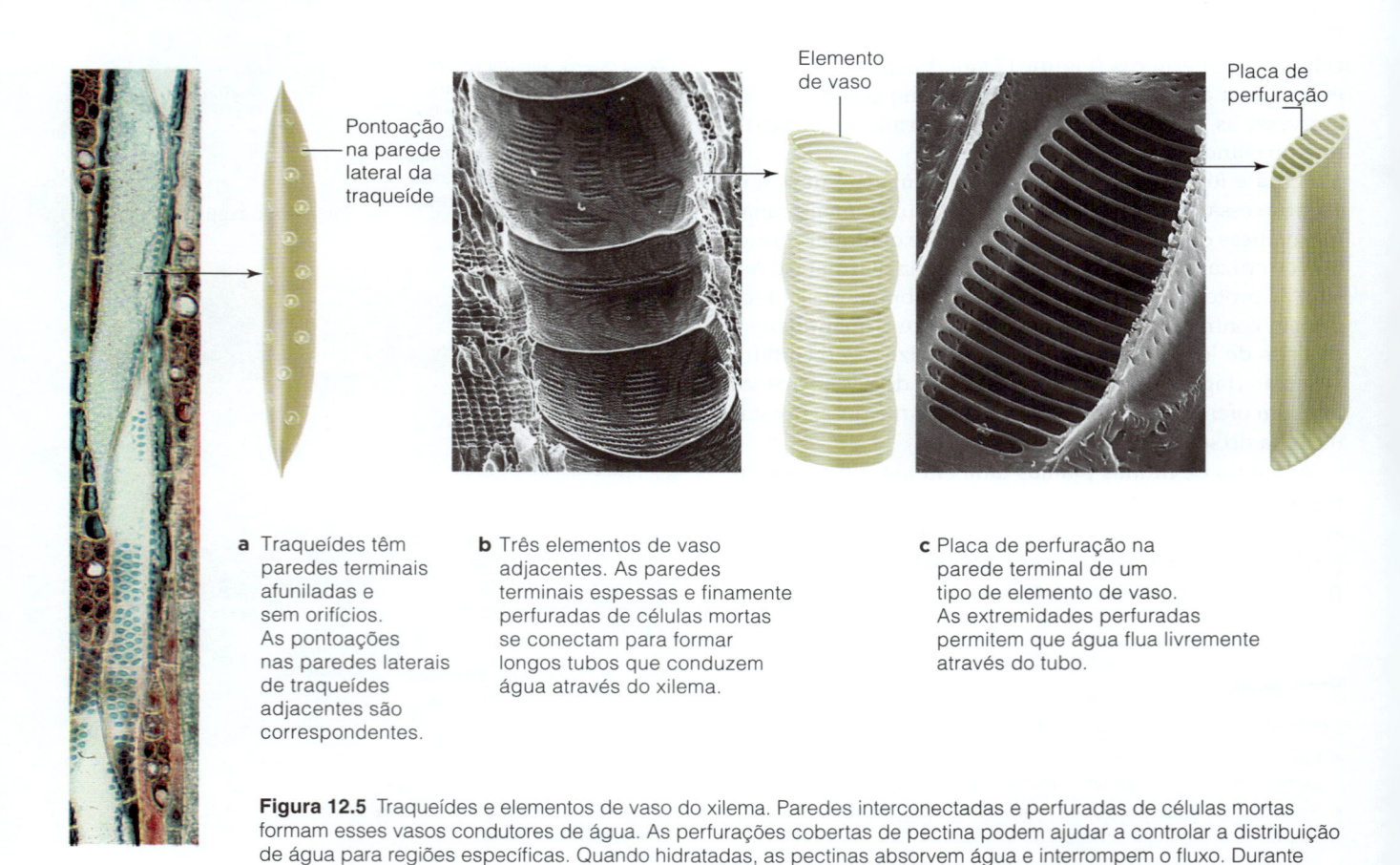

a Traqueídes têm paredes terminais afuniladas e sem orifícios. As pontoações nas paredes laterais de traqueídes adjacentes são correspondentes.

b Três elementos de vaso adjacentes. As paredes terminais espessas e finamente perfuradas de células mortas se conectam para formar longos tubos que conduzem água através do xilema.

c Placa de perfuração na parede terminal de um tipo de elemento de vaso. As extremidades perfuradas permitem que água flua livremente através do tubo.

Figura 12.5 Traqueídes e elementos de vaso do xilema. Paredes interconectadas e perfuradas de células mortas formam esses vasos condutores de água. As perfurações cobertas de pectina podem ajudar a controlar a distribuição de água para regiões específicas. Quando hidratadas, as pectinas absorvem água e interrompem o fluxo. Durante períodos de seca, elas desidratam e a água se move livremente através de perfurações abertas em direção às folhas.

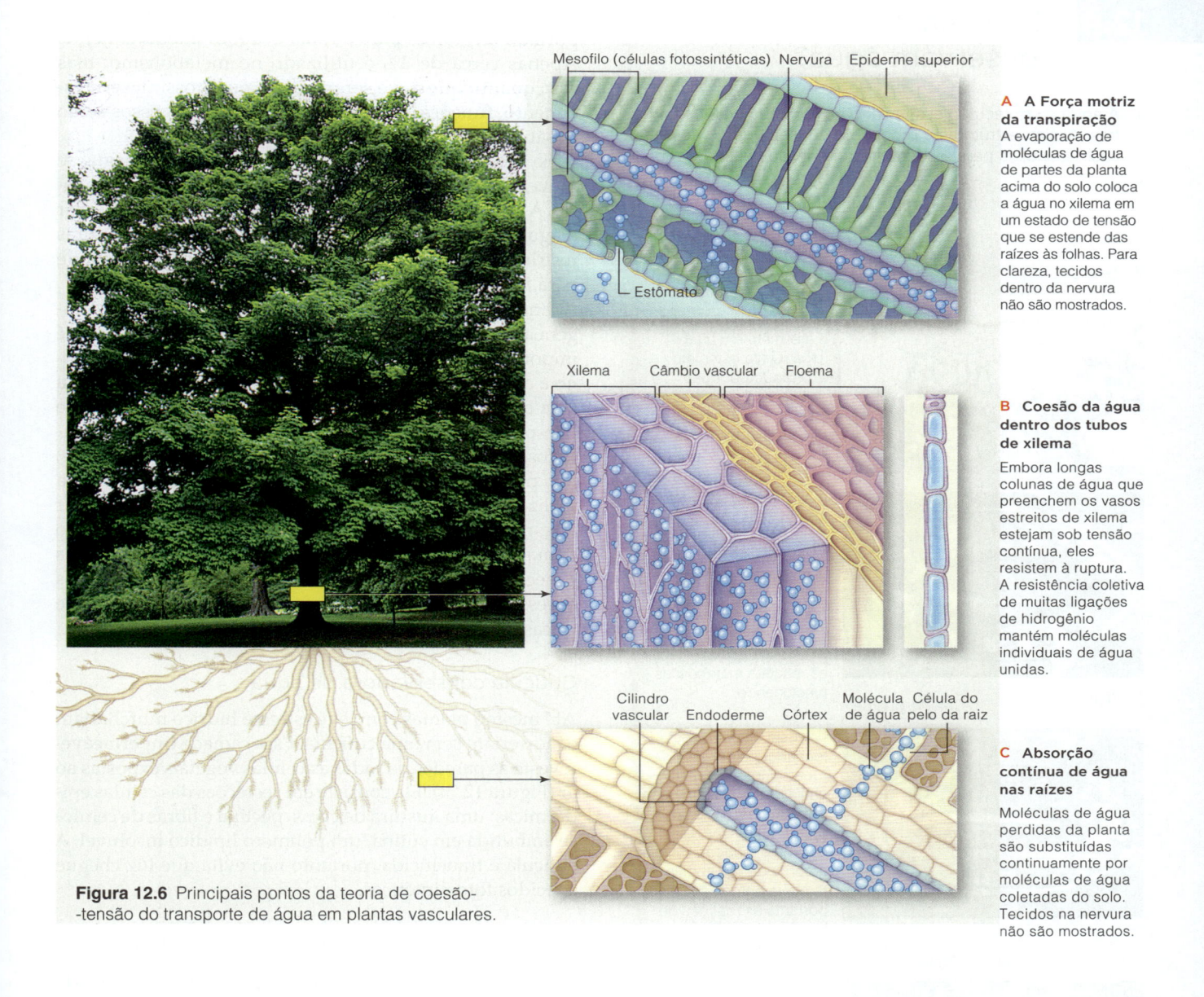

Figura 12.6 Principais pontos da teoria de coesão-tensão do transporte de água em plantas vasculares.

A A Força motriz da transpiração
A evaporação de moléculas de água de partes da planta acima do solo coloca a água no xilema em um estado de tensão que se estende das raízes às folhas. Para clareza, tecidos dentro da nervura não são mostrados.

B Coesão da água dentro dos tubos de xilema
Embora longas colunas de água que preenchem os vasos estreitos de xilema estejam sob tensão contínua, eles resistem à ruptura. A resistência coletiva de muitas ligações de hidrogênio mantém moléculas individuais de água unidas.

C Absorção contínua de água nas raízes
Moléculas de água perdidas da planta são substituídas continuamente por moléculas de água coletadas do solo. Tecidos na nervura não são mostrados.

estar a centenas de metros de altura, pelos caules e até jovens raízes, onde a água está sendo absorvida do solo.

O movimento de água através das plantas é direcionado principalmente pela transpiração. Entretanto, a evaporação é apenas um de muitos outros processos nas plantas que envolve a perda de moléculas de água. Todos esses processos contribuem para a pressão negativa que resulta no movimento de água. A fotossíntese é um exemplo.

Para pensar

O que faz a água se mover dentro das plantas?

- Transpiração é a evaporação de água de folhas, caules e outras partes da planta.
- De acordo com uma teoria de coesão-tensão, a transpiração coloca a água no xilema em um estado contínuo de tensão das folhas às raízes.
- A tensão puxa colunas de água no xilema para cima por toda a planta. A resistência coletiva de muitas ligações de hidrogênio (coesão) evita que a água se rompa em gotículas enquanto sobe.

12.4 Como caules e folhas conservam água?

- A água é um recurso essencial para todas as plantas terrestres. Assim, estruturas e processos conservadores de água são essenciais para a sobrevivência dessas plantas.

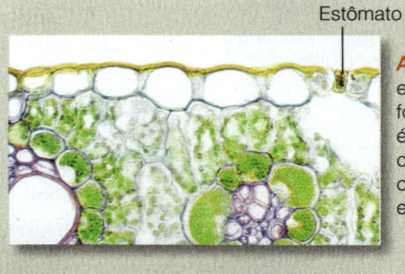

Em plantas terrestres, pelo menos 90% da água transportada das raízes para a folha evapora imediatamente. Apenas cerca de 2% é utilizado no metabolismo, mas essa quantidade deve ser mantida, ou fotossíntese, crescimento, funções da membrana e outros processos serão desativados.

Se uma planta está ficando sem água, não consegue se mover para buscar mais, como a maioria dos animais faria. A cutícula e os estômatos ajudam a planta a preservar a água que já contém nos tecidos. Essas duas estruturas restringem a quantidade de vapor de água que se difunde para fora das superfícies da planta.

Entretanto, a cutícula e os estômatos também restringem as trocas de gases entre a planta e o ar. Por que isso é importante? As concentrações de gases dióxido de carbono e oxigênio em espaços de ar dentro da planta afetam a taxa de rotas metabólicas importantes (como fotossíntese e respiração aeróbica) nas células da planta. Se uma planta fosse totalmente impermeável a vapor-d'água e gases, não poderia absorver dióxido de carbono suficiente para realizar a fotossíntese. Ela também não poderia sustentar a respiração aeróbica por muito tempo, porque oxigênio demais se acumularia em seus tecidos. Assim, estruturas e mecanismos conservadores de água devem equilibrar as necessidades de água da planta com as necessidades de trocas de gases.

Cutícula conservadora de água

Até mesmo plantas com leve estresse hídrico murchariam e morreriam sem uma cutícula. Essa camada impermeável reveste as paredes de todas as células vegetais expostas ao ar (Figura 12.7a). Ela consiste em secreções das células epidérmicas: uma mistura de ceras, pectina e fibras de celulose embutida em cutina, um polímero lipídico insolúvel. A cutícula é translúcida, portanto não evita que luz chegue a tecidos fotossintéticos.

Controle da perda de água nos estômatos

Um par de células epidérmicas especializadas define cada estômato. Quando essas duas **células-guarda** se tornam túrgidas com a entrada de água, curvam-se levemente para que um orifício se forme entre elas.

A Cutícula (*dourado*) e estômato em uma folha. Cada estômato é formado por duas células-guarda, que são células epidérmicas especializadas.

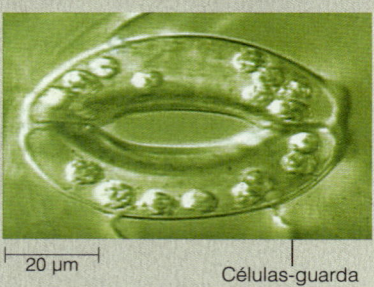

B Este estômato está aberto. Quando as células-guarda se tornam túrgidas com a entrada de água, elas se curvam e abrem o ostíolo. O ostíolo permite que a planta troque gases com o ar. A troca é necessária para manter as reações metabólicas funcionando.

C Este estômato está fechado. As células-guarda, que não estão cheias de água, unem-se para que não haja um orifício entre elas. Um estômato fechado limita a perda de água, mas também a troca de gases, portanto as reações de fotossíntese e respiração desaceleram.

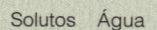

D Como o estômato abre e fecha? Quando um estômato está aberto, as células-guarda mantêm uma concentração relativamente alta de solutos ao bombeá-los para dentro do citoplasma. A água se difunde para dentro do citoplasma hipertônico e mantém as células cheias.

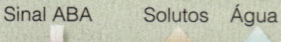

E Quando a água é escassa, um hormônio (ABA) ativa uma rota que reduz as concentrações de solutos no citoplasma das células-guarda. A água segue seu gradiente e se difunde para fora das células, e o estômato se fecha.

Figura 12.7 Estruturas conservadoras de água nas plantas. (**a**) Cutícula e estômato em uma seção transversal da folha de tília americana (*Tilia*).
(**b-e**) Estômatos em ação. O fato de um estômato estar aberto ou fechado depende da quantidade de água que penetra nas células-guarda.
A quantidade de água no citoplasma da célula-guarda é influenciada por sinais hormonais. As estruturas redondas dentro das células são cloroplastos. Células-guarda são o único tipo de célula epidérmica com essas organelas.

Figura 12.8 Estômatos na superfície da folha de um arbusto crescendo em uma região poluída e industrializada. Poluentes transportados pelo ar não apenas bloqueiam a luz do sol para as células fotossintéticas, mas também obstruem o orifício dos estômatos e podem danificá-los tanto que eles se fecham permanentemente.

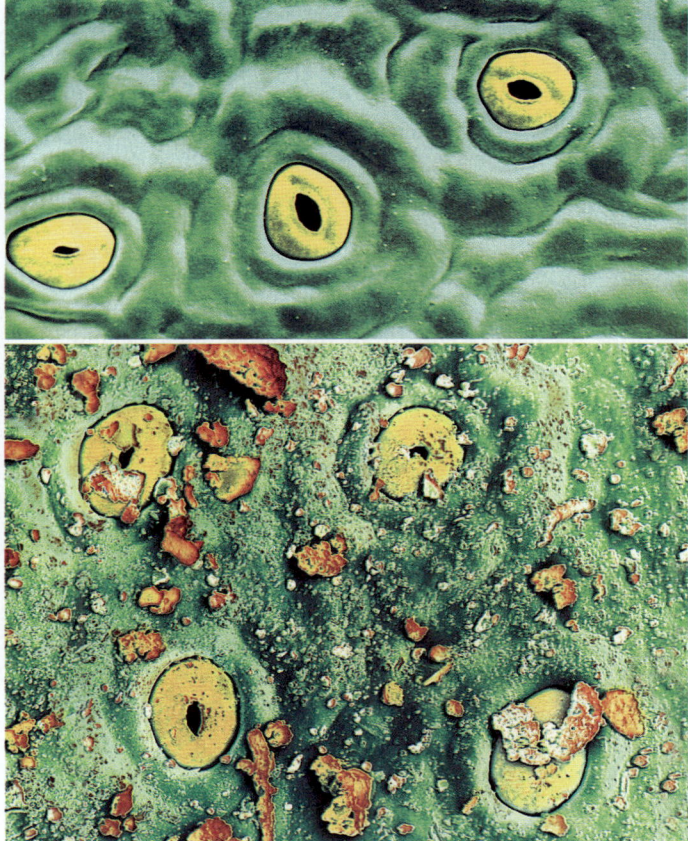

O orifício é o ostíolo. Quando as células-guarda perdem água, unem-se, portanto o orifício se fecha (Figura 12.7b,c).

Fatores ambientais como disponibilidade de água, nível de dióxido de carbono dentro da folha e intensidade da luz afetam a abertura ou o fechamento de estômatos. Esses fatores ativam mudanças de pressão osmótica no citoplasma das células-guarda. Por exemplo, quando o sol nasce, a luz faz as células-guarda começarem a bombear solutos (neste caso, íons potássio) para dentro de seu citoplasma. O acúmulo de íons potássio resultante faz a água entrar nas células por osmose. As células-guarda se tornam túrgidas, portanto o orifício entre elas se abre. O dióxido de carbono do ar se difunde para dentro dos tecidos da planta e a fotossíntese começa.

Como outro exemplo, as células radiculares liberam o hormônio ácido abscísico (ABA) quando a água do solo fica escassa. O ABA percorre o sistema vascular da planta até folhas e caules, onde se liga a receptores nas células-guarda. A ligação faz os solutos saírem dessas células.

A água segue por osmose, as células-guarda se esvaziam e se unem, e os estômatos se fecham (Figura 12.7e).

A maior parte dos estômatos fecha à noite na maioria das plantas. A água é conservada e o dióxido de carbono se acumula nas folhas enquanto as células formam ATP por respiração aeróbica. Os estômatos das plantas CAM, incluindo a maioria dos cactos, abrem à noite, quando a planta absorve e fixa carbono do dióxido de carbono. Durante o dia, eles fecham e a planta utiliza o carbono que fixou durante a noite na fotossíntese.

Os estômatos também fecham em resposta a algumas substâncias químicas no ar poluído. O fechamento protege a planta contra um dano químico, mas também evita a admissão de dióxido de carbono para fotossíntese, e, assim, inibe o crescimento. Pense nisso em um dia poluído (Figura 12.8).

Para pensar

Como as plantas terrestres conservam água?

- Uma cutícula cerosa cobre todas as superfícies epidérmicas da planta expostas ao ar. Ela restringe a perda de água pelas superfícies da planta.
- As plantas conservam água ao fechar seus muitos estômatos. Estômatos fechados também evitam as trocas de gases necessárias para a fotossíntese e a respiração aeróbica.
- Um estômato fica aberto quando as células-guarda que o compõem estão cheias de água. Ele fecha quando as células perdem água e se unem.

12.5 Como compostos orgânicos se movem pelas plantas?

- O xilema distribui água e minerais nas plantas e o floema distribui os produtos orgânicos da fotossíntese.

O floema é um tecido vascular organizado em vasos condutores, fibras e filamentos de células de parênquima. Diferentemente dos vasos condutores de xilema, os tubos crivados do floema consistem de células vivas. Células dos tubos crivados estão posicionadas lado a lado e de ponta a ponta, e suas paredes terminais (placas crivadas) são porosas. Compostos orgânicos dissolvidos fluem através dos tubos (Figura 12.9a,b).

Células companheiras pressionadas contra os tubos crivados transportam ativamente os produtos orgânicos da fotossíntese dentro delas. Algumas das moléculas são utilizadas nas células que as compõem, mas o restante vai pelos tubos crivados até as outras partes da planta: raízes, caules, gemas, flores e frutos.

Plantas armazenam seus carboidratos principalmente como amido, mas moléculas de amido são grandes e insolúveis demais para transporte pelas membranas plasmáticas. As células quebram as moléculas de amido em sacarose e outras moléculas pequenas que são facilmente transportadas pela planta.

Alguns experimentos com insetos que sugam a seiva de plantas demonstraram que a sacarose é o principal carboidrato transportado no floema. Afídeos que se alimentam da seiva nos vasos condutores do floema foram anestesiados com altos níveis de dióxido de carbono (Figura 12.10). Então, seus corpos foram separados de seus apêndices bucais, que continuaram acoplados à planta. Pesquisadores coletaram e analisaram o fluido retirado dos apêndices bucais dos afídeos. Para a maioria das plantas estudadas, a sacarose foi o carboidrato mais abundante no fluido.

Teoria do fluxo de pressão

Translocação é o nome formal para o processo que move sacarose e outros compostos orgânicos através do floema de plantas vasculares. O floema transloca produtos fotossintéticos por meio da diminuição de gradientes de pressão e de concentração de solutos. A **origem** do fluxo é em qualquer região da planta onde compostos orgânicos estão sendo carregados em tubos crivados. Uma origem comum é um mesofilo fotossintético nas folhas. O fluxo termina em um **dreno**, que é qualquer região da planta onde os produtos são utilizados ou armazenados. Por exemplo, enquanto flores e frutos se formam na planta, são drenos.

Por que compostos orgânicos no floema fluem da fonte ao dreno? A alta pressão do fluido direciona o movimento de fluido no floema. De acordo com a **teoria do fluxo de pressão**, a pressão interna se acumula nos tubos crivados no local

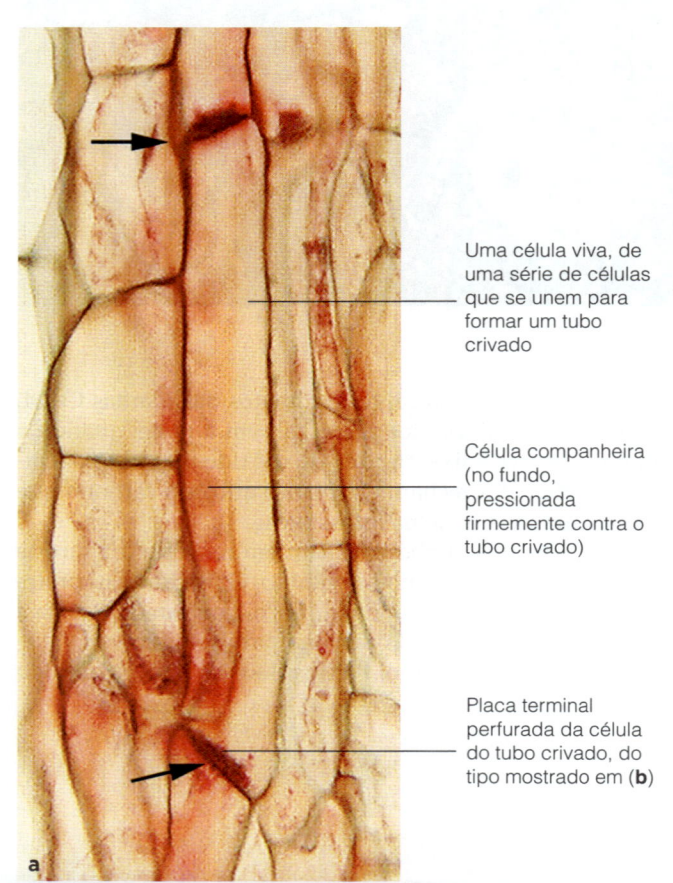

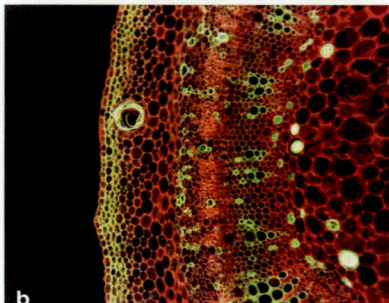

Uma célula viva, de uma série de células que se unem para formar um tubo crivado

Célula companheira (no fundo, pressionada firmemente contra o tubo crivado)

Placa terminal perfurada da célula do tubo crivado, do tipo mostrado em (**b**)

Figura 12.9 (**a**) Parte de um tubo crivado dentro do floema. As setas apontam para as extremidades perfuradas de membros individuais do tubo. (**b**) Imagem de microscópio de varredura de elétrons das placas perfuradas nas extremidades de dois membros do tubo crivado lado a lado.

Figura 12.10 Melaço emanando de um afídeo depois que o apêndice bucal do inseto penetrou em um tubo crivado. A alta pressão no floema forçou esta gotícula de fluido açucarado para fora da abertura terminal do intestino do afídeo.

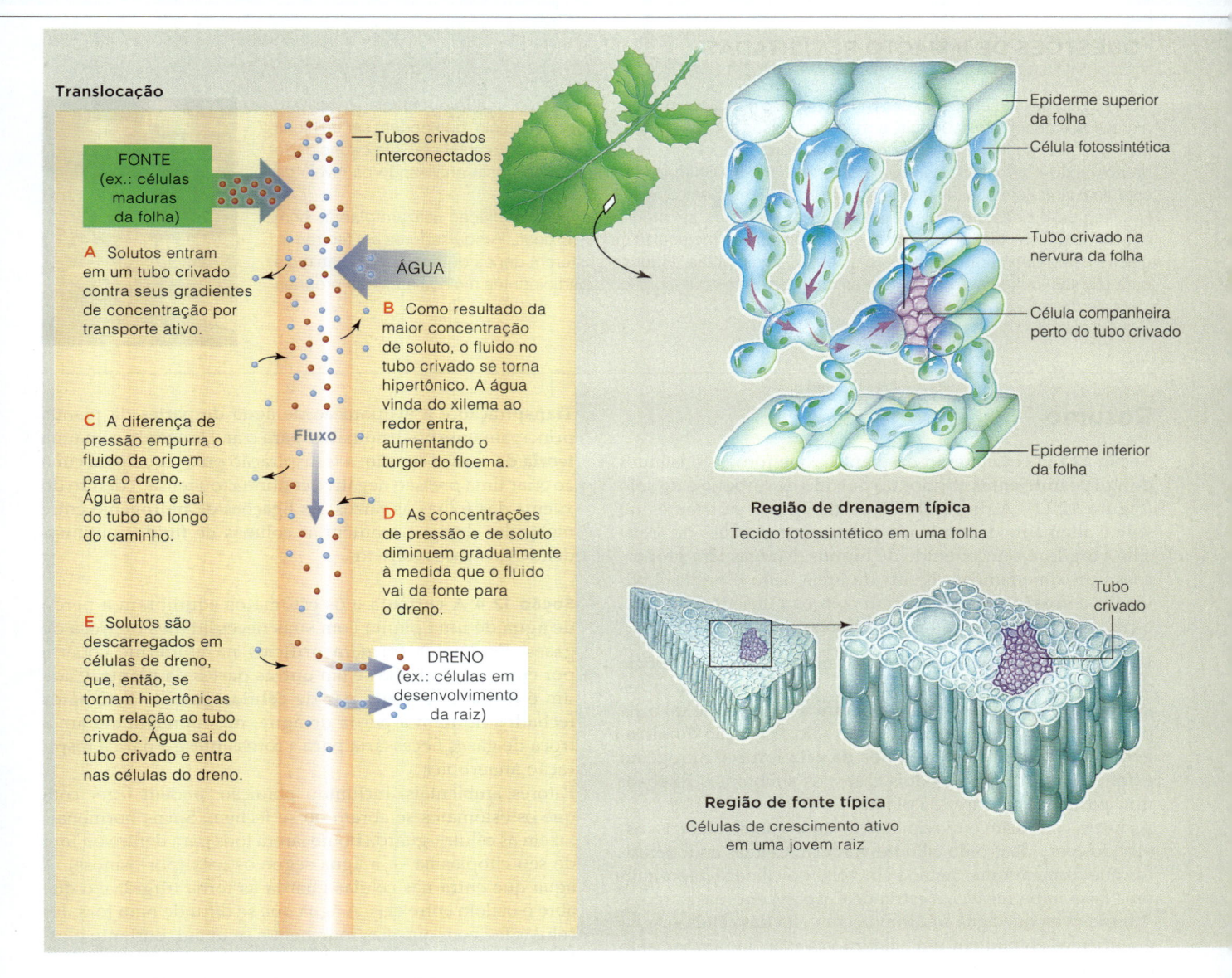

Figura 12.11 Translocação de compostos orgânicos.

onde o fluido é produzido. A pressão pode ser cinco vezes maior que a do ar dentro do pneu de um automóvel. Um gradiente de pressão empurra o fluido rico em soluto para um dreno, onde os solutos são removidos do floema.

Utilize a Figura 12.11 para verificar o que acontece com açúcares e outros solutos orgânicos enquanto vão das células fotossintéticas para pequenas nervuras das folhas. As células companheiras em nervuras transportam ativamente os solutos para as células do tubo crivado. Quando a concentração de soluto aumenta nos tubos, a água também entra neles por osmose. O aumento no volume do fluido exerce pressão adicional (turgor) nas paredes dos tubos crivados.

O floema em uma região de drenagem tem menor pressão interna que a de uma região de fonte. A sacarose é descarregada em um dreno e a água se difunde para fora do floema por osmose. A diferença na pressão de fluido entre fontes e drenos move o fluido repleto de açúcar dentro do floema pela planta.

Para pensar

Como moléculas orgânicas se movem pelas plantas?

- Plantas armazenam carboidratos como o amido e os distribuem como sacarose e outras pequenas moléculas solúveis em água.
- Gradientes de concentração e de pressão no sistema de tubos crivados do floema forçam compostos orgânicos a fluir para partes diferentes da planta.
- Os gradientes são gerados por células companheiras que movem moléculas orgânicas para dentro de tubos crivados nas fontes e pela descarga de moléculas nos drenos.

QUESTÕES DE IMPACTO REVISITADAS | Fitorremediação

Com poluentes elementares como o chumbo ou o mercúrio, as melhores estratégias de fitorremediação utilizam plantas que absorvem e, depois, armazenam essas toxinas em tecidos acima do solo, que podem ser colhidas para descarte seguro. Pesquisadores modificaram geneticamente tais plantas para aumentar sua capacidade de absorção e armazenamento. A doutora Kuang-Yu Chen, mostrada à *direita*, está analisando os níveis de cádmio e zinco em plantas que podem tolerar tais elementos.

No caso de toxinas orgânicas como TCE, as melhores estratégias de fitorremediação utilizam plantas com rotas bioquímicas que decompõem os compostos em moléculas menos tóxicas. Pesquisadores em fitorremediação estão aprimorando essas rotas em muitas plantas. Alguns transferem genes de bactérias ou animais para plantas, outros aumentam a expressão de genes que codificam participantes moleculares nas próprias rotas de desintoxicação das plantas.

Resumo

Seção 12.1 O crescimento da planta exige fontes constantes de água e **nutrientes** obtidos do dióxido de carbono e do solo (Figura 12.12). A disponibilidade de água e nutrientes no **solo** é altamente determinada por suas proporções de areia, silte e argila, e seu conteúdo de **húmus**. **Margas** têm proporções aproximadamente iguais de areia, silte e argila. **Lixiviação** e **erosão do solo** acabam com os nutrientes no solo, especialmente nas **camadas superiores**.

Seção 12.2 Pelos de raízes aumentam bastante a superfície de absorção das raízes. Fungos são simbiontes com raízes jovens em **micorrizas**, que aumentam a capacidade de uma planta de absorver íons minerais do solo. A **fixação do nitrogênio** por bactérias nos **nódulos da raiz** fornece nitrogênio extra a uma planta. Nos dois casos, os simbiontes recebem uma parte dos açúcares da planta.

As raízes controlam o movimento de água e íons minerais dissolvidos para dentro do cilindro vascular. Células endodérmicas que formam uma camada em volta do cilindro depositam uma faixa impermeável, a **estria de Caspary**, em suas paredes. A estria evita que água se difunda em volta das células. Água e nutrientes entram em um cilindro vascular da raiz somente atravessando a membrana plasmática de células do parênquima. A entrada é controlada por proteínas de transporte ativo embutidas nas membranas. Algumas plantas também têm uma **exoderme**, uma camada adicional de células que depositam uma segunda estria de Caspary dentro da superfície da raiz.

Seção 12.3 Água e íons minerais dissolvidos fluem através de vasos condutores de xilema. As paredes interconectadas perfuradas de **traqueídes** e **elementos de vaso** (células mortas na maturidade) formam os vasos.

Transpiração é a evaporação de água de partes da planta, principalmente nos estômatos, para o ar. De acordo com uma **teoria de coesão-tensão**, a transpiração puxa água para cima ao criar uma pressão negativa contínua (ou tensão) dentro do xilema das folhas às raízes. As ligações de hidrogênio entre moléculas de água mantêm as colunas de fluido contínuas dentro dos vasos estreitos.

Seção 12.4 A **cutícula** e os estômatos equilibram a perda de água de uma planta com suas necessidades de troca de gases. Estômatos formam orifícios na epiderme coberta por cutícula em folhas e em outras partes da planta. Cada um é formado por um par de **células-guarda**. Estômatos fechados limitam a perda de água, mas também evitam a troca de gases necessária para a fotossíntese e para a respiração anaeróbica.

Fatores ambientais, incluindo poluição, podem fazer com que os estômatos se abram ou se fechem. Sinais hormonais fazem as células-guarda bombearem íons para dentro ou fora de seu citoplasma — a água segue os íons (por osmose). A água que entra nas células-guarda as torna túrgidas, o que abre o ostíolo entre elas. A água que se difunde para fora das células faz com que elas murchem e se unam, portanto o ostíolo se fecha.

Seção 12.5 Compostos orgânicos são distribuídos através de uma planta por **translocação**. Células companheiras transportam ativamente açúcares e outros produtos orgânicos da fotossíntese para tubos crivados do floema em regiões **onde são produzidos**. As moléculas são descarregadas dos vasos em regiões de **drenagem**. De acordo com a **teoria do fluxo de pressão**, o movimento de fluido através do floema é orientado pelos gradientes de pressão e de soluto.

Questões
Respostas no Apêndice III

1. Carbono, hidrogênio e oxigênio são _____ da planta.
   a. macronutrientes
   b. micronutrientes
   c. elementos irrisórios
   d. elementos essenciais
   e. respostas a e d

2. Uma estria de _____ entre as paredes de células endodérmicas força água e solutos a atravessar essas células em vez de se mover em volta delas.

Figura 12.12 Resumo de processos que sustentam o crescimento da planta.

Exercício de análise de dados

Plantas utilizadas para fitorremediação absorvem poluentes orgânicos do solo ou do ar, depois transportam as substâncias químicas para tecidos da planta, onde são armazenadas ou decompostas. Pesquisadores agora produzem plantas transgênicas com maior capacidade de absorver ou decompor toxinas.

Em 2007, Sharon Doty e seus colegas publicaram os resultados de seus esforços para produzir plantas úteis para a fitorremediação de solo e ar contendo solventes orgânicos. Os pesquisadores utilizaram a *Agrobacterium tumefaciens* para fornecer um gene de mamífero a álamos. O gene codifica o citocromo P450, um tipo de enzima que contém heme envolvida no metabolismo de uma gama de moléculas orgânicas, incluindo solventes como o TCE. Os resultados dos testes de um dos pesquisadores nessas plantas transgênicas são mostrados na Figura 12.13.

1. Quantas plantas transgênicas os pesquisadores testaram?
2. Em que grupo os pesquisadores viram a taxa mais lenta de absorção de TCE? E a mais rápida?
3. No dia 6, qual foi a diferença entre o conteúdo de TCE no ar em volta de plantas transgênicas e o em volta de plantas de controle de vetor?
4. Presumindo que nenhum outro experimento foi realizado, que duas explicações existem para os resultados deste experimento? Que outro controle os pesquisadores podem ter utilizado?

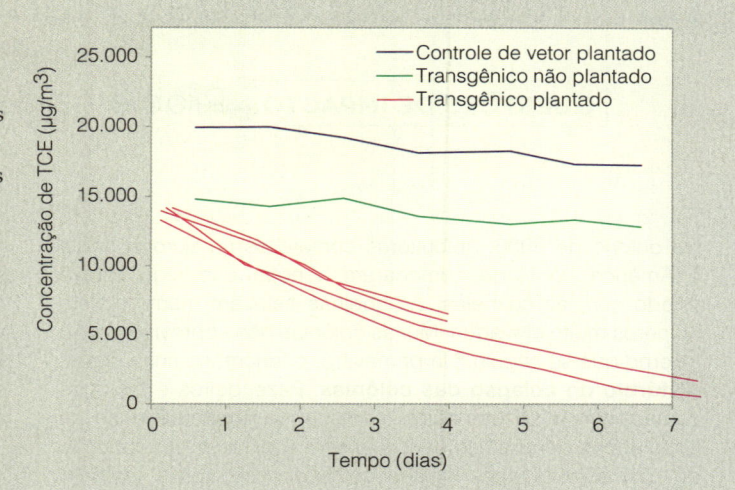

Figura 12.13 Resultados de testes em álamos transgênicos. Árvores plantadas foram incubadas em contêineres vedados com uma quantia inicial de 15 mil microgramas de TCE (tricloroetileno) por metro cúbico de ar. Amostras de ar nos contêineres foram coletadas diariamente e medidas quanto ao conteúdo de TCE. Os controles incluíram uma árvore transgênica para um plasmídeo *Ti* sem citocromo P450 nele (controle de vetor), e uma árvore transgênica de raízes expostas (não plantada no solo).

---

3. Um cilindro vascular consiste de células de _____.
 a. exoderme
 b. endoderme
 c. córtex da raiz
 d. xilema e floema
 e. respostas b e d
 f. todas as anteriores

4. A nutrição de algumas plantas depende de uma associação raiz-fungo conhecida como _____.
 a. nódulo de raiz
 b. micorriza
 c. pelo da raiz
 d. hifa da raiz

5. A evaporação de água de partes da planta é chamada de _____.
 a. translocação
 b. expiração
 c. transpiração
 d. tensão

6. O transporte de água das raízes às folhas ocorre principalmente devido a _____.
 a. fluxo de pressão
 b. diferenças nas concentrações de soluto na fonte e no dreno
 c. força de bombeamento dos vasos do xilema
 d. transpiração e coesão de moléculas de água

7. Os estômatos se abrem em resposta a luz quando _____.
 a. células-guarda bombeiam íons para dentro de seu citoplasma
 b. células-guarda bombeiam íons para fora de seu citoplasma

8. Traqueídes são parte do _____.
 a. córtex
 b. mesofilo
 c. floema
 d. xilema

9. Tubos crivados são parte do _____.
 a. córtex
 b. mesofilo
 c. floema
 d. xilema

10. Quando o solo está seco, o(a) _____ atua sobre as células-guarda e inicia o fechamento dos estômatos.
 a. temperatura do ar
 b. umidade
 c. ácido abscísico
 d. oxigênio

11. Una os conceitos de nutrição e transporte de plantas.
 ___ estômatos
 ___ nutriente da planta
 ___ dreno
 ___ sistema de raízes
 ___ ligações de hidrogênio
 ___ transpiração
 ___ translocação

 a. evaporação de partes da planta
 b. retira água e nutrientes do solo
 c. equilibram a perda de água com a troca de gases
 d. coesão no transporte de água
 e. açúcares descarregados dos tubos crivados
 f. compostos orgânicos distribuídos pelo corpo da planta
 g. elemento essencial

Raciocínio crítico

1. Jardineiros e fazendeiros bem-sucedidos garantem que suas plantas obtenham nitrogênio suficiente de bactérias fixadoras de nitrogênio ou fertilizantes. Que moléculas biológicas incorporam nitrogênio? A deficiência de nitrogênio prejudica o crescimento de plantas; as folhas ficam amarelas e morrem. Como a deficiência de nitrogênio causaria esses sintomas?

2. Ao mover uma planta de um local para outro, é mais provável que ela sobreviva se uma parte do solo nativo em volta de suas raízes for transferida com ela. Formule uma hipótese que explique essa observação.

3. Se os estômatos de uma planta ficarem abertos, ou fechados, o tempo inteiro, ela morrerá. Por quê?

4. Allen está estudando a taxa na qual tomateiros absorvem água do solo. Ele observa que vários fatores ambientais, incluindo vento e umidade relativa, afetam a taxa.

Explique como eles podem fazer isso.

13 | Reprodução das Plantas

QUESTÕES DE IMPACTO | Problema das Abelhas

No outono de 2006, apicultores comerciais na Europa, Índia e América do Norte começaram a notar que algo estava errado com as colmeias. As abelhas estavam morrendo em números muito elevados. Muitas colônias não sobreviveram no inverno que se seguiu. Na primavera, o fenômeno tinha nome: **distúrbio do colapso das colônias**. Fazendeiros e biólogos começaram a se preocupar com o que aconteceria se as populações de abelhas continuassem a diminuir. A produção de mel sofreria, mas muitas colheitas comerciais também entrariam em colapso.

Quase todas as nossas colheitas provêm de plantas com flores. Essas plantas produzem grãos de pólen que produzem células espermáticas. As abelhas são polinizadoras; elas levam pólen de uma planta para outra, polinizando as flores. Tipicamente, a flor não desenvolverá um fruto a menos que receba pólen de outra flor. Até mesmo plantas com flores que podem se autopolinizar tendem a produzir frutos maiores e em maior quantidade quando ocorre a polinização cruzada (Figura 13.1).

Muitos tipos de insetos polinizam plantas, mas as abelhas são polinizadoras especialmente eficientes de uma variedade de espécies de plantas. Elas também são as únicas que toleram viver em colmeias artificiais que podem ser carregadas em caminhões e transportadas para onde quer que as colheitas exijam polinização. A perda do serviço de polinização portátil é uma ameaça enorme para a economia agrícola.

Não sabemos o que causa o distúrbio do colapso das colônias. As abelhas podem ser infetadas por uma variedade de pestes e doenças que podem ser parte do problema. Por exemplo, o vírus da paralisia aguda israelita foi descoberto em muitas colmeias afetadas. Os praguicidas podem também estar causando efeitos adversos. Nos últimos anos, neonicotinoides passaram a ser amplamente usados nos Estados Unidos. Essas substâncias químicas são inseticidas sistêmicos, o que significa que eles são absorvidos por todos os tecidos vegetais, incluindo o néctar e o pólen que as abelhas coletam. Os neonicotinoides são altamente tóxicos para as abelhas.

O distúrbio do colapso das colônias está atualmente em foco, pois afeta nosso suprimento de alimentos. Porém, outras populações de polinizadores também estão encolhendo. A perda de *habitat* é provavelmente o fator principal, mas os praguicidas que prejudicam as abelhas também prejudicam outros polinizadores.

As plantas com flores dominam, em parte, porque coevoluíram com os animais polinizadores. A maioria das flores é especializada para atrair e ser polinizada por uma espécie ou tipo de polinizador específico. Essas adaptações colocam as plantas em risco de extinção se as populações polinizadoras coevoluídas diminuírem. As espécies de animais selvagens que dependem das plantas para obter frutos e sementes também serão afetadas. Reconhecer a importância dessas interações é nosso primeiro passo em direção à descoberta de caminhos eficientes para protegê-las.

Figura 13.1 Importância dos insetos polinizadores. (**a**) As abelhas são polinizadoras eficientes para uma variedade de flores, incluindo as que formam frutos do tipo baga. (**b**) As flores da framboesa são capazes de se autopolinizarem, mas o fruto que se forma da flor autofecundada é de qualidade mais baixa que uma flor de polinização cruzada. As duas bagas à *esquerda* se formaram a partir de flores autopolinizadas. A da *direita* se formou a partir de uma flor polinizada por inseto.

Conceitos-chave

Estrutura e função das flores
As flores são estruturas especializadas para a reprodução. Folhas modificadas formam suas partes. As células produtoras de gametas se desenvolvem em suas estruturas reprodutivas; outras partes, como pétalas, são adaptadas para atrair e recompensar os polinizadores. **Seções 13.1, 13.2**

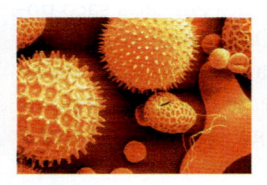

Formação de gametas e fecundação
Os gametófitos masculinos e femininos se desenvolvem dentro das partes reprodutoras das flores. Em plantas com flores, a polinização é seguida por fecundação dupla. Como nos animais, os sinais são a chave para o sexo. **Seções 13.3, 13.4**

Sementes e frutos
Depois da fecundação, os óvulos originam as sementes, cada uma com um embrião e com tecidos que o nutrem e o protegem. À medida que as sementes se desenvolvem, tecidos do ovário e muitas vezes de outras partes da flor originam frutos, que fazem a dispersão de sementes. **Seções 13.5, 13.6**

Reprodução assexuada em plantas
Muitas espécies de plantas se reproduzem assexuadamente por reprodução vegetativa. Os seres humanos se aproveitam dessa propensão natural propagando plantas assexuadamente para agricultura e pesquisa. **Seção 13.7**

Neste capítulo

- Uma revisão do que você sabe sobre organização de tecidos vegetais e ciclos de vida das plantas será útil ao examinamos em detalhes algumas adaptações reprodutivas que contribuíram para o sucesso evolutivo das plantas com flores.
- Este capítulo trata de alguns processos evolutivos que resultaram no espectro atual de diversidade estrutural em plantas com flores.
- Você utilizará seu conhecimento sobre as proteínas de membrana enquanto aprende mais sobre sinalização celular e desenvolvimento na reprodução de plantas.

Qual sua opinião? Os inseticidas sistêmicos entram no néctar e pólen das plantas com flores e assim podem envenenar abelhas e outros insetos polinizadores. Para proteger os polinizadores, o uso dessas substâncias químicas deveria ser restringido? Conheça a opinião de seus colegas e apresente seus argumentos a eles.

13.1 Estruturas reprodutivas das plantas com flores

- As estruturas reprodutoras especializadas chamadas flores consistem em conjuntos de folhas modificadas.

O esporófito domina o ciclo de vida das plantas com flores. Um **esporófito** é uma planta produtora de esporos diploides originados por divisões celulares mitóticas de um óvulo fecundado.

As flores são estruturas reprodutoras especializadas da fase esporofítica das angiospermas. Os esporos que se formam por meiose dentro das flores originam **gametófitos** haploides ou estruturas nos quais gametas haploides se formam por mitose.

Anatomia de uma flor

Uma flor se forma quando uma gema lateral ao longo do caule de um esporófito se desenvolve em uma pequena estrutura modificada chamada receptáculo. Os genes principais que ficam ativos no meristema apical do caule comandam a formação de uma flor.

As pétalas e outras partes de uma flor típica são folhas modificadas que se formam a partir de quatro verticilos florais ou quatro anéis (verticilos) na base da flor. O verticilo mais externo se desenvolve em um cálice, que é um anel de sépalas (Figura 13.2a). As sépalas da maioria das flores são fotossintéticas e imperceptíveis; elas servem para proteger as partes reprodutoras da flor.

Dentro do cálice, as pétalas coletivamente formam a corola (do latim *corona* ou coroa). As pétalas são geralmente as partes maiores e mais coloridas da flor. Elas funcionam principalmente para atrair polinizadores.

Um conjunto de estames se forma dentro do anel de pétalas. Os **estames** são as partes masculinas da flor. Na maioria das flores, eles são constituídos por uma haste fina com uma antera na ponta. Dentro de uma antera típica existem dois pares de bolsas alongadas chamadas sacos polínicos. A meiose de células diploides em cada saco polínico produz esporos haploides. Os esporos se diferenciam em **grãos de pólen**, que são gametófitos masculinos maduros. O revestimento resistente de um grão de pólen é parecido com uma mala que carrega e protege as células em sua jornada para encontrar um óvulo.

O verticilo de folhas modificadas mais interno é dobrado e fundido em **carpelos**, as partes femininas da flor. Os carpelos são às vezes chamados de pistilos. Muitas flores têm um carpelo; outras têm vários carpelos ou vários grupos de carpelos, que podem se fundir (Figura 13.2b).

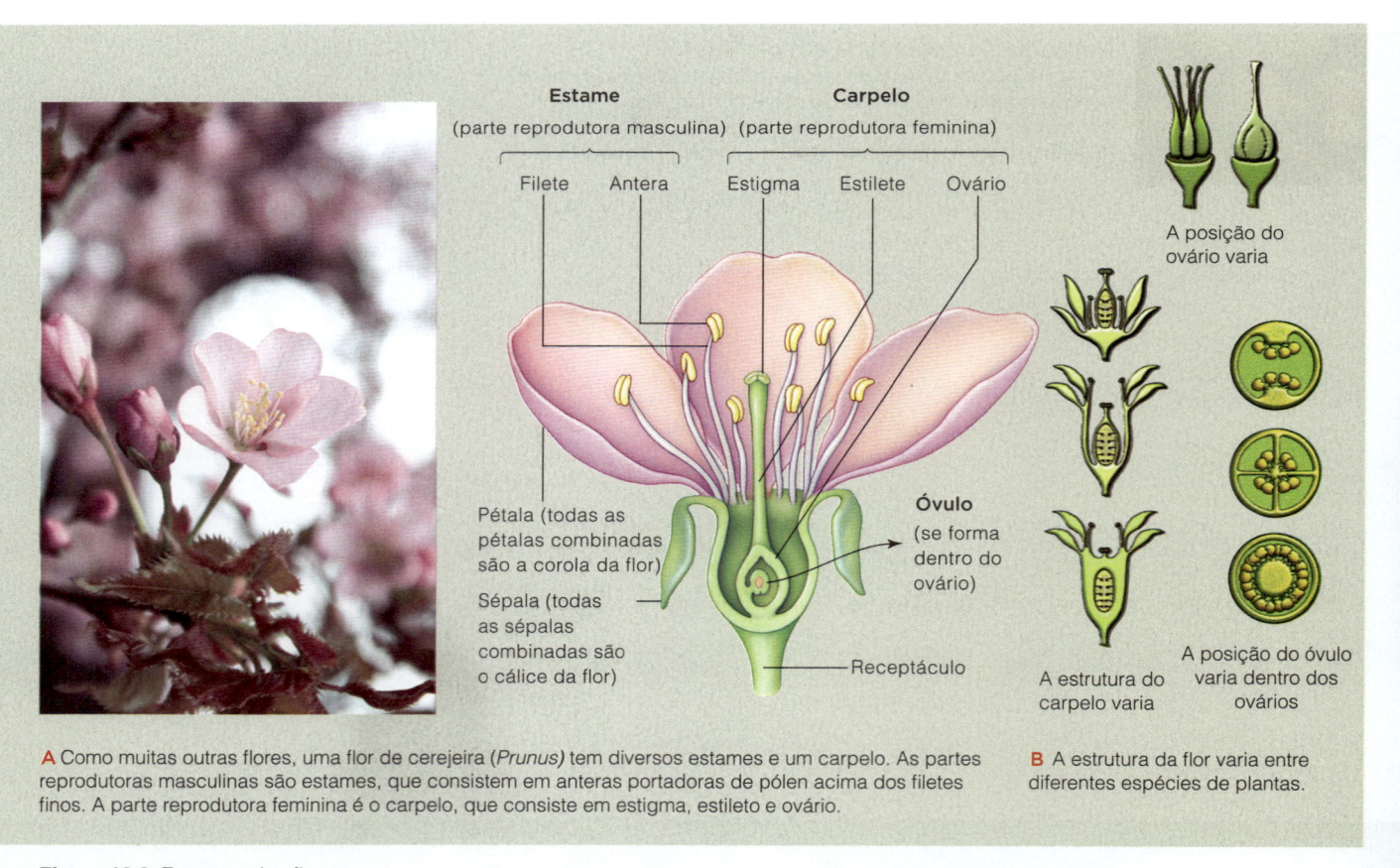

A Como muitas outras flores, uma flor de cerejeira (*Prunus*) tem diversos estames e um carpelo. As partes reprodutoras masculinas são estames, que consistem em anteras portadoras de pólen acima dos filetes finos. A parte reprodutora feminina é o carpelo, que consiste em estigma, estilete e ovário.

B A estrutura da flor varia entre diferentes espécies de plantas.

Figura 13.2 Estrutura das flores.

A região superior de um carpelo, um estigma pegajoso ou peludo, é especializada em prender os grãos de pólen. Frequentemente, o estigma fica em cima de uma haste fina chamada estilete. A região dilatada mais baixa de um carpelo é o **ovário**, que contém um ou mais óvulos. Um **óvulo** é uma protuberância minúscula de tecido dentro do ovário. Uma célula no óvulo sofre meiose e origina o gametófito haploide feminino.

Na fecundação, um zigoto diploide se forma quando gametas masculinos e femininos se encontram dentro de um ovário. O óvulo então origina uma semente. O ciclo de vida da planta é completado quando a semente germina e um novo esporófito se forma (Figura 13.3). Nós retornaremos à fecundação e desenvolvimento de sementes nas próximas seções.

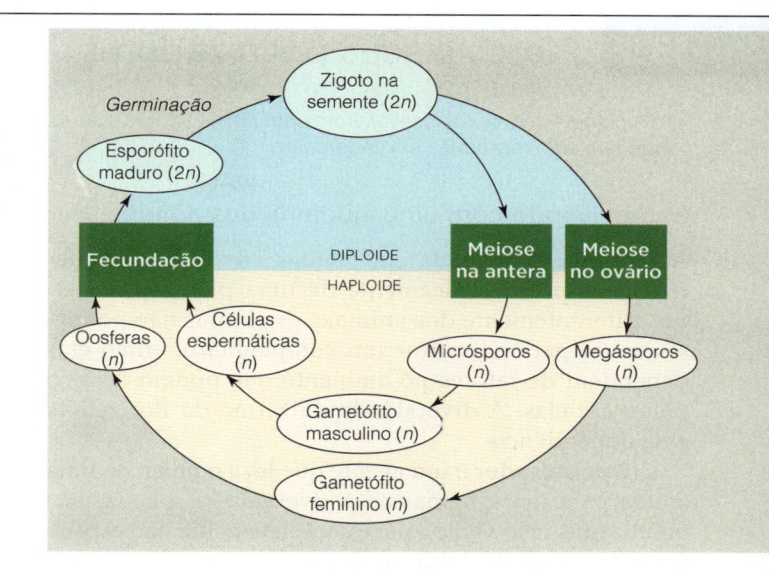

Figura 13.3 Ciclo de vida de uma planta com flor típica.

Diversidade da estrutura da flor

Mutações em alguns genes principais dão origem às variações dramáticas na estrutura da flor. Nós vemos muitas dessas variações na gama de diversidade de plantas com flores.

Flores regulares são simétricas ao redor de seu centro fixo: se a flor fosse cortada como uma torta, os pedaços seriam quase idênticos (Figura 13.4a). Flores irregulares não são radialmente simétricas (Figura 13.4b). As flores podem se formar como flores únicas ou em agrupamentos chamados inflorescências. Algumas espécies, como os girassóis (*Helianthus*), têm inflorescências que na verdade são composições de muitas flores agrupadas em um capítulo. Outros tipos de inflorescência incluem formas como guarda-chuvas (Figura 13.4c) ou picos alongados (Figura 13.4d).

Uma flor de cerejeira (Figura 13.2) tem todos os quatro conjuntos de folhas modificadas (sépalas, pétalas, estames e carpelos), então ela é chamada de flor completa. Flores incompletas não têm uma ou mais dessas estruturas (Figura 13.4e). As flores de cerejeira também são chamadas de flores perfeitas, porque elas têm tanto estames como carpelos.

As flores perfeitas podem ser fecundadas por pólen de outras plantas ou podem se autopolinizar. A autopolinização pode ser adaptável em situações onde as plantas são bem espaçadas, como em áreas recém-colonizadas. Porém, em geral, a descendência de flores autopolinizadas tende a ser menos vigorosa que a das plantas de polinização cruzada. Consequentemente, adaptações de muitas espécies de plantas incentivam ou até exigem esse tipo de polinização.

Por exemplo, o pólen pode ser lançado das anteras de uma flor somente depois que seu estigma não é mais receptivo a ser fecundado por pólen. Outro exemplo, as flores imperfeitas de algumas espécies têm estames ou carpelos, mas não ambos. Dependendo da espécie, flores masculinas e femininas separadas se formam em plantas diferentes ou na mesma planta.

Figura 13.4 Exemplos de variação estrutural em flores. (**a**) Rosa ártica (*Rosa Acicularis*), uma flor regular; (**b**) sálvia branca (*Salvia apiana*), uma flor irregular; (**c**) cenoura (*Daucus carota*), uma inflorescência em forma de guarda-chuva; (**d**) iúca (*Yucca sp.*), uma inflorescência alongada e (**e**) *Thalictrum pubescens*, uma flor incompleta que tem estames, mas nenhuma pétala.

Para pensar

O que são flores?

- As flores são estruturas reprodutoras do esporófito. As diferentes partes de uma flor (sépalas, pétalas, estames e carpelos) são folhas modificadas.
- As partes masculinas das flores são estames, que tipicamente são constituídos por um filete com uma antera na ponta. O pólen se forma dentro das anteras.
- As partes femininas das flores são carpelos, que tipicamente são constituídos por estigma, estilete e ovário. Os gametófitos femininos haploides produzem oosferas dentro de óvulos no ovário.
- As flores variam em estrutura. Muitas das variações são adaptações que maximizam a chance de polinização cruzada da planta.

13.2 Flores e seus polinizadores

- As plantas com flores coevoluíram com polinizadores que as ajudam a se reproduzir sexuadamente.

Sobrevivendo com uma ajudinha dos amigos

A reprodução sexuada em plantas envolve a transferência de pólen, tipicamente de uma planta para outra. Diferentemente dos animais, as plantas não podem se mover para encontrar um companheiro, então elas dependem de fatores no ambiente que podem levar o pólen até elas. A diversidade da forma da flor reflete essa dependência.

Um **polinizador** é um agente que leva o pólen de uma antera para um estigma compatível. Muitas plantas são polinizadas pelo vento, que é completamente não específico sobre onde ele deixa o pólen. Essas plantas frequentemente lançam grãos de pólen aos bilhões, seguras de que um pouco desse pólen alcançará um estigma receptivo.

Figura 13.6 *No lado oposto*, flores de um cacto saguaro gigante (*Carnegia gigantea*). Durante o dia, pássaros e insetos se alimentam do néctar dessas grandes flores brancas e, durante a noite, morcegos. As flores oferecem um néctar doce.

Outras plantas requerem a ajuda de **polinizadores** — agentes de polinização vivos — para transferir pólen entre indivíduos da mesma espécie. Um inseto, um pássaro ou outro animal que é atraído para uma flor em particular muitas vezes coleta o pólen em uma visita, então transfere inadvertidamente para a flor de uma planta diferente em uma visita posterior. Quanto mais específica a atração, mais eficiente a transferência de pólen entre plantas da mesma espécie. Dada a vantagem seletiva por características de flores que atrai polinizadores específicos, não é de surpreender que aproximadamente 90% das plantas com flores têm animais polinizadores coevoluídos.

O formato, o padrão, a cor e a fragrância da flor são as adaptações que atraem animais específicos (Tabela 13.1). Por exemplo, as pétalas de flores polinizadas por abelhas normalmente são brancas, amarelas ou azuis, tipicamente com pigmentos que refletem a luz ultravioleta. Esses pigmentos refletores de UV são frequentemente distribuídos em padrões que as abelhas conseguem reconhecer como guias visuais para o néctar (Figura 13.5). Vemos esses padrões somente com câmeras com filtros especiais; nossos olhos não têm receptores que respondem à luz UV.

Polinizadores como morcegos e mariposas têm um olfato excelente e podem seguir gradientes de concentração de substâncias químicas aerotransportadas para uma flor que as está emitindo (Figura 13.6). Nem todas as flores têm cheiro doce; odores como de esterco ou carne podre chamam a atenção de besouros e moscas.

A recompensa do animal para uma visita à flor pode ser o **néctar** (um fluido doce exsudado pelas flores), óleos, pólen nutritivo ou até a ilusão de copular (Figura 13.7). O néctar é o único alimento para a maioria das borboletas adultas e é o alimento de escolha para os beija-flores. As abelhas coletam néctar e o convertem em mel, que ajuda na alimentação das abelhas no inverno. O pólen é um alimento ainda muito mais rico, com mais vitaminas e minerais que o néctar.

Muitas flores têm especializações que excluem não polinizadores. Por exemplo, o néctar na parte inferior de um longo tubo floral ou espora é frequentemente acessível so-

Figure 13.5 Abelhas como polinizadoras. (**a**) A abelha do mirtilo (*Osmia ribifloris*) é uma polinizadora eficiente em diversas plantas, inclusive esta bérberis (*Berberis*). (**b**) Como vemos uma calêndula dourada. (**c**) Padrão de atração para a abelha da mesma flor. Podemos ver esse padrão refletor de luz UV somente com câmera com filtros especiais.

Tabela 13.1 Características comuns de flores polinizadas por vetores animais específicos

Característica floral	Vetor						
	Morcegos	Abelhas	Besouros	Pássaros	Borboletas	Moscas	Mariposas
Cor:	Branco fosco, verde, roxo	Branco vivo, amarelo, azul, UV	Branco fosco ou verde	Escarlate, laranja, vermelho, branco	Cores vivas, como vermelho, roxo	Marrom ou roxo desbotado, escuro	Vermelho pálido, fosco, rosa, roxo, branco
Odor:	Forte, bolorento, emitido à noite	Fresco, leve, agradável	Inodoro a forte	Nenhum	Fraco, fresco	Pútrido	Forte, doce, emitido à noite
Néctar:	Abundante, escondido	Geralmente	Às vezes, não escondido	Abundante, profundamente escondido	Abundante, profundamente escondido	Geralmente ausente	Abundante, profundamente escondido
Pólen:	Abundante	Limitado, muitas vezes grudento, perfumado	Abundante	Modesto	Limitado	Modesto	Limitado
Formato:	Regular, formato de tigela, fechado durante o dia	Raso com plataforma de pouso; tubular	Formato de tigela grande	Copos em forma de funis grandes, galho forte	Tubo estreito com aguilhão; grande plataforma de pouso	Formato de funil ou armadilha rasa e complexa	Regular; formato de tubo sem borda
Exemplos:	Banana, agave	Espora, violeta	Magnólia, cornsio	Fúcsia, hibisco	Flox	*Symplocarpus foctidus*, filodendro	Tabaco, lírio, alguns cactos

mente a determinado polinizador que tem um dispositivo de alimentação apropriado.

Muitas vezes, estames adaptados a esfregar contra o corpo do polinizador só liberarão os grãos de pólen quando ativados por aquele polinizador. Essas relações servem para vantagem mútua das espécies: a flor que cativa a atenção de um animal tem um polinizador que passa seu tempo buscando (e polinizando) somente aquelas flores; o animal recebe uma recompensa oferecida pela planta.

Para pensar

Qual é o propósito das características não reprodutivas das flores?

- O formato, padrão, cor e fragrância das flores atraem polinizadores coevoluídos.
- Os polinizadores são frequentemente recompensados pela visita a uma flor através da obtenção de pólen nutritivo ou néctar doce.

Figura 13.7 Conexões íntimas. (**a**) Mariposas (*Zygaena filipendulae*), quando estão prontas para acasalar, se empoleiram nas flores roxas — de preferência nas "knautias" (*Knautia arvensis*). A combinação visual atrai os machos. (**b**) Uma orquídea zebrada (*Caladenia cairnsiana*) imita o odor de uma vespa. As vespas seguem o odor até a flor, então tentam copular e erguer a massa vermelha escura de tecido na borda. Os movimentos da vespa ativam a borda que esfrega as costas da vespa contra o estigma da flor e o pólen.

13.3 Começo de uma nova geração

- Em plantas com flores, a fecundação tem dois resultados: resulta em um zigoto e é o início do endosperma, que é um tecido nutritivo que nutre o embrião.

Formação de micrósporo e megásporo

A Figura 13.8 mostra de perto o ciclo de vida de uma planta com flor. Do lado masculino, massas de células diploides produtoras de esporos se formam por mitose nas anteras. Tipicamente, paredes se desenvolvem em torno das massas de células para formar quatro sacos polínicos (Figura 13.8a). Cada célula dentro dos sacos polínicos sofre meiose, formando quatro **micrósporos** haploides (Figura 13.8b).

A mitose e a diferenciação dos micrósporos produzem grãos de pólen. Cada grão de pólen é constituído por um revestimento resistente que cerca duas células, uma dentro do citoplasma da outra (Figura 13.8c). Depois de um período de dormência, os sacos polínicos se abrem e o pólen é lançado da antera (Figura 13.8d).

No lado feminino, uma massa de tecido — o óvulo — começa a crescer na parede interna de um ovário (Figura 13.8e). Uma célula no meio da massa sofre meiose e divisão citoplasmática, formando quatro **megásporos** haploides (Figura 13.8f).

Três dos quatro megásporos tipicamente se desintegram. O megásporo restante sofre três ciclos de mitose sem divisão citoplasmática. O resultado é uma célula única com oito núcleos haploides (Figura 13.8g). O citoplasma dessa célula se divide desigualmente e o resultado é um saco embrionário com sete células que constitui o gametófito feminino (Figura 13.8h). O gametófito é envolto e protegido por camadas de células chamadas tegumentos ovulares, que se desenvolveram a partir do tecido do óvulo. Uma das células na gametófita, a **célula-mãe do endosperma**, tem dois núcleos ($n + n$). Outra célula é a oosfera.

Polinização e fecundação

A **polinização** se refere à chegada de um grão de pólen em um estigma receptivo. Interações entre as duas estruturas estimulam o grão de pólen a retomar a atividade metabólica (germinar). Uma das duas células no grão de pólen então se desenvolve em uma estrutura tubular chamada tubo polínico. A outra célula sofre mitose e divisão citoplasmática, produzindo duas células espermáticas (os gametas masculinos) dentro do tubo polínico. O tubo polínico, juntamente com seu conteúdo de gametas masculinos, constitui o gametófito maduro (Figura 13.8d).

O tubo polínico cresce pelo carpelo e ovário em direção ao óvulo, carregando consigo duas células espermáticas. Sinais químicos secretados pelo gametófito feminino guiam o crescimento do tubo para o saco embrionário dentro do óvulo. Muitos tubos polínicos podem crescer em um carpelo, mas só um tipicamente penetra no saco embrionário. As células espermáticas são então lançadas no saco embrionário (Figura 13.8i). As plantas com flores sofrem **fecundação dupla**: uma das células espermáticas

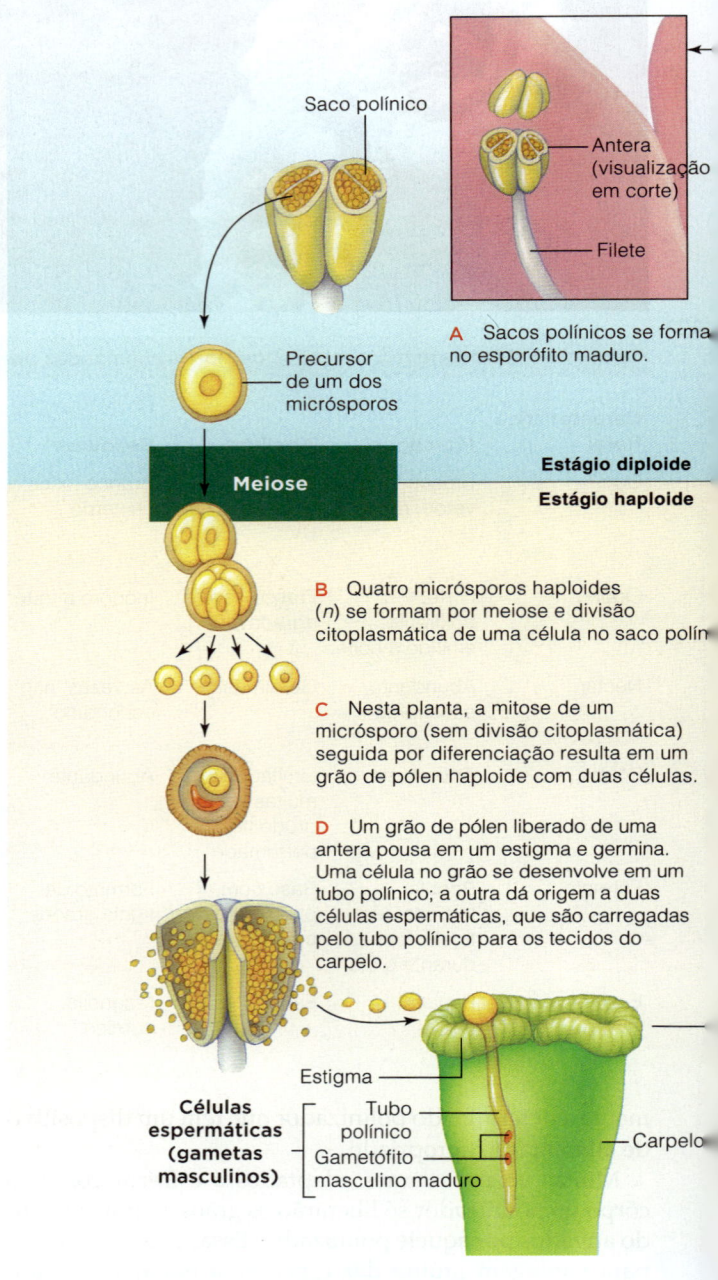

Figura 13.8 Ciclo de vida da cerejeira (*Prunus*), uma eudicotiledônea.
Resolva: Que estrutura dá origem a um grão de pólen por mitose?
Resposta: Um micrósporo.

A Sacos polínicos se formam no esporófito maduro.

B Quatro micrósporos haploides (n) se formam por meiose e divisão citoplasmática de uma célula no saco polínico.

C Nesta planta, a mitose de um micrósporo (sem divisão citoplasmática) seguida por diferenciação resulta em um grão de pólen haploide com duas células.

D Um grão de pólen liberado de uma antera pousa em um estigma e germina. Uma célula no grão se desenvolve em um tubo polínico; a outra dá origem a duas células espermáticas, que são carregadas pelo tubo polínico para os tecidos do carpelo.

Esporófito

Plântula (2n)

Revestimento da semente
Embrião (2n)
Endosperma (3n)

Semente

Ovário (visualização em corte)

Parede do ovário

Um óvulo

Célula dentro do tecido ovular

E Em uma flor de um esporófito maduro, um óvulo se forma dentro de um ovário. Uma das células no óvulo aumenta.

Fecundação dupla

Estágio diploide
Estágio haploide

Meiose

Tubo polínico

Célula-mãe do endosperma (n + n)

Oosfera (n)

Gametófito feminino

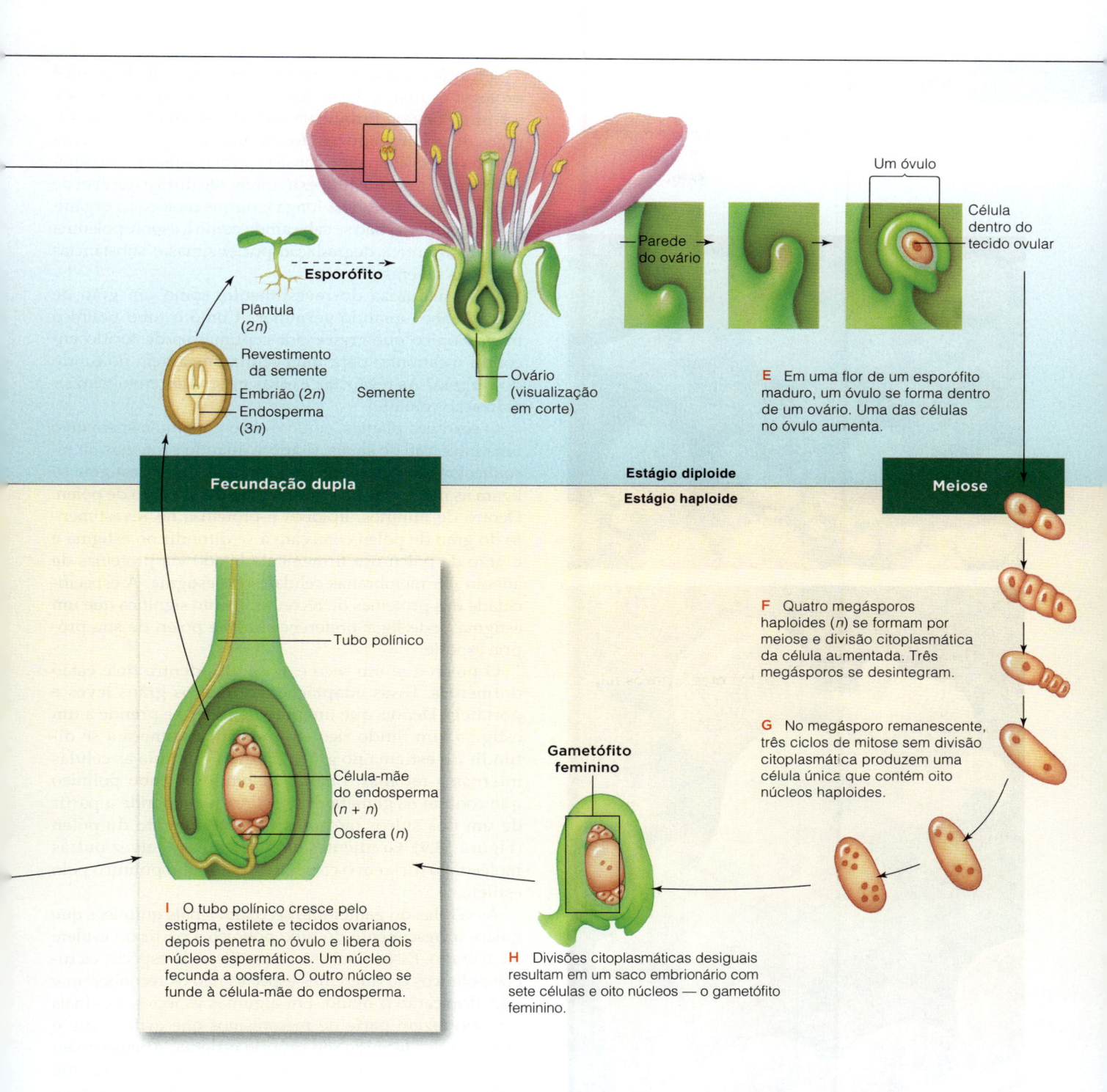

F Quatro megásporos haploides (n) se formam por meiose e divisão citoplasmática da célula aumentada. Três megásporos se desintegram.

G No megásporo remanescente, três ciclos de mitose sem divisão citoplasmática produzem uma célula única que contém oito núcleos haploides.

I O tubo polínico cresce pelo estigma, estilete e tecidos ovarianos, depois penetra no óvulo e libera dois núcleos espermáticos. Um núcleo fecunda a oosfera. O outro núcleo se funde à célula-mãe do endosperma.

H Divisões citoplasmáticas desiguais resultam em um saco embrionário com sete células e oito núcleos — o gametófito feminino.

do tubo polínico se funde com (fecunda) a oosfera e forma um zigoto diploide.

Os outros se fundem à célula-mãe do endosperma, formando uma célula triploide (3n). Essa célula dará origem ao **endosperma** triploide, um tecido nutritivo que se forma somente em sementes de plantas com flores. Logo depois que a semente germina, o endosperma sustentará o crescimento do esporófito até que folhas verdadeiras se formem e a fotossíntese comece.

Para pensar

Como a fecundação acontece nas plantas com flores?

- Em plantas com flores, os gametófitos masculinos se formam nos grãos de pólen; gametas femininos se formam nos óvulos. A polinização acontece quando o pólen chega a um estigma receptivo.
- Um grão de pólen germina em um estigma receptivo como um tubo polínico contendo gametas masculinos. O tubo polínico cresce no carpelo e entra em um óvulo. A fecundação dupla acontece quando um dos gametas masculinos se funde à oosfera e o outro com a célula-mãe do endosperma.

13.4 Sexo da flor

- As interações entre o grão de pólen e o estigma regem a germinação do pólen e crescimento do tubo polínico.

A função principal do revestimento do grão de pólen é proteger as duas células dentro dele durante o que pode ser uma longa e turbulenta jornada até um estigma. Os grãos de pólen produzem fósseis incríveis, pois a camada externa do revestimento consiste principalmente em esporopolenina, uma mistura extremamente dura e durável de ácidos graxos de cadeia longa e outras moléculas orgânicas. Na verdade, não se sabe ainda como a esporopolenina é tão resistente à degradação por enzimas e substâncias químicas severas.

Dada a dureza do revestimento, como um grão de pólen "sabe" quando germinar? Como o tubo polínico microscópico que cresce por centímetros de tecido encontra o caminho para uma célula única bem no fundo do carpelo? As respostas a essas perguntas envolvem sinalização celular.

O sexo nas plantas, como o sexo em animais, envolve uma interação de sinais. Começa quando proteínas de reconhecimento nas células epidérmicas de um estigma se ligam às moléculas no revestimento de um grão de pólen. Dentro de minutos, lipídeos e proteínas no revestimento do grão de pólen começam a se difundir no estigma e o grão de pólen fica firmemente ligado via proteínas de adesão em membranas celulares do estigma. A especificidade das proteínas de reconhecimento significa que um estigma pode ligar preferencialmente pólen de sua própria espécie.

O pólen é muito seco e as células dentro dele estão dormentes. Essas adaptações tornam os grãos leves e portáteis. Depois que um grão de pólen se prende a um estigma, um fluido rico em nutrientes começa a se difundir do estigma no grão. O fluido estimula as células internas a retomar o metabolismo e um tubo polínico que contém os gametas masculinos se expande a partir de um dos sulcos ou poros no revestimento do pólen (Figura 13.9). Gradientes de nutrientes (e talvez outras moléculas) dirigem o crescimento do tubo polínico pelo estilete.

As células do gametófito secretam sinais químicos que guiam o crescimento do tubo polínico a partir do estilete até o óvulo. Esses sinais são específicos da espécie; os tubos polínicos de diferentes espécies não os reconhecem e não alcançarão o óvulo. Em algumas espécies, os sinais também fazem parte de mecanismos que evitam que o pólen da flor fecunde seu próprio estigma. Apenas pólen de outra flor (ou outra planta) pode dar origem a um tubo polínico que reconhece as instruções químicas do gametófito feminino.

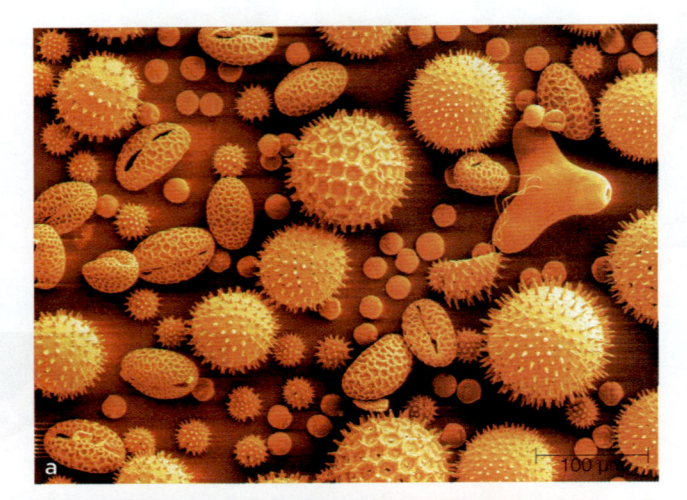

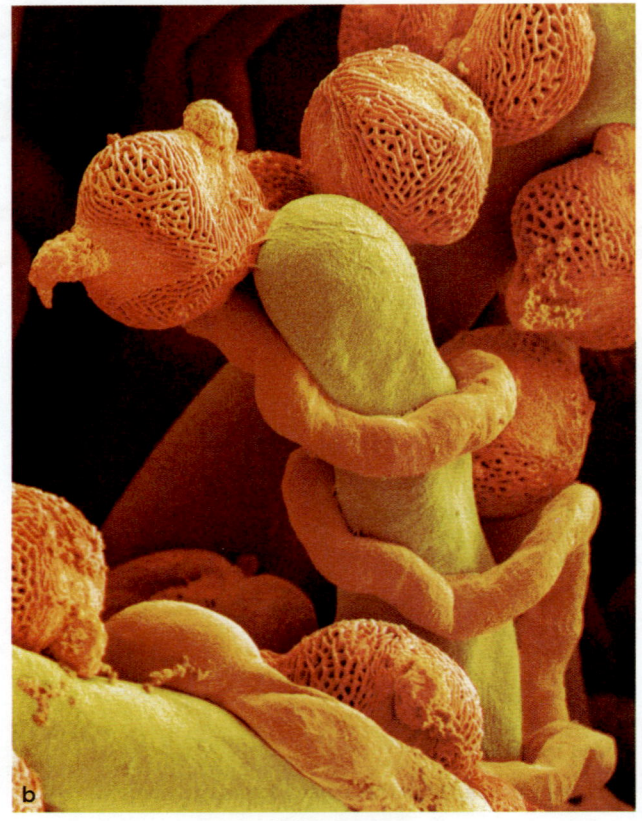

Figura 13.9 Pólen. (**a**) Grãos de pólen de várias espécies. Os revestimentos de pólen primorosamente esculpidos são adaptados para aderir-se ao corpo dos insetos; os revestimentos lisos são adaptados para dispersão com o vento. (**b**) Tubos polínicos crescem a partir de grãos de pólen (*laranja*), que germinam em estigmas (*amarelos*) de genciana de pradaria (*Gentiana*). Sinais moleculares guiam o crescimento do tubo polínico pelos tecidos do carpelo até o óvulo.

Para pensar

O que constitui o sexo nas plantas?

- Sinais moleculares específicos da espécie estimulam a germinação do pólen e guiam o crescimento do tubo polínico até o óvulo.
- Em algumas espécies, a especificidade da sinalização também limita a autopolinização.

13.5 Formação da semente

- Depois da fecundação, as divisões celulares mitóticas transformam um zigoto em um embrião envolto em uma semente.

O embrião se forma

Em plantas com flores, a fecundação dupla produz um zigoto e uma célula triploide (3n). Ambos iniciam divisões celulares mitóticas; o zigoto origina um embrião e a célula triploide origina o endosperma (Figura 13.10a-c). Quando o embrião se aproxima da maturidade, tegumentos ovulares se separam da parede do ovário e se tornam camadas do revestimento protetor da semente. O embrião, suas reservas de alimento e o revestimento da semente agora se tornaram um óvulo maduro, um pacote autoacondicionado chamado **semente** (Figura 13.10d). As sementes podem entrar em um período de dormência até que receba os sinais de que as condições no ambiente são apropriadas para a germinação.

Sementes como alimentos

Enquanto o embrião está se desenvolvendo, a planta-mãe transfere nutrientes para o óvulo. Esses nutrientes se acumulam no endosperma principalmente como amido com alguns lipídeos, proteínas ou outras moléculas. Os embriões de eudicotiledôneas transferem nutrientes do endosperma para seus dois cotilédones antes que a germinação aconteça. Os embriões de monocotiledôneas exploram o endosperma somente depois que a semente germina.

Os nutrientes no endosperma e cotilédones nutrem as plântulas. Eles também nutrem seres humanos e outros animais. O arroz (*Oryza sativa*), o trigo (*Triticum*), o centeio (*Secale cereale*), a aveia (*Avena sativa*) e a cevada (*Hordeum vulgare*) estão entre as gramíneas comumente cultivadas por suas sementes ou grãos nutritivos. O embrião (o gérmen) de um grão contém a maior parte da proteína e vitamina da semente, sendo que o revestimento da semente (o farelo) contém a maior parte dos minerais e fibras. A moagem remove o farelo e o gérmen, deixando apenas o endosperma embalado em amido.

O milho (*Zea mays*) é a colheita de grãos mais extensamente cultivada. A pipoca estala porque o endosperma úmido evapora quando aquecido; a pressão se acumula dentro da semente até que ela estoure. Cotilédones de feijão e sementes de ervilha são apreciados por seu amido e proteína; as do café (*Coffea*) e cacau (*Theobroma cacao*), por seus estimulantes.

Para pensar

O que é uma semente?

- Depois da fecundação, o zigoto origina um embrião, o endosperma é enriquecido com nutrientes e os tegumentos ovulares originam um revestimento da semente.
- Uma semente é um óvulo maduro. Ela contém um embrião.

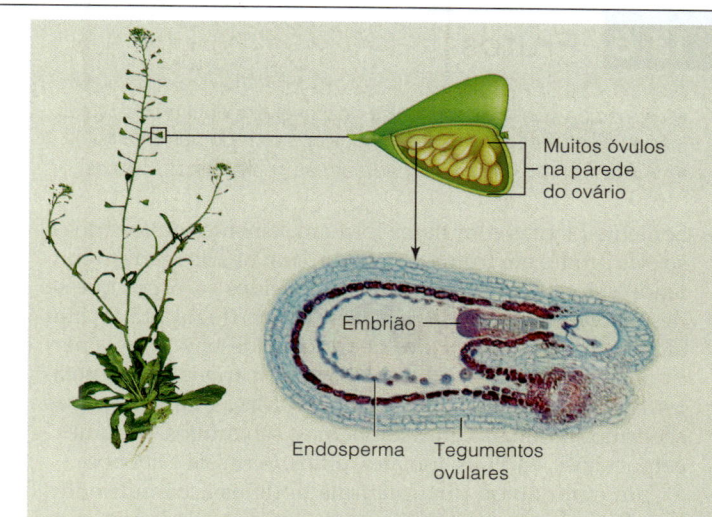

A Depois de fecundação, o ovário da flor *Capsella* origina um fruto. Cercado por tegumentos ovulares, um embrião se forma dentro de cada um dos muitos óvulos do ovário.

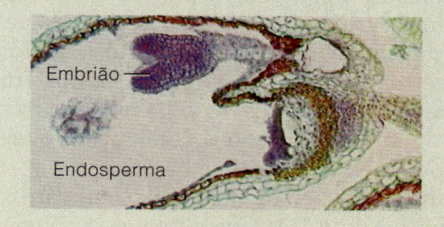

B O embrião tem formato de coração quando os cotilédones começam a se formar. O tecido do endosperma se expande à medida que a planta-mãe transfere nutrientes.

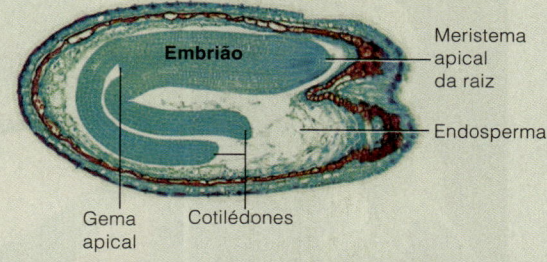

C O embrião em desenvolvimento tem forma de torpedo quando os cotilédones em crescimento se curvam dentro do óvulo.

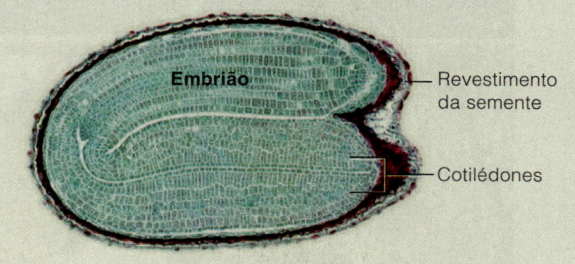

D Um revestimento de semente em camadas que se formou a partir das camadas de tegumentos ovulares cercam o embrião maduro. Em eudicotiledôneas como a *Capsella*, nutrientes foram transferidos do endosperma em dois cotilédones.

Figura 13.10 Desenvolvimento embrionário da bolsa-de-pastor (*Capsella*), uma eudicotiledônea.

13.6 Frutos

- À medida que os embriões se desenvolvem dentro dos óvulos das plantas com flores, os tecidos ao seu redor formam frutos.
- Água, vento e animais dispersam as sementes dos frutos.

Somente plantas com flores formam sementes em ovários e só elas produzem frutos. Um **fruto** é um ovário maduro contendo sementes, muitas vezes com tecidos carnosos que se desenvolvem a partir da parede do ovário (Figura 13.11). Em algumas plantas, os tecidos de frutos se desenvolvem a partir das partes da flor sem ser a parede ovariana (como pétalas, sépalas, estames ou receptáculos). Maçãs, laranjas e uvas são frutos familiares, mas também os são muitos "legumes" como feijões, ervilhas, tomates, grãos, berinjela e abóbora.

Um embrião ou uma plântula pode usar os nutrientes armazenados no endosperma ou nos cotilédones, mas não no fruto. A função do fruto é proteger e dispersar sementes. A dispersão aumenta o sucesso reprodutivo minimizando a competição por recursos entre pais e descendentes e expandindo a área colonizada pela espécie.

Da mesma maneira que a estrutura da flor é adaptada para certos polinizadores, assim são os frutos adaptados para certos vetores de dispersão: fatores ambientais como água ou vento, ou organismos móveis como pássaros ou insetos.

Os frutos dispersos pela água têm camadas externas repelentes à água. Os frutos do junco (*Carex*) nativos dos pantanais americanos têm sementes envoltas em uma estrutura semelhante a uma bexiga que flutua (Figura

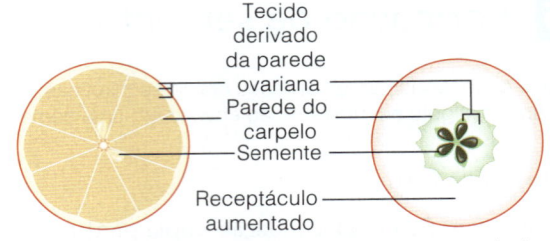

Figura 13.11 Partes de um fruto se desenvolvem a partir de partes de uma flor. À *esquerda*, os tecidos de uma laranja (*Citrus*) se desenvolvem a partir da parede ovariana. À *direita*, a polpa de uma maçã é um receptáculo desenvolvido.

Resolva: Quantos carpelos existiam na flor que deu origem a esta laranja?

Resposta: Oito.

13.12*a*). Frutos flutuantes do coqueiro (*Cocos nucifera*) têm cascas espessas e duras que podem flutuar por milhares de milhas na água do mar.

Muitas espécies de plantas usam o vento como agente de dispersão. Parte de um fruto do bordo (*Acer*) é um fruto seco da parede ovariana que se estende como um par de asas finas e leves (Figura 13.12*b*). O fruto parte ao meio quando cai de uma árvore; quando as metades caem no chão, as correntes de vento que as atingem giram e levam para longe as sementes ali presas. Frutos emaranhados de cardo, tifa, dente-de-leão e serralha podem ser soprados por 10 quilômetros da planta-mãe (Figura 13.12*c*).

Os frutos de bardana, trevo-preto e muitas outras plantas têm ganchos ou espinhos que grudam nas penas, pés, pelo ou roupas de espécies móveis (Figura 13.12*d*). O fruto

Figura 13.12 Exemplos de adaptações que ajudam a dispersão do fruto. (**a**) Envoltórios cheios de ar dentro dos quais estão as sementes de determinados juncos (*Carex*) permitem que os frutos flutuem em seus *habitats* pantanosos (**b**) O vento levanta as "asas" dos frutos do bordo (*Acer*), que giram as sementes, levando-as para longe da árvore-mãe (**c**) O vento que chega às sépalas modificadas e peludas de um fruto de dente-de-leão (*Taraxacum*) ergue a semente e a leva para longe da planta-mãe (**d**) Espinhos curvados fazem com que os frutos de bardana (*Xanthium*) grudem no pelo dos animais (e roupa dos seres humanos) (**e**) Os frutos de papoula da Califórnia (*Eschscholzia californica*) são vagens longas e secas que se abrem de repente. O movimento lança as sementes. (**f**) O fruto vermelho e carnudo da maçã silvestre atrai o ampelis americano.

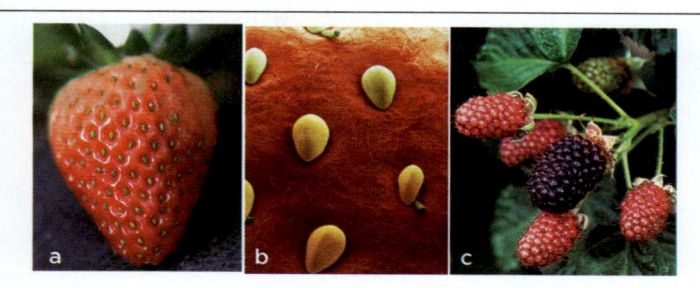

Figura 13.13 Frutos agregados. (**a**) O morango (*Fragaria*) não é uma baga. Os carpelos da flor viram do avesso à medida que os frutos se formam. A polpa vermelha e suculenta é um receptáculo desenvolvido; as "sementes" duras na superfície são frutos secos individuais (**b**).
(**c**) Amoras e outras espécies de *Rubus* não são bagas também. Cada amora é um fruto agregado de muitas drupas pequenas. Uma drupa é um tipo de fruto carnoso.

Tabela 13.2 Três Maneiras de Classificar Frutos

Como os frutos se originaram?	
Frutos simples	Uma flor, carpelo único ou carpelos fundidos
Frutos agregados	Uma flor, diversos carpelos não fundidos; se torna um agrupamento de diversos frutos
Frutos múltiplos	Flores polinizadas individualmente crescem e se fundem
Qual é a composição do tecido do fruto?	
Fruto verdadeiro	Somente parede ovariana e seus conteúdos
Pseudofruto	Ovário e outras partes florais, como um receptáculo
O fruto é seco ou carnoso?	
Seco	
Deiscente	A parede do fruto seco se divide na sutura para lançar sementes
Indeiscente	Sementes dispersadas dentro do fruto intacto, parede do fruto seco
Carnoso	
Drupa	Fruto carnoso ao redor de um caroço duro que cerca a semente

Baga	Fruto carnoso, frequentemente com muitas sementes, sem caroço
	  Pepônio: casca dura na parede ovariana
	  Hesperídio: casca coriácea na parede ovariana

Pomo	Tecidos acessórios carnosos, sementes no tecido central

seco em forma de vagem de plantas como a papoula da Califórnia (*Eschscholzia californica*) propulsiona suas sementes pelo ar quando se abrem explosivamente (Figura 13.12*e*).

Frutos coloridos, carnudos e perfumados atraem insetos, pássaros e mamíferos que dispersam as sementes (Figura 13.12*f*). O animal pode comer o fruto e descartar as sementes ou comê-las com o fruto. A abrasão do revestimento da semente pelas enzimas digestivas no intestino do animal pode facilitar a germinação depois que a semente é expelida pelas fezes.

Os botânicos categorizam os frutos pelo modo como eles se originam, seus tecidos e aparência (Tabela 13.2). Frutos simples, como vagens de ervilha, bolotas e *Capsella*, são derivados de um ovário. Morangos e outras formas de frutos se formam a partir de ovários separados de uma flor; eles amadurecem como um agrupamento de frutas. Diversos frutos se formam a partir de ovários fundidos de flores separadas. O abacaxi é um fruto múltiplo que se forma a partir de tecidos ovarianos de muitas flores.

Os frutos também podem ser categorizados em termos de quais tecidos eles incorporam. Frutos verdadeiros como as cerejas consistem apenas da parede ovariana e seu conteúdo. Outras partes florais, como o receptáculo, se desenvolvem com o ovário formando pseudofrutos. A maior parte da polpa de uma maçã, um pseudofruto, é um receptáculo desenvolvido.

Para categorizar um fruto com base em sua aparência, o primeiro passo é descrevê-lo como sendo seco ou suculento (carnudo). Frutos secos são deiscentes ou indeiscentes. Se deiscente, a parede do fruto se divide em suturas definidas para lançar as sementes internas. Os frutos da papoula da Califórnia e vagens de ervilha são exemplos.

Um fruto seco é indeiscente se a parede não se divide; as sementes são dispersas dentro dos frutos intactos. Bolotas e grãos (como milho) são frutos indeiscentes secos, assim como os frutos de girassóis, bordos e morangos. Os morangos não são bagas e seus frutos não são suculentos. A polpa vermelha do morango é um acessório dos frutos indeiscentes secos em sua superfície (Figura 13.13*a*, *b*).

Drupas, bagas e pomos são três tipos de fruto carnoso. As drupas têm um caroço, um invólucro duro em torno da semente. Cerejas, damascos, amêndoas e azeitonas são drupas, assim como os frutos individuais de amoras e outras espécies de *Rubus* (Figura 13.13*c*).

Uma baga se forma a partir de um ovário composto. Tem uma ou muitas sementes, nenhum caroço e o fruto é carnoso. Uvas e tomates são bagas. Limões, laranjas e outros frutos cítricos (*Citrus*) são um tipo de baga chamado hesperídio: uma casca oleosa e dura envolve a polpa suculenta. Cada "seção" da polpa começou como um ovário de um carpelo parcialmente fundido. Abóboras, melancias e pepinos são pepônios, bagas em que uma casca dura de tecidos acessórios se forma sobre o verdadeiro fruto.

Um pomo tem sementes em um caroço derivado do ovário; tecidos carnosos derivados do receptáculo envolvem o caroço. Dois pomos familiares são maçãs e peras.

Para pensar

O que é um fruto?

- Um ovário maduro, com ou sem tecidos acessórios que se desenvolvem a partir de outras partes de uma flor, é um fruto.
- Nós podemos classificar um fruto em termos de como ele se originou, sua composição e se é seco ou carnoso.

13.7 Reprodução assexuada das plantas com flores

- Muitas plantas também se reproduzem assexuadamente, o que permite a produção rápida de descendentes geneticamente idênticos.

Clones de plantas

Diferentemente da maioria dos animais, a maioria das plantas com flores pode se reproduzir assexuadamente. Por **reprodução vegetativa**, novas raízes e caules crescem a partir de extensões ou fragmentos de uma planta-mãe. Cada nova planta é um clone, uma réplica genética de sua mãe.

Você já sabe que raízes e caules novos brotam de nós nos caules modificados. Esse é um exemplo de reprodução vegetativa. Como outro exemplo, "florestas" de pandos (*Populus tremuloides*) são na verdade colônias de clones que cresceram a partir de brotos da raiz, que são troncos que cresceram a partir das raízes rasas e semelhantes a cordões laterais da árvore. Esses brotos nascem depois que partes da árvore que ficam acima do solo são danificadas ou removidas. Uma colônia em Utah consiste em cerca de 47.000 troncos e extensões por aproximadamente 43 hectares (Figura 13.14).

Ninguém sabe a idade desses clones de pando. Enquanto as condições do meio ambiente favorecerem o crescimento, esses clones estão tão próximos quanto qualquer organismo de chegarem a ser imortais. A planta mais antiga conhecida é um clone: a população única e singular de *Lomatia tasmanica*, que consiste em várias centenas de caules crescendo por 1,2 quilômetro (0,7 milha) ao longo de um rio na Tasmânia. A datação radiométrica da folha fossilizada da planta mostra que o clone tem, pelo menos, 43.600 anos de idade — antedatando a última era do gelo!

A espécie antiga de *Lomatia* é triploide. Com três conjuntos de cromossomos, é estéril — só pode se reproduzir assexuadamente. Por quê? Durante a meiose, um número ímpar de conjuntos de cromossomos não pode ser igualmente dividido entre os dois polos do eixo. Se a meiose não falhar completamente, a segregação desigual de cromossomos durante a meiose resulta em descendência aneuploide, que é raramente viável.

Aplicações agrícolas

Cortes e enxerto Por milhares de anos, nós, os seres humanos, nos aproveitamos da capacidade natural das plantas de se reproduzirem assexuadamente. Quase todas as plantas domésticas, ornamentais lenhosas e árvores de pomar são clones que foram cultivados a partir de fragmentos de caule (cortes) de uma planta-mãe.

A propagação de algumas plantas por meio de cortes pode ser tão simples como enterrar um caule quebrado na terra. Esse método usa a habilidade natural da planta de formar raízes e novos ramos a partir dos nós do caule. Outras plantas devem ser enxertadas. Enxerto significa induzir um corte para fundir com os tecidos de outra planta. Frequentemente, o caule de uma planta desejada é entrançada com as raízes de uma planta mais robusta.

A propagação de uma planta a partir de cortes assegura que a descendência terá as mesmas características desejáveis da planta-mãe. Por exemplo, árvores de maçã doméstica (*Malus*) são tipicamente enxertadas, porque elas não criam a cor, o sabor, o tamanho ou a textura verdadeira. Até mesmo árvores crescidas a partir de sementes do mesmo fruto produzem frutos que variam, às vezes de forma drástica. O gênero é nativo da Ásia central, onde as macieiras crescem nas florestas. Cada árvore na floresta é diferente da outra e muito poucos frutos são palatáveis (Figura 13.15).

Figura 13.14 Pandos (*Populus tremuloides*). Uma planta única ocasionou esta colônia de troncos por reprodução assexuada. Esses clones são conectados por raízes laterais subterrâneas, assim a água pode viajar de raízes próximas a um lago ou a um rio para aquelas no solo mais seco a alguma distância.

Figura 13.15 Maçãs (*Malus*). (**a**) Produtores comerciais devem plantar macieiras enxertadas a fim de colherem frutos consistentes. (**b**) Fruto de 21 árvores de maçã selvagem. (**c**) Gennaro Fazio (*à esquerda*) e Phil Forsline (*à direita*) são parte de um esforço para manter a diversidade genética das macieiras nos Estados Unidos. A precriação cruzada está rendendo novas maçãs com a palatabilidade das variedades comerciais e a resistência às doenças das árvores selvagens.

No início dos anos 1800, o excêntrico humanitário John Chapman (conhecido como Johnny "Semente de Maçã") plantou milhões de sementes de maçã no meio-oeste dos Estados Unidos. Ele vendia as árvores a colonos domiciliares, que plantariam pomares e fariam sidra a partir das maçãs. Aproximadamente uma em cada centena de árvores produziu frutos que podiam ser comidos do pé. Seu proprietário sortudo enxertaria a árvore e a patentearia. A maior parte das variedades de maçãs vendidas em supermercados norte-americanos são clones dessas árvores e elas ainda estão se propagando por enxerto.

O enxerto também é usado para aumentar a robustez de uma planta desejável. Em 1862, o inseto hemíptero *Phylloxera* foi acidentalmente introduzido na França via videiras americanas importadas. As videiras europeias tinham pouca resistência a esse inseto minúsculo, que ataca e mata os sistemas de raiz das vinhas. Em 1900, a *Phylloxera* tinha destruído dois terços dos vinhedos na Europa e devastado a indústria produtora de vinhos. Atualmente, os vinicultores franceses habitualmente enxertam suas estimadas videiras com raízes de vinhas norte-americanas resistentes ao *Phylloxera*.

Cultura de tecido Uma planta inteira pode ser clonada a partir de uma única célula por **propagação de cultura de tecido**, pelo qual uma célula somática é induzida a se dividir e formar um embrião. O método pode render milhões de plantas geneticamente idênticas a um único espécime. A técnica está sendo usada em pesquisa com a intenção de melhorar as colheitas de alimentos. Também está sendo usada para propagar plantas ornamentais raras ou híbridas como orquídeas.

Frutos sem sementes Em algumas plantas como figos, amoras e dentes-de-leão, os frutos podem se formar até mesmo na ausência da fecundação. Em outras espécies, o fruto pode continuar a se formar depois que os óvulos ou embriões abortam. Uvas sem sementes e laranjas sem miolo são o resultado de mutações que resultam no desenvolvimento interrompido da semente. Essas plantas são estéreis, então são propagadas por enxerto.

As bananas sem sementes são triploides ($3n$). Em geral, as plantas toleram melhor a poliploidia do que os animais. As plantas de banana triploide são robustas, mas estéreis: elas são propagadas por meio de raízes adventícias que nascem de cormos.

Apesar de sua onipresença na natureza, plantas poliploides raramente surgem espontaneamente. Os agricultores muitas vezes usam o veneno colchicina para aumentar artificialmente a frequência de poliploidia em plantas. Os descendentes tetraploides ($4n$) de plantas tratadas com colchicina são então o retrocruzamento com plantas-mães diploides. A descendência triploide resultante é estéril: ela produz frutos sem sementes depois da polinização (mas não fecundação) por uma planta diploide, ou de forma autônoma. Melancias sem sementes são produzidas dessa maneira.

Para pensar

Como a planta se reproduz assexuadamente?

- Muitas plantas se propagam assexuadamente quando novos ramos crescem a partir de uma planta-mãe ou de partes dela. Os descendentes dessa reprodução vegetativa são clones.
- Os seres humanos propagam plantas assexuadamente para propósitos agrícolas ou de pesquisas por enxerto, cultura de tecido ou outros métodos.

| QUESTÕES DE IMPACTO REVISITADAS | Problema das abelhas

Theobroma cacao (à direita) é uma espécie de planta com flor nativa das florestas tropicais profundas da América Central e do Sul. Os frutos rugosos e do tamanho de uma bola de futebol americano de *T. cacao* contêm 40 ou mais sementes negras e amargas. Nós fazemos o chocolate processando essas sementes, mas a árvore se provou difícil de ser cultivada fora das florestas tropicais.

Por quê? As árvores de *T. cacao* não produzem muitas sementes quando cultivadas em plantações ensolaradas. Como os agricultores descobriram, a *T. cacao* tem um polinizador preferido: pequenas moscas do gênero *Forcypomia*. Esses minúsculos insetos voadores vivem e procriam apenas em resíduos de folhas úmidos e em decomposição no chão das florestas tropicais. As flores das árvores de *T. cacao* se formam próximo ao chão, diretamente no tronco lenhoso. Essa é uma adaptação que incentiva a polinização por — não surpreendentemente — insetos que vivem na umidade e podridão das folhas no chão das florestas tropicais. Desse modo, sem floresta, sem insetos. Sem insetos, sem chocolate.

Resumo

Seção 13.1 Flores consistem em folhas modificadas (sépalas, pétalas, **estames** e **carpelos**) localizadas geralmente na região terminal de ramos especializados de **esporófitos** de angiospermas. Um **óvulo** se desenvolve a partir de uma massa de tecido da parede do **ovário** dentro dos carpelos. Esporos produzidos por meiose em óvulos se desenvolvem em gametófitos femininos; aqueles produzidos em anteras se desenvolvem em gametófitos masculinos imaturos (**grãos de pólen**). Adaptações de muitas flores restringem a autopolinização.

Seção 13.2 A forma, o padrão, a cor e a fragrância da flor tipicamente refletem uma relação evolucionária com um polinizador em particular, frequentemente um animal coevoluído. Os **polinizadores** coevoluídos recebem **néctar**, pólen ou outra recompensa pela visita à flor.

Seções 13.3, 13.4 A meiose das células diploides dentro dos sacos polínicos das anteras produz micrósporos haploides. Cada **micrósporo** se desenvolve em um grão de pólen. A mitose e a divisão citoplasmática de uma célula em um óvulo produzem quatro **megásporos**, um dos quais dá origem ao gametófito feminino. Uma das sete células do gametófito é a oosfera; outra é a **célula-mãe do endosperma**.

A **polinização** é a chegada dos grãos de pólen em um estigma receptivo. Um grão de pólen germina e forma o tubo polínico que contém duas células espermáticas. Os sinais moleculares específicos da espécie guiam o crescimento do tubo pelos tecidos do carpelo até o óvulo. Na **fecundação dupla**, uma das células espermáticas no tubo polínico fecunda a oosfera, formando um zigoto; a outra se funde à célula-mãe do endosperma, e dão origem ao **endosperma**.

Seção 13.5 À medida que um zigoto origina um embrião, o endosperma coleta nutrientes da planta-mãe, enquanto as camadas protetoras do óvulo se desenvolvem em um revestimento da semente. A **semente** é um óvulo maduro: um embrião e o endosperma envolvidos dentro de um revestimento da semente. Os embriões de eudicotiledôneas transferem nutrientes do endosperma para seus dois cotilédones. Carboidratos, lipídeos e proteínas armazenados no endosperma ou cotilédones tornam as sementes uma fonte de alimento nutritivo para seres humanos e para outros animais.

Seção 13.6 À medida que um embrião se desenvolve, a parede ovariana e às vezes outros tecidos se desenvolvem em um **fruto** que inclui as sementes. O fruto funciona na proteção e dispersão de sementes.

Seção 13.7 Muitas espécies de plantas com flores se reproduzem assexuadamente por **reprodução vegetativa**. Os descendentes produzidos por reprodução assexuada são clones da mãe. Muitas plantas valiosas na agricultura são produzidas por enxerto ou propagação por cultura de tecido.

Questões   *Respostas no Apêndice III*

1. O(a) _____ de uma flor contém um ou mais ovários onde os óvulos se desenvolvem, a fecundação acontece e as sementes amadurecem.
   a. saco polínico   c. receptáculo
   b. carpelo   d. sépala

2. As sementes são _____ maduros; os frutos são _____ maduros.
   a. ovários; óvulos   c. óvulos; ovários
   b. óvulos; estames   d. estames; ovários

3. A meiose de células em sacos polínicos forma _____ haploides.
   a. megásporos   c. estames
   b. micrósporos   d. esporófitos

4. Depois da meiose em um óvulo, _____ megásporos se formam.
   a. dois   c. seis
   b. quatro   d. oito

5. O revestimento da semente se forma a partir do(a) _____.
   a. parede do óvulo   c. endosperma
   b. ovário   d. resíduos de sépalas

6. Os cotilédones se desenvolvem como parte dos(as) _____.
   a. carpelos   c. embriões
   b. frutos acessórios   d. pecíolos

7. Cite uma recompensa que um polinizador pode receber em troca de uma visita a uma flor de seu parceiro vegetal coevoluído.

8. Por _____, uma nova planta se forma a partir de um tecido ou estrutura que cai ou é separada da planta-mãe.
   a. partenogênese   c. reprodução vegetativa
   b. exocitose   d. crescimento nodal

Exercício de análise de dados

Massonia depressa é uma planta suculenta baixa nativa do deserto da África do Sul. As flores de cores pálidas dessa monocotiledônea se desenvolvem no nível do solo, têm pétalas minúsculas, exala um aroma de levedura e produz um néctar espesso como geleia. Essas características levaram os pesquisadores a suspeitar que roedores do deserto, como os gerbos, polinizassem essa planta (Figura 13.17). Para testar sua hipótese, eles capturaram roedores em áreas onde a *M. depressa* cresce e verificaram se eles continham pólen. Eles também colocaram algumas plantas em gaiolas de arame que excluíam mamíferos, mas não insetos, para ver se frutos e sementes se formariam na ausência de roedores. Os resultados são mostrados na Figura 13.18.

1. Quantos dos 13 roedores capturados mostraram alguma evidência de pólen da *M. depressa*?
2. Essa evidência seria suficiente para concluir que os roedores são os principais polinizadores dessa planta?
3. Como o número médio de sementes produzidas pelas plantas enjauladas se compara ao das plantas controle?
4. Estes dados sustentam a hipótese de que são necessários roedores para a polinização da *M. depressa*? Por que ou por que não?

Figura 13.18 *À direita*, resultados de experimentos que testam a polinização da *M. depressa* por roedores. (**a**) Evidência de visitas à *M. depressa* por roedores. (**b**) Produção de fruto e sementes de *M. depressa* com e sem as visitas de mamíferos. Os mamíferos foram excluídos das plantas por meio de gaiolas de arame com aberturas grandes o suficiente para que os insetos passassem. 23 plantas foram testadas em cada grupo.

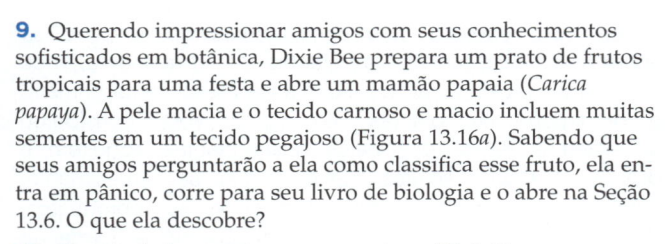

Figura 13.16 As flores sem pétalas, de cores pálidas em nível do solo, da *Massonia depressa* são acessíveis aos roedores, que empurram a cabeça entre os estames para alcançar o néctar. Note o pólen no focinho do gerbo

Tipo de roedor	Nº capturado	Nº com pólen no focinho	Nº com pólen nas fezes
Rato da rocha de Namaqua	4	3	2
Rato espinhoso	3	2	2
Gerbo do pé peludo	4	2	4
Gerbo de orelhas curtas	1	0	1
Rato pigmeu africano	1	0	0

a

	Mamíferos com acesso permitido às plantas	Mamíferos excluídos das plantas
Porcentagem de plantas que deram frutos	30,4	4,3
Número médio de frutos por planta	1,39	0,47
Número médio de sementes por planta	20,0	1,95

b

9. Querendo impressionar amigos com seus conhecimentos sofisticados em botânica, Dixie Bee prepara um prato de frutos tropicais para uma festa e abre um mamão papaia (*Carica papaya*). A pele macia e o tecido carnoso e macio incluem muitas sementes em um tecido pegajoso (Figura 13.16a). Sabendo que seus amigos perguntarão a ela como classifica esse fruto, ela entra em pânico, corre para seu livro de biologia e o abre na Seção 13.6. O que ela descobre?

10. Depois de impressionar seus amigos, Dixie Bee prepara uma bandeja com pêssegos (Figura 13.16b) para sua próxima festa. Como ela classificará esse fruto?

11. Ligue os termos à descrição mais apropriada.

____ óvulo	a.	tubo polínico com seu conteúdo
____ receptáculo	b.	saco embrionário com sete células, uma com dois núcleos
____ fecundação dupla	c.	começa como massa celular no ovário; pode se tornar uma semente
____ antera	d.	parte reprodutora feminina
____ carpelo	e.	sacos polínicos internos
____ gametófito feminino maduro	f.	base do botão floral
____ gametófito masculino maduro	g.	formação de zigoto e primeira célula do endosperma

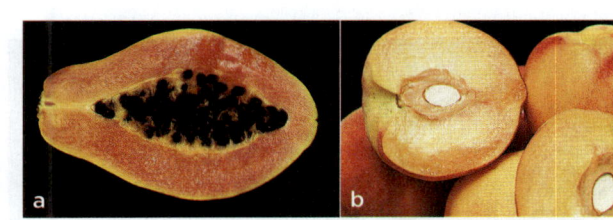

Figura 13.17 Seções tangenciais revelam que sementes de dois frutos maduros: (**a**) mamão papaia (*Carica papaya*) e (**b**) pêssego (*Prunus*).

Raciocínio crítico

1. Você esperaria que ventos, abelhas, pássaros, morcegos, borboletas ou mariposas polinizassem a flor na figura à *esquerda*? Explique sua escolha.

2. Todas, com exceção de uma espécie de pássaros de bico largo nativo das florestas tropicais da Nova Zelândia, estão atualmente extintas. Os números da espécie sobrevivente, o kereru, estão declinando rapidamente devido à perda de *habitat*, caça, depredação e competição interespécies que eliminou os outros pássaros nativos. O kereru continua dispersando agentes de várias árvores nativas que produzem grandes sementes e frutos. Uma árvore, a puriri (*Vitex lucens*), tem a madeira dura mais valiosa da Nova Zelândia. Explique, em termos de seleção natural, por que nós poderíamos esperar não ver nenhuma nova árvore de puriri na Nova Zelândia.

14 Desenvolvimento das Plantas

QUESTÕES DE IMPACTO | Plantas Bobas e Uvas Suculentas

Em 1926, o pesquisador Ewiti Kurosawa estudava o que os japoneses chamam de *bakane*, o efeito da "plantinha boba". Os caules de plântulas de arroz infectadas com um fungo, *Gibberella fujikuroi*, ficaram duas vezes mais altos que os das plântulas não infectadas. Os caules anormalmente alongados eram fracos e finos, e eventualmente desabavam. Kurosawa descobriu que poderia causar o alongamento experimentalmente ao aplicar extratos do fungo nas plântulas. Muitos anos depois, outros pesquisadores purificaram a substância de extratos de fungos que causava o alongamento. Eles a nomearam de giberelina, em referência ao nome do fungo.

Giberelinas, como conhecemos agora, são uma classe principal de hormônios vegetais. Hormônios são moléculas de sinalização secretadas que estimulam algumas respostas nas células-alvo. Células que portam receptores moleculares para um hormônio podem estar no mesmo tecido da célula secretora do hormônio, ou em um tecido distante.

Pesquisadores isolaram mais de 80 formas diferentes de giberelina de sementes de plantas com flores e fungos. Essas moléculas de sinalização fazem células jovens nos caules alongarem, e o alongamento coletivo torna partes da planta mais compridas. Na natureza, giberelinas também ajudam sementes e gemas dormentes a retomar o crescimento na primavera.

Aplicações de giberelinas sintéticas tornam caules de aipo mais longos e crocantes. Elas evitam que a casca de laranjas em pomares amadureça antes que os colhedores cheguem a elas. Passe por uvas redondas sem sementes nas prateleiras da quitanda em supermercados e fique maravilhado com os frutos suculentos da videira (*Vitis*) e em como eles crescem em agrupamentos densos ao longo dos caules. Uvas sem sementes tendem a ser menores que as com sementes, porque suas sementes não desenvolvidas não produzem as quantidades normais de giberelina. Fazendeiros pulverizam em suas videiras sem sementes a giberelina sintética, o que aumenta o tamanho do fruto resultante (Figura 14.1). A giberelina também faz os caules se alongarem entre os nós, o que abre espaço entre cada uva. A melhor circulação do ar entre os frutos reduz as infecções por fungos danificadores de frutos.

A giberelina e outros hormônios vegetais controlam o crescimento e o desenvolvimento das plantas. Células vegetais secretam hormônios em resposta a fatores ambientais, como quando chuvas mornas de verão chegam depois de um inverno frio e o aumento das horas de luz do dia.

Com este capítulo, nós completamos nossa pesquisa sobre estrutura e função das plantas. Até o momento, você leu sobre a organização de tecidos de crescimento primário e secundário em plantas com flores. Você considerou os sistemas de tecidos pelos quais plantas adquirem e distribuem água e solutos que sustentam seu crescimento. Você aprendeu como plantas com flores se reproduzem, da formação de gametas e polinização até a formação de um embrião maduro dentro de uma cobertura protetora da semente.

Em algum momento depois de sua dispersão de uma planta-mãe, lembre-se, uma semente germina e o crescimento é retomado. Com o tempo, o esporófito maduro tipicamente forma flores, depois suas próprias sementes. Dependendo da espécie, pode soltar folhas velhas durante todo o ano ou todas de uma só vez, no outono.

Continue agora com os mecanismos internos que regem o desenvolvimento de plantas e os fatores ambientais que ativam ou desativam os mecanismos em momentos diferentes.

Figura 14.1 Uvas sem sementes têm imenso apelo comercial. O hormônio giberelina faz os caules das videiras se alongarem, o que melhora a circulação de ar em volta de uvas individuais e lhes dá mais espaço para crescer. O fruto também aumenta, o que deixa os fazendeiros felizes (as uvas são vendidas por peso).

Conceitos-chave

Padrões de desenvolvimento das plantas
O desenvolvimento das plantas inclui a germinação de sementes e todos os eventos do ciclo de vida, como desenvolvimento de raízes e parte aérea, floração, formação de frutos e dormência. Essas atividades têm base genética, mas também são influenciadas por fatores ambientais. **Seção 14.1**

Mecanismos de ação hormonal
A comunicação célula a célula é essencial para o desenvolvimento e a sobrevivência de todos os organismos pluricelulares. Nas plantas, tais comunicações ocorrem por hormônios. **Seções 14.2, 14.3**

Respostas a fatores ambientais
As plantas reagem a fatores ambientais, incluindo gravidade, luz solar e mudanças sazonais na duração da noite e nas temperaturas, alterando padrões de crescimento. Padrões cíclicos de crescimento são respostas a mudanças de estação e outros padrões ambientais recorrentes. **Seções 14.4-14.6**

Neste capítulo

- Este capítulo trata sobre hormônios, homeostase e rotas de sinalização no contexto da fisiologia das plantas.
- Os hormônios das plantas estão envolvidos no controle e expressão de genes, e na função de estruturas como meristemas e estômatos.
- Enquanto você aprende sobre respostas das plantas a estímulos ambientais, você utilizará sua compreensão de carboidratos; como o turgor pressiona as paredes celulares das plantas; luz; e fotossíntese. Você também revisitará os componentes celulares, incluindo plastídios, citoesqueleto e proteínas de transporte de membranas.

Qual sua opinião? O 1-metilciclopropeno, ou MCP, é um gás que evita que o etileno se ligue a células nos tecidos das plantas. Ele é utilizado para prolongar a vida útil de flores coletadas e o tempo de armazenamento de frutos. Produtos tratados com MCP deveriam ser rotulados para alertar os consumidores? Conheça a opinião de seus colegas e apresente seus argumentos a eles.

14.1 Padrões de desenvolvimento nas plantas

- Os padrões de desenvolvimento nas plantas têm base genética e também são influenciados pelo ambiente.

No Capítulo 13, deixamos o embrião depois de sua dispersão da planta-mãe. O que acontece depois? Uma planta embrionária completa com meristemas apicais do caule e da raiz formados como parte do embrião (Figura 14.2). Entretanto, a semente secou quando amadureceu e a dessecação fez as células do embrião parar de se dividir. O embrião entrou em um período de desenvolvimento temporariamente suspenso chamado de dormência.

Um embrião pode ficar ocioso em sua cobertura protetora de semente durante anos antes de retomar a atividade metabólica. A **germinação** é o processo pelo qual um embrião maduro retoma o crescimento. O processo começa com a água penetrando em uma semente. A água ativa enzimas que começam a hidrolisar os amidos armazenados em monômeros de açúcar. Ela também deixa tecidos dentro da semente intumescidos, portanto a casca se rompe e o oxigênio entra. As células do meristema no embrião começam a utilizar os açúcares e o oxigênio para a respiração aeróbica à medida que começam a se dividir rapidamente. A planta embrionária começa a crescer a partir dos meristemas. A germinação termina quando a primeira parte do embrião — a raiz embrionária, ou radícula — emerge da cobertura de semente.

A dormência da semente é uma adaptação específica ao clima que permite que a germinação ocorra quando condições no ambiente têm mais probabilidade de suportar o crescimento de uma plântula. Por exemplo, o tempo em regiões perto da linha do Equador não varia com a estação, portanto as sementes da maioria das plantas nativas a tais regiões não entra em dormência — pode germinar assim que estão maduras. Por sua vez, as sementes de muitas plantas anuais nativas de regiões mais frias são dispersas no outono. Se elas germinassem imediatamente, as plântulas não sobreviveriam ao inverno frio. Em vez disso, as sementes ficam dormentes até a primavera, quando temperaturas mais amenas e dias mais longos são mais adequados para plântulas delicadas.

Como um embrião dormente "sabe" quando germinar? Os estímulos, além da presença de água, diferem por espécie e todos têm uma base genética. Por exemplo, algumas cascas de sementes são tão densas que devem ser friccionadas ou rompidas (por mastigação, por exemplo) antes de água conseguir entrar na semente. Sementes de algumas espécies de alface (*Lactuca*) devem ser expostas a luz brilhante. A germinação das sementes de papoula da califórnia (*Eschscholzia californica*) é inibida pela luz e aumentada pela fumaça. As sementes de algumas espécies de pinheiro (*Pinus*) não germinam se não forem queimadas previamente. As sementes de muitas plantas de climas frios exigem exposição a temperaturas geladas.

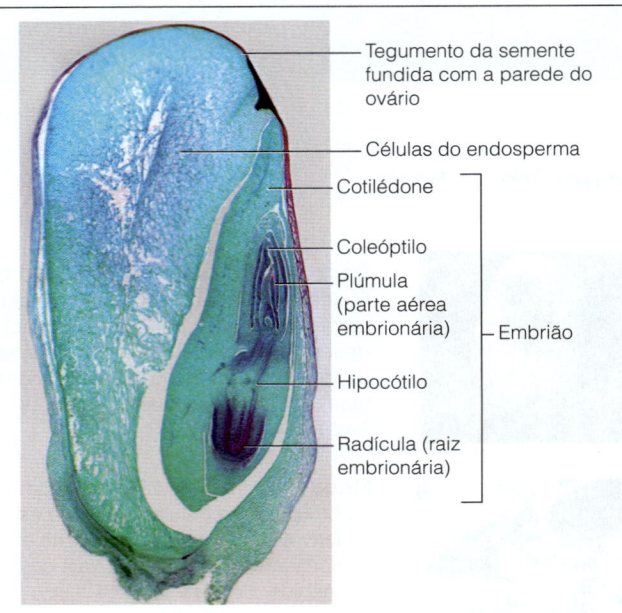

Figura 14.2 Anatomia de uma semente de milho (*Zea mays*). Durante a germinação, divisões celulares são retomadas principalmente nos meristemas apicais da plúmula (parte aérea embrionária) e radícula (raiz embrionária).
Uma plúmula consiste de um meristema apical e duas folhas minúsculas. Em plantas como o milho, o crescimento dessa delicada estrutura através do solo é protegido por um coleóptilo semelhante a um manto.

A germinação é apenas um de muitos padrões de desenvolvimento nas plantas. À medida que um esporófito cresce e amadurece, seus tecidos e partes se desenvolvem em outros padrões característicos de sua espécie (Figuras 14.3 e 14.4). Folhas se formam em formatos e tamanhos previsíveis, caules se alongam e se espessam em direções específicas, a floração ocorre em um determinado momento, e assim por diante. Como na germinação, tais padrões têm uma base genética, mas também têm um componente ambiental.

O desenvolvimento inclui o **crescimento**, que é um aumento no número e no tamanho das células. Células vegetais são interconectadas por paredes compartilhadas, portanto não conseguem se movimentar dentro do organismo. Assim, o crescimento da planta ocorre na direção da divisão celular — e a divisão celular ocorre principalmente nos meristemas. Posteriormente, as células se diferenciam e formam tecidos especializados. Entretanto, diferentemente da diferenciação celular animal, a diferenciação das células vegetais frequentemente é reversível, como quando novas partes aéreas se formam em raízes maduras, ou quando novas raízes brotam de um caule maduro.

Para pensar

O que é o desenvolvimento das plantas?

- Nas plantas, o crescimento e a diferenciação resultam na formação de tecidos e partes em padrões previsíveis.
- A germinação e outros padrões de desenvolvimento da planta são um resultado da expressão genética e de influências ambientais.

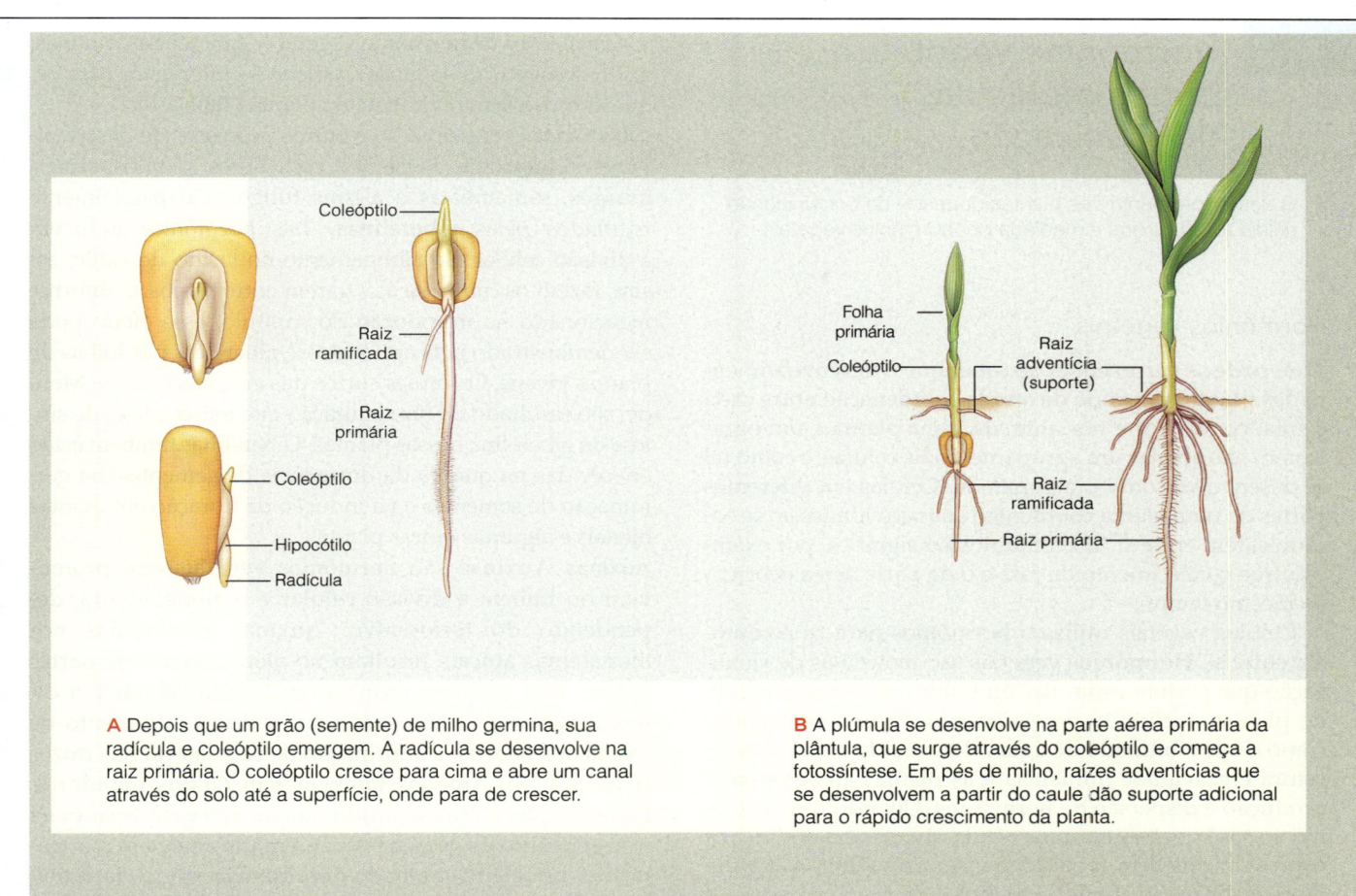

A Depois que um grão (semente) de milho germina, sua radícula e coleóptilo emergem. A radícula se desenvolve na raiz primária. O coleóptilo cresce para cima e abre um canal através do solo até a superfície, onde para de crescer.

B A plúmula se desenvolve na parte aérea primária da plântula, que surge através do coleóptilo e começa a fotossíntese. Em pés de milho, raízes adventícias que se desenvolvem a partir do caule dão suporte adicional para o rápido crescimento da planta.

Figura 14.3 Crescimento inicial do milho (*Zea mays*), uma monocotiledônea.

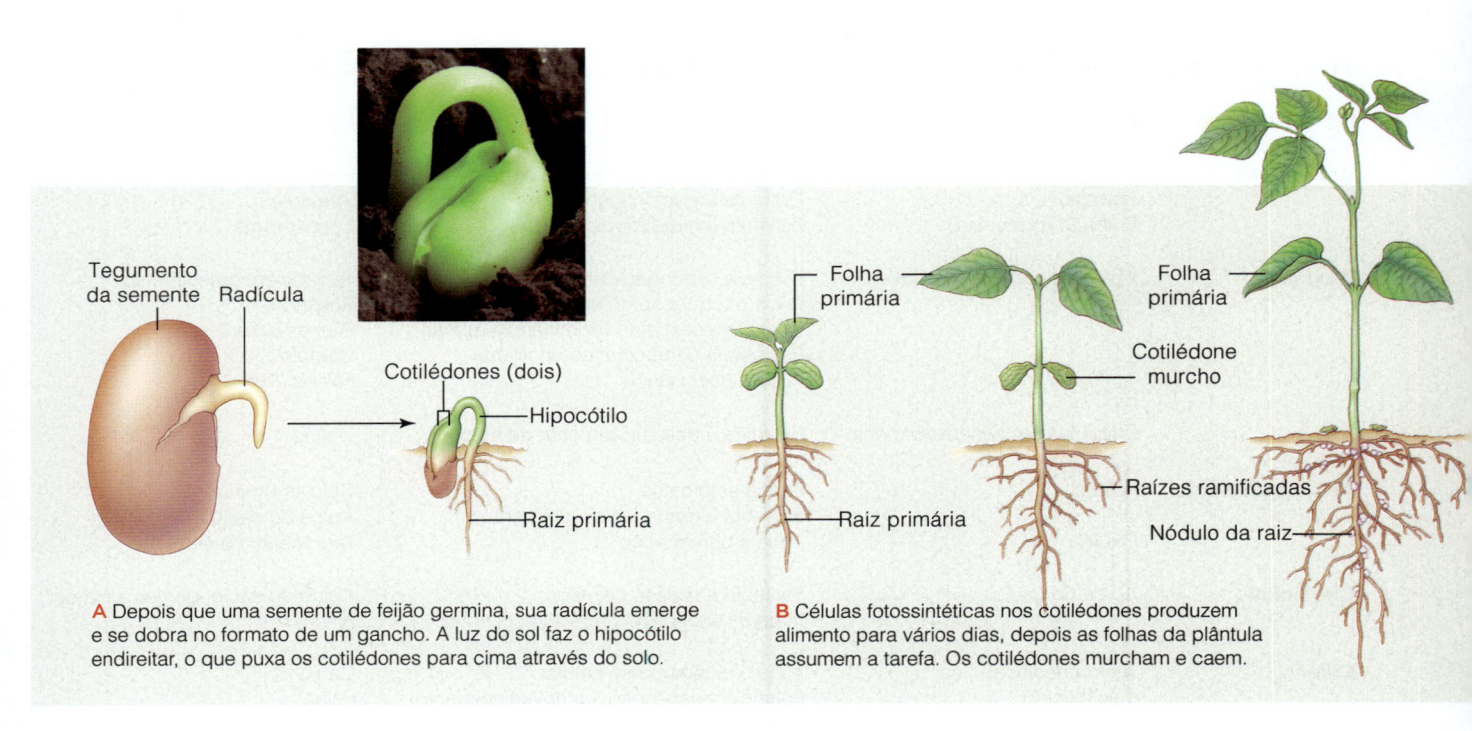

A Depois que uma semente de feijão germina, sua radícula emerge e se dobra no formato de um gancho. A luz do sol faz o hipocótilo endireitar, o que puxa os cotilédones para cima através do solo.

B Células fotossintéticas nos cotilédones produzem alimento para vários dias, depois as folhas da plântula assumem a tarefa. Os cotilédones murcham e caem.

Figura 14.4 Crescimento inicial do pé de feijão comum (*Phaseolus vulgaris*), uma eudicotiledônea.

14.2 Hormônios vegetais e outras moléculas de sinalização

- O desenvolvimento das plantas depende da comunicação célula a célula, que é mediada por hormônios vegetais.

Hormônios vegetais

Você pode se surpreender ao saber que o desenvolvimento das plantas depende de ampla coordenação entre cada célula, como ocorre nos animais. Uma planta é um organismo, não apenas um agrupamento de células, e como tal se desenvolve como uma unidade. Células em diferentes partes de uma planta coordenam suas atividades ao se comunicarem entre si. Tal comunicação significa, por exemplo, que o crescimento da raiz e o da parte aérea ocorrem ao mesmo tempo.

Células vegetais utilizam hormônios para se comunicar entre si. **Hormônios vegetais** são moléculas de sinalização que podem estimular ou inibir o desenvolvimento de plantas, incluindo o crescimento. Fatores ambientais como disponibilidade de água, duração da noite, temperatura e gravidade influenciam as plantas ao ativarem a produção e dispersão de hormônios. Quando um hormônio vegetal se vincula a uma célula-alvo, pode modificar a expressão genética, as concentrações de solutos, a atividade de enzimas ou ativar outra molécula no citoplasma. As seções posteriores fornecem exemplos.

Cinco tipos de hormônio vegetal — giberelinas, auxinas, ácido abscísico, citocininas e etileno — interagem para orquestrar o desenvolvimento da planta (Tabela 14.1).

Giberelinas O crescimento e outros processos de desenvolvimento em todas as plantas com flores, gimnospermas, musgos, samambaias e alguns fungos são parcialmente regulados pelas **giberelinas**. Tais hormônios induzem a divisão celular e o alongamento no tecido do caule; assim, fazem os caules se alongarem entre os nós. Conforme mencionado na introdução do capítulo, esse efeito pode ser demonstrado pela aplicação de giberelina nas folhas de plantas jovens. Os caules curtos das ervilhas anãs de Mendel são resultado de uma mutação que reduz a taxa de síntese de giberelina nessas plantas. Giberelinas também estão envolvidas na quebra da dormência de sementes, na germinação de sementes e na indução da floração em plantas bienais e algumas outras plantas.

Auxinas Auxinas são hormônios vegetais que promovem ou inibem a divisão celular e o alongamento, dependendo do tecido-alvo. Auxinas produzidas nos meristemas apicais resultam no alongamento de partes aéreas. Elas também induzem a divisão celular e a diferenciação no câmbio vascular, o desenvolvimento de frutos nos ovários e a formação de raiz lateral nas raízes (Figura 14.5). Auxinas também têm efeitos inibidores. Por exemplo, a auxina produzida no ápice caulinar evita o crescimento de gemas laterais em um caule em alongamento, um efeito chamado **dominância apical**. Jardineiros rotineiramente podam ápices caulinares para deixar uma planta mais frondosa. Podar os ápices encerra o su-

Tabela 14.1 Principais Hormônios Vegetais e Alguns de seus Efeitos

Hormônio	Fonte Primária	Efeito	Local de Efeito
Giberelinas	Ápice do caule, folhas jovens	Estimula a divisão celular, alongamento	Entrenó do caule
	Embrião	Estimula a germinação	Semente
	Embrião (gramínea)	Estimula a hidrólise de amido	Endosperma
Auxinas	Ápice do caule, folhas jovens	Estimula o alongamento celular	Tecidos em crescimento
		Inicia a formação de raízes laterais	Raízes
		Inibe o crescimento (dominância apical)	Gemas axilares
		Estimula a diferenciação do xilema	Câmbio
		Inibe a abscisão	Folhas, frutos
	Embriões em desenvolvimento	Estimula o desenvolvimento de frutos	Ovário
Ácido abscísico	Folhas	Fecha estômatos	Células-guarda
		Estimula a formação de dormentes	Ápice do caule
	Óvulo	Inibe a germinação	Tegumento da semente
Citocininas	Ápice do caule	Estimula a divisão celular	Ápice do caule, gemas axilares
		Inibe a senescência (envelhecimento)	Folhas
Etileno	Tecido danificado ou envelhecido	Inibe o alongamento celular	Caule
		Estimula a senescência (envelhecimento)	Folhas
		Estimula o amadurecimento	Frutos

Figura 14.5 Efeito de pós de enraizamento que contêm auxina. Cortes de *Lonicera fragrantissima* tratados com muita auxina (*direita*), alguma auxina (*meio*) e nenhuma auxina (*esquerda*).

Tabela 14.2 Alguns usos comerciais de hormônios vegetais

Giberelinas Aumentam o tamanho dos frutos; retardam o amadurecimento de frutos cítricos; formas sintéticas podem fazer alguns mutantes anãos ficarem altos

Auxinas sintéticas Promovem a formação de raiz em incisões; induzem a formação de frutos sem sementes antes da polinização; mantêm frutos maduros nas árvores até o tempo de colheita; amplamente utilizadas como herbicidas contra plantas daninhas de folha larga na agricultura

ABA Induz plantas de viveiros a entrar em dormência antes de serem transportadas para minimizar o dano durante o manuseio

Citocininas Propagação da cultura de tecidos; prolongam a vida útil de flores podadas

Etileno Permite o envio de frutos verdes e ainda consistentes (minimiza danos e apodrecimento). A aplicação de dióxido de carbono interrompe o amadurecimento de frutos na transição para o mercado, e então o etileno é aplicado para amadurecer os frutos distribuídos rapidamente

---

primento de auxina em um caule principal, portanto as gemas laterais originam ramos. Auxinas também inibem a abscisão, que é a queda de folhas, flores e frutos da planta.

Ácido abscísico O **ácido abscísico** (ABA) é um hormônio com nome incorreto. Ele inibe o crescimento e tem pouco a ver com a abscisão. O ABA é parte de uma reação à tensão que faz os estômatos fecharem. Ele também desvia produtos fotossintéticos das folhas para as sementes, um efeito que cancela os efeitos estimulantes do crescimento de outros hormônios quando a temporada de crescimento termina. O ABA inibe a germinação de sementes em algumas espécies, como a maçã (*Malus*). Tais sementes não germinam antes de a maior parte do ABA que contêm ser decomposta, por exemplo, em um longo período de condições frias e úmidas.

Citocininas **Citocininas** vegetais se formam nas raízes e são trasportadas via xilema até partes aéreas, onde induzem divisões celulares nos meristemas apicais. Tais hormônios também liberam gemas laterais da dominância apical e inibem o processo normal de envelhecimento nas folhas. Citocininas sinalizam para partes aéreas que as raízes estão saudáveis e ativas. Quando as raízes param de crescer, param de produzir citocininas, portanto o crescimento da parte aérea desacelera e as folhas começam a deteriorar.

Etileno O único hormônio gasoso, **etileno**, é produzido por células danificadas. Ele também é produzido no outono em plantas decíduas ou perto do final do ciclo de vida como parte do processo normal de envelhecimento da planta. O etileno inibe a divisão celular em caules e raízes. Ele também induz frutos e folhas a amadurecerem e caírem. O etileno é amplamente utilizado para amadurecer artificialmente frutos colhidos ainda verdes (Tabela 14.2).

Outras moléculas de sinalização

Como sabemos agora, outras moléculas de sinalização têm papéis em vários aspectos do desenvolvimento das plantas. Por exemplo, brassinoesteroides estimulam a divisão celular e o alongamento — os caules ficam curtos em sua ausência. A proteína FT é parte de uma rota de sinalização na formação de flores. O ácido salicílico, uma molécula semelhante à aspirina, interage com o óxido nítrico na regulação da transcrição de produtos genéticos que ajudam as plantas a resistir a ataques de patógenos. A sistemina é um polipeptídeo que se forma enquanto insetos se alimentam de tecidos das plantas. Ela aumenta a transcrição de genes que codificam toxinas dos insetos. Jasmonatos, derivados de ácidos graxos, interagem com outros hormônios no controle da germinação, crescimento das raízes e defesa dos tecidos. Você verá um exemplo de como jasmonatos ajudam a defender os tecidos das plantas na próxima seção.

Para pensar

O que regula o crescimento e o desenvolvimento nas plantas?

- Hormônios vegetais são moléculas sinalizadoras que influenciam o desenvolvimento das plantas.
- As cinco classes principais de hormônios vegetais são giberelinas, auxinas, citocininas, ácido abscísico e etileno.
- Interações entre hormônios e outros tipos de moléculas de sinalização estimulam ou inibem a divisão celular, o alongamento, a diferenciação e outros eventos.

14.3 Exemplos de efeitos dos hormônios vegetais

- Hormônios vegetais estão envolvidos na percepção, transdução e resposta de sinais.

Giberelina e germinação

Durante a germinação, a água absorvida por uma semente de cevada faz as células do embrião liberarem giberelina (Figura 14.6). O hormônio se difunde para a aleurona, uma camada de células rica em proteínas que cerca o endosperma. Na aleurona, a giberelina induz a transcrição do gene para amilase, uma enzima que hidrolisa amido em monômeros de açúcar. A amilase é liberada no interior cheio de amido do endosperma, onde decompõe as moléculas de amido armazenadas em açúcares. O embrião absorve os açúcares e os utiliza para respiração aeróbica, que dispara divisões celulares rápidas nos meristemas do embrião.

Aumento de auxina

Há poucas auxinas que ocorrem naturalmente, mas a que tem mais efeitos é o ácido 3-indol-acético (AIA). Essa molécula tem um papel essencial em todos os aspectos do desenvolvimento de plantas, começando com a primeira divisão do zigoto. Ele está envolvido na polaridade e na padronização de tecidos no embrião, na formação de partes da planta (folhas primárias, ápices caulinares, caules e raízes), na diferenciação de tecidos vasculares, na formação de raízes laterais (e raízes adventícias em algumas espécies) e, como você verá nas próximas seções, nas reações a estímulos ambientais.

Como uma molécula pode ter tantas funções? Parte da resposta é que o AIA tem múltiplos efeitos sobre as células vegetais. Por exemplo, faz as células se expandirem ao aumentar a atividade de bombas de próton, que são proteínas transportadoras de membrana que bombeiam íons hidrogênio do citoplasma para a parede celular. O aumento de acidez resultante faz a parede ficar menos rígida. O turgor que empurra a parede amolecida de dentro para fora estica a célula irreversivelmente. O AIA também afeta a expressão genética ao se vincular a algumas moléculas regulatórias. A ligação resulta na degradação das proteínas repressoras que bloqueiam a transcrição de genes específicos.

O AIA pode ter efeitos diferentes em concentrações diferentes. Embora presente em quase todos os tecidos vegetais, o AIA é distribuído desigualmente entre eles. Em um esporófito, o AIA é formado principalmente em ápices caulinares e folhas jovens, e sua concentração é mais alta ali. Ele forma gradientes em tecidos vegetais ao se afastar dessas partes em desenvolvimento, mas o movimento é mais complicado do que a difusão pode explicar.

O AIA é transportado no floema em longas distâncias, como das partes aéreas às raízes. Em distâncias menores, ele se move por um sistema de transporte de célula a célula que envolve o transporte ativo. O AIA se difunde para uma célula, mas também é transportado ativamente através de proteínas de membrana localizadas na parte superior da célula. Ele sai da célula através de proteínas de transporte ativo presentes na parte inferior da célula. Em outras palavras, o AIA entra em uma célula pela superfície superior e sai da célula pela parte inferior. Assim, tende a ser transportado de maneira polar através de tecidos locais, do topo em direção à base do caule (Figura 14.7). Um mecanismo diferente move as moléculas de auxina no sentido inverso, para cima a partir do ápice radicular até junção com o caule.

A A água absorvida faz as células de um embrião de cevada liberar giberelina, que se difunde pela semente até a camada de aleurona do endosperma.

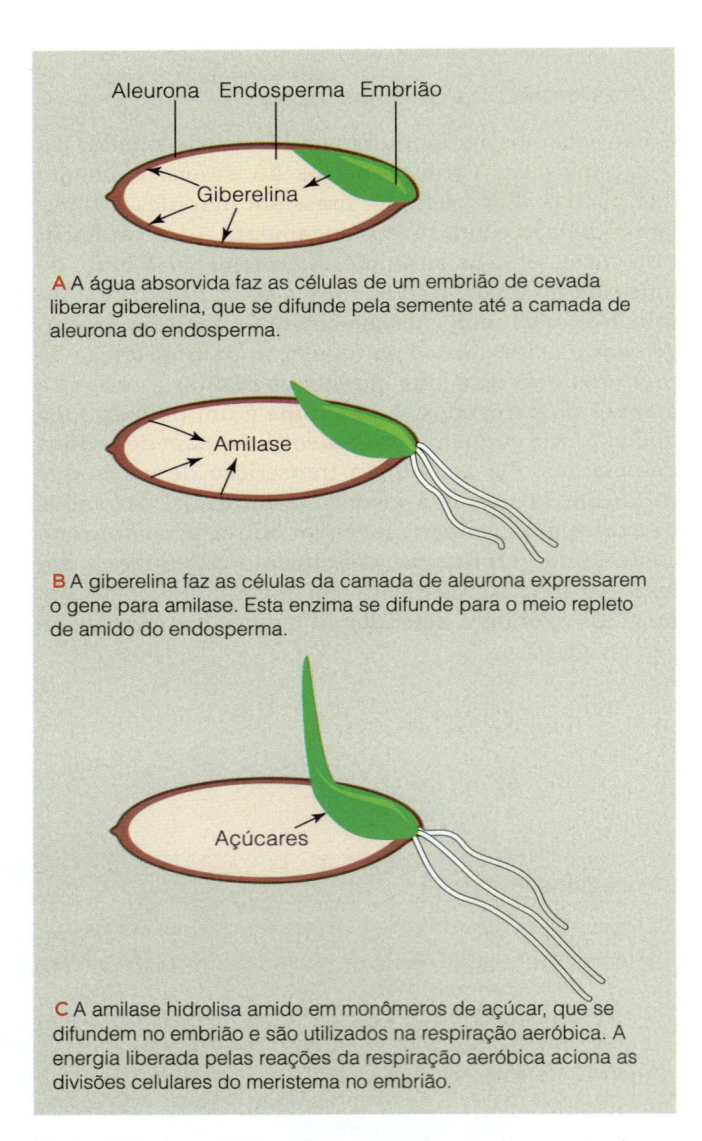

B A giberelina faz as células da camada de aleurona expressarem o gene para amilase. Esta enzima se difunde para o meio repleto de amido do endosperma.

C A amilase hidrolisa amido em monômeros de açúcar, que se difundem no embrião e são utilizados na respiração aeróbica. A energia liberada pelas reações da respiração aeróbica aciona as divisões celulares do meristema no embrião.

Figura 14.6 Ação da giberelina na germinação da semente de cevada.

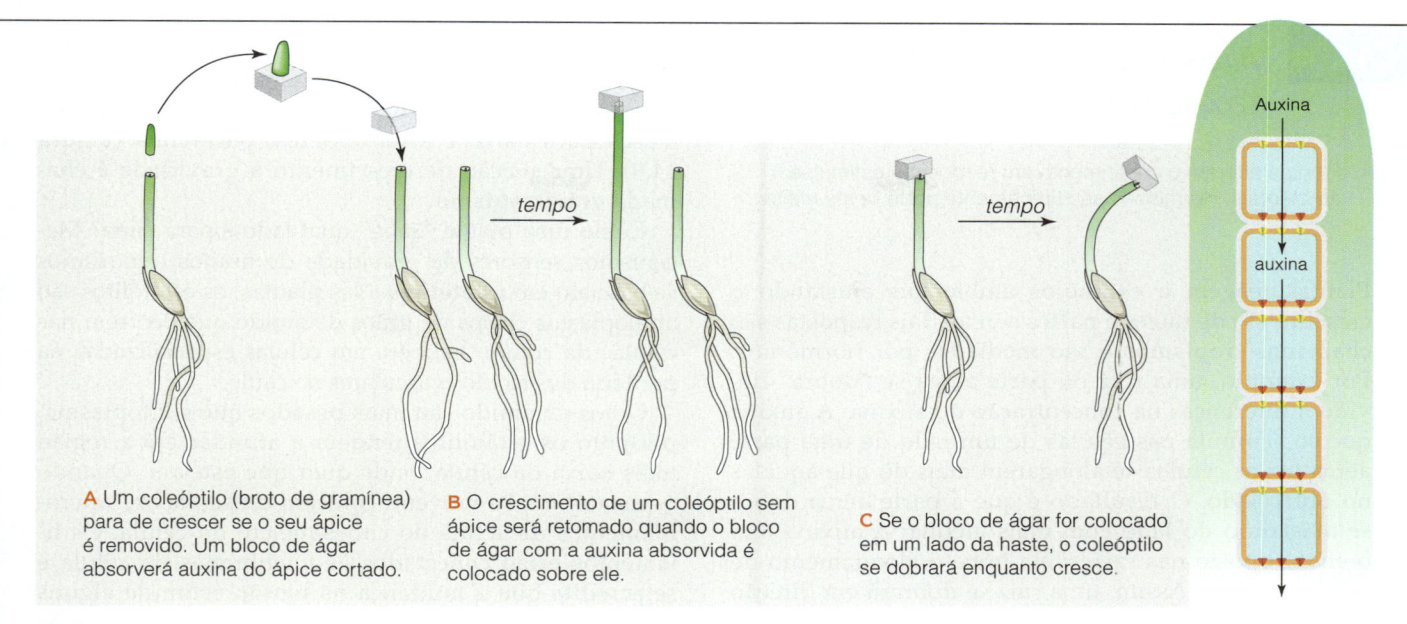

A Um coleóptilo (broto de gramínea) para de crescer se o seu ápice é removido. Um bloco de ágar absorverá auxina do ápice cortado.

B O crescimento de um coleóptilo sem ápice será retomado quando o bloco de ágar com a auxina absorvida é colocado sobre ele.

C Se o bloco de ágar for colocado em um lado da haste, o coleóptilo se dobrará enquanto cresce.

Figura 14.7 Um coleóptilo se alonga em resposta à auxina produzida em seu ápice. A auxina sai da ápice e atravessa as células do coleóptilo. O movimento direcional é orientado por diferentes tipos de transportador ativo posicionados no topo e na parte inferior das membranas plasmáticas das células (*direita*).

Jasmonato – o hormônio do perigo

Muitas plantas se protegem com espinhos ou substâncias químicas de gosto ruim que detêm herbívoros (animais comedores de plantas). Algumas têm um "hormônio do perigo", chamado jasmonato, que ativa uma bateria de genes de defesa do vegetal, que pode produzir diversas substâncias defensivas.

Por exemplo, danos à folha, como o que ocorre quando um herbívoro a mastiga, ativam uma reação ao "stress" da planta. O ferimento resulta na clivagem de alguns peptídeos (como a sistemina) nas células do mesofilo. Quando ativados, os peptídeos estimulam a síntese de jasmonatos, que ativam a transcrição de uma variedade de genes.

Alguns dos produtos genéticos resultantes decompõem moléculas utilizadas em atividades normais, como a rubisco, portanto o crescimento é temporariamente desacelerado. Outros produtos genéticos produzem substâncias químicas que a planta libera no ar. As substâncias químicas são detectadas por vespas parasitas de herbívoros (Figura 14.8). A sinalização é bastante específica: uma folha libera um conjunto diferente de substâncias químicas dependendo de qual herbívoro a mastiga. Algumas espécies de vespa reconhecem essas substâncias químicas como um sinal que leva à presa preferida. Elas seguem os gradientes de concentração de substâncias químicas transportadas pelo ar de volta à planta, onde atacam os herbívoros.

Figura 14.8 Jasmonatos em defesas de plantas. (**a**) Consuelo de Moraes estuda a sinalização química nas plantas. (**b**) Uma lagarta mastigando uma folha de tabaco (*Nicotiana*) ativa uma reação química das células da folha. As células liberam determinadas substâncias químicas no ar. (**c**,**d**) Uma vespa parasitoide segue as substâncias químicas até as folhas lesionadas e, depois, ataca a lagarta e deposita um ovo dentro dela. Quando o ovo eclode, libera uma larva que devora a lagarta.

Moraes descobriu que tais interações são altamente específicas: as células das folhas liberam substâncias químicas diferentes em resposta a diferentes espécies de lagarta. Cada substância química atrai apenas as vespas parasitas da lagarta em particular que ativou a liberação da substância química.

Para pensar

Quais são alguns exemplos de efeitos dos hormônios vegetais?

- A giberelina afeta a expressão de genes para a utilização de nutrientes na germinação; a auxina causa alongamento das células; e jasmonatos estão envolvidos na sinalização defensiva da planta.

14.4 Ajuste da direção e das taxas de crescimento

- Plantas alteram o crescimento em resposta a estímulos ambientais. Hormônios são tipicamente parte deste efeito.

Plantas reagem a estímulos ambientais ajustando o crescimento de raízes e partes aéreas. Tais respostas são chamadas **tropismos** e são mediadas por hormônios. Por exemplo, uma raiz ou parte aérea se "dobra" devido a diferenças na concentração de auxina. A auxina que se acumula nas células de um lado de uma parte aérea faz as células se alongarem mais do que aquelas no outro lado. O resultado é que a parte aérea dobra se afastando do lado com mais auxina. A auxina tem o efeito oposto nas raízes: ela inibe o alongamento de células da raiz. Assim, uma raiz se dobrará em direção ao lado com mais auxina.

Gravitropismo Independentemente de como uma semente está posicionada no solo quando germina, a radícula sempre cresce para baixo e a parte aérea primária, sempre para cima. Mesmo se uma plântula for virada de ponta-cabeça após a germinação, a raiz primária e a parte aérea se curvarão de forma que a raiz cresça para baixo e a parte aérea, para cima (Figura 14.9). Uma reação de crescimento à gravidade é chamada **gravitropismo**.

Como uma planta "sabe" qual lado é para cima? Mecanismos sensores de gravidade de muitos organismos se baseiam em **estatólitos**. Nas plantas, os estatólitos são amiloplastos cheios de grãos de amido que ocorrem nas células da coifa e também em células especializadas na periferia dos tecidos vasculares no caule.

Grãos de amido são mais pesados que o citoplasma, portanto os estatólitos tendem a afundar até a região mais baixa da célula, onde quer que estejam. Quando os estatólitos se movem, colocam tensão sobre microfilamentos de actina do citoesqueleto da célula. Os filamentos estão conectados às membranas da célula e se acredita que a mudança na tensão estimule alguns canais de íons nas membranas. O resultado é que as transportadoras de auxina da célula vão para o novo "fundo" da célula minutos depois de uma mudança de direção. Assim, a auxina sempre é transportada para o lado voltado para baixo de raízes e partes aéreas.

A Gravitropismo de uma plântula de milho. Independentemente da direção de uma semente no solo, a raiz primária de uma plântula cresce para baixo e sua parte aérea primária, para cima.

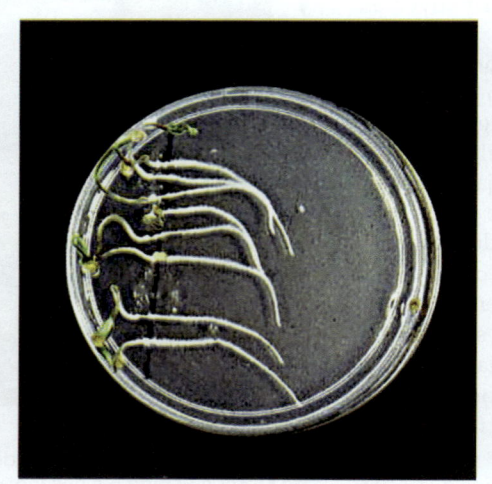

B Essas sementes foram giradas 90° em sentido anti-horário depois de germinarem. A planta se ajusta à mudança redistribuindo auxina e a direção de crescimento muda como resultado.

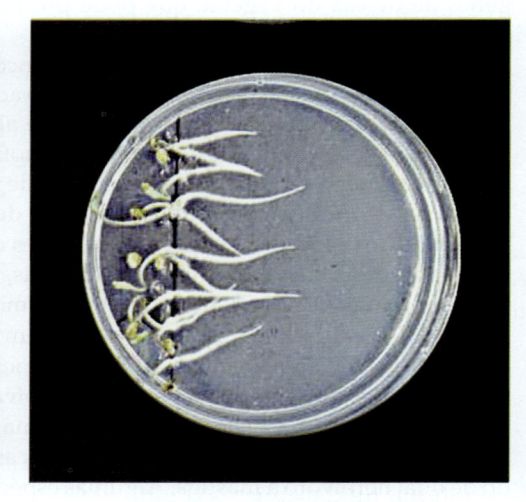

C Na presença de inibidores de transporte de auxina, as plântulas não ajustam sua direção de crescimento depois de um giro de 90° em sentido anti-horário. Mutações nos genes que codificam proteínas de transporte de auxina têm o mesmo efeito.

Figura 14.9 Gravitropismo.

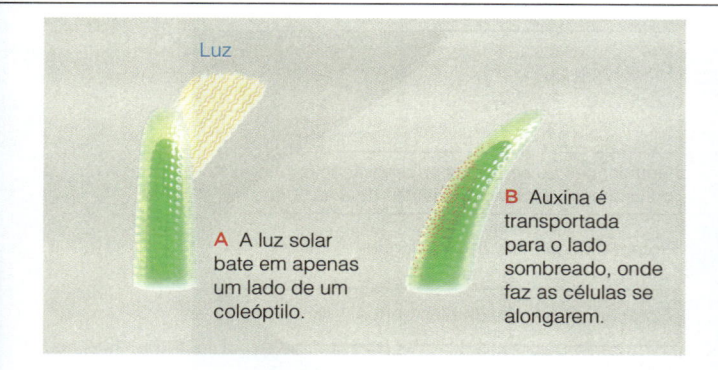

Fototropismo A luz que vem de um lado faz o caule se curvar em direção à sua origem. Essa resposta, o **fototropismo** orienta algumas partes da planta na direção que maximizará a quantidade de luz interceptada por suas células fotossintéticas.

O fototropismo nas plantas ocorre em resposta à luz azul. Pigmentos não fotossintéticos chamados fototropinas absorvem luz azul e traduzem sua energia em uma cascata de sinais intracelulares. O efeito essencial dessa cascata é que a auxina é redistribuída para o lado sombreado de uma parte aérea ou coleóptilo. Como resultado, as células no lado sombreado se alongam mais rapidamente que as no lado iluminado. Diferenças nas taxas de crescimento entre células em lados opostos de uma parte aérea ou coleóptilo fazem toda a estrutura se dobrar em direção à luz (Figura 14.10).

Figura 14.10 Animação Fototropismo. (**a,b**) Diferenças mediadas por auxina no alongamento celular entre dois lados de um coleóptilo induzem a inclinação em direção à luz. A foto mostra o trevo (*Oxalis*) reagindo a uma fonte de luz direcional.

Tigmotropismo O contato de uma planta com um objeto sólido pode resultar em uma mudança na direção de seu crescimento, uma reação chamada **tigmotropismo**. O mecanismo que origina essa resposta não é bem entendido, mas envolve os produtos de íons cálcio e pelo menos cinco genes chamados *TOUCH*.

Vemos o tigmotropismo quando a gavinha de uma vinha toca um objeto. As células perto da área de contato param de se alongar e as do lado oposto da parte aérea continuam se alongando. As taxas de crescimento desigual das células em lados opostos da parte área fazem com que ele se enrole em volta do objeto (Figura 14.11). Um mecanismo semelhante faz as raízes crescerem se afastando do contato, o que permite que elas "sintam" seu caminho em volta de rochas e outros objetos intransponíveis no solo.

O estresse mecânico, como a infligida por vento ou animais de pastagem, inibe o alongamento do caule em uma reação de toque relacionada ao tigmotropismo (Figura 14.12).

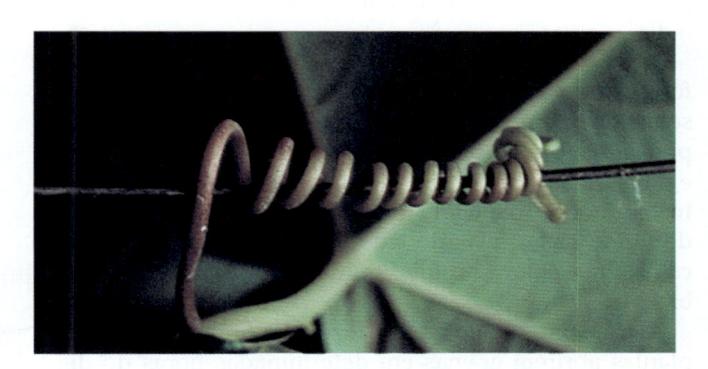

Figura 14.11 Gavinha da flor do maracujá (*Passiflora*) se torcendo tigmotropicamente em volta de um suporte de arame.

Figura 14.12 Efeito do estresse mecânico sobre pés de tomate. (**a**) Esta planta, o controle, não foi sacudida. (**b**) Esta planta foi sacudida mecanicamente por 30 segundos diariamente, durante 28 dias. (**c**) Esta foi sacudida duas vezes por dia. Todas as plantas tinham a mesma idade.

Para pensar

Como as plantas reagem a estímulos ambientais?

- Plantas se ajustam à direção e à taxa de crescimento em resposta a estímulos ambientais que incluem gravidade, luz, contato e tensão mecânica.

14.5 Sensores de mudanças ambientais recorrentes

- Mudanças sazonais na duração da noite, na temperatura e na luz ativam mudanças sazonais no desenvolvimento das plantas.

Relógios biológicos

A maioria dos organismos tem um **relógio biológico** — um mecanismo interno que rege a duração dos ciclos rítmicos de atividade. A Seção 10.5 mostrou um pé de feijão mudando a posição interceptora de luz de suas folhas ao longo de 24 horas mesmo quando ficou no escuro.

Um ciclo de atividade que começa do zero a cada 24 horas aproximadamente é chamado **ritmo circadiano** (do latim *circa*, cerca de; *dies*, dia). Na resposta circadiana chamada **acompanhamento solar**, uma folha ou flor muda de posição em resposta à mudança no ângulo do sol durante o dia.

Por exemplo, um caule de ranúculo amarelo gira de forma que a flor no topo dele sempre esteja voltada para o sol. Diferentemente de uma resposta fototrópica, o acompanhamento solar não envolve a redistribuição de auxina e o crescimento diferencial. Em vez disso, a absorção de luz azul por proteínas fotorreceptoras aumenta a pressão de fluido nas células no lado iluminado pelo sol de um caule ou pecíolo. As células mudam de formato, o que dobra o caule.

Mecanismos semelhantes fazem as flores de algumas plantas abrirem apenas em determinadas horas do dia. Por exemplo, as flores de muitas plantas polinizadas por morcegos se abrem, secretam néctar e liberam fragrância apenas à noite. O fechamento periódico das flores protege as partes reprodutivas delicadas quando a probabilidade de polinização é baixa.

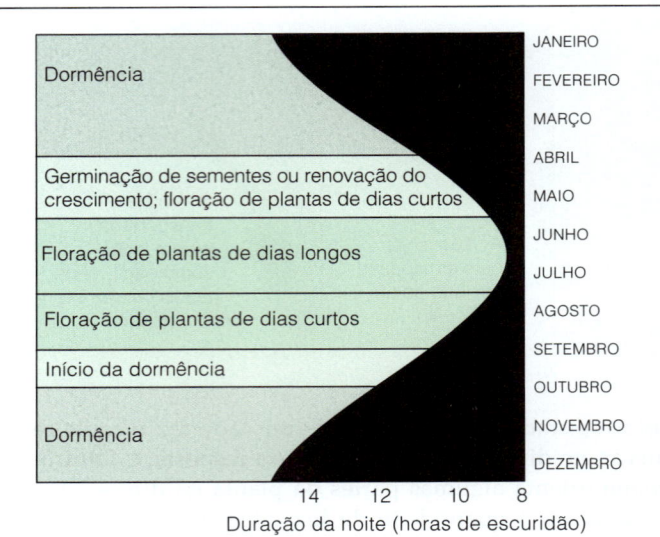

Figura 14.14 Crescimento e desenvolvimento das plantas correlacionados com mudanças climáticas sazonais em zonas temperadas ao norte.

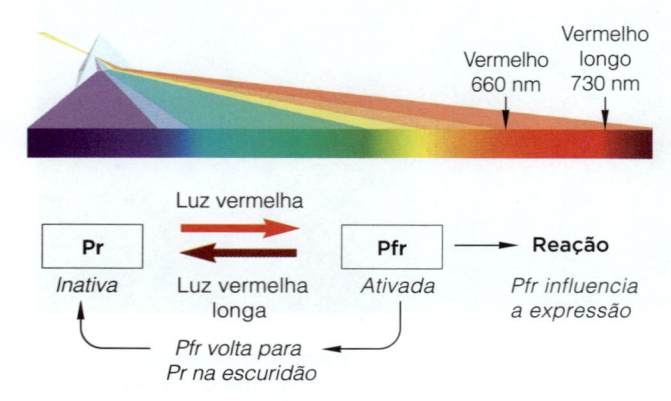

Figura 14.13 Animação Fitocromos. A luz vermelha muda a estrutura de um fitocromo da forma inativa para a ativa; a luz vermelha longa a retorna para a forma inativa. Fitocromos ativados controlam processos importantes como germinação e floração.

Ajuste do relógio

Como um relógio mecânico, um relógio biológico pode ser ajustado. A luz solar reajusta relógios biológicos em plantas ao ativar e desativar fotorreceptores chamados **fitocromos**. Esses pigmentos azul-esverdeados são sensíveis à luz vermelha (660 nanômetros) e à luz vermelha longa (730 nanômetros). As quantidades relativas desses comprimentos de onda na luz solar que atingem determinado ambiente variam durante o dia e com a estação. A luz vermelha faz os fitocromos mudarem de uma forma inativa para uma ativa. A luz vermelha longa faz com que voltem para sua forma inativa (Figura 14.13).

Fitocromos ativos causam a transcrição de muitos genes, incluindo alguns que codificam componentes da rubisco, fotossistema II, ATP sintase e outras proteínas utilizadas na fotossíntese; fototropina para reações fototrópicas e moléculas envolvidas no floração, no gravitropismo e na germinação.

Quando florescer?

Fotoperiodismo é uma resposta do organismo a alterações na duração da noite em relação à duração do dia. Exceto na linha do Equador, a duração da noite varia com a estação. As noites são mais longas no inverno do que no verão e as diferenças aumentam com a latitude (Figura 14.14).

Você provavelmente já notou que diferentes espécies de planta florescem em épocas diferentes do ano. Nessas plantas, a floração é fotoperiódica. Plantas de *dia longo* como as íris florescem apenas quando as horas de escuridão ficam abaixo de um valor crítico (Figura 14.15a). Crisântemos e outras plantas de *dias curtos* florescem apenas quando as horas de escuridão são maiores que algum valor crítico (Figura 14.15b). Girassóis e outras plantas de *dias neutros* florescem quando amadurecem, independentemente da duração da noite.

A Plantas de dia longo florescem apenas quando horas de escuridão são *inferiores* ao valor crítico para a espécie. Íris florescerão apenas quando a noite tem menos de 12 horas.

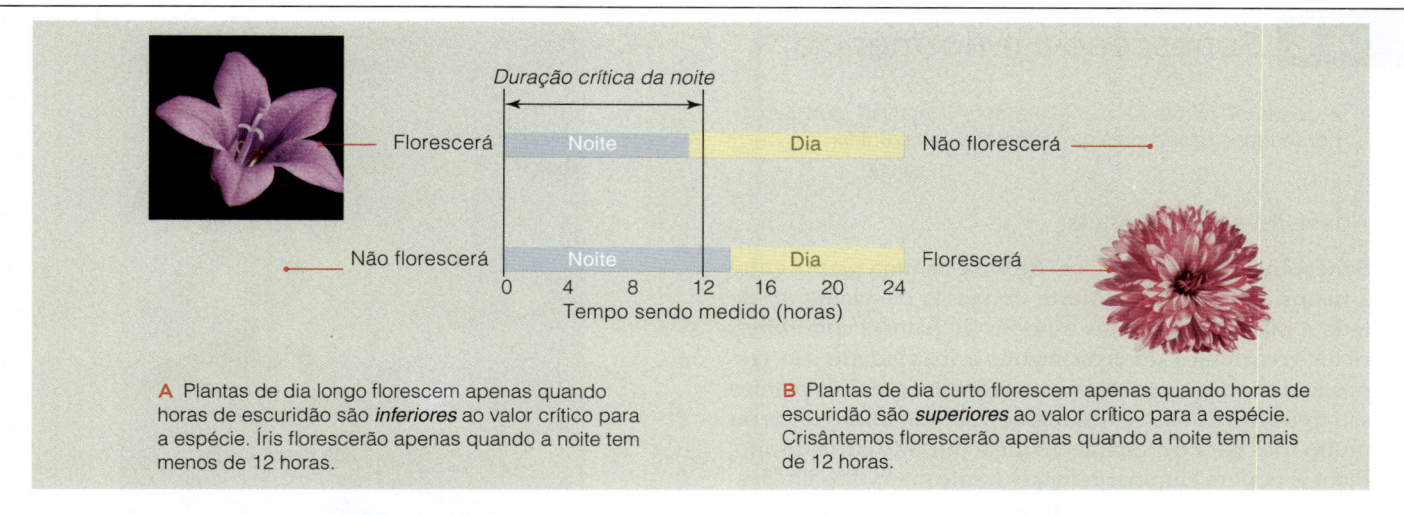

B Plantas de dia curto florescem apenas quando horas de escuridão são *superiores* ao valor crítico para a espécie. Crisântemos florescerão apenas quando a noite tem mais de 12 horas.

Figura 14.15 Diferentes espécies de plantas florescem em resposta a durações diferentes da noite. Cada barra horizontal representa 24 horas.

A Figura 14.16 mostra dois experimentos que demonstraram como fitocromos têm um papel no fotoperiodismo. No primeiro experimento, uma planta de dia longo e uma de dia curto foram expostas a "noites" longas, interrompidas por um breve pulso de luz vermelha (que ativa o fitocromo). Ambas as plantas reagiram de sua maneira típica a uma estação de noites curtas. No segundo experimento, o pulso de luz vermelha (que ativa o fitocromo) foi seguido por um pulso de luz vermelha longa (que desativa o fitocromo). Ambas as plantas reagiram de sua maneira típica a uma estação de noites longas.

As folhas detectam a duração da noite e produzem sinais que percorrem a planta. Em um experimento, uma única folha foi deixada em uma *Xanthium*, uma planta de dia curto. A folha foi protegida da luz por 8,5 horas todos os dias, que é o valor limiar de escuridão necessário para a floração. A planta floresceu. Mais tarde, a folha foi enxertada em outra *Xanthium* que *não* havia sido exposta a longas horas de escuridão. Depois do enxerto, a planta receptora também floresceu.

Como um composto produzido de folhas causa a floração? Em resposta à duração da noite e a outros fatores, as células da planta transcrevem mais ou menos um gene de floração. O RNAm transcrito migra das folhas para os ápices caulinares, onde é traduzido. Seu produto proteico ajuda a ativar os genes principais que controlam a formação de flores.

A duração da noite não é o único fator para a floração. Algumas flores bienais e perenes florescem apenas depois da exposição às temperaturas baixas do inverno (Figura 14.17). Esse processo é chamado **vernalização** (do latim *vernalis*, que significa "fazer como a primavera").

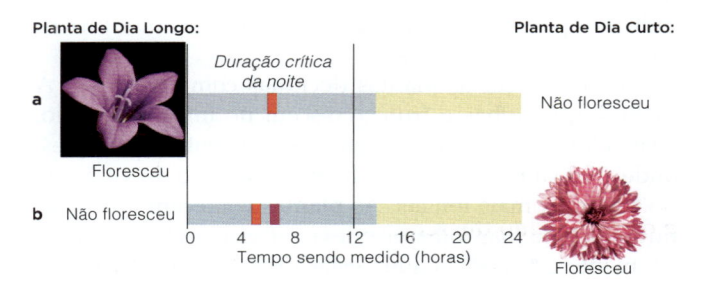

Figura 14.16 O fitocromo tem um papel na floração. (**a**) Um raio de luz vermelha interrompendo uma noite longa faz as plantas reagirem como se a noite fosse curta: plantas de dias longos florescem. (**b**) Um pulso de luz vermelha longa, que desativa o fitocromo, cancela o efeito do raio vermelho: plantas de dias curtos florescem.

Figura 14.17 Efeito local do frio sobre as gemas dormentes de lilás (*Syringa*). Para este experimento, um único ramo foi posicionado para se projetar para fora de uma estufa durante um inverno frio. O restante da planta foi mantido dentro e exposto apenas a temperaturas quentes. Apenas gemas expostas a temperaturas baixas externas retomaram o crescimento e floresceram na primavera.

Para pensar

As plantas têm relógios biológicos?

- Plantas com flores reagem a fatores recorrentes do ambiente com ciclos recorrentes de desenvolvimento.
- O principal fator ambiental para a floração é a duração da noite com relação à duração do dia, que varia de acordo com a estação na maioria dos lugares. Temperaturas baixas no inverno estimulam a floração de muitas espécies de plantas.

14.6 Senescência e dormência

- A queda de partes da planta e a dormência são ativadas por mudanças sazonais nas condições ambientais.

Abscisão e senescência

Senescência é a fase do ciclo de vida de uma planta entre a maturidade total e a morte de partes da planta ou de toda a planta. Em muitas espécies de plantas com flores, ciclos recorrentes de crescimento e inatividade são respostas a condições que variam sazonalmente. Tais plantas são tipicamente nativas de regiões que são muito secas ou muito frias para o crescimento ideal durante parte do ano. Plantas podem eliminar folhas durante intervalos tão desfavoráveis. O processo pelo qual partes das plantas são eliminadas é a **abscisão**. Ela ocorre em plantas decíduas em resposta à diminuição de horas de luz do dia e no ano inteiro em plantas perenes. A abscisão também pode ser induzida por ferimento, deficiências de água ou nutrientes ou altas temperaturas.

Vamos utilizar as plantas decíduas como exemplo. À medida que folhas e frutos crescem no início do verão, suas células produzem auxina. A auxina entra nos caules, onde ajuda a manter o crescimento. No meio do verão, as noites ficam mais longas. As plantas começam a desviar nutrientes de suas folhas, caules e raízes para flores, frutos e sementes. À medida que a estação de crescimento chega ao fim, nutrientes são encaminhados para ramos, caules e raízes e a produção de auxina cai em folhas e frutos.

As estruturas sem auxina liberam etileno, que se difunde para as zonas de abscisão próximas — ramos, pecíolos e pedúnculos de frutos. O etileno é um sinal para as células na área produzirem enzimas que digerem suas próprias paredes e a lamela média. As células se tornam túrgidas enquanto suas paredes amolecem e se separam à medida que sua lamela média — a camada que as une — se dissolve. O tecido na área enfraquece e a estrutura acima dele cai (Figura 14.18).

Se o desvio sazonal de nutrientes para as flores, sementes e frutos for interrompido, folhas e caules ficam em uma planta decídua por mais tempo (Figura 14.19).

Figura 14.18 Folhas de castanha-da-índia (*Aesculus hippocastanum*) mudando de cor no outono. A cicatriz da folha em formato de ferradura à *direita* é tudo o que sobra de uma zona de abscisão formada antes de uma folha se soltar do caule.

Controle (cascas não removidas)   Planta experimental (cascas removidas)

Figura 14.19 Experimento no qual cascas de sementes removidas de um pé de soja assim que se formaram atrasaram a senescência.

Dormência

Para muitas espécies, o crescimento para no outono quando a planta entra em **dormência**, um período de crescimento interrompido ativado por (e depois encerrado por) fatores ambientais. Noites longas, temperaturas baixas e solo seco pobre em nitrogênio são fortes fatores para a dormência em muitas plantas.

Fatores que rompem a dormência normalmente operam entre o outono e a primavera. Plantas dormentes não retomam o crescimento até que certas condições ocorram no ambiente. Algumas espécies exigem exposição da planta dormente a muitas horas de baixa temperatura. Fatores mais típicos incluem o retorno de temperaturas mais amenas e abundância de água e nutrientes. Com o retorno de condições favoráveis, os ciclos de vida começam novamente quando as sementes germinam e as gemas retomam o crescimento.

Para pensar

O que ativa a eliminação de partes da planta e a dormência?

- A abscisão e a dormência são ativadas por fatores ambientais como mudanças sazonais na temperatura ou na duração do dia.

| QUESTÕES DE IMPACTO REVISITADAS | Plantas bobas e uvas suculentas

O amadurecimento de frutos é um tipo de senescência. Como tecidos feridos, tecidos senescentes (incluindo frutos amadurecidos) liberam gás etileno. Esse hormônio vegetal estimula a produção de enzimas como a amilase. Tais enzimas convertem amidos e ácidos armazenados em açúcares e amolecem as paredes celulares de frutos carnosos — efeitos adoçantes e suavizantes que associamos ao amadurecimento. O etileno emitido por um fruto pode estimular o amadurecimento de frutos vizinhos.

Frutos colhidos no pico da maturidade podem ser guardados por meses ou até anos após tratamento com a substância MCP (metilciclopropeno). Esta se liga permanentemente a receptores de etileno no fruto, mas, diferentemente do etileno, não os estimula. Assim, frutos maduros tratados com MCP ficam insensíveis ao etileno, portanto não amadurecerão demais. O tratamento com MCP é comercializado como tecnologia *SmartFresh*.

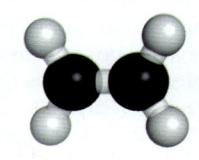

etileno

Resumo

Seção 14.1 A expressão genética e fatores do ambiente coordenam o desenvolvimento de plantas, que é a formação e o **crescimento** de tecidos e partes em padrões previsíveis (Figura 14.20). A **germinação** é um padrão de desenvolvimento em plantas.

Seções 14.2, 14.3 Como hormônios animais, **hormônios vegetais** secretados por uma célula alteram a atividade de uma outra célula. Hormônios vegetais podem promover ou paralisar o crescimento de uma planta ao estimular ou inibir a divisão, a diferenciação, o alongamento e a reprodução das células.

Giberelinas alongam caules, rompem a dormência em sementes e gemas e estimulam a floração.

Auxinas alongam coleóptilos, partes aéreas e raízes ao promover o espessamento das células.

Citocininas estimulam a divisão celular, liberam gemas laterais da **dominância apical** e inibem a senescência.

Etileno promove a senescência e a abscisão. Ele também inibe o crescimento de raízes e caules.

Ácido abscísico promove a dormência de gemas e sementes e limita a perda de água ao fazer os estômatos se fecharem.

Seção 14.4 Nos **tropismos**, plantas ajustam a direção e a taxa de crescimento em resposta a fatores ambientais.

No **gravitropismo**, raízes crescem para baixo e caules, para cima, em resposta à gravidade. **Estatólitos** são parte desta resposta. No **fototropismo**, caules e folhas se dobram em direção a ou se afastando da luz. A luz azul é o estímulo de tais respostas fototrópicas. Em algumas plantas, a direção do crescimento muda em reação ao contato (**tigmotropismo**). O crescimento também pode ser afetado pelo estresse mecânico.

Seções 14.5, 14.6 Mecanismos de tempo internos como os **relógios biológicos** (incluindo **ritmos circadianos**) são definidos por variações diárias e sazonais em condições ambientais. **Acompanhamento solar** é um tipo de ritmo circadiano. Outro, o **fotoperiodismo**, é uma resposta a alterações na duração da noite em relação à duração do dia. A detecção de luz nas plantas envolve pigmentos não fotossintéticos chamados **fitocromos** (no fotoperiodismo) e fototropinas (no fototropismo).

Plantas de dias curtos florescem na primavera ou no outono, quando os dias são longos. Plantas de dias longos florescem no verão, quando as noites são curtas. Plantas de dias neutros florescem sempre que estão suficientemente maduras para tal. Algumas plantas exigem exposição ao frio antes de florescerem, um processo chamado **vernalização**.

Dormência é um período de crescimento interrompido que não termina até que fatores ambientais específicos ocorram. A dormência é tipicamente precedida por **abscisão**. A **senescência** é a parte do ciclo de vida da planta entre a maturidade e a morte da planta ou partes dela.

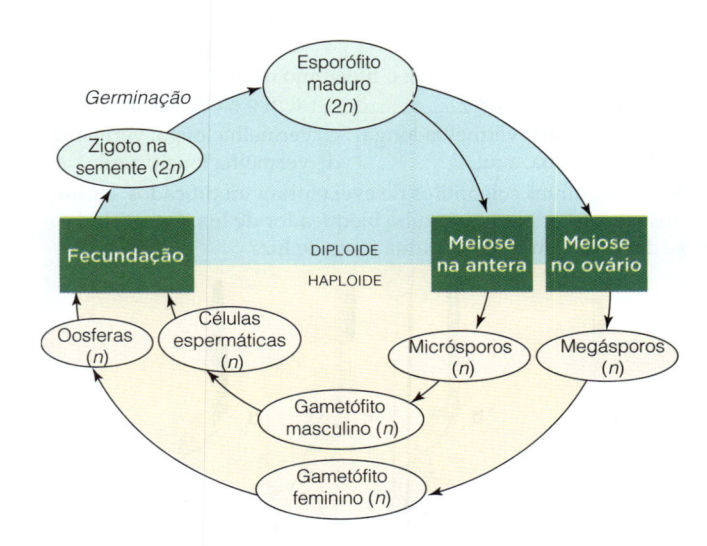

Figura 14.20 Resumo do desenvolvimento no ciclo de vida de uma eudicotiledônea típica.

Exercício de análise de dados

Em 2007, os pesquisadores Casey Delphia, Mark Meschere e Consuelo de Moraes (mostrada na Figura 14.9a) publicaram um estudo sobre a produção de diferentes substâncias químicas voláteis por plantas de tabaco (*Nicotiana tabacum*) em resposta à predação por dois tipos de organismo: o inseto *Frankliniella occidentalis* ("tripés") e lagartas (*Heliothis virescens*). Seus resultados são exibidos na Figura 14.21.

1. Que tratamento causou a maior produção de substâncias voláteis?
2. Que substância química volátil foi produzida em maior quantidade? Qual foi o estímulo?
3. Qual das substâncias químicas testadas é mais provavelmente produzida por plantas de tabaco em uma resposta não específica à predação?
4. Há alguma substância química produzida em resposta à predação por lagartas, mas não em resposta à predação por "tripés"?

Composto Volátil Produzido	Tratamento					
	C	T	W	WT	HV	HVT
Mirceno	0	0	0	0	17	22
β-Ocimeno	0	433	15	121	4,299	5,315
Linalol	0	0	0	0	125	178
Indol	0	0	0	0	74	142
Nicotina	0	0	233	160	390	538
β-Elemeno	0	0	0	0	90	102
β-Cariofileno	0	100	40	124	3,704	6,166
α-Humuleno	0	0	0	0	123	209
Sesquiterpeno	0	7	0	0	219	268
α-Farneseno	0	15	0	0	293	457
Óxido de cariofileno	0	0	0	0	89	166
Total	0	555	288	405	9,423	13,563

Figura 14.21 Compostos voláteis produzidos de plantas de tabaco (*Nicotiana tabacum*) em resposta à predação por diferentes insetos. Grupos de plantas foram não tratados (C), atacados por "tripés" (T), feridos mecanicamente (W), feridos mecanicamente e atacados por tripés (WT), atacados por lagartas (HV), ou atacados por lagartas e "tripés". Os valores estão indicados em nanogramas/dia.

Questões
Respostas no Apêndice III

1. Qual das seguintes afirmações é falsa?
   a. Auxinas e giberelinas promovem alongamento do caule.
   b. Citocininas promovem a divisão celular e retardam o envelhecimento de folhas.
   c. Ácido abscísico promove a perda de água e a dormência.
   d. Etileno promove o amadurecimento de frutos e a abscisão.
2. Hormônios vegetais _____.
   a. podem ter múltiplos efeitos
   b. são influenciados por fatores ambientais
   c. são ativos em embriões de plantas dentro de sementes
   d. são ativos em plantas adultas
   e. todas as anteriores
3. _____ é o estímulo mais forte para o fototropismo.
   a. Luz vermelha
   b. Luz vermelha longa
   c. Luz verde
   d. Luz azul
4. A luz _____ faz o fitocromo mudar da forma inativa para a ativa; a luz _____ tem o efeito oposto.
   a. vermelha; vermelha longa
   b. vermelha; azul
   c. vermelha longa; vermelha
   d. vermelha longa; azul
5. Os seguintes coleóptilos de aveia foram modificados: cortados ou colocados em um tubo bloqueador de luz. Quais ainda se dobrarão em direção a uma fonte de luz?

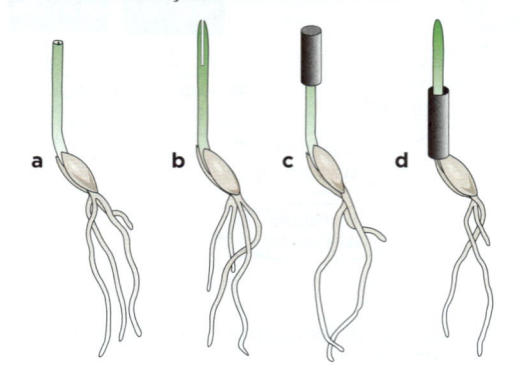

6. Em algumas plantas, a floração é uma reação _____.
   a. fototrópica
   b. gravitrópica
   c. fotoperiódica
   d. tigmotrópica
7. Relacione a observação ao hormônio que mais provavelmente é sua causa.
   ___ etileno — a. Seus pés de repolho se separam (formam caules alongados com flores).
   ___ citocinina — b. O *filodendro* em seu quarto se inclina em direção à janela.
   ___ auxina — c. A última de suas maçãs está ficando muito mole.
   ___ giberelina — d. As sementes do pé de maconha de seu colega de quarto não germinam independentemente do que ele faça.
   ___ ácido abscísico — e. Gemas laterais de seu *Ficus* estão desenvovendo partes aéreas ramificadas.

Raciocínio crítico

1. Reflita sobre o Capítulo 11. Você esperaria que os hormônios influenciassem apenas o crescimento primário? E quanto ao crescimento secundário em, digamos, um carvalho de 100 anos?
2. A fotossíntese sustenta o crescimento das plantas e aportes de luz solar sustentam a fotossíntese. Por que, então, as plântulas que germinaram em um quarto totalmente escuro ficam mais altas que plântulas diferentes da mesma espécie que germinaram sob o sol?
3. Cientistas belgas descobriram que certas mutações na *Arabidopsis thaliana* causam excesso de produção de auxina. Preveja o impacto sobre o fenótipo da planta.
4. Gado bovino normalmente recebe somatotropina, um hormônio animal que o faz ficar maior (mais peso significa mais lucro). Há preocupações de que tais hormônios possam ter efeitos imprevistos sobre humanos que comem carne bovina. Você acha que hormônios vegetais podem afetar os humanos? Por que ou por que não?

Quantas e quais tipos de partes do corpo são necessários para que um organismo funcione como um lagarto em uma floresta tropical?

15 | Tecidos Animais e Sistemas de Órgãos

QUESTÕES DE IMPACTO | Fábricas de Células-tronco?

Imagine ser capaz de cultivar novas partes do corpo para substituir partes perdidas ou doentes. Esse sonho motiva pesquisadores a estudar as células-tronco, que se dividem e produzem mais células-tronco. Além disso, algumas descendentes das células-tronco se diferenciam em células especializadas que criam partes específicas do corpo. Em resumo, todas as células do nosso corpo "se originam" das células-tronco.

Os tipos de célula que seu corpo substitui continuamente, como o sangue e a pele, provêm de células-tronco adultas. Essas células normalmente se ramificam em uma variedade limitada de células. Por exemplo, as células-tronco da medula óssea podem se tornar células sanguíneas, mas não células musculares ou células cerebrais.

Embriões possuem células-tronco que são mais versáteis. Além disso, essas células são a fonte de todos os tipos de tecido no corpo em formação. Células-tronco embrionárias são formadas logo após a fertilização, quando a divisão de células produz uma bola de células do tamanho de uma cabeça de alfinete. Até o nascimento, as células-tronco embrionárias desapareceram.

Células-tronco que podem se tornar células nervosas ou musculares são raras em adultos. Assim, diferente das células da pele e sangue, as nervosas e musculares não são substituídas se forem danificadas ou morrerem. É por isso que uma lesão nos nervos da medula pode causar paralisia permanente.

Na teoria, tratamentos com células-tronco embrionárias poderiam fornecer novas células nervosas para pessoas paralisadas. Os tratamentos também poderiam ajudar a tratar outros problemas dos nervos e músculos, como doenças do coração, distrofia muscular e mal de Parkinson.

Apesar da promessa da pesquisa com células-tronco embrionárias, algumas pessoas se opõem a elas, pois se afligem com a fonte original dessas células — embriões humanos iniciais. Os embriões normalmente vêm de clínicas de fertilidade que poderiam tê-los destruído e são doados por seus pais.

Até agora, os cientistas não encontraram nenhuma célula-tronco adulta que tenha o mesmo potencial das células-tronco embrionárias. Porém, eles podem ser capazes de organizar geneticamente tais células. Por exemplo, James Thompson e Junying Yu (Figura 15.1) usaram vírus para inserir genes de células-tronco embrionárias em células da pele de um menino recém-nascido. O resultado foi que as células cresceram facilmente e mostraram as mesmas características das células embrionárias em cultura. Uma equipe de pesquisa do Japão alcançou resultados similares usando vírus para inserir genes em células da pele de adultos. Em ambos os casos as células estavam em meio de cultura.

Isso significa que o uso de células-tronco embrionárias se tornará desnecessário? Possivelmente, mas ainda há obstáculos. Primeiro, o retrovírus usado para inserir os genes pode causar câncer. Assim, células criadas por esse método não podem ser implantadas com segurança em um corpo humano. Segundo, as células "construídas" parecem comportar-se como células-tronco embrionárias no laboratório, mas poderiam se comportar de forma diferente quando implantadas em uma pessoa. Serão necessárias pesquisas adicionais para confirmar se as células-tronco podem ser produzidas de forma segura e se elas realmente possuem o mesmo potencial das células-tronco embrionárias em um contexto clínico.

Células-tronco, a fonte de todos os tecidos e órgãos, consistem numa introdução adequada a esta unidade, que trata da anatomia animal (como um corpo se constitui) e de fisiologia (como um corpo funciona). Nesta unidade, você verá repetidamente um conceito resumido anteriormente no Capítulo 10. Células, tecidos e órgãos interagem suavemente quando o ambiente interno do corpo é mantido dentro de um limite que cada célula individual pode tolerar. Na maioria dos tipos de animal, fluidos sanguíneos e intersticiais são o ambiente interno. Os processos envolvidos na manutenção deste ambiente são coletivamente chamados de homeostase.

Independente das espécies, as partes do corpo devem interagir e executar as seguintes tarefas:
1. Coordenar e controlar atividades de suas partes individuais.
2. Captar e distribuir matérias-primas para células individuais e descartar resíduos.
3. Proteger tecidos contra machucados ou ataques.
4. Reproduzir e, em muitas espécies, alimentar e proteger a cria no crescimento e desenvolvimento inicial.

Figura 15.1 Junying Yu da University of Wisconsin-Madison é parte de uma equipe de pesquisa que desenvolveu um método de transformar células da pele de um recém-nascido em células que se comportam como células-tronco embrionárias.

Conceitos-chave

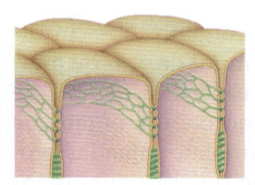

Organização animal
Todos os animais são multicelulares, com células unidas por junções celulares. Normalmente, as células são organizadas em quatro tecidos: tecido epitelial, tecido conjuntivo, tecido muscular e tecido nervoso. Os órgãos, que consistem em uma combinação de tecidos, interagem em sistemas de órgãos.
Seção 15.1

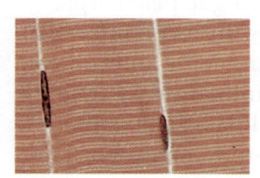

Tipos de tecido de animais
O tecido epitelial cobre a superfície do corpo e alinha seus tubos internos. Tecidos conjuntivos dão suporte e conectam as partes do corpo. O tecido muscular move o corpo e suas partes. O tecido nervoso detecta estímulos internos e externos e coordena as respostas. **Seções 15.2-15.5**

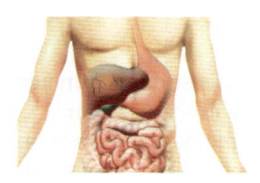

Sistemas de órgãos
Os sistemas de órgãos dos vertebrados compartilham as tarefas de sobrevivência e reprodução para o corpo como um todo. Sistemas diferentes surgem da ectoderme, mesoderme e endoderme, que são as camadas primárias de tecido que se formam no embrião inicial. **Seção 15.6**

Olhar atento na pele
A pele é um exemplo de um sistema de órgãos. Ela inclui camadas epiteliais, tecido conjuntivo, tecido adiposo, glândulas, vasos sanguíneos e receptores sensoriais. Ela ajuda a proteger o corpo, conservar a água, controlar a temperatura, excretar resíduos e detectar estímulos externos.
Seções 15.7, 15.8

Neste capítulo

- Com este capítulo, começamos a considerar os níveis de tecido e sistema de órgãos em animais. Você também aprenderá mais sobre as células envolvidas na sensação e resposta a estímulos.
- Este capítulo abrange a natureza das estruturas corporais animais e tendências na evolução dos vertebrados.
- Você pensará sobre a importância da difusão nas membranas celulares, respiração aeróbica e a estrutura e o metabolismo de lipídeos. A proteína hemoglobina aparecerá enquanto discutimos sobre sangue.
- Câncer e os efeitos da radiação UV são explicados no contexto da pele e exposição à luz do sol.

Qual sua opinião? As células-tronco embrionárias humanas possuem benefícios médicos potenciais, mas algumas pessoas se opõem ao seu uso. Os cientistas deveriam permitir que embriões fecundados em clínicas de fertilidade e doados por seus pais como fonte de células para pesquisa fossem destruídos? Conheça a opinião de seus colegas e apresente seus argumentos a eles.

15.1 Anatomia e organização corporal dos animais

- As células dos animais são unidas por junções celulares e tipicamente organizadas como tecidos, órgãos e sistemas de órgãos, chamados aqui simplesmente de "Sistemas."

Dos tecidos aos órgãos e destes aos sistemas

Todos os animais são multicelulares e quase todos têm células organizadas em tecidos. Um **tecido** consiste de células que interagem e substâncias extracelulares que executam uma ou mais tarefas especializadas.

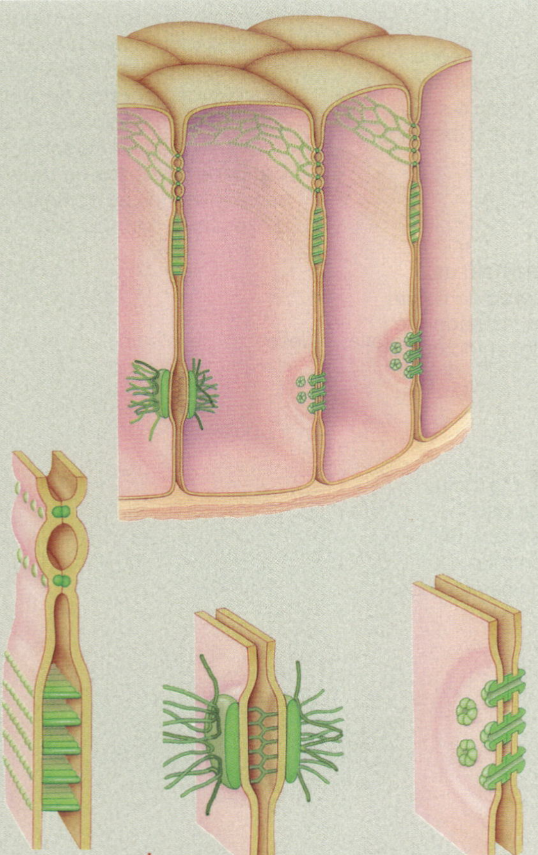

São observados quatro tipos de tecido em todos os corpos vertebrados. Tecidos epiteliais cobrem as superfícies do corpo e alinham cavidades internas. Tecidos conjuntivos mantêm unidas as partes do corpo e fornecem apoio estrutural. Tecidos musculares movimentam o corpo e suas partes. Tecidos nervosos detectam estímulos e retransmitem informações. Consideraremos cada tipo de tecido em detalhes nas seções que seguem.

Tipicamente, tecidos animais são organizados em órgãos. Um **órgão** é uma unidade estrutural de dois ou mais tecidos organizados de uma forma específica e capaz de executar tarefas específicas. Seu coração é um órgão que consiste em quatro tipos de tecido em determinadas proporções e organizações. Nos **sistemas**, dois ou mais órgãos e outros componentes interagem física, quimicamente ou ambos na mesma tarefa, como quando a força gerada por um coração que bate movimenta o sangue pelo corpo.

As células, os tecidos e os órgãos do corpo interagem normalmente entre si quando o ambiente interno está em homeostase. Na maioria dos animais, o sangue e o fluido intersticial (líquido entre células) são o ambiente interno. A **homeostase** é o processo de manutenção do ambiente interno.

Junções celulares

As células da maioria dos tecidos animais se conectam aos seus vizinhos por um ou mais tipos de junção celular.

Nos tecidos epiteliais, fileiras de proteínas que formam **junções firmes** entre membranas plasmáticas de células adjacentes evitam que líquidos penetrem nessas células. Para cruzar um epitélio, o líquido deve passar por células epiteliais. Proteínas de transporte em membranas celulares controlam quais íons e moléculas cruzam o epitélio.

Uma grande quantidade de junções firmes no revestimento do estômago normalmente evita que os sucos ácidos extravasem. Se uma infecção bacteriana prejudicar esse revestimento, ácido e enzimas podem corroer o tecido conjuntivo subjacente e as camadas musculares. O resultado é uma úlcera péptica dolorosa.

Junções aderentes mantêm as células juntas em locais distintos, como botões mantêm uma camisa fechada (Figura 15.2b). A pele e outros tecidos que estão sujeitos à abrasão ou estiramento são ricos em junções aderentes.

Junções comunicantes permitem que íons e pequenas moléculas passem do citoplasma de uma célula para outra (Figura 15.2c). O músculo do coração e outros tecidos nos quais as células executam algumas ações coordenadas possuem muitos canais de comunicação.

a Junções firmes (também chamadas de junções apertadas)
Fileiras de proteínas que correm paralelamente à superfície livre de um tecido; interrompem vazamentos entre células contíguas

b Junção aderente
Uma massa de proteínas interconectadas que mantêm duas células juntas; presa sob a membrana plasmática por filamentos intermediários do citoesqueleto

c Junção comunicante
Arranjos cilíndricos de proteínas que se estendem pela membrana plasmática das células contíguas, pareadas como canais abertos

Figura 15.2 Exemplos de junções celulares em tecidos animais.

> **Para pensar**
> *Como o corpo de um animal é organizado?*
> - Quase todos os animais têm células unidas por junções celulares organizadas em tecidos, órgãos e sistemas.
> - Todas as partes do corpo trabalham juntas em homeostase, o processo de manter condições internas dentro do limite que as células podem tolerar.

15.2 Tecido epitelial

- Camadas de tecido epitelial cobrem a superfície externa do corpo e revestem seus dutos e cavidades.

Características gerais

Um **epitélio**, ou **tecido epitelial**, é uma camada de células que cobre a superfície externa de um corpo ou reveste uma cavidade interna. Uma superfície do epitélio se defronta com o ambiente externo ou um fluido do corpo. Uma matriz extracelular secretada, conhecida como **membrana basal**, se prende à superfície oposta do epitélio em um tecido subjacente (Figura 15.3).

Tecidos epiteliais são descritos em termos de forma das células constituintes e do número de camadas de células. Um epitélio simples é uma camada de células espessas; um epitélio estratificado é caracterizado por camadas múltiplas de células. As células do **epitélio escamoso** (pavimentoso) são achatadas ou semelhantes a pratos. As células do **epitélio cúbico** são cilindros curtos que parecem cubos quando visualizados em seção cruzada. As células do **epitélio colunar** são mais altas que largas. A Figura 15.4 mostra essas formas nos três tipos de epitélio simples.

Os diferentes tipos de epitélio são designados a diferentes tarefas. O epitélio escamoso simples é o tipo mais fino. Ele reveste os vasos sanguíneos e as bolsas aéreas minúsculas dentro dos pulmões. Por ser fino, gases e nutrientes difusos o atravessam facilmente. Em contraste, o epitélio escamoso estratificado, que é mais espesso, tem uma função protetora. A camada externa da sua pele é formada por este último tecido.

As células do epitélio cúbico e colunar agem na absorção e na secreção. Em alguns tecidos, como no revestimento dos rins e intestino delgado, projeções semelhantes a dedos chamadas **microvilos (ou microvilosidades)** se estendem a partir da superfície livre das células epiteliais. Essas projeções aumentam a área de superfície pela qual as substâncias são absorvidas. Em outros tecidos, como as vias aéreas superiores e ovidutos, a superfície livre é ciliada. A ação dos cílios ajuda a movimentar o muco secretado pelo epitélio.

Epitélio glandular

Somente o tecido epitelial contém células glandulares. Essas células produzem e secretam substâncias que funcionam fora da célula. Na maioria dos animais, as células excretoras são agrupadas dentro das **glândulas**, órgãos que liberam substâncias sobre a pele ou em uma cavidade de corpo ou o fluido intersticial.

As **glândulas exócrinas** têm dutos ou tubos que expelem suas secreções sobre uma superfície interna ou externa. As secreções exócrinas incluem muco, saliva, lágrimas, leite, enzimas digestórias e a cera de ouvido.

As **glândulas endócrinas** não têm nenhum duto. Eles secretam seus produtos, hormônios, diretamente no fluido intersticial entre as células. As moléculas de hormônio se difundem no sangue, que as carrega para as células alvo.

Epitélio simples escamoso
- Reveste vasos sanguíneos, o coração e as bolsas de ar dos pulmões
- Permite que substâncias atravessem por difusão

Epitélio cúbico simples
- Reveste túbulos renais, dutos de algumas glândulas, ovidutos
- Funciona na absorção e secreção, movimentação de materiais

Epitélio colunar simples
- Reveste algumas vias aéreas, partes do intestino
- Funciona na absorção e secreção, proteção

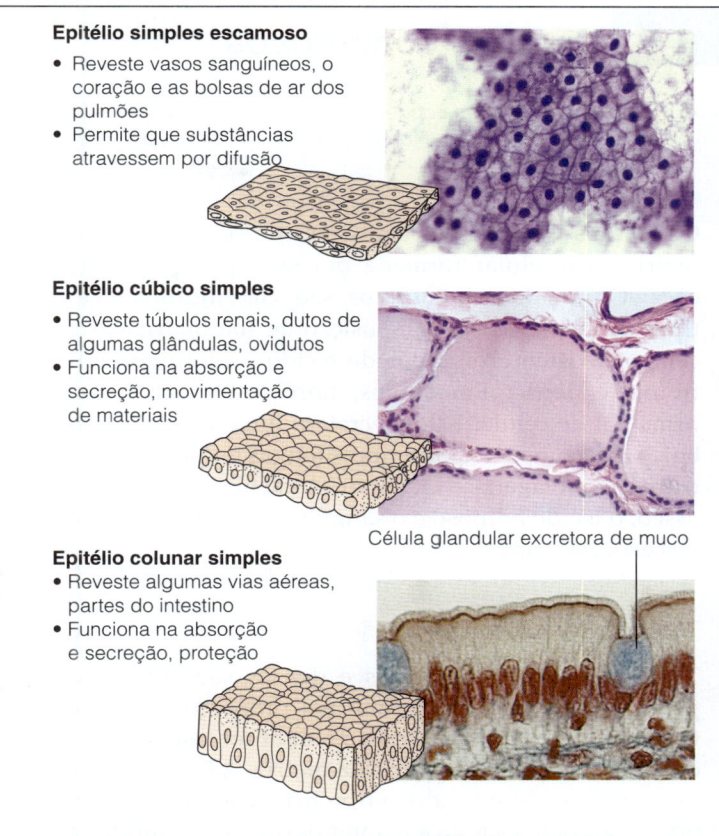

Figura 15.4 Micrografias e desenhos de três tipos de epitélio simples em vertebrados, com exemplos de suas funções e localizações.

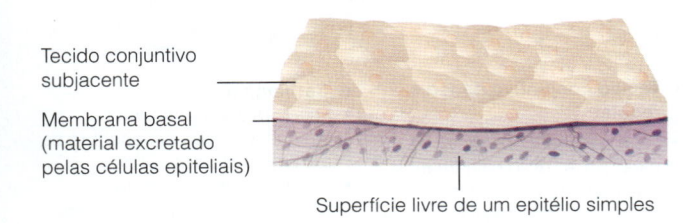

Figura 15.3 Estrutura generalizada de um epitélio simples.

Para pensar

O que são tecidos epiteliais?

- Os tecidos epiteliais são camadas de células (dispostas como folhas em um livro) presas por uma camada basal ao tecido subjacente. Eles recobrem superfícies do corpo e revestem cavidades e dutos.
- Algumas células epiteliais são ciliadas ou têm microvilosidades que ajudam na absorção.
- O epitélio excretório forma as glândulas endócrinas e exócrinas.

15.3 Tecidos conjuntivos

- Os tecidos conjuntivos conectam partes do corpo e fornecem suporte estrutural e funcional a outros tecidos do corpo.

Os **tecidos conjuntivos** consistem de células em uma matriz extracelular formada por suas próprias secreções. Os tecidos conjuntivos são classificados pelos tipos de célula e pela composição de sua matriz extracelular. Existem dois tipos de tecido conjuntivo mole: frouxo e denso. Em ambos, fibroblastos são o tipo principal de célula. Estes secretam uma matriz de carboidratos complexos com fibras longas de proteínas estruturais (colágeno e elastina). A cartilagem, o tecido ósseo, o tecido adiposo e o sangue são tecidos conjuntivos especializados.

Tecidos conjuntivos moles

Tecidos conjuntivos frouxos e densos são compostos pelas mesmas estruturas, mas em proporções diferentes. O tecido conjuntivo frouxo tem fibroblastos e fibras dispersos amplamente pela sua matriz. A Figura 15.5*a* é um exemplo. Esse tecido, o tipo mais comum no corpo dos vertebrados, ajuda a manter os órgãos e os epitélios no lugar.

No tecido conjuntivo denso e irregular, a matriz possui muitos fibroblastos e fibras de colágeno, que estão dispostos desordenadamente, como na Figura 15.5*b*. Tecido conjuntivo denso e irregular compõe as camadas profundas da pele. Ele suporta os músculos intestinais e também forma cápsulas ao redor dos órgãos que não são elásticos, como os rins.

O tecido conjuntivo denso e regular tem fibroblastos em fileiras ordenadas entre feixes fibrosos agrupados firmemente em paralelo (Figura 15.5*c*). Essa organização ajuda a evitar que o tecido despedace quando colocado sob tensão mecânica. Os tendões e ligamentos são compostos principalmente de tecido conjuntivo denso e regular. Os tendões conectam o músculo esquelético aos ossos. Os ligamentos prendem um osso ao outro e são mais elásticos que os tendões. Fibras elásticas na sua matriz facilitam movimentos ao redor das articulações.

Tecidos conjuntivos especializados

Todos os esqueletos de vertebrados incluem **cartilagem** em sua composição, que tem uma matriz de fibras de colágeno e glicoproteínas elásticas. As células de cartilagem (condrócitos) secretam a matriz, que posteriormente as une (Figura 15.5*d*). Quando você era um embrião, a cartilagem formou um modelo para seu esqueleto em desenvolvimento; então, os ossos substituíram a maior parte. A cartilagem ainda suporta as orelhas, nariz e garganta. Ela acolchoa as articulações e age como um amortecedor entre as vértebras. Os vasos sanguíneos não se estendem pela cartilagem, assim os nutrientes e o oxigênio têm de se difundir a partir dos vasos em tecidos próximos. Além disso, diferentemente das células de outros tecidos conjuntivos, as células de cartilagem não se dividem frequentemente em adultos.

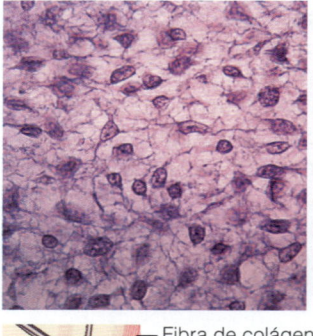

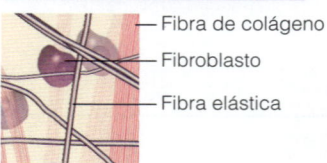

a Tecido conjuntivo frouxo
- Reveste a maior parte do epitélio
- Fornece suporte elástico e serve como reservatório de fluidos

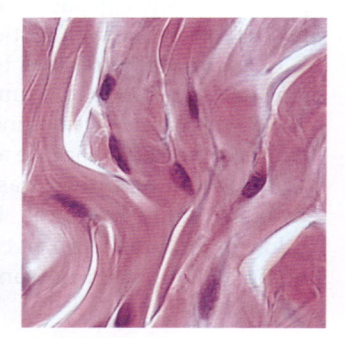

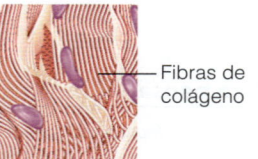

b Tecido conjuntivo denso e irregular
- Nas camadas profundas da pele, ao redor do intestino e na cápsula renal
- Une extremidades, fornece suporte e proteção

c Tecido conjuntivo denso e regular
- Nos tendões, conectando músculo ao osso e ligamentos que conectam osso a osso
- Fornece fixação flexível entre as partes do corpo

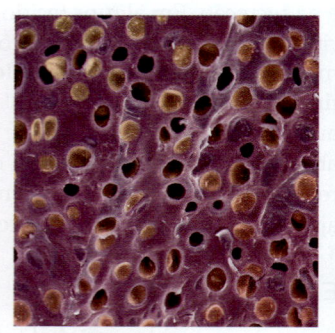

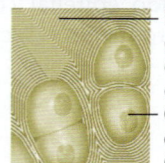

d Cartilagem
- Estrutura interna do nariz, orelhas, vias aéreas; encobre as extremidades dos ossos
- Suporta os tecidos moles, acolchoa as extremidades dos ossos, fornece uma superfície de baixa fricção para movimentos das articulações

Figura 15.5 Micrografias e desenhos de tecidos conjuntivos.

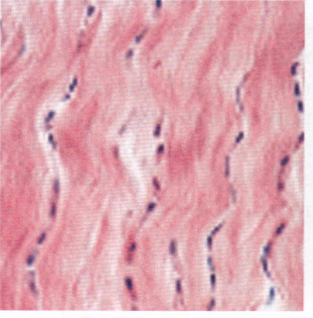

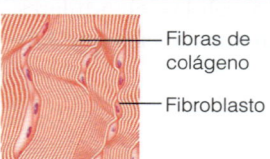

O **tecido adiposo** é o principal reservatório de energia do corpo. A maioria das células é capaz de converter excesso de açúcar e lipídeos em gorduras. Porém, somente as células de tecido adiposo aumentam de tamanho com a gordura armazenada, de forma que o núcleo seja empurrado para um lado e achatado (Figura 15.5e). As células adiposas têm pouca matriz entre elas. Pequenos vasos sanguíneos correm pelo tecido e carregam gorduras e células. Além de sua função de armazenamento de energia, o tecido adiposo gorduroso amortece e protege partes do corpo e uma camada sob a pele funciona como isolamento térmico e mecânico.

O **tecido ósseo** é um tecido conjuntivo no qual células vivas (osteócitos) são presas em uma matriz enrijecida através da secreção de cálcio (Figura 15.5f). O tecido ósseo é o principal componente dos ossos, órgãos que interagem com músculos para movimentar um corpo. Os ossos também sustentam e protegem órgãos internos. A Figura 15.6 mostra um fêmur, o osso da perna que é estruturalmente adaptado para suportar o peso. Hemácias se formam no interior esponjoso de alguns ossos.

O **sangue** é considerado um tecido conjuntivo, porque suas células e plaquetas são descendentes de células-tronco no osso (Figura 15.7). As hemácias compostas de hemoglobina transportam oxigênio. Os leucócitos auxiliam a defesa do corpo contra patógenos perigosos. As plaquetas são fragmentos de células que funcionam na formação de coágulos. Células e plaquetas se movimentam pelo plasma, uma matriz extracelular fluida consistindo principalmente em água, com nutrientes e outras substâncias dissolvidas.

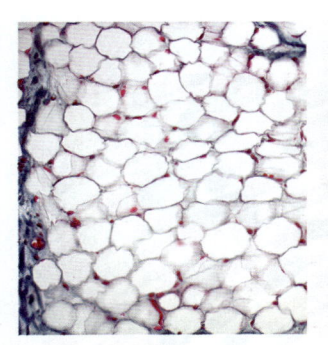

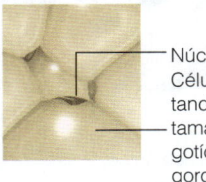

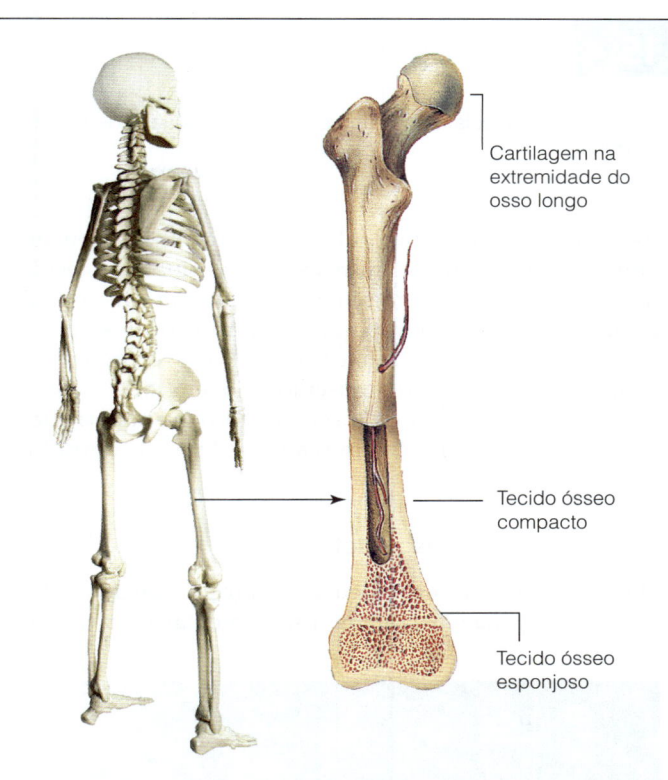

Figura 15.6 Localizações de cartilagem e tecido ósseo. O tecido ósseo esponjoso apresenta partes duras com espaços entre elas. O tecido ósseo compacto é mais denso. O osso mostrado é o fêmur, o maior e mais forte osso no corpo humano.

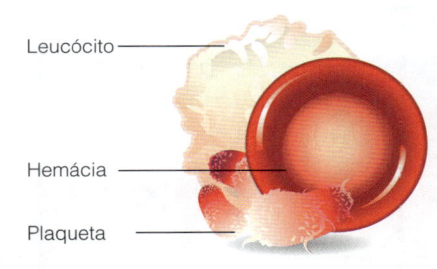

Figura 15.7 Componentes celulares do sangue humano. Células e fragmentos celulares (plaquetas) se movimentam no plasma, a porção fluida do sangue. O plasma consiste em água com proteínas, sais e nutrientes dissolvidos.

e Tecido adiposo
- É a base da pele e ocorre ao redor do coração e rins
- Função de armazenamento de energia, fornece isolamento, amortece e protege algumas partes do corpo

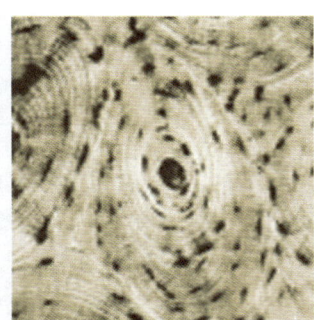

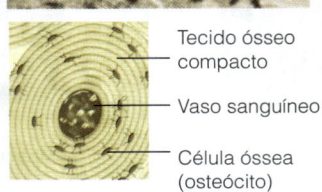

f Tecido ósseo
- Compõe a maior parte dos esqueletos vertebrados
- Fornece suporte rígido, local de ligação para os músculos, protege os órgãos internos, armazenamento de minerais, produz células sanguíneas

Para pensar

O que são tecidos conjuntivos?

- Os tecidos conjuntivos são compostos de células em uma matriz extracelular secretada.
- Diversos tecidos conjuntivos moles são a base de epitélios, cápsulas ao redor dos órgãos e conectam músculos aos ossos ou os ossos uns aos outros.
- A cartilagem é um tecido conjuntivo especializado com uma matriz extracelular flexível.
- O tecido adiposo é um tecido conjuntivo especializado com células cheias de gordura.
- O osso é um tecido conjuntivo especializado com uma matriz enrijecida com cálcio.
- O sangue é considerado um tecido conjuntivo porque as células sanguíneas se formam no osso. As células são carregadas pelo plasma, a porção fluida do sangue.

15.4 Tecidos musculares

- O tecido muscular é formado por células capazes de se contrair.

As células do tecido muscular se contraem — ou encurtam vigorosamente — em resposta aos sinais do tecido nervoso. Os tecidos musculares consistem em muitas células organizadas em paralelo umas às outras em arranjos apertados ou frouxos. Contrações coordenadas de camadas ou anéis de músculos movem todo o corpo ou suas partes. O tecido muscular ocorre na maioria dos animais, mas nós enfocaremos aqui os tipos encontrados nos vertebrados.

Tecido muscular esquelético

O **tecido muscular esquelético**, o parceiro funcional dos ossos (ou cartilagens), ajuda a movimentar e manter as posições do corpo e suas partes. O tecido muscular esquelético tem arranjos paralelos de fibras musculares longas e cilíndricas (Figura 15.8a). As fibras se formam durante o desenvolvimento, quando as células embrionárias se fundem, assim cada fibra tem núcleos múltiplos. A fibra é cheia de miofibrilas — fitas longas com fileira após fileira de unidades contráteis chamadas sarcômeros. As fileiras de sarcômeros são tão regulares que o músculo esquelético tem uma aparência estriada ou listada.

Cada sarcômero consiste em arranjos paralelos das proteínas actina e miosina. Interações ativadas por ATP entre os filamentos de actina e miosina encurtam os sarcômeros e desencadeiam a contração do músculo.

O tecido muscular esquelético compõe 40% ou mais do peso de uma pessoa de estrutura mediana. Os reflexos os ativam, mas nós também podemos fazer com que eles se contraiam voluntariamente para mover partes do corpo. É por isso que os músculos esqueléticos são comumente chamados músculos "voluntários".

Tecido muscular cardíaco

O **tecido muscular cardíaco** só aparece na parede do coração (Figura 15.8b). Como o tecido muscular esquelético, contém sarcômeros e aparência estriada. Diferente do tecido muscular esquelético, ele consiste de células ramificadas. As células do músculo cardíaco são presas em suas extremidades por junções aderentes que evitam que elas sejam rasgadas durante contrações fortes. Os sinais para contração passam rapidamente de célula para célula nas junções comunicantes que conectam as células ao longo de seu comprimento. O fluxo rápido de sinais garante que todas as células do tecido muscular cardíaco se contraiam como uma unidade.

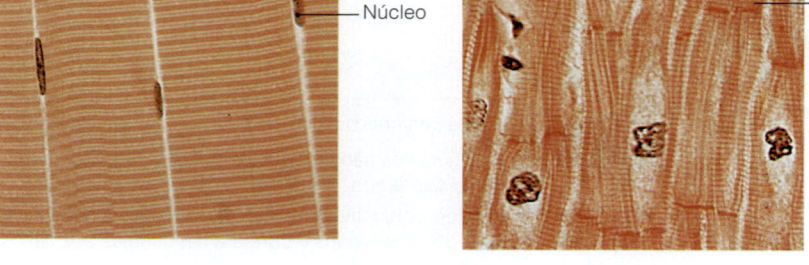

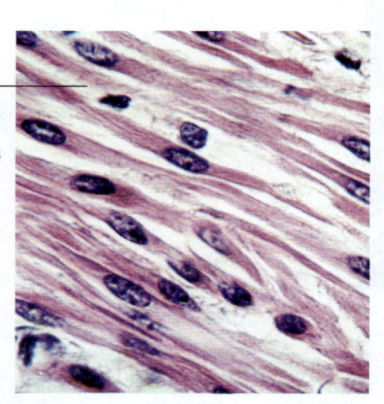

a Músculo esquelético
- Células longas, multinucleadas e cilíndricas com lâminas (estriamentos) distintas
- Integração com o osso para provocar movimentos, manter a postura
- Reflexo ativado, mas também sob controle voluntário

b Músculo cardíaco
- Células estriadas presas de extremidade em extremidade, cada uma com um núcleo único
- Aparece apenas na parede do coração
- A contração não está sob controle voluntário

c Músculo liso
- Células com um núcleo único, extremidades estreitas e nenhum estriamento
- Encontrado nas paredes das artérias, no trato digestório, no trato reprodutor, na bexiga e outros órgãos
- A contração não está sob controle voluntário

Figura 15.8 Micrografias dos tecidos musculares e uma fotografia dos músculos esqueléticos em ação.

Comparado a outros músculos, o músculo cardíaco tem maior número de mitocôndrias, que fornecem um bom suprimento de ATP (proveniente da respiração aeróbica) para o batimento cardíaco. Diferentemente do músculo esquelético, o músculo cardíaco tem pouco glicogênio armazenado. Quando o fluxo sanguíneo para as células cardíacas é interrompido, as células ficam sem glicose e oxigênio rapidamente e assim a respiração aeróbica desacelera. Um ataque do coração interrompe o fluxo sanguíneo e, como resultado, o músculo cardíaco morre.

O tecido muscular cardíaco e liso ocorre em músculos "involuntários", assim chamados pois a maioria das pessoas não consegue contraí-los voluntariamente.

Tecido muscular liso

Encontramos camadas de **tecido muscular liso** na parede de muitos órgãos internos moles, como o estômago, útero e bexiga. Essas células não ramificadas contêm um núcleo em seu centro e são estreitadas em ambas as extremidades (Figura 15.8c). As unidades contráteis não são organizadas de modo ordenado e constante, pois elas estão no tecido muscular esquelético e cardíaco, assim o tecido muscular liso não é estriado. Mesmo assim, células desse tecido contêm filamentos de actina e miosina, que são presos à membrana plasmática por filamentos intermediários.

O tecido muscular liso contrai mais lentamente que o esquelético, mas suas contrações podem ser sustentadas por mais tempo. As contrações do músculo liso propulsionam material pelo intestino, encolhem o diâmetro dos vasos sanguíneos e contraem esfíncteres. Um esfíncter é um anel muscular em um órgão tubular.

> **Para pensar**
>
> *O que é tecido muscular?*
>
> - Músculos esquelético, cardíaco e liso consistem em células que contraem quando estimuladas. A contração exige consumo de ATP.
> - O músculo esquelético, que interage com os ossos, é o único tecido muscular que pode ser controlado voluntariamente.

15.5 Tecido nervoso

- O tecido nervoso detecta estímulos internos e externos e coordena respostas a esses estímulos.

O **tecido nervoso** consiste em células de sinalização especializadas chamadas **neurônios** e as células que os sustentam. O neurônio tem um corpo celular que armazena seu núcleo e outras organelas (Figura 15.9). Projetando-se do corpo celular estão longas extensões citoplasmáticas que permitem que a célula receba e envie sinais eletroquímicos.

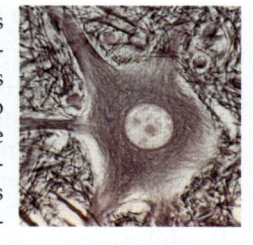

Figura 15.9 Micrografia de um neurônio motor. Ele tem um corpo celular com um núcleo (visível como uma mancha escura) e longas extensões citoplasmáticas.

Quando um neurônio recebe suficiente excitação, um sinal elétrico é transmitido pela membrana plasmática até as extremidades de determinadas extensões citoplasmáticas. Aqui, o sinal elétrico provoca a liberação de moléculas de sinalização química. Essas moléculas se difundem por uma pequeno espaço até um neurônio adjacente, fibra muscular ou célula glandular, alterando o comportamento dessa célula.

Seu sistema nervoso tem mais de 100 bilhões de neurônios. Existem três tipos. Os **neurônios sensoriais** são excitados por estímulos específicos, como luz ou pressão. Os **interneurônios** recebem e integram informações sensoriais. Eles armazenam informações e coordenam respostas aos estímulos. Nos vertebrados, os interneurônios ocorrem principalmente no cérebro e medula espinhal. **Neurônios motores** enviam comandos do cérebro e medula espinhal para as células das glândulas e músculos, como na Figura 15.10.

As **células da glia (neuróglias)** mantêm os neurônios posicionados nos locais onde desenvolvem suas funções e fornecem suporte metabólico. Elas constituem uma porção significativa do tecido nervoso. Mais da metade do volume do seu cérebro é formado por neuróglias.

> **Para pensar**
>
> *O que é tecido nervoso?*
>
> - O tecido nervoso consiste em células excitáveis chamadas neurônios e células de suporte chamadas neuróglias.
> - Os neurônios compõem as linhas de comunicação interna do corpo. As mensagens viajam pelas membranas dos neurônios e são enviadas para as células musculares e glândulas.

Figura 15.10 Um exemplo de interação coordenada entre tecido muscular esquelético e tecido nervoso.
Os interneurônios no cérebro deste lagarto, um camaleão, calculam a distância e a direção de uma saborosa mosca. Em resposta a esse incentivo, sinais dos interneurônios fluem por determinados neurônios motores e chegam às fibras musculares dentro da língua longa e enrolada do lagarto. A língua desenrola rapida e precisamente, para alcançar o alvo onde a mosca está pousada.

15.6 Visão geral dos principais sistemas de órgãos

- Tecidos que interagem formam órgãos e sistemas de órgãos.

Desenvolvimento de tecidos e órgãos

Como os tecidos do corpo de um vertebrado se desenvolvem? Depois da fertilização, as divisões celulares mitóticas formam uma esfera de células que se organizam em três camadas celulares ou camadas de tecido primário. O crescimento e diferenciação dessas camadas celulares resultam em todos os tecidos adultos. A **ectoderme**, a camada celular externa, origina o tecido nervoso e o epitélio da pele. A **mesoderme**, a camada celular mediana, dá origem ao músculo, tecido conjuntivo e ao revestimento de cavidades do corpo derivadas do celoma. A camada celular interna, a **endoderme**, forma o epitélio do intestino e também os órgãos — como os pulmões — que evoluíram das protusões do intestino.

Como observado na introdução do capítulo, as **células-tronco** são células que se autorrenovam; alguns de seus descendentes são células-tronco, enquanto outros se diferenciam para formar tecidos específicos. A célula-tronco embrionária que se desenvolve antes que as camadas celulares se formem pode dar origem a qualquer tecido adulto. As células-tronco de embriões mais velhos ou de depois do nascimento são mais especializadas e cada uma dá origem apenas a alguns tipos de tecidos específicos.

Sistemas de órgãos em vertebrados

Como outros vertebrados, os seres humanos são bilaterais e têm uma cavidade corporal revestida conhecida como celoma. Um músculo liso, o diafragma, divide o celoma em cavidade torácica superior e em uma cavidade que tem regiões abdominais e pélvicas (Figura 15.11a). O coração e pulmões estão na cavidade torácica, enquanto o estômago, intestino e fígado estão dentro da cavidade abdominal. A bexiga e órgãos reprodutores estão na cavidade pélvica. Uma cavidade craniana na cabeça e cavidade espinhal nas costas não são derivadas do celoma.

A Figura 15.12 introduz sistemas de órgão que dividem as tarefas necessárias que garantem a sobrevivência e reprodução de um corpo vertebrado. A Figura 15.11b,c apresenta alguns termos anatômicos que usaremos nestas discussões.

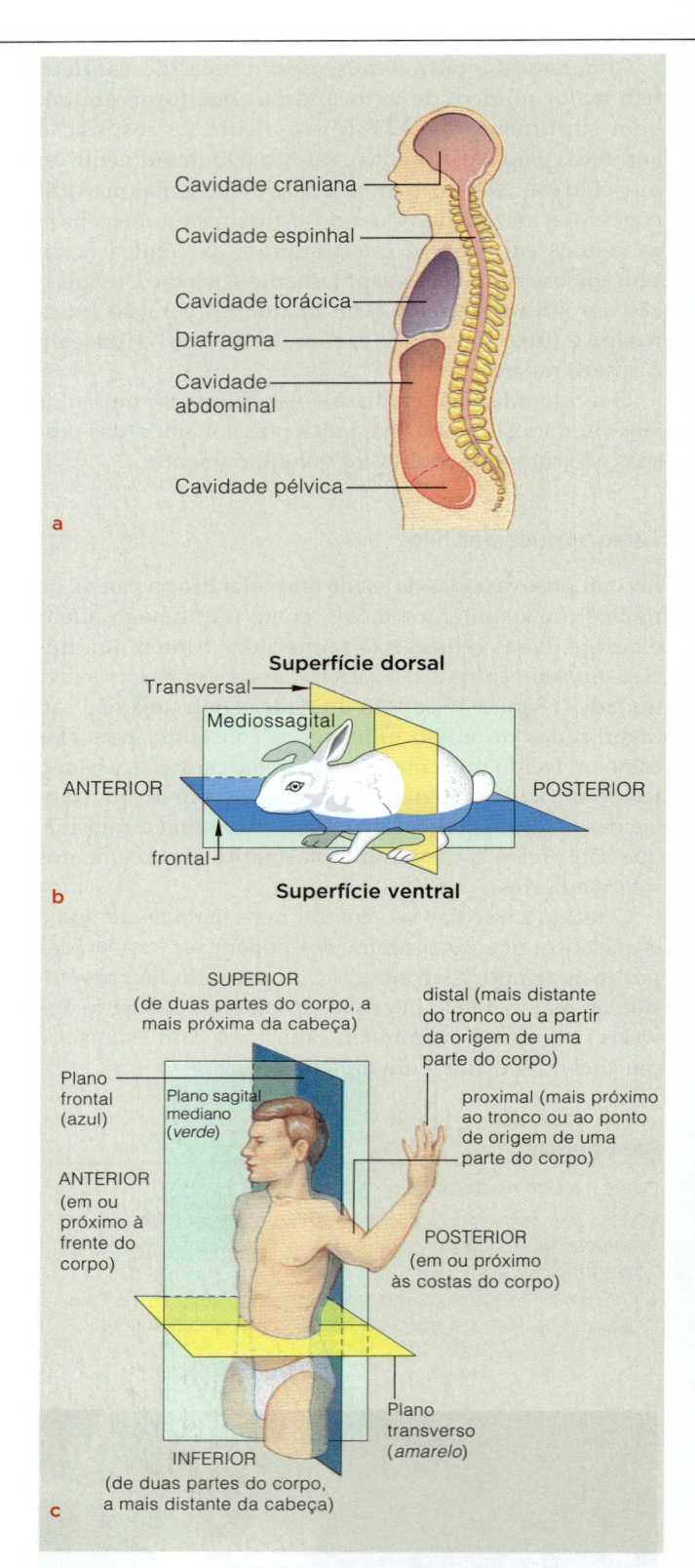

Figura 15.11 (a) Principais cavidades corporais em seres humanos. (b,c) Termos direcionais e planos de simetria para o corpo. Para os vertebrados que mantêm seu eixo corporal principal paralelo à superfície do solo, *dorsal* se refere à superfície superior (costas) e *ventral*, à superfície mais baixa. Para aqueles que andam na vertical, *anterior* (frente) corresponde à ventral e *posterior* (costas) à dorsal.

Para pensar

Como os sistemas de órgãos dos vertebrados surgem e funcionam?

- Nos vertebrados, os órgãos surgem a partir de três camadas celulares embrionárias: a ectoderme, mesoderme e endoderme.
- Todos os vertebrados apresentam um conjunto de sistemas de órgão que compartilham as muitas tarefas especializadas exigidas para sobrevivência e reprodução de um corpo.

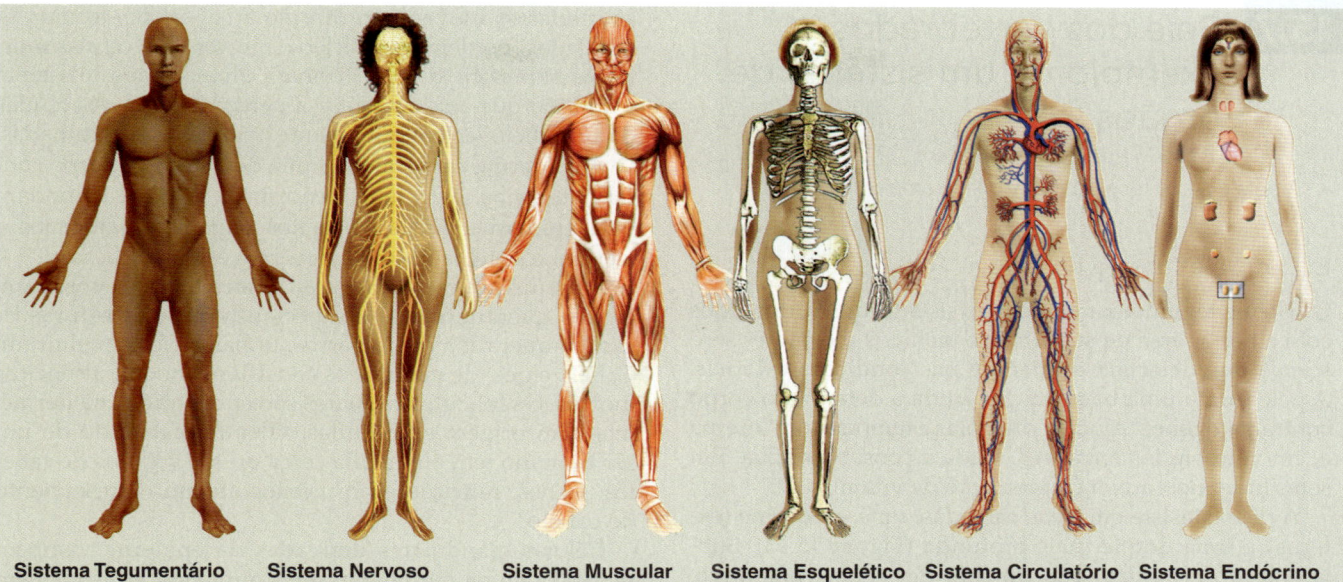

Sistema Tegumentário
Protege o corpo contra lesões, desidratação e alguns patógenos; controla sua temperatura; excreta resíduos; recebe alguns estímulos externos.

Sistema Nervoso
Detecta estímulos externos e internos; controla e coordena respostas aos estímulos; integra todas as atividades dos sistemas de órgãos.

Sistema Muscular
Movimenta o corpo e suas partes internas; mantém a postura; gera calor por meio de aumentos em atividades metabólicas.

Sistema Esquelético
Sustenta e protege partes do corpo; oferece locais de ligação do músculo; produz hemácias; armazena cálcio, fósforo.

Sistema Circulatório
Transporta rapidamente muitos materiais para e a partir do fluido intersticial e células; ajuda a estabilizar o pH e temperatura interna.

Sistema Endócrino
Controla por meio dos hormônios o funcionamento do corpo; com o sistema nervoso, integra atividades de curto e longo prazo. Os testículos masculinos também fazem parte deste sistema, tanto quanto do sistema reprodutor.

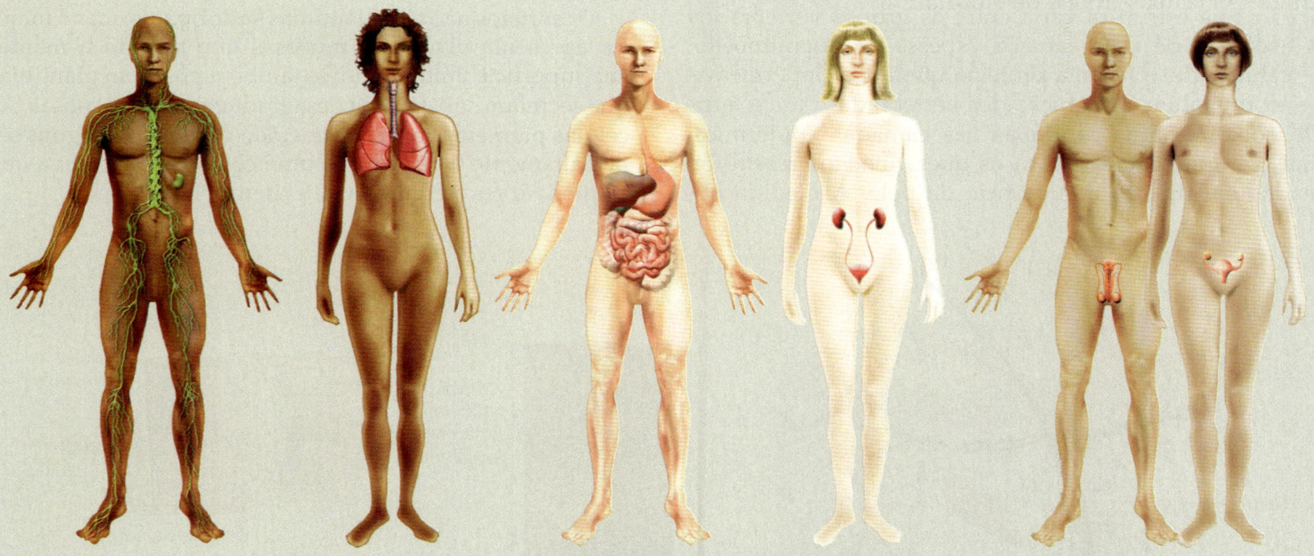

Sistema Linfático
Coleta e retorna um pouco de fluido dos tecidos para a circulação sanguínea; defesa do corpo contra infecção e lesão dos tecidos.

Sistema Respiratório
Fornece rapidamente oxigênio ao fluido que banha todas as células vivas; remove resíduos de CO_2 das células; ajuda a regular o pH.

Sistema Digestório
Ingere alimentos e água; decompõe mecânica e quimicamente alimentos e absorve moléculas pequenas em ambiente interno; elimina resíduos de alimentos.

Sistema Urinário
Mantém o volume e a composição do ambiente interno; excreta o excesso de fluido e resíduos do sangue.

Sistema Reprodutor
Fêmeas: produz óvulos; depois da fertilização, proporciona um ambiente protegido e nutritivo para o desenvolvimento de novos indivíduos.
Machos: produz e transfere espermatozoides para a fêmea. Hormônios de ambos os sistemas também influenciam outros sistemas de órgãos.

Figura 15.12 Sistemas de órgãos humanos e suas funções.

15.7 Pele dos vertebrados — exemplo de um sistema de órgãos

- A pele é a interface do corpo com o ambiente.

Estrutura e função da pele

O sistema tegumentar ou pele é o sistema dos vertebrados com a maior área de superfície e inclui os receptores sensoriais que detectam mudanças nas condições externas. A pele forma uma barreira que ajuda a defender o corpo contra patógenos. Ajuda a controlar a temperatura interna e, em vertebrados terrestres, ajuda a conservar água. Em seres humanos, auxilia a produção de vitamina D.

A pele consiste em duas camadas, uma **epiderme** (externa) e uma **derme** mais profunda (Figura 15.13). Subjacente à derme há uma camada de tecido conjuntivo, chamada hipoderme.

A derme consiste em tecido conjuntivo denso com fibras de colágeno resistentes ao estiramento e é atravessada por vasos sanguíneos, vasos linfáticos e neurônios sensoriais. Os nutrientes fornecidos à derme pelos vasos sanguíneos se difundem até as células na epiderme. Não há nenhum vaso sanguíneo nessa camada superior.

A epiderme consiste em um epitélio escamoso estratificado. Sua estrutura varia entre os grupos vertebrados. A evolução de uma camada espessa de queratinócitos — células que tornam a proteína queratina impermeável — acompanhou a migração dos vertebrados para a terra. Divisões mitóticas contínuas nas camadas epidérmicas mais profundas empurram os queratinócitos recém-formados em direção à superfície da pele. À medida que as células se movem em direção à superfície, tornam-se achatadas, perdem seu núcleo e morrem. As células mortas na superfície da pele formam uma camada resistente à abrasão que ajuda a evitar a perda de água. As células da superfície são continuamente irritadas ou descamadas.

A epiderme é a primeira linha de defesa do corpo contra patógenos. As células dendríticas fagocíticas rondam pela epiderme. Esses leucócitos engolfam patógenos e alertam o sistema imunológico para essas ameaças.

À medida que as linhagens de vertebrados evoluíram, alguns queratinócitos se especializaram e estruturas ricas em queratina como garras, unhas e bicos evoluíram. Cabelo e pele de mamíferos consistem em queratinócitos mortos. Os folículos capilares são encontrados na derme, mas têm origem epidérmica. O couro cabeludo de um ser humano tem em média cerca de 100.000 fios de cabelos. Genes, nutrição e hormônios afetam o crescimento do cabelo.

Células glandulares derivadas da epiderme também se localizam na derme. Em seres humanos, estas incluem aproximadamente 2,5 milhões de glândulas sudoríparas. As glândulas sudoríparas ajudam os seres humanos e muitos outros mamíferos a dissipar calor através do suor, que é principalmente composto por água e sais dissolvidos. A maioria das regiões da derme dos mamíferos também apresenta glândulas sebáceas (produtoras de óleo), que lubrificam e suavizam cabelo e pele, além de inibir o crescimento bacteriano.

Os anfíbios não têm glândulas sudoríparas, mas a maioria apresenta glândulas mucosas que ajudam a manter sua superfície úmida. Muitos também possuem glândulas que secretam substâncias desagradáveis ou venenosas. As células pigmentadas na derme dão origem, em alguns sapos altamente venenosos, a uma coloração distintiva que os predadores reconhecem e evitam (Figura 15.14).

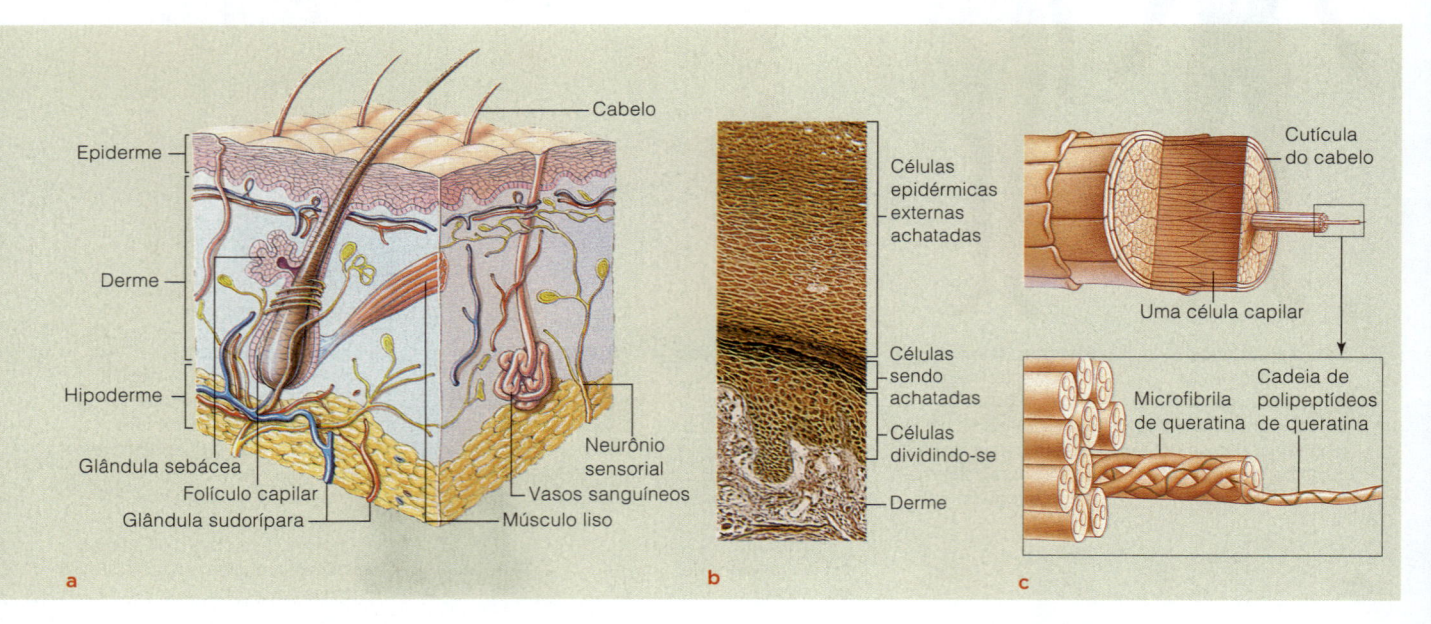

Figura 15.13 (a) Estrutura da pele. (b) Seção da pele humana. (c) Estrutura de um fio de cabelo. Surge de um folículo capilar derivado de células epidérmicas que afundaram na derme.

Resolva: Quantas cadeias de polipeptídeos existem em uma macrofibrila de queratina?

Resposta: Três.

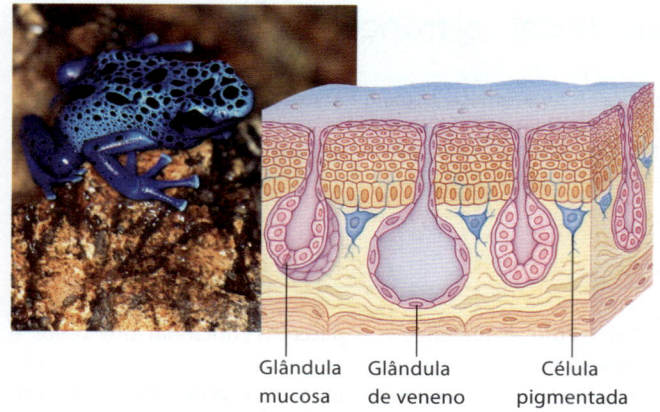

Figura 15.14 Pele de um sapo (*Dendrobates azureus*). A derme contém glândulas derivadas da epiderme que secretam muco e veneno. As células de pigmento na derme dão ao sapo sua cor distintiva e adverte os predadores de que ele é venenoso.

Legendas: Glândula mucosa; Glândula de veneno; Célula pigmentada.

Luz solar e pele humana

A variação da cor da pele tem uma base genética. As variações de cor surgem de diferenças na distribuição e atividade de melanócitos. Essas células produzem o pigmento castanho chamado **melanina** e o doam para os queratinócitos. Na pele clara, há formação de pouca melanina. Essa pele parece rosada, porque a cor vermelha do ferro na hemoglobina aparece pelos vasos sanguíneos de paredes finas e epiderme.

A melanina tem uma função protetora. Ela absorve a radiação ultravioleta (UV) que poderia danificar camadas de pele subjacente. Exposição à luz solar provoca produção aumentada de melanina, produzindo o "bronzeado."

Um pouco de radiação UV é bom; estimula os melanócitos a produzirem uma molécula que o corpo mais tarde converte em vitamina D. Nós precisamos dessa vitamina para absorver íons de cálcio dos alimentos. Porém, a exposição excessiva à UV danifica o colágeno e faz com que as fibras de elastina se aglomerem. A pele muito bronzeada tem menos elasticidade e fica com aparência de dureza. A UV também danifica o DNA, aumentando o risco de câncer de pele.

À medida que envelhecemos, as células epidérmicas se dividem com menos frequência. A pele afina e se torna menos elástica, pois o colágeno e a elastina tornam-se escassos. As secreções glandulares que mantêm a pele macia e úmida diminuem e as rugas ficam mais profundas. Muitas pessoas desnecessariamente aceleram o processo de envelhecimento através do bronzeamento ou fumo, o que reduz o suprimento de sangue à pele.

Para pensar

Quais são as propriedades da pele dos vertebrados?

- A pele dos vertebrados consiste em todos os quatro tipos de tecido organizados em duas camadas, uma epiderme externa e uma derme mais profunda.
- As células queratinizadas contendo melanina da pele fornecem uma barreira à prova d'água que protege as células internas do corpo.

15.8 Cultivando pele

- Substitutos de pele comercialmente cultivados já são usados para tratamento de feridas crônicas.
- A pele pode ser uma fonte de células-tronco que poderia ser usada para produzir outros órgãos.

Adultos produzem poucas novas células musculares ou nervosas, mas renovam constantemente suas células da pele. Todo dia você perde células de pele e novas aparecem para substituí-las. A epiderme é renovada completamente todo mês e um adulto perde aproximadamente 700 gramas de pele todo ano.

As células de pele já estão sendo cultivadas para usos médicos (Figura 15.15). Culturas de células disponíveis comercialmente são produzidos usando prepúcio infantil, removido durante circuncisões de rotina. O prepúcio (um tecido que cobre a extremidade do pênis) fornece uma rica fonte de queratinócitos e fibroblastos. Essas células são cultivadas com outros materiais biológicos e os produtos resultantes são usados para fechar ferimentos crônicos, auxiliam na cura de queimaduras e cobrem feridas em pacientes com epidermólise bolhosa.

A epidermólise bolhosa (EB) é um distúrbio raro herdado geneticamente, causado por mutações nas proteínas estruturais da pele, tais como queratina, colágeno ou laminina. O defeito na proteína faz com que as camadas de pele se separem facilmente, e assim as camadas superiores formam bolhas e se soltam. As pessoas afetadas ficam cobertas por feridas abertas e devem evitar o toque. Até mesmo a fricção das roupas na pele pode abrir um ferimento. O uso de substitutos de pele cultivados não pode curar a EB, mas eles ajudam os ferimentos a curar mais rápido, reduzindo a dor e o risco de infecções potencialmente letais.

Diferentemente da pele real, os substitutos de pele cultivados não possuem melanócitos, glândulas sudoríparas, glândulas sebáceas e outras estruturas diferenciadas. O uso de células-tronco de epiderme adulta pode, um dia, permitir a produção de pele cultivada tão complexa quanto a real. Células-tronco se dividem e produzem mais células-tronco, como também células especializadas que compõem tecidos específicos.

Como observado na introdução do capítulo, os pesquisadores também têm esperanças mais ambiciosas nas células epidérmicas. Se essas células puderem ser geneticamente produzidas e sua diferenciação controlada, eles poderão fornecer material inicial para substituir outros tipos de tecido, sem a controvérsia levantada quanto ao uso de células-tronco embrionárias.

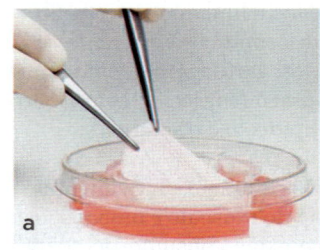

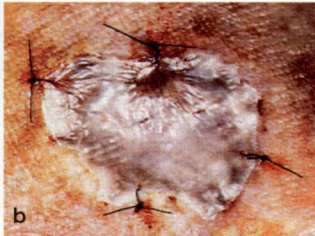

Figura 15.15 (**a**) Um substituto de pele cultivada comercialmente disponível chamado Apligraf. Tem uma estrutura de camada dupla, com queratinócitos vivos em cima e fibroblastos abaixo. (**b**) Quando colocado sobre um ferimento, como mostrado aqui, as células de pele cultivadas podem ajudar e evitar infecção enquanto incentivam uma cura mais rápida.

QUESTÕES DE IMPACTO REVISITADAS | Fábricas de célula-tronco?

A fertilização *in vitro* — união do óvulo e espermatozoide fora do corpo — é uma prática comum em clínicas de fertilidade. Produz-se um aglomerado de células menor que um grão de areia, que então é implantado no útero de uma mulher ou congelado para uso posterior. Cerca de 500.000 desses "embriões" estão atualmente congelados e muitos nunca serão implantados na mãe. Eles são uma fonte potencial de células-tronco ou então podem se desenvolver em uma criança se uma mulher estiver disposta a carregá-los até o nascimento.

Resumo

Seção 15.1 As células animais são organizadas na forma de **tecidos**, agregados de células e substâncias intercelulares que interagem em tarefas específicas. Os tecidos animais têm uma variedade de junções celulares. As **junções firmes** evitam que fluidos sejam trocados entre células adjacentes. As **junções aderentes** mantêm as células vizinhas aderidas. As **junções comunicantes** são canais abertos que conectam o citoplasma de células próximas e permitem a transferência rápida de íons e moléculas pequenas entre elas.
Os tecidos são organizados em **órgãos**, que interagem como componentes de **sistemas de órgãos**. Juntas, todas as partes do corpo mantêm a homeostase — que mantém as condições do ambiente interno estáveis e apropriadas para a vida.

Seção 15.2 Os **tecidos epiteliais** cobrem a superfície do corpo e revestem seus espaços internos. Eles têm uma superfície livre exposta ao fluido corporal ou ao ambiente. Uma **membrana basal** secretada conecta o epitélio ao tecido subjacente. **Microvilos (microvilosidades)** aumentam a área de superfície livre dos epitélios que absorvem substâncias. Os epitélios também podem ser ciliados ou secretor. As células glandulares e as **glândulas** secretoras são derivadas de epitélio. As **glândulas endócrinas** secretam hormônios no sangue. As **glândulas exócrinas** secretam produtos como suor ou enzimas digestórias através de dutos.

Seção 15.3 Os **tecidos conjuntivos** "conectam" os tecidos uns aos outros, tanto funcional quanto estruturalmente. Diferentes tipos unem, organizam, sustentam, fortalecem, protegem e separam outros tecidos. Todos contêm células dispersas em uma matriz secretada. O tecido conjuntivo mole está por baixo da pele, mantendo os órgãos internos no lugar e conectando o músculo ao osso ou os ossos uns aos outros. Os diferentes tipos de tecido conjuntivo mole têm os mesmos componentes (fibroblastos e uma matriz com fibras de elastina e colágeno), mas em proporções diferentes. São tecidos conjuntivos especializados: **cartilagem**, (com textura semelhante à borracha); **tecido ósseo** (enrijecido com cálcio); **tecido adiposo** (que armazena lipídeos) e o **sangue**.

Seção 15.4 Os tecidos musculares contraem e movimentam o corpo ou suas partes. A contração do músculo é uma resposta aos sinais do sistema nervoso e exige consumo de energia através de ATP. Os três tipos são **músculo esquelético**, **músculo cardíaco** e **músculo liso**. Somente os tecidos muscular esquelético e cardíaco têm aparência estriada. Apenas o músculo esquelético está sob controle voluntário.

O músculo esquelético é o parceiro funcional dos ossos e consiste em células longas com muitos núcleos. O músculo cardíaco só existe na parede do coração. Suas células são unidas de extremidade a extremidade. O músculo liso ocorre nas paredes de órgãos ocos e tubulares, como vasos sanguíneos e bexiga.

Seção 15.5 O **tecido nervoso** compõe as linhas de comunicação que se estendem pelo corpo. **Neurônios** são células capazes de se excitar e enviar mensagens através da membrana plasmática. Os neurônios sensoriais detectam estímulos, enquanto os interneurônios integram informações e solicitam respostas. Os neurônios motores comandam os músculos e glândulas que executam respostas (efetores). O tecido nervoso também contém **células da glia (neuróglias)**. As neuróglias protegem e sustentam os neurônios.

Seção 15.6 Um sistema consiste em dois ou mais órgãos que interagem química e fisicamente, ou ambos, em tarefas que ajudam a manter as células individuais, como também todo o corpo, em funcionamento. A maioria dos sistemas dos vertebrados contribui para a homeostase; eles ajudam a manter as condições no ambiente interno dentro de limites toleráveis e, assim, beneficiar as células individuais e o corpo como um todo.
Todos os tecidos e órgãos de um animal adulto surgem a partir de três camadas de tecido primário ou **camadas celulares**, que se formam nos embriões iniciais: **ectoderme**, **mesoderme** e **endoderme**. As células em todos os tecidos são derivadas de **células-tronco**. As células-tronco nos embriões iniciais — antes que as camadas celulares se formem — podem se transformar em qualquer tecido. As células-tronco em fases mais avançadas são mais especializadas e produzem apenas um número limitado de tecidos.

Seções 15.7, 15.8 A pele é um sistema que funciona na proteção, controle de temperatura, detecção de mudanças das condições externas, produção de vitamina e defesa. Tem duas camadas, a **epiderme** externa e a **derme** mais profunda. Cabelo, pelos e unhas são ricos em queratina e derivados de células epidérmicas. Um pigmento castanho chamado **melanina** protege a pele da radiação ultravioleta que pode danificar o DNA.
A pele é continuamente renovada e alguns tipos de célula da pele já estão sendo cultivados para usos médicos.

Exercício de análise de dados

O diabetes é um distúrbio no qual o nível de açúcar no sangue não é controlado corretamente. Entre outros efeitos, esse distúrbio reduz o fluxo de sangue para as pernas e pés. Como resultado, aproximadamente 3 milhões de pacientes de diabetes têm úlceras ou ferimentos abertos que não curam nos pés. Todo ano, há cerca de 80.000 requisições de amputação.

Várias empresas fornecem produtos compostos de células cultivadas e concebidas para promover a cura de úlceras nos pés de diabéticos. A Figura 15.16 mostra os resultados de uma experiência clínica que testou o efeito do produto cutâneo cultivado mostrado na Figura 15.15 em face do tratamento normal para feridas. Os pacientes foram aleatoriamente atribuídos a qualquer um dos grupos de tratamento: experimental ou controle, e seu progresso foi monitorado por 12 semanas.

1. Qual a porcentagem de ferimentos curados até a 8ª semana quando tratados do modo padrão? Quando tratados com a pele cultivada?
2. Qual a porcentagem de ferimentos curados até a 12ª semana quando tratados do modo padrão? Quando tratados com a pele cultivada?
3. Quando a diferença curativa entre os grupos de controle e de tratamento se tornou óbvia?

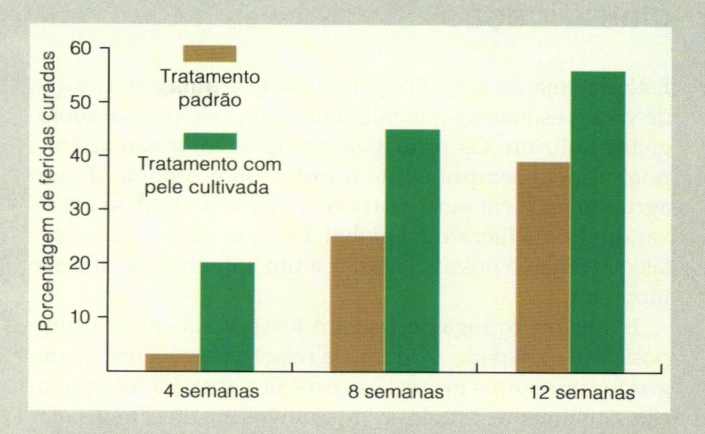

Figura 15.16 Resultados de um estudo multicentro dos efeitos do tratamento padrão em face do uso de um produto celular cultivado para úlceras dos pés de diabéticos. As barras mostram a porcentagem de úlceras que sararam completamente.

Questões
Respostas no Apêndice III

1. Os tecidos _____ são parecidos com folhas, com uma superfície livre.
2. _____ funcionam na comunicação entre células.
   a. Junções firmes   c. Junções comunicantes
   b. Junções aderentes d. Todas as anteriores
3. Na maioria dos animais, as glândulas são formadas de tecido _____.
   a. epitelial   c. muscular
   b. conjuntivo   d. nervoso
4. Uma glândula sudorípara é uma glândula _____.
   a. endócrina   b. exócrina
5. A maioria dos _____ tem muitas fibras de colágeno e elastina.
   a. tecidos epiteliais   c. tecidos musculares
   b. tecidos conjuntivos   d. tecidos nervosos
6. Como é chamada a porção fluida do sangue?
7. Seu corpo converte carboidratos e proteínas em excesso em gorduras. _____ é especializado em armazenar as gorduras.
   a. Tecido epitelial   c. Tecido adiposo
   b. Tecido conjuntivo denso   d. b e c
8. Somente células de _____ podem encurtar (contrair).
   a. tecido epitelial   c. tecido muscular
   b. tecido conjuntivo   d. tecido nervoso
9. _____ detecta e integra informações.
   a. Tecido epitelial   c. Tecido muscular
   b. Tecido conjuntivo   d. Tecido nervoso
10. Que tipo de músculo pode ser voluntariamente controlado?
11. Que tipo de neurônio fornece sinais para os músculos?
12. A exposição à luz solar provoca a produção aumentada de _____, que protege contra a radiação UV prejudicial.
    a. melanina   c. queratina
    b. hemoglobina   d. colágeno
13. O principal tipo de célula na epiderme são _____.
    a. neuróglias   c. queratinócitos
    b. neurônios motores   d. osteócitos
14. Ligue os termos à descrição mais apropriada.
    __ glândula exócrina   a. forte, flexível; como borracha
    __ glândula endócrina   b. secreção por duto
    __ endoderme   c. tecido primário externo
    __ ectoderme   d. contrai, não estriado
    __ cartilagem   e. tecido primário interno
    __ músculo liso   f. músculo da parede do coração
    __ músculo cardíaco   g. cimenta as células juntas
    __ sangue   h. tecido conjuntivo fluido
    __ junção aderente   i. secreção sem duto

Raciocínio crítico

1. Muitas pessoas se opõem ao uso de animais para teste de segurança em cosmética. Elas dizem que métodos de teste alternativos estão disponíveis, como o uso de tecidos cultivados em laboratório em alguns casos. Dado o que você aprendeu neste capítulo, especule as vantagens e desvantagens de testes que usam tecidos específicos cultivados em laboratório em vez de animais vivos.

2. Porfiria é um nome para um conjunto de distúrbios genéticos raros. As pessoas afetadas não têm uma das enzimas que formam "heme" na via metabólica. Como resultado, intermediários da síntese de heme (porfirinas) se acumulam. Quando as porfirinas são expostas à luz solar, elas absorvem energia e liberam elétrons energizados. Os elétrons que viajam freneticamente em torno da célula podem quebrar ligações e causar a formação de radicais livres prejudiciais. Em casos mais extremos, gengivas e lábios podem recuar, o que faz com que alguns dentes da frente — os caninos — pareçam presas.

Os indivíduos afetados devem evitar luz solar e o alho pode exacerbar seus sintomas. De acordo com uma hipótese, pessoas que foram afetadas pelas formas mais extremas de porfiria podem ter sido a fonte de histórias de vampiros. Você considera essa hipótese plausível? Que outros tipos de dado histórico poderiam sustentar ou contestar essa hipótese?

Apêndice I. Sistema de classificação

Este sistema de classificação revisado é uma composição de vários esquemas que microbiólogos, botânicos e zoologistas utilizam. Os principais agrupamentos são aceitos; porém, nem sempre existe acordo sobre o nome de um agrupamento em particular ou onde ele poderia se encaixar dentro da hierarquia global. Existem várias razões pelas quais não é possível chegar a um consenso geral neste momento.

Em primeiro lugar, o registro fóssil varia em sua composição e qualidade. Portanto, a relação filogenética de um grupo com outros grupos às vezes fica aberta à interpretação. Atualmente, estudos comparativos em nível molecular estão clareando e organizando o cenário, mas o trabalho ainda está em curso. Além disso, comparações moleculares nem sempre fornecem respostas definitivas a perguntas sobre filogenia. Comparações baseadas em um conjunto de genes podem conflitar com aquelas que comparam uma parte diferente do genoma. Ou, ainda, comparações com um membro de um grupo podem conflitar com comparações baseadas em outros membros do grupo.

Em segundo lugar, desde o tempo de Linnaeus, os sistemas de classificação têm se baseado nas semelhanças e diferenças morfológicas observadas entre organismos. Embora algumas interpretações originais estejam agora abertas ao questionamento, estamos tão acostumados a pensar em termos morfológicos, que a reclassificação em outras bases muitas vezes ocorre de forma lenta.

Alguns exemplos: tradicionalmente, pássaros e répteis eram agrupados em classes separadas (Reptilia e Aves); ainda existem argumentos persuasivos para agruparmos lagartos e serpentes em um grupo e os crocodilianos, dinossauros e pássaros em outro. Muitos biólogos ainda são a favor de um sistema de seis reinos de classificação (arqueas, bactérias, protistas, plantas, fungos e animais). Outros defendem uma troca para o sistema de domínio triplo proposto mais recentemente (Archaea, Bacteria e Eukarya).

Em terceiro lugar, pesquisadores em microbiologia, micologia, botânica, zoologia e outros campos de investigação herdaram uma literatura rica baseada em sistemas de classificação desenvolvidos com o passar do tempo em cada campo de investigação. Muitos estão relutantes em desistir da terminologia estabelecida, que oferece acesso ao passado.

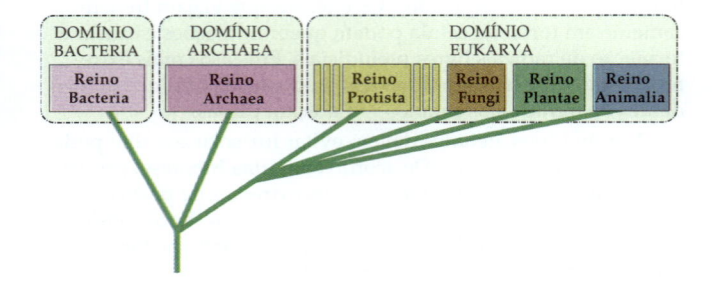

Por exemplo, botânicos e microbiólogos muitas vezes usam *divisão*, enquanto zoologistas, *filo*, para tachar os que são equivalentes em hierarquias de classificação.

Por que se preocupar com esquemas de classificação se nós sabemos que eles refletem de forma imperfeita a história evolucionária da vida? Nós fazemos isso pelas mesmas razões que um escritor poderia ter para desdobrar a história de uma civilização em vários volumes, cada um com vários capítulos. Ambos são esforços para dar estrutura a um corpo enorme de conhecimento e facilitar a recuperação de informações. Nesse contexto, a classificação pode servir para organizar o conhecimento. Mais importante, à medida que os esquemas de classificação moderna refletem com precisão as relações evolucionárias, elas fornecem a base para estudos biológicos comparativos, que ligam todos os campos da biologia.

Não se esqueça de que incluímos este apêndice somente para fins de referência. Além de estar aberto à revisão, não pretende ser completo. Os nomes mostrados entre aspas são grupos polifiléticos ou parafiléticos que estão passando por revisão. Por exemplo, "répteis" abrangem pelo menos três e possivelmente mais linhagens.

As espécies mais recentemente descobertas, a partir de uma província no meio do oceano, não estão listadas. Muitas espécies existentes e extintas dos filos mais obscuros também não estão representadas. Nossa estratégia é enfocar principalmente os organismos mencionados no texto ou familiares para a maioria dos alunos. Por exemplo, enfocamos mais profundamente as plantas que florescem do que as briófitas, e mais os cordatos do que os anelídeos.

Procariontes e eucariontes comparados

Como estrutura geral de referência, note que quase todas as bactérias e arqueas são microscópicas em tamanho. Seu DNA é concentrado em um nucleoide (uma região do citoplasma) em vez de um núcleo mediado por membrana. Todas são células únicas ou associações simples de células. Elas se reproduzem por fissão procariótica ou brotamento; elas transferem genes por conjugação bacteriana.

Para os procariontes autotróficos e heterotróficos, a referência oficial é o *Manual de Bacteriologia Sistemática* de Bergey, que se refere aos grupos principalmente por taxonomia numérica em vez de filogenia. Nosso sistema de classificação reflete evidências de relações evolucionárias para, pelo menos, alguns grupos bacterianos. Devemos ressaltar que os termos Procariontes e Procariotos são sinônimos. O mesmo ocorre com os termos Eucariontes e Eucariotos.

As primeiras formas de vida eram procarióticas. Semelhanças entre Bacteria e Archaea têm origens muito mais antigas do que as características de eucariontes.

Diferentemente dos procariontes, todas as células eucarióticas começam sua vida com um núcleo que envolve o DNA e outras organelas mediadas por membrana. Seus cromossomos têm muitas histonas e outras proteínas presas. Eles incluem espécies unicelulares e multicelulares espetacularmente diversas, que podem se reproduzir por meiose, mitose ou ambos.

DOMÍNIO DAS BACTÉRIAS

REINO DAS BACTÉRIAS O maior e mais diverso grupo de células procarióticas. Inclui autotróficos fotossintéticos, autotróficos quimiossintéticos e heterotróficos. Todos os patógenos procarióticos de vertebrados são bactérias.

FILO AQUIFACAE O ramo mais antigo da árvore bacteriana. Gram-negativo, a maioria quimioautrotófica aeróbica, principalmente de fontes quentes vulcânicas. *Aquifex.*

FILO DEINOCOCCUS-THERMUS Gram-positivo, quimioautotróficos amantes do calor. *Deinococcus* é o organismo mais resistente a radiação conhecido. *Thermus* ocorre em fontes quentes e próximo às aberturas hidrotérmicas.

FILO CHLOROFLEXI Bactérias não sulfurosas verdes. Bactérias gram-negativo de fontes quentes, lagos de água doce e *habitat* marinhos. Agem como fotoautotróficos não produtores de oxigênio ou quimioautotróficos aeróbicos. *Chloroflexus.*

FILO ACTINOBACTERIA Gram-positivo, a maioria heterotrófica aeróbica no solo, *habitat* de água doce e marinhos, e na pele dos mamíferos. *Propionibacterium, Actinomyces, Streptomyces.*

FILO CYANOBACTERIA Gram-negativo, fotoautotróficos liberadores de oxigênio principalmente em *habitat* aquáticos. Eles têm clorofila *a* e fotossistema I. Inclui muitos gêneros fixadores de nitrogênio. *Anabaena, Nostoc, Oscillatoria.*

FILO CHLOROBIUM Bactérias sulfurosas verdes. Fotossintetizadores gram-negativo não produtores de oxigênio, principalmente em sedimentos de água doce. *Chlorobium.*

FILO FIRMICUTES Células com parede gram-positivo e os micoplasmas sem parede celular. Todos são heterotróficos. Alguns sobrevivem no solo, fontes quentes, lagos ou oceanos. Outros vivem de ou em animais. *Bacillus, Clostridium, Heliobacterium, Lactobacillus, Listeria, Mycobacterium, Mycoplasma, Streptococcus.*

FILO CHLAMYDIAE Parasitas intracelulares gram-negativo de pássaros e mamíferos. *Chlamydia.*

FILO SPIROCHETES Bactérias de vida livre, parasitárias e mutualistas gram-negativo em forma de mola. *Borelia, Pillotina, Spirillum, Treponema.*

FILO PROTEOBACTERIA O maior grupo bacteriano. Inclui fotoautotróficos, quimioautotróficos e heterotróficos; grupos que vivem livre, parasitários e coloniais. Todos são gram-negativo.

Classe Alphaproteobacteria. *Agrobacterium, Azospirillum, Nitrobacter, Rickettsia, Rhizobium.*

Classe Betaproteobacteria. *Neisseria.*

Classe Gammaproteobacteria. *Chromatium, Escherichia, Haemopilius, Pseudomonas, Salmonella, Shigella, Thiomargarita, Vibrio, Yersinia.*

Classe Deltaproteobacteria. *Azotobacter, Myxococcus.*

Classe Epsilonproteobacteria. *Campylobacter, Helicobacter.*

DOMÍNIO DAS ARQUEAS

REINO DAS AEQUEAS Procariontes que estão evolucionariamente entre células eucarióticas e bactérias. A maioria é anaeróbica. Nenhum é fotossintético. Originalmente descobertos em *habitats* extremos, agora eles são conhecidos por serem extensamente dispersos. Comparadas às bactérias, as arqueas têm uma estrutura de parede celular distintiva e lipídeos de membrana única, ribossomos e sequência de RNA. Algumas são simbióticas com animais, mas nenhuma é conhecida por ser patógeno animal.

FILO EURYARCHAEOTA Maior grupo arquea. Inclui termófilos, halófilos e metanógenos extremos. Outros são abundantes nas águas superiores do oceano e em outros *habitats* mais moderados. *Methanocaldococcus, Nanoarchaeum.*

FILO CRENARCHAEOTA Inclui termófilos extremos, bem como espécies que sobrevivem nas águas da Antártica e em *habitats* mais moderados. *Sulfolobus, Ignicoccus.*

FILO KORARCHAEOTA Conhecido somente pelo DNA isolado das piscinas hidrotérmicas. Até esta edição, nenhum havia sido cultivado e nenhuma espécie havia sido nomeada.

DOMÍNIO DOS EUCARIONTES

REINO "PROTISTA" Uma coleção de linhagens unicelulares e multicelulares, que não constitui um grupo monofilético. Alguns biólogos consideram os grupos listados abaixo como reinos independentes, outros classificam esses grupos como filos.

PARABASALIA Parabasalídeos. Heterotróficos anaeróbicos flagelados unicelulares com "coluna vertebral" citoesquelética que atravessa o comprimento da célula. Não existem mitocôndrias, mas um hidrogenossomo que desempenha uma função semelhante. *Trichomonas, Trichonympha.*

DIPLOMONADIDA Diplomonados. Heterotróficos unicelulares anaeróbicos flagelados que não têm mitocôndrias ou complexos de Golgi e não formam um fuso bipolar na mitose. Podem ser uma das linhagens mais antigas. *Giardia.*

EUGLENOZOA Euglenoides e cinetoplastídeos. Flagelados de vida livre e parasitários. Todos com uma ou mais mitocôndrias. Alguns euglenoides fotossintéticos com cloroplastos, outros heterotróficos. *Euglena, Trypanosoma, Leishmania.*

RHIZARIA Foraminíferos e radiolários. Células ameboides heterotróficas de vida livre envoltas em carapaça. A maioria vive nas águas ou sedimentos oceânicos. *Pterocorys, Stylosphaera.*

ALVEOLATA Unicelulares com um arranjo singular de bolsas mediadas por membrana (alvéolos) logo abaixo da membrana plasmática. Ciliados. Protozoários ciliados. Protistas heterotróficos com muitos cílios. *Paramecium, Didinium.*

Dinoflagelados. Diversos heterotróficos e células flageladas fotossintéticas que depositam celulose em seus alvéolos. *Gonyaulax, Gymnodinium, Karenia, Noctiluca.*

Apicomplexos. Parasitas unicelulares de animais. Um dispositivo microtubular único é usado para se prender e penetrar em uma célula hospedeira. *Plasmodium.*

STRAMENOPHILA Estramenófilos. Formas unicelulares e multicelulares; flagelos com filamentos.

Oomicotas. Oomicetos. Heterotróficos. Decompositores, alguns parasitas. *Saprolegnia, Phytophthora, Plasmopara.*

Crisófitas. Algas douradas, algas verdes amareladas, diatomáceas, cocolitoforídeos. Fotossintéticas. *Emiliania, Mischococcus.*

Faeófitas. Algas pardas. Fotossintéticas; quase todas vivem nas águas marinhas temperadas. Todas são multicelulares. *Macrocystis, Laminaria, Sargassum, Postelsia.*

RHODOPHYTA Algas vermelhas. Principalmente fotossintéticas, algumas parasitárias. Quase todas marinhas, algumas em *habitat* de água doce. A maioria multicelular. *Porphyra, Antithamion.*

CHLOROPHYTA Algas verdes. A maioria fotossintética, algumas parasitárias. A maioria vive em água doce, algumas são marinhas ou terrestres. Formas unicelulares, coloniais e multicelulares. Alguns biólogos colocam as clorófitas e carófitas com as plantas terrestres em um reino chamado Viridiplantae. *Acetabularia, Chlamydomonas, Chlorella, Codium, Udotea, Ulva, Volvox.*

CHAROPHYTA Fotossintéticas. Parentes vivos mais próximos das plantas. Inclui formas unicelulares e multicelulares. Desmídias, charales. *Micrasterias, Chara, Spirogyra.*

AMOEBOZOA Amebas verdadeiras e mixomicetos. Heterotróficos que passam todo ou parte do ciclo de vida como uma célula única que usa pseudópodes para capturar comida. *Ameba, Entoamoeba* (amebas), *Dictyostelium* (mixomiceto celular), *Physarum* (mixomiceto plasmodial).

REINO FUNGI

Quase todas as espécies eucarióticas multicelulares com paredes celulares contendo quitina. Heterotróficos, a maioria decompomiceta. Fungos com asco. Células em forma de bolsa formam esporos sexuais (ascósporos). A maioria são leveduras e mofos, trufas. *Saccharomycetes, Morchella, Neurospora, Claviceps, Candida, Aspergillus, Penicillium*.

FILO BASIDIOMYCOTA Basidiomicetos. Grupo mais diverso. Produz basidiósporos dentro de estruturas em forma de bastão. Cogumelos, fungos de prateleira, cogumelos-falale. *Agaricus, Amanita, Craterellus, Gymnophilus, Puccinia, Ustilago*.

"FUNGOS IMPERFEITOS" Esporos sexuais ausentes ou não detectados. O grupo não tem nenhum status taxinômico formal. Quando mais bem conhecidas, algumas espécies poderão ser agrupadas aos fungos com asco ou basídios. *Arthobotrys, Histoplasma, Microsporum, Verticillium*.

"LIQUENS" Interações mutualistas entre espécies fúngicas e uma cianobactéria, alga verde, ou ambos. *Lobaria, Usnea*.

REINO "PLANTAE"

A maioria fotossintética com clorofilas *a* e *b*. Algumas parasitárias. Quase todas vivem em terra. A reprodução sexuada predomina.

BRIÓFITAS (PLANTAS NÃO VASCULARES)

Pequenas gametófitas haploides achatadas dominam o ciclo de vida; esporófitas permanecem presas a elas. Os espermatozoides são flagelados; exigem água para nadar até os óvulos para fertilização.

FILO HEPATOPHYTA Hepáticas. *Marchantia*.
FILO ANTHOCEROPHYTA Antoceros.
FILO BRYOPHYTA Musgos. *Polytrichum, Sphagnum*.

PLANTAS VASCULARES SEM SEMENTES

Esporofitas diploides dominam, gametófitas livres, espermatozoides flagelados exigem água para fertilização.

FILO LYCOPHYTA Licófitas, musgos. Folhas pequenas com veia única, rizomas ramificados. *Lycopodium, Selaginella*.

FILO MONILOPHYTA

Subfilo Psilophyta. Samambaias. Nenhuma raiz óbvia ou folhas em esporófitas, muito reduzida. *Psilotum*.

Subfilo Sphenophyta. Cavalinha. Folhas reduzidas como escamas. Alguns caules fotossintéticos, outras produtoras de esporos. *Calamites* (extinta), *Equisetum*.

Subfilo Pterophyta. Samambaias. Folhas grandes, normalmente com estruturas reprodutivas. Maior grupo de plantas vasculares sem sementes (12.000 espécies), principalmente em *habitats* tropicais e temperados. *Pteris, Trichomanes, Cyathea* (samambaias de árvore), *Polystichum*.

PLANTAS VASCULARES COM SEMENTES

FILO CYCADOPHYTA Cicadáceas. Grupo de gimnospermas (vascular, contêm sementes "nuas"). Tropicais, subtropicais. Folhas compostas, cones simples em plantas machos e fêmeas. Plantas normalmente semelhantes às palmas. Espermatozoides móveis. *Zamia, Cycas*.

FILO GINKGOPHYTA Ginkgo (árvore avenca). Tipo de gimnosperma. Espermatozoides móveis. Sementes com camada carnosa. *Ginkgo*.

FILO GNETOPHYTA Gnetófitas. Somente gimnospermas com vasos no xilema e fertilização dupla (porém, não se forma endosperma). *Ephedra, Welwitchia, Gnetum*.

FILO CONIFEROPHYTA Coníferas. Gimnospermas mais comuns e familiares. Geralmente, espécies portadoras de cones com folhas em forma de agulha ou escamas. Inclui pinheiros (*Pinus*), sequoias canadenses (*Sequoia*), teixos (*Taxus*).

FILO ANTHOPHYTA Angiospermas (plantas com flores). Grupo maior e mais diverso de plantas vasculares portadoras de sementes. Somente organismos que produzem flores, frutas. Algumas famílias de várias ordens representativas estão listadas:

FAMÍLIAS BASAIS

Família Amborellaceae. *Amborella*.
Família Nymphaeaceae. Lírios da água.
Família Illiciaceae. Anis estrelado.

MAGNOLIÍDEAS

Família Magnoliaceae. Magnólias.
Família Lauraceae. Canela, sassafrás, abacates.
Família Piperaceae. Pimenta preta, pimenta branca.

EUDICOTILEDÔNEAS

Família Papaveraceae. Papoulas.
Família Cactaceae. Cactos.
Família Euphorbiaceae. Eufórbio, poinsettia.
Família Salicaceae. Salgueiros, álamos.
Família Fabaceae. Ervilhas, feijões, lupinos, algarobeiras.
Família Rosaceae. Rosas, maçãs, amêndoas, morangos.
Família Moraceae. Figos, amoras.
Família Cucurbitaceae. Abóboras, melões, pepinos.
Família Fagaceae. Carvalhos, castanheiras, faias.
Família Brassicaceae. Mostardas, repolhos, rabanetes.
Família Malvaceae. Malva, quiabo, algodão, hibisco, cacau.
Família Sapindaceae de família. Saponáceas, lichia, bordo.
Família Ericaceae. Urzais, mirtilos, azaleias.
Família Rubiaceae. Café.
Família Lamiaceae. Hortelãs.
Família Solanaceae. Batatas, berinjela, petúnias.
Família Apiaceae. Salsas, cenouras, cicuta.
Família Asteraceae. Compostos. Crisântemos, girassóis, alfaces, dentes-de-leão.

MONOCOTILEDÔNEAS

Família Araceae. Antúrios, copo-de-leite, filodendros.
Família Liliaceae. Lírios, tulipas.
Família Alliaceae. Cebola, alho.
Família Iridaceae. Íris, gladíolos, açafrões.
Família Orchidaceae. Orquídeas.
Família Arecaceae. Palmeiras de tâmaras, coqueiros.
Família Bromeliaceae. Bromélias, abacaxis.
Família Cyperaceae. Caniços.
Família Poaceae. Grama, bambus, milho, trigo, cana-de-açúcar.
Família Zingiberaceae. Gengibres.

REINO ANIMALIA

Heterotróficos multicelulares, quase todos com tecidos e órgãos e sistemas de órgãos, que são móveis durante parte do seu ciclo de vida. A reprodução sexuada ocorre na maioria, mas alguns também se reproduzem assexuadamente. Os embriões se desenvolvem em uma série de estágios.

FILO PORIFERA Esponjas. Nenhuma simetria, tecidos.

FILO PLACOZOA Marinhos. Animais conhecidos mais simples. Duas camadas de célula, sem boca, nenhum órgão. *Trichoplax*.

FILO CNIDARIA Simetria radial, tecidos, cnidócitos, nematocistos.
    Classe Hydrozoa. Hidrozoários. *Hydra, Obelia, Physalia, Prya*.
    Classe Scyphozoa. Águas-vivas. *Aurelia*.
    Classe Anthozoa. Anêmonas-do-mar, corais. *Telesto*.

Filo PLATYHELMINTHES Platelmintos. Bilateral, cefalizado; animais mais simples com sistemas de órgãos. Intestino incompleto em forma de bolsa.
- Classe Turbellaria. Tricládidos (planárias), policládidos. *Dugesia*.
- Classe Trematoda. Fascíolas. *Clonorchis, Schistosoma, Fasciola*.
- Classe Cestoda. Tênias. *Diphyllobothrium, Taenia*.

Filo ROTIFERA Rotíferos. *Asplancha, Philodina*.

Filo MOLLUSCA Moluscos

- Classe Polyplacophora. Quítons. *Cryptochiton, Tonicella*.
- Classe Gastropoda. Caracóis, lesmas-do-mar, lesmas terrestres. *Aplysia, Ariolimax, Cypraea, Haliotis, Helix, Liguus, Limax, Littorina*.
- Classe Bivalvia. Bivalves, mexilhões mariscos, ostras, teredos. *Ensis, Chlamys, Mytelus, Patinopectin*.
- Classe Cephalopoda. Lulas, polvos, sépias, nautiloides. *Dosidiscus, Loligo, Nautilus, Polvo, Sepia*.

Filo ANNELIDA Vermes segmentados.
- Classe Polychaeta. Principalmente vermes marinhos. *Eunice, Neanthes*.
- Classe Oligochaeta. Principalmente vermes de água doce e terrestres, muitos marinhos. *Lumbricus* (minhocas), *Tubifex*.
- Classe Hirudinea. Sanguessugas. *Hirudo, Placobdella*.

Filo NEMATODA Nematódeos. *Ascaris, Caenorhabditis elegans, Necator* (ancilóstomos), *Trichinella*.

Filo ARTHROPODA

- Subfilo Chelicerata. Quelicerados. Límulos, aranhas, escorpiões, carrapatos, ácaros.
- Subfilo Crustacea. Camarões, lagostins, lagostas, caranguejos, cracas, copépodes, isópodes (cochinilhas).
- Subfilo Myriapoda. Centopeia (Chilopoda), piolho-de-cobra (Diplopoda).
- Subfilo Hexapoda. Insetos e collembolos.

Filo ECHINODERMATA Equinodermos.
- Classe Asteroidea. Estrelas-do-mar. *Asterias*.
- Classe Ophiuroidea. Ofiúros.
- Classe Echinoidea. Ouriços-do-mar, bolachas-do-mar.
- Classe Holothuroidea. Pepino-do-mar.
- Classe Crinoidea. Crinoides, lírios-do-mar.
- Classe Concentricycloidea. Margaridas-do-mar.

Filo CHORDATA Cordatos.
- Subfilo Urochordata. Tunicados, formas relacionadas.
- Subfilo Cephalochordata. Anfioxos.

CRANIADOS

- Classe Myxina. Enguias.

VERTEBRADOS (SUBGRUPO DE CRANIADOS)

- Classe Cephalaspidomorphi. Lampreias.
- Classe Chondrichthyes. Peixes cartilaginosos (tubarões, arraias, quimeras).
- Class "Osteichthyes". Peixes ósseos. Não monofiléticos (esturjões, poliodontídeos, arenques, carpas, bacalhaus, trutas, cavalos marinhos, atuns, peixes pulmonados e celacantos).

TETRAPÓDES (SUBGRUPO DE VERTEBRADOS)

- Classe Amphibia. Anfíbios. Precisam de água para se reproduzir.
  - Ordem Caudata. Salamandras e tritões.
  - Ordem Anura. Rãs, sapos.
  - Ordem Apoda. Ápodes (cobras-cega).

AMNIONTES (SUBGRUPO DE TETRAPÓDES)

- Classe "Reptilia". Pele com escamas, embrião protegido e nutricionalmente sustentado por membranas extraembrionárias.
  - Subclasse Anapsida. Tartarugas, cágados.
  - Subclasse Lepidosaura. *Sphenodon*, lagartos, serpentes.
  - Subclasse Archosaura. Crocodilos, jacarés.
- Classe Aves. Pássaros. Em algumas classificações, os pássaros são agrupados nos arcossauros.
  - Ordem Struthioniformes. Avestruzes.
  - Ordem Sphenisciformes. Pinguins.
  - Ordem Procellariiformes. Albatrozes, petréis.
  - Ordem Ciconiiformes. Garças, cegonhas, flamingos.
  - Ordem Anseriformes. Cisnes, gansos, patos.
  - Ordem Falconiformes. Águias, abutres, falcões.
  - Ordem Galliformes. Perdizes, perus, aves domésticas.
  - Ordem Columbiformes. Pombos, pombas.
  - Ordem Strigiformes. Corujas.
  - Ordem Apodiformes. Andorinhão, colibris.
  - Ordem Passeriformes. Pardais, gaios, tentilhões, corvos, estorninhos, carriças.
  - Ordem Piciformes. Pica-paus, tucanos.
  - Ordem Psittaciformes. Papagaios, cacatuas, arara.
- Classe Mammalia. Pele com pelo; os filhotes são nutridos pelas glândulas mamárias excretoras de leite do adulto.
  - Subclasse Prototheria. Mamíferos que põem ovos (monotremados; ornitorrincos, tamanduás espinhosos).
  - Subclasse Metatheria. Mamíferos ou marsupiais providos de bolsa (gambás, cangurus, fascólomos, diabos da Tasmânia).
  - Subclasse Eutheria. Mamíferos placentários.
    - Ordem Edentata. Tamanduás, bichos-preguiça, tatus.
    - Ordem Insectivora. Musaranhos, topeiras, ouriços.
    - Ordem Chiroptera. Morcegos.
    - Ordem Scandentia. Musaranhos insetívoros.
    - Ordem Primatas.
      - Subordem Strepsirhini (prossímios). Lêmures, lóris.
      - Subordem Haplorhini (tarsioides e antropoides).
        - Infraordem Tarsiformes. Tarsioides.
        - Infraordem Platyrrhini (macacos do Novo Mundo).
        - Família Cebidae. Macacos-aranha, macacos-uivadores, capuchinos.
        - Infraordem Catarrhini (Macacos do Velho Mundo e hominoides).
          - Superfamília Cercopithecoidea. Babuínos, macacos, langures.
          - Superfamília Hominoidea. Macacos e humanos.
            - Família Hylobatidae. Gibão.
            - Família Pongidae. Chimpanzés, gorilas, orangotangos.
            - Família Hominidae. Espécies humanas existentes e extintas (*Homo*) e espécies semelhantes ao ser humano, incluindo os australopitecos.
    - Ordem Lagomorpha. Coelhos, lebres, pikas.
    - Ordem Rodentia. A maioria dos animais roedores (esquilos, ratos, camundongos, cobaias, porcos-espinhos, castores etc.).
    - Ordem Carnivora. Carnívoros (lobos, gatos, ursos etc.).
    - Ordem Pinnipedia. Focas, morsas, leões-do-mar.
    - Ordem Proboscidea. Elefantes, mamutes (extintos).
    - Ordem Sirenia. Peixe-boi (manatis, dugongos).
    - Ordem Perissodactyla. Ungulados de cascos ímpares (cavalos, antas, rinocerontes).
    - Ordem Tubulidentata. Porco-da-terra africano.
    - Ordem Artiodactyla. Ungulados de casco pares (camelo, cervo, bisão, ovelha, cabra, antílope, girafa etc.).
    - Ordem Cetacea. Baleias.

Apêndice II. Anotações em um artigo científico

Este artigo de periódico relata os movimentos de uma loba durante o verão de 2002 no noroeste do Canadá. Ele também fala sobre um processo científico de investigação, observação e interpretação para saber onde, como e por que a loba viajou tanto. Essas observações servem para ajudar você a ler e entender como os cientistas trabalham e como reportam o seu trabalho.

---

❶ ARTIGO
❷ VOL. 57, nº 2 (JUNHO DE 2004) p. 196-203

❸ Extenso movimento de forrageamento de um lobo da Tundra

❹ Paul F. Frame,[1,2] David S. Hik,[1] H. Dean Cluff[3] e Paul C. Paquet[4]

❺ (Recebido em 03 de setembro de 2003, aceito em formato revisado em 16 de janeiro de 2004)

---

❻ RESUMO. Lobos (*Canis lupus*) na tundra ártica (*barrens*) canadense estão intimamente ligados à migração em campos áridos de manadas de renas (*Rangifer tarandus*). Foi implantado um rádio-colar com Sistema de Posicionamento Global (GPS) em uma loba adulta para registrar seus movimentos em resposta à mudança de densidade da população de renas próxima ao seu covil durante o verão. Esta loba e duas outras fêmeas foram observadas cuidando de um grupo de 11 filhotes. Ela viajou um mínimo de 341 km durante uma excursão de 14 dias. A distância em linha reta a partir do covil para o ponto mais distante foi 103 km, e a taxa mínima de deslocamento total foi de 3,1 km/h. A distância entre o lobo e a rena com rádio-colar diminuiu de 242 km, uma semana antes da excursão, para 8 km em quatro dias da excursão. Discutimos várias possíveis explicações para a longa jornada de forrageamento.

❼ *Palavras-chave*: lobo, rastreamento por GPS, movimentos, *Canis lupus*, rena, forrageamento, *Northwest Territories* (Territórios Nordeste)

❽ RÉSUMÉ. Les loups (*Canis lupus*) dans la toundra canadienne sont étroitement liés aux hardes de caribous des toundras (*Rangifer tarandus*). On a équipé une louve adulte d'un collier émetteur muni d'un système de positionnement mondial (GPS) afin d'enregistrer ses déplacements en réponse au changement de densité du caribou près de sa tanière durant l'été. On a observé cette louve ainsi que deux autres en train d'allaiter un groupe de 11 louveteaux. Elle a parcouru un minimum de 341 km durant une sortie de 14 jours. La distance en ligne droite de la tanière à l'endroit le plus éloigné était de 103 km, et la vitesse minimum durant tout le voyage était de 3,1 km/h. La distance entre la louve et le caribou muni du collier émetteur a diminué de 242 km une semaine avant la sortie à 8 km quatre jours après la sortie. On commente diverses explications possibles pour ce long épisode de recherche de nourriture.

Mots clés: loup, repérage GPS, déplacements, *Canis lupus*, recherche de nourriture, caribou, Territoires du Nord-Ouest

Traduit pour la revue Arctic par Nésida Loyer.

---

❾ Introdução

Os lobos (*Canis lupus*) que fazem covis nas tundras áridas (*barrens*) centrais da região continental do Canadá seguem os movimentos sazonais de sua principal presa, as renas (*Rangifer tarandus*) migratórias de campos áridos (*barren-ground*) (Kuyt, 1962; Kelsall, 1968; Walton et al., 2001). No entanto, a maioria dos lobos não faz seu covil perto das áreas de parição das renas, mas selecionam locais mais ao sul, mais próximos à linha das árvores (Heard e Williams, 1992). A maior parte das renas migra para além das principais áreas das tocas dos lobos em meados de junho e não retorna até meados para fim de julho (Heard et al., 1996; Gunn et al., 2001). Consequentemente, a densidade das renas perto dos covis é baixa durante parte do verão.

Durante este período de separação espacial dos rebanhos principais de renas, os lobos devem procurar perto do local da toca por renas escassas ou presas alternativas (ou ambos), deslocar para onde as presas são abundantes, ou utilizar uma combinação dessas estratégias.

Walton et al. (2001) postularam que a viagem de lobos da tundra fora de suas extensões normais de verão é uma resposta à baixa disponibilidade de rena em vez de uma exploração pré-dispersão, como observado nos lobos territoriais (Fritts e Mech, 1981; Messier, 1985). Os autores postularam isso porque tal viagem foi direcionada para as áreas de parto das renas. Relatamos detalhes de tal excursão de longa distância por uma loba da tundra reprodutora, usando um rádio-colar GPS. ❿ Discutimos a relação entre a excursão e os movimentos das renas monitoradas por satélite (Gunn et al., 2001), apoiando a hipótese de que os lobos da tundra fazem movimentos direcionais, rápidos, de longa distância em resposta à disponibilidade sazonal de presas. ⓫

---

[1] Department of Biological Sciences, University of Alberta, Edmonton, Alberta T6G 2E9, Canadá
[2] Autor correspondente: pframe@ualberta.ca
[3] Department of Resources, Wildlife, and Economic Development, North Slave Region, Government of the Northwest Territories, P.O. Box 2668, 3803 Bretzlaff Dr., Yellowknife, Northwest Territories X1A 2P9, Canadá; Dean_Cluff@gov.nt.ca
[4] Faculty of Environmental Design, University of Calgary, Calgary, Alberta T2N 1N4, Canadá; endereço atual: P.O. Box 150, Meacham, Saskatchewan S0K 2V0, Canadá

© The Arctic Institute of North America

---

1 Título do periódico, que reporta a ciência que ocorre nas regiões do Ártico.

2 Número do volume, número da impressão e data do periódico, além dos números da página do artigo.

3 Título do artigo: uma descrição concisa, mas específica do assunto do estudo — Um episódio de viagem de longa distância realizada por uma loba caçando alimento na tundra ártica.

4 Autores do artigo: cientistas trabalhando nas instituições listadas nas notas de rodapé abaixo. A nota nº 2 indica que P.F. Frame é o *autor correspondente* — a pessoa para contato em caso de dúvidas ou comentários. Seu endereço de e-mail é fornecido.

5 Data em que uma minuta do artigo foi recebida pelo editor do periódico, seguido pela data em que uma minuta revisada foi aceita para publicação. Entre essas datas, o artigo foi revisado e criticado por outros cientistas, um processo chamado revisão por pares. Os autores revisaram o artigo para torná-lo mais claro.

6 RESUMO: uma descrição breve do estudo contendo todos os elementos básicos deste relatório. A primeira oração resume o material de *apoio*. A segunda oração traz os *métodos* usados. O resto do parágrafo resume os *resultados*. Os autores introduzem o assunto principal do estudo — uma loba (#388) com filhotes em um bando — e se referem mais tarde à *discussão* de possíveis explicações para o seu comportamento.

7 Palavras-chave são listadas para ajudar os pesquisadores que usam bancos de dados de computador. Procurar os bancos de dados usando essas palavras-chave renderão uma lista de estudos relacionados a este aqui.

8 RÉSUMÉ: a tradução francesa do abstrato e palavras-chave. Muitos pesquisadores neste campo são franco-canadenses. Alguns periódicos fornecem essas traduções em francês ou em outros idiomas.

9 INTRODUÇÃO: fornece o cenário para este estudo sobre a loba. Este parágrafo fala sobre o comportamento conhecido ou suspeitado da loba, que é importante para este estudo. Observe que (a) as principais espécies mencionadas estão sempre acompanhadas por seus nomes científicos e (b) as declarações de fato ou *postulações* (afirmações ou suposições sobre o que pode ser verdade) são seguidas de referências para estudos que estabeleceram esses fatos ou sustentaram as postulações.

10 Este parágrafo enfoca diretamente os comportamentos da loba que foram estudados aqui.

11 Este parágrafo começa com uma declaração da *hipótese* sendo testada, que se originou em outros estudos e é sustentada por esta. A hipótese é redeclarada mais sucintamente na última oração deste parágrafo. Esta é a parte da *investigação* do processo científico — fazendo perguntas e sugerindo possíveis respostas.

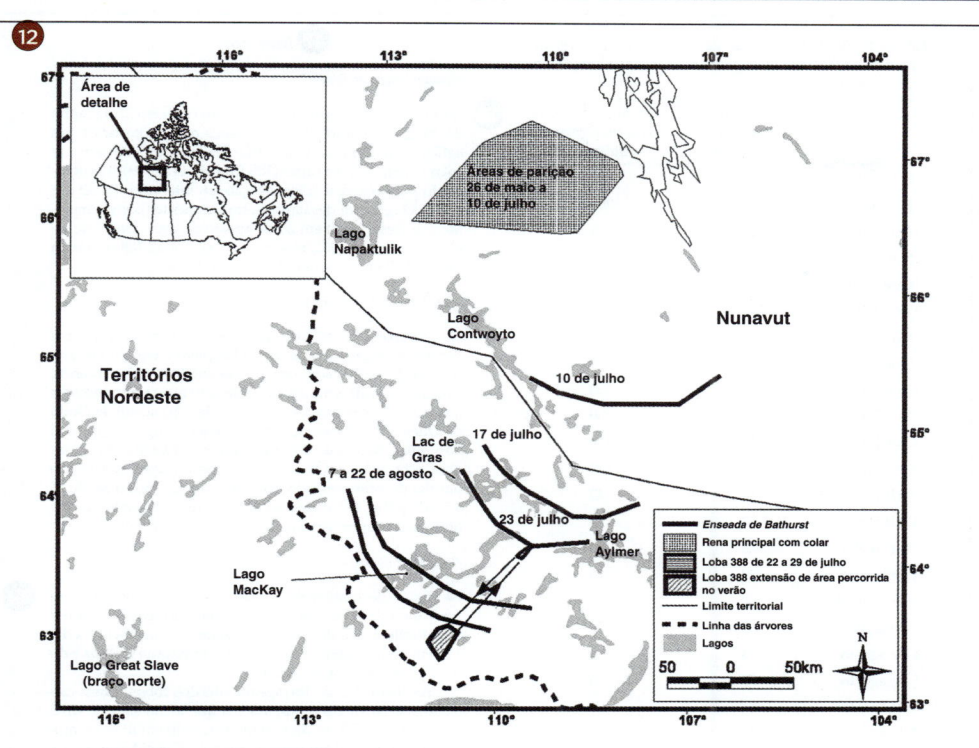

12 Este mapa mostra a área de estudo e descreve as localizações da loba e da rena, bem como suas movimentações durante o verão. Algumas destas informações são explicadas abaixo.

13 ÁREA DE ESTUDO: esta seção estabelece o cenário para o estudo, localizando-o precisamente com coordenadas relativas à latitude e longitude e descrevendo a área (ilustrado pelo mapa na Figura 1).

14 Aqui começa a história de como a presa (caribu) e predadores (lobos) interagem na tundra. Autores descrevem os movimentos destes animais nômades ao longo do ano.

15 Nós enfocamos a estação de aninhamento (verão) e abordamos aprendizado de como os lobos localizam seus covis e viajam de acordo com os movimentos dos rebanhos de renas.

Figura 1. Mapa que mostra os movimentos da rena com o colar monitorado por satélite com relação à *extensão de área percorrida no verão* pela loba 388 e o longo movimento de forrageamento no verão de 2002.

Área de estudo

Nosso estudo aconteceu na zona de transição da floresta boreal do norte e da tundra ártica baixa (63°30′ N, 110°00′ W; Fig. 1; Timoney et al., 1992). Nesta região, áreas de permafrost mudam de descontínuas a contínuas (Harris, 1986). Pequenos bosques de abetos (*Picea mariana, P. glauca*) ocorrem na porção do hemisfério sul e dão lugar à tundra aberta para o nordeste. Eskers, Kames, e outros depósitos glaciais estão espalhados por toda a área de estudo. Água parada e rochas expostas são características da região.

Detalhes do sistema de rena-loba

O rebanho de renas Bathurst utiliza essa área de estudo. A maioria das renas fêmeas começa a migrar no fim de abril, alcançando as áreas de parto em junho (Gunn et al., 2001; Fig. 1). Os picos de parição são até 15 de junho (Gunn et al., 2001), e os bezerros começam a migrar com o rebanho com uma semana de idade (Kelsall, 1968). Os padrões de movimento dos machos são menos conhecidos, mas eles frequentam áreas próximas às áreas de parto nos meados de junho (Heard et al., 1996;. Gunn et al., 2001). No verão, as fêmeas de Bathurst geralmente migram para o sul de suas áreas de parição e depois paralelamente à linha das árvores, a noroeste. O cio geralmente ocorre na linha das árvores em outubro (Gunn et al., 2001). A extensão de migração de inverno do rebanho Bathurst muda entre os anos, variando pela taiga e ao longo da linha das árvores do sul do lago Great Bear para sudeste do lago Great Slave. Algumas renas passam o inverno na tundra (Gunn et al., 2001; Thorpe et al., 2001).

No inverno, os lobos que predam as renas Bathurst não se comportam territorialmente. Em vez disso, eles seguem o rebanho por toda a extensão de migração de inverno (Walton et al., 2001; Musiani, 2003).

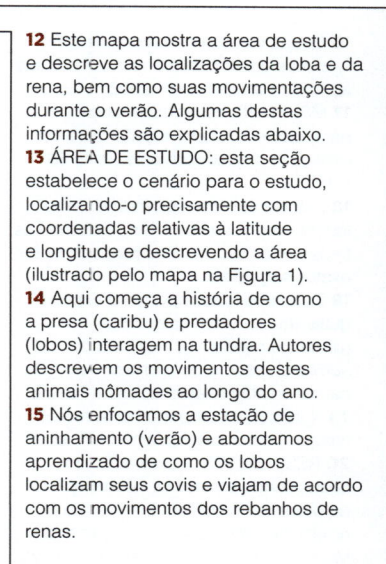

16 Outras variáveis são consideradas — outras presas além dos veados e sua abundância relativa em 2002.
17 MÉTODOS: os procedimentos para todo e qualquer estudo deve ser explicado cuidadosamente (itens 18 e 19).
18 Autores explicam quando e como localizaram veados e lobos, incluindo as ferramentas usadas e os procedimentos exatos seguidos.
19 Esta subseção importante explica quais dados foram calculados (distância média …), incluindo o *software* usado e de onde ele veio. (Os cálculos estão relacionados na Tabela 1.) Note que o comportamento medido (viagem) é cuidadosamente definido.
20 RESULTADOS: é o coração do relato, sendo a parte de *observação* do processo científico. Esta seção é organizada em paralelo à seção sobre Métodos. Neste trabalho a metodologia foi dividida em subseções (itens 21 até 26).
21 Esta subseção é desdobrada por períodos de observação. O período da pré-excursão abrange o tempo entre a captura do lobo 388 (fêmea com filhotes) e o começo de sua longa viagem. Os investigadores utilizaram observações visuais, como também telemetria (medidas tomadas usando o sistema de posicionamento global, GPS) para coletar dados. Eles observaram como a 388 cuidava de seus filhotes, interagia com outros adultos e se movimentava pela área de covil.

Tabela 1. Distâncias diárias da loba 388 e do covil até a rena com rádio-colar mais próxima durante a longa excursão no verão de 2002.

Data (2002)	Distância média da rena até a loba (km)	Distância diária da rena mais próxima até o covil
12 de julho	242	241
13 de julho	210	209
14 de julho	200	199
15 de julho	186	180
16 de julho	163	162
17 de julho	151	148
18 de julho	144	137
19 de julho[1]	126	124
20 de julho	103	130
21 de julho	73	130
22 de julho	40	110
23 de julho[2]	9	104
29 de julho[3]	16	43
30 de julho	32	43
31 de julho	28	44
1 de agosto	29	46
2 de agosto[4]	54	52
3 de agosto	53	53
4 de agosto	74	74
5 de agosto	75	75
6 de agosto	74	75
7 de agosto	72	75
8 de agosto	76	75
9 de agosto	79	79

[1] Início da excursão.
[2] Loba em menor distância de rena com rádio-colar.
[3] Localização das renas nos cinco dias anteriores – sem registro.
[4] Fim da excursão.

No entanto, durante período de criação dos filhotes no covil (maio-agosto, parto ocorre do fim de maio a meados de junho), os movimentos dos lobos são limitados pela necessidade de levar alimento de volta para o covil. Para maximizar o acesso às renas em migração, muitos lobos selecionam locais para o covil mais próximos da linha das árvores do que das áreas de parição das renas (Heard e Williams, 1992). Por causa dos padrões de movimento das renas, lobos que fazem seus covis na tundra ficam separados dos principais rebanhos de renas por centenas de quilômetros em algum momento durante o verão (Williams, 1990:19; Fig. 1; Tabela 1).

Bois almiscarados não ocorrem na área de estudo (Fournier e Gunn, 1998), e há poucos alces (HD Cluff, observação pessoal). Portanto, presas alternativas para lobos incluem aves aquáticas, outras aves que nidificam no solo, seus ovos, roedores e lebres (Kuyt, 1972; Williams, 1990:16; H.D. Cluff e P.F. Frame, dados não publicados). Durante 56 horas de observação do covil, não foram vistos esquilos da terra ou lebres, somente pássaros. Parece que a abundância de presas alternativas foi relativamente baixa em 2002.

Métodos

Monitorização da loba

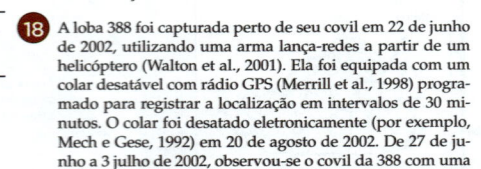

A loba 388 foi capturada perto de seu covil em 22 de junho de 2002, utilizando uma arma lança-redes a partir de um helicóptero (Walton et al., 2001). Ela foi equipada com um colar desatável com rádio GPS (Merrill et al., 1998) programado para registrar a localização em intervalos de 30 minutos. O colar foi desatado eletronicamente (por exemplo, Mech e Gese, 1992) em 20 de agosto de 2002. De 27 de junho a 3 julho de 2002, observou-se o covil da 388 com uma luneta de 78 mm a uma distância de 390 m.

Monitoramento das renas

Na primavera de 2002, dez renas fêmeas foram capturadas por arma lança-redes de um helicóptero e equipadas com colares de rádio monitorados via satélite (rádio-colares), elevando o número total de fêmeas Bathurst monitoradas a 19. Oito dessas passaram o verão de 2002 ao sul do Golfo de Queen Maud, bem a leste da área de migração normal das renas Bathurst. Portanto, foram utilizadas 11 renas para esta análise. Os colares forneciam uma localização por dia durante o estudo, com exceção de cinco dias, de 24 a 28 de julho. A localização dos colares por satélite foram obtidos da Argos Service, Inc. (Landover, Maryland).

Análise de dados

Os dados de localização foram analisados pelo software ArcView GIS (Environmental Systems Research Institute Inc., Redlands, Califórnia). Calculamos a distância média a partir da rena com rádio-colar mais próxima da loba e do covil para cada dia do estudo.

As incursões de forrageamento dos lobos foram calculadas a partir do momento em que a 388 saiu de uma zona tampão (500 m de raio em torno do covil) até o momento em que entrou novamente nela. Considerou-se que ela estivesse viajando quando duas posições consecutivas estavam espacialmente separadas por mais de 100 m. A distância mínima percorrida foi a soma das distâncias entre cada local e no próximo durante a excursão.

Foram comparados os dados pré e pós-excursão utilizando a Análise de variância (ANOVA; Zar, 1999). Primeiro, foi testada a homogeneidade das variâncias com o teste de Levene (Brown e Forsythe, 1974). Não houve necessidade de transformação desses dados.

Resultados

Monitorização do lobo

Período pré-excursão: a loba 388 estava lactando quando capturada em 22 de junho. Ela foi observada com outras duas fêmeas cuidando de um grupo de 11 filhotes entre 27 de junho e 03 de julho. Durante as observações, a alcateia consistia de pelo menos quatro adultos (3 fêmeas e 1 macho) e 11 filhotes. Em 30 de junho, três filhotes foram transferidos para um local 310 m dos outros oito e cuidados por uma fêmea sem colar. O macho não foi visto no covil após a noite de 30 de junho.

Antes da excursão, a telemetria indicou 18 incursões de forrageamento. A distância média percorrida durante essas incursões foi 25,29 quilômetros (± 4,5 SE, variação de 3,1-82,5 km). A maior distância média do covil em turnos de forrageamento foi de 7,1 km (± 0,9 SE, variação de 1,7-17,0 km). A duração média das incursões de forrageamento para o período foi de 20,9 h (± 4,5 SE, variação 1-71 h).

22 A legenda no canto inferior à direita do mapa mostra as áreas (sombreadas) dentro das quais os lobos e veados se moveram e a trilha pontilhada da 388 durante sua excursão. A partir dos resultados plotados neste mapa, os investigadores tentaram determinar quando e onde a 388 poderia ter encontrado renas e como sua localização afetou seu comportamento de viagem.

23 A excursão da loba (sua longa viagem a partir da área de covil) é o foco deste estudo. Esses parágrafos apresentam medidas detalhadas dos movimentos diários durante sua viagem de duas semanas — a distância que ela viajou, quão longe ela estava da rena, o tempo gasto viajando e descansando e a taxa de velocidade. Os autores usam a frase "distância mínima viajada" para reconhecer que não poderiam rastrear todos os passos, mas que estavam medindo amostras de seus movimentos. Eles sabiam que ela chegou, pelo menos, tão longe quanto suas medições. Isso mostra como os cientistas tentam ser exatos quando reportam resultados. Os resultados deste estudo são graficamente plotados no mapa na Figura 2.

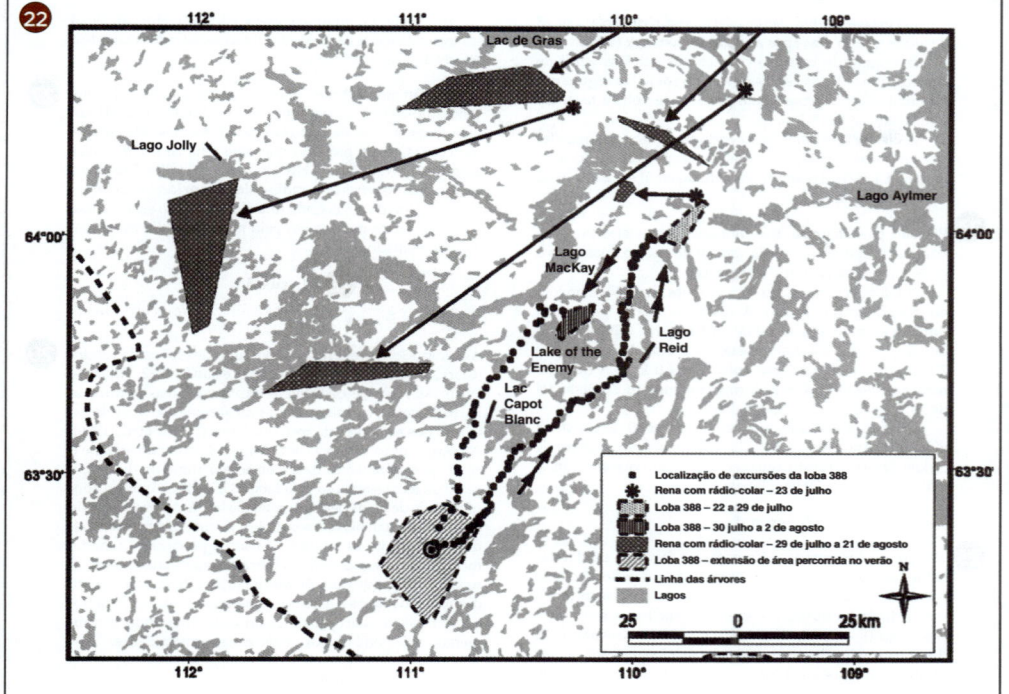

Figura 2. Detalhes do longo movimento de forrageamento pela loba 388 entre 19 de julho e 02 de agosto de 2002. Também são mostrados os locais e os movimentos de três renas monitoradas por satélite de 23 de julho a 21 de agosto 2002. Em 23 de julho, a loba estava a 8 km de uma rena com rádio-colar. O ponto mais distante do covil (103 km distante) foi registrado em 27 de julho. Setas indicam o sentido da viagem.

A distância média diária entre a loba e a rena com rádio-colar mais próxima diminuiu de 242 km em 12 de julho, uma semana antes do período de excursão, para 126 km em 19 de julho, o dia em que começou a excursão (Tabela 1).

23 **Período de excursão**: Em 19 de julho às 22h03, depois de passar 14h no covil, a 388 começou a se mover para o nordeste e não retornou por 336h (14 d; Fig. 2). Não se sabe se viajava sozinha ou com outros lobos. Durante a excursão, 476 (71%) das 672 possíveis localizações foram registradas. A loba cruzou o extremo sudeste do lago Lac Blanc Capot em um pequeno pedaço de terra, onde fez uma pausa de 4,5h depois de viajar por 19,5h (37,5 km). Após este descanso, ela viajou por 9h (26,3 km) para uma península no Lago Reid, onde passou 2h antes de retrocesso e parada por 8h ao largo da península. Seu próximo trecho de viagem durou 16,5h (32,7 km), terminando em uma pausa de 9,5h a apenas 3,8 km a partir de uma concentração de locais no extremo de sua excursão, onde se presume que encontrou renas. A duração média destes três períodos de movimento foi de 15,7h (± 2,5 SE), e das pausas, 7,3h (± 1,5). A loba precisou de 72,5h (3,0 d) para viajar um mínimo de 95 km de seu covil a esta área perto das renas (Fig. 2). Ela permaneceu lá (35,5 km^2) por 151,5h (6,3 d) e, em seguida, deslocou-se para o sul para o Lake of the Enemy, onde permaneceu (31,9 km^2) por 74h (3,1 d) antes de voltar para seu covil. Sua maior distância do covil, 103 km, foi registrada 174,5h (7,3 d) após o início da excursão, a 04h33m, de 27 de julho.

APÊNDICE II 253

24 Medições pós-excursão dos movimentos da 388 foram feitas para serem comparadas às do período pré-excursão. A fim de comparar, os cientistas frequentemente usam *meios* ou médias de uma série de distâncias médias medidas, duração média etc.

25 Na comparação, autores usaram cálculos estatísticos para determinar que as diferenças nas medições entre pré e pós-excursão foram *estatisticamente insignificantes*.

26 Como com a loba 388, os investigadores mediram os movimentos da rena durante o período de estudo. As áreas dentro das quais a rena se moveu são mostradas na Figura 2 por polígonos sombreados mencionados no segundo parágrafo desta subseção.

27 Esta subseção resume como as distâncias que separam predadores e presas variaram durante o período de estudo.

28 DISCUSSÃO: esta seção é a parte de *comparação, análise e interpretação* do processo científico, que aqui foi dividida em várias subseções (itens 29 até 39).

29 Esta subseção revisa observações de outros estudos e sugere que este estudo se ajusta aos padrões dessas observações.

30 Autores discutem uma *teoria* predominante (CBFT) que poderia explicar por que um lobo viajaria tão longe para satisfazer suas próprias necessidades por energia enquanto leva comida capturada nas proximidades do covil para seus filhotes. Os resultados deste estudo parecem se ajustar a esse padrão.

Ela estava a 8 km de uma rena com rádio-colar em 23 de julho, quatro dias após a excursão começar (Tabela 1).

A viagem de regresso começou às 04h03m em 2 de agosto, 318h (13,2 d) depois de sair do covil. Ela seguiu um caminho relativamente direto por 18h de volta à toca, em uma distância de 75 km.

A distância mínima percorrida durante a excursão foi 339 km. A taxa mínima estimada de deslocamento total foi de 3,1 km/h, 2,6 km/h distante do covil e 4,2 km/h na viagem de volta.

Período pós-excursão: três filhotes foram vistos por ocasião da recuperação do colar em 20 de agosto, mas outros podem ter se escondido na vegetação.

A telemetria registrou 13 incursões de forrageamento no período pós-excursão. A distância média percorrida durante essas incursões foi de 18,3 km (2,7 + SE, variação de 1,2-47,7 km), e a maior distância média do covil foi de 7,1 km (0,7 + SE, variação entre 1,1-11,0 km). A duração média destas incursões de forrageamento pós-excursão foi de 10,9h (+ 2,4 SE, variação 1-33h).

Quando a 388 chegou a seu covil em 02 de agosto, a distância para a rena com rádio-colar mais próxima era de 54 km. Em 9 de Agosto, uma semana depois que ela voltou, a distância era de 79 km (Tabela 1).

Comparação de pré e pós-excursão

Não foram encontradas diferenças na distância média das incursões de forrageamento antes e após o período de excursão ($F = 1,5$, $df = 1, 29$, $p = 0,24$). Da mesma forma, a maior distância média do covil foi semelhante pré e pós-excursão ($F = 0,004$, $df = 1, 29$, $p = 0,95$). No entanto, a duração média das incursões de forrageamento da 388 diminuiu 10h após sua longa excursão ($F = 3,1$, $df = 1, 29$, $p = 0,09$).

Monitoramento das renas

Movimentos de verão: em 10 de julho, 5 das 11 renas com rádio-colar estavam dispersas por uma distância de 10 km, 140 km ao sul de seus campos de parição (Fig. 1). No mesmo dia, três renas ainda estavam nos campos de parto, duas estavam entre as áreas de parto e os líderes, e uma estava faltando. Uma semana depois (17 de julho), uma fêmea com rádio-colar estava 100 km mais ao sul (Fig. 1). Duas estavam a 5 km uma da outra na frente do resto, que estavam mais dispersadas. Todas as fêmeas com rádio-colar tinham deixado as áreas de parição por esta altura. Em 23 de julho, a rena líder de rádio-colar tinha se movido 35 km mais ao sul, e todas elas estavam amplamente dispersadas. As duas mais próximas da líder estavam a 26 km e a 33 km de distância, com 37 km entre elas. Na localização seguinte (29 de julho), a rena em posição mais ao sul estava 60 km mais ao sul. Todas as renas estavam agora nas áreas onde permaneceram durante todo o período do estudo (Fig. 2).

Um polígono mínimo convexo (Mohr e Stumpf, 1966) em torno de todos os locais das renas registrados durante o estudo abrangeu 85.119 km².

Em relação ao covil dos lobos: a distância a partir da rena com rádio-colar mais próxima ao covil diminuiu de 241 km uma semana antes da excursão para 124 km no dia em que começou. O mais próximo que uma rena com rádio-colar chegou ao covil foi de 43 km, em 29 e 30 de julho. Durante o estudo, quatro renas com rádio-colar foram localizadas dentro de 100 km do covil. Cada uma destas quatro estava como a mais próxima da loba em pelo menos um dia durante o período relatado.

Discussão

Abundância de presas

As renas são a presa mais importante dos lobos da tundra (Clark, 1971; Kuyt, 1972; Stephenson e James, 1982; Williams, 1990). As renas se distribuem em vastas áreas e, durante parte do verão, elas são escassas ou ausentes em grande extensão nos arredores da toca dos lobos (Heard et al., 1996). Ambos, a longa distância entre as renas com rádio-colar e o covil na semana antes da excursão e o aumento do tempo gasto de forrageamento pela loba 388, indicam que a disponibilidade de renas perto do covil era baixa. A observação de os filhotes serem deixados sozinhos por até 18h, presumivelmente enquanto os adultos estavam à procura de comida, fornece apoio suplementar à baixa disponibilidade local de renas. A média de duração das incursões de forrageamento diminuiu 10h após a excursão, quando as renas com rádio-colar estavam mais próximas do covil, sugerindo um aumento na disponibilidade de renas nas proximidades.

Excursão de forrageamento

Um aspecto da teoria de local central de forrageamento (*central place foraging theory* – CPFT) lida com a otimização do retorno de cargas de diferentes tamanhos de alimentos a partir de diferentes distâncias para dependentes em um lugar central (ou seja, o covil) (Orians e Pearson, 1979). Carlson (1985) testou a CPFT e descobriu que o predador geralmente consumia a presa capturada longe do lugar central, enquanto alimentava os dependentes com as presas capturadas nas proximidades. A loba 388 gastou 7,2 dias em uma área perto das renas antes de se mudar para um local 23 km de volta em direção ao covil, onde passou 3,1 dias adicionais, em provável caça às renas. Ela começou sua viagem de retorno a partir desta localização mais próxima, viajando diretamente para o covil. Enquanto estava longe, ela pode ter feito uma ou mais matanças de sucesso e dispensou um tempo para satisfazer suas próprias necessidades energéticas antes de retornar ao covil. De modo alternativo, ela pode ter feito várias tentativas para fazer uma matança, para que, depois de alimentada, pudesse iniciar sua viagem de retorno. Não se sabe se ela levou comida de volta para os filhotes, mas tal comportamento seria apoiado pela CPFT.

31 Outros pesquisadores relataram lobos fazendo longos percursos de ida e volta e se referiram a eles como "extraterritoriais", ou incursões de "pré-dispersão" (Fritts e Mech, 1981; Messier, 1985; Ballard et al., 1997; Merrill e Mech, 2000). Estes movimentos são na maioria das vezes realizada por jovens lobos (1-3 anos), em áreas onde territórios anuais são mantidos e presas são relativamente sedentárias (Fritts e Mech, 1981; Messier, 1985). A longa excursão da 388 difere disto, uma vez que lobos da tundra não mantêm territórios anuais (Walton et al., 2001), e a principal presa migra em vastas áreas (Gunn et al., 2001).

Outra diferença entre a excursão da 388 e as relatadas anteriormente é que ela é uma loba madura e em reprodução. Nenhum estudo de lobos territoriais relatou adultos reprodutivos fazendo movimentos extraterritoriais no verão (Fritts e Mech, 1981; Messier, 1985; Ballard et al., 1997;. Merrill e Mech, 2001). No entanto, Walton et al. (2001) também relatam que fêmea reprodutora de lobos da tundra fez excursões.

Direção do movimento

32 Explicações possíveis para a rota relativamente direta que a 388 levou para as renas incluem a influência da geografia e da experiência. Considerando o tempo de viagem da 388 e os locais de renas, se a loba tivesse se deslocado para noroeste, ela poderia ter perdido as renas inteiramente, ou o encontro poderia ter sido adiado.

A possibilidade razoável é que a terra tenha dirigido a rota da 388. Os barrens são marcados com linhas de cruzamento com trilhas utilizadas na tundra ao longo dos séculos por centenas de milhares de renas e outros animais (Kelsall, 1968; Thorpe et al., 2001). Em travessias de rios, lagos ou penínsulas estreitas, as trilhas convergem e afunilam em direção a e são originadas dos campos de parição das renas e dos campos de verão. Os lobos utilizam trilhas para viagens (Paquet et al., 1996; Mech e Boitani, 2003; P. Frame, observação pessoal). Assim, a paisagem pode dirigir os movimentos do animal e, no caso de outras pistas, como o odor das renas no vento ou as marcas de cheiro de outros lobos, podem levá-la às renas.

33 Outra possibilidade é que a 388 sabia onde encontrar renas no verão. Os lobos da tundra sexualmente imaturos, por vezes, seguem as renas para as áreas de parição (D. Heard, dados não publicados). Possivelmente, a 388 fez viagens semelhantes em anos anteriores e realizou matança de renas. Se este for o caso, então, em tempos de escassez de presas locais, ela poderia viajar para áreas onde tinha caçado com sucesso antes. O monitoramento contínuo de lobos da tundra pode responder a perguntas sobre como as suas necessidades alimentares são satisfeitas em tempos de baixa abundância de renas perto do covil.

As renas muitas vezes formam grandes grupos enquanto se movem para o sul para a linha das árvores (Kelsall, 1968). Depois que uma grande agregação de renas se desloca por uma área, seu odor pode durar semanas (Thorpe et al., 2001:104). É concebível que a 388 tenha detectado o odor das renas no vento, que soprava do nordeste entre 19 e 21 de julho (Environment Canada, 2003), ao mesmo tempo que começou sua excursão. Muitos fatores, tais como a força do odor e direção e a força do vento, fazem de um estudo sistemático de detecção de odor em lobos difícil em condições de campo (Harrington e Asa, 2003). No entanto, os seres humanos são capazes de sentir os odores, tais como incêndios florestais ou refinarias de petróleo a mais de 100 km de distância. As capacidades olfativas dos cães, que são semelhantes aos lobos, são consideradas como de 100 a 1 milhão de vezes maior que as dos seres humanos (Harrington e Asa, 2003). Portanto, é razoável pensar que, sob certas condições de vento, o cheiro das inúmeras renas viajando juntas poderia ser detectado por lobos a partir de grandes distâncias, desencadeando assim uma longa incursão de forrageamento.

Taxa de deslocamento

34 Mech (1994) relatou que a taxa de deslocamento dos lobos do Ártico em terreno estéril foi de 8,7 km/h durante o curso regular e 10,0 km/h quando retornam ao covil, uma diferença de 1,3 km/h. Essas taxas são baseadas na observação direta e excluem os períodos em que os lobos se moviam lentamente ou de modo algum. Presumiu-se nas taxas calculadas de deslocamento deste estudo a inclusão dos períodos de movimento lento ou nenhum movimento. No entanto, o padrão registrado é semelhante ao relatado por Mech (1994), em que a volta de viagens para o covil foi mais rápida que o curso regular em 1,6 km/h. **35** A taxa mais rápida de retorno pode ser explicada pela necessidade de retorno de alimentos para o covil. A sobrevivência das crias pode aumentar com o número de adultos disponível em uma alcateia para levar comida para os filhotes (Harrington et al., 1983). Portanto, um aumento da taxa de deslocamento no percurso de volta para casa poderia melhorar a aptidão reprodutiva de um lobo, obtendo alimentos para filhotes mais rapidamente.

Destino dos filhotes da loba 388

36 A loba 388 cuidava de filhotes durante as observações do covil. A idade dos filhotes foi estimada em seis semanas, e foram vistos indo até 800 m do covil. Eles receberam um pouco de comida regurgitada de duas das lobas, mas ficaram sem cuidados por longos períodos de tempo. A excursão começou 16 dias após as primeiras observações, e é improvável que os filhotes pudessem ter viajado a distância que a 388 se moveu. Se os filhotes tivessem morrido, isto teria retirado a responsabilidade parental, permitindo o extenso deslocamento.

31 Aqui, os autores observam outras explicações possíveis para as excursões de lobos apresentadas por outros investigadores, mas este estudo parece não sustentar aquelas ideias.

32 Os autores discutem razões possíveis para que a 388 viajasse diretamente para onde a rena estava. Eles usam o que aprenderam de estudos antigos e aplicam a esse caso, sugerindo que a geografia do terreno teve certa influência. Note que sua descrição pinta um retrato claro da paisagem.

33 Autores sugerem que a 388 possa ter aprendido na viagem durante verões anteriores onde a rena estava. As últimas duas orações sugerem ideias para estudos futuros.

34 Ou talvez a 388 seguiu o odor da rena. Os autores reconhecem as dificuldades de provar essa hipótese, mas sugerem outra área onde futuros estudos poderiam ser feitos.

35 Os autores sugerem que os resultados destes estudos sustentam estudos anteriores sobre o quão rápido os lobos viajam. Na última oração, eles especulam como os padrões observados se ajustariam na teoria da evolução.

36 e 37 Os autores também especulam sobre o destino dos filhotes da 388 enquanto ela estava viajando. Isso leva ao próximo item (37), em que se discute a criação cooperativa de filhotes e, por sua vez, a especulação sobre como este estudo e o que se sabe sobre criação cooperativa poderiam se ajustar às estratégias do animal para sobrevivência da espécie. Novamente, os autores abordam a teoria mais ampla da evolução e como poderiam explicar alguns de seus resultados.

APÊNDICE II 255

38 E, novamente, eles sugerem que este estudo aponta para várias áreas em que estudos adicionais forneceriam maiores esclarecimentos.

39 Na conclusão, os autores sugerem que seus estudos sustentam a hipótese que está sendo testada pelo trabalho e abordam as implicações da atividade humana aumentada na tundra, conforme previsto nos seus resultados.

40 AGRADECIMENTOS: os autores citam o apoio de instituições, empresas e pessoas físicas. Eles agradecem as permissões para realização da pesquisa.

41 REFERÊNCIAS: lista de todos os estudos citados no relatório. Isso pode parecer entediante, mas é uma parte vitalmente importante para o relatório científico. É um registro das fontes de informações que são a base deste estudo. Fornece aos leitores uma riqueza de recursos para leitura adicional sobre o assunto. Grande parte dessas referências servirá de base para estudos científicos futuros.

As observações e as localizações das renas com rádio-colar indicam que as presas se tornaram escassas na área do covil enquanto o verão progredia. A loba 388 pode ter abandonado seus filhotes em busca de comida para si mesma. No entanto, ela voltou à cova, após a excursão, onde foi vista perto de filhotes. Na verdade, ela se alimentou em um padrão semelhante antes e depois da excursão, sugerindo que ela novamente estava fornecendo alimento para filhotes após seu retorno ao covil.

A possibilidade mais provável é que uma ou ambas as fêmeas lactantes cuidavam dos filhotes durante a ausência da 388. As três fêmeas neste covil não foram vistas com os filhotes ao mesmo tempo. No entanto, duas semanas antes, em um covil diferente, observamos três fêmeas cooperativamente cuidando de um grupo de seis filhotes. Naquele covil, as três fêmeas lactantes foram observadas fornecendo alimento umas para as outras e trocando de lugar durante o cuidado e amamentação dos filhotes. Tal situação no covil da 388 poderia ter criado condições que permitiram a uma ou mais das fêmeas em lactação se afastar do covil em incursões por um período, retornando a seus deveres parentais depois. No entanto, os filhotes teriam sido desmamados com oito semanas de idade (Packard et al., 1992), de modo que adultos não lactantes também poderiam ter cuidado deles, como muitas vezes acontece em alcateias de lobos (Packard et al., 1992; Mech et al., 1999).

A criação cooperativa de múltiplas ninhadas por um bando poderia criar oportunidades para os movimentos de longa distância de forrageamento por algumas lobas em reprodução durante os períodos de verão de escassez local de alimentos. Temos registros de várias fêmeas lactantes em um ou mais covis de lobos da tundra por ano desde 1997. Esta estratégia reprodutiva pode ser uma adaptação temporal e espacial à imprevisibilidade de recursos alimentares. Todas essas possibilidades exigem um estudo mais aprofundado, mas enfatizam tanto a adaptabilidade dos lobos que vivem nos barrens quanto sua dependência das renas.

㊴ O extenso deslocamento dos lobos em resposta à disponibilidade das renas tem sido sugerido por outros pesquisadores (Kuyt, 1972; Walton et al., 2001) e pelo conhecimento ecológico tradicional (Thorpe et al., 2001). Nosso relato demonstra a extrema e rápida resposta dos lobos à distribuição das renas e suas migrações no verão. O aumento da atividade humana sobre a tundra (mineração, construção de estradas, oleodutos, ecoturismo) pode influenciar os padrões de movimento das renas e mudar as interações entre lobos e renas na região. O monitoramento contínuo de ambas as espécies nos ajudará a avaliar se a associação está sendo afetada negativamente pelas alterações antropogênicas.

㊵ Agradecimentos

Esta pesquisa teve o apoio do Department of Resources, Wildlife, and Economic Development, Governo dos Northwest Territories; do Department of Biological Sciences na University of Alberta; do Natural Sciences and Engineering Research Council of Canada; do Department of Indian and Northern Affairs Canada; do Canadian Circumpolar Institute; e DeBeers Canada, Ltd. Lorna Ruechel auxiliou nas observações do covil. A. Gunn forneceu dados de localização das renas. Nós agradecemos a Dave Mech pela utilização dos rádio-colares (GPS). M. Nelson, A. Gunn e três outros revisores anônimos fizeram comentários úteis nas primeiras versões do manuscrito. Este trabalho foi realizado com a permissão Wildlife Research Permit – WL002948, emitida pelo Governo dos Northwest Territories, Department of Resources, Wildlife, and Economic Development.

Referências

BALLARD, W.B., AYRES, L.A., KRAUSMAN, P.R., REED, D.J. e FANCY, S.G. 1997. Ecology of wolves in relation to a migratory caribou herd in northwest Alaska. Wildlife Monographs 135. 47 p.

BROWN, M.B., and FORSYTHE, A.B. 1974. Robust tests for the equality of variances. Journal of the American Statistical Association 69:364 – 367.

CARLSON, A. 1985. Central place foraging in the red-backed shrike (*Lanius collurio* L.): Allocation of prey between forager and sedentary consumer. Animal Behaviour 33:664 – 666.

CLARK, K.R.F. 1971. Food habits and behavior of the tundra wolf on central Baffin Island. Tese de Ph.D., University of Toronto, Ontario, Canada.

ENVIRONMENT CANADA. 2003. National climate data information archive. Disponível em: http://www.climate.weatheroffice.ec.gc.ca/Welcome_e.html

FOURNIER, B. e GUNN, A. 1998. Musk ox numbers and distribution in the NWT, 1997. File Report No. 121. Yellowknife: Department of Resources, Wildlife, and Economic Development, Government of the Northwest Territories. 55 p.

FRITTS, S.H. e MECH, L.D. 1981. Dynamics, movements, and feeding ecology of a newly protected wolf population in northwestern Minnesota. Wildlife Monographs 80. 79 p.

GUNN, A., DRAGON, J. e BOULANGER, J. 2001. Seasonal movements of satellite-collared caribou from the Bathurst herd. Final Report to the West Kitikmeot Slave Study Society, Yellowknife, NWT. 80 p. Disponível em: http://www.wkss.nt.ca/HTML/08_ProjectsReports/PDF/SeasonalMovementsFinal.pdf.

HARRINGTON, F.H. e ASA, C.S. 2003. Wolf communication. In: Mech, L.D. e Boitani, L., eds. Wolves: Behavior, ecology, and conservation. Chicago: University of Chicago Press. 66 – 103.

HARRINGTON, F.H., MECH, L.D. e FRITTS, S.H. 1983. Pack size and wolf pup survival: Their relationship under varying ecological conditions. Behavioral Ecology and Sociobiology 13:19 – 26.

HARRIS, S.A. 1986. Permafrost distribution, zonation and stability along the eastern ranges of the cordillera of North America. Arctic 39(1):29 – 38.

HEARD, D.C. e WILLIAMS, T.M. 1992. Distribution of wolf dens on migratory caribou ranges in the Northwest Territories, Canada. Canadian Journal of Zoology 70:1504 – 1510.

HEARD, D.C., WILLIAMS, T.M. e MELTON, D.A. 1996. The relationship between food intake and predation risk in migratory caribou and implication to caribou and wolf population dynamics. Rangifer Special Issue No. 2:37 – 44.

KELSALL, J.P. 1968. The migratory barren-ground caribou of Canada. Canadian Wildlife Service Monograph Series 3. Ottawa: Queen's Printer. 340 p.

KUYT, E. 1962. Movements of young wolves in the Northwest Territories of Canada. Journal of Mammalogy 43:270 – 271.

———. 1972. Food habits and ecology of wolves on barren-ground caribou range in the Northwest Territories. Canadian Wildlife Service Report Series 21. Ottawa: Information Canada. 36 p.

MECH, L.D. 1994. Regular and homeward travel speeds of Arctic wolves. Journal of Mammalogy 75:741 – 742.

MECH, L.D. e BOITANI, L. 2003. Wolf social ecology. In: Mech, L.D. e Boitani, L., eds. Wolves: Behavior, ecology, and conservation. Chicago: University of Chicago Press. 1 – 34.

MECH, L.D. e GESE, E.M. 1992. Field testing the Wildlink capture collar on wolves. Wildlife Society Bulletin 20:249 – 256.

MECH, L.D., WOLFE, P. e PACKARD, J.M. 1999. Regurgitative food transfer among wild wolves. Canadian Journal of Zoology 77:1192 – 1195.

MERRILL, S.B. e MECH, L.D. 2000. Details of extensive movements by Minnesota wolves (Canis lupus). American Midland Naturalist 144:428 – 433.

MERRILL, S.B., ADAMS, L.G., NELSON, M.E. e MECH, L.D. 1998. Testing releasable GPS radiocollars on wolves and white-tailed deer. Wildlife Society Bulletin 26:830 – 835.

MESSIER, F. 1985. Solitary living and extraterritorial movements of wolves in relation to social status and prey abundance. Canadian Journal of Zoology 63:239 – 245.

MOHR, C.O. e STUMPF, W.A. 1966. Comparison of methods for calculating areas of animal activity. Journal of Wildlife Management 30:293 – 304.

MUSIANI, M. 2003. Conservation biology and management of wolves and wolf-human conflicts in western North America. Tese de Ph.D. , University of Calgary, Calgary, Alberta, Canada.

ORIANS, G.H., e PEARSON, N.E. 1979. On the theory of central place foraging. In: Mitchell, R.D. e Stairs, G.F., eds. Analysis of ecological systems. Columbus: Ohio State University Press. 154 – 177.

PACKARD, J.M., MECH, L.D. e REAM, R.R. 1992. Weaning in an arctic wolf pack: Behavioral mechanisms. Canadian Journal of Zoology 70:1269 – 1275.

PAQUET, P.C., WIERZCHOWSKI, J. e CALLAGHAN, C. 1996. Summary report on the effects of human activity on gray wolves in the Bow River Valley, Banff National Park, Alberta. In: Green, J., Pacas, C., Bayley, S. e Cornwell, L., eds. A cumulative effects assessment and futures outlook for the Banff Bow Valley. Prepared for the Banff Bow Valley Study. Ottawa: Department of Canadian Heritage.

STEPHENSON, R.O. e JAMES, D. 1982. Wolf movements and food habits in northwest Alaska. In: Harrington, F.H., e Paquet, P.C., eds. Wolves of the world. Nova Jersey: Noyes Publications. 223 – 237.

THORPE, N., EYEGETOK, S., HAKONGAK, N. e QITIRMIUT ELDERS. 2001. The Tuktu and Nogak Project: A caribou chronicle. Final Report to the West Kitikmeot/Slave Study Society, Ikaluktuuttiak, NWT. 160 p.

TIMONEY, K.P., LA ROI, G.H., ZOLTAI, S.C. e ROBINSON, A.L. 1992. The high subarctic forest-tundra of northwestern Canada: Position, width, and vegetation gradients in relation to climate. Arctic 45(1):1 – 9.

WALTON, L.R., CLUFF, H.D., PAQUET, P.C. e RAMSAY, M.A. 2001. Movement patterns of barren-ground wolves in the central Canadian Arctic. Journal of Mammalogy 82:867 – 876.

WILLIAMS, T.M. 1990. Summer diet and behavior of wolves denning on barren-ground caribou range in the Northwest Territories, Canada. M.Sc. Thesis, University of Alberta, Edmonton, Alberta, Canada.

ZAR, J.H. 1999. Biostatistical analysis. 4. ed. Nova Jersey: Prentice Hall. 663 p.

Apêndice III. Respostas das questões e problemas genéticos

Os números em itálico se referem aos números de seções relevantes.

CAPÍTULO 1

1. Átomos — *1.1*
2. Célula — *1.1*
3. Animais — *1.3*
4. energia, nutrientes — *1.2*
5. Homeostase — *1.2*
6. Domínios — *1.3*
7. d — *1.2*
8. d — *1.2*
9. Reprodução — *1.2*
10. observáveis — *1.5*
11. Mutações — *1.4*
12. adaptativo — *1.4*
13. b — *1.6*
14. c — *1.1*
    e — *1.4*
    d — *1.6*
    f — *1.6*
    a — *1.6*
    b — *1.3*

CAPÍTULO 2

1. Marcador — *2.2*
2. b — *2.3*
3. composto — *2.3*
4. eletronegatividade — *2.3*
5. covalente polar — *2.4*
6. número atômico — *2.1*
7. e — *2.5*
8. hidrofóbico — *2.5*
9. d — *2.6*
10. soluto — *2.5*
11. ácido — *2.6*
12. íons de hidrogênio (H^+) ou íons de hidroxila (OH^-) — *2.6*
13. sistema de tamponamento — *2.6*
12. c — *2.5*
    b — *2.1*
    d — *2.1*
    a — *2.5*

CAPÍTULO 3

1. quatro — *3.1*
2. carboidrato — *3.3*
3. f — *3.3, 3.7*
4. ligações covalentes duplas — *3.4*
5. Falso — *3.4*
6. caudas de ácido graxo — *3.4*
7. e — *3.4*
8. d — *3.3, 3.5*
9. d — *3.6*
10. d — *3.7*
11. c — *3.4*
12. c — *3.5*
    e — *3.7*
    b — *3.4*
    d — *3.7*
    a — *3.3*
    f — *3.4*

CAPÍTULO 4

1. célula — *4.2*
2. Falso (todos os protistas são eucariontes) — *4.6*
3. fosfolipídeos — *4.2*
4. c — *4.2*
5. eucariótico — *4.6*
6. lipídeos, proteínas — *4.9*
7. núcleo — *4.8*
8. parede celular — *4.12*
9. Falso (paredes celulares envolvem a membrana plasmática de muitas células) — *4.12*
10. lisossomos — *4.9*
11. c — *4.11*
    f — *4.11*
    a — *4.2*
    e — *4.9*
    d — *4.9*
    b — *4.9*

CAPÍTULO 5

1. c — *5.1*
2. c — *5.1*
3. mosaico fluido — *5.1*
4. a — *5.2*
5. a — *5.2*
6. adesão — *5.2*
7. mais, menos — *5.3*
8. oxigênio (CO_2, água etc.) — *5.3*
9. b — *5.4*
10. a — *5.6*
11. pressão hidrostática (ou turgor) — *5.6*
12. e — *5.5*
13. d, b, e, a — *5.5*
14. d — *5.5*
    g — *5.4*
    a — *5.2*
    e — *5.4*
    c — *5.1*
    b — *5.3*
    f — *5.2*

CAPÍTULO 6

1. c — *6.1*
2. d — *6.1*
3. b, c — *6.1*
4. d — *6.2*
5. b — *6.2*
6. c, d — *6.2, 6.4*
7. d — *6.3*
8. e — *6.4*
9. c — *6.4*
10. c — *6.3*
11. a — *6.3*
12. c — *6.2*
    g — *6.3*
    d — *6.1*
    b — *6.2*
    f — *6.4*
    a — *6.3*
    e — *6.1*

CAPÍTULO 7

1. dióxido de carbono, luz (ou luz solar) — *7.1, 7.8*
2. b — *7.1*
3. a — *7.3*
4. b — *7.3*
5. c — *7.3*
6. d — *7.4*
7. c — *7.3*
8. b — *7.6*
9. e — *7.6*
10. PGA; oxaloacelato — *7.7*
11. gás oxigênio (O_2) — *7.8*
12. O gato, o pássaro e a lagarta são heterotróficos. A erva daninha é um autotrófica. — *7.8*
13. c — *7.6*
    a — *7.6*
    b — *7.4*
    d — *7.4*

CAPÍTULO 8

1. Falso (as plantas produzem ATP por respiração aeróbica também) — *8.1*
2. d — *8.2*
3. a — *8.1*
4. c — *8.2*
5. b — *8.1*
6. e — *8.3*
7. b — *8.3*
8. c — *8.4*
9. c — *8.5*
10. b — *8.5*
11. d — *8.7*
12. b — *8.1*
    c — *8.5*
    a — *8.3*
    d — *8.4*

CAPÍTULO 9

1. d — 9.1
2. b — 9.1
3. c — 9.1
4. d — 9.2
5. a — 9.2
6. c — 9.2
7. a — 9.2
8. Ver Figura 9.6 — 9.3
9. b — 9.2
10. a — 9.5
11. quinase, fator de crescimento, fator de crescimento epidérmico, supressor tumoral são todos mencionados neste capítulo — 9.5
12. d — 9.3
    b — 9.3
    c — 9.3
    a — 9.3

CAPÍTULO 10

1. crescimento — 10.1
2. b — 10.1
3. d — 10.2
4. c — 10.2
5. a — 10.2
6. c — 10.3
7. positivo — 10.3
8. a — 10.5
9. c — 10.6
10. a — 10.6
11. b — 10.5
    d — 10.1
    a — 10.6
    c — 10.3
    e — 10.3
    f — 10.3

CAPÍTULO 11

1. esquerda, eudicotiledôneas; direita, monocotiledôneas — 11.1
2. a — 11.1
3. d — 11.6
4. c — 11.6
5. c — 11.2
6. c — 11.2
7. b — 11.2
8. b — 11.2
9. d — 11.6
10. b — 11.1
    d — 11.6
    e — 11.2
    c — 11.2
    f — 11.5
    a — 11.6

CAPÍTULO 12

1. e — 12.1
2. Caspariano — 12.2
3. e — 12.2
4. b — 12.2
5. c — 12.3
6. d — 12.3
7. a — 12.4
8. d — 12.3
9. c — 12.5
10. c — 12.4
11. c — 12.4
    g — 12.1
    e — 12.5
    b — 12.2
    d — 12.3
    a — 12.3
    f — 12.5

CAPÍTULO 13

1. b — 13.1
2. c — 13.5, 13.6
3. b — 13.3
4. b — 13.3
5. a — 13.5
6. c — 13.5
7. por exemplo: pólen ou néctar — 13.2
8. c — 13.7
9. Um mamão papaia é um fruto. — 13.6
10. Um pêssego é uma drupa. — 13.6
11. c — 13.3, 13.5
    f — 13.1
    g — 13.3
    e — 13.3
    d — 13.1
    b — 13.3
    a — 13.3

CAPÍTULO 14

1. c — 14.2
2. e — 14.2
3. d — 14.4
4. a — 14.6
5. b e d — 14.3, 14.4
6. c — 14.5
7. c — 14.2
   e — 14.2
   b — 14.2, 14.4
   a — 14.2
   d — 14.2

CAPÍTULO 15

1. Epitelial — 15.1
2. c — 15.1
3. a — 15.2
4. b — 15.2
5. b — 15.3
6. plasma — 15.3
7. c — 15.3
8. c — 15.4
9. d — 15.5
10. músculo esquelético — 15.4
11. neurônio motor — 15.5
12. a — 15.7
13. c — 15.7
14. b — 15.2
    i — 15.2
    e — 15.6
    c — 15.6
    a — 15.3
    d — 15.4
    f — 15.4
    h — 15.3
    g — 15.1

Apêndice IV. Tabela periódica dos elementos

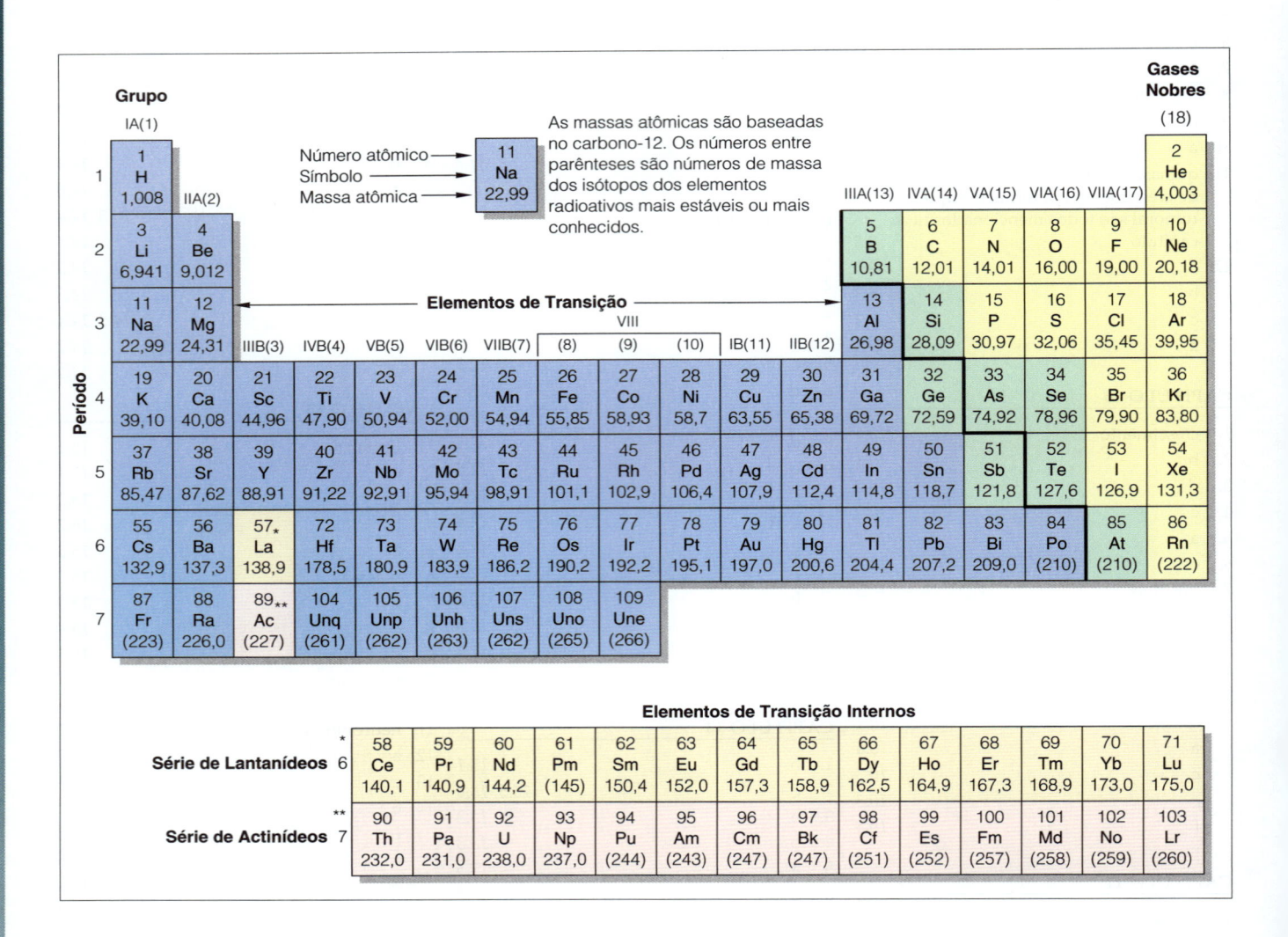

Grupo

As massas atômicas são baseadas no carbono-12. Os números entre parênteses são números de massa dos isótopos dos elementos radioativos mais estáveis ou mais conhecidos.

Número atômico → 11
Símbolo → Na
Massa atômica → 22,99

Gases Nobres (18)

Período	IA(1)	IIA(2)	IIIB(3)	IVB(4)	VB(5)	VIB(6)	VIIB(7)	VIII (8)	(9)	(10)	IB(11)	IIB(12)	IIIA(13)	IVA(14)	VA(15)	VIA(16)	VIIA(17)	(18)
1	1 H 1,008																	2 He 4,003
2	3 Li 6,941	4 Be 9,012											5 B 10,81	6 C 12,01	7 N 14,01	8 O 16,00	9 F 19,00	10 Ne 20,18
3	11 Na 22,99	12 Mg 24,31											13 Al 26,98	14 Si 28,09	15 P 30,97	16 S 32,06	17 Cl 35,45	18 Ar 39,95
4	19 K 39,10	20 Ca 40,08	21 Sc 44,96	22 Ti 47,90	23 V 50,94	24 Cr 52,00	25 Mn 54,94	26 Fe 55,85	27 Co 58,93	28 Ni 58,7	29 Cu 63,55	30 Zn 65,38	31 Ga 69,72	32 Ge 72,59	33 As 74,92	34 Se 78,96	35 Br 79,90	36 Kr 83,80
5	37 Rb 85,47	38 Sr 87,62	39 Y 88,91	40 Zr 91,22	41 Nb 92,91	42 Mo 95,94	43 Tc 98,91	44 Ru 101,1	45 Rh 102,9	46 Pd 106,4	47 Ag 107,9	48 Cd 112,4	49 In 114,8	50 Sn 118,7	51 Sb 121,8	52 Te 127,6	53 I 126,9	54 Xe 131,3
6	55 Cs 132,9	56 Ba 137,3	57* La 138,9	72 Hf 178,5	73 Ta 180,9	74 W 183,9	75 Re 186,2	76 Os 190,2	77 Ir 192,2	78 Pt 195,1	79 Au 197,0	80 Hg 200,6	81 Tl 204,4	82 Pb 207,2	83 Bi 209,0	84 Po (210)	85 At (210)	86 Rn (222)
7	87 Fr (223)	88 Ra 226,0	89** Ac (227)	104 Unq (261)	105 Unp (262)	106 Unh (263)	107 Uns (262)	108 Uno (265)	109 Une (266)									

Elementos de Transição Internos

*Série de Lantanídeos 6

58 Ce 140,1	59 Pr 140,9	60 Nd 144,2	61 Pm (145)	62 Sm 150,4	63 Eu 152,0	64 Gd 157,3	65 Tb 158,9	66 Dy 162,5	67 Ho 164,9	68 Er 167,3	69 Tm 168,9	70 Yb 173,0	71 Lu 175,0

**Série de Actinídeos 7

90 Th 232,0	91 Pa 231,0	92 U 238,0	93 Np 237,0	94 Pu (244)	95 Am (243)	96 Cm (247)	97 Bk (247)	98 Cf (251)	99 Es (252)	100 Fm (257)	101 Md (258)	102 No (259)	103 Lr (260)

Apêndice V. Modelos moleculares

A estrutura de uma molécula pode ser descrita por diferentes tipos de modelos moleculares. Esses modelos nos permitem visualizar diferentes características da mesma estrutura.

Modelos estruturais mostram como os átomos em uma molécula se conectam uns aos outros:

metano   glicose

Nesses modelos, cada linha indica uma ligação covalente: Ligações duplas são mostradas com duas linhas; ligações triplas com três linhas. Alguns átomos ou ligações podem estar implícitos e não serem mostrados. Por exemplo, estruturas em anel de carbono como as da glicose e outros açúcares são muitas vezes representadas por polígonos. Se nenhum átomo for mostrado no canto de um polígono, um átomo de carbono está implícito. Átomos de hidrogênio ligados a um dos átomos na estrutura de carbono de uma molécula também podem ser omitidos:

glicose   glicose

Modelos tridimensionais de esferas interligadas por hastes mostram os tamanhos relativos dos átomos e suas posições em três dimensões:

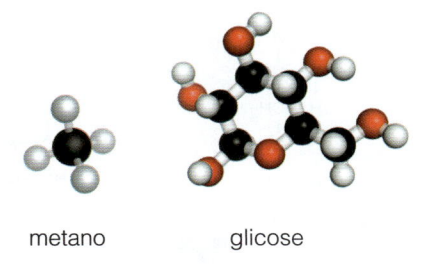

metano   glicose

Todos os tipos de ligações covalentes (simples, duplas ou triplas) são mostrados nas hastes. Normalmente, os elementos nesses modelos são codificados por cores padronizadas:

carbono   hidrogênio   oxigênio   nitrogênio

Modelos de preenchimento de espaço mostram os limites externos dos átomos em três dimensões:

metano   glicose

Um modelo de uma molécula grande pode ser bastante complexo se todos os átomos forem mostrados. Este modelo de preenchimento de espaço de hemoglobina é um exemplo:

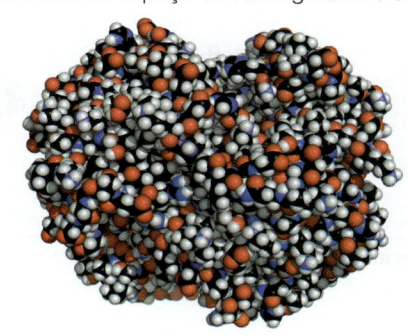

Para reduzir a complexidade visual, outros tipos de modelos omitem átomos individuais. Os modelos de superfície de moléculas grandes podem mostrar características como uma fissura de um sítio-ativo (Figura 5.7). Neste modelo de superfície de hemoglobina, você pode ver dois grupos *hemes* (vermelhos) aninhados em proteínas:

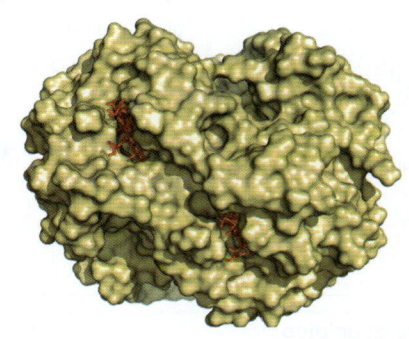

As moléculas grandes como proteínas são frequentemente mostradas como modelos de fita. Esses modelos destacam a estrutura secundária, como rolos ou folhas. Neste modelo de fita de hemoglobina, você pode ver quatro cadeias de polipeptídeos enroladas, cada uma posicionada ao redor de um grupo *heme*:

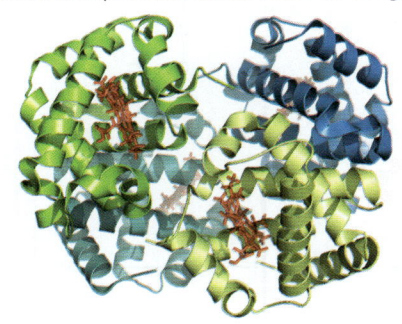

Esses detalhes estruturais fornecem pistas sobre como uma molécula funciona. A hemoglobina é o principal transportador de oxigênio no sangue dos vertebrados. O oxigênio liga-se aos *hemes*, então uma molécula de hemoglobina pode conter quatro moléculas de oxigênio.

Grupo lateral neutro não polar

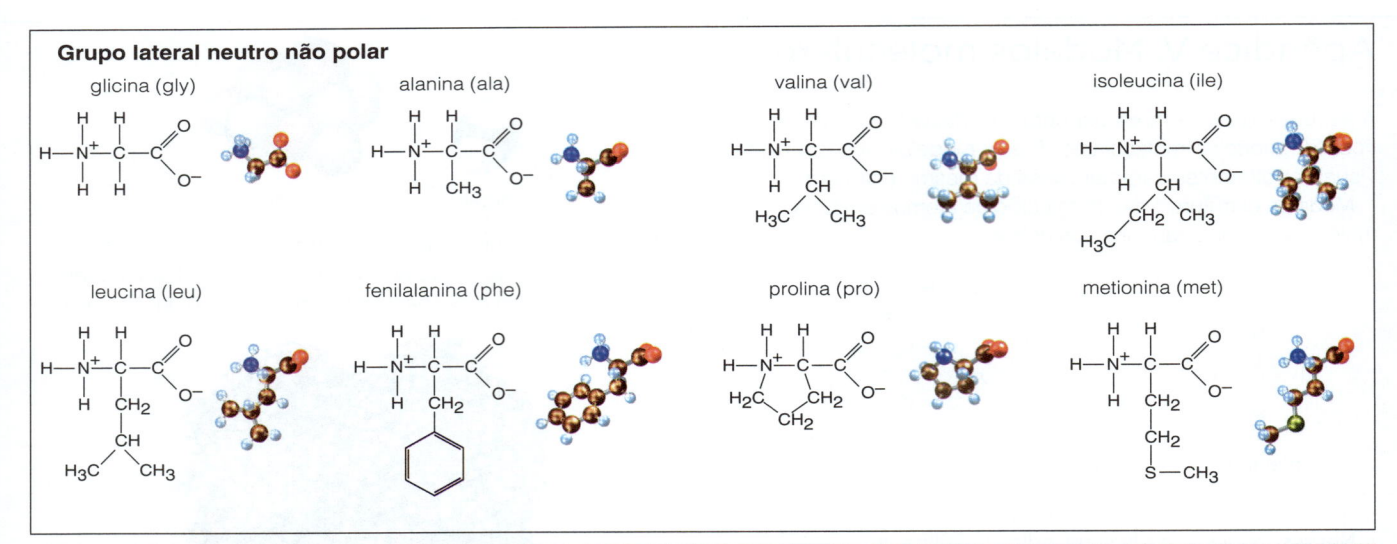

glicina (gly) alanina (ala) valina (val) isoleucina (ile)

leucina (leu) fenilalanina (phe) prolina (pro) metionina (met)

Grupo lateral neutro polar

serina (ser) treonina (thr) tirosina (tyr) triptofano (trp)

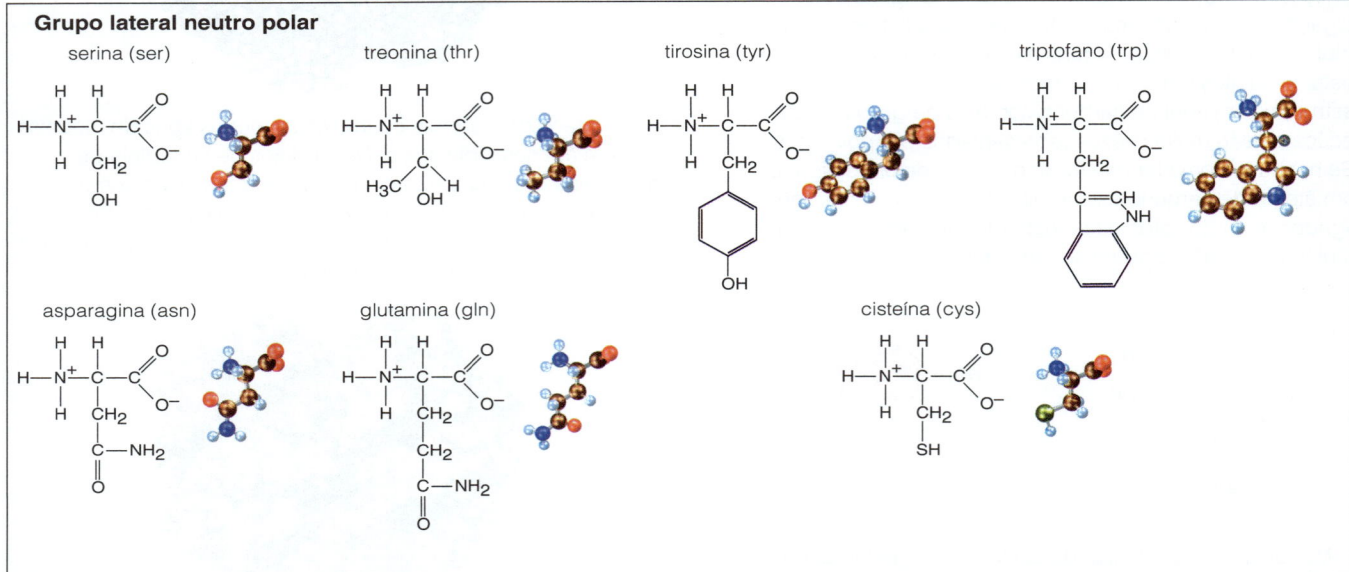

asparagina (asn) glutamina (gln) cisteína (cys)

Grupo lateral acídico

ácido aspártico (asp) ácido glutâmico (glu)

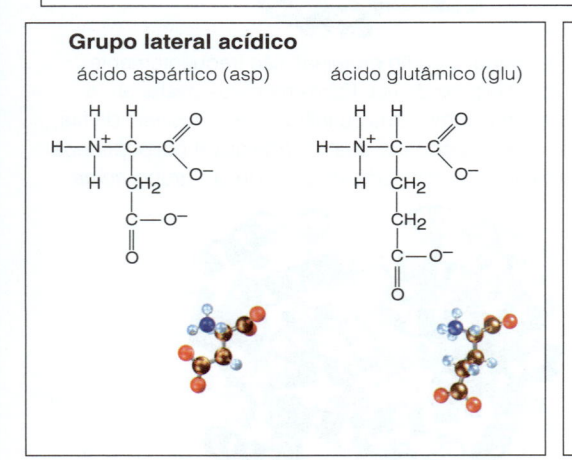

Grupo lateral básico

lisina (lys) arginina (arg) histidina (his)

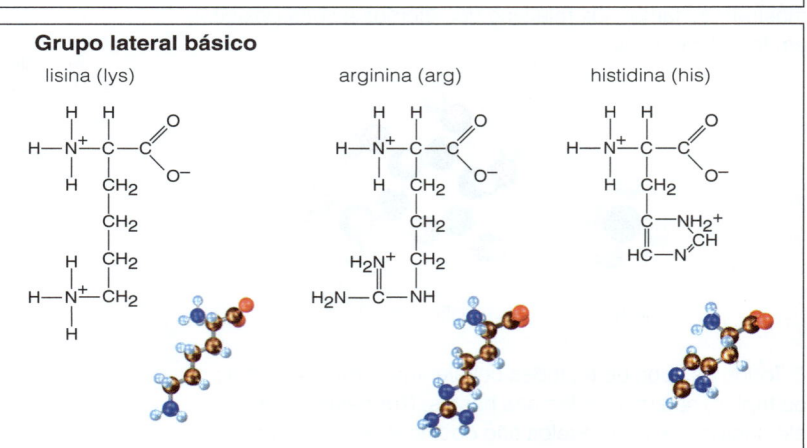

Apêndice VI. Principais vias metabólicas

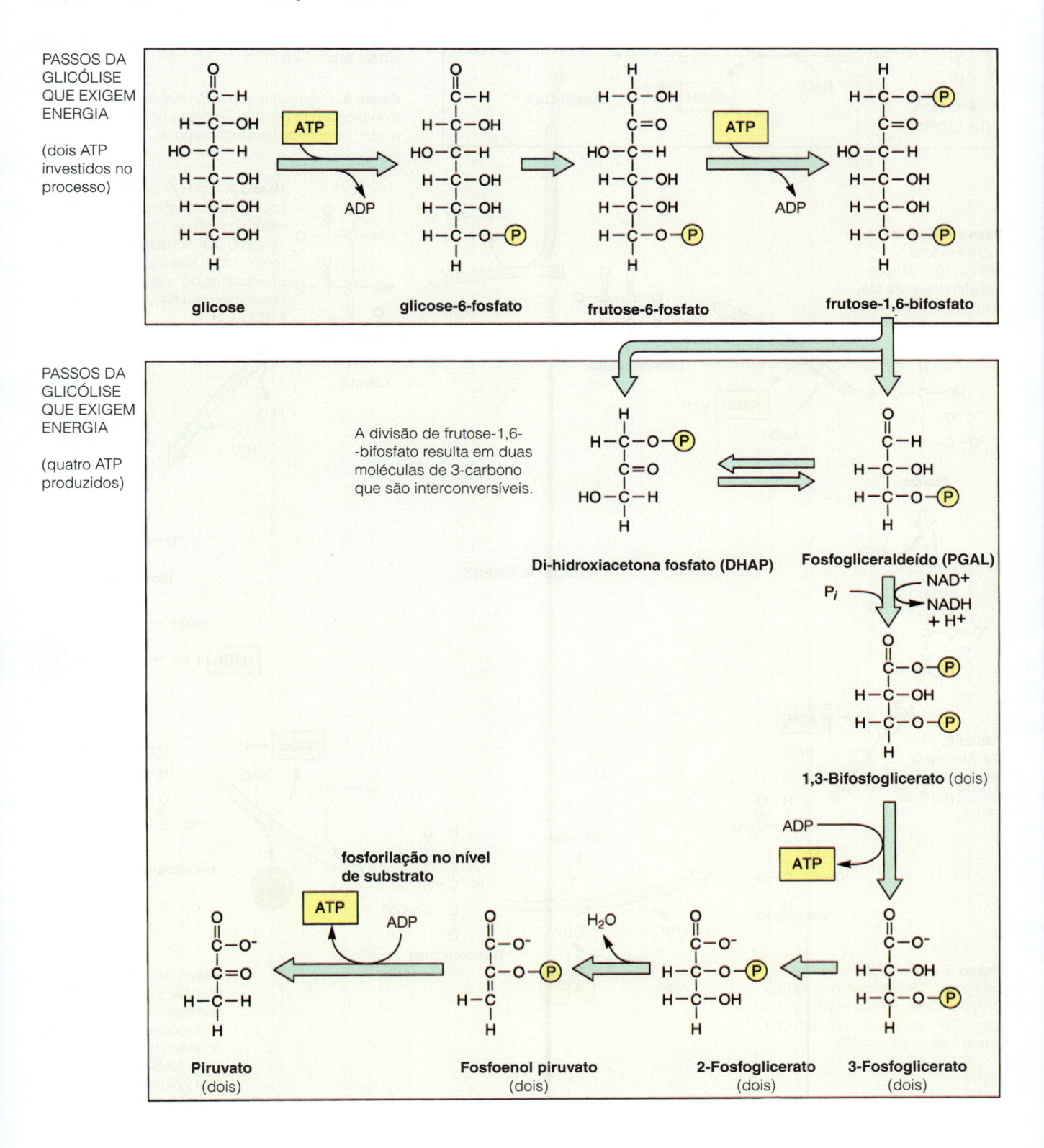

PASSOS DA GLICÓLISE QUE EXIGEM ENERGIA

(dois ATP investidos no processo)

glicose → glicose-6-fosfato → frutose-6-fosfato → frutose-1,6-bifosfato

PASSOS DA GLICÓLISE QUE EXIGEM ENERGIA

(quatro ATP produzidos)

A divisão de frutose-1,6-bifosfato resulta em duas moléculas de 3-carbono que são interconversíveis.

Di-hidroxiacetona fosfato (DHAP) ⇌ Fosfogliceraldeído (PGAL)

1,3-Bifosfoglicerato (dois)

fosforilação no nível de substrato

Piruvato (dois) ← Fosfoenol piruvato (dois) ← 2-Fosfoglicerato (dois) ← 3-Fosfoglicerato (dois)

Figura A Glicólise, terminando com duas moléculas de piruvato com 3 carbonos para cada molécula de glicose com 6 carbonos que entrou na reação. A produção de energia *líquida* é de duas moléculas de ATP (duas investidas, quatro produzidas).

Passo 1. Conversões Preparatórias. Grupo COO⁻ perdido do piruvato (como CO_2); hidrogênio, elétrons transferidos para NAD^+, formando $NADH + H^+$. O fragmento 2-carbono acetil se liga à coenzima A para formar acetil-CoA.

Passo 2. Fragmento acetil transferido para oxaloacetato (o ponto de entrada no ciclo de Krebs), formando citrato 6-carbono.

Passo 3. Um H_2O perdido, depois um H_2O adicionado, convertendo citrato em seu isômero, isocitrato. Grupo COO⁻ perdido do isocitrato (como CO_2). Hidrogênio, elétrons transferidos do composto resultante para NAD^+, formando $NADH + H$.

Passo 7. Oxaloacetato regenerado e hidrogênio, elétrons transferidos para NAD^+, formando $NADH + H$.

CICLO DE KREBS

Passo 6. Transferência de elétrons para FAD, formando $FADH_2$.

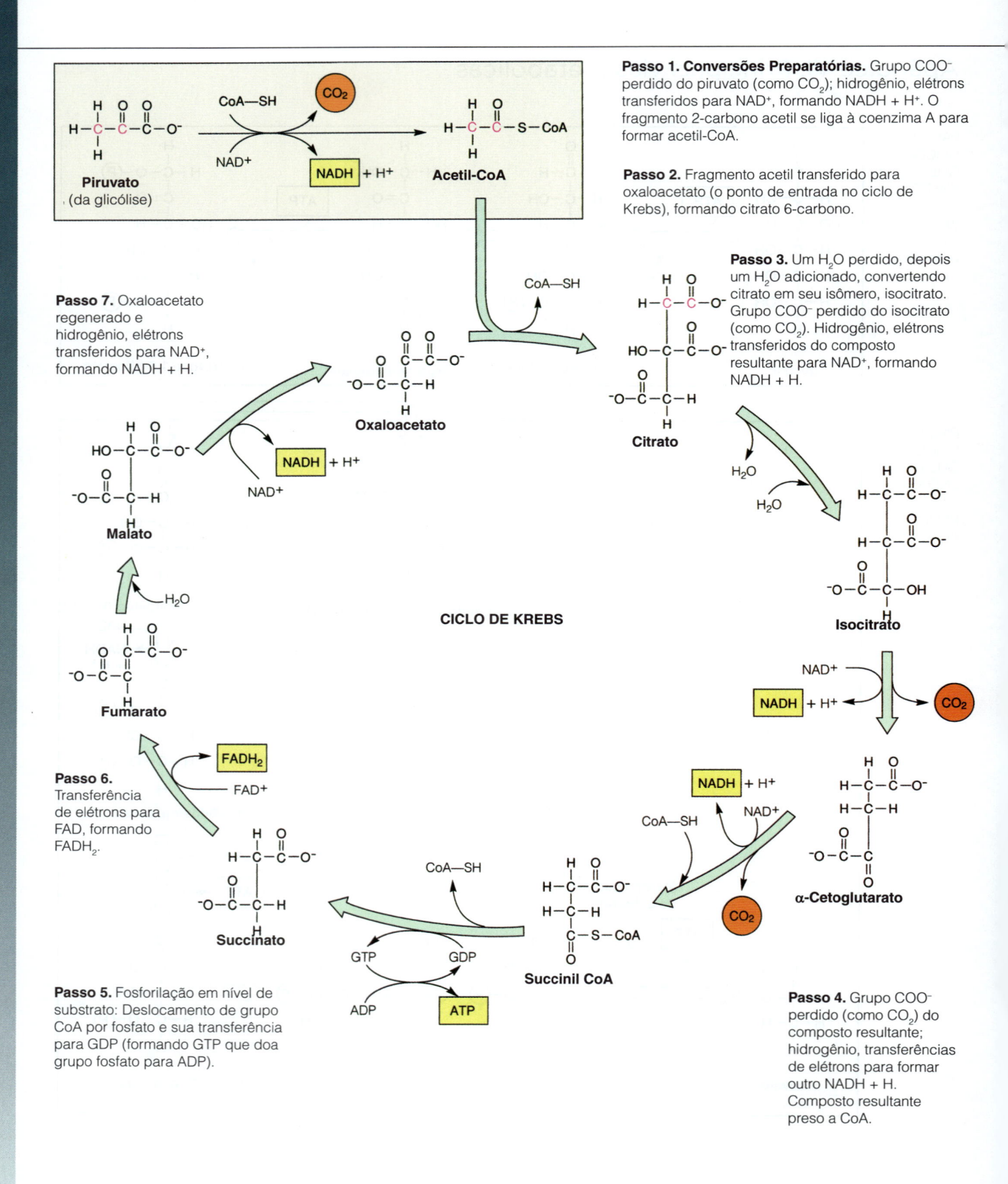

Passo 5. Fosforilação em nível de substrato: Deslocamento de grupo CoA por fosfato e sua transferência para GDP (formando GTP que doa grupo fosfato para ADP).

Passo 4. Grupo COO⁻ perdido (como CO_2) do composto resultante; hidrogênio, transferências de elétrons para formar outro $NADH + H$. Composto resultante preso a CoA.

Figura B Ciclo de Krebs, também conhecido como ciclo do ácido cítrico. *Vermelho* identifica os átomos de carbono entrando na via cíclica (como acetil-CoA) e saindo (como dióxido de carbono). Essas reações cíclicas ocorrem duas vezes para cada molécula de glicose que foi degradada em duas moléculas de piruvato.

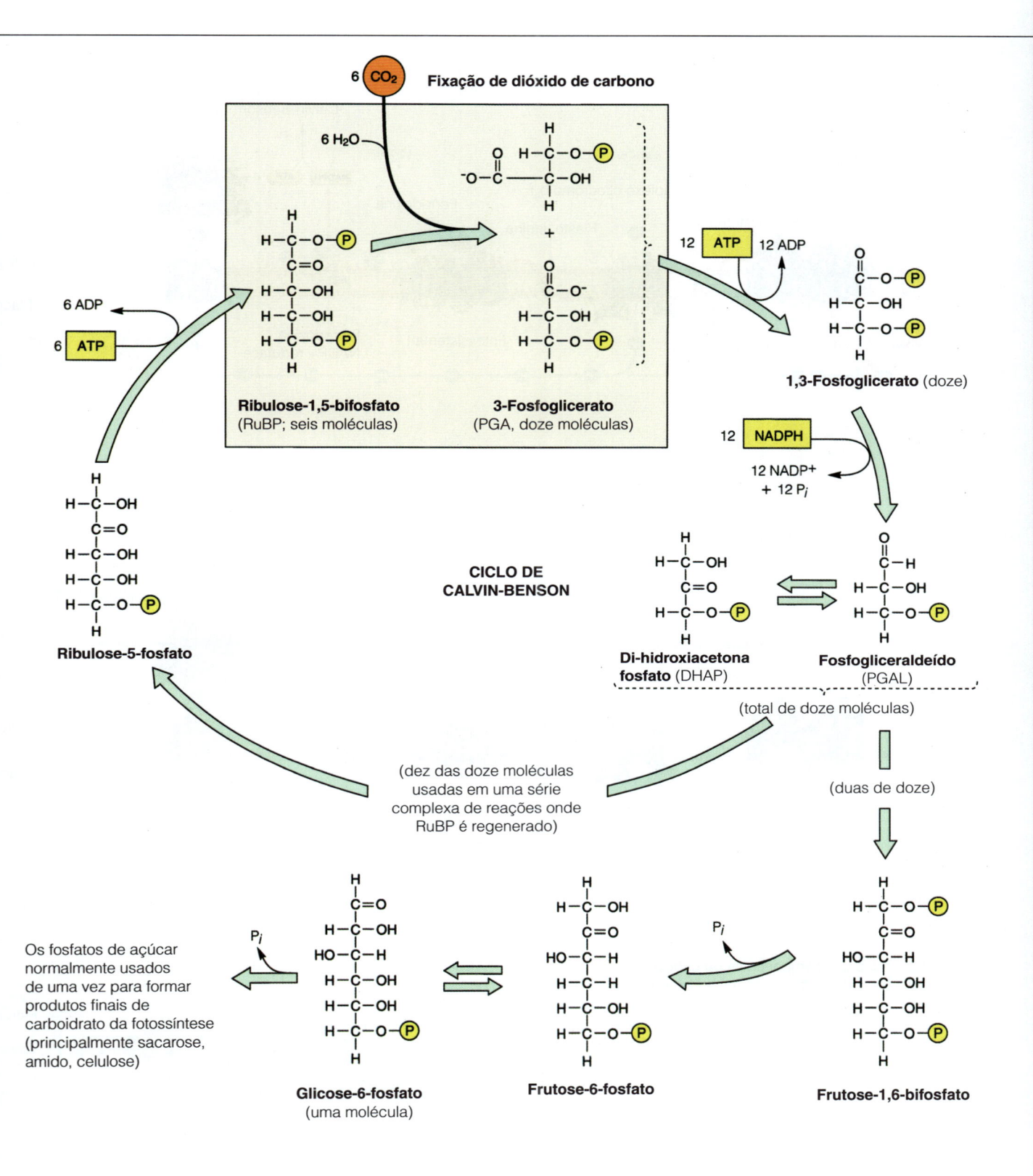

Figura C Ciclo de Calvin-Benson das reações fotossintéticas independentes de luz.

Fosforilação não cíclica (acíclica)

Luz
Fotossistema II
Complexo citocromo b_6f
Luz
Plastocianina
Ferredoxina
Para ciclo de Calvin-Benson
NADPH
ATP
Sintase de ATP
ADP + P_i
NADP+
Estroma
Tilacoide
Plastoquinona
Fotossistema I
Ferredoxina NADP+ redutase

Fosforilação cíclica

Complexo citocromo b_6f
Ferredoxina
Luz
Sintase de ATP
ATP
ADP + P_i
Estroma
Tilacoide
Plastocianina
Fotossistema I

A disposição dos componentes da cadeia de transferência de elétrons nas membranas dos tilacoides, altamente dobradas, maximiza a eficiência da produção de ATP. A síntese de ATP ocorre nas superfícies externas das pilhas de tilacoides, em contato com o estroma e seu suprimento de NADP+ e ADP.

Estroma
Tilacoide

Síntese de ATP | Complexo citocromo b_6f
Fotossistema I | Fotossistema I

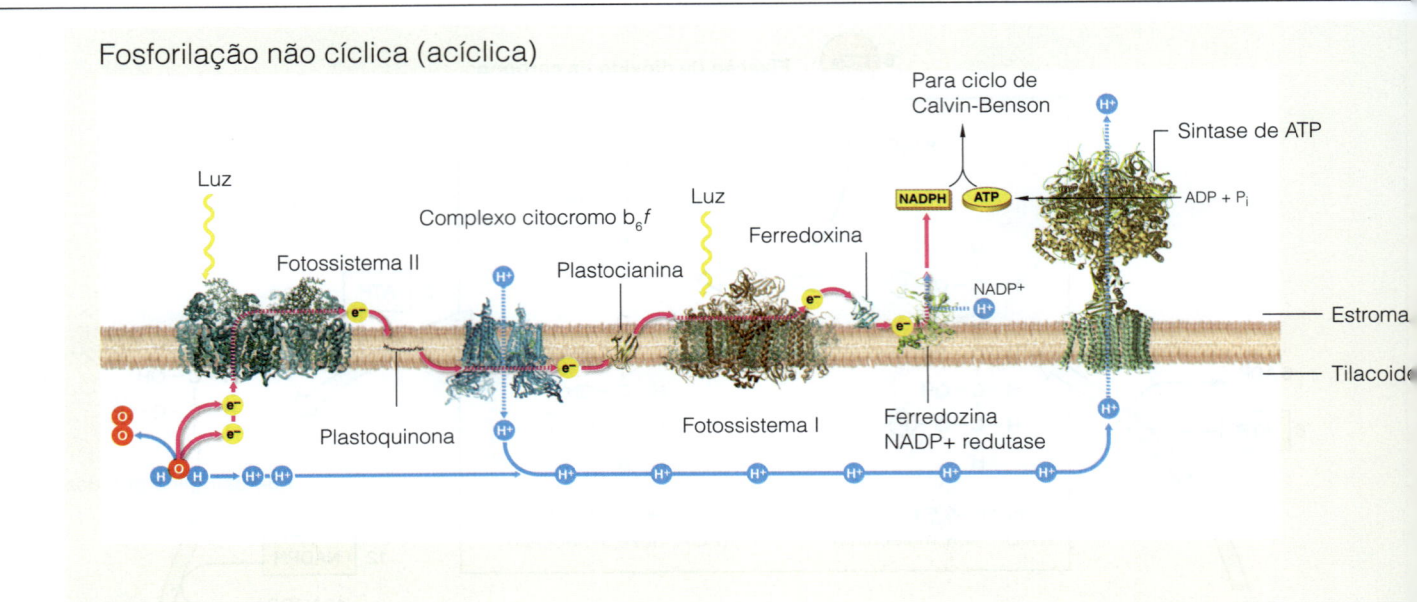

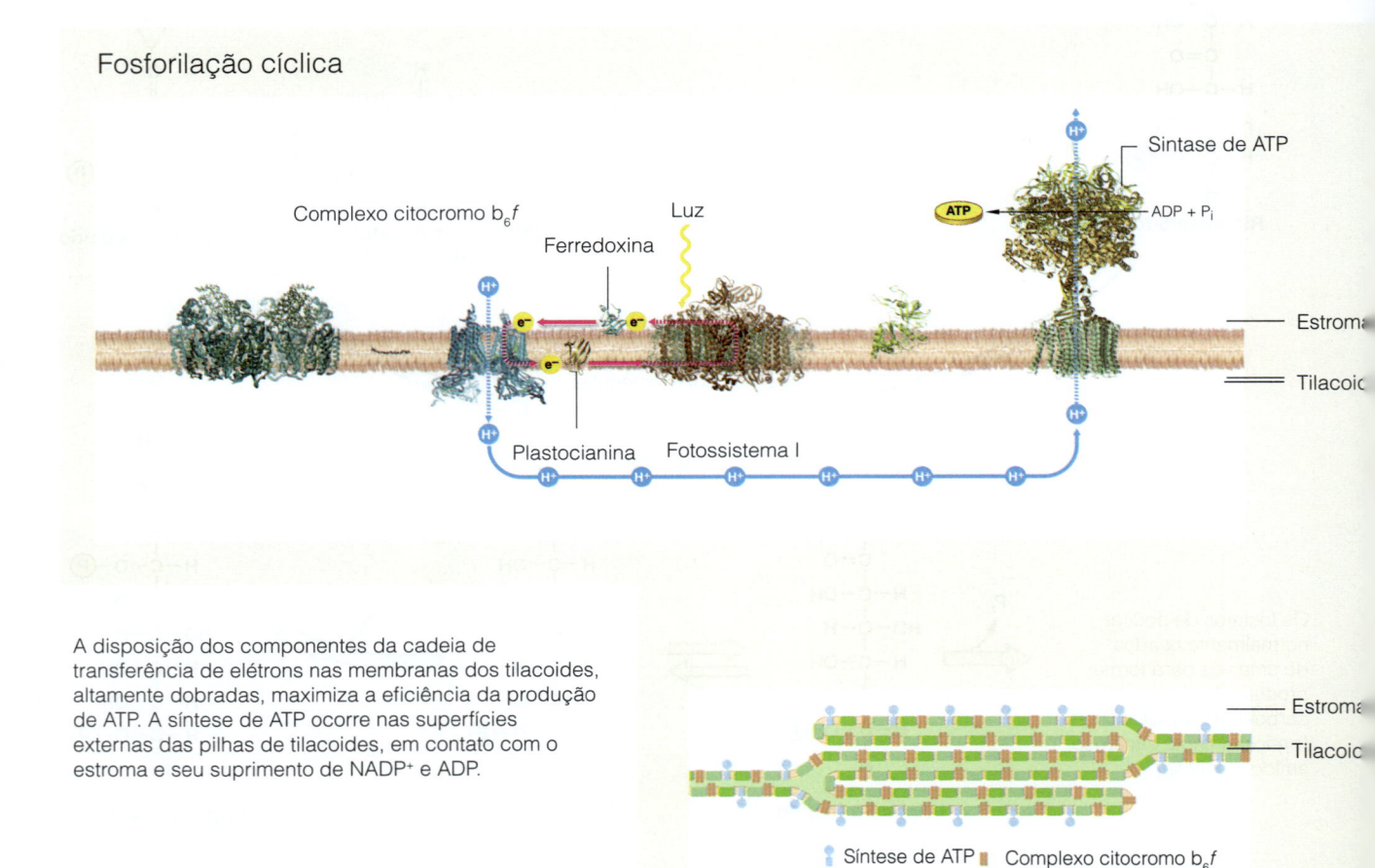

Figura D Transferência de elétrons nas reações fotossintéticas dependentes de luz. Os membros das cadeias de transferência de elétrons são densamente agrupados nas membranas dos tilacoides; os elétrons são diretamente transferidos de uma molécula para a seguinte. Para maior clareza, mostramos os componentes das cadeias amplamente espaçados.

Apêndice VII. Unidades de medida

Comprimento
1 quilômetro (km) = 0,62 milha (*mi*)
1 metro (m) = 39,37 polegadas (*in*)
1 centímetro (cm) = 0,39 polegada

Para converter	*multiplique por*	*para obter*
polegadas	2,25	centímetros
pés	30,48	centímetros
centímetros	0,39	polegadas
milímetros	0,039	polegadas

Área
1 quilômetro quadrado = 0,386 milha quadrada
1 metro quadrado = 1,196 jardas quadradas
1 centímetro quadrado = 0,155 polegada quadrada

Volume
1 metro cúbico = 35,31 pés cúbico
1 litro = 1,06 quartos
1 mililitro = 0,034 onça fluida = 1/5 colher de chá

Para converter	*multiplique por*	*para obter*
quartos	0,95	litros
onças fluidas	28,41	mililitros
litros	1,06	quartos
mililitros	0,03	onças fluidas

Peso
1 tonelada métrica (mt) = 2.205 libras (lb) = 1,1 toneladas (t)
1 quilograma (kg) = 2,205 libras (lb)
1 grama (g) = 0,035 onças (oz)

Para converter	*multiplique por*	*para obter*
libras	0,454	quilogramas
libras	454	gramas
onças	28,35	gramas
quilogramas	2,205	libras
gramas	0,035	onças

Temperatura
Celsius (°C) para Fahrenheit (°F):
°F = 1,8 (°C) + 32
    Fahrenheit (°F) para Celsius:
$$°C = \frac{(°F - 32)}{1,8}$$

	°C	°F
A água ferve	100	212
Temperatura do corpo humano	37	98,6
A água congela	0	32

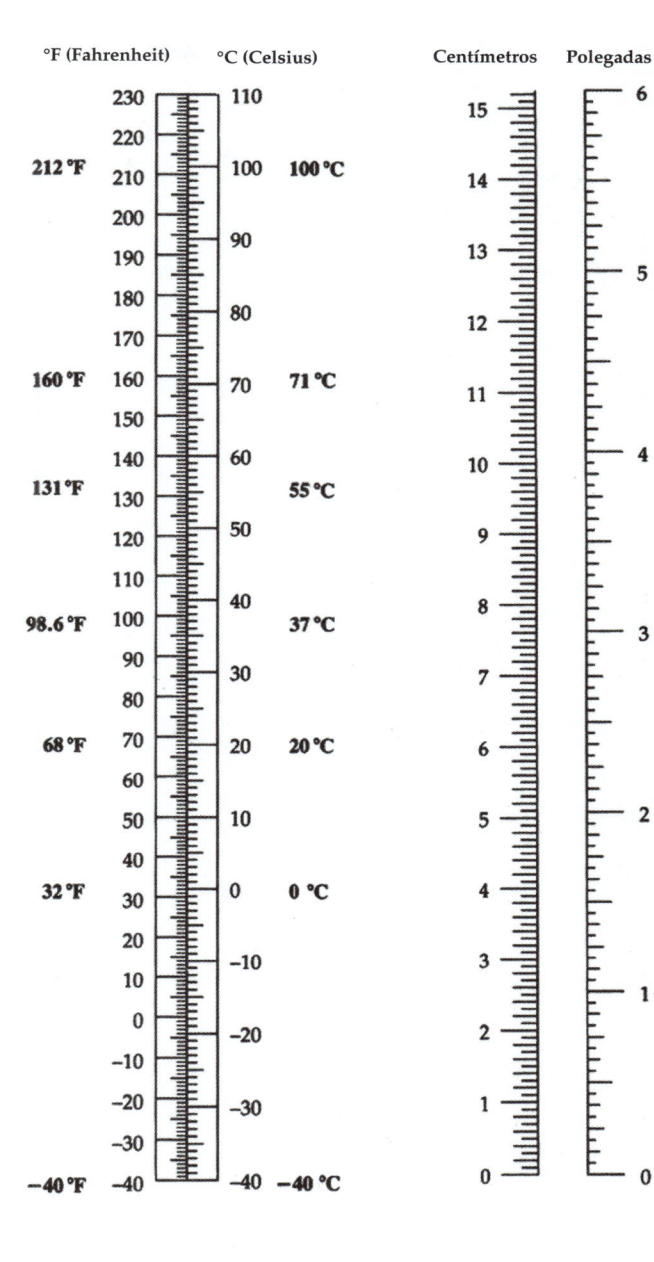

Glossário de termos biológicos

abscisão Partes da planta são eliminadas em resposta a mudança de estações, secas, danos ou alguma deficiência nutricional. 228

ácido abscísico Hormônio vegetal; estimula os estômatos a se fecharem em resposta à falta de água; induz à dormência em brotos e sementes. 221

ácido desoxirribonucleico *Veja* DNA.

ácido graxo Composto orgânico simples com um grupo carboxila e uma cadeia de quatro a 36 átomos de carbono; componente de muitos lipídeos. Os tipos saturados têm apenas ligações simples; os insaturados têm uma ou mais ligações duplas. 42

ácido nucleico Cadeia de filamentos simples ou duplos de nucleotídeos unidos por ligações açúcar–fosfato; ex.: DNA, RNA. 48

ácido Qualquer substância que libera íons de hidrogênio na água. 30

acompanhamento solar Resposta circadiana; a parte de uma planta muda de posição em resposta à mudança no ângulo do sol durante o dia. 226

aeróbico Que exige oxigênio. 124

alburno De um tronco ou raiz mais velha, o crescimento secundário úmido entre o câmbio vascular e o cerne. 181

alostérica Uma região de uma enzima diferente do sítio ativo que pode vincular moléculas reguladoras. 100

aminoácido Um pequeno composto orgânico com um grupo ácido carboxílico, um grupo amino e um grupo lateral característico (R); monômero de cadeias de polipeptídeos. 44

anaeróbico Que ocorre na ausência de oxigênio. 124

anáfase Estágio da mitose no qual cromátides irmãs se separam e vão para polos opostos da célula. 146

anel contrátil Uma faixa fina de filamentos de actina e miosina que envolve a parte do meio de uma célula animal que passa por divisão citoplasmática. Ela se contrai e divide o citoplasma em dois. 148

animal Um heterótrofo pluricelular com ausência de parede celular. Ele se desenvolve através de uma série de estágios embrionários e é móvel durante parte ou todo o ciclo de vida. 9

antioxidante Substância que neutraliza radicais livres ou outros oxidantes fortes. 99

arquea Membro do grupo procariótico Arquea. Os membros têm algumas características exclusivas, mas também dividem alguns traços com bactérias e outros com espécies eucarióticas. 8

ativação de energia Quantidade mínima de energia exigida para iniciar uma reação; as enzimas a reduzem nas reações metabólicas. 96

átomo Partícula que é um bloco construtor fundamental da matéria; é composto por diferentes números de elétrons, prótons e nêutrons. 4, 22

ATP Adenosina trifosfato. Nucleotídeo que consiste de uma base adenina, açúcar ribose de cinco carbonos e três grupos fosfato. Principal transportador de energia entre sítios de reação nas células. 48, 97

autótrofo Organismo que sintetiza seu próprio alimento utilizando carbono a partir de moléculas inorgânicas, como CO_2, e energia da luz (fotossíntese) ou de reações químicas (quimiossíntese). 118

auxina Hormônio vegetal; estimula a divisão e o alongamento celular; papel no gravitropismo e fototropismo. 220

bactérias Membros do grupo procariótico Bacteria; a linhagem procariótica mais diversa e mais antiga. 8

base Substância que recebe íons hidrogênio quando se dissolve na água. 30

bicamada lipídica Fundação estrutural das membranas da célula; principalmente fosfolipídeos organizados em duas camadas. 57

biofilme Comunidade de tipos diferentes de microrganismos que vivem dentro de uma massa compartilhada de lodo. 61

bioluminescência Luz emitida como resultado de reações em um organismo vivo. 102

biosfera Todas as regiões da Terra onde organismos vivem: água, crosta e ar. 5

bomba de cálcio Proteína de transporte ativo; bombeia íons cálcio por uma membrana celular contra seu gradiente de concentração. 85

cadeia de transferência de elétrons Conjunto de enzimas e outras moléculas em uma membrana celular que aceitam e fornecem elétrons na sequência, liberando, assim, a energia dos elétrons em pequenas quantidades utilizáveis. 101

camada celular Uma das camadas de tecido primário em um embrião (endoderme, ectoderme ou mesoderme). 240

camada superior Camada mais superior do solo; tem mais nutrientes para crescimento das plantas. 189

câmbio vascular Meristema lateral que se forma em troncos ou raízes mais velhos. 180

câncer Doença que ocorre quando um neoplasma maligno rompe física e metabolicamente tecidos corporais. 150

capilar sanguíneo *Veja* capilar, sangue.

carboidrato Molécula orgânica que consiste principalmente de átomos de carbono, hidrogênio e oxigênio em uma proporção 1:2:1. **40**

carga Uma propriedade elétrica. Cargas opostas se atraem – semelhantes se repelem. **22**

carpelo Estrutura reprodutiva feminina de uma flor; um estigma pegajoso ou semelhante a um pelo, frequentemente com talo, sobre uma câmara (ovário) que contém um ou mais óvulos. **202**

cartilagem Tecido conjuntivo especializado com fibras finas de colágeno, em uma matriz com textura semelhante à borracha, que resiste à compressão. **236**

casca Em plantas lenhosas, floema secundário e periderme. **181**

caule Partes da planta acima do solo, ex.: troncos, folhas, flores. **170**

célula companheira Do floema, célula de parênquima que carrega açúcares em tubos crivados. **173**

célula eucariótica Tipo de célula que inicia a vida com um núcleo. **56**

célula procariótica *Veja* Procarioto.

célula Menor unidade com as propriedades da vida – capacidade de metabolismo, crescimento, homeostase e reprodução. **4**, **56**

célula-mãe do endosperma Uma célula com dois núcleos (*n* + *n*) que faz parte do gametófito feminino maduro de uma planta com flores. Na fertilização, um núcleo espermático se fundirá com ela, formando o endosperma. **206**

células-guarda células que definem um estômato na epiderme de uma folha. **194**

célula-tronco Célula animal não diferenciada e autoperpetuadora. Uma parte de suas células-filhas se torna especializada. **240**

centríolo Uma estrutura em formato de barril que tem um papel na formação de microtúbulos em cílios, flagelos e fusos eucarióticos. **73**

centrômero Região contraída em um cromossomo eucariótico onde cromátides irmãs são acopladas. **143**

cera Lipídeo repelente à água com caudas longas de ácido graxo ligadas a álcoois de cadeia longa ou anéis de carbono. **43**

cerne Tecido denso, escuro e aromático no núcleo de troncos e raízes de árvores mais velhas. **181**

ciclo do ATP/ADP Como uma célula regenera seu suprimento de ATP. ADP se forma quando ATP perde um grupo fosfato, depois ATP se forma quando ADP ganha um grupo fosfato. **97**

ciclo celular Uma série de eventos do momento que uma célula se forma até ela se reproduzir. Nos eucariotos, um ciclo consiste de intérfase, mitose e divisão citoplasmática. **144**

ciclo de Calvin–Benson Reações da fotossíntese independentes de luz; via cíclica que forma glicose a partir de CO_2. **115**

ciclo de Krebs Segundo estágio da respiração aeróbia; decompõe dois piruvatos em CO_2 e H_2O, para uma produção líquida de dois ATP e muitas coenzimas. **128**

ciclo hidrológico *Veja* ciclo da água.

ciência Estudo sistemático da natureza. **11**

cilindro vascular Conjunto cilíndrico e revestido de xilema primário e floema em uma raiz. **179**

cílio Estrutura curta móvel que se projeta da membrana plasmática de algumas células eucarióticas. **73**

citocinese Divisão citoplasmática (na mitose ou meiose). **148**

citocinina Um hormônio vegetal; promove a divisão celular; libera brotos laterais da dominância apical, inibe a senescência. **221**

citoesqueleto Estrutura dinâmica de filamentos de proteína que suportam estruturalmente, organizam e movem células eucarióticas e suas estruturas internas (organelas). Células procarióticas têm filamentos proteicos semelhantes. **72**

citoplasma Matriz semifluida entre a membrana plasmática de uma célula e seu núcleo ou nucleoide. **56**

clorofila *a* Principal pigmento da fotossíntese em plantas, algas e cianobactérias. **109**

cloroplasto Organela da fotossíntese em plantas e alguns protistas. Duas membranas externas envolvem um estroma semifluido. Uma terceira membrana forma um compartimento que funciona na formação de ATP e NADPH; açúcares se formam no estroma. **69**, **111**

coenzima Um cofator orgânico. **99**

coesão Tendência de as moléculas permanecerem juntas sob tensão; uma propriedade da água líquida. **29**

cofator Um íon metal ou uma coenzima que se associa com uma enzima e é necessária para sua função; ex.: NAD^+. **99**

colênquima Tecido vegetal simples; vivo na maturidade. Oferece suporte flexível para o rápido crescimento das partes do vegetal. **172**

compartimentalização Em algumas plantas, uma resposta de defesa na qual uma região atacada se torna compartimentada. **162**

complexo de Golgi Organela do sistema de endomembranas; as enzimas dentro de sua membrana altamente dobrada modificam cadeias de polipeptídeos e lipídeos; os produtos são classificados e embalados em vesículas. **67**

composto Tipo de molécula que tem átomos de mais de um elemento. **25**

comprimento de onda Distância entre duas ondas sucessivas de energia radiante. **108**

comunidade Todas as populações de todas as espécies em um *habitat*. **5**

concentração Número de moléculas ou íons por volume de unidade de fluido. 82

condensação Reação química na qual duas moléculas se tornam ligadas de maneira covalente como uma molécula maior; a água se forma frequentemente como um derivado. 39

consumidor Heterótrofo que obtém energia e carbono ao se alimentar de tecidos ou detritos de outros organismos. 6

córtex celular Feixe de microfilamentos que reforça a membrana plasmática. 72

cortiça Componente da casca; suas camadas suberizadas impermeabilizam, isolam e protegem superfícies de caules lenhosos e raízes. 180

cotilédone – Folha da semente; parte do embrião de uma planta com flores. 170

cotransportadora Proteína de transporte que pode mover duas ou mais substâncias por uma membrana; ex.: bomba sódio-potássio. 85

crescimento primário Crescimento da planta a partir dos meristemas apicais em ápices radiculares e caulinares. 171

crescimento secundário Espessamento de caules e raízes mais velhos nos meristemas laterais. 171

crescimento De espécies pluricelulares, aumentos no número, tamanho e volume de células. De procariotos unicelulares, aumentos no número de células. 190

cromátide irmã Um de dois membros acoplados de um cromossomo eucariótico duplicado. 142

cromatina Todas as moléculas de DNA e proteínas associadas em um núcleo. 65

cromossomo Molécula completa de DNA e suas proteínas acopladas; transporta parte ou todos os genes de um organismo. Linear em células eucarióticas; circular em procariotos. 65

cutícula De plantas, uma camada de ceras e cutina na parede externa das células da epiderme. Dos anelídeos, uma camada secretada fina e flexível. Dos artrópodes, um exoesqueleto endurecido com quitina. 70

derme Camada de pele abaixo da epiderme; tecido conjuntivo majoritariamente denso. 242

desenvolvimento Processo que transforma um zigoto em um adulto com tecidos especializados e, normalmente, órgãos. 7, 156

desnaturar Alterar a estrutura de uma proteína ou outra molécula biológica, por exemplo, por alta temperatura ou pH. 46

deterioração radioativa Processo pelo qual os átomos de um radioisótopo emitem espontaneamente energia e partículas subatômicas quando seu núcleo se desintegra. 23

difusão Movimento de moléculas ou íons (soluto) de uma região onde estão mais concentrados para uma região onde estão menos concentrados. 82, 158

diploide Com dois de cada tipo de cromossomo característico da espécie ($2n$). 145

DNA Ácido desoxirribonucleico. Ácido nucleico de filamento duplo em forma de hélice; material hereditário para todos os organismos vivos e muitos vírus. As informações em sua sequência de bases constituem a base da forma e função de um organismo. 7, 48

dominância apical Efeito inibidor do crescimento em brotos laterais (axilares), mediado pela auxina produzida nos ápices caulinares. 220

dormência Período de crescimento lento ou sem crescimento. 228

dreno Nas plantas, qualquer região onde compostos orgânicos são descarregados dos tubos crivados. 196

ecossistema Comunidade que interage com seu ambiente através de um fluxo unidirecional de energia e ciclo de materiais. 5

detorioração Processo pelo qual os átomos de um radioisótopo emitem espontaneamente energia e partículas subatômicas quando seu núcleo se desintegra. 23

ectoderme Camada de tecido primário externo de embriões animais. 240

elemento de vaso (vascular) Tipo de célula no xilema, morto na maturidade; suas paredes perfuradas fazem parte de um tubo condutor de água. 173, 192

elemento Uma substância que consiste apenas de átomos com o mesmo número de prótons. 22

elétron Partícula subatômica carregada negativamente que ocupa órbitas em volta do núcleo do átomo. 22

eletronegatividade Uma medida da capacidade de um átomo de afastar elétrons de outros átomos. 25

endergônica Tipo de reação na qual reagentes têm menos energia livre que os produtos; exige uma entrada de energia líquida para continuar. 96

endocitose Processo pelo qual uma célula absorve uma substância ao engolfá-la em uma vesícula formada por um pedaço da membrana plasmática (fagocitose e pinocitose). 86

endoderme Camada de tecido primário mais interno de embriões animais. 240

endosperma Tecido nutritivo nas sementes das plantas com flores. 207

energia livre Quantidade de energia disponível (livre) para realizar trabalho. 96

energia Capacidade de realizar trabalho. 6, 94

envelope nuclear Uma membrana dupla que constitui o limite externo do núcleo celular. 64

enzima Proteína ou RNA que catalisa (acelera) uma reação sem ser alterada por ela. 80, 98

GLOSSÁRIO 271

epiderme Camada de tecido mais externa das plantas e quase todos os animais. 173, 242

epitélio (tecido epitelial) Tecido animal que cobre as superfícies externas do corpo e reveste órgãos tubulares e cavidades corporais. 235

erosão do solo Perda de solo sob a força do vento e da água. 189

erro de amostragem Diferença entre resultados derivados de testes de todo um grupo de eventos ou indivíduos e resultados derivados do teste de um subconjunto do grupo. 16

esclerênquima Tecido vegetal simples; morto na maturidade, suas paredes celulares reforçadas por lignina suportam estruturalmente partes da planta. 172

espécie Um tipo de organismo. Das espécies que se reproduzem sexuadamente, um ou mais grupos de indivíduos que podem cruzar entre si, produzir descendentes férteis. 8

esporófito Corpo diploide produtor de esporos de uma planta ou alga pluricelular. 202

estado de transição Em uma reação química, ponto no qual ligações de reagentes estão em seu ponto de ruptura. 98

estame Parte reprodutiva masculina de uma planta em flor; consiste de uma antera produtora de pólen em um filamento. 202

esteroide Tipo de lipídeo com quatro anéis de carbono e nenhuma cauda de ácido graxo. 43

estômato Espaço que se abre entre duas células guardas; deixa vapor de água e gases se difundirem pela epiderme de uma folha ou caule primário. 116

estria de Caspary Faixa cerosa à prova d'água; veda as paredes celulares limítrofes de células endodérmicas de raízes, evitando que água e substâncias dissolvidas vazem pelas paredes celulares e entrem no cilindro vascular. 191

estroma Matriz semifluida entre a membrana tilacoide e as duas membranas externas de um cloroplasto; local de reações de fotossíntese independentes de luz. 111

etileno Hormônio gasoso vegetal que inibe a divisão celular em troncos e raízes; também promove a abscisão e o amadurecimento dos frutos. 221

eucarioto Organismo cujas células caracteristicamente iniciam a vida com um núcleo e organelas membranosas; um protista, planta, fungo ou animal. 8

eudicotiledônea Planta com flores com embriões (sementes) que possuem verdadeiramente dois cotilédones. 170

evaporação Transição de um líquido para um gás; exige entrada de energia. 29

evolução Mudança em uma linha de descendência. 10

executor Músculo (ou glândula) que reage a sinais neurais ou endócrinos. 160

exergônica Tipo de reação na qual produtos têm menos energia livre que os reagentes; termina com a liberação de energia líquida. 96

exocitose Fusão de uma vesícula citoplasmática com a membrana plasmática; à medida que se torna parte da membrana, seus conteúdos são liberados no fluido extracelular. 86

exoderme Camada cilíndrica de células sob a epiderme da raiz de muitas plantas. 191

experimento Um teste projetado para embasar ou refutar uma previsão. Envolve grupos experimentais e de controle. 13

fagocitose É uma via endocítica pela qual uma célula engolfa partículas, microrganismos ou restos celulares. 86

fator de crescimento Produto genético do ponto de verificação que estimula a divisão celular. 150

fecundação dupla Modo de fertilização nas plantas com flores no qual um núcleo espermático se funde com o óvulo (oosfera) e um segundo núcleo espermático se funde com a célula mãe do endosperma (núcleos polares). 206

feixe vascular Cordão revestido e com vários filamentos do xilema primário e do floema em um tronco ou folha. 175

felogênio Em plantas, um meristema lateral que origina a periderme. 181

fermentação Uma via metabólica anaeróbica pela qual as células coletam energia de moléculas orgânicas. *Veja* fermentação alcoólica e fermentação láctica. 124

fermentação alcoólica Via anaeróbica que decompõe a glicose, formando etanol e ATP. Iniciada através da glicólise; as reações finais regeneram NAD^+ para que a glicólise continue. Produção líquida: 2 ATP por molécula de glicose decomposta. 132

fermentação láctica Via anaeróbia que decompõe a glicose, forma ATP e lactato. Começa com a glicólise; regenera NAD^+ para que a glicólise continue. Produção líquida: 2 ATP por glicose. 133

filamento intermediário Elemento do citoesqueleto que reforça mecanicamente as estruturas de células e tecidos. 72

fitocromo Um pigmento sensível à luz que ajuda a definir os ritmos circadianos das plantas com base na duração da noite. 226

fixação de carbono Processo pelo qual o carbono de uma fonte inorgânica como o CO_2 é incorporado a um composto orgânico. Ocorre nas reações da fotossíntese independentes de luz. 115

fixação do nitrogênio Conversão de nitrogênio gasoso em amônia. 190

flagelo Estrutura celular longa e esguia utilizada para mobilidade. Flagelos eucarióticos se movem de

lado a lado; flagelos procarióticos giram como um propulsor. 60, 73

flagelos eucarióticos *Veja* flagelo.

floema Tecido vascular vegetal; distribui produtos fotossintéticos pelo corpo da planta. 173

fluido extracelular (ECF) Fluidos corporais fora das células; ex.: plasma, fluido intersticial. 157

fosfolipídeo lipídeo com um grupo fosfato e dois ácidos graxos não polares; principal componente de membranas celulares. 43

fosforilação de transferência de elétrons Terceiro estágio da respiração aeróbica; o fluxo de elétrons através de cadeias de transferência de elétrons na membrana mitocondrial interna configura um gradiente de H^+ que orienta a formação de ATP. 130

fosforilação em nível de substrato Transferência direta de um grupo de fosfato de um substrato para ADP; forma ATP. 126

fosforilação Transferência de um grupo fosfato para uma molécula receptora. 97

fotoautótrofo Autótrofo fotossintético; ex.: quase todas as plantas, a maioria das algas e algumas bactérias. 118

fotofosforilação Qualquer reação de fosforilação orientada pela luz. 114

fotólise Reação na qual a energia luminosa decompõe uma molécula. A fotólise de moléculas de água durante a fotossíntese não cíclica libera elétrons e íons hidrogênio, utilizados nas reações, e oxigênio molecular. 112

fotoperiodismo Resposta biológica a mudanças sazonais nos comprimentos relativos de dia e noite. 226

fotorrespiração Reação na qual rubisco acopla oxigênio em vez de dióxido de carbono para ribulose bisfosfato; ocorre em plantas C4 quando os estômatos fecham e os níveis de oxigênio aumentam. Não produz ATP. 116

fotossíntese Via metabólica pela qual os fotoautótrofos capturam energia luminosa e a utilizam para formar açúcares a partir de CO_2 e água. 6, 108

fotossistema Em células fotossintéticas, um agrupamento de pigmentos e proteínas que, como uma unidade, converte energia luminosa em energia química na fotossíntese. 111

fototropismo Mudança na direção do movimento ou crescimento celular em resposta a uma fonte de luz. 225

fruto Ovário maduro, frequentemente com as partes acessórias, de uma planta com flores. 210

fungo Tipo de heterótrofo eucariótico; pode ser pluricelular ou unicelular; as paredes das células contêm quitina; obtém nutrientes por digestão e absorção extracelular. 8

fuso bipolar Em uma célula eucariótica, um conjunto de microtúbulos, montado e desmontado dinamicamente, que move os cromossomos durante a mitose ou a meiose. 145

fuso *Veja* fuso bipolar.

gametófito Uma estrutura haploide pluricelular, no qual gametas se formam durante o ciclo de vida de plantas e algumas algas. 202

gemo apical Zona principal de crescimento primário de um caule. 174

gema lateral broto axilar. Um gérmen dormente que se forma em uma axila foliar. 174

gênero Um grupo de espécies que compartilham um conjunto peculiar de características. 8

germinação Retomada de crescimento de um esporo ou esporófito embrionário maduro depois da dormência, dispersão ou ambos. 218

giberelina Hormônio vegetal; induz o alongamento do tronco, ajuda as sementes a romper a dormência, tem papel na floração em algumas espécies. 220

glândula endócrina Uma glândula sem dutos que secreta moléculas de hormônio, que tipicamente viajam no sangue até as células-alvo. 235

glândula exócrina Estrutura glandular que secreta uma substância através de um duto em uma superfície epitelial livre; ex.: glândula sudorípara, glândula mamária. 235

glândula Estrutura secretora derivada do epitélio. Glândulas endócrinas secretoras de hormônio não têm dutos; glândulas exócrinas apresentam dutos. 235

glicólise Primeiro estágio da respiração aeróbica e fermentação; a glicose ou outra molécula de açúcar é rompida em dois piruvatos para uma produção líquida de 2 ATP. 124

gordura Lipídeo com um, dois ou três ácidos graxos acoplados a um glicerol. 42

gradiente de concentração Diferença na concentração entre regiões adjacentes de fluido. 82

grão de pólen Gametófito macho imaturo de plantas com sementes. 202

gravitropismo Crescimento de plantas em uma direção influenciada pela gravidade. 224

grupo controle Em experimentos, um grupo igual a um grupo experimental, exceto por uma variável; utilizado como padrão de comparação. 13

grupo experimental Em experimentos, um grupo de objetos ou indivíduos que exibem ou são expostos a uma variável sob investigação. Os resultados experimentais para este grupo são comparados com os resultados para um grupo de controle. 13

grupo funcional Um átomo ou grupo de átomos ligado de forma covalente ao carbono; oferece certas propriedades químicas a um composto orgânico. 38

herança Transmissão do DNA dos pais aos descendentes. 7

heterótrofo Organismo que obtém carbono de compostos orgânicos produzidos por outros organismos. 118

hidrofílico Descreve uma substância que se dissolve facilmente na água; ex.: um sal. 28

hidrofóbico Descreve uma substância que resiste à dissolução na água; ex.: um óleo. 28

hidrólise Um tipo de reação de clivagem na qual uma enzima rompe uma ligação ao acoplar um grupo hidroxila a um átomo e um átomo de hidrogênio ao outro. O átomo de hidrogênio e o grupo hidroxila são derivados de uma molécula de água. 39

hipertônico Descreve um fluido com alta concentração de soluto em relação a outro fluido. 88

hipotônico Descreve um fluido com baixa concentração de soluto em relação a outro fluido. 88

histona Tipo de proteína que organiza estruturalmente cromossomos eucarióticos. Parte de nucleossomos. 143

homeostase Conjunto de processos pelo qual as condições no ambiente interno de um organismo pluricelular são mantidas dentro de faixas toleráveis. 7, 157, 234

hormônio vegetal Moléculas sinalizadoras que podem estimular ou inibir o desenvolvimento de plantas, incluindo o crescimento. 220

hormônio *Veja* hormônio animal, hormônio vegetal.

húmus Matéria orgânica em decomposição no solo. 188

indicador (marcador) Uma molécula com um rótulo detectável acoplado; pesquisadores podem rastreá-la depois de inseri-la a uma célula ou outro sistema. 23

inibição de resposta Mecanismo pelo qual uma mudança que resulta de uma atividade diminui ou para a atividade. 100

integrador Um centro de controle que recebe, processa e armazena impulsos sensoriais e coordena as respostas; ex.: um cérebro. 160

intérfase Em um ciclo de célula eucariótica, intervalo entre as divisões mitóticas quando uma célula cresce em massa, aproximadamente duplica seu número de componentes citoplasmáticos e replica seu DNA. 144

íon Átomo que transporta uma carga devido a um número desigual de prótons e elétrons. 25

isotônico Descreve um fluido com a mesma concentração de soluto em relação a outro fluido. 88

isótopos Formas de um elemento que diferem em número de nêutrons que seus átomos possuem. 22

junção aderente Junção celular composta de proteínas de adesão; ancora as células umas às outras ou à matriz extracelular. 234

junção celular Estrutura que conecta uma célula a outra célula ou a uma matriz extracelular; ex.: junção comunicante, junção aderente, junção firme. 71

junção comunicante Junção celular que forma um canal aberto ao longo da membrana plasmática de células animais adjacentes; permite fluxo rápido de íons e pequenas moléculas do citoplasma de uma célula para outra. 234

junção firme Conjunto de proteínas fibrosas que une células epiteliais; coletivamente, essas junções celulares evitam que fluidos vazem entre células nos tecidos epiteliais. 234

lenho Xilema secundário acumulado. 180

ligação covalente Ligação química na qual dois átomos compartilham um par de elétrons. 26

ligação iônica Tipo de ligação química; atração forte e mútua entre íons de cargas opostas. 26

ligação química Uma força atrativa que surge entre dois átomos quando seus elétrons interagem. 25

lignina Composto orgânico que fortalece as paredes das células de plantas vasculares; reforça os caules e, assim, ajuda a planta a ficar ereta. 70

lipídeo Composto orgânico gorduroso, oleoso ou ceroso; frequentemente tem um ou mais componentes de ácido graxo. 42

lisossomo Vesícula repleta de enzimas; atua na digestão intracelular. 67

lixiviação Processo pelo qual a água que passa pelo solo remove nutrientes dele. 189

local ativo Fenda quimicamente ativa em uma enzima na qual os substratos se vinculam especificamente e uma reação pode ser catalisada repetidamente. 98

marga Solo com quantidades aproximadamente iguais de areia, lodo e argila. 188

matriz extracelular (MEC) Mistura complexa de proteínas fibrosas e polissacarídeos secretada pelas células; suporta e ancora células, separa tecidos e tem funções na sinalização celular; ex.: membrana basal, osso. 70

mecanismo de feedback negativo Um grande mecanismo homeostático pelo qual alguma atividade muda as condições em uma célula ou organismo multicelular e, assim, ativa uma resposta que inverte a mudança. 160

mecanismo de feedback positivo Uma atividade muda uma condição, que por sua vez ativa uma resposta que intensifica a mudança. 161

megásporo Esporo haploide que se forma no ovário das plantas com sementes (espermatófitas); origina o gametófito feminino. 206

meiose Processo de divisão nuclear que divide o número de cromossomos ao meio, para o número haploide (*n*). Base da reprodução sexuada. **142**

melanina Um pigmento de cor marrom a preto, depositado na pele; as quantidades variam entre os grupos étnicos. **243**

membrana basal Material não celular e secretado que une o epitélio a um tecido subjacente. **235**

membrana plasmática Membrana celular externa; envolve o citoplasma. **56**

membrana tilacoide Sistema de membranas internas de um cloroplasto, frequentemente dobrado como sacos achatados, que forma um compartimento contínuo no estroma. No primeiro estágio da fotossíntese, pigmentos e enzimas na membrana funcionam na formação de ATP e NADPH. **111**

meristema lateral Câmbio vascular ou cortical. Cilindro de meristema dentro de troncos e raízes mais velhos. **171**

meristema Zona de células vegetais não diferenciadas que pode se dividir rapidamente; origina linhagens celulares diferenciadas que formam tecidos vegetais maduros. **170**

mesoderme Camada intermediária de tecido primário (entre a endoderme e a ectoderme) da maioria dos embriões animais. **240**

mesofilo Tipo de tecido vegetal; parênquima fotossintético. **172**

metabolismo Todas as reações químicas mediadas por enzimas pelas quais as células adquirem e utilizam energia enquanto constroem, remodelam e decompõem moléculas orgânicas. **39**

metáfase Estágio da mitose durante o qual os cromossomos da célula se alinham no centro da placa equatorial, entre os polos do fuso. **146**

micorriza Um mutualismo entre um fungo e raízes de plantas. **190**

microfilamento Elemento do citoesqueleto que ajuda a reforçar ou alterar o formato de uma célula. Fibra de subunidades de actina. **72**

microsporo Esporo haploide (masculino), com paredes, de plantas com sementes (espermatófitas); origina grãos de pólen. **206**

microtúbulo Elemento do citoesqueleto envolvido no movimento de uma célula ou seus componentes; filamento oco de subunidades de tubulina. **72**

microvilosidade (microvilo) Extensão alongada da superfície livre de algumas células, como células de borda em escova no intestino delgado; aumenta a área superficial. **235**

mistura Dois ou mais tipos de moléculas mescladas em proporções que variam. **25**

mitocôndria Organela de dupla membrana, onde ocorre a formação de ATP; local dos segundo e terceiro estágios da respiração aeróbica em eucariotos. **68**

mitose Mecanismo de divisão nuclear que mantém o número de cromossomos. Base do crescimento do corpo, reparo e substituição de tecidos em eucariotos pluricelulares, além da reprodução assexuada em algumas plantas, animais, fungos e protistas. **142**

modelo de ajuste induzido Explicação sobre como algumas enzimas funcionam; a enzima altera ligeiramente sua forma à medida em que se liga a um substrato. **98**

modelo orbital Modelo de distribuição de elétrons em um átomo; as órbitas são mostradas como círculos aninhados, e os elétrons, como pontos. **24**

modelo de mosaico fluido Uma membrana celular tem uma composição mista (mosaico) de lipídeos e proteínas, cujas interações e movimentos dão fluidez a ela. **78**

modelo Sistema análogo, utilizado para testar um objeto ou evento que não pode ser testado diretamente. **12**

molécula Grupo de dois ou mais átomos unidos por ligações químicas. **4, 25**

monocotiledônea Planta com flores, com embriões que têm um cotilédone; tipicamente tem folhas com nervuras paralelas e partes florais em trios (ou múltiplos destes). **170**

monômero Uma pequena molécula que é uma unidade repetida em um polímero; ex.: a glicose é um monômero do amido. **39**

mutação Mudança permanente e de pequena escala no DNA. Fonte primária de novos alelos e, assim, da diversidade biológica. **10**

não polar Com uma distribuição igual de carga. Dois átomos compartilham elétrons igualmente em uma ligação covalente não polar. **27**

natureza Tudo no universo exceto o que os humanos fabricaram. **4**

néctar Fluido doce produzido por algumas flores; atrai polinizadores. **204**

neoplasma Tumor; massa anormal de células que perderam o controle de seu ciclo celular. **150**

nervura Em plantas, um feixe vascular em um tronco ou folha. Em animais, um vaso de grande diâmetro que leva sangue em direção ao coração. **177**

neuróglia (célula da glia) Formada por células não neuronais do sistema nervoso, que suportam estrutural e metabolicamente os neurônios. **239**

neurônio Um tipo de célula excitável; unidade funcional do sistema nervoso. **239**

nêutron Partícula subatômica, sem carga, no núcleo atômico. **22**

nódulo de raiz Associação mutualista de bactérias fixadoras de nitrogênio e raízes de algumas leguminosas e outras plantas; a infecção leva a um inchaço localizado no tecido. **190**

núcleo Somente em células eucarióticas, organela com um envelope externo de duas bicamadas lipídicas repletas de poros; separa o DNA da célula de seu citoplasma. 22, 56

nucleoide De uma célula procariótica, região do citoplasma onde o DNA está concentrado. 56

nucléolo Em um núcleo, uma região densa de formato irregular onde subunidades ribossômicas estão montadas. 65

nucleoplasma De um núcleo, o fluido viscoso envolto pelo envelope nuclear. 65

nucleossomo Menor unidade de organização estrutural em cromossomos eucarióticos; um comprimento de DNA enrolado duas vezes em volta de um cilindro de proteínas histona. 143

nucleotídeo Composto orgânico com um açúcar de cinco carbonos, uma base que contém nitrogênio e pelo menos um grupo fosfato. Monômero de ácidos nucleicos. 48

número atômico Número de prótons no núcleo de átomos de um determinado elemento. 22

número de cromossomos Soma de todos os cromossomos em uma célula de um determinado tipo; ex.: 46 nas células do corpo humano. 144

número de massa Número total de prótons e nêutrons no núcleo dos átomos de um elemento. 22

nutriente Um elemento ou tipo de molécula com um papel essencial na sobrevivência ou no crescimento de um indivíduo. 6, 188

organela Estrutura que executa uma função metabólica especializada dentro de uma célula; ex.: um núcleo nos eucariotos. 62

orgânica Molécula que consiste primariamente de átomos de carbono e hidrogênio; muitos tipos têm grupos funcionais. 36

organismo Indivíduo que consiste de uma ou mais células. 4

órgão Estrutura corporal composta de tecidos que interagem em uma ou mais tarefas. 156, 234

origem Nas plantas, qualquer região onde compostos orgânicos são carregados em tubos crivados. 196

osmose Difusão de água em resposta a um gradiente de concentração. 88

ovário Nos animais, uma gônada feminina. Em plantas com flores, a base alargada de um carpelo, dentro da qual um ou mais óvulos se formam e os ovos são fertilizados. 203

óvulo Em uma planta com sementes, estrutura na qual um gametófito haploide feminino produtor de ovos se forma; depois da fertilização, amadurece em uma semente. 203

parede celular Em muitas células (exceto células animais), uma estrutura permeável semirrígida em volta da membrana plasmática. 60

parede primária A primeira parede fina e dobrável de células vegetais jovens. 70

parede secundária Parede reforçada com lignina dentro da parede primária de uma célula vegetal. 70

parênquima Um tecido vegetal simples composto por células vivas; tem papéis na fotossíntese, armazenamento e outras tarefas. 172

pelo de raiz (radiculares) Extensão absorvente, semelhante a um pelo de uma célula jovem da epiderme da raiz. 179, 190

periderme Tecido dérmico vegetal que substitui a epiderme em troncos e raízes mais velhos. Consiste de parênquima, cortiça e câmbio cortical. 181

permeabilidade seletiva Propriedade da membrana que permite que algumas substâncias, mas não todas, atravessem. 82

peroxissoma Vesícula cheia de enzimas que decompõe aminoácidos, ácidos graxos e substâncias tóxicas. 67

pH Medida do número de íons hidrogênio em uma solução. O pH 7 é neutro. 30

pigmento Uma molécula orgânica que absorve luz de determinados comprimentos de onda. A luz refletida dá uma cor característica. 108

pilus, plural **pili** Um filamento proteico que se projeta da superfície de algumas células bacterianas. 60

piruvato Produto final de três carbonos da glicólise. 124

placa celular Depois de uma divisão nuclear na célula vegetal, uma estrutura em forma de disco que atravessa a parede entre os dois novos núcleos. 149

planta Um fotoautótrofo multicelular, tipicamente com raízes e caules bem desenvolvidos. Produtor primário. 9

planta C3 Tipo de planta que utiliza apenas o ciclo de Calvin–Benson para fixar carbono. 116

planta C4 Tipo de planta que minimiza a fotorrespiração ao fixar carbono duas vezes, utilizando uma via C4 além do ciclo de Calvin-Benson. 116

planta CAM Tipo de planta C4 que preserva água ao abrir os estômatos apenas à noite, quando fixa o carbono por uma via C4. 117

plastídeo Em plantas e algas, uma organela que funciona na fotossíntese ou no armazenamento; ex.: cloroplasto, amiloplasto. 69

polar Com uma distribuição desigual de carga. Dois átomos compartilham elétrons diferentemente em uma ligação covalente polar. 27

polaridade Qualquer separação de carga em regiões distintas, positivas e negativas. 27

polímero Grande molécula de vários monômeros ligados. 39

polinização Chegada de pólen em um estigma receptivo de uma flor. 206

polinizador Um vetor vivo de polinização; ex.: uma abelha, ou qualquer agente que leva grãos de pólen de uma planta para outra; ex.: vento. 204

polipeptídeo Cadeia de aminoácidos vinculados por ligações peptídicas. 44

ponte de hidrogênio Interação formada entre um átomo de hidrogênio ligado de forma covalente e um átomo eletronegativo que participa em uma ligação covalente separada. O hidrogênio serve de "elo" entre os átomos com os quais interage. 27

população Grupo de indivíduos da mesma espécie em uma área especificada. 5

pressão hidrostática *Veja* turgidez (turgência).

pressão osmótica Quantidade de pressão hidrostática que evita a osmose para dentro do citoplasma ou outro fluido hipertônico. 88

previsão Afirmação, baseada em hipótese, sobre uma condição que deve existir se a hipótese não estiver incorreta; frequentemente chamada de processo "se-então". 12

primeira lei da termodinâmica A energia não pode ser criada ou destruída. 94

procarioto Organismo unicelular no qual o DNA não está contido em um núcleo; uma bactéria ou arqueano. 56

produto Molécula restante no final de uma reação. 96

produtor Autótrofo; um organismo que faz seu próprio alimento utilizando carbono de moléculas inorgânicas como CO_2. A maioria é fotossintética. 6

prófase Estágio da mitose e da meiose no qual os cromossomos se condensam e são anexados a um fuso recém-formado. 146

propagação de cultura de tecido Método no qual células somáticas são induzidas a se dividir repetidamente no laboratório. 213

propriedade emergente Uma propriedade de um sistema que não aparece em nenhuma de suas partes componentes; ex.: células (que são vivas) são compostas por muitas moléculas (que não são vivas). 5

proteína Composto orgânico que consiste de uma ou mais cadeias de polipeptídeos. 44

proteína de adesão Em espécies pluricelulares, uma proteína de membrana que ajuda as células a aderirem entre si ou à matriz extracelular. 80

proteína de reconhecimento Proteína da membrana plasmática que identifica uma célula como pertencendo a *si* (ao próprio tecido corporal do indivíduo). 80

proteína de transporte Proteína de membrana que ajuda passiva ou ativamente íons ou moléculas específicas a entrar ou sair de uma célula. 80

proteína motora Tipo de proteína que, quando energizada pela hidrólise de ATP, interage com elementos do citoesqueleto para mover partes da ou toda a célula; ex.: miosina. 72

proteína receptora Proteína da membrana plasmática que se liga a uma substância em particular fora da célula. 80

protistas Nome informal para eucariotos que não são plantas, fungos nem animais. 8

próton Partícula subatômica carregada positivamente no núcleo de todos os átomos. O número de prótons (o número atômico) define o elemento. 22

pseudópode Um lobo dinâmico do citoplasma envolto por membrana; funciona na mobilidade e na fagocitose por amebas, células ameboides e leucócitos fagocíticos. 73

quimioautótrofo Organismo que faz seu próprio alimento utilizando carbono de fontes inorgânicas, como dióxido de carbono, e energia de reações químicas; quimiossintetizante. 118

raciocínio crítico Processo mental de julgamento de informações antes de aceitá-las. 11

radioisótopo Isótopo com um núcleo instável; decompõe-se em elementos secundários previsíveis a uma taxa previsível. 23

raiz Parte da planta tipicamente abaixo do solo que absorve água e minerais. 170

reação Processo de mudança química. 96

reação de oxidação-redução Reação na qual uma molécula aceita elétrons (fica reduzida) de outra molécula (que fica oxidada). 101

reações dependentes de luz Primeiro estágio da fotossíntese; uma via metabólica na qual a energia luminosa é convertida em energia química (ATP). NADPH e O_2 também se formam. 111

reações independentes de luz Segundo estágio da fotossíntese; via metabólica na qual a enzima rubisco fixa o carbono e a glicose se forma. Esse estágio é executado com ATP e NADPH produzidos nas reações dependentes de luz. *Veja também* ciclo de Calvin–Benson. 111

reagente Molécula que entra em uma reação. 96

receptor Uma molécula ou estrutura que pode reagir a uma forma de estimulação, como energia luminosa, ou se vincular a uma molécula sinalizadora, como um hormônio. 6, 160

relação entre superfície e volume Relação na qual o volume de um objeto aumenta com o cubo do diâmetro, mas a área superficial aumenta com o quadrado. 56

relógio biológico Mecanismo interno medidor de tempo pelo qual os indivíduos ajustam suas atividades sazonalmente, diariamente ou ambos, em resposta a variações ambientais. **226**

replicação de DNA Processo pelo qual uma célula duplica seu DNA antes de se dividir. **144**

reprodução Um processo assexuado ou sexuado pelo qual uma célula-mãe ou organismo produz descendentes. **7**

reprodução vegetativa Crescimento de novas raízes e caules de extensões ou fragmentos de uma planta-mãe; forma de reprodução assexuada nas plantas. **212**

resistência sistêmica adquirida De algumas plantas, um mecanismo que induz as células a produzir e liberar compostos que protegerão tecidos contra-ataque. **162**

respiração aeróbica Via metabólica que decompõe carboidratos para produzir ATP utilizando oxigênio. Produção típica: 36 ATP por molécula de glicose. **124**

retículo endoplasmático (RE) Organela membranosa, um sistema contínuo de sacos e tubos que é uma extensão do envelope nuclear. O RE rugoso é pontuado por ribossomos; o RE liso, não. **66**

ribossomo organela onde ocorre a síntese proteica. Um ribossomo intacto tem duas subunidades, cada uma composta por RNAr e proteínas. **56**

ritmo circadiano Qualquer atividade biológica repetida aproximadamente a cada 24 horas. **163, 226**

RNA Ácido ribonucleico. Tipo de ácido nucleico, tipicamente unifilamentar; importante na transcrição, tradução e controle do gene; alguns são catalíticos. **48**

rubisco Ribulose bisfosfato carboxilase, ou RuBP. Enzima fixadora de carbono de reações de fotossíntese independentes de luz. **115**

sal Composto que se dissolve facilmente na água e libera íons diferentes de H⁺ e OH⁻. **31**

sangue Tecido conjuntivo fluido que é o meio de transporte dos sistemas circulatórios. Nos vertebrados, consiste de plasma, células sanguíneas e plaquetas. **237**

segunda lei da termodinâmica A energia tende a se dispersar espontaneamente. **94**

seleção natural Um processo evolutivo no qual indivíduos de uma população, que variam em suas características hereditárias, sobrevivem e se reproduzem com diferentes graus de sucesso. **10**

semente Óvulo maduro de uma planta com sementes; contém esporófitos embrionários. **209**

senescência De organismos pluricelulares, fase em um ciclo de vida da maturidade à morte; também se aplica à morte de partes, como folhas das plantas. **228**

sistema de endomembranas Série de organelas em interação entre o núcleo e a membrana plasmática; produz lipídeos e proteínas para secreção ou inserção nas membranas celulares. Inclui o retículo endoplasmático, complexo de Golgi e vesículas. **66**

sistema de órgãos Um conjunto de órgãos que interagem quimicamente, fisicamente ou ambos, em uma tarefa comum. **156, 234**

sistema de raiz fasciculado Sistema de raízes composto por uma ampla massa de raízes de tamanho semelhante; típico de monocotiledôneas. **179**

sistema de raiz axial Nas eudicotiledôneas, uma raiz primária e todas as suas ramificações laterais. **179**

sistema de tamponamento Conjunto de substâncias químicas que podem manter o pH de uma solução estável ao doar e aceitar alternadamente íons que contribuem para o pH. **31**

sistema de tecido dérmico Tecidos que cobrem e protegem todas as superfícies expostas da planta. **170**

sistema do tecido vascular Todo o xilema e floema em plantas estruturalmente mais complexas que briófitas. **170**

sistema de tecido fundamental Tecidos que compõem o corpo das plantas e funcionam na fotossíntese, suporte estrutural, armazenamento e outras tarefas. **170**

solo Mistura de diversas partículas minerais (areia, lodo, argila) e matéria orgânica em decomposição (húmus). **188**

soluto Uma substância que pode ser dissolvida. **28**

solvente Substância, tipicamente um líquido, que pode dissolver outras substâncias; ex.: água. **28**

substrato Uma molécula reagente influenciada especificamente por uma enzima. **98**

tabela periódica dos elementos Organização em tabela dos elementos atômicos conhecidos por número atômico. **22**

tecido Em organismos pluricelulares, um grupo de células de tipo especializado que interagem na execução de uma ou mais tarefas. **170, 237**

tecido adiposo Tecido conjuntivo especializado composto por células de armazenamento de gordura. **237**

tecido conjuntivo Tipo mais abundante de tecido animal. Tecidos conjuntivos moles se diferenciam nas quantidades e organizações de fibroblastos e matriz extracelular. Tecido adiposo, cartilagem, tecido ósseo e sangue são tipos especializados. **236**

tecido muscular cardíaco Um tecido contrátil (contração involuntária) presente apenas na parede cardíaca. **238**

tecido muscular esquelético Tecido contrátil que é o parceiro funcional do osso. **238**

tecido muscular liso Tecido contrátil na parede de órgãos internos moles. **239**

tecido nervoso Tecido animal que consiste de neurônios e, frequentemente, neuróglia. **239**

tecido ósseo Nos vertebrados, um tecido conjuntivo especializado com matriz endurecida por cálcio e outros íons minerais. 237

telófase Estágio da mitose durante o qual cromossomos chegam nos polos do fuso e se descondensam, e novos núcleos são formados. 146

temperatura Medida de movimento molecular. 29

teoria celular Todos os organismos são compostos por uma ou mais células; a célula é a menor unidade de vida; cada nova célula surge de outra célula, e uma célula passa material hereditário para seus descendentes. 55

teoria científica Hipótese que não foi desacreditada depois de muitos anos de testes rigorosos e é útil para fazer previsões sobre outros fenômenos. 12

teoria de coesão-tensão Explicação sobre como a água vai das raízes às folhas nas plantas; a evaporação da água das folhas cria uma pressão negativa contínua (tensão) que puxa a água das raízes para cima em uma coluna coesa. 192

teoria do fluxo de pressão Teoria de que o fluxo de fluido, com nutrientes, através do floema (translocação) é conduzido pela diferença na pressão osmótica entre o local de produção/armazenamento e as regiões de consumo. 196

tigmotropismo Crescimento redirecionado de uma planta em resposta ao contato com um objeto sólido; ex.: uma videira se enrolando em uma estaca. 225

traço Uma característica física, bioquímica ou comportamental de um indivíduo. 7

translocação Acoplamento de um pedaço de um cromossomo rompido a outro cromossomo. Além disso, o movimento de compostos orgânicos através do floema. 196

transpiração Perda de água por evaporação de uma planta. 192

transporte ativo Mecanismo pelo qual um soluto se move por uma membrana celular contra seu gradiente de concentração, através de um transporte de proteína. Exige entrada de energia, como do ATP. 85, 158

transporte passivo Mecanismo pelo qual um gradiente de concentração conduz o movimento de um soluto através de uma membrana celular semipermeável, por uma proteína transportadora; não há gasto energético. 84, 158

traqueíde Tipo de célula estreita no xilema, morto na maturidade; suas paredes perfuradas fazem parte de um tubo condutor de água. 172, 192

triglicerideo Lipídeo com três caudas de ácido graxo acopladas a uma molécula de glicerol. 42

tropismo Reação de crescimento direcional a um estímulo ambiental. 224

tubo crivado Tubo de condução no floema; distribui açúcares ao longo de uma planta. 173

tumor Massa anormal de células. Células tumorais benignas ficam em seu tecido inicial; malignas invadem outros lugares no corpo e iniciam novos tumores. *Veja também* neoplasma. 150

turgidez Pressão hidrostática. Pressão que um fluido exerce contra uma parede, membrana ou outra estrutura que o contém. 88

vacúolo central Uma organela repleta de fluido em muitas células vegetais. 69

vacúolo Organela repleta de fluido que isola ou descarta impurezas, resíduos ou materiais tóxicos. 67

variável Em experimentos, uma característica ou evento que se diferencia entre indivíduos e pode mudar com o tempo. 13

vernalização Estímulo da floração na primavera pela baixa temperatura no inverno. 227

vesícula Pequena organela envolta por membrana semelhante a um saco; diferentes tipos armazenam, transportam ou degradam seu conteúdo. 67

via metabólica Série de reações mediadas por enzimas pelas quais as células constroem, remodelam ou decompõem moléculas orgânicas; ex.: fotossíntese. 100

xilema Tecido complexo de plantas vasculares; conduz água e solutos através de tubos que consistem de paredes interconectadas de células mortas. 172

Créditos das imagens

SUMÁRIO **Página v** Lilyana Vynogradova/Photos.com; Lisa Starr; Hemoglobin models: PDB ID: 1GZX; Paoli, M., Liddington, R., Tame, J., Wilkinson, A., Dodson, G., Crystal structure of T state hemoglobin with oxygen bound at all four haems. J.Mol.Biol., v256, p. 775–792, 1996. **Página vi** Archimedes; Dylan T. Burnette e Paul Forscher; Dr. Ron Dengler/Visuals Unlimited/Corbis/Latinstock; Sebastian Kaulitzki/Photos.com. **Página vii** Dartmouth Electron Microscope Facility; Paul Senyszyn/Photos.com; Michael Taylor/Shutterstock. **Página viii** Dr. Pascal Madaule, France; Cory Gray; Cortesia de Dr. Thomas L. Rost. **Página ix** Amanda Rohde/Photos.com; Jeremy Burgess/ SPL/ Photo Researchers; Jupiterimages/Photos.com. **Página x** Raymond Walters College, Biology/University of Cincinnati; Merlin Tuttle/Photo Researchers/Latinstock; Dr. Alvin Telser/Visuals Unlimited/Corbis/ Latinstock.

CAPÍTULO 1 **Página 1** NASA Space Flight Center. **Página 2** Cortesia de Conservation International. **Página 3** Lisa Starr; Jack de Coningh; Amea Cotton/Photos.com; Nick Brent; Ulrike Hammerich/Photos.com. **Página 4** (da esquerda para a direita) Lisa Starr; Lisa Starr; Micrograph Ed Reschke; Levent Konuk/Shutterstock; Krzysztof Odziomek/Shutterstock; Rendered with Atom In A Box, copyright Dauger Research, Inc. **Página 5** (da esquerda para a direita) Olga Khoroshunova/Photos.com; Stockbyte/Photos.com; Peter Scoones; NASA; NASA. **Página 6** Lisa Starr; Eric Isselée/Photos.com. **Página 7 a** Jack de Coningh; **b** Jack de Coningh; **c** Jack de Coningh; **d** Jack de Coningh; **e** Jack de Coningh; Lisa Starr. **Página 8** Dr. Richard Frankel; Janice Haney Carr/Centers for Disease Control and Prevention; Susan Barnes; Dr. Harald Huber, Dr. Michael Hohn, Prof. Dr. K.O.Stetter/University of Regensburg, Germany. **Página 9** A Cotton Photo/Shutterstock; James Evarts; Emiliania Huxleyi. Photograph by Vita Pariente. Scanning electron micrograph taken on a Jeol T330A instrument at the Texas A & M University Electron Microscopy Center; Carolina Biological Supply Company; Ying Feng Johansson/ Photos.com; Jeff Grabert/Photos.com; Edward S. Ross; John A. Anderson/ Shutterstock. **Página 10 a** Photographs courtesy Derrell Fowler, Tecumseh, Oklahoma; **a** Photographs courtesy Derrell Fowler, Tecumseh, Oklahoma; **b** Photographs courtesy Derrell Fowler, Tecumseh, Oklahoma. **Página 13 a** Lilyana Vynogradova/Photos.com; **b** Centers for Disease Control and Prevention; **c** Ulrike Hammerich/Photos.com.**Página 14** Lisa Starr. **Página 15 a** Matt Rowlings/ European Butterflies; **b** Adrian Vallin; **c** Antje Schulte.**Página 16 a** Gary Head; **b** Gary Head; **c** Gary Head; **d** Gary Head. **Página 18 a, b, c, d, e, f** (seis borboletas) Scientific Paper; Adrian Vallin, Sven Jakobsson, Johan Lind and Christer Wiklund, Proc. R. Soc. B (2005 272, 1203, 1207). Used with permission of The Royal Society and the author. **Página 19** Wim van Egmond/ Micropolitan Museum.

CAPÍTULO 2 **Página 20** Wojciech Gajda/ Photos.com. **Página 21** Domínio público; Aispix/Shutterstock; Bill Beatty/ Visuals Unlimited; R. B. Suter/Vasar College; Jose Carlos Pires Pereira/Photos.com. **Página 22** Domínio público; Arte, Lisa Starr; Lisa Starr; **Página 23 a**Courtesy GE Healthcare; **b** Courtesy GE Healthcare. **Página 24** Lisa Starr; Aispix/Shutterstock. **Página 25** Lisa Starr; Lisa Starr; NR/ Photos.com. **Página 26** Gary Head; Lisa Starr; Bill Beatty/ Visuals Unlimited; Lisa Starr; Lisa Starr. **Página 27** Lisa Starr, Lisa Starr, Lisa Starr. **Página 28** Lisa Starr; Lisa Starr; Sergey Peterman/Photos.com; Lisa Starr; Lisa Starr. **Página 29** Lisa Starr; **a** Michal Boubin/Photos.com; **b** R. B. Suter, Vasar College; **c** Lisa Starr; **Página 30** JupiterImages Corporation. **Página 31** Michael Grecco/ Picture Group; Michael Steden/Photos.com.

CAPÍTULO 3 **Página 34** ThinkStock/ SuperStock; Lisa Starr. **Página 35** Tim Davis/ Photo Researchers; JupiterImages; Kenneth Lorenzen; Dr. Gopal Murti/ SPL/ Photo Researchers; PDB ID:1BNA; H. R. Drew, R. M. Wing, T. Takano, C. Broka, S. Tanaka, K. Itakura, R. E. Dickerson; Structure of a B-DNA Dodecamer. Conformation and Dynamics; PNAS V. 78 2179, 1981. **Página 36 a** Lisa Starr; **b** JupiterImages ; Lisa Starr; Lisa Starr; Lisa Starr; Lisa Starr; Lisa Starr. **Página 37** National Cancer Institute/ Photo Researchers; **a** Hemoglobin models: PDB ID: 1GZX; Paoli, M., Liddington, R., Tame, J., Wilkinson, A., Dodson, G., Crystal structure of T state hemoglobin with oxygen bound at all four haems. J.Mol.Biol., v256, p. 775–792, 1996.; **b** Hemoglobin models: PDB ID: 1GZX; Paoli, M., Liddington, R., Tame, J., Wilkinson, A., Dodson, G., Crystal structure of T state hemoglobin with oxygen bound at all four haems. J.Mol.Biol., v256, p. 775–792, 1996.; **c** Hemoglobin models: PDB ID: 1GZX; Paoli, M., Liddington, R., Tame, J., Wilkinson, A., Dodson, G., Crystal structure of T state hemoglobin with oxygen bound at all four haems. J.Mol.Biol., v256, p. 775–792, 1996; **Página 38** Lisa Starr; Lisa Starr; Lisa Starr; Tim Davis/ Photo Researchers; **Página 39** Lisa Starr. **Página 40** Lisa Starr; JupiterImages; Lisa Starr. **Página 41** Lisa Starr; Lisa Starr; JupiterImages; Lisa Starr. **Página 42 a, b. c** Lisa Starr with PDB file courtesy of Dr. Christina A. Bailey,/Department of Chemistry and Biochemistry/California Polytechnic State University, San Luis Obispo, CA.; Gentoo Multimedia /Shutterstock; Lisa Starr with PDB file courtesy of Dr. Christina A. Bailey/Department of Chemistry and Biochemistry/California Polytechnic State University, San Luis Obispo, CA. **Página 43** Lisa Starr; Lisa Starr; Lisa Starr; Kenneth Lorenzen. **Página 44** Lisa Starr; PDB files from NYU Scientific Visualization Lab. **Página 45 a** Lisa Starr; **b** Lisa Starr; Conforme: "Introduction to Protein Structure", 2nd ed., Branden & Tooze, Garland Publishing, Inc.; **c** PDB ID: 1BBB; Silva, M. M., Rogers, P. H., Arnone, A.; A third quaternary structure of human hemoglobin A at 1.7-… resolution; "J Biol Chem" 267 p. 17248 (1992); **d** Lisa Starr. **Página 46** PDB ID: 1BBB; Silva, M. M., Rogers, P. H., Arnone, A.; A third quaternary structure of human hemoglobin A at 1.7-… resolution; "J Biol Chem" 267 p. 17248 (1992); PDB ID: 1BBB; Silva, M. M., Rogers, P. H., Arnone, A.; A third quaternary structure of human hemoglobin A at 1.7-… resolution; "J Biol Chem" 267 p. 17248 (1992). **Página 47 a, b** PDB files from New York University Scientific Visualization Center, **c** Dr. Gopal Murti/ SPL/ Photo Researchers; **d** Cortesia de Melba Moore. **Página 48** PDB files from Klotho Biochemical Compounds Declarative Database; **a** Lisa Starr; **b** Lisa Starr. **Página 49** PDB ID:1BNA; H. R. Drew, R. M. Wing, T. Takano, C. Broka, S. Tanaka, K. Itakura, R. E. Dickerson; Structure of a B-DNA Dodecamer. Conformation and Dynamics; PNAS V. 78 2179, 1981. **Página 51** Lisa Starr.

CAPÍTULO 4 **Página 52** JupiterImages; Stephanie Schuller/ Photo Researchers. **Página 53** Sebastian Kaulitzki/Photos.com; Dr. Gopal Murti/ Photo Researchers; Dr. Ron Dengler/Visuals Unlimited/ Corbis/Latinstock; Advanced In Vitro Cell Technologies; Dylan T. Burnette and Paul Forscher. **Página 54** Dr.Tony Brian & David Parker/Science Photo Library/Latinstock; Sebastian Kaulitzki/Photos.com. **Página 55 a** ScEYEence Studios; Linda Hall Library, Kansas City, MO; Parke-Davis; **b** The Royal Society; Michael W. Davidson, Molecular Expressions. **Página 56** Lisa Starr; **a** Lisa Starr; **b** Lisa Starr; **c** Lisa Star. **Página 57 a** Lisa Starr; **b** Lisa Starr; **c** Lisa Starr. **Página 58** JupiterImages; **a** Lisa Starr; **b** Lisa Starr; Geoff Tompkinson/ Science Photo Library

/Photo Researchers. **Página 59 a** Jeremy Pickett-Heaps/School of Botany, University of Melbourne; **b** Jeremy Pickett-Heaps/School of Botany, University of Melbourne; **c** Prof. Franco Baldi; **d** Jeremy Pickett-Heaps/School of Botany, University of Melbourne; **e** Jeremy Pickett-Heaps/School of Botany, University of Melbourne; **a** Lisa Starr; **beija-flor** Richard Rodvold/Photos.com; **corredora** Lev Kropotov/Photos.com; **sequoia** Cortesia de Billie Chandler. **Página 60** Lisa Starr; **a** Archimedes; **b** K.O. Stetter & R. Rachel/Univ. Regensburg; **c** K.O. Stetter & R. Rachel/Univ. Regensburg. **Página 61 Figura 4.12 a** Rocky Mountain Laboratories, NIAID, NIH; **b** Dr. Ron Dengler/Visuals Unlimited/Corbis/Latinstock; **Figura 4.13** Cortesia de Roberto Kolter Lab/Harvard Medical School. **Página 62 a** Dr. Gopal Murti/ Photo Researchers; **b** M.C. Ledbetter/Brookhaven National Laboratory. **Página 63** Lisa Starr; Lisa Starr. **Página 64** (esquerda) Lisa Starr; (direita) Kenneth Bart; **Página 65** (da esquerda para a direita) Lisa Starr; ScEYEnce Studios; Martin W. Goldberg/Durham University, UK; Lisa Starr. **Página 66** Lisa Starr; Kenneth Bart; Don W. Fawcett/ Visuals Unlimited. **Página 67** Computer enhanced by Lisa Starr; Don W. Fawcett/ Visuals Unlimited; Micrograph, Gary Grimes. **Página 68** Conner's Way Foundation. **Página 69 Figura 4.20** Lisa Starr; Lisa Starr; Micrograph, Keith R. Porter; **Figura 4.21** Lisa Starr; Lisa Starr; Dr. Jeremy Burgess/ SPL/ Photo Researchers. **Página 70** Lisa Starr; Lisa Starr; Russell Kightley/ Photo Researchers; Lisa Starr. **Página 71 Figura 4.23** George S. Ellmore; **Figura 4.24** Micrograph Ed Reschke; Bone Clones; **Figura 4.25** Lisa Starr; Advanced In Vitro Cell Technologies. **Página 72** Lisa Starr; Lisa Starr; Lisa Starr; Dylan T. Burnette e Paul Forscher; **Figura 4.27** Lisa Starr. **Página 73 a** Dow W. Fawcett/ Photo Researchers; **b** Mike Abbey/ Visuals Unlimited; **Figura 4.29** Don W. Fawcett/ Photo Researchers; Conforme Stephen L. Wolfe, Molecular e Cellular Biology, Wadsworth, 1993; ScEYEnce Studios; ScEYEnce Studios; ScEYEnce Studios. **Página 74** UN, raduar, Chris Keeney. **Página 75 a** De "Tissue & Cell", Vol. 27, p. 421-427, Cortesia de Bjorn Afzelius, Stockholm University; **b** De "Tissue & Cell", Vol. 27, p. 421-427, Cortesia de Bjorn Afzelius, Stockholm University; P. L. Walne e J. H. Arnott, Planta, 77:325-354, 1967.

CAPÍTULO 5   **Página 76** Cortesia de The Cody Dieruf Benefit Foundation; Cortesia de Bobby Brooks e The Family of Jeff Baird; Cortesia de Steve & Ellison Widener e Breathe Hope; Cortesia de The family of Benjamin Hill, reimpresso com permissão de Chappell/Marathonfoto; Cortesia de The Family of Savannah Brooke Snider; Cortesia de the family of Brandon Herriott; Lisa Starr. **Página 77** Lisa Starr; Alex Bramwell/Photos.com; Lisa Starr; Claude Nuridsany & Marie Perennou/ Science Photo Library/ Photo Researchers. **Página 78** Lisa Starr; Lisa Starr; Lisa Starr; Lisa Starr; Lisa Starr. **Página 79** Lisa Starr; Lisa Starr; Lisa Starr. **Página 80** (esquerda) PDB ID:1JV2; Xiong, J. P., Stehle, T., Diefenbach, B., Zhang, R., Dunker, R., Scott, D. L., Joachimiak, A., Goodman, S. L., Arnaout, M. A.: Crystal Structure of the Extracellular Segment of Integrin; (direita) Chris Keeney with Human growth hormone: PDB ID:1A22; Clackson, T., Ultsch, M. H., Wells, J. A., de Vos, A. M.: Structural and functional analysis of the 1:1 growth hormone: receptor complex reveals the molecular basis for receptor affinity. **Página 81** J Mol Biol 277 p. 1111 (1998); HLA: PDB ID: 1AKJ; Gao, G. F., Tormo, J., Gerth, U. C., Wyer, J. R., McMichael, A. J., Stuart, D. I., Bell, J. I., Jones, E. Y., Jakobsen, B. K.; Crystal structure of the complex between human CD8alpha (alpha) e HLA-A2; Nature 387 p. 630 (1997); glut1: PDB ID:1JA5; Zuniga, F. A., Shi, G., Haller, J. F., Rubashkin, A., Flynn, D. R., Iserovich, P., Fischbarg, J.: A Three-Dimensional Model of the Human Facilitative Glucose Transporter Glut1 J.Biol.Chem. 276 p. 44970 (2001); calcium pump: PDB ID:1EUL; Toyoshima, C., Nakasone, M., Nomura, H., Ogawa, H.: Crystal Structure of the Calcium Pump of Sarcoplasmic Reticulum at 2.6 Angstrom Resolution. Nature 405 p. 647 (2000); ATPase: PDB ID:18HE; Menz, R. I., Walker, J. E., Leslie, A. G. W.: Structure of Bovine Mitochondrial F1-ATPase with Nucleotide Bound to All Three Catalytic Sites: Implications for the Mechanism of Rotary Catalysis. Cell (Cambridge, Mass.) 106 p. 331 (2001); (imagens abaixo da membrana) Lisa Starr. **Página 82 Figura 5.6** Lisa Starr; **Figura 5.7** Raychel Ciemma; (foto) Andrew Lambert Photography/Photo Researchers. **Página 83** Lisa Starr; Lisa Starr; Lisa Starr. **Página 84 A** PDB files from NYU Scientific Visualization Lab.Page; **B** PDB files from NYU Scientific Visualization Lab.Page; **C** PDB files from NYU Scientific Visualization Lab.Page. **Página 85 A** Conforme: David H. MacLennan, William J. Rice, and N. Michael Green, "The Mechanism of Ca2+ Transport by Sarco (Endo) plasmic Reticulum Ca2+-ATPases." JBC Volume 272, n. 46, Issue of November 14, 1997, p. 28815–28818; **B** Conforme: David H. MacLennan, William J. Rice, and N. Michael Green, "The Mechanism of Ca2+ Transport by Sarco (Endo) plasmic Reticulum Ca2+-ATPases." JBC Volume 272, n. 46, Issue of November 14, 1997, p. 28815–28818; Figura 5.11 Lisa Starr. **Página 86** Lisa Starr. **Página 87 A-C** Lisa Starr; Lisa Starr. **Página 88** Lisa Starr. **Página 89 A** Lisa Starr; **B-D** Blam/Shutterstock; **a** Gary Head; **b** Claude Nuridsany & Marie Perennou/ Science Photo Library/ Photo Researchers; **c** Claude Nuridsany & Marie Perennou/ Science Photo Library/ Photo Researchers. **Página 91 Figura 5.19** Lisa Starr; Nancy Nehring/Photos.com.

CAPÍTULO 6   **Página 92** BananaStock/SuperStock; Lisa Starr. **Página 93** Catherine Yeulet/Photos.com; Carolina K. Smith/Photos.com; JupiterImages; Sara Lewis/Tufts University. **Página 94** MR/Photos.com; Lisa Starr. **Página 95** JupiterImages; Lisa Starr. **Página 96** Lisa Starr; Lisa Starr. **Página 97** Lisa Starr; Lisa Starr; **A-C** Lisa Starr. **Página 98** Lisa Starr; Hemoglobin models: PDB ID: 1GZX; Paoli, M., Liddington, R., Tame, J., Wilkinson, A., Dodson, G.; Crystal structure of T state hemoglobin with oxygen bound at all four haems. J.Mol.Biol., v256, p. 775–792, 1996; Hemoglobin models: PDB ID: 1GZX; Paoli, M., Liddington, R., Tame, J., Wilkinson, A., Dodson, G., Crystal structure of T state hemoglobin with oxygen bound at all four haems. J.Mol.Biol., v256, p. 775–792, 1996; **Figura 6.11** Lisa Starr. **Página 99 Figura 6.12** Lisa Starr; Vasiliy Koval/Photos.com; **Figura 6.13** Lisa Starr; Christopher Mansfield/Photos.com. **Página 100** Lisa Starr; Lisa Starr; Lisa Starr. **Página 101** JupiterImages; Lisa Starr; Lisa Starr. **Página 102 Figura 6.18** Sara Lewis/Tufts University; Lisa Starr; **Figura 6.19** Cortesia de Systems Biodynamics Lab, P.I. Jeff Hasty/UCSD Department of Bioengineering, and Scott Cookson. **Página 103** Lisa Starr; Lisa Starr; Lisa Starr; Lisa Starr; **Figura 6.20** Courtesy Dr. Edward C. Klatt; Cortesia de Downstate Medical Center, Department of Pathology, Brooklyn, NY. **Página 105** Lisa Starr.

CAPÍTULO 7   **Página 106** Peggy Greb/USDA; Roger W. Winstead/NC State University. **Página 107** Photodisc/ Getty Images; Lisa Starr; Cortesia de John S. Russell, Pioneer High School; Richard Uhlhorn Photography; JupiterImages. **Página 108 a** Photodisc/ Getty Images; **b** Lisa Starr; **c** Lisa Starr. **Página 109** Lisa Starr; Lisa Starr; Larry West / FPG / Getty Images. Página 110 Jason Sonneman; Lisa Starr; Lisa Starr. **Página 111** Lisa Starr; **A** Photodisc/ Getty Images; Lisa Starr; Lisa Starr; **B** Lisa Starr; Lisa Starr; **C** Lisa Starr. **Página 112** Lisa Starr; Lisa Starr. **Página 113** Lisa Starr. **Página 114 A** Lisa Starr; **B** Lisa Starr. **Página 115** Lisa Starr; Lisa Starr; Lisa Starr. **Página 116** Cortesia de John S. Russell, Pioneer High School; Lance Bellers/Photos.com; Micrograph by Ken Wagner/ Visuals Unlimited, computer-enhanced by Lisa Starr. **Página 117** Lisa Starr; Lisa Starr; Lisa Starr; Lisa Starr. **Página 118** (foto de baixo) Richard Uhlhorn Photography. **Página 119** JupiterImages. **Página 121 Figura 7.17** Lisa Starr; JupiterImages.

CAPÍTULO 8   **Página 122** Michael Taylor/Shutterstock; Louise Chalcraft-

Frank and FARA. **Página 123** Philip Robertson/Photos.com; Lisa Starr; Lisa Starr; Valueline/Photos.com; Olga Nayashkova/Photos.com. **Página 124** Elena Elisseeva/Photos.com; Elena Koulik/Shutterstock; Cary Cohen/Photos.com; a-c Lisa Starr. **Página 125** Lisa Starr; Lisa Starr. **Página 126** Lisa Starr; Lisa Starr; Lisa Starr; Lisa Starr. **Página 127** Lisa Starr. **Página 128 a-b** Lisa Starr; Lisa Starr. **Página 129** Lisa Starr; Lisa Starr. **Página 130** Lisa Starr; Lisa Starr; Lisa Starr. **Página 131** Lisa Starr. **Página 132 a-b** Lisa Starr; Lisa Starr. **Página 133 Figura 8.10** Valueline/Photos.com; Stephanie Frey/Photos.com; Dr. Dennis Kunkel/ Visuals Unlimited; **Figura 8.11** Daniel Hurst/Photos.com; Cortesia de William MacDonald, M.D. **Página 134** Kevin Snair/Photos.com. **Página 135** Lisa Starr. **Página 136** Lisa Starr. **Página 137** Lisa Starr. **Página 138 a** Steve Gschmeissner/ Photo Researchers; **b** Images Paediatr Cardiol; **c** Lisa Starr. **Página 139** Francis Leroy, Biocosmos/ SPL/ Photo Researchers.

CAPÍTULO 9 **Página 140** Dr. Pascal Madaule, France. **Página 141** Dream Designs/Shutterstock; Leonard Lessin/Photoresearchers/Latinstock; Michael Clayton/ Department of Botany, University of Wisconsin; Michael Clayton/ Department of Botany, University of Wisconsin; R. Michael Ballard/Shutterstock. Página **142** Lisa Starr. **Página 143** Dream Designs/Shutterstock; O. L. Miller, Jr., Steve L. McKnight; Lisa Starr. **Página 144** ScEYEnce Studios. **Página 145** Leonard Lessin/Photoresearchers/Latinstock; Lisa Starr; Lisa Starr. **Página 146** Michael Clayton/ Department of Botany, University of Wisconsin; Ed Reschke. **Página 147** (imagens da esquerda) Michael Clayton/ Department of Botany, University of Wisconsin; (imagens da direita) Lisa Starr. **Página 148** Lisa Starr; Micrograph D. M. Phillips/ Visuals Unlimited; Michael Clayton/ Department of Botany, University of Wisconsin. **Página 149** Lennart Nilsson/Bonnierforlagen AB; Lennart Nilsson/Bonnierforlagen AB. **Página 150** Phillip B. Carpenter/Department of Biochemistry and Molecular Biology, University of Texas - Houston Medical School; Phillip B. Carpenter/Department of Biochemistry and Molecular Biology, University of Texas - Houston Medical School; Michael Taylor/Shutterstock. **Página 151** Lisa Starr; **Figura 9.12 a** R. Michael Ballard/Shutterstock; **b** Jubal Harshaw/Shutterstock; **c** Convit/Shutterstock. **Página 153 Figura 9.13** Cortesia de Dr. Thomas Ried, NIH and the American Association for Cancer Research; David C. Martin, Ph.D; Lisa Starr.

CAPÍTULO 10 **Página 154** Sebastian Kaulitzki/Photos.com; Sebastian Kaulitzki/Photos.com. **Página 155** Photo Insolite Realite/Science Photo Library/Latinstock; Erwin & Peggy Bauer; G. J. McKenzie/MGS. **Página 156** Lisa Starr; Cortesia de Charles Lewallen; Dartmouth Electron Microscope Facility; Cortesia de Prof. Alison Roberts/University of Rhode Island. **Página 157** Art by Lisa Starr with PhotoDisc; Photo Insolite Realite/Science Photo Library/Latinstock; Dr. Robert Wagner/Biology/University of Delaware. **Página 158** Comstock Images/Photos.com; NR/Photos.com. **Página 159 a** Cortesia de the National Park Service; **b** Cory Gray; **c** Feng Yu/Photos.com; **d** Biophoto Associates/Photo Researchers; **Figura 10.6 a** Amanda Rohde/Photos.com; **b** Erwin & Peggy Bauer. **Página 160** Lisa Starr; Lisa Starr; Steve Gschmeissner/Science Photo Library/Latinstock. **Página 162 A-C** Lisa Starr; Zadiraka Evgenii/Shutterstock. **Página 163** Jonathan Lenz/Shutterstock; G. J. McKenzie/MGS; (sequência) Frank B. Salisbury. **Página 164** Lisa Starr; Lisa Starr. **Página 165 a** Cortesia de Dr.Kathleen K. Sulik/Bowles Center for Alcohol Studies, the University of North Carolina at Chapel Hill; **b** Cortesia de Dr.Kathleen K. Sulik/Bowles Center for Alcohol Studies, the University of North Carolina at Chapel Hill; P Barber/Custom Medical Stock Photo/Getty Images. **Página 167** Jim Christensen/Fine Art Digital Photographic Image.

CAPÍTULO 11 **Página 168** Temistocle Lucarelli/Photos.com. **Página 169** Jim Plumb/Photos.com; Cortesia de Dr. Thomas L. Rost; Biodisc/ Visuals Unlimited; David W. Stahle/Department of Geosciences, University of Arkansas; Jubatur/iStockphoto.com. **Página 170** Lisa Starr. **Página 171 A** Michael Clayton/ University of Wisconsin; NR/Photos.com; Cortesia de Dr. Thomas L. Rost; Franz Holthuysen, Making the invisible visible, Electron Microscopist, Phillips Research; Lisa Starr; **B** Douglas Freer/Shutterstock; Jim Plumb/Photos.com; Gary Head; Cortesia de Janet Wilmhurst/Landcare Research, New Zeeland; Lisa Starr; **Figura 28.4 a** Lisa Starr; **b** Lisa Starr. **Página 172** Lisa Starr; Donald L. Rubbelke/ Lakeland Community College. **Página 173 Figura 11.7 a** Dr. Dale M. Benham/Nebraska Wesleyan University; **b** D. E. Akin and I. L. Risgby, Richard B. Russel/\Agricultural Research Service, U.S.; **c** Kingsley R. Stern; **Figura 11.8 a-c** Lisa Starr; Andrew Syred/ Photo Researchers. **Figura 11.9** George S. Ellmore. **Página 174 a-c** Lisa Starr; **d** Elena Blokhina/Shutterstock; Gary Head. **Página 175 A** Lisa Starr; Ray F. Evert; James W. Perry; **B** Lisa Starr; Carolina Biological Supply Company; James W. Perry. **Página 176 a** Lisa Starr; **b** Lisa Starr; **c** Benjamin de Bivort; **d** Sigman; Kenneth Bart. **Página 177 A** Ledo/Photos.com; **B** Lisa Starr; **C** C. E. Jeffree, et al., Planta, 172(1):20-37, 1987. Reprinted by permission of C. E. Jeffree and Springer-Verlag; **D** Jeremy Burgess/ SPL/ Photo Researchers; **Figura 11.15** Cortesia de Dr. Thomas L. Rost; Gary Head. **Página 178** Conforme Salisbury and Ross, Plant Physiology, Fourth Edition, Wadsworth; Biodisc/ Visuals Unlimited; Brad Mogen/ Visuals Unlimited; Dr. John D. Cunningham/ Visuals Unlimited. **Página 179 Figura 11.17 a** Brad Mogen/ Visuals Unlimited; **b** Dr. John D. Cunningham/ Visuals Unlimited; **c** Michael Clayton/ University of Wisconsin, Department of Botany; **Figura 11.18 a** Lisa Starr; **b** Lisa Starr. **Página 180** Lisa Starr. **Página 181** Lisa Starr; Peter Gasson/ Royal Botanic Gardens, Kew. **Página 182 A** Peter Ryan/ SPL/ Photo Researchers; **B** Jon Pilcher; **C** George Bernard/ SPL/ Photo Researchers; Lisa Starr; **a** National Oceanic and Atmospheric Administration/NOAA; **b** David W. Stahle/Department of Geosciences, University of Arkansas. **Página 183 a** Michael Clayton/ University of Wisconsin, Department of Botany; **b** Anan Kaewkhammul/Shutterstock; **c** Jubatur/iStockphoto.com; **d** Eric Sueyoshi/Audrey Magazine; **e** Chase Studio/ Photo Researchers; **f** Josue Cervantes/Photos.com. **Página 184** Lisa Starr. **Página 185 Figura 11.24** Lisa Starr; Edward S. Ross; Edward S. Ross; Ian Young/Scottish Rock Garden Club; Cortesia de Jeff Hutchison, University of Florida Center for Aquatic and Invasive Plants.

CAPÍTULO 12 **Página 186 a** Argonne National Laboratories for the Department of Energy; **b** Billy Wrobel/ Argonne National Laboratories for the Department of Energy. **Página 187** Cortesia de Stephanie G. Harvey/Georgia Southwestern State University; Wally Eberhart/ Visuals Unlimited; Jeremy Burgess/ SPL/ Photo Researchers; Jubal Harshaw/Shutterstock. **Página 188** JupiterImages. **Página 189** Cortesia de Stephanie G. Harvey/Georgia Southwestern State University. **Página 190 a** Cortesia de Mark Holland/Salisbury University; **b** Cortesia de Iowa State University Plant and Insect Diagnostic Clinic; **c** Wally Eberhart/ Visuals Unlimited; **d** Niftal Project/University of Hawaii, Maui. **Página 191** Lisa Starr; Dr. John D. Cunningham/ Visuals Unlimited; Lisa Starr; Lisa Starr; Lisa Starr. **Página 192 a** Alison W. Roberts/University of Rhode Island; Lisa Starr; **b** H. A. Core, W. A. Cote and A. C. Day, Wood Structure and Identification, 2nd Ed., Syracuse University Press, 1979; Lisa Starr; **c** H. A. Core, W. A. Cote and A. C. Day, Wood Structure and Identification, 2nd Ed., Syracuse University Press, 1979; Lisa Starr. **Página 193** The Ohio Historical Society, Natural History Collections; Lisa Starr; Lisa Starr; Lisa Starr; Lisa Starr. **Página 194 A** Micrograph by Ken Wagner/ Visuals Unlimited, computer-enhanced by Lisa Starr; **B** Cortesia de E. Raveh; **C** Cortesia de E. Raveh; **D** Cortesia de E. Raveh; **E** Cortesia de E. Raveh. **Página 195** Mikefahl/Photos.com; Jeremy Burgess/SPL/ Photo Researchers; Jeremy Burgess/SPL/ Photo Researchers. **Página 196 Figura 12.9 a** James D. Mauseth/MCDB; **b** Jubal Harshaw/Shutterstock; **Figura 12.10** Martin Zimmerman, Science, 1961, 133:73-79, AAAS. **Página 197** Lisa Starr; Lisa Starr; Lisa Starr. **Página 198** Keith Weller/ARS/United States Department of Agriculture; Lisa Starr. **Página 199** Lisa Starr.

CAPÍTULO 13 **Página 200** Alan McConnaughey; Cortesia de James H. Cane, USDA-ARS Bee Biology and Systematics Lab/Utah State University, Logan, UT. **Página 201** Nikolai Okhitin/Photos.com; Dartmouth Electron Microscope Facility; Stephen Ausmus/ARS/United States Department of Agriculture; Peggy Greb/ARS/United States Department of Agriculture. **Página 202** Yoshikazu Hasegawa/Photos.com; Lisa Starr. **Página 203 Figura 13.3** Lisa Starr; **Figura 13.4 a** Ravedave; **b** Cortesia de Joe Decruyenaere; **c** Joaquim Gaspar; **d** Harlo H. Hadow; **e** Jay F. Petersen. **Página 204 a** Jack Dykinga/ARS/United States Department of Agriculture; **b-c** Cordelia Molloy/Science Photo Library/Latinstock. **Página 205** John Alcock/Arizona State University; Merlin Tuttle/Photo Researchers/Latinstock; **Figura 13.7 a** David Goodin; **b** John Alcock/Arizona State University. **Página 206-207** Lisa Starr. **Página 208 a** Dartmouth Electron Microscope Facility; **b** Susumu Nishinaga/Photo Researchers, Inc. **Página 209 A** Raychel Ciemma; Michael Clayton/University of Wisconsin; Michael Clayton/University of Wisconsin; **B** Dr. Charles Good/Ohio State University, Lima; **C** Michael Clayton/University of Wisconsin; **D** Michael Clayton/University of Wisconsin. **Página 210 Figura 13.11** Lisa Starr; **Figura 13.12 a** T. M. Jones; **b** Mary Lane/Photos.com; **c** JupiterImages; **d** Robert H. Mohlenbrock/NRCS/United States Department of Agriculture; **e** Trudi Davidof/Winter Sown; **f** iStockphoto.com/Greggory Frieden. **Página 211 a** Medioimages/Photos.com; **b** Andrew Syred/SPL/Photo Researchers; **c** Stephen Ausmus/ARS/United States Department of Agriculture. **Página 212** Paul Senyszyn/Photos.com. **Página 213 a** Richard Uhlhorn Photography; **b** Peggy Greb/ARS/United States Department of Agriculture; **c** Peggy Greb/ARS/United States Department of Agriculture. **Página 214** Cortesia de Caroline Ford/School of Plant Sciences/University of Reading, UK; NR/Photos.com. **Página 215 Figura 13.16** Steven D. Johnson; Steven D. Johnson; **Figura 13.17 a** Gary Head; **b** Gary Head; Andrey Khritin/Photos.com.

CAPÍTULO 14 **Página 216** Rafal Dubiel/Photos.com. **Página 217** NR/Photos.com; Andrei Sourakov and Consuelo M. De Moraes; Giacomo Nodari/Photos.com. **Página 218** Douglas Freer/Shutterstock. **Página 219 Figura 14.3** Lisa Starr; **Figura 14.4** NR/Photos.com; James D. Mauseth/MCDB. **Página 221 Figura 14.5** Robert Lyons/ Visuals Unlimited; MEPR/Photo Research. **Página 222** Lisa Starr. **Página 223 Figura 14.7 A-C** Lisa Starr; Lisa Starr; **Figura 14.8 a** Cortesia de Dr. Consuelo M. de Moraes; **b-d** © Andrei Sourakov and Consuelo M. de Moraes. **Página 224 A** Michael Clayton/University of Wisconsin; **B-C** Muday, GK and P. Haworth (1994) "Tomato root growth, gravitropism, and lateral development: Correlations with auxin transport." "Plant Physiology and Biochemistry 32, 193-203" with permission from Elsevier Science. **Página 225** Lisa Starr; **Figura 14.10** Rey Rojo/Photos.com; **Figura 14.11** Gary Head; **Figura 14.12** Cary Mitchell. **Página 226** Lisa Starr; Lisa Starr. **Página 227 Figura 14.15** Milous/Photos.com; Lisa Starr; NR/Photos.com; **Figura 14.16** Milous/Photos.com; Lisa Starr; NR/Photos.com; **Figura 14.17** Eric Welzel/Fox Hill Nursery, Freeport, Maine. **Página 228 Figura 14.18** Alina Isakovich/Photos.com; Adrian Chalkley; **Figura 14.19** Larry D. Nooden. **Página 229** Lisa Starr; Lisa Starr. **Página 230** Lisa Starr; Lisa Starr. **Página 231** Kevin Schafer.

Capítulo 15 **Página 232** Bryce Richter/University of Wisconsin-Madison. **Página 233** Lisa Starr; Ed Reschke; Lisa Starr; Jupiterimages/Photos.com. **Página 234** (todas) Lisa Starr. **Página 235 Figura 15.3** Lisa Starr; **Figura 15.4** Lisa Starr; Ray Simons/Photoresearchers/Latinstock; Lisa Starr; Visuals Unlimited/Corbis/Latinstock; Lisa Starr; Don W. Fawcett. **Página 236 a** Biophoto Associates/Photoresearchers/Latinstock; Lisa Starr; **b** Ed Reschke; Lisa Starr; **c** Ed Reschke; Lisa Starr; **d** Steve Gschmeissner/Science Photo Library/Latinstock; Lisa Starr. **Página 237 e** Raymond Walters College, Biology/University of Cincinnati; Lisa Starr; **f** Dr. Alvin Telser/Visuals Unlimited/Corbis/Latinstock; Lisa Starr; **Figura 15.6** Gary Head; Lisa Starr; **Figura 15.7** Chukalina/Shutterstock. **Página 238** Sean Nel/Photos.com; **a** Ed Reschke; **b** Ed Reschke; **c** Biophoto Associates/Photoresearchers/Latinstock. **Página 239** Biophoto Associates/Photoresearchers/Latinstock; Eduard Kyslynskyy/Photos.com. **Página 240** (todas) Lisa Starr. **Página 241** (todas) Lisa Starr. **Página 242 a** Lisa Starr; **b** John D. Cunningham/ Visuals Unlimited; **c** Lisa Starr. **Página 243 Figura 15.14** Jupiterimages/Photos.com; Adaptado de C.P. Hickman, Jr., L.S. Roberts, and A. Larson, Integrated Principles of Zoology, ninth Edition, Wm. C. Brown, 1995; **Figura 15.15** Cortesia de Organogenesis; Cortesia de Organogenesis.

Índice remissivo

Números de página seguidos por um *f* ou *t* indicam figuras e tabelas. ■ indica aplicações. Termos em negrito indicam assuntos mais importantes.

1-metilciclopropeno (MCP), 217, 229
ABA. *Veja* ácido, abscísico
abacaxi, 211
abelhas
    como polinizadoras, 204, 204*f*, 205*t*
    distúrbio do colapso das colônias, 200
    do mirtilo (*Osmia ribifloris*), 204*f*
    mel, 43

A

■ Aberdeen, campo de teste, 186, 186*f*
abetos de Douglas (*Pseudotsuga menziesii*), 185, 185*f*
abscisão, 221, 228, 228*f*
absorção, de nutrientes e água
    micorriza e, 190, 190*f*
    pelas raízes das plantas, 190-191, 190*f*, 191*f*
açafroeira, planta (*Curcuma longa*), 183*f*
acetaldeído, 103, 132
acetil-CoA, 125, 125*f*, 128*f*, 129, 129*f*, 134, 135*f*
ácido(s)
    3-indol-acético (AIA), 322
    abscísico (ABA), 195, 220*t*, 221, 221*t*
    características, 30
    clorídrico (HCl), 30
    como combustível para respiração aeróbica, 134, 135*f*
    desoxirribonucleico. *Veja* DNA
    esteárico, 42*f*
    graxo, 34, 34*f*, 42, 42*f*
    graxo *Cis*, 43*f*
    graxo ômega-3, 42
    graxo ômega-6, 42
    linolênico, 42*f*
    nucleico, 48-49, 48*f*, 50*t*
    oleico, 42*f*, 43*f*
    ribonucleico. *Veja* RNA
    salicílico, 221
    ■ essencial, 42
■ acidose, 31
acompanhamento solar, em plantas, 226
actina
    em citocinese, 148, 148*f*, 149
    funções, 72, 72*f*, 224

    na contração muscular, 72, 238
    no tecido muscular liso, 239
açúcares, simples. *Veja* monossacarídeos
adaptação, evolucionária
    a ambientes extremos, 162-163, 163*f*. *Veja também* termófilos extremos
    ao habitat, 159
    das plantas, aos vetores de dispersão, 210, 210*f*
adaptações para conservação da água
    animais, 157, 158, 242
    plantas, 156, 156*f*, 158, 163, 163*f*, 176, 194-195, 195*f*
adenina (A), 48*f*
adenosina
    monofosfato. *Veja* AMP
    trifosfato. *Veja* ATP
ADH. *Veja* álcool desidrogenase
ADP (adenosina difosfato)
    ciclo do ATP/ADP, 97, 97*f*
    na fotossíntese, 111, 111*f*, 112, 112*f*, 113*f*
    na glicólise, 126, 126*f*-127*f*
    na síntese de ATP, 130, 130*f*
aeróbico, definição, 124
afídeos, 196, 196*f*
Agapanthus, 177*f*
agentes de polinização, 204
agrião-do-campo-alpino (*Thlaspi caerulescens*), 186
■ **agricultura**
    e ciclo do carbono, 119
    propagação vegetal, assexuada, 212-213, 213*f*
    seca e, 168, 182, 182*f*
agrobacterium tumefaciens, 199
água
    ação de enzimas e, 93
    como composto, 25
    congelamento, 29, 29*f*
    difusão através de membranas, 88-89, 88*f*, 89*f*
    equilíbrio soluto-água, 158
    espectro de absorção de, 110
    estrutura, 27, 27*f*, 28, 28*f*
    evaporação

        e movimento da água pelas plantas, 192-193, 193*f*
        processo, 29, 29*f*
    na fotossíntese, 111, 111*f*, 112*f*, 113*f*, 114
    na respiração aeróbica, 125, 125*f*
    nível celular, regulagem em, 76
    pH da, 30
    plantas
        absorção pelas raízes, 190-191, 191*f*
        movimentação pela planta, 29, 29*f*, 192-193, 192*f*, 193*f*
    potável
        ■ flúor na, 21
    propriedades, 28-29, 28*f*, 29*f*
    vida e, 28, 136
albumina, 46
alburno, 181, 181*f*, 182*f*
■ alcalose, 31
■ **álcool (etanol)**
    como combustível, 106
    e alcoolismo, 103
    e colapso por calor, 161
    e fígado, 92
    metabolismo do, 67, 92, 92*f*, 103
    ressaca, 105
álcool(is)
    desidrogenase (ADH), 92, 92*f*, 103
    etílico. *Veja* álcool (etanol)
    grupos funcionais, 38, 38*f*
aldeído desidrogenase (ALDH), 103
aleurona, 222, 222*f*
alface (*Lactuca*), 218
alfafa (*Medicago*), 175*f*
alfa-globina, 46, 46*f*
algas, pigmentos nas, 110
algodão-pólvora (nitrocelulose), 97
■ **alimentação**. *Veja também* alimento; nutrição, humana
    gorduras
        ■ e níveis de colesterol no sangue, 34, 51, 51*f*
        ■ impacto sobre a saúde, 34
■ **alimento**. *Veja também* alimentação; nutrição
    fermentação e, 132-133, 133*f*
    irradiação de, 53, 74

polinizadores e, 200, 200f
- alquimistas, 33
- alturas, mal das, 138
ambientes extremos, adaptação a, 162-163, 163f. *Veja também* termófilos extremos
amebas, 73, 73f, 86
amido
    armazenamento de, 40-41, 69
    estrutura, 40, 41f
amilase, 222, 222f
amiloplastos, 69, 224
aminoácido(s)
    definição, 44
    estrutura, 44, 44f
amoras, 213
AMP (adenosina monofosfato), 97f
Ampelis americano, 210f
anaeróbico, definição, 124
anáfase (mitose), 144f, 146, 147f
anéis de crescimento (anéis de árvore), 181, 182, 182f, 196
anel contrátil, 148-149, 148f
- anemia falciforme
    base molecular, 46, 47f
    sintomas, 47f
angiosperma(s)
    ciclo de vida, 203, 203f, 206, 206f-207f
    coevolução com polinizadores, 204, 214
    estrutura corporal, 170, 170f
    estruturas reprodutivas, 202-203, 202f. *Veja também* flor(es)
    fecundação dupla em, 206-207, 206f-207f, 209
    fertilização, 203, 203f, 206-207, 206f-207f
    formação da semente, 209, 209f
    fruto, 210-211, 211f
    reprodução assexuada, 212-213, 212f
    sinais moleculares em, 208, 208f
animal(is)
    características, 9, 9f
    estrutura, níveis de organização, 234
antera, 202, 202f, 206, 206f-207f
anterior, definição, 240f
- **antibióticos**, resistência a, 61, 102
antioxidante, 99
antocianinas, 109f
- Apligraf (pele cultivada), 243f
aquaporina, 80f-81f, 191
- aquecimento global
    causas do, 119
    e mudança do clima, 168

impacto do, 119
aranha pescadora, 29f
araruta. *Veja* Taro
areia, no solo, 188
argila, como solo, características da, 188
argônio, estrutura atômica, 24f
Ari, Mary, 13f
arquea (archaea). *Veja também* procariontes
    membrana celular, 79
    estrutura, 60
    como domínio, 8, 8t
    características, 8, 8f, 8t, 60, 60f
arroz (*Oryza sativa*), como alimento, 209
árvore(s)
    anéis de crescimento, 181, 182, 182f, 185
    reação à infecção, 162
    reação à lesão, 162, 162f
- **ataque cardíaco**, e o músculo cardíaco, 239
- ataxia de Friedreich, 122, 122f
atmosfera. *Veja também* poluição do ar
    composição
        camada de ozônio, 33
        desenvolvimento da, 118
        e vida, desenvolvimento da, 118
        evolução da, 118, 118f
        mudanças com o decorrer do tempo, 118, 118f
        pesquisa na, 119
    dióxido de carbono na, 119
átomo(s). *Veja também* íon(s)
    características, 22
    como nível de organização, 4, 4f-5f
    definição, 4, 4f-5f
    estrutura, 22, 22f, 24-25, 24f-25f
    interação
        estrutura atômica e, 24-25
        ligações, tipos de, 26-27
ATP (adenosina trifosfato)
    ciclo do ATP/ADP, 97, 97f
    como moeda de energia, 97, 124
    como transportador de energia, 101, 101f, 104
    estrutura, 42, 42f, 97, 97f
    fosforilação, 97
    funções
        citocinese, 148
        contração muscular, 238
        fotorrespiração, 116
        fotossíntese, 115, 115f, 117, 117f
        glicólise, 126, 126f-127f

    transporte através de membrana, 84-85, 85f, 86-87, 86f, 87f
    grupos funcionais, 38, 38f
    vias metabólicas e, 101, 101f
Austrália
    - seca, 168
autopolinização, 200, 200f, 203
autótrofos, 118
auxinas, 220-221, 221f, 221t, 222, 223f, 224, 224f, 236, 236f, 228
aveia (*Avena sativa*), como alimento, 209

B

bacillus, 61f
bactéria magnetotática, 8f
bactéria(s). *Veja também* cianobactérias; procariontes
    biofilmes, 61, 61f
    características, 8, 8f, 8t
    como domínio, 8, 8t
    componente da célula, 75t
    estrutura, 56f, 60, 60f
    fermentação em, 132
    fixadoras de nitrogênio, 190, 190f
    fotossintéticas. *Veja* cianobactérias
    magnetotática, 8f
    no intestino, 52, 52f, 103
    patogênicas, 52, 52f, 60
    reprodução, 60
    resistência a antibióticos, 61, 102
    tamanho e forma, 54f, 61f
baga, como classe de frutos, 211, 211f
bakane (efeito "plantinha boba"), 216
bambu, 116
Bannykh, Sergei, 91
bardana (*Xanthium*), 210-211, 210f, 227
base(s), características das, 30
batata, planta, 183, 183f
- bebedeira, 92, 103
Becquerel, Henri, 23
Beehler, Bruce, 2
bérberis (*Berberis*), 204f
besouro (coleóptero), como polinizador, 205t
betacaroteno, 109f, 109t, 110f
beta-globina, 46, 46f
beterraba, 40, 106
bexiga. *Veja* bexiga urinária
bicamada lipídica. *Veja também* membrana celular
    envelope nuclear, 64, 65f
    e origem das células, 136
    estrutura, 43, 43f, 57, 57f, 78, 78f, 79f
bicarbonato (HCO_3^-), como tampão, 31

- biocombustíveis, 106, 106f, 120, 121, 121f
- biodiesel, 106
bioluminescência, 102, 102f
biomassa, 106
biosfera
    como nível de organização, 4f-5f, 5
    definição, 4f-5f, 5
bolsa de pólen, angiospermas, 202, 206, 206f-207f
bomba de sódio-potássio, 85, 85f
bombas de cálcio, 79f, 80f-81f, 85, 85f
borboleta
    como polinizador, 204, 205t
    e seleção natural, 14-15, 15f
borboleta-pavão, 14-15, 15f, 15t
bordo (*Acer*), 210, 210f, 211
- botulismo, 33
bradyrhizobium, 190
brassinoesteroides, 221
- bronzeamento, efeitos sobre a pele, 243
brotos, 212
Brown, Robert, 55
budião (peixe), 4f-5f, 8
bulbos, planta, 183, 183f

C

cabelo, estrutura, 242, 242f
cacau (*Theobroma cacao*), 209, 214, 214f
cactos
    como planta CAM, 117
    espinhos, 159, 159f
    sistema de raiz, 178
cadeias de transferência de elétrons
    definição, 101
    distúrbios, 122
    evolução das, 118
    na fermentação, 124
    na fotossíntese, 101, 112-113, 113f, 114, 114f
    na respiração aeróbica, 124, 130-131, 130f, 131f
caderinas, 80f-81f
café (*Coffea*), 209
cálcio
    como nutriente vegetal, 188f
    na função muscular, 85, 85f
calêndula dourada, 204f
cálice, 202, 202f
Calvin, Melvin, 23
camada de ozônio, 33
    desenvolvimento da, 118
    e vida, desenvolvimento da, 118
camada superior, 189, 189f

camadas celulares, 240. *Veja também* ectoderme; endoderme; mesoderme
camaleão, 239f
câmbio vascular, 171f, 180-181, 180f, 204f
cana-de-açúcar, 40, 106, 120
- **câncer**. *Veja também* tumor(es)
    características do, 151
    - de mama, 150f
    de pele, 151f
    metástase, 151, 151f
    nitritos e, 33
    pesquisa sobre o, 151, 153, 153f
    radiação UV e, 165
    retrovírus e, 232
    tecnologia de processamento de imagens, 23f
    tratamento, 151
canguru, 2f
    de árvore, 2f
Caos carolinense (ameba), 73f
cápsula, bacteriana, 60, 60f
Cará (*Colocasia esculenta*), 183f
caranguejo real, 65
caranguejo(s), cromossomos, número de, 65
carboidratos. *Veja também* monossacarídeos; oligossacarídeos; polissacarídeos
    complexos. *Veja* polissacarídeos
    conversão em gordura, 134
    de cadeia curta. *Veja* oligossacarídeos
    energia armazenada em, 95
    estrutura, 40
    síntese, em cloroplastos, 69
    tipos, 40-41, 50t
    vias de quebra, 124-125, 125f
carbono. *Veja também* moléculas orgânicas
    ácidos graxos, 34, 42, 42f
    como nutriente vegetal, 188t
    comportamento de ligação
        anéis, 36, 36f, 48, 48f
        estruturas principais, 36, 42, 42f
    datação por carbono, 23
    estrutura, 24f
    isótopos, 22
    número atômico, 22
- carcinoma de células escamosas, 151f
carcinoma de célula basal, 151f
cardo, 210
carga, em partículas subatômicas, 22
- carne, curada, 33
carotenoides, 69, 109t, 121

carotenos
    alfacaroteno, 109t
    betacaroteno, 109f, 109t, 110f
carpelo, 202-203, 202f, 206, 206f-207f
cartilagem, estrutura e função, 236, 236f
carvalho, cromossomos, 65
carvão, fonte de, 106
casca, 181, 181f
castanha-da-índia (*Aesculus hippocastanum*), 228f
catafilos, 174
    do bulbo da planta, 183, 183f
catalase, 99, 105
caule(s)
    adaptações que conservam água, 194-195, 194f, 195f
    anatomia, 156, 156f, 174-175, 174f, 175ffunção, 170
    em estrutura vegetal, 170, 170f
    formas modificadas de, 183, 183f
    lenhoso, estrutura, 181f
caule, angiosperma, 170, 170f
    direção e taxa de crescimento, controle de, 224-225, 224f, 225f
    estrutura primária, 174-175, 174f, 175f
cavidade
    abdominal, 240, 240f
    corporal humana, 240, 240f
    craniana, 240, 240f
    espinhal, 240, 240f
    oral. *Veja* boca
    pélvica, 240, 240f
    torácica, 240, 240f
cebola (*Allium cepa*), 146f, 183, 183f
celoma, ser humano, 240
célula(s). *Veja também* células animais; célula(s) vegetal(is)
    armazenamento de energia, em ligações químicas, 96
    colenquimáticas, 172, 172t
    como nível de organização, 4, 4f-5f
    companheiras, 173, 173f, 196, 196f, 197, 197f
    de bainha de feixe, 116f, 117, 117f
    de cartilagem (condrócitos), 236, 236f
    de mesófilos, 116f, 117, 117f
    definição, 4, 4f-5f
    dendríticas, na resposta imunológica, 242
    diferenciação. *Veja* diferenciação
    do mesófilo, 116f, 177, 177f
    do parênquima, 172-173, 172t, 177, 180, 191, 196

estrutura, 56-57, 56f
eucarióticas
citoesqueleto, 72-73, 72f
estrutura e componentes, 56, 56f, 62, 62f, 62t, 63f, 70, 70f, 73, 73f, 75t
respiração aeróbica e, 124
humana(s)
divisão fora do corpo, 140, 140f
pesquisa sobre os, 140, 140f
microscopia, 58, 59f
nervosas, substituição de, 232
observações iniciais, 54-55
pétreas, 173f
pigmentadas, dérmicas, 242, 243f
procarióticas
estrutura e componentes, 56, 56f, 60-61, 60f, 75t
vias de síntese de ATP, 124
tamanho e forma, 54, 56-57, 56f, 59f
turgidez (pressão hidrostática), 88-89, 89f
célula-mãe do endosperma, 206, 206f-207f, 207
célula T. *Veja* linfócitos T
células animais
citocinese em, 148-149, 148f
estrutura e componentes, 56f, 63f, 75t
mitose em, 146f, 147f
células eucarióticas
citoesqueleto, 72-73, 72f
estrutura e componentes, 56, 56f, 62, 62f, 62t, 63f, 70, 70f, 73, 73f, 75t
respiração aeróbica e, 124
células fotossintéticas. *Veja* cloroplasto(s)
células-guarda, 194-195, 194f
células HeLa, 140, 140f, 141, 151, 152, 153, 153f
células musculares
contração das, 72, 85, 85f, 238
substituição de, 232
células musculares. *Veja também* sistema músculo esquelético
contração, 72, 85, 85f, 238
fibras de contração rápida, 133, 133f
células procarióticas
estrutura e componentes, 56, 56f, 60-61, 60f, 75t
fissão procariótica, 142t
vias de síntese de ATP, 124
células sanguíneas brancas (leucócitos), 237f
epidérmicas, 242

estrutura, 62f
funções, 237
humanas, 62f
na apoptose, 164
células-tronco
adulto, 232
- aplicações, 232, 243
embrionária, 232
- pesquisa sobre, 18, 232, 232f, 243
células vegetais
citocinese em, 148f, 149
diferenciação, 171, 174, 218
estrutura, 56f, 63f
mitose em, 146f, 147f
turgidez (pressão hidrostática), 88, 89
celulose
em células vegetais, 41, 96
e produção de etanol, 106
estrutura, 40, 41, 41f
cenoura (*Daucus carota*), 203f
centeio (*Secale cereale*), 178, 209
centríolo, 63f, 73
funções, 62t, 75t
centrômero, 143, 143f, 146
Centros para Controle e Prevenção de Doenças, 13f
centrossomos, 146, 147f
ceras, 43, 50t
cerejeira (*Prunus*), 202f, 203, 206f-207f, 211
cerne, 181, 181f, 182f
cestoide. *Veja* tênia
cevada (*Hordeum vulgare*), 209, 222, 222f
CFTR, 76, 76f, 90, 91, 91f
chapim-azul, 15, 15f
Chapman, John (Johnny Appleseed), 213
Chen, Kuang-Yu, 198
China
- seca, 168
Chinn, Mari, 106f
Chladophora (alga verde), 110, 110f
- chocolate, fonte de, 214
chuva ácida, 30-31, 31f
cianeto, 138
cianobactérias, 8f
fotossistemas, 114
pigmentos, 109
cianobactérias, 8f
ciclo
de Calvin-Benson, 115, 115f, 116-117, 117f
de Krebs (ciclo do ácido cítrico), 125, 125f, 128-129, 129f, 131f, 135f
do ácido cítrico. *Veja* ciclo de Krebs

do ATP/ADP, 97, 97f
ciclo celular
interrupção do, 144, 150
mecanismos de controle, 144, 150-151, 150f
postos de verificação, 150
visão geral, 144, 144f
ciclo de carbono
dióxido de carbono atmosférico e, 119
fotossíntese e, 119
- interrupção humana do, 119
ciclos biogeoquímicos, ciclo de carbono, 119
- ciência, assuntos morais e, 11. *Veja também* questões éticas
cilindro vascular, 178f, 179, 179f, 191, 191f, 204f
cílio(s)
de células epiteliais, 235
do tecido epitelial, 157f
eucarióticos, 73
cinetócoro, 143
cipreste calvo (*Taxodium distichum*), 182, 182f
- cirrose hepática, 103, 103f
citocinese (divisão citoplasmática)
células animais, 148-149, 148f
células vegetais, 148f, 149
no ciclo celular, 144, 144f
citocininas, 220t, 221, 221t
citocromo c oxidase, 138
citocromo P450, 199, 199f
citoesqueleto
células eucarióticas, 62, 63f, 72-73, 72f, 75t
células procarióticas, 75t
componentes do, 72, 72f
citoplasma, 56, 56f, 64f
células procarióticas, 60f, 61
da célula cancerosa, 151
glicólise no, 125f, 126, 126f-127f
na divisão celular, 142
na fermentação, 124, 124f
citosina (C), 48f
citrato, 128, 129f
- civilização acadiana, colapso da, 168
- civilização Maia, colapso da, 168, 168f, 185
cladódios, 183, 183f
classificação. *Veja* taxonomia
clones, de plantas, 212, 212f
cloreto de sódio (NaCl; sal de cozinha), 26, 26f, 28, 31. *Veja também* salinidade
cloro

como nutriente vegetal, 188f
estrutura atômica, 24f, 25, 25f
clorofilas
    clorofila a, 109, 109f, 109t, 110f, 112
    clorofila b, 110f
    fluorescência, 58, 59f
    na fotossíntese, 69
    tipos e características, 109, 109f
cloroplasto(s)
    definição, 111
    em células eucarióticas, 62f, 63f
    estrutura, 111, 111f
    funções, 62t, 69, 69f, 75t, 111
Clostridium, 33
coenzimas
    definição, 99
    em reações redox, 101
    reduzidas, em respiração aeróbica, 128, 129, 131f
    vias metabólicas e, 101, 101f
coesão
    definição, 29
    de moléculas da água, 29, 29f
coevolução
    angiospermas, 204, 214
    de polinizador e planta, 204, 214
cofator, definição, 99, 104t
coifas de raiz, 170f, 178f, 179, 224, 224f
colágeno
    na pele, 242, 243
    no osso, 71
    no tecido conjuntivo, 236, 236f, 242, 243
■ colapso por calor, 154, 154f
colchicina, 213
colênquima, 172, 172f, 172t, 173f
coleóptero. *Veja* besouro
coleóptilo, 218f, 219f, 234f
colesterol
    estrutura, 43, 43f
    HDL (lipoproteína de alta densidade), 51, 51f
    LDL (lipoproteína de baixa densidade), 51, 51f
    níveis no sangue
      ■ alimentação e, 34, 51, 51t
    na membrana celular, 78f
Coleus, 174f
cólon. *Veja* intestino grosso
■ colônia Jamestown, 182, 182f
■ **combustíveis fósseis**. *Veja também* carvão
    alternativas aos, 119
    e ciclo de carbono, 119
    e poluição, 30-31, 31f
    fonte de, 106

compartimentalização, em plantas, 162, 162f, 163
compartimento tilacoide, 111, 111f, 112, 113f, 114
complexo de Golgi, 63t, 67, 75t, 91f
    função, 62t, 63f, 66f-67f, 67, 86f, 87, 87f
compostos, definição, 25
comprimento de onda, de energia eletromagnética, 108, 108f
comunicação. *Veja também* sistema nervoso; tecido nervoso
    entre células, 158-159, 164, 164f
    passos, 165, 165f
comunidade
    como nível de organização, 4f-5f, 5
    definição, 4f-5f, 5
concentração, definição, 82
condrócitos, 236, 236f
congelamento, da água, 29, 29f
Conidiosporos. *Veja* conídia
coníferas, como madeira macia, 181
consumidores, papel no ecossistema, 6, 6f, 95, 95f
contração muscular
    fibras de contração lenta, 133, 133f
    fibras de contração rápida, 133, 133f
Copérnico, Nicolau, 11
coqueiro (*Cocus nucifera*), 210
coração
    ■ defeitos e distúrbios, 138
cormos, 183, 183f
corola, 202, 202f
■ cortes, planta, 212
córtex celular, 72
cortiça, 192, 192f
cotiledôneas (folhas-semente), 170, 170f, 171f, 209, 209f, 219f
cotransportador, 85
crescimento
    como característica de vida, 7
    definição, 156, 218
    planta
      ajuste da direção e das taxas de, 223f, 224-225, 224f, 225f
      divisão celular e, 149
      dormência, 228
      hormônios no, 220-223
      inicial, 218, 219f
      nutrientes e, 188, 188t
      respostas às mudanças ambientais, 226-227, 226f, 227f
      senescência, 228, 228f, 229
      tipos de solos e, 188
    primário, 171, 174f

    secundário, 171, 171f, 180-181, 180f, 181f, 187f
crisântemo, 226, 227f
cromátides irmãs, 142
    em mitose, 145, 146, 147f
cromatina, 64f, 64t, 65
cromoplastos, 69
cromossomo(s)
    eucarióticos
      aparência, 65
      estrutura, 65, 142-143, 143f
      visão geral, 64t, 65
    na mitose, 145, 145f, 146, 147f
cromossomos sexuais, 145, 145f
■ **culturas (alimentos)**, polinizadores e, 200, 200f
cutícula, planta, 70, 71, 71f, 116, 173, 173f, 176, 177f, 194, 194f

D

Darwin, Charles, sobre a seleção natural, 10
■ datação radiométrica, 212
de Moraes, Consuelo, 223f, 230
defesa(s)
    espinhos e ferrões, 159, 159f
    secreções e ejaculações, 223, 223f, 230, 230f, 242, 243f
    venenos, 243f
Delphia, Casey, 230
dente-de-leão (*Taraxacum*), 210, 210f, 213
derme, 242, 242f
desenvolvimento
    comunicação celular em, 164
    definição, 7, 156
    nas planta, 218
    vertebrados, tecidos, 240
desnaturação
    de enzima, 99
    de proteína, 46-47
■ detergente, desnaturação de proteínas, 46
deterioração radioativa, 23
■ **diabetes mellitus**
    complicações do, 245
    e insolação, 161
    mitocôndrias e, 137
    tratamento, 245, 245f
diafragma (músculo), 240, 240f
diferenciação, nas células vegetais, 171, 174, 218
difusão, 82, 82f
    através de membrana celular, 83, 83f, 84, 84f
    taxa, fatores que afetam, 83

facilitada, 83. *Veja também* transporte passivo
digestão extracelular e absorção, fungos, fluido extracelular, 82
dineína, 73*f*, 75
dióxido de carbono
    atmosférico, 119
    na fermentação, 132
    na fotorrespiração, 116
    na fotossíntese, 111, 111*f*, 115, 115*f*, 117, 117*f*, 176, 177*f*
    na respiração aeróbica, 125, 125*f*, 128, 128*f*, 129*f*
distal, definição, 240*f*
distúrbio do colapso das colônias, 200
- **distúrbios genéticos**. *Veja também* anemia falciforme
    doença de Tay-Sachs, 68, 68*f*
    epidermólise bolhosa (EB), 243
    fibrose cística, 76, 76*f*, 90, 91
    terapia genética, 68
diversidade da vida, 8-9, 8*f*-9*f*
    evolução e, 10, 10*f*
divisão celular. *Veja também* meiose; mitose
    mecanismos de controle, 144, 150-151, 150*f*
    visão geral, 142, 142*t*
Dixon, Henry, 192
DNA (ácido desoxirribonucleico). *Veja também* cromossomo
    cloroplastos, 69
    como característica de vida, 7
    comprimento de, 143, 143*f*
    estrutura
        açúcares, 40
        grupos funcionais, 38, 38*f*
        hélice dupla, 48-49, 48*f*
        nucleotídeos, 48-49, 48*f*. (*Veja também* nucleotídeo(s))
    eucariótico, 56, 63*f*, 65, 75*t*
    funções, 7, 48-49
    mitocondrial, 68
    na síntese de proteína, 44, 44*f*-45*f*, 136, 142
    procariótico, 56, 60*f*, 61, 75*t*
- doença. *Veja também nomes de doenças específicas.*
    ser humano, bacteriana, 52, 52*f*, 60
- doença de Parkinson, 137
- doença de Tay-Sachs, 68, 68*f*
dominância apical, 220-221
domínio, de proteína, 44
domínio, em nomenclatura lineana, 8, 8*f*-9*f*, 8*t*
dormência

em plantas, 228
em sementes de plantas, 218
dorsal, definição, 240*f*
Doty, Sharon, 199
dreno, no transporte de planta vascular, 196-197, 197*f*
drupas, 211, 211*f*

E

EB. *Veja* epidermólise bolhosa
ecossistema(s)
    ciclo de elemento em. *Veja* ciclos biogeoquímicos
    ciclo de nutrientes nos, 6, 6*f*, 95, 95*f*
    como nível de organização, 4*f*-5*f*, 5
    definição, 4*f*-5*f*, 5
    fluxo de energia, 6, 6*f*, 95, 95*f*, 136
ectoderme, ser humano, 240
elastina, 236, 236*f*, 243
electronegatividade, definição, 25
elemento(s). *Veja também* tabela periódica
    ciclos de, em ecossistemas. *Veja* ciclos biogeoquímicos
    de tubos crivados, 172*t*, 173
    de vaso, 172*f*, 173, 192, 192*f*
    definição, 22
    estrutura atômica, e reatividade química, 25
    isótopos, 22
    na água do mar, 33, 33*f*
    na crosta terrestre, 33, 33*f*
    no corpo humano, 20, 32, 33, 33*f*
    símbolos para, 22, 22*f*
eletroforese em gel. *Veja* eletroforese
elétron(s)
    características dos, 24
    energia, captura em fotossíntese, 112-113, 113*f*
    excitação de, em fotossíntese, 109, 112
    na estrutura atômica, 22, 22*f*
embrião
    planta, 524*f*
        angiosperma, 174, 206*f*-207*f*, 209, 209*f*
    ser humano, mão, 149*f*
endocitose, 83, 83*f*, 86-87, 86*f*
    da fase em lote, 87, 87*f*
endoderme, 178*f*, 179, 191, 191*f*
    vertebrados, 240
endosperma, 206*f*-207*f*, 207, 209, 209*f*, 210
endossimbiose, 68, 69
energia
    conversão de (Primeira lei da termodinâmica), 94

conversões, ineficiência de, 95
    de ativação, 96-97, 97*f*, 98, 99*f*
    de ligações químicas, 94-95, 96, 96*f*
    definição, 6, 94
    eletromagnética
        espectro, 108, 108*f*
        propriedades, 108
    fluxo, pelo ecossistema, 6, 6*f*, 95, 95*f*, 136
    formas de, 94, 94*f*
    livre, 96
    luz solar como fonte de, 6, 6*f*, 95, 95*f*, 107-109, 107*f*, 108*f*, 109*f*, 136, 136*f*. *Veja também* fotossíntese
    para trabalho celular, 95, 101, 101*f*. *Veja também* respiração aeróbica; ATP; fermentação; reações, oxidação-redução (redox)
    para uso humano (*Veja também* combustíveis fósseis)
        armazenamento, em ligações químicas, 95, 96
        fontes futuras de, 106
        fotossíntese como fonte de, 106
Engelmann, Theodor, 110, 110*f*
engenharia genética, para fitorremediação, 186, 187, 198, 210
entrenó, 170*f*, 174
entropia, 94-95, 94*f*. *Veja também* Segunda Lei da Termodinâmica
- Agência de Proteção Ambiental (APA), 186, 186*f*
- **envelhecimento**
    e pele, 243
    colapso pelo calor, 161
    mitocôndrias e, 137
    radicais livres e, 99
envelope nuclear, 63*f*, 64*f*
    estrutura, 64-65, 65*f*
    função, 64*t*
- enxerto, de plantas, 212-213, 213*f*
enxofre, como nutriente de plantas, 188*t*
enzima(s)
    ação, 98
        fatores ambientais que afetam as, 99, 99*f*
        regulagem de, 100-101, 100*f*
    bioluminescência e, 102
    cofatores, 99, 104*t*
    definição, 98, 104*t*
    desnaturação, 99
    estrutura, 45, 98, 98*f*
    lisossômicas, 68, 87, 87*f*
    locais ativos, 98, 98*f*
    local alostérico, 100-101, 100*f*
    metabolismo e, 99-100, 101*f*

modelo de ajuste induzido, 98
na membrana celular, 80, 80f-81f, 90t
na respiração aeróbica, 130, 131
receptores de sinal, 164
epiderme
animais vertebrados, 242, 242f
planta, 156, 173
folha, 176, 176f, 177, 177f
raiz, 178f, 179
- epidermólise bolhosa (EB), 243
epitélio
colunar, 235, 235f
cúbico, 235, 235f
escamoso, 235, 235f, 242
estratificado, 235
simples, 235, 235f
equação química, 96, 96f
eritrócitos. *Veja* hemácias
erosão do solo, 189, 189f
erro de amostragem, 16, 16f
ervilha, número de cromossomos, 144
Escherichia coli
cepas patogênicas, 52, 52f
em pesquisa genética, 102, 102f
esclereides, 172, 173f
esclerênquima, 172, 172f, 172t, 173f
esfíncter(s), definição, 239
espécies
classificação das, 8
definição, 8
novas
descoberta de, 2, 2f
denominação das, 3, 17
nomenclatura, 3, 8, 17
espectro de absorção, de pigmentos, 110, 110f
espermatozoide
angiosperma, 206, 206f-207f
flagelo, 73f
humano, 73f, 139f
planta, 203f
espinhos, como defesa, 159, 159f
esporo(s). *Veja também* megasporos; micrósporos
angiosperma, 202
esporófito
angiosperma, 174, 206f-207f, 207, 207f
desenvolvimento, 218
esporopolenina, 208
estação(ões), reação das plantas às, 226-227, 226f, 227f
estado de transição, 98, 98f
Estados Unidos
- seca, 168

estame, 202, 202f, 205
estatólitos, 224, 224f
esteroide(s), estrutura, 43, 43f, 50t
estigma, 202f, 203, 206, 206f-207f, 208, 208f
estilete (parte da flor), 202f, 203
estolões, 183, 183f
estômago
humano, pH do fluido gástrico, 30
junções celulares no, 234
- úlceras, 234
estômato(s), 156, 173, 176, 177f
abertura e fechamento de, 194-195, 194f, 195f, 221
e movimento da água pelas plantas, 192, 193f
fotossíntese e, 116, 117
poluição e, 195, 195f
estresse mecânico, efeito sobre as plantas, 225f
estria de Caspary, 191, 191f
estrogênio(s)
ação, 38f, 39
fonte, 43
estroma, 69, 69f, 111, 111f, 112, 112f, 113f
estrutura
primária, de proteína, 44, 45f
secundária, de proteína, 44, 45f
etanol. *Veja* álcool (etanol)
etileno, 217, 220t, 221, 221t, 239, 240
eucarióticos
origem dos, 61
visão geral, 8-9, 8t, 9f
eudicotiledôneas
características, 170, 171f
ciclo de vida, 229f
crescimento inicial, 219f
crescimento secundário, 171, 171f
estrutura do caule, 175f
feixes vasculares, 171f, 175f, 177, 177f
folhas, 176
raízes, 179, 179f
reprodução sexuada em, 209
Eukarya, como domínio, 8, 8f, 8t. *Veja também* eucarióticos
Europa
- indústria de vinho da, 213
evaporação
e movimento da água pelas plantas, 192-193, 193f
processo, 29, 29f
evolução. *Veja também* adaptação, evolucionária; seleção, natural
angiospermas, 204, 214

atmosfera e, 118
comunicação celular, 164
de polinizador e planta, 204, 214
definição, 10, 13t
e diversidade da vida, 10, 10f
eucarióticos, 61
fotossíntese, 118
mitocôndrias, 68
procariontes, 60
respiração aeróbica, 118
- exaustão por calor, 161
exocitose, 83, 83f, 86, 86f
exoderme, 191
experimento(s), 13. *Veja também* pesquisa científica
extinção(ões), aquecimento global e, 119
extremidades da raiz, 170f, 178f, 179

F

FAD (flavina adenina dinucleotídeo)
funções, 50t
metabolismo e, 101f
na respiração aeróbica, 125, 128, 129, 129f, 131
$FADH_2$ na respiração aeróbica, 125, 128f, 129f, 130, 130f
metabolismo e, 101f
fagócitos, na apoptose, 164. *Veja também* macrófagos
fagocitose, 86-87, 87f
falcão peregrino, e seleção natural, 10, 10f
fase haplóide, do ciclo de vida do angiosperma, 203f, 206f-207f
fator de crescimento
epidérmico, 150
pontos de controle do ciclo celular e, 150
Fazio, Gennaro, 213f
febre, ação de enzima e, 99
fecundação dupla, em angiospermas, 206-207, 206f-207f
feixe vascular, 175
em eudicotiledôneas, 171f, 175f, 177, 177f
em monocotiledôneas, 171f, 175f, 177, 177f
felogênio, 171, 171f, 181, 181f
fêmur humano, estrutura, 237, 237f
fenóis, 162
feridas, reação da planta às, 162, 162f
fermentação, 132-133
alcoólica, 132, 132f, 133f
lactato, 133
no músculo, 133

produção de ATP, 124
visão geral, 124
ferro, como nutriente de plantas, 188*t*
fertilização
  angiosperma, 203, 203*f*, 206-207, 206*f*-207*f*
  dupla, 206-207, 206*f*-207*f*
  formação do fruto e, 213
fibra muscular, 238, 239*f*
  contração lenta, 133, 133*f*
  contração rápida, 133, 133*f*
fibrinogênio, 98
fibroblasto, em tecido conjuntivo, 236, 236*f*
- fibrose cística (FC), 76-77, 76*f*, 90, 91, 91*f*
ficobilinas, 109*t*, 110
ficocianobilina, 109*t*, 110*f*
ficoeritrobilina, 109*t*, 110*f*
ficourobilina, 109*t*
ficoviolobilina, 109*t*
fígado
  - álcool e, 92
  - doenças do, 92, 103, 103*f*
  funções, 92, 134
figo(s), 213
filamento (parte da flor), 202*f*, 206*f*-207*f*
filamentos intermediários, 72, 72*f*
filo (phylum), 8
fitocromo, 226-227, 227*f*
fitoesteróis, 78*f*
- fitorremediação, 186, 186*f*, 198, 199
fixação de carbono, 115
  variações, em plantas C3, C4 e CAM, 116-117, 117*f*
fixação de nitrogênio
  bactérias fixadoras de nitrogênio, 190, 190*f*
  definição, 190
flagelo(s)
  bacteriano, 75*t*
  eucarióticos, 73, 73*f*, 75*t*
  procariontes, 60, 60*f*, 61
flamingos, 121
flavina adenina dinucleotídeo. *Veja* FAD
floema, 172*t*, 173, 173*f*, 177, 177*f*, 193*f*, 196-197, 196*f*
  primário, 174-175, 174*f*, 175*f*, 178*f*, 179, 180*f*, 191*f*
  secundário, 180-181, 180*f*, 181*f*
flor(es)
  abertura e fechamento, controle de, 226
  completa *vs.* incompleta, 203, 203*f*

da macieira, 210*f*
do maracujá (*Passiflora*), 225*f*
em eudicotiledôneas, 171*f*
em monocotiledôneas, 171*f*
estrutura, 202-203, 202*f*
  diversidade da, 203, 203*f*
  partes femininas, 202-203, 202*f*
  partes masculinas, 202, 202*f*
polinizadores e, 204-205, 204*f*, 205*f*
floração, controle de, 226-227, 226*f*, 227*f*
formação, 202, 221
irregular *vs.* regular, 203, 203*f*
polinizadores. *Veja* polinizador(es)
floresta(s), em Nova Guiné, novas espécies em, 2, 2*f*
florestas tropicais, em Nova Guiné, novas espécies em, 2, 2*f*
fluido gástrico, 30
fluido intersticial, e homeostase, 234
flúor
  - na água potável, 21, 32
  - na pasta de dentes, 20*f*
  no corpo humano, 32
folha primária, 219*f*
folha(s)
  adaptações que conservam água, 194-195, 194*f*, 195*f*
  anatomia, 156, 156*f*
  angiosperma
    características, variação nas, 176, 176*f*
    estrutura, 176, 177, 177*f*
  cor, 109
  de plantas C3, 116, 116*f*
  dobradura das, 163, 163*f*
  primária, 219*f*
folhas-semente. *Veja* cotiledôneas
folículos capilares, 242, 242*f*
fonte, no transporte de planta vascular, 196-197, 197*f*
forma. *Veja* morfologia
formas adaptativas, 10
  DNA como fonte de, 7
fórmula
  estrutural, de molécula, 26*t*
  química, de molécula, 26*f*
Forsline, Phil, 213*f*
fosfatidilcolina, 78*f*
fosfoglicerado. *Veja* PGA
fosfogliceraldeído. *Veja* PGAL
fosfolipídeos, 43, 43*f*, 50*t*
fosforilação, 97
  de transferência de elétrons, 125*f*, 130-131, 130*f*, 131*f*, 135*f*, 137
  em nível de substrato, 126, 128, 129*f*

fotoautótrofo, definição, 118, 124
fotofosforilação, 114, 114*f*
fotólise, 112, 119
fóton(s)
  comprimento de onda de, 108
  excitação de elétrons, em fotossíntese, 109, 112
fotoperiodismo, 226-227, 226*f*, 227*f*
fotorreceptores, em plantas, 226-227, 227*f*
fotorrespiração, 116, 117
fotossíntese
  armazenamento de energia em, 96
  cadeias de transferência de elétrons na, 101, 112-113, 113*f*, 114, 114*f*
  ciclo de carbono e, 119
  como fonte de energia, 106
  comprimentos de onda de luz para, 108, 110, 110*f*
  e cadeia alimentar, 6, 9
  equação para, 111
  estrutura da folha e, 176-177, 177*f*
  evolução da, 118
  fluxo de energia na, 114, 114*f*
  oxigênio gerado em difusão de, 82
  pesquisa sobre, 23, 110, 110*f*
  pigmentos na, 108-109, 109*f*
  reações dependentes de luz em, 112-113, 112*f*, 113*f*
    via cíclica, 112, 112*f*, 113, 114, 114*f*, 118
    via não-cíclica, 112, 112*f*, 113, 114, 114*f*, 118
  reações independentes de luz em, 115, 115*f*
    em plantas C4, 117
    visão geral, 111, 111*f*
  respiração aeróbica e, 136, 136*f*
  sistema vascular e, 177
  vias metabólicas na, 100
fotossistema
  definição, 111
  fotossistema I, 111, 112, 113, 113*f*, 114, 114*f*
  fotossistema II, 111, 112, 113*f*, 114, 114*f*, 119
  função, 112
  substituição de elétron, 112
fototropinas, 225
fototropismo, 225, 225*f*
framboesa, fruto, 200*f*
- França, indústria de vinho, 213
frataxina, 122, 137
fruto deiscente, 211
frutos indeiscentes, 211
frutos, 170*f*, 210-211, 211*f*

amadurecimento de, 221, 229
classificação de, 211, 211t
dispersão de, 210-211, 210f
formação de, 209f
sem sementes, 213, 216, 216f
frutose-1,6-bisfosfatos, 127f
fucoxantina, 109t
- fumo, efeitos na pele devido ao, 243
fungo(s)
componentes celulares, 75t
como Eukarya, 8
matrizes entre células, 70-71
micorriza, 190, 190t
características, 8, 9f
fuso bipolar, 145, 146, 147f, 148f, 149

G

Galileu Galilei, 11
gametófito, angiosperma, 202-203, 203f, 206, 206f-207f
gangliosídeos, 68
garganta. *Veja* faringe
garra, evolução da, 242
gás natural, fonte de, 106
gasolina, 40
gato(s), coloração, 99f
- gato siamês, coloração, 99f
gavinha, planta, 225, 225f
gelo, propriedades, 28f, 29
gema
apical (ponta do broto), 170f, 174, 209f
lateral (axilar), 170f, 174, 202
terminal (ponta do broto), 170f, 174
genciana de pradaria (*Gentiana*), 208f
gene para CFTR, 76
gênero, nomenclatura, 8
genes de verificação, 150, 150f
genes principais, na formação da flor, 202, 203
genes TOUCH, 225
germinação, 218, 222, 222f, 224, 224f
Gey, George e Margaret, 140
Gibberella fujikuroi, 216
giberelinas, 216, 216f, 220, 220t, 221t, 222, 222f
gimnospermas, crescimento secundário, 171, 171f
girassol (*Helianthus*), 203, 211, 226
glândula(s)
da tireóide, em homeostase, 160f
definição, 235
endócrinas, definição, 235
exócrina, definição, 235
exócrinas, definição, 235

mucosa, 242, 243f
sebácea, 242, 242f
sudorípara, 242, 242f
glicerídeos, 42, 42f, 50t
glicerol, 42, 42f
glicogênio
armazenamento animal de, 41, 41f
armazenamento de, 134
conversão de glicose em, 134
estrutura, 40, 41, 41f
fosforilase, 99f
glicólise, 124, 126, 126f-127f
na fermentação, 132
na respiração aeróbica, 125, 125f, 126, 126f-127f, 131f, 135f
glicoproteínas
na cartilagem, 236, 236f
síntese de, 45
glicose
armazenamento de, em plantas, 115
conversão em glicogênio, 134
em fotossíntese, 111, 111f, 115, 115f
estrutura, 36, 40
ingestão, controle de, 134
na respiração aeróbica, 125, 125f
níveis no sangue, controle de, 134, 134t
quebra de, 101, 101f. *Veja também* respiração aeróbica; glicólise
uso de, 40, 96, 115
glicose-6-fosfato, 98f, 125, 126f-127f, 134
globina, 46, 46f
gordura(s)
armazenamento, em tecido adiposo, 42, 237, 237f
como combustível para respiração aeróbica, 134, 135f
conversão de carboidrato em, 134
estrutura, 34, 42, 42f
insaturada, 42, 43f
- na alimentação
  - e níveis de colesterol no sangue, 34, 51, 51f
  - impacto sobre a saúde, 34
saturadas, 42
sintética, 14, 14f
trans, 34, 34f, 35, 42, 43f, 50
gorilas, número de cromossomos, 144
gradiente de concentração, 82, 82f, 83, 88
- grama, como biocombustível, 121, 121f
granum (grana), 69
grãos de pólen, 208, 208f
angiosperma, 202, 206, 206f-207f

como alimento, 204
em eudicotiledôneas, 171f
em monocotiledôneas, 171f
- **gravidez**, e insolação, 161. *Veja também* nascimento(s)
gravitação, teoria da, avaliação, 13t
gravitropismo, 224, 224f
Grissino-Mayer, Henri, 185
grupo
aldeído, 40
cetona, 40
controle, 13, 14, 14f
experimental, 13, 14, 14f
fosfato(s)
definição, 38, 38f
em ATP, 48, 48f
grupo R, 44
grupos
amina, 38, 38t, 44
carbonila, 38, 38f
carboxila, 38, 38f, 42, 42f, 44
funcionais
comum, 38-39, 38f
definição, 38
hidroxila, 38, 38f, 40
metila, definição, 38, 38f
sulfidrila, definição, 38-39, 38f
guanina (G), 48f

H

HbS, 46
HDL. *Veja* lipoproteína(s), alta densidade
Helgen, Kris, 2f
hélio, estrutura atômica, 24f
Helmont, Jan Baptista van, 121
hemácias (eritrócitos), 237f
funções, 237
tonicidade, 89f
heme, 37, 37f, 46, 46f
hepáticas, homeostase, 159f
herança, definição, 7
hesperídio, 211
heterótrofos, 118,
hexoquinase, 98f, 99
hidrocarboneto, definição, 38
hidrogenação, 34
hidrogênio
como nutriente das plantas, 188t
e pH, 30, 30f
estrutura atômica, 24f
na cadeia de transferência de elétrons, 112, 112f, 113, 114, 114f
na fermentação, 133
na glicólise, 126, 126f-127f

na respiração aeróbica, 125, 125f, 129f, 130-131, 130f, 131f
hidrólise, 39, 39f
hipocótilo, 218f, 219f
hipoderme, 242, 242f
hipófise, na homeostase, 160f
hipotálamo, na homeostase, 160f
hipótese, no processo de pesquisa científica, 12, 12t
histonas, 143, 143f
homeostase
   animais, 160-161, 160f
   definição, 7, 157, 234
   detecção e resposta à mudança, 160-161, 160f
   mecanismos de, 158-159
   mudanças no pH, 31
   plantas, 162-163
   temperatura, 154, 160f, 161
   tonicidade, 88, 89f
   visão geral, 232
Hooke, Robert, 54-55, 55f
horizonte A, 189, 189f
Horizonte O, 495f
horizontes, solo, 188-189, 189f
hormônio(s)
   animal, 158
   esteroides, origem, 43
   sexuais, pilus sexual, 60, 61
   vegetais
      tipos e funções, 216, 216f, 220-225, 220t, 221f, 221t, 222f, 223f
      - usos comerciais, 216, 216f, 221, 221t
Hwang, Woo-suk, 18

I

IAA. *Veja* ácido(s), 3-indol-acético
IC. *Veja* índice de calor
iluminador, 58f
- indicador radioativo, 23f
índice de calor (IC), 166, 166f
inflorescências, 203, 203f
inseto(s)
   como polinizadores, 204, 204f, 205f
   sugadores de plantas, 196, 196f
inseto hemíptoro (*Phylloxera*), 213
integrador, e resposta à mudança, 160, 160f
integrinas, 80f-81f
intérfase, 146, 146f
   no ciclo celular, 144, 144f
intermediário, definição, 104t
interneurônios, 239, 239f
intervalo G1, 144, 144f

intervalo G2, 144, 144f
intervalo S, 144, 144f
intervalos de ciclo celular, 144, 144f
intestino, bactérias no, 52, 52f, 103. *Veja também* intestino delgado
intestino delgado, revestimento do, 235
- intoxicação alimentar, botulismo, 33
- iogurte, 133
íon(s)
   de hidróxido, e pH, 30, 30f
   definição, 25
   processos celulares e, 31
íris, 226, 227f
isoleucina, 100-101
isótopos, 22
iúca, 203f

jade, planta (*Crassula argentea*), 117f
Janssen, Hans e Zacharias, 54
jasmonatos, 221, 223, 223f
Johnny "Semente de Maçã" (John Chapman), 213
junco (*Carex*), 210
junco. *Veja* equisetáceas

J

junções
   aderentes, 71, 71f, 234, 234f
   celulares, 71, 71f, 234, 234f
      tipos, 71, 71f, 234, 234f. *Veja também tipos específicos*
   firmes, 71, 71f, 234, 234f

K

Katan, M. B., 51
Kereru, 215
Kubicek, Mary, 140
Kurosawa, Ewiti, 216
Kuruvilla, Sarah, 138

L

Lacks, Henrietta, 140, 140f
Lactobacillus acidophilus, 133
lagarta do tabaco (*Heliothis virescens*), 230, 230f
lamela intermediária (média), 70, 70f, 228
lâminas, 72
- lâmpada incandescente, 95
laranja (*Citrus*), 210f, 213
laranjas sem miolo, 213
LDL. *Veja* lipoproteína(s) de baixa densidade
Leeuwenhoek, Antoni van, 54, 55f

lêmure, 2
- lendas de vampiro, porfiria e, 245
lente condensadora, 58f
lente
   ocular, 58f
   projetiva, 58f
lentes objetivas, 58f
leucócitos. *Veja* células sanguíneas brancas (leucócitos)
levedura
   - fermento de pão (*Saccharomyces cerevisiae*), 132
   mitocôndrias, 68
   produção de ATP, 132
licopeno, 109t
ligação(ões). *Veja* ligações químicas
ligação covalente
   definição, 26-27, 27f
   notação, 26, 36
ligação (ponte) de hidrogênio
   definição, 27, 27f
   na água, 28, 28f
ligações
   covalentes não polares, definição, 27, 27f
   covalentes polares, definição, 27, 27f
   iônicas, 26, 26f
ligações químicas
   armazenamento e liberação de energia em, 94-95, 96, 96f
   ligação covalente
      definição, 26-27, 27f
      notação, 26, 36
   ligação iônica, 26, 26f
   ligação (ponte) de hidrogênio
      definição, 27, 27f
      na água, 28, 28f
ligamento, estrutura e função, 236
lignina, em estruturas vegetais, 70, 172, 192
lilás (*Syringa*), 227
linfócitos T, 80f-81f
lipídeo(s). *Veja também* gordura(s); fosfolipídeos; esteroide(s), estruturas; ceras
   definição, 42
   tipos, 42, 50t
lipoproteína(s), 51
   alta densidade (HDL), 51, 51f
   baixa densidade (LDL), 51, 51f
   funções, 51
lisossomo(s), 63f, 86, 86f, 87, 87f
   funções, 62t, 66f-67f, 67, 75t
   mau funcionamento, 68, 68f
lixiviação, do solo, 189

local alostérico, 100, 100f
local ativo, 98, 98f
lomatia do rei (*Lomatia tasmanica*), 212
lótus (*Nelumbo nucifera*), 167f
lótus sagrado (*Nelumbo nucifera*), 167f
luciferase, 102, 102f
luciferase do vagalume, 102, 102f
luciferina, 102
Luft, Rolf, 122
lupino amarelo (*Lupinus arboreus*), 162-163, 163f
luteína, 109t
luz. *Veja também* luz solar
    bioluminescência, 102, 102f
    como fonte de energia, 108-109, 108f, 109f
    espectro, 108, 108f
    propriedades, 108
    visível, comprimentos de onda, 108, 108f
luz solar
    como fonte de energia, 6, 6f, 95, 95f, 108-109, 107f, 108f, 109f, 136. (*Veja também* fotossíntese)
    ■ pele, efeitos na, 243
luz visível, comprimentos de onda, 108, 108f

M

maçã (*Malus domestica*)
    fruto, 210f, 211
    hormônios, 221
    programas de procriação, 213f
    propagação, assexuada, 212-213, 213f
macrófagos, 86-87, 87f
macronutrientes, 188, 188t
madeira
    dura, 181
    formação de, 180-181, 180f, 181f
    macia, 181, 182f
    queima, 96
madressilva de inverno (*Lonicera fragrantissima*), 221f
■ mal de Alzheimer, 137
mamão papaya (*Carica papaya*), 215f
mão, desenvolvimento, 164, 165f
Mar Vermelho, Shark Reef, 4f-5f, 5
mar, elementos na água, 33, 33f
mariposas, como polinizadoras, 204, 205t
Massonia depressa, 215, 215f
matriz extracelular (MEC), 70-71
MCP. *Veja* 1-metilciclopropeno
mecanismo de feedback negativo, 160-161

mecanismos de resposta (feedback), 161
    em enzimas, 100-101, 100f
    negativa, 160-161
    positiva, 161
medula, 174f, 175f, 179, 179f
medula óssea, 144
megásporos, angiosperma, 203f, 206, 206f-207f
meiose
    funções da, 142, 142t
    visão geral, 142
■ melancia, sem semente, 213
melaninas, e cor de pelo, 99f
■ melanoma maligno, 151f
membrana basal, do tecido epitelial, 235
membrana celular. *Veja também*
    bicamada lipídica
    de organela, 62
    estrutura, 78-79, 78f, 79f
    funções, 80, 80f-81f, 82, 82f
    permeabilidade seletiva, 82, 82f, 83
    proteínas, 57, 57f, 65, 78-79, 79f, 80-81, 80f-81f, 84-85, 84f, 85f, 87, 87f, 90t
    transporte pela, 80f-81f, 83-89, 83f, 84f, 85f, 89f, 191, 191f
membrana plasmática, 56f. *Veja também* envelope nuclear
    células eucarióticas, 62f, 63f, 75t
    células procarióticas, 60, 60f, 75t
    de células cancerosas, 151
    definição, 56
    em citocinese, 148-149, 148f
    endocitose, 83, 83f, 86-87, 86f
    estrutura, 57, 57f, 80
    exocitose, 83, 83f, 86, 86f
    função, 56
    proteínas, 80, 80f-81f
    tráfego na membrana, 86-87, 86f, 87f
membrana tilacoide, 69, 69f, 111, 111f, 112, 112f, 113, 113f, 114, 114f
Mendeleev, Dmitry, 22, 22f
Mensink, R.P., 51
meristema(s), 170-171, 171f, 174, 174f, 175f, 178f, 179, 180-181, 180f, 202, 209f, 229
    apical, 171, 171f, 174, 174f, 213, 218, 221
    apical da raiz, 171, 171f, 178f, 179, 209f, 218
    apical de eixo, 171, 171f, 174, 174f
    lateral, 171, 171f, 180-181, 180f
Mescher, Mark, 230
mesoderme, vertebrado, 240

mesófilo, 172, 177, 177f, 193f, 196, 223
    esponjoso, 177, 177f
    paliçádico, 177, 177f
mesquita, 178
metabolismo. *Veja também* respiração aeróbica; síntese de ATP; digestão; cadeia(s) de transferência de elétrons; fermentação; glicólise; fotossíntese; síntese de proteína
    ácidos nucleicos, 48-49
    bioluminescência e, 102
    carboidratos, 40-41, 124-125, 125f
    controles sobre o, 100-101, 100f, 101f
    de ácido crassulaceano. *Veja* planta CAM
    de álcool, 67, 92, 92f, 103
    definição, 39
    enzimas e, 98-101, 100f (*Veja também* enzima(s))
    lipídeos, 42-43, 134, 135f
    metabolismo de energia, 95-97
    permeabilidade da membrana celular e, 82
    proteínas, 44-47, 134-135, 135f
    reações metabólicas, comuns, 39t
    vias metabólicas
        definição, 100
        tipos, 100
metáfase (mitose), 144f, 146, 147f
Metallosphaera prunae, 60f
metano
    estrutura, 38
    fontes de, 106
metástase, 151, 151f
■ método científico, 12. *Veja também* pesquisa científica
metionina (met), 44f-45f
micorriza(s), 190, 190f
microfilamentos, 72, 72f, 224
micrografias, 58, 59f
micronutrientes, 188, 188t
micro-ondas, em espectro eletromagnético, 108f
microscópio
    composto, 54
    de contraste de fase, 58, 59f
    de fluorescência, 58, 59f
    de luz refletida, 58, 59f
    de luz, 58, 58f, 59f
    de varredura por elétrons, 59, 59f
    eletrônico por transmissão, 58f, 59, 59f
    eletrônico, 58-59, 58f, 59f
    e microscopia
        história dos, 54-55, 55f
        moderno, 58-59, 58f, 59f

micrósporos, angiosperma, 203f, 206, 206f-207f
microtúbulos, 72, 72f, 73, 73f.
   inibição de, no tratamento do câncer, 151
   na citocinese, 148f, 149
microvilosidade de células epiteliais, 235
milho (*Zea mays*)
- como alimento, 209
- como biocombustível, 106, 120, 121, 121f

   como planta C4, 116, 116f
   crescimento, inicial, 219f
   estrutura do caule, 175f
   raízes, 179, 179f
   semente, anatomia, 218f
miofibrilas, 238
mioglobina, no músculo, 133
miosina
   em citocinese, 148
   na contração muscular, 72, 238
   no tecido muscular liso, 239
mitocôndria(s)
   distúrbios, 122, 137, 138
   DNA, 68
   estrutura, 68
   funções, 62t, 68, 69f, 75t
   na célula eucariótica, 62f, 63f
   na respiração aeróbica, 124, 124f, 125f, 128, 128f, 130, 130f, 131f
   no tecido muscular, 133, 545
   origem, 68
   ser humano, 68
   síntese de ATP em, 122
mitose
   estágios, 144f, 145, 146, 147f
   funções da, 142, 142t
   no ciclo celular, 144-145, 144f
   visão geral, 142
modelo(s)
   de ajuste induzido, 98
   de esfera e bastão, 36, 37
   de fita, de molécula, 37, 37f
   de mosaico fluido, 78, 79f
   de preenchimento de espaço, 36-37, 37f
   estrutural, de molécula, 26t
   moleculares, 36-37, 37f
   para pesquisa, 12
   orbital
      de átomo, 24-25, 24f, 25f
      de molécula, 26f
   superficial de molécula, 37, 37f
molécula(s). *Veja também* moléculas orgânicas

   como nível de organização, 4, 4f-5f
   compostos, 25
   definição, 4, 4f-5f
   energia livre, 96
   formação de, 25, 25f
   métodos de representação, 26t
   modelos de, 36-37, 37f
   polaridade de
      definição, 27
      hidrofóbicas, 28
   tamanho de, 59f
moléculas de sinalização, em plantas, 221
moléculas MHC, 79f, 80f-81f
moléculas orgânicas
   definição, 36
   estrutura de, 36
   grupos funcionais
      comuns, 38-39, 38f
      definição, 38
   modelos de, 36-37, 37f
   transferência de grupo funcional, 39t
monocotiledôneas
   características de, 170, 171f
   crescimento inicial, 219f
   estrutura do caule, 175f
   feixes vasculares, 171f, 175f, 177, 177f
   folhas, 219f
   raízes, 179, 179f
   reprodução sexuada em, 209
monômeros, definição, 39
monossacarídeos, 40, 50t
Moore, Melba, 47f
morango (*Fragaria*), 211, 211f
morcego(s), como polinizadores, 204, 215t, 226
mosca (dípteros)
   como polinizadores, 205t
mosca (*Forcypomia*), 214
muco, distúrbios genéticas que afetam o, 75
músculo(s)
   humano, fibras musculares, 133
   involuntários, 239
   sistema muscular, visão geral, 241f
   voluntários, 238
mutação(ões). *Veja também* distúrbios genéticos
   e características adaptativas, 10
   em enzimas ADH, 103
   em genes de verificação, 150
mutualismo, micorrizas, 190, 190f

N

NAD+ (nicotinamida adenina dinucleotídeo)

   difusão livre de, 99
   funções, 50t
   metabolismo e, 101f
   na fermentação, 132, 132f, 133
   na glicólise, 126, 126f-127f
   na respiração aeróbica, 125, 125f, 128, 128f, 129, 129f, 131
NADH
   em respiração aeróbica, 125, 128, 128f, 129, 129f, 130-131, 130f, 131f, 135f
   metabolismo e, 101f
   na fermentação, 132, 132f, 133
   na glicólise, 126, 126f-127f
NADP+
   difusão livre de, 99
   funções, 50t
   metabolismo e, 101f
   na fotossíntese, 111, 111f, 112f, 113, 113f
NADPH
   funções
      na fotorrespiração, 116
      na fotossíntese, 115, 115f
   metabolismo e, 101f
   na fotossíntese, 69, 111, 111f, 112, 112f, 113, 113f, 114, 114f
nascimento(s), mecanismos de feedback positivo, 161
natureza
   definição, 4
   entendimento, 4
néctar, 204
neon, estrutura atômica, 24f
neoplasma, 150
- neoplasmas, benignos, 150

Nepenthes, 99f
nervuras da folha, 177
   eudicotiledôneas, 171f, 177, 177f
   monocotiledôneas, 171f, 177, 177f
neurônios
   ciclo celular dos, 144
   estrutura, 239, 239f
   função, 239
   humanos, número de, 239
   motores
- função, 239

   sensoriais, 239. *Veja também* receptores sensoriais
   tipos, 239
nêutrons, em estrutura atômica, 22, 22f
niacina. *Veja* vitamina B3
nicotinamida adenina dinucleotídeo. *Veja* NAD+
nitrito de sódio (NaNO2), 33
nitritos, 33

nitrocelulose (algodão pólvora), 97
nitrogênio, como nutriente de plantas, 188*t*
níveis de energia, de elétrons, 24-25, 24*f*, 25*f*
nó, do angiosperma, 170*f*, 174, 176*f*
nódulos de raiz, 190, 190*f*
nome
    comum, de molécula, 26*t*
    químico, de molécula, 26*f*
nomenclatura, espécies, 8, 17
Nostoc, 61*f*
Nova Guiné, florestas tropicais em, 2, 2*f*
núcleo, atômico, 22, 22*f*
núcleo, celular, 62*f*, 63*f*
    em mitose, 146, 147*f*
    estrutura, 63*f*, 64-65, 64*f*, 64*t*, 65*f*
    funções, 56, 62*t*, 64, 75*t*
    observações iniciais, 56
nucleoide, 56, 60*f*, 61
nucléolo, 63*f*, 64*f*, 64*t*, 65, 75*t*
nucleoplasma, 63*f*, 64*f*, 64*t*, 65
nucleossomos, 143, 143*f*
nucleotídeo(s)
    coenzimas, 50*t*
    em DNA, 48-49, 48*f*
    estrutura, 48, 48*f*
    funções, 48
número atômico, 22, 22*f*
número de cromossomos
    células HeLa, 153, 153*f*
    de várias espécies, 144
    definição, 144
    diploides, 145, 145*f*
    divisão celular e, 145, 145*f*
    seres humanos, 65, 144, 145, 145*f*
número de massa, 22
■ **nutrição, humana**. *Veja também* alimentação; entradas como vitamina(s); alimento
    ácidos graxos essenciais, 42
    lipídios, 34
nutriente(s)
    absorção
        micorrizas e, 190, 190*f*
        raízes das plantas, 190-191, 190*f*, 191*f*
    circulação de, em ecossistemas, 6, 6*f*, 95, 95*f*. (*Veja também* ciclos biogeoquímicos)
    definição, 6, 188
    macronutrientes, 188, 188*t*
    micronutrientes, 188, 188*t*
    plantas, 188, 188*t*
        absorção pelas raízes, 190-191, 190*f*, 191*f*
        movimentação pela planta, 196-197, 196*f*, 197*f*
        micorrizas e, 190, 190*f*

O

■ **obesidade**, e doenças, 34
ocitocina, ação, 161
■ Olestra®, 14, 14*f*, 18
■ óleos vegetais, 34, 42
óleo vegetal parcialmente hidrogenado, 34, 42
oligossacarídeos, 40, 50
ondas de rádio, em espectro eletromagnético, 108*f*
orbital, elétron, 24-25, 24*f*, 25*f*
organelas, em células eucarióticas, 62, 62*t*, 68-69
organismo(s)
    definição, 4
    como nível de organização, 4-5, 4*f*-5*f*
    organização, estrutural, níveis de, 4-5, 4*f*-5*f*, 156, 234
organização estrutural, níveis de, 4-5, 4*f*-5*f*, 156, 234
órgão(s)
    como nível de organização, 4-5, 4*f*-5*f*, 156, 234
    definição, 4*f*-5*f*, 156, 234
órix-da-Arábia (*Oryx leucoryx*), 166
orquídea zebra (*Caladenia cairnsiana*), 205*f*
oscilação continental. *Veja* teoria tectônicas de placa
osmose, 88, 88*f*, 191
osso
    da coxa. *Veja* fêmur humano, estrutura
    funções, 237
    matriz extracelular, 71, 71*f*
    tipos, 237, 237*f*
osteócitos, 237, 237*f*
OT. *Veja* ocitocina
ouriços do mar, embrião, ciclo celular em, 144
ovário da flor (*Capsella*), 209*f*
ovário(s)
    angiosperma, 206, 206*f*-207*f*, 210, 211
    planta, 202*f*, 203
óvulo(s)
    angiosperma, 206, 206*f*-207*f*, 209, 209*f*
    planta, 202*f*, 203
oxaloacetato, 116, 117*f*, 128, 129*f*, 135*f*
óxido nítrico (NO), 33

oxigênio
    armazenamento, em tecido muscular, 133
    como nutriente de plantas, 188*t*
    estrutura atômica, 24*f*
    na atmosfera da Terra, inicial, 118
    na fotossíntese, 82, 111-114, 111*f*, 112*f*, 113*f*, 114*f*, 116, 117*f*, 118, 176-177, 177*f*
    na respiração aeróbica, 125, 125*f*, 130, 130*f*
ozônio, reatividade do, 33

P

P680, 112, 114*f*
P700, 112, 114*f*
pâncreas, funções, 134
Pandorina, 73*f*
pandos (*Populus tremuloides*), 212, 212*f*
papoula da Califórnia (*Eschscholzia californica*), 179*f*, 210*f*, 211, 218
parada cardíaca. *Veja* ataque cardíaco
Paramecium, homeostase, 91
parasitas, parasitoides, 223, 223*f*
parasitoides, 223, 223*f*
parede celular
    eucariótica, 62*f*, 63*f*, 70, 70*f*, 75*t*
    procariótica, 60, 60*f*, 75*t*
    vegetal secundária, 70, 70*f*
parede da célula vegetal
    celulose na, 41
    primária, 70, 70*f*
    secundária, 70, 70*f*
parede primária (celular vegetal), 70, 70*f*
parênquima, 172, 172*f*, 172*t*, 173*f*, 181, 181*f*
    paliçádico, 177, 177*f*
parreira, folhas, 177*f*
parto. *Veja* nascimento(s)
pássaro(s), como polinizadores, 205*t*
patoscarolinos (*Aix sponsa*), 38*f*, 39
pé de feijão
    ciclo celular na, 144
    crescimento, inicial, 219*f*
pecíolo, 176*f*
pectina, 172, 194
peixe branco, célula embrionária, mitose em, 146*f*, 147*f*
pele
    ■ bactérias na, 8*f*
    ■ câncer de, 151*f*
    células, substituição de, 164-165, 242, 243
    ■ descascar a, 165
    ■ radiação UV e, 165, 243

- substitutos de pele cultivada, 243, 243f
- Tecido epitelial, 235
- vertebrado, estrutura e função, 242, 242f

pelos de raiz, 170f, 178f, 179, 190, 190f
pepônios, 211
pepsina, 99, 99f
peptideoglicanos, 60
pera espinhosa (*Opuntia*), 183f
peras, células pétreas em, 173f
periciclo, 178f, 179
periderme, 172t, 173, 181, 181f
permeabilidade seletiva, 82, 82f, 83
peróxido de hidrogênio, 105
peroxissomos, 62t, 67, 102f
- **pesquisa científica**. *Veja também* pesquisa genética
   - efeitos de Olestra®, 14, 14f
   - erro de amostragem, 16, 16f
   - novas espécies, descoberta de, 2, 2f
   - práticas de pesquisa, 12, 12t, 13f
   - questões em, 18
   - radioisótopos na, 23, 23f
   - respostas subjetivas, 11
   - seleção natural, 14-15, 15f
   - sobre a fotossíntese, 23, 110, 110f
   - sobre células humanas, 140, 140f
   - sobre células-tronco, 18, 232, 232f, 243
   - sobre o câncer, 151, 153, 153f
   - tendências e, 15
   - teoria científica, definição, 12-13
   - termos usados em, 13

pesquisa genética, bioluminescência, 102
pêssego (*Prunus*), 215f
- PET (Tomografia por Emissão Positrônica), 23, 23f

pétalas, flor, 202, 202f
petróleo, fonte de, 106
PGA (fosfoglicerato), 115, 116, 117f, 126, 126f-127f
PGAL (fosfogliceraldeído), 115, 115f, 126, 126f-127f, 134, 135f
pH
- definição, 30
- desnaturação de proteínas, 46
- e ação de enzimas, 99, 99f
- escala de, 30, 30f
- homeostase, 31
- humano
   - sistema de tamponamento, 31
   - distúrbios, 31
   - ambiente interno, 30

processos de vida e, 30
Phaseolus, 163f, 177f, 219f
pigmento(s)
- acessórios, 109, 109f
- circulação pela cadeia alimentar, 121
- cor, 108
- espectro de absorção de, 110, 110f
- estrutura, 109, 109f
- fototropinas, 225
- funções, 108, 112
- na fotossíntese, 108-109, 109f
- na membrana tilacoide, 69, 111
- na pele, 243, 243f

pilus (pili)
- estrutura e função, 60, 60f, 61f
- sexo, 60, 61

pinguim imperador (*Aptenodytes forsteri*), 42f
pinheiro (*Pinus*)
- como madeira macia, 182f
- germinação, 218

pinheiro bristlecone (*Pinus longaeva*), 162, 182
piruvato, 124, 125, 125f, 126, 126f-127f, 128, 128f, 129, 129f, 132, 133, 135, 135f
pistilo. *Veja* carpelo
Pittler, Max, 105
placa celular, 148f, 149
placa crivada, 173, 173f, 196, 196f
plano
- mediossagital, 240f
- transversal, 240f

planta(s). *Veja também* tipos específicos
- abscisão, 228, 228f
- água e
   - absorção pelas raízes, 190-191, 191f
   - adaptações que conservam água, 156, 156f, 158, 163, 163f, 176, 194-195, 194f, 195f
   - movimentação pela planta, 29, 29f, 192-193, 192f, 193f
- anatomia, 156, 156f
- apoptose em, 165
- armazenamento de carboidratos, 196
- características, 9, 9f
- carnívora, 99f
- coevolução com polinizadores, 204, 214
- como fotoautótrofos, 118
- compartimentalização em, 162, 162f, 165
- componente da célula, 75t

crescimento
- direção e taxa, controle de, 223f, 224-225, 224f, 225f
- divisão celular e, 149
- dormência, 228
- homeostase, 162-163
- hormônios em, 220-223
- inicial, 218, 219f
- nutrientes e, 188, 188t
- respostas às mudanças ambientais, 226-227, 226f, 227f
- senescência, 228, 228f, 229
- tipos de solo e, 188

decíduas, 176, 228, 228f
de dia curto, 227, 227f
de dia longo, 226-227, 227f
de dias neutros, 226
desenvolvimento, 218, 219f
estresse mecânico, efeito do, 225f
Eukarya, 8
germinação, 218, 222, 222f, 224, 224f
hormônios
- tipos e funções, 216, 216f, 220-225, 220t, 221f, 222f, 223f
- usos comerciais, 216, 216f, 217, 217f

junções celulares, 70f, 71
movimento da água pelas, 29, 29f, 192-193, 192f, 193f
movimento de compostos orgânicos pelas, 196-197, 196f, 197f
nutrientes, 188, 188t
- absorção pelas raízes, 190-191, 190f, 191f
- micorrizas e, 190, 190f
- movimentação pela planta, 196-197, 196f, 197f

poliploidia em, 213
que florescem. *Veja* angiosperma(s)
reação à infecção, 162
reação à lesão, 162, 162f
reação ao "*stress*" em, 223, 223f
resistência sistêmica adquirida, 162, 162f
planta CAM, 117f
- estômatos, 195f
- fotossíntese em, 117

plantas C3, fotossíntese em, 116, 117f, 120
plantas C4, 116-117, 116f, 117f, 120
plantas terrestres. *Veja também* angiosperma(s); gimnospermas
- adaptações que conservam água, 156, 156f, 169, 163, 163f, 176, 194-195, 194f, 195f

plantas vasculares

movimento da água pelas, 29, 29f, 192-193, 192f, 193f
plaquetas, 237f
  funções, 237
plasma, sangue, 237, 237f
plasmídeo(s), em citoplasma procariótico, 61
plasmodesmo (plasmodesmos), 63f, 70f, 71, 176-177, 191
plastídeos, 69
platelminto (Platyhelminthes), homeostase, 159f
plúmula, 218f
polaridade, de molécula
  definição, 27
  e hidrofilia, 28
polímeros, definição, 39
polinização
  angiospermas, 206-207, 206f-207f
  autopolinização, 200, 200f, 203
  cruzada, 200, 200f, 203
  importância da, 200, 200f
  polinização cruzada, 200, 200f, 203
polinizador(es), 204-205, 204f, 205f
  coevolução com plantas, 204, 214
  importância dos, 200, 200f
  insetos como, 204, 204f, 205f, 205t
  morcegos como, 204, 205t, 226
  roedores como, 215, 215f
  visão geral, 204, 204f
- poliomielite, 140
polipeptídeos, síntese de, 44, 44f-45f
poliploidia, em plantas, 213
polissacarídeos, 40-41, 41f, 50t
- **poluição**, combustíveis fósseis e, 30-31, 31f. *Veja também* poluição do ar
- **poluição do ar**
  e chuva ácida, 30-31, 31f
  estômatos vegetais e, 195, 195f
- pólvora, 97
pombos, seleção artificial em, 10, 10f
pomos, como classe de fruta, 211, 211t
ponta do broto. *Veja* gema, terminal (ponta do broto)
ponto(s) de verificação, no ciclo celular, 150
população(ões)
  colapso das, 168, 168f
  como nível de organização, 4f-5f, 5
  definição, 4f-5f, 5
  ser humano. *Veja* seres humanos
porco-espinho, 159, 159f
porfiria, 245
porfirinas, 245
poro de glândula sudorípara, 160f
poro nuclear, 64f

posterior, definição, 240f
potássio. *Veja também* bomba de sódio-potássio
  - como nutriente de plantas, 188f
presa. *Veja também* predadores e depredação
pressão
  alta. *Veja* hipertensão
  e taxa de difusão, 83
  hidrostática, 88-89, 89f
  osmótica, 89
  osmótica, 89
  teoria do fluxo de, 195-197
  turgidez, 88-89, 89f
previsão, no processo de pesquisa científica, 12, 12t
Primeira Lei da Termodinâmica, 94
prisma, 108, 108f, 110, 110f
procariontes
  biofilmes, 61, 61f
  características de, 8
  definição de, 8
  evolução, 60
  habitat, 60, 60f
processo "se-então", 12
produtores, papel no ecossistema, 6, 6f, 95, 95f
produtos, de reação química, 96, 104t
prófase (mitose), 144f, 146, 147f
propriedade emergente 5
proteína FT, 221
proteína(s). *Veja também* enzima(s); síntese de proteína
  como energia para respiração aeróbica, 134, 135f
  de adesão, 80, 80f-81f, 90t
  de reconhecimento, 80, 80f-81f, 90t
  definição, 44, 50t
  de reconhecimento, 80, 80f-81f, 90t
  desnaturação de, 46-47
  de transporte, 80, 80f-81f
    acopladas, 80f-81f
    ativo, 80f-81f, 83, 83f, 84-85, 85f, 90t
    passivo, 80f-81f, 83, 83f, 84, 84f, 90t
  domínio, 44
  dos pontos de verificação do ciclo celular, 150, 150f
  estrutura, 44-45
    desenvolvimento de, 66
    e função, 46-47
    primária, 44, 45f
    secundária, 44, 45f
    terciária, 44-45, 45f
  estrutura quaternária, 45, 45f

fibrosas, 45, 50t
funções, 44, 46-47, 76
globulares, 45, 50t
membrana celular, 57, 57f, 65, 78-80, 79f, 80f-81f, 84-85, 84f, 85f, 87, 87f, 90t
membrana integral, 80
motoras, 72, 72f, 73, 146, 147f
periféricas de membranas, 80
receptoras, 80, 80f-81f, 90t, 175
de transporte, 80, 80f-81f
  associadas, 80f-81f
  ativas, 80f-81f, 83, 83f, 84-85, 85f, 90t
  passivas, 80f-81f, 83, 83f, 84, 84f, 90t
protistas
  características dos, 8, 9f
  como Eukarya, 8
  componentes da célula, 75t
  fermentação em, 132
  fotossintéticos, 109t
    fotossistemas, 114
    pigmentos, 109
  vias de síntese de ATP, 124
prótons, em estrutura atômica, 22, 22f
proto-oncogenes, 150
proximal, definição, 240f
pseudópodes, 73, 73f, 86, 87f
Puriri (*Vitex lucens*), 215
Pyrococcus furiosus, 60f

Q

queratina, 45
queratinócitos, 164-165, 242
- questões éticas
  biocombustíveis *vs.* combustíveis fósseis, 107, 120
  distúrbios raros, custeio e pesquisa sobre, 122, 137
  espécies, nomenclatura de, 3, 17
  flúor na água potável, 21, 32
  gorduras *trans*, 34, 35, 50
  leis contra confinamento de crianças em carros, 155, 165
  pesquisa com células-tronco, 233, 244
  radiação em alimentos, 53, 74
  restrições a inseticidas sistêmicos, 201
  triagem genética, 77
  triagem para transplante de órgãos, 93
quimioautótrofos, 118
quinase(s), pontos de controle de ciclo celular e, 150

quinesinas, 72, 72f
quitina
   estrutura, 41, 41f
   funções, 41, 41f, 70

R

- raciocínio crítico
  ciência e, 12
  diretrizes para, 11, 11t

radiação
   e vias metabólicas, 105
   infravermelha, em espectro de eletromagnético, 108f
   quase infravermelha, em espectro eletromagnético, 108f
   ultravioleta. *Veja* radiação UV (ultravioleta)

radiação UV (ultravioleta)
   camada de ozônio e, 118
   como ameaça à vida, 108
- efeitos na pele, 165, 243
  no espectro eletromagnético, 108, 108f
  visão do polinizador e, 204, 204f

radicais livres
   antioxidantes e, 99
   na atmosfera inicial, 118
   nas mitocôndrias, 122
   porfíria e, 245
   vias metabólicas e, 105

radícula (raiz embrionária), 218f, 219f

radioisótopos, 23, 23f

raios gama
   como ameaça para vida, 108
   em espectro eletromagnético, 108, 108f

raios X
- como ameaça à vida, 108
  em espectro eletromagnético, 108, 108f

raíz(es)
   absorção da água e nutrientes, 190-191, 190f, 191f
   adventícia, 179, 183, 219f
   angiosperma, estrutura, 178-179, 178f, 179f
   direção e taxa de crescimento, controle de, 224-225, 224f, 225f
   estrutura, 190, 190f
   eudicotiledôneas, 179, 179f
   função, 170
   lateral (axial), 170f, 179, 179f
   monocotiledôneas, 179, 179f
   na estrutura da planta, 170, 170f
   primária, 170f, 219f
   ramificada, 219f

ranúculo amarelo (*Ranunculus*), 178f, 226
Raphia regalis (palma), 176
razão superfície/volume, e tamanho e formato da célula, 56-57, 56f
RE liso, 63f, 66, 66f-67f
RE rugoso, 63f, 66, 66f-67f
reação, de condensação, 39, 39f, 39t, 40f, 44, 44f-45f. *Veja também* reação química

reação química
   definição, 96
   endergônica, 96-97, 96f
   energia de ativação, 96-97, 97f, 98, 98f
   estado de transição, 98, 98f
   exergônica, 96-97, 96f

reações
   de clivagem, 39, 39f, 39t
   de reorganização, definição, 39t
   dependente de luz, em fotossíntese, 112-113, 112f, 113f
     estômatos e, 116
     rota cíclica, 112, 112f, 113, 114, 114f, 118
     rota não-cíclica, 112, 112f, 113, 114, 114f, 118
     visão geral, 111, 111f
   independentes de luz, em fotossíntese, 115, 115f
     em plantas C4, 117
     visão geral, 111, 111f
   metabólicas, comuns, 39, 39t
   oxidação-redução (redox)
     definição, 101
     na cadeia de transferência de elétrons, 112

reagentes, 96, 104t
receptáculo (parte da flor), 202, 202f, 211, 211f

receptor(es)
   de célula B, 79f, 80f-81f
   definição, 6
   e resposta à mudanças, 6-7, 6f, 160, 160f

receptores de célula B, 79f, 80f-81f

receptores sensoriais, em plantas, 226-227, 227f. *Veja também* neurônios, sensoriais

redes alimentares, efeito "plantinha boba", 216
regulados, proteínas de membrana, 80f-81f, 84
reino, 8

replicação de DNA
   no ciclo da célula, 144, 144f
   pontos de controle do ciclo celular, 150

reprodução. *Veja também* reprodução assexuada; reprodução sexuada
   como característica de vida, 7
   definição, 7

reprodução assexuada, angiospermas, 212-213, 212f

reprodução sexuada
   ciclo de vida, 203, 203f, 206, 206f-207f
   em bactérias, 60
   fecundação, 203, 203f, 206-207, 206f-207f
   formação de sementes, 209, 209f
   frutos, 210-211, 211f
   polinização, 202-203, 202f
   sinais moleculares em, 208, 208f

reprodução vegetativa, 212
resistência sistêmica adquirida, 162

respiração aeróbica
   cadeia de transferência de elétrons, 101
   equação para, 125
   estágios na, 125f, 126-131, 131f
   evolução da, 118
   fontes de energia alternativa, 134-135, 135f
   fotossíntese e, 136, 136f
   mitocôndrias e, 68
   no músculo, 133
   produção de ATP, 124, 130-131, 130f, 131f
   subprodutos de, 105
   visão geral, 124, 125, 125f

respiração, e homeostase, 160-161
ressacas, 103
ressuscitação
   cardiocerebral. *Veja* CCR
   cardiopulmonar. *Veja* RCP

retículo endoplasmático (RE), 66-67, 66f, 75t
   funções, 62t, 87, 87f
   liso, 63f, 66, 66f-67f
   rugoso, 63f, 66, 66f-67f

retículo sarcoplasmático, 67, 85, 85f
retinal, 109f, 121
retrovírus, 232
Rhizobium, 190, 190f
riboflavina. *Veja* vitamina B2

ribossomos
   células eucarióticas, 63f, 75t
   células procarióticas, 60f, 61, 75t
   funções, 62t, 65
   localização, 56

ribulose bifosfato. *Veja* RuBP (ribulose bifosfato)
- rigidez e tensão, 31

ritmo circadiano
    definição, 163
    em plantas, 163, 163f, 226
    sistema circulatório, visão geral, 241f. *Veja também* coração
rizomas, 183, 183f
RNA (ácido ribonucleico)
    açúcares, 40
    estrutura, 48
    grupos funcionais, 38, 38f
    síntese. *Veja* transcrição
roedores, como polinizadores, 215, 215f
rosa ártica (*Rosa acicularis*), 203f
rota
    cíclica, em fotossíntese, 112, 112f, 113, 114, 114f, 118
    não cíclica, em fotossíntese, 112, 112f, 113, 114, 114f, 118
rubisco, 115, 115f, 116-117, 117f, 119, 120, 223
RuBP (ribulose bifosfato), 100, 115, 115f, 116, 117f
- rugas, pele, 243

S

sacarose
    estrutura, 40, 40f
    transporte vegetal de, 196-197, 197f
Saccharomyces cerevisiae, 132
sais de bile, 43
sal(is), 89, 89f
    de cozinha. *Veja* cloreto de sódio
    definição, 31
    desnaturação de proteínas, 46
salinidade, e ação de enzima, 99
Salmonella typhimurium, 61f
sálvia branca (*Salvia apiana*), 203f
sangue. *Veja* hemácias; células sanguíneas brancas
    coagulação, plaquetas e, 237
    como tecido conjuntivo, 237
    componentes do, 237, 237f
    níveis de colesterol, 34, 51, 51f
    níveis de glicose, 134, 134t
    tampões, 31
sapos, pele, 243f
sarcômeros, 238
satélite *Discoverer XVII*, 140
Scarus (peixe budião), 8
Schleiden, Matthias, 55
Schönbein, Christian, 97
Schwann, Theodor, 55
- seca, 168, 168f, 182, 182f, 185
Segunda Lei da Termodinâmica, 94, 95

seleção artificial, 10, 10f
seleção natural
    Darwin sobre, 10
    definição, 10, 10f, 13t
selectinas, 80f-81f
selênio, no corpo humano, 32
semente(s)
    anatomia, 218f
    angiosperma, formação, 209, 209f
    como alimento, 209
    dormência, 218
    formação, 203, 203f
    germinação, 218, 222, 222f, 224, 224f
    revestimento da, 206-207f, 209, 209f, 218, 218f, 219
senescência, em plantas, 228, 228f, 229f
sépala, 202, 202f
seres humanos
    - cabelo, alisar e encaracolar, 39
    cavidades do corpo, 240, 240f
    células
        divisão fora do corpo, 140, 140f
        pesquisa sobre, 140, 140f
    coração
        - defeitos e distúrbios, 138
    elementos no, 20, 32, 33, 33f
    espermatozoides, 73, 139f
    estômago, pH do fluido gástrico, 30
    fibras musculares, 133, 133f
    - fluido gástrico, pH do, 30
    glândulas sudoríparas, 242
    homeostase, temperatura, 154, 154f
    mão, 149f
    mitocôndrias, 68
    número de cromossomos, 65, 144, 145, 145f
    percepção dos sentidos. *Veja* receptores sensoriais
    pH
        ambiente interno, 30
        distúrbios, 31
        sistema de tamponamento, 31
    sistemas de órgãos, visão geral, 240, 241t
    sistema nervoso, neurotransmissores, 220t
serralha, 210
Shark Reef, Mar Vermelho, 4f-5f, 5
Sharma, Ratna, 106f
silte, no solo, 188
simetria do corpo, 240f
- síndrome de Kartagener, 75
- síndrome de Luft, 122
sintases de ATP, 79f, 80f-81f, 112, 130
síntese de ATP
    controle da, 134

distúrbios, 122, 122f
na fermentação de lactato, 133
na fermentação, 124, 132, 132f
na fotossíntese, 111, 111f, 112, 112f, 113, 113f, 114, 114f
na glicólise, 126
na membrana celular, 61, 79f
na respiração aeróbica, 68, 124, 125, 128, 128f, 129, 129f, 130-131, 130f, 131f, 134
nas mitocôndrias, 68, 69f
no músculo, 133, 133f
nos cloroplastos, 69
vias, 124
síntese de proteína
    DNA em, 136, 142
    RE e, 66
    regulagem de, reagentes, 100-101
    ribossomos na, 65, 66
    visão geral, 7, 44, 44f-45f
sistema
    cardiovascular. *Veja* coração
    de endomembranas, 66-67, 66f-67f
    de raiz fasciculado, 179, 179f
    de tamponamento, 31
    esquelético, visão geral, 241f
    tegumentário, 241f
        estrutura e função, 242, 242f
sistema digestório. *Veja também* digestão extracelular
    funções, 241f
    ser humano, 241f
sistema endócrino, visão geral, humanos, 241f. *Veja também* hormônio(s), animal; *componentes específicos*
sistema imunológico
    em plantas, 162
    epiderme no, 242
sistema linfático, 241f
sistema nervoso, 241f
sistema reprodutor, 241f
sistema urinário, 241f
sistemas de órgãos
    como nível de organização, 4-5, 4f-5f, 156, 234
    definição, 4f-5f, 156, 234
    humanos, visão geral, 240, 241f
    vertebrados
        compartimentalização de funções em, 240
        visão geral, 240, 241f
sistemas respiratórios. *Veja também* respiração aeróbica
    tecidos, 157f
    vertebrados, 157, 157f

visão geral, 241*f*
sistemina, 221
sobrevivência do mais adaptado, 10
sódio, estrutura atômica, 24*f*, 25, 25*f*
soja
- como biocombustível, 121, 121*f*

solo
crosta terrestre (camada superficial do solo), 189, 189*f*
desenvolvimento do, 188
e crescimento das plantas, 188
- erosão do, 189, 189*f*

horizontes, 188-189
- lixiviação de nutrientes do, 189

propriedades do, 188
solução
hipertônica, 88, 88*f*, 89*f*
hipotônica, 88*f*, 89, 89*f*
isotônica, 88
solutos
definição, 28
equilíbrio soluto-água, 158
solvente
água como, 28, 29*f*
definição, 28
Stentor, 19
- *stress*, reação ao, em plantas, 223, 223*f*

Stringer, Korey, 154, 154*f*, 161
suberina, 180
substâncias
hidrofílicas, 28
hidrofóbicas, 28
substrato(s), 98
- sucralose, 51, 51*f*

sulco separador, 148, 148*f*
suor
efeitos refrigerantes do, 29, 154
na homeostase, 160*f*, 161
umidade e, 161
superior, definição, 240*f*
supressor de tumor(es), 150
Switchgrass (*Panicum virgatum*)
- como biocombustível, 106, 106*f*

T

tabaco, planta (*Nicotiana tabacum*)
cloroplastos, 69*f*
defesas, 223*f*, 230, 230*f*
tabela periódica, 22, 22*f*
- taxol, 151, 153

taxonomia
espécies, 8
sistema de três domínios, 8, 8*f*-9*f*, 8*t*
TCE. *Veja* tricloroetileno

tecido(s)
animal, tipos de, 234. (*Veja também tipos específicos*)
como nível de organização, 4-5, 4*f*-5*f*, 156, 234
conjuntivo denso
irregular, 236, 236*f*
regular, 236, 236*f*
conjuntivo frouxo, 236, 236*f*
definição, 4*f*-5*f*, 156, 234
dérmico
animal
células pigmentadas no, 242, 243*f*
vertebrados, 242, 242*f*
planta, 170, 170*f*, 173, 173*f*
folha, 176, 176*f*, 177, 177*f*
raiz, 178*f*, 179
do músculo liso, 238*f*, 239
fundamental, planta, 170, 170*f*
muscular cardíaco, 238, 238*f*
nervoso
estrutura, 239, 239*f*
funções, 234, 239, 239*f*
ósseo
compacto, 237*f*
esponjoso, 237, 237*f*
propagação de cultura de, 213
vascular
humano, 158, 159*f*
planta, 156*f*, 158, 159*f*, 170, 170*f*, 172-173, 172*f*, 173*f*. (*Veja também* floema; xilema)
vertebrado, desenvolvimento, 241
tecido adiposo, armazenamento de gordura, 42, 145, 237, 137*f*
tecido conjuntivo
especializados, 236-237, 236*f*, 237*f*
estrutura, 236
funções, 234
moles, 236, 236*f*
tecido epitelial
características, 235
funções, 234
glandular, 235
junções celulares no, 234, 234*f*
tipos de, 235, 235*f*
transporte pelo, 234
tecido muscular, 238-239
aparência, 238, 238*f*
cardíaco, 238, 238*f*
esquelético, 238, 238*f*
estrutura, 238
funções, 234, 238
liso, 238*f*, 239
tecido muscular esquelético, 238, 238*f*
tecido vegetal

complexo, 170, 172-173, 172*f*, 173*f*
origem do, 170-171
simples, 170, 172, 172*f*, 172*t*, 173*f*
- tecnologia SmartFresh, 229

tegumento, 206, 209, 209*f*
teixo do Pacífico (*Taxus brevifolia*), 153
telófase (mitose), 144*f*, 146, 147*f*
temperatura
água e, 29
definição, 29
desnaturação de proteínas, 46
e ação de enzimas, 99, 99*f*, 154
e taxa de difusão, 83
homeostase, 154, 160*f*, 161
- tendência, aprendizado e, 11, 15

tendões, estrutura e função, 236
tensão, no movimento da água pelas plantas, 192
teoria
atômica, visão geral, 13*t*
celular, 13*t*, 54-55
de coesão-tensão, 192-193, 193*f*
dos germes, 13*t*
tectônica de placas, 13*t*
- terapia genética, 68

Termodinâmica
Primeira Lei da, 94
Segunda Lei da, 94, 95
termófilos, extremos, 8*f*
Terra, crosta, elementos na, 33, 33*f*
testosterona
ação, 38*f*, 39
como esteroide, 43
tetrahidrocanabinol (THC), 176*f*
- tetralogia de Fallot (TF), 138

TF. *Veja* tetralogia de Fallot
TFR. *Veja* taxa de fertilidade total
Thalictrum (*Thalictrum pubescens*), 203*f*
Thompson, James, 232
tiamina. *Veja* vitamina B1
tifa, 210
tigmotropismo, 225, 225*f*
tilacoide(s), 111
Tilman, David, 121
timina (T), 48*f*
tirosinase, 99*f*
tomate, planta (*Lycopersicon esculentum*)
anatomia, 156*f*, 170*f*
pigmentos, 69
tensão mecânica, efeitos de, 225*f*
tolerância ao sal, 89, 89*f*
tomografia por emissão de pósitrons. *Veja* PET
tonicidade, 88, 89*f*

trabalho, 95
traça de Burnet (*Zygaena filipendulae*), 205*f*
traço adaptativo, 10
tráfego na membrana, 86-87, 86*f*
transferência
    de elétrons, 39*t*, 101, 101*f*. *Veja também* reações, oxidação-redução (redox)
    de grupo funcional, 39*t*
transferências de grupo fosfato, 48, 85. *Veja também* fosforilação, de transferência de elétrons; fosforilação em nível de substrato
    em fosforilações em nível de substrato, 126, 126*f*-127*f*
    fosforilação de transferência de elétrons, 130, 130*f*
    na fotossíntese, 112, 112*f*, 114, 115, 115*f*
translocação, no transporte de planta vascular, 196-197, 197*f*
transpiração, 192-193, 193*f*
transportador
    de energia, 104*t*
    de glicose, 80*f*-81*f*, 84, 84*f*
transporte
    ativo, 80*f*-81*f*, 83, 83*f*, 84-85, 85*f*, 90*t*
    interno
        ativo, 80*f*-81*f*, 83, 83*f*, 84-85, 85*f*, 90*t*, 158
        e homeostase, 158
        passivo, 80*f*-81*f*, 83, 83*f*, 84, 84*f*, 90*t*, 158
        passivo, 80*f*-81*f*, 83, 83*f*, 84, 84*f*, 90*t*, 158
traqueídes, 172-173, 172*t*, 192, 192*f*
trepadeiras. *Veja* estolões
trevo (*Oxalis*), 225*f*
trevo-preto, 210-211
tricloroetileno (TCE), 186, 198, 199, 199*f*
triglicerídeos
    armazenamento, em tecido adiposo, 42
    como combustível para respiração aeróbica, 134
    energia armazenada em, 42
    estrutura, 42, 42*f*
trigo (*Triticum*), 209
tripés (T) (*Frankliniella occidentalis*), 230, 230*f*

tripsina, 99*f*
troca de gases, 158
trombina, 98
tropismos, 224-225, 224*f*, 225*f*
tubérculos, 183, 183*f*
tubo(s) crivado(s), 173, 173*f*, 175*f*, 180, 191*f*, 196, 196*f*, 197, 197*f*
tubo polínico, angiospermas, 206, 206*f*-207*f*, 208, 208*f*
tumores
    benignos, 150, 151, 151*f*
    malignos, 150, 151, 151*f*
turgidez, 88-89
tutano. *Veja* medula óssea

U

- úlcera péptica, 234
- úlceras, estômago, 234
unha(s), evolução das, 242
urânio, isótopos, 23
uvas, sem semente, 213, 216, 216*f*

V

vacúolo central, 62*f*, 63*f*, 67, 69, 75*t*
vacúolos, 62*t*, 62*f*, 63*f*, 67
    contráteis, 91, 91*f*
vaga-lume, norte-americano (*Photinus pyralis*), 102*f*
variável, definição, 13
veneno, como defesa, 243*f*
ventral, definição, 240*f*
vernalização, 227, 227*f*
vertebrado(s)
    pele, estrutura e função, 242, 242*f*
    sistema respiratório, 157, 157*f*
    sistemas de órgãos
        compartimentalização de funções em, 240
        visão geral, 240, 241*f*
    tecidos, 240
    terrestres, sistema respiratório, 157, 157*f*
vesícula(s), 67
    endocíticas, 86, 86*f*, 87*f*
    funções, 62*t*, 66*f*-67*f*, 67
    na divisão celular de plantas, 148*f*, 149
    semelhante ao lisossomo, 63, 63*f*
    tráfego pela membrana, 86-87, 86*f*, 87*f*

vespas
    como polinizadora, 205*f*
    parasitoide, 223, 223*f*
vetor(es), dispersão, adaptação das plantas à, 210, 210*f*
    polinização, 204
vias
    aeróbicas na síntese de ATP, 124
    anaeróbicas de síntese de ATP, 124
    metabólicas
        definição, 100
        tipos, 100
    metabólicas anabólicas, 100
    metabólicas biossintéticas, 100
    metabólicas catabólicas, 100
    metabólicas de degradação, 100
vida. *Veja também* moléculas orgânicas
    água e, 28, 136
    características da, 6-7
    energia e, 6, 6*f*
        entropia e, 95
    níveis de organização, 4-5, 4*f*-5*f*
    propriedade emergente, 5
    unidade da, 6-7, 136
vinho
- fermentação de, 132, 133*f*
- pragas das vinhas, 213
Virchow, Rudolf, 55
- **vitamina(s)**
    como coenzimas, 99
    efeitos 43

X

xantofilas, 109*t*
xilema, 156, 177, 177*f*, 192, 192*f*, 193*f*, 196, 197*f*
    primário, 174-175, 174*f*, 175*f*, 178*f*, 179, 180*f*, 181*f*
    secundário, 180-181, 180*f*, 181*f*

Yu, Junying, 232, 232*f*

zeaxantina, 109*t*
zigoto(s)
    angiosperma, 206-207, 206*f*, 209
    clivagem. *Veja* clivagem
    plantas, 203, 203*f*
zinco
- como nutriente de plantas, 188*t*